Der Grubenausbau.

Von

Hans Bansen,

dipl. Bergingenieur, ord. Lehrer an der Oberschlesischen Bergschule zu Tarnowitz.

Zweite, vermehrte und verbesserte Auflage.

Mit 498 Textfiguren.

Berlin.
Verlag von Julius Springer.
1909.

ISBN 978-3-642-51260-5 ISBN 978-3-642-51379-4 (eBook)
DOI 10.1007/978-3-642-51379-4

Softcover reprint of the hardcover 2nd edition 1909

Vorwort zur zweiten Auflage.

Die zweite Auflage ist vielfach erweitert und vervollkommnet worden. Das „Zementieren des Gebirges“ und der „planmäßige Ausbau“, die in der ersten Auflage nur kurz gestreift wurden, sind zu selbständigen Abschnitten geworden, wie es ja ihrer Wichtigkeit entspricht. In den ersten Abschnitt der Einleitung wurden die „Bergschläge“ aufgenommen, über die in der bergmännischen Literatur leider noch viel zu wenig berichtet wird, obwohl sie doch im Bergbau weit häufiger auftreten, als der Bergmann selbst glaubt. Eine wesentliche Erweiterung erfuhren die Kapitel über „Holzimprägnierung“, „hydraulischen Mörtel“, „Beton“ und „Betonierung“. Ferner sind bei den Schachtabteufarbeiten in schwierigeren Fällen, namentlich beim Schachtbohren nach Kind-Chaudron und beim Gefrierverfahren, die neuesten Fortschritte berücksichtigt worden; doch sind diese schwierigeren Arbeiten nur in ihren wesentlichsten Grundzügen dargestellt geblieben, da sie beinahe eine Spezialwissenschaft für sich sind. Eine eingehende Darstellung würde über den Rahmen hinausgehen, den ich mir für das Buch gesteckt habe; auch in der Neuauflage soll das Buch dem praktischen Bergmann nur ein Hilfsmittel bei Betriebsfragen sein, die fast täglich an ihn herantreten können.

Wenn hier oder dort der Wunsch laut geworden ist, ich möchte in der Neuauflage „spezifisch oberschlesische“ Ausdrücke wie „das Kohl“ usw. vermeiden, so habe ich mich dem nicht anschließen können. Jeder Bergbaubezirk hat seine Eigentümlichkeiten und seine eigenen Bezeichnungsweisen; so erinnere ich nur an die Ausdrücke „Stapel“, „Schalholz“, „Spitzen“, die in unserem zweitgrößten Bergbaubezirke Oberschlesien ganz ungebräuchlich sind, aber unbeanstandet in der Literatur ständig angewendet werden. Wenn man berücksichtigt, daß der oberschlesische Bergmann die noch feste, anstehende Kohle „das Kohl“, die bereits hereingewonnene aber „die Kohle“ nennt, so wird sich gegen diesen „Polonismus“ wohl kaum etwas einwenden lassen.

Tarnowitz, im September 1909.

Hans Bansen.

Inhaltsverzeichnis.

Erster Teil.

Einleitung.

Zweiter Teil.

Die Herstellung und der Ausbau von Schächten.

Dritter Teil.

Der Ausbau von Strecken.

Vierter Teil.

Der Ausbau von Abbauen.

Fünfter Teil.

Der Ausbau von Füllörtern, Maschinenstuben und sonstigen großen Räumen.

Bei der Bearbeitung benutzte Literatur.

Allgemein.

Jicinsky, Katechismus der Grubenerhaltung.
Höfer, Taschenbuch für Bergmänner.
Verein „Hütte“, Des Ingenieurs Taschenbuch.
Die Entwickelung des Niederrheinisch-Westfälischen Steinkohlenbergbaues. Band III: Stollen und Schächte.
Dufrane-Demanet, Traité d'exploitation des mines de houille.
Köhler, Lehrbuch der Bergbaukunde.
Treptow, Grundriß der Bergbaukunde und Aufbereitung.
Klein, Handbuch für den deutschen Braunkohlenbergbau.

Abkürzungen.

Preußische Zeitschrift = Zeitschrift für das Berg-, Hütten- und Salinenwesen im Preußischen Staate.

Versuche und Verbesserungen = Versuche und Verbesserungen bei dem Bergwerksbetriebe in Preußen (Sonderdruck aus der Preuß. Zeitschrift).

Sächsisches Jahrbuch = Jahrbuch für das Berg- und Hüttenwesen im Königreich Sachsen.

Österr. Zeitschrift = Österreichische Zeitschrift für Berg- und Hüttenwesen.

Sammelwerk = Die Entwickelung des Niederrheinisch-Westfälischen Steinkohlenbergbaues in der zweiten Hälfte des 19. Jahrhunderts.

Erster Teil.

E i n l e i t u n g.

Erster Abschnitt.

Allgemeines.

A. Der Zweck des Grubenausbaues.

Die Grubenräume müssen solange offen erhalten werden, als es für die Zwecke des Betriebes nötig ist. Um dies zu erreichen, sind besondere Mittel nötig, die entweder gleich bei der Herstellung der Räume oder verschiedene Zeit nachher zur Anwendung gelangen. Die hauptsächlichsten dieser Mittel sind erstens eine besondere Form und Weite, die man den Bauen gibt, und zweitens eine Unterstützung des Gebirges.

B. Der Druck.

Als Feind der offenen Räume tritt der Druck auf. Er ist eine Folge der Schwerkraft, die nicht nur einzelne Gesteinsstücke und -blöcke, sondern auch zusammenhängende Gebirgsschichten nach unten zieht, sobald sie ihrer Unterstützung ganz oder teilweise beraubt worden sind. Diese Bewegung nach dem Mittelpunkte der Erde ist entweder ein plötzliches Zubruchegehen (Verschütten) oder ein allmähliches Hereindrängen.

Der Druck äußert sich als

1. Firstendruck,
2. Stoßdruck (Seitendruck oder Schub),
3. Sohlendruck,
4. in Form von Bergschlägen.

I. Der Firstendruck.

Der Firstendruck ist am größten bei Massen, die wir uns als in gewissem Grade flüssig vorstellen können, wie Letten und plastischer Ton. Dies ist namentlich der Fall, wenn sie sich im feuchten Zustande befinden.

Etwas anders verhält sich der Sand, der gar keinen inneren Zusammenhang, also auch keine Spannung besitzt. Je grobkörniger und scharfkantiger er ist, um so näher drängen sich die einzelnen Körner aneinander, so daß dadurch eine Art von Verband entsteht. Dies ersetzt, allerdings nur in geringem Maße, den fehlenden inneren Zusammenhang. Hierzu ist indessen ein gewisser Feuchtigkeitsgehalt erforderlich.

Bei zunehmender Trockenheit und abnehmender Korngröße wird der Sand immer dünnflüssiger und weniger zusammenhängend, was bei Ton und Letten nicht der Fall ist.

Mit der Zunahme des Wassergehaltes verhalten sich jedoch Sand, Letten und Ton ganz gleich. Sie werden schwimmend und gewinnen dadurch bedeutend an Beweglichkeit. Somit steigt auch der Druck, den sie auszuüben vermögen. Es ist aber zu berücksichtigen, daß man es nun nicht mehr allein mit dem Gebirgsdruck zu tun hat, sondern auch mit dem Wasserdruck.

Auch die festen Gebirgsmassen verhalten sich verschieden, je nach dem Grade ihres Zusammenhanges. Sie können sich nur verbiegen oder aber in Stücke zerfallen. Bei sehr festem Gestein lösen sich oft nur einzelne Schalen und Wände ab als Zeichen dafür, daß Druck vorhanden ist.

II. Der Seitendruck.

Den Seitendruck kann man vom freien Fall eines Körpers, z. B. einer Kugel, auf einer schiefen Ebene ableiten. Je größer der Neigungswinkel der schiefen Ebene ist, mit um so größerer Kraft drückt der auf ihr abwärts rollende Körper auf etwaige Hindernisse, die ihn aufhalten wollen.

Jede Gebirgsart hat einen besonderen, natürlichen Böschungswinkel, den sie unter allen Umständen anzunehmen trachtet. Dies ist besonders leicht wahrzunehmen an senkrechten Wänden (Streckenstößen) im rolligen Gebirge. Die geböschte Fläche stellt die schiefe Ebene dar; auf ihr rollt alles nach unten, was nicht innerhalb des Böschungswinkels liegt. Um dies zu verhüten, werden senkrechte Wände im rolligen Gebirge durch Holzzimmerung oder Mauerung gestützt. Wie stark der Ausbau sein muß, um dem Seitendruck mit hinreichender Kraft widerstehen zu können, lehrt am besten die praktische Erfahrung.

Im festen Gebirge können die Seitenstöße der Grubenbaue ohne besondere Unterstützung senkrecht, sogar überhängend hergestellt werden, ohne daß ein Nachteil eintritt. Dagegen werden bei geringerer Festigkeit des Gebirges oben an den Stößen Abbröckelungen stattfinden; diese werden sich solange fortsetzen, bis die Stöße die dem Gebirge eigentümliche Böschung besitzen.

Der Stoßdruck kann durch Firstendruck noch vergrößert werden. Die einzelnen Teilchen des im Stoße anstehenden Gebirgsstückes werden dann nicht allein infolge der Schwere nach unten gezogen, sondern sie erhalten von dem ebenfalls nach unten strebenden Firstengesteine noch einen besonderen Schub nach unten. Dies wird namentlich dann wahrnehmbar werden, wenn hangende Gebirgsschichten im ganzen sinken und somit auf den sie tragenden Gesteinssäulen lasten.

Beim schwimmenden Gebirge ist es besonders die Last des in ihm enthaltenen Wassers, die den Druck ins ungeheure zu steigern vermag. Im Wasser wirkt der Druck gleichmäßig nach allen Seiten hin; daher wird auch der Stoßdruck hier stets von der Höhe der Wassersäule abhängig sein.

Den Letten und treibenden Ton können wir ebenfalls wieder als Massen von beträchtlicher Zähflüssigkeit auffassen. Bei Grubenbauen, die in diesem Gebirge hergestellt sind, hängt der Stoßdruck zunächst von der Mächtigkeit der Lettenmassen ab, dann aber auch wiederum von dem Drucke, den hangende Gesteinsmassen auf dieses lettige Gebirge ausüben.

Wenn der Druck in schräger Richtung wirkt, so daß er die Grubenbaue um ihre Längsachse zu verdrehen sucht, spricht man von schraubendem Druck. Er tritt vielfach beim Auffahren von Strecken im schwimmenden Gebirge auf.

III. Der Sohlendruck.

Der Sohlendruck ist im Gegensatze zum Firsten- und Seitendruck nur eine mittelbare Folge der Schwerkraft. Er tritt immer dann ein, wenn die Sohle aus milderem Gestein besteht als das, in welchem die Stöße und Firste einer Strecke ausgearbeitet sind. Wenn nun die hangenden Schichten nach unten zu sinken beginnen, pressen sie sich in das milde Sohlengestein hinein; dieses ist nun gezwungen, in die Strecke, also nach oben, auszuweichen. Die Streckensohle beginnt zu quellen; die einzelnen Gesteinsbänke bersten dabei und blättern sich auf.

IV. Die Bergschläge.

Benutzte Literatur:

Rhezak, A., Bergschläge und verwandte Erscheinungen. Zeitschrift für praktische Geologie 1906, Heft 11.
— Zur Kenntnis der Bergschläge. Zeitschrift für praktische Geologie 1907, Heft 1.
— Neue Beiträge zur Kenntnis der Bergschläge. Zeitschrift für praktische Geologie 1907, Heft 9.
— Beiträge zur Kenntnis der Bergschläge. Zeitschrift für praktische Geologie 1908, Heft 6.
Stefan, Spannungen im Gestein als Ursachen von Bergschlägen in den Przibramer Gruben. Österr. Zeitschrift 1906, Nr. 20.

Eine in ihren Ursachen noch nicht aufgeklärte Druckerscheinung sind die Bergschläge (Pfeilerschüsse, Kohlenstoßexplosionen, schlagendes oder knallendes Gebirge). Die Erscheinungen zeigen sich allerorts im Bergbau, Tunnelbau und Steinbruchbetriebe; sie kennzeichnen sich durch plötzliche Verschiebungen oder Einbrüche von festen Gesteinsschichten unter explosionsähnlichem Knall; oft geht als warnendes Geräusch ein Knistern und Prasseln, manchmal auch ein Aufwölben der betreffenden Gesteinspartien voraus. In den Steinbrüchen von Quenast machen die Arbeiter solche sich aufwölbende Stellen durch kräftiges Bearbeiten mit dem Hammer unschädlich, bevor sie unter Umherschleudern von Gesteinsstücken aufbrechen.

Im Dortmunder Kohlenrevier treten die Bergschläge immer nur dort im Flöze oder im Liegenden auf, wo die Flöze ein sehr festes, schwer zu Bruche gehendes Hangendes haben.

Die Entstehungsursache der Bergschläge ist, wie gesagt, noch nicht hinreichend aufgeklärt; man wird wohl nicht fehl gehen, wenn man nicht für alle dieselbe Ursache zugrunde legt, sondern von Fall zu Fall die eine oder die andere als treibende Kraft annimmt. So schreibt z. B. Prof. A. Rzehak:

„Aus den in neuester Zeit auffallend häufig auftretenden Erdbeben und Vulkanausbrüchen wird bekanntlich nicht selten — namentlich in Laienkreisen — der Schluß gezogen, daß sich der Erdkörper derzeit in einem Stadium „gesteigerter Erregung“ befindet. Die ebenfalls erst in neuerer Zeit zahlreicher beobachteten Bergschläge scheinen diesen Schluß — wenigstens soweit er sich auf die seismische Erregung bezieht — durchaus zu rechtfertigen, denn meiner Ansicht nach haben wir bei den Bergschlägen tatsächlich den Erdbebendämon in flagranti ertappt. Da der faltende Seitendruck nur eine andere Manifestation desselben Dämons ist, so können die Bergschläge auch als sehr gewichtige Argumente zugunsten der modernen Gebirgsbildungstheorie geltend gemacht werden“.

Stefan-Przibram führt die Bergschläge auf Pressungen zurück, die in den meisten Fällen im Gebirgsbau begründet oder tektonisch sind.

Baumgartner betrachtet die Bergschläge als Folgeerscheinung der Gebirgsfaltung, bei der ein Teil der faltenden Kraft in den Flözen aufgespeichert wurde. Vor den Augen des Beschauers lockert sich der anfangs feste Kohlenstoß, er „arbeitet“ unter Knistern und Prasseln, bis entweder nur kleine Stücke unter heftigem Knall weit weggeschleudert werden oder große Kohlenplatten „absetzen“, d. h. sich loslösen.

Wie G. Ryba berichtet, unterscheidet man im nordwestböhmischen Braunkohlenbezirke zwei Sorten von Pfeilerschüssen. Die erste und gefährlichere hat ihren Ursprung im Hangenden und zeigt sich dort, wo so mächtige Überlagerungen über dem Flöze vorhanden sind, daß der Abbau über Tage keine Pingen mehr bilden kann; das Hangende muß zäher, elastischer Letten sein. Die Schüsse sind eine Folge der Spannungsauslösung beim Zubruchegehen der Hangendschichten in den 11—17 m hohen Plänen (= Abbaukammern). Ihre Wirkungen zeigen sich auch im Flöze.

Die zweite Art der Pfeilerschüsse entsteht bei lockerer Kohle und größerer Mächtigkeit der überlagernden Schichten im Flöze selbst und zwar in der Nähe der Abbaustöße.

Auch im dortigen Bezirke kennt der Bergmann keinerlei Mittel, um sie ganz zu beseitigen; nur die im Flöze selbst entstehenden Pfeilerschüsse lassen sich durch betriebliche Maßnahmen (Größe der Abbaukammern, Sicherheitspfeiler usw.) einschränken.

Hankar-Urban führt die Bergschläge in den Steinbrüchen von Yorkshire auf das Gewicht der überlastenden Gesteinsmassen zurück.

Auch der bekannte schweizerische Geologe A. Heim hat als einzig mögliche Ursache dafür den Schweredruck des Gebirges angenommen.

Indessen scheint auch der Luftdruck eine gewisse Rolle dabei zu spielen. So ist z. B. im Gerhardflöze der Mathildegrube O. S. beobachtet worden, daß bei tiefem Barometerstande die Kohle weit mehr und lauter prasselt als bei hohem. Die dort arbeitenden Bergleute erkennen daran, ohne besondere Benachrichtigung von Tage her, ob oben schönes Wetter ist oder ob es regnet.

C. Die Ursachen des Druckes.

Wir haben schon gesehen, daß Druck sich einstellt, wenn ein Gestein seine Spannung verliert; dies ist fast immer dann der Fall, wenn die Schichten ihrer Unterstützung beraubt werden.

Viele, namentlich tonige Gebirgsarten, verlieren ihre Spannung auch infolge Verwitterung und Zersetzung. Dies beginnt immer dann, wenn das Gestein beim Streckenvortriebe freigelegt wird, so daß es mit der Luft in Berührung kommt. Die unmittelbaren Ursachen der Verwitterung sind entweder die Oxydation oder häufiger die Aufnahme von Wasser. Dieses Wasser stammt zumeist aus der Grubenluft, die fast durchweg einen hohen Feuchtigkeitsgehalt besitzt.

D. Die Mittel gegen den Druck.

Das Bestreben des Bergmannes muß in der Hauptsache immer dahin gehen, zu vermeiden, daß sich überhaupt Druck einstellt. Ist er einmal vorhanden, dann ist es unmöglich, ihn wieder zu beseitigen; höchstens kann man ihn zum Stillstand bringen, d. h. vermeiden, daß er größer wird.

Da der Druck eine Folge von Spannungsverlusten im Gestein ist, so ist das Haupterfordernis, daß man die ursprüngliche Spannung im Gestein zu erhalten sucht. Dies kann dadurch erreicht werden, daß man die Grubenbaue mit einem Ausbau versieht, auch wenn noch gar kein Druck vorhanden ist.

Wenn sich in der Nähe von Räumen, die lange offen bleiben sollen, alter Mann befindet, so müssen gegen diesen entsprechende Sicherheitspfeiler belassen werden. Oft wird es auch möglich sein, solche Räume dadurch zu schützen, daß man die umliegenden verlassenen Baue versetzt.

Gesteinsschichten, von denen man weiß, daß sie durch Verwitterung über kurz oder lang in Druck kommen werden, sind sofort bei ihrer Freilegung hereinzuwerfen. Dies ist natürlich nur dann durchführbar, wenn ihre Mächtigkeit nicht allzu bedeutend ist. Im anderen Falle hat man oft mit Erfolg versucht, die Luft von der Berührung mit solchem Gestein abzuhalten. In einfachster, aber auch unvollkommenster Weise wird dies durch einen dichten Bretter- oder Schwartenverzug erzielt. Besser und sicherer kann man die Grubenluft vom Gestein fernhalten, wenn letzteres mit einem dichten Mörtelverputz berappt wird. Oft genügt schon anstatt dessen ein einfacher Kalkanstrich. Hierbei muß in erster Reihe dafür gesorgt werden, daß alle Klüfte gut verschmiert werden; denn gerade auf ihnen dringt die Verwitterung schnell tief in das Gestein vor.

Das Sohlequellen als Folge von Feuchtigkeitsaufnahme aus der Luft wird häufig dadurch vermieden werden können, daß die Streckensohle mit Stoffen bedeckt gehalten wird, die kein Wasser ansaugen. Dies wäre z. B. Kesselasche, Zinkschlacke (Räumasche) u. dgl., die in einer 8—10 cm starken Schicht eingebracht und festgestampft werden. In manchen, günstigeren Fällen genügt auch eine Schüttung von feinen Bergen (Waschbergen).

Ist in solchen Strecken mit quellender Sohle fließendes Wasser vorhanden, so muß dieses selbstverständlich in einer wasserdicht ausgekleideten Wasserseige oder in einem Gefluter abgeleitet werden.

Auf der Braunkohlengrube Freudenthal bei Oberkaufungen (B.-R. Cassel) wurde im Jahre 1888 ein Querschlag durch treibenden Ton aufgefahren; in ihm war der Druck so bedeutend, daß die stärksten Hölzer bald brachen. Dies hörte aber auf, als durch den Querschlag eine Dampfleitung gelegt wurde; der Ton trocknete und erhärtete.

In ähnlicher Weise ging man auf einem nordböhmischen Braunkohlenbergwerke vor. Das Kesselhaus stand dort auf schlüpfrigem Ton und kam ins Gleiten. Man schützte es dadurch, daß man unter ihm mehrere Strecken trieb und ausmauerte. Die Feuergase wurden nun auf dem Wege nach der Esse durch diese Kanäle geleitet und trockneten den Ton vollständig aus.

Von nicht zu unterschätzender Bedeutung für die Offenerhaltung von Grubenbauen sind deren Weite und Form. Die Weite steht immer im geraden, aber nicht im gleichen Verhältnis zur Gesteinsspannung; sie kann also bei hoher Spannung größer sein als bei geringer.

Die Form der Grubenbaue ist außer von der Gesteinsspannung noch von der Art des einzubringenden Ausbaues abhängig. Bei hoher Spannung im Gestein wird sich oft ein Ausbau vollkommen erübrigen; in diesem Falle erhalten die Baue am besten gewölbte Querschnitte. Schächte werden also rund oder elliptisch abgeteuft; Strecken, Füllörter, Maschinenräume u. dgl. sind „auf Wölbung“ herzustellen, d. h. die Firste, die ja zu allererst in Druck geraten kann, erhält gerundete Formen (Fig. 1). Im Steinkohlengebirge finden sich derartige Querschnitte besonders bei Strecken, die im Sandstein oder im Kohl getrieben sind. Ab und zu wird die Streckenfirste auch spitzbogenartig (Fig. 2) eingewölbt; dies ist aber zumeist nur bei geringerer Spannung und in schmalen Strecken vorteilhaft.

Fig. 1. Gewölbter Grubenraum.

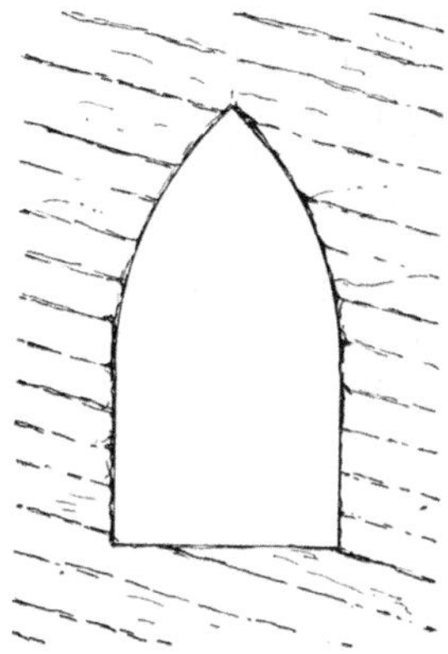

Fig. 2. In Spitzbögen hergestellter Grubenraum.

Ist die Gesteinsspannung eine derartig geringe, daß die Baue nicht ohne Ausbau belassen werden können, so hat sich ihre Gestalt dem Charakter des Verbaues anzupassen. Da nun am häufigsten die Holzzimmerung zur Anwendung gelangt, so werden die Querschnitte meistens rechteckig, seltener vieleckig sein. Auch wenn der Ausbau in Mauerung erfolgen soll, werden häufig eckige Querschnitte gewählt werden, obgleich Mauerung stets in gerundeten Formen ausgeführt wird. Dies rührt daher, daß auf den vorhergehenden verlorenen Ausbau Rücksicht genommen werden muß.

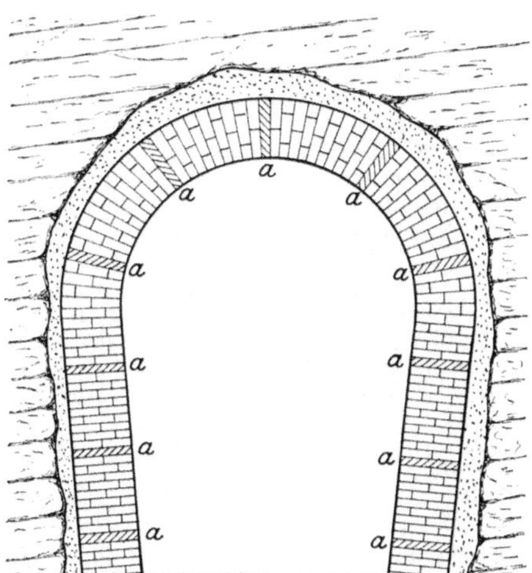

Fig. 3. Mauerung mit Sandpolster.

Nach dem D. R. P. 159472 von Dieckmann soll Ziegelmauerwerk, welches bei einseitigem Drucke bekanntlich sehr leicht platzt, auf folgende Weise geschützt werden. Anstatt der üblichen Hinterfüllung mit hartem Material (Bergestücke) wird der Raum zwischen dem Gebirge und dem Mauerwerk mit Sand ausgefüllt (Fig. 3). Die Weite dieses Schutzraumes hängt von der Größe und Richtung des zu erwartenden Gebirgsdruckes ab. Im Mauerwerk sind

Durchlochungen a vorhanden, die durch Keile verschlossen werden können. Kommt das Gebirge einseitig in Bewegung, und merkt man eine Verschiebung der Mauerung, so verschließt man die Maueröffnungen auf der Seite, nach welcher hin die Verschiebung erfolgt. Der Sand wird nun auf der dem Drucke zugewendeten Seite durch die Öffnungen herausgeflossen kommen, während er auf der anderen Seite als Widerlager für die Mauerung dient. Der Schutz dieses Sandpolsters hört auf, wenn aller Sand herausgedrückt ist.

Ferner kann man das spröde Ziegelmauerwerk durch Holzeinlagen widerstandsfähiger machen oder überhaupt Streckenmauerungen anstatt aus Ziegeln aus passend zugeschnittenen Holzklötzen aufführen. Das nähere hierüber ist in dem Kapitel über Streckenausbau zu finden.

Zweiter Abschnitt.

Die beim Grubenausbau verwendeten Materialien.

A. Das Holz.

Benutzte Literatur:

Sickel, Die Grubenzimmerung.
Krause, Ing. Dr. Max, Über das Hasselmannsche Imprägnierungsverfahren, speziell in seiner Bedeutung für das Grubenholz. Glückauf 1898, Nr. 39.
Die Methoden zur Konservierung der Hölzer. Der Bergbau, XV. Jahrgang (1901/1902), Nr. 13.
Dütting und Quast, Untersuchung über die Gebrauchsfähigkeit verschiedener Holzarten zu Grubenstempeln. Preußische Zeitschrift 1900, Nr. 48.
Die Anwendung des Imprägnierverfahrens Hasselmann auf Schwellen und Nutzholz. Glückauf 1902, Nr. 5.
Über Versuche mit verschiedenen Holzarten mit Rücksicht auf ihre Verwendbarkeit im Bergbau. Glückauf 1898, Nr. 9.
Dütting, Über die Gebrauchsfähigkeit einiger Holzarten zum Grubenausbau. Glückauf 1898, Nr. 41.
Über die Verwendbarkeit des Akazienholzes insbesondere für den Grubenbetrieb. Glückauf 1898, Nr. 2 und 41.
Kausch, Akazienholz (Robinie) als Zukunftsholz für den Bergbau. Glückauf 1898, Nr. 43.
— Die Verwendung des Akazien-(Robinien-)Holzes im Bergbau. Glückauf 1899. Nr. 11.
Bewährung des Akazienholzes als Grubenholz. Glückauf 1899, Nr. 30.
Wex, Der Stand der Grubenholzimprägnierung auf den Zechen des Oberbergamtsbezirks Dortmund am Ende des Jahres 1903. Glückauf 1904, Nr. 15.
Riesenfeld, Dr. H., Vergleichende Versuche über Holzimprägnierung. Kohle und Erz 1904, Nr. 1 und 2.
Grubenstempel-Kehlsäge. Der Bergbau, XXI. Jahrgang, Nr. 20. Kohle und Erz 1908, Nr. 27.
Kegel, Die Bedeutung und Verwendung des Holzes im Bergwerksbetriebe. Der Bergbau, XXI. Jahrgang, Nr. 17—20.
Stens, Über Grubenholzimprägnierung. Der Bergbau, XX, Nr. 64/65.
Stens, Die Grubenholzimprägnierung auf den Zechen des Mülheimer Bergwerks-Vereins. Glückauf 1907, Nr. 52.

Grubenholzimprägnierung. Der Bergbau, XXI, Nr. 2.
Pütz, Über die Imprägnierung des Grubenholzes im allgemeinen und das Verfahren von Wolman im besonderen. Berg- und hüttenmännische Rundschau 1908, Nr. 17.
Holztränkanlage von Altena. Glückauf 1907, Nr. 41.
Ein neues Zubereitungsverfahren für Telegraphenstangen und andere Hölzer zum Schutze gegen Fäulnis. Kohle und Erz 1906, Nr. 14.
Seidenschnur, F., Über die Imprägnierung von Grubenhölzern. Glückauf 1906, Nr. 17.
Tränkung von Grubenholz mittelst Sole. Glückauf 1907, Nr. 7.
Ze nagen der Grubenzimmerung durch einen Rüsselkäfer (Rhyncolus culinaris Germ.) in den Hänichener Steinkohlenwerken bei Dresden. Glückauf 1905.
Stens, Über die Eigenschaften imprägnierter Grubenhölzer, insbesondere über ihre Festigkeit. Glückauf 1909, Nr. 10.
Dr. Hecker, Neuerungen im Grubenausbau. Glückauf 1908, Nr. 16.

I. Die Kennzeichen und Eigenschaften eines guten Grubenholzes.

a) Kennzeichen.

Ein gutes Grubenholz soll schlank gewachsen sein. Auch die Fasern dürfen nicht spiralig um den Stamm verlaufen, sondern müssen geradeaus nach oben gehen. Der Verlauf der Faserrichtung läßt sich am entrindeten und getrockneten Holze leicht durch die Trocknungsrisse feststellen.

Die Jahresringe sollen fein sein und dicht beieinander liegen. Ein solches Holz ist bedeutend kerniger und gesunder; starke Jahresringe sind ein Zeichen dafür, daß das Holz schwammig und wenig haltbar ist. Kerniges Holz wächst auf magerem, sandigem Boden; es kann hier nicht viel Fleisch ansetzen.

Holz mit weiten Jahresringen leistet größeren Widerstand gegen Säulendruck und eignet sich daher zu Stempeln; solches mit engen Jahresringen besitzt dagegen eine höhere Biegungsfähigkeit und soll darum vorzugsweise zu Kappen benutzt werden.

Die Rinde des noch lebenden Holzes soll glatt und ohne Risse sein. Rissige Rinde gibt meist den ersten Angriffspunkt für die Fäulnis. Ferner können an solchen Stellen leicht Insekten ins Innere eindringen, denen die Fäulnis schnell folgt.

Das Holz darf schließlich nicht kernfaul sein. Hierfür gibt es verschiedene Erkennungszeichen. Gesundes Holz klingt hell, faules dumpf, wenn man mit der Axt oder Keilhaue an die Hirnholzfläche schlägt. Die Schnittfläche fühlt sich bei faulem Holze rauh und feucht an und ist im Kerne dunkler als im Splinte.

b) Eigenschaften.

Zu den Haupteigenschaften eines zum Grubenausbau geeigneten Holzes gehören eine dem Zweck entsprechende Tragfähigkeit, eine möglichst lange Lebensdauer, auch unter ungünstigen Bedingungen, und ein möglichst gutes Warnungsvermögen.

Unter dem Warnungsvermögen versteht man die Eigenschaft des Holzes, beim Beginn von Gebirgsbewegungen möglichst zeitig laut und anhaltend zu knattern. Dadurch werden die Bergleute beizeiten auf die drohende Gefahr aufmerksam gemacht und können sich in Sicherheit bringen.

Die Lebensdauer hängt zum Teil von der Tragfähigkeit ab. Denn je stärker ein Holz ist, um so länger wird es dem Gebirgsdrucke, der es zu zerstören sucht, widerstehen können. In hohem Maße wird die Lebensdauer aber durch die Neigung zum Verfaulen beeinträchtigt.

II. Die Lebensdauer des Grubenholzes.

Das Holz wird durch den Gebirgsdruck oder durch Fäulnis zerstört. Wenn man also an den Holzkosten Ersparnisse machen will, wird man gegen diese Holzfeinde vorgehen müssen.

Auch die Tierwelt trägt zur Zerstörung des Grubenholzes bei. Die Schaben (Kakerlaken), die in den Wohnungen der Menschen u. a. von Küchenabfällen leben, nähren sich in der Grube vom Holzmehl der modernden Zimmerung.

In den Hänichener Steinkohlenbergwerken bei Dresden wurde im Jahre 1895 auch gesundes Holz von einem Rüsselkäfer (Rhyncolus culinaris Germ.) zerfressen. Er ist nur 3—4 mm lang und pechschwarz. Mit seiner Arbeit, die er nur unter der äussersten Stammschicht verrichtete, begann er stets an der Sohle. Als äußerliche Kennzeichen von seinem Vorhandensein war nur neben den Stempeln liegendes Holzmehl wahrzunehmen. Als Gegenmittel wurde ein Anstrich mit Karbolineum angewendet, der vollständig genügte; die von einem Fachmanne vorgeschlagene Benutzung von Kreosot, Chlorzink oder Quecksilberchlorid konnte infolgedessen unterbleiben.

a) Der Gebirgsdruck.

Es ist selbstverständlich, daß immer dem Druck entsprechend starkes Holz eingebaut wird; auf keinen Fall darf es zu schwach sein. Die Mittel, die sich allgemein anwenden lassen, um das Grubenholz vor den Einwirkungen des Druckes zu schützen, sind bereits genannt worden; es sind dieselben, durch die auch die Grubenbaue vor Druck bewahrt werden sollen, also entsprechende Weite und Form, rechtzeitiges Einbringen von Ausbau und Entfernung druckhafter Gebirgsschichten.

Man kann auch die Zimmerung selbst so ausführen, daß sie dem Drucke teilweise nachgibt. Dies läßt sich z. T. schon durch die Wahl der geeigneten Holzart erreichen; eine solche ist das Nadelholz; denn es läßt sich zusammenpressen. Imprägniertes Nadelholz dagegen und Eichenholz geben dem Drucke nicht nach, dürfen also nur dort verwendet werden, wo die Gesteinsspannung erhalten werden soll.

Wenn Strecken lange Zeit an Stellen offen erhalten werden müssen, wo starker Gebirgsdruck herrscht, wie z. B. im Bergeversatz, im quellenden Schieferton usw., da wird der Holzverbrauch stets ein sehr bedeutender sein.

Man kann dann den Gebirgsdruck dadurch von der Zimmerung fernhalten, daß man

1. sie freistehen läßt, also gleichsam nur als Schablone für den Streckenquerschnitt benutzt. Das gegen die Zimmerung heranquellende Gebirge wird durch besonders hiermit beauftragte Arbeiter regelmäßig nachgenommen. Dieses Lüften der Zimmerung stand bereits im Jahre 1872 auf Tremonia und Dorstfeld in Anwendung.
2. tiefe Bühnlöcher herstellt und diese mit Kleinkohle ausfüllt; diese wird vom Stempel zerdrückt, bevor er den Gebirgsdruck voll aufnimmt.
3. Quetschhölzer benutzt, indem man dem Stempel einen starken Kopf- oder Fußpfahl gibt. Kommt das Gebirge in Bewegung, so wird erst dieses Quetschholz zerdrückt und dann der Stempel; bei rechtzeitigem Auswechseln des Quetschholzes und entsprechendem Verkürzen des Stempels kann dieser aber lange lebensfähig erhalten werden.
4. in den Stempelfuß mit der Säge kreuzweise zwei etwa 30 cm tiefe Einschnitte macht, die der Holzachse parallel laufen.
5. den Stempelfuß zuschärft oder zuspitzt.

Dieses konische Behauen des unteren Stempelendes ist schon längere Zeit auf englischen Bergwerken eingeführt gewesen, ehe man es in Deutschland anwendete. Solche Hölzer hielten dort z. B. bis zu 63 Tagen, während unbehauene schon nach 16 Tagen unbrauchbar waren.

Auf Zeche Rheinpreussen, Schacht I/II, werden die Türstockbeine so angespitzt, daß die untere Stempelfläche etwa die Größe eines Zweimarkstückes hat.

Die Höhe der Zuspitzung beträgt

bei Stempeln von	2,51	m Länge und	20	cm Stärke etwa	60	cm,
„ „ „	1,88	„ „ „	17	„ „ „	50	„
„ „ „	1,25	„ „ „	15	„ „ „	30	„
„ „ „	0,94	„ „ „	12	„ „ „	20	„
„ „ „	0,63	„ „ „	10	„ „ „	15	„

Auf Zeche Zollverein, B. R. Ost-Essen, sind die Kegel am Stempelfuße etwa 40 cm lang; der untere Durchmesser beträgt ungefähr 5 cm.

Nach Angaben von Dr. Hecker ist bei Versuchen auf Zeche Deutscher Kaiser bei Hamborn festgestellt worden, daß eine Stempelspitze von 5 cm Durchmesser noch die bedeutende Tragfähigkeit von 7600 kg besitzt; sie ist also imstande ungefähr 3 cbm lockeres Gestein zu tragen, ohne daß sie nachgibt.

Eine sehr wesentliche Bedingung bei dem Gebrauch von angespitzten Stempeln ist, daß die Bühnlöcher reichlich weit sind und flache Sohle haben; denn nur unter dieser Voraussetzung kann der zugespitzte Stempelfuß besenartig aufsplittern. Diese Quaste muß von Zeit zu Zeit abgehauen und der Stempel auf seinem Platze nachgespitzt werden; anderenfalls beginnt er zu wandern.

Auf Friedenshoffnung-Grube bei Waldenburg fielen die Versuche in Flözen von mehr als 2 m Mächtigkeit und bei über 30⁰ Fallen unbefriedigend aus.

Die Stempel werden bereits zugespitzt in die Grube eingehängt. Zum Anspitzen kann man über Tage die Kreissäge benutzen; man schneidet mit ihr übers Kreuz vier Späne vom Stempel ab. Indessen sollen Spitzen, die mit der Axt hergestellt wurden, eine größere Tragfähigkeit besitzen.

Auf der Zeche Wiesche des Mühlheimer Bergwerksvereins werden die Abbaustempel mit einer von Fleck Söhne in Berlin-Reinickendorf

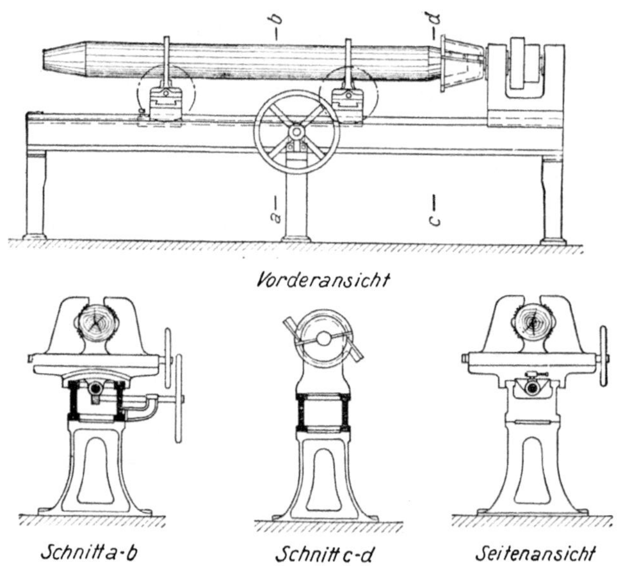

Fig. 4. Stempelspitzmaschine (aus Glückauf 1909, Nr. 8).

gelieferten Stempelanspitzmaschine zurechtgeschnitten. Der Stempel wird in zwei Spannsupporte (Fig. 4) eingelegt, die durch eine Zahnstange miteinander verbunden sind. Mit Hilfe eines von Hand bewegten Zahntriebes werden sie gegen einen konischen Messerkopf vorgeschoben, der etwa 900 Umdrehungen je Minute macht. Um auch Stempel von mehr als 200 mm Durchmesser anspitzen zu können, ist der Messerkopf auswechselbar. Als Antriebskraft ist etwa 1 PS erforderlich. Ein Stempel ist einschliesslich Ein- und Auslegen in 40 Sekunden zugeschnitten.

Gute Erfahrungen wurden auch mit Stempeln gemacht, die anstatt einer Spitze am Fusse eine stumpfe Schneide erhielten. Ein solches Holz hält mehr Seitendruck aus als ein zugespitztes. Die Grundfläche des Stempels hat auf Zeche Deutscher Kaiser, Schacht II, eine kleinste Breite von 10—20 mm; die Schneidenhöhe beträgt250—350 mm.

Beim Einbau stellt man die Fußschneide senkrecht zum Streckenstosse. Unter den Stempel kommt ein Fußpfahl aus Rundholz oder Halbholz parallel zum Streckenstosse; an der Aufsatzstelle der Schneide ist er etwas eingekerbt.

In ähnlicher Weise wurden die Stempel auch am Kopfende, allerdings nur schwach, zugeschärft, wenn sie hier Anpfähle erhielten. Ausgekehlte Stempelköpfe spalteten weit leichter auf. Die Kappen rollten von solchen Stempeln nicht ab, weil letztere sich bald in sie eindrückten und sie so festhielten.

In den Gruben von Courrières hat man in stark druckhaften Strecken (Strebstrecken) die Türstockbeine am Kopfende zugeschärft und außerdem mit einer Blattung für die Kappen versehen (Fig. 5).

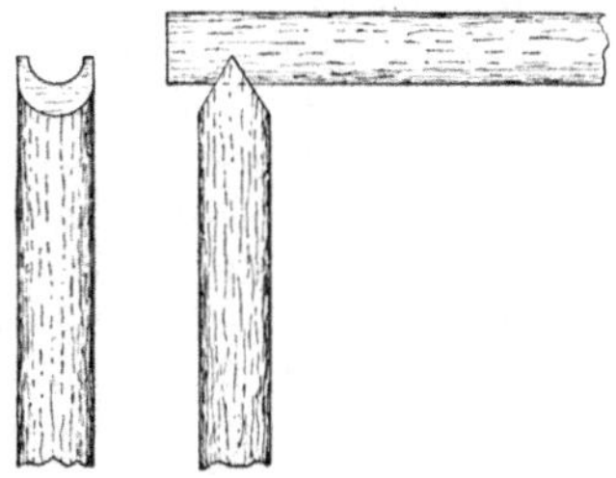

Fig. 5. Nachgiebiger Türstock (aus Verhandlungen und Untersuchungen der Preuß. Stein- und Kohlenfall-Kommission 1906).

Zur Erprobung dieser hölzernen Stempel auf ihre Druckfestigkeit, sowie auch zur Untersuchung von eisernen, verstellbaren Stempeln wurde auf Schacht II der Gewerkschaft Deutscher Kaiser in Hamborn eine hydraulische Presse (Fig. 6) benutzt. Man stellte sie aus einer Schachtpresse her, die in einem viereckigen eisernen Rahmen untergebracht wurde. Das

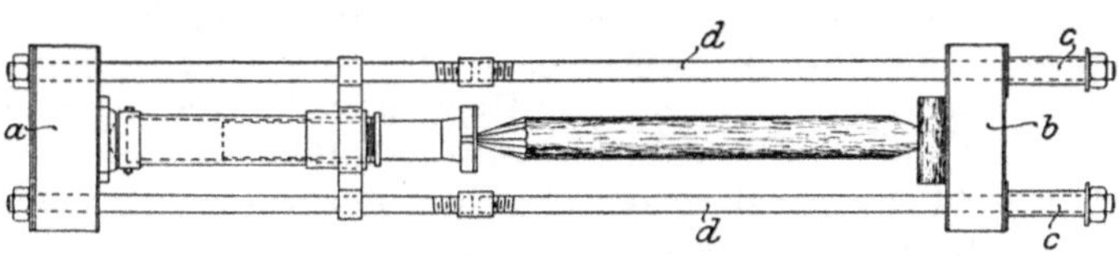

Fig. 6. Hydraulische Stempelpresse (aus Glückauf 1908 Nr. 16).

eine Widerlager a war fest angebracht; das andere Widerlager b war verschiebbar, um es auf die Länge der zu untersuchenden Stempel einstellen zu können. Entsprechende Rohrstücke c, die auf das Gestänge d aufgeschoben wurden, hielten dieses Widerlager fest.

b) Die Fäulnis.

Es ist zwischen trockener und nasser Fäulnis zu unterscheiden.

Die trockene Fäulnis oder der Trockenmoder tritt ein, wenn das Holz in gleichmäßig warmen und feuchten Wettern steht. Hierdurch wird eine Zersetzung der Säfte eingeleitet; in deren Gefolge bilden sich Bazillen, welche auf die Holzsubstanz zerstörend einwirken. Als erstes sichtbares Anzeichen der beginnenden Vermoderung sind auf der Oberfläche des Holzes weiße Fäden zu bemerken, die sich bald zu Pilzen oder zu Schimmel vereinigen. Diese Wucherungen breiten sich auch in die Nachbarschaft aus und übertragen so die Krankheitskeime auf noch gesundes Holz.

Die nasse Fäulnis entsteht:

1. Wenn Holz abwechselnd naß wird und dann wieder trocknet.
2. Wenn es nur teilweise naß ist.
3. Überhaupt wenn Wasser ins Innere des Holzes eindringen kann.

Diese Fäulnis beginnt am liebsten in Rissen, Astlöchern und an den Verbindungsstellen der einzelnen Holzstücke. Bei Holz, das nur teilweise naß gehalten wird, beispielsweise bei in der Wasserseige stehenden Stempeln, tritt sie immer in einer Höhe von ca. 10 cm über dem Wasserspiegel auf. Das Wasser zieht sich am Holze noch etwas in die Höhe; an der Stelle, die den Übergang zum ständig trockenen Teile bildet, fängt die nasse Fäulnis regelmäßig an. Sie äußert sich in einem Dunklerwerden der befallenen Stellen; dieselben werden so weich, daß man leicht hineinstechen kann, und fühlen sich naß, beinahe flüssig an. Die Entwicklung schlecht riechender Gase geht bei der nassen Fäulnis schneller vor sich als beim Trockenmoder; dagegen ist der Fortschritt des Faulungsprozesses ein langsamerer.

c) Die Mittel gegen das Faulen des Holzes.

1. Mittel gegen nasse Fäulnis.

In erster Reihe wird das Bestreben darauf gerichtet sein müssen, die Ursachen der Fäulnis zu beseitigen. Da diese nun darin begründet sind, daß das Holz nur zeitweise oder aber nur stellenweise naß ist, so wird man anstreben müssen, das Holz entweder ständig und allenthalben trocken oder aber ständig und allenthalben naß zu halten. Das erstere wird sich im Bergwerksbetriebe nur selten erreichen lassen.

Leichter ist es, das Holz beständig naß zu erhalten. Am einfachsten sind die hierzu nötigen Vorrichtungen in nassen Schächten. Das Wasser wird durch passend gelegte Bretter gleichmäßig über alle Stöße verteilt. Stärkere Wasserstrahlen läßt man gegen die Zimmerung spritzen, so daß sie in feinem Staub nach allen Richtungen hin auseinanderspritzen.

In Querschlägen und Strecken ist dies nicht so leicht durchzuführen; denn hier fehlt meistens das von oben herabrieselnde Wasser. Wo nicht Berieselungsleitungen vorhanden sind, stellen sich besondere Wasserleitungen mit Spritzvorrichtungen einzig und allein für diesen Zweck zu teuer, da man mit anderen Mitteln billiger fortkommt. Außerdem ist zu berücksichtigen, daß die durchfahrende Belegschaft durch derartige beständig wirkende Spritzvorrichtungen sehr belästigt wird, daß die Baue schneller verschmutzen, und daß in manchen Fällen die Spannung des Gebirges durch die Berieselung herabgemindert wird.

In allen Fällen, wo es ausgeschlossen ist, das Grubenholz durch Berieselung vor der nassen Fäulnis zu schützen, wird man dasselbe mit fäulniswidrigen (antiseptischen) Mitteln behandeln müssen. Diese sollen im folgenden Teile zusammen mit den Mitteln gegen die trockene Fäulnis aufgeführt werden.

2. Mittel gegen trockene Fäulnis.

Es gibt vielerlei Mittel, die man gegen die trockene Fäulnis anwenden kann.

1. Da gleichmäßig warme und feuchte Wetter die Zersetzung der Säfte begünstigen, so wird man für möglichst kühle und trockene Wetter Sorge tragen müssen. Dies läßt sich aber nicht überall im Grubenbetriebe durchführen. Man muß viele Abbaufelder, die vorgerichtet sind, aber noch nicht abgebaut werden können, wetterdicht verdämmen, um einer Verzettelung der Wetter vorzubeugen. Innerhalb dieser abgedämmten Felder wären die Vorbedingungen für die Entstehung von trockener Fäulnis im günstigsten Maße vorhanden. Aber sie können auch im lebhaftesten Wetterzuge auftreten, nämlich in ausziehenden Wetterstrecken und in trockenen Ausziehschächten; denn auf ihrem Wege durch die Grubenbaue erwärmen sich die Wetter immer mehr und nehmen Feuchtigkeit auf.

2. Wenn ein lebhafter Wetterwechsel nicht genügt, um das Holz zu schützen, so werden die Säfte irgendwelcher Behandlung unterworfen. Das Nächstliegende ist, daß man versucht, dieselben überhaupt aus dem Holze zu entfernen. Dies geschieht durch Auswaschen mit Wasser oder Dampf.

Das Auswaschen kann in einem fließenden Gewässer vorgenommen werden. Man legt die Hölzer mit dem Wurzelende dem Wasserstrome entgegen; das Wasser fließt dann in derselben Richtung durch wie die Säfte im lebenden Holze.

Besser ist es, das Holz in besonderen Gestellen mit dem Wurzelende nach oben senkrecht aufzustellen. Aus darüber angebrachten Geflutern tröpfelt beständig Wasser auf die Stirnflächen, zieht in das Holz ein und tritt mit den aufgelösten Säften am unteren Ende aus.

Die Säfte können auch durch überhitzten Dampf entfernt werden. Hierbei wird auf das Wurzelende eine dicht schließende Haube aufgesetzt. Wenn in diese der Dampf eingeleitet wird, kann er nur durch den Stamm hindurch entweichen.

3. Die Säfte bleiben im Holze, werden aber durch Eindicken oder Eintrocknen unschädlich gemacht.

Es wird vielfach behauptet, daß im Winter gefälltes Holz der Fäulnis länger widersteht als das im Sommer eingeschlagene grüne. Dagegen läßt sich aber einwenden, daß während des Winters die Säfte im Holze bleiben, sich also nicht zu Beginn desselben in den Erdboden zurückziehen; sie sind höchstens etwas eingedickt und nicht im Umlaufe.

Die Eindickung der Säfte kann durch Austrocknen begünstigt werden. Zu diesem Zwecke ist in erster Reihe die Rinde zu entfernen. Dies geschieht in manchen Gegenden erst nach dem Einschlage, in anderen aber schon längere Zeit vorher, damit neue Säfte nicht mehr aufsteigen.

Nach Kegel ist im Laub geschlagenes und getrocknetes Holz der Fäulnis nicht so sehr ausgesetzt; denn das Laub entzieht nach dem Einschlage dem Stamme die schädlichen Eiweißstoffe, um sich am Leben zu erhalten.

Infolge der Entrindung können Luft und Wärme besser an die Holzfaser herantreten; außerdem werden dadurch schädliche Insekten entfernt, die sich in oder unter der Rinde angesiedelt haben.

Bis zu dem Zeitpunkte, wo das Holz in die Grube eingehangen wird, lagert es auf dem Holzplatze (der Halde). Es wird dort zu Schränken aufgeschichtet, die der Luft genügend Raum zum Durchstreichen lassen. Dies wird noch begünstigt, wenn die Längsrichtung der Holzstöße quer gegen die vorherrschende Windrichtung liegt. Zum Schutze vor Regen kann über jedem Stoße ein Bretterdach errichtet werden, wenn man es nicht vorzieht, das Holz in offenen Schuppen unterzubringen.

Durch Trocknung in künstlicher Wärme wird das Holz noch haltbarer. Man hat Temperaturen bis zu 80^{0} C angewendet und damit sehr gute Ergebnisse erzielt. Die Holzfaser schrumpft bei dieser Wärme so stark zusammen, daß sie nachträglich unter dem Einflusse der Feuchtigkeit nicht mehr aufquillt.

4. Um die äußeren Einflüsse vom Holze fernzuhalten, hat man versucht, ihm eine äußere Schutzhülle zu geben. Man benutzt dazu Anstriche mit allen möglichen Mitteln, z. B. Steinkohlenteer, Teeröl, Mastixteer, Ölfarbe, Firnis, Kalkmilch (die man auf kons. Johann-Baptista bei Schlegel, B.-R. Ost-Waldenburg, aus den Rückständen von Kalzium-Karbid herstellt), Kalkmilch mit 25—30 % Viehsalz. Außer diesen Stoffen können auch noch verschiedene von den unter 5. genannten Mitteln verwendet werden. Man darf sie aber immer erst dann auf das Holz auftragen, wenn es zum Einbau fertig zugeschnitten ist. Eine andere Vorbedingung ist außerdem, daß das Holz gut getrocknet ist.

Verschiedene von diesen Anstrichmitteln müssen wiederholt aufgetragen werdeu; dies gilt insbesondere von der Kalkmilch. Der Kalkmilchanstrich erhöht außerdem die Feuersicherheit des Holzes. So hat man beispielsweise im Januar 1908 bei einem auf Schlesiengrube bei Beuthen O.-S. ausgebrochenen Brande beobachtet, daß in Strecken, die lange Zeit in hellem Feuer standen, die angekalkten Hölzer noch eine hohe Tragfähigkeit behalten hatten, während rohes Holz vollständig verbrannt war.

5. Außer dem oberflächlichen Anstrich des fertig zugeschnittenen Holzes wendet man mit besserem Erfolge die Tränkung des Grubenholzes an. Es ist hierbei zu unterscheiden zwischen der Oberflächenimprägnation und der Kernimprägnierung. Beide Konservierungsverfahren haben Reihen von guten Erfolgen aufzuweisen, insofern als das Holz dadurch doppelte bis dreifache, ja noch größere Lebensdauer erhalten hat. Während bei der Oberflächenimprägnierung nur der Splint des Holzes mit den Schutzmitteln getränkt wird, geschieht dies bei der Kernimprägnierung, wie es schon der Namen angibt, mit dem ganzen Holze.

Die dabei verwendeten Imprägniermittel werden dem Holze nur mechanisch beigemengt, oder sie verbinden sich mit ihm bezw. den Säften chemisch. Ihre Wirkung ist demzufolge eine verschiedene.

Werden Salzlösungen benutzt, so sollen ihre festen Bestandteile im Holze wieder auskristallisieren. Von diesen Kristallen werden die Holzsäfte vollständig eingeschlossen, so daß sie mit der Holzfaser nicht mehr in Berührung kommen und auf diese auch keinen schädlichen Einfluß mehr ausüben können. Die meisten Salze wirken außerdem noch fäulniswidrig. Kegel empfiehlt, dem Salze (Steinsalz) 20—30% Sylvin (KCl) oder Chlormagnesium ($MgCl_2$) zuzusetzen, weil sie das Verdunsten des Lösungswassers verhüten.

Nach Kruskopf ist mit Salz imprägniertes Holz nur solange als geschützt zu betrachten, als der Kochsalzgehalt allenthalben über 5% beträgt. Tatsächlich hat man auch beobachtet, daß salzimprägnierte Stempel an den Teilen, an denen Wasser herabrieselte, schnell morsch wurden, während die trocken gebliebenen Stellen das Salz noch festgehalten hatten.

Andere Imprägnierstoffe werden nur in ihrer Eigenschaft als Desinfektionsmittel benutzt, weil bei ihrer Gegenwart keine Fäulniskeime entstehen können. Hierher gehört hauptsächlich die Holztränkung mit Teer und Teerölen; namentlich kommt Kreosotöl zur Anwendung; es muß mindestens 5% Karbolsäure und nicht über 30—35% Naphthalin enthalten.

Auch Kreosotnatron wird zum Holztränken benutzt, hat aber üblen Geruch und macht das Holz schlüpfrig.

Eine andere Art des Holzschutzes beruht darauf, daß die Säfte mit dem Durchtränkungsmittel chemische Verbindungen eingehen, durch die sie ihre zerstörenden Eigenschaften einbüßen.

Schließlich wird auch die Holzfaser selbst so umgeändert, daß sie mit dem Imprägnationsstoffe eine der Fäulnis unzugängliche chemische Verbindung eingeht.

Die wichtigsten Imprägnierungsverfahren sind:

a) Das Kyanisieren (Kyan 1832). Das Holz wird 8—14 Tage lang in 2—3%ige Quecksilberchloridlösung gelegt. Wegen der Giftigkeit des Sublimates ist große Vorsicht nötig.

b) Das Imprägnieren mit Zinkchlorid (Burnett 1838). Die Hölzer kommen in einen verschlossenen Kessel, wo die Luft aus ihnen ausgepumpt wird. Nachher wird die 1—3%ige Chlorzinklösung unter einem Druck bis zu 8 Atmosphären in das Holz gepreßt (= B. M.-Verfahren).

c) Das Imprägnieren mit Kupfervitriol (Boucherie 1841). Die 1—1,5%ige Lösung wird mittelst einer dicht anschließenden Haube in den noch frischen, nicht entrindeten Stamm geleitet. Sie kommt in einer Rohrleitung aus einem 10—15 m höher angebrachten Behälter und verdrängt die Säfte durch den Druck, unter dem sie steht. Das Kupfervitriol ist leicht auslaugbar. Das Holz muß höchstens 10 Tage vor der Zubereitung gefällt sein. Das verwendete Wasser darf keine Kalk- oder Eisenteile enthalten.

Eine sehr vereinfachte Abart dieses Imprägnierverfahrens hat man in einem besonderen Falle mit angeblich gutem Erfolge angewendet. In jedes Holz wurde ein schräg nach unten gerichtetes Loch gebohrt und mit Kupfervitriol angefüllt; war dieses ausgelaugt, so wurde neues nachgefüllt.

d) Bei dem Imprägnieren mit Wiese-Salz benutzt man eine 2 %ige Lösung von naphthalin-sulfosaurem Zinkoxyd.

e) Auch Kieselfluornatriumlösung wird ab und zu als Holztränkungsmittel benutzt.

f) Das Imprägnieren mit Holzteer- oder Steinkohlenteerölen (Bethel 1838). Es kommt insbesondere Kreosotöl zur Anwendung, das auf Grund seines Gehaltes an Karbolsäure (bis 20 %) wirkt. Das Imprägnierverfahren ist ähnlich dem unter b) beschriebenen. Es wird insbesondere von den Rütgerswerken und von Kruskopf in Dortmund-Cörne angewendet.

Rütgers trocknet die entrindeten Stämme in den Kesseln drei Stunden lang bei 105—115 Grad Celsius und preßt dann das erhitzte Teeröl mit etwa 7 Atm. Druck 30—60 Minuten lang ein. Für Grubenhölzer wird die Mischungstränkung verwendet, d. h. es werden 90—92 % Chlorzink mit 8—10 % Teeröl gemengt.

Bei dem Rüpingschen Sparverfahren, welches ebenfalls in den Rütgerswerken zur Anwendung kommt, läßt man den Druck nach einiger Zeit plötzlich aufhören. Die im Holze noch vorhandene, stark komprimierte Luft entweicht dann und treibt einen Teil des Teeröles wieder aus.

Kruskopf, dessen Verfahren noch weiter unten eingehender geschildert wird, benutzt ein dem Karbolineum verwandtes Öl, das Kruskophenol; seine Zusammensetzung wird nicht bekannt gegeben.

Manche Anstalten setzen, um Teeröl zu sparen, Seifenlauge zu.

Haskins bringt das Holz auf eine solche Temperatur, daß es selbst Öl ausschwitzt; dann wird noch Teeröl eingespreßt.

g) Das Verfahren von Hasselmann. Die Hölzer werden unter dem durch hohe Temperatur erzeugten Druck in einer Mischung von kupferhaltigem Eisenvitriol, schwefelsaurer Tonerde und Kainit gekocht. Diese Stoffe lagern sich nicht in den Poren der Holzsubstanz ab, sondern gehen mit ihr eine chemische, in Wasser unlösliche Verbindung ein. Das Holz wird zugleich feuersicher. Es bildet sich aber freie Schwefelsäure, die das Holz zerfrißt.

h) Wolman, i. Fa. Schlesische Grubenholzimprägnierung G. m. b. H. in Idaweiche O. S., hat das Hasselmannsche Verfahren verbessert. Zunächst vermeidet er die dem Holze schädliche Temperatur von 140° C, durch die der hohe Druck erzielt werden sollte; er geht nur bis höchstens 105° C und erreicht den Druck von 4 atm. auf hydraulischem Wege. Namentlich wird dadurch das Holz nicht so sehr in seinem Gefüge gelockert. Die Lauge besteht in der Hauptsache aus Eisenvitriol mit beigemengtem Fluornatrium, schwefelsaurer Tonerde und Ammoniumazetat. Der Zweck dieses letzteren Stoffes ist, die freiwerdende Schwefelsäure zu binden; die Essigsäure, die dabei entsteht, ist viel zu schwach, als daß sie dem Holz und den damit in Berührung kommenden Metallteilen (Schienen, Nägeln usw.) schaden könnte. Das Holz wird ebenfalls schwer verbrennlich, was sich durch einen Versuch im Schmiedefeuer leicht feststellen läßt.

i) Auf Zeche Minister Achenbach, B.-R. Dortmund II, benutzte man zum Imprägnieren die Herrigsche Masse (Eisen- und Kupfervitriol). Das Holz wurde erst im Kessel gedämpft, dann 2—3 Stunden lang mit heißer Lauge getränkt. Das so behandelte Holz brennt selbst im stärksten Feuer nicht, sondern glimmt nur.

k) Auch bei dem Verfahren von Buchner wird die Holzsubstanz selbst gehärtet, indem sie mit geeigneten Chromoxydsalzlösungen chemisch verbunden wird.

3. Imprägnationsanlagen und ihre Bedienung.

α) Die Oberflächen-Imprägnation.

Als Muster für die Oberflächentränkung kann das Imprägnierverfahren von Kruskopf gelten. Die Anlage hat einen Bottich a (Fig. 7—10), der mit dem Öl gefüllt ist. Das zu konservierende Holz wird auf die Hebe- und Senkvorrichtung gelegt. Diese besteht aus 2—4 Drahtseilen c, welche quer über den Flüssigkeitsbehälter gespannt sind und auf den Trommeln d aufgewickelt werden können. Im ausgespannten Zustande liegen sie schräg, so dass die aus dem Bade gehobenen Hölzer von selbst abrollen können. Zur Einstellung auf die Holzlängen lassen sich die Seile mit den Trommeln in der Längsrichtung des Bottichs verschieben.

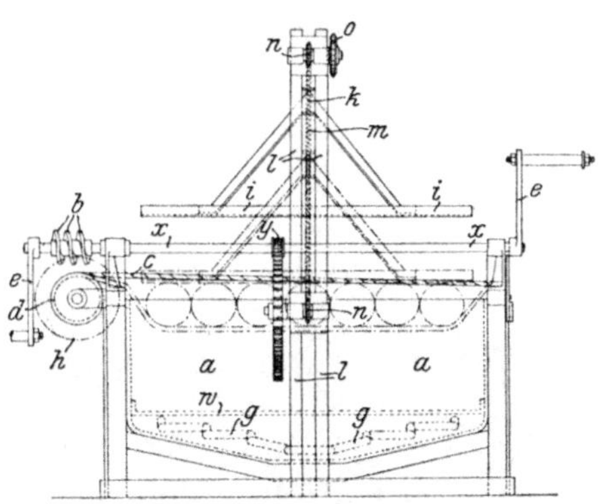

Fig. 7. Imprägnieranlage von Kruskopf.

Zum Emporwinden des Holzes dienen die Kurbeln e mit dem Schneckenrade b und der Schnecke h.

Um das Holz während der Tränkung im Bade niederzudrücken, sind an dem Balken k zwei bis vier dreieckige Niederdrücker i angebracht, die an ihm ebenfalls seitlich verschoben werden können. k bewegt sich zwangläufig in den beiden senkrechten Führungen l; um ihn auf und ab zu bewegen, ist auf der Kurbelwelle x ein Stirnradvorgelege y angebracht. Dadurch können die Kettenrollenpaare n n und r r mit den Gallschen Ketten m und s angetrieben werden.

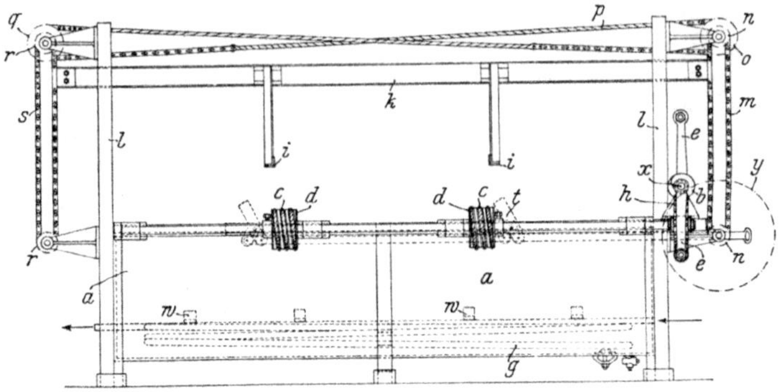

Fig. 8. Imprägnieranlage von Kruskopf.

Zur Kraftübertragung zwischen n und r dienen die Kettenrollen o und q sowie die gekreuzten Seil- und Kettenstücke p.

Fig. 9. Imprägnieranlage von Kruskopf.

Zum Erwärmen des Imprägnieröles dient eine Heizschlange g, welche durch die Schienen w vor der unmittelbaren Berührung mit dem Holze geschützt wird.

Für Kleinbedarf und Spezialzwecke (Weinbergpfähle, Telegraphenstangen usw.) werden die Apparate mit einigen praktischen Umänderungen versehen, die aber hier nicht beschrieben zu werdeu brauchen.

In den mit zwei Trageseilen und zwei Niederdrückern ausgestatteten Apparaten wird eine einzige Lage Holz imprägniert; längere Apparate erhalten vier Trageseile usw., so daß man zwei Lagen von kürzerem Holz neben einander imprägnieren kann.

Bei dem Eintauchen des kalten Holzes in das erhitzte Bad und während des zwangsweisen Niederhaltens unter dem Flüssigkeits-

Fig. 10. Imprägnieranlage von Kruskopf.

spiegel wird die in den Poren befindliche Luft verdünnt und ausgetrieben, was man an dem heftigen Aufsteigen von Luftblasen erkennt; gleichzeitig wird die Imprägnierflüssigkeit in die luftverdünnten Poren des Holzes eingetrieben.

Für die Verwendung von Ölen mit wasser- und öllöslichen Phenolen (Kruskophenol) werden die Bassins aus Eisen hergestellt. Wird dagegen mit Metall- oder Erdsalzen oder mit Gemischen von beiden imprägniert, so werden die Bottiche aus Pitch-pine-Holz hergestellt; die Eisenteile werden in diesem Falle verbleit.

Bei der vorschriftsmäßigen Temperatur von 70—100° C genügt für die Zwecke des Bergbaues eine Konservierungsdauer von 15 bis 30 Minuten. Danach hebt man das Holz heraus, läßt es auf den ausgespannten Tragseilen abtropfen und dann in einen bereitstehenden Holzfahrerwagen abrollen.

Wird mit Salzen imprägniert, so ist eine Zeit von 6—8 Stunden im warmen und von etwa 24 Stunden im kalten Bade erforderlich.

Das Eintauchen in kaltes Teeröl hat sich nach Stens auf den Gruben des Mülheimer Bergwerksvereins nicht bewährt.

Auf der Braunkohlengrube Micheln, B.-R. Magdeburg, wird die schon stehende Grubenzimmerung mittels einer fahrbaren Hand-Preßpumpe mit Karnallit-Lauge angespritzt. Man erreicht dadurch wohl ein ständiges Feuchtbleiben des Holzes, sowie die Entfernung von Pilzen und schädlichen Keimen; der Salzverbrauch dürfte aber ein viel zu hoher sein.

Auf Grube Alfred im B.-R. Magdeburg hat man entlang den Kappen auf ihre Oberseite zwei Pfähle genagelt, so daß dadurch eine Rinne entstand; in diese wurde feines Salzmehl gestreut.

β) Die Kernimprägnierung.

Nach Pütz ist die Kernimprägnierung der oberflächlichen vorzuziehen; denn das Protoplasma, welches den Nährstoff für die Fadenpilze bildet, findet sich in allen Zellen des Holzes; mithin muß der Imprägnierstoff auch mit den Kernzellen in Berührung kommen. Demgegenüber behauptet Kruskopf, daß es unmöglich ist, den unporösen Kern eines Holzes überhaupt zu tränken.

Die Kernimprägnierung kann bei hinreichender Badedauer einfach durch das Tauchverfahren erzielt werden. In dieser Weise wurde z. B. die Salztränkung auf Zeche Königsborn Schacht I vorgenommen. Die Tannenholzstempel wurden reihenweise in Holzbottiche von 2,5×2,5 m Grundfläche und 60 cm Höhe eingelegt und durch ein Hebelwerk von alten Schienen niedergedrückt. Die Sole war mit Abfallsalzen gesättigt. Die Badedauer betrug 7½ Tage. Wurde die Sole durch Einleiten von Dampf bis auf den Siedepunkt erhitzt, so wurde eine vollständige Tränkung schon nach 3—4 Stunden erzielt; ein längeres Verweilen des Holzes im Bade war zwecklos.

Ein guter Apparat zum Holztränken ist der von Altena, gebaut von H. Breuer & Co. in Höchst a. M. Der gemauerte Behälter a (Fig. 11) ist mit der Imprägnierflüssigkeit gefüllt. In diese taucht die unten offene Glocke b ein; sie kann sich entlang den seitlichen Führungen c nur in senkrechter Richtung verschieben lassen. Sie wird durch Einblasen von Preßluft so hoch angehoben, daß ihre Plattform, die mit Gestänge versehen ist, in gleiche Höhe mit den Schienengeleisen des Grubenplatzes kommt. Sind die mit Holz beladenen Wagen aufgeschoben, so wird die Luft aus der Glocke herausgelassen; die Glocke sinkt mit dem Holze und der Flüssigkeitsspiegel steigt. Wegen des Auftriebes werden Glocke und Holzwagen durch die Druckbalken h festgespannt. Nun wird wieder Preßluft unter die Glocke geblasen; infolgedessen steigen der Flüssigkeitsspiegel und der Druck. Nach beendeter Tränkung wird das Aufsteigen der

Glocke durch eine seitlich angebrachte Bremse geregelt. Die Tränkflüssigkeit kann durch eine Dampfschlange erwärmt werden.

Für das Wolmansche Imprägnierverfahren ist es gut, vom Holze die Rinde und den darunter liegenden Bast zu entfernen,

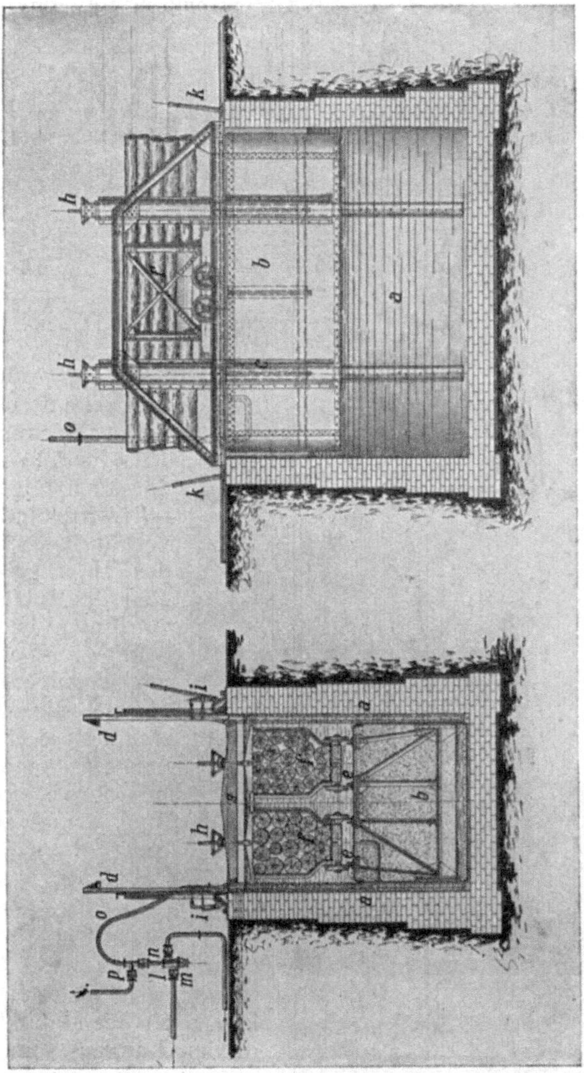

Fig. 11. Imprägnieranlage von Altena.

damit die Lauge leichter eindringen kann. Das Holz wird auf besondere Imprägnierwagen (Fig. 12 a und b) geladen, von denen soviele, als dem Fassungsvermögen des Laugenkessels entsprechen, zu einem Zuge (Fig. 13) zusammengestellt werden. Der Kessel erhält einen Durchmesser bis zu 2,3 m und bis 20 m Länge. Der vordere

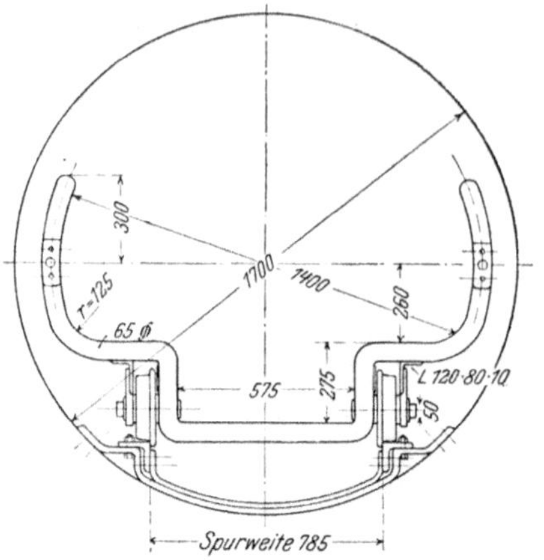

Deckel kann mittelst Flaschenzuges und Laufkatze ohne Mühe zur Seite gefahren werden (Fig. 14). Zur Befestigung dienen Schraubenbolzen; die Dichtung erfolgt mit Blei. Der

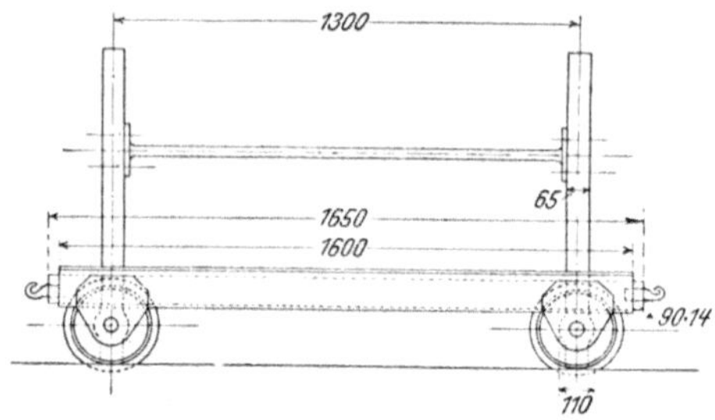

Fig. 12 a und b. Imprägnierwagen von Wolman.

Fig. 13. Holzladung für einen Wolmanschen Imprägnierkessel.

Kessel ist durch zwei Stutzen mit einem kleineren Oberkessel a (Fig. 15 a und b) verbunden der auch mit Lauge gefüllt wird; dadurch wird verhütet, daß während des Imprägnierens die obersten Holzlagen nicht von Lauge bedeckt bleiben. Er ist ausgestattet mit einem Sicherheitsventile, einem Wasserstandsglase, einem Vakuummeter, einem Laugezuführungsrohre b, einer Druckluftzuleitung c und einer Luftsaugeleitung d.

Fig. 14. Geöffneter Imprägnierkessel von Wolman.

Im Boden des Hauptkessels münden zwei Dampfzuleitungsrohre, die in Tellerheizapparaten endigen. Zwei Laugeaustrittsrohre leiten die Badeflüssigkeit nach beendeter Tränkung in den Laugensammelbehälter.

Sind die Holzwagen sämtlich in den Kessel eingefahren, so wird, noch während der Deckel aufgeschraubt wird, die Saug-Luftpumpe in Gang gesetzt. Die Luftverdünnung wird bis zu 650—700 mm Vakuummeterstand gebracht, wozu $^1/_2 - 1$ Stunde erforderlich ist.

Im Mischbottich wird ein Teil der bereits gebrauchten Lauge mit den in Brikettform eingeworfenen Chemikalien (Eisenvitriol, Fluornatrium, schwefelsaure Tonerde und Ammoniumazetat) verrührt und

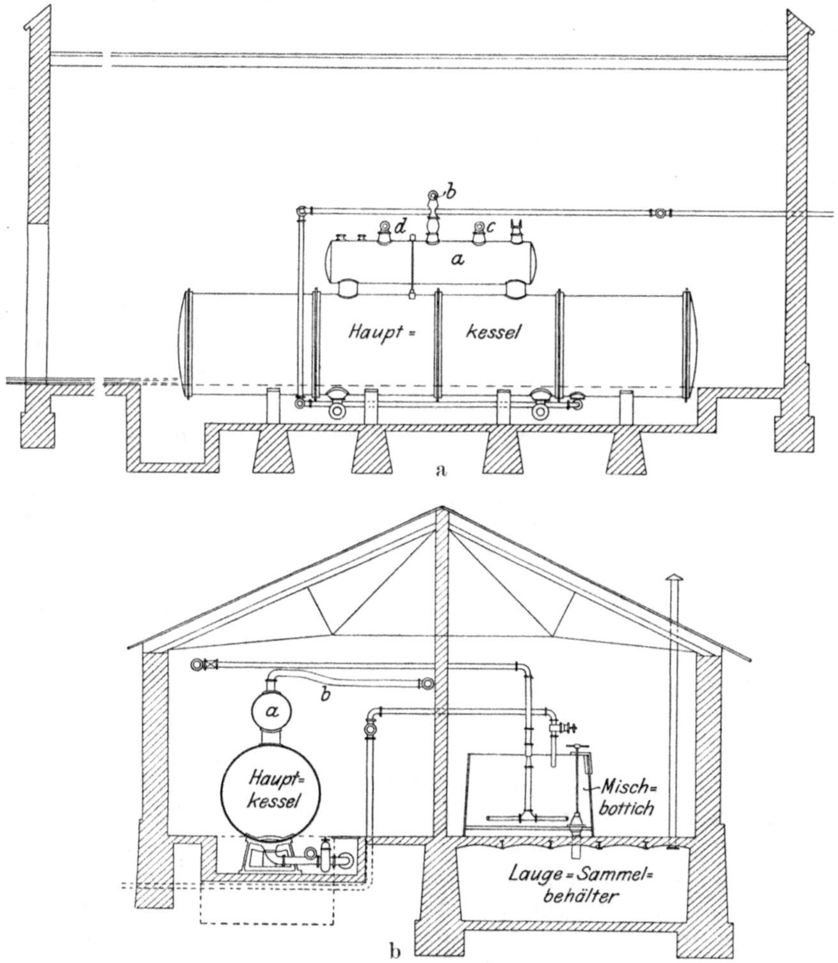

Fig. 15 a und b. Imprägnieranlage von Wolman.

aufgefrischt. In dem darunterliegenden Laugensammelbehälter wird noch soviel Wasser zugeleitet, daß die gebrauchsfähige Lauge 4,3 bis 4,7 ^{0} Bé aufweist.

Nun wird aus dem Sammelbehälter die Lauge mit Hilfe des äußeren Atmosphärendruckes in den Kessel getrieben und mittelst der Dampfstrahlapparate auf höchstens 103 — 105 ^{0} C erhitzt. Hierzu sind

$1^1/_2$ Stunden erforderlich. Bei dieser Temperatur ist die Gerinnung der Eiweißstoffe eine vollständige, ohne daß der Holzstoff selbst angegriffen wird, wie dies bei dem Hasselmannschen Verfahren der Fall war. Außerdem wird durch eine Druckpumpe noch solange Lauge in den Kessel getrieben, bis in ihm ein Druck von 4 Atmosphären herrscht; dieser muß nun ständig innegehalten werden. Hierzu sind etwa 2 Stunden erforderlich.

Darauf wird die Lauge in den Sammelbehälter abgelassen; man beschleunigt dies dadurch, daß man noch Luft in den Kessel hineinpumpt. Ist der Kessel frei, so wird er geöffnet und das Holz ausgefahren. Weil es infolge der Wasseraufnahme sein Gewicht beträchtlich vermehrt hat, muß es auf dem Holzplatze noch etwa 4 Wochen trocknen. Es ist dann gegen rohes Holz nur um die aufgenommenen Metallsalze schwerer.

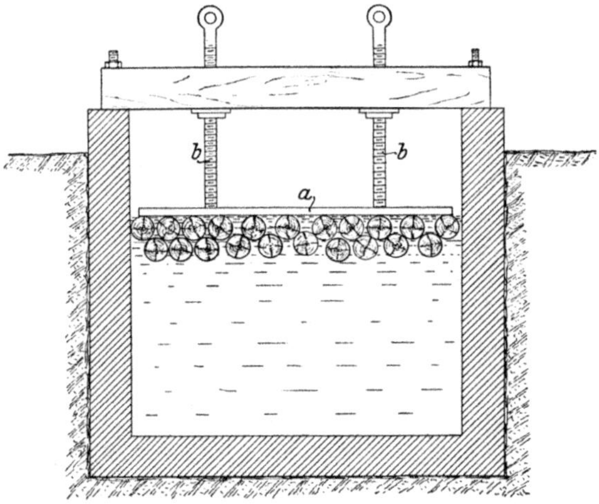

Fig. 16. Imprägnieranlage (aus Klein, Handbuch der Braunkohlenindustrie).

Eine einfache Holztränkanlage ist die in Fig. 16 dargestellte. Das Holz wird in den Behälter gepackt und in ihm durch Druckbalken a und Schrauben b niedergedrückt.

Die Berlin-Anhaltische Maschinenbau-Aktiengesellschaft in Berlin imprägniert das Holz nach ihrem D. R. P. 195878 mit zerstäubbaren Imprägniermitteln, die mit Luft oder Gas gemischt in Form eines Nebels in den Imprägnierkessel eingeführt werden.

Selbstverständlich können in den eben beschriebenen Apparaten alle möglichen Imprägnierflüssigkeiten verwendet werden; denn es kommt ja in der Hauptsache nur darauf an, das Schutzmittel auf irgend welche Weise in den Splint bezw. auch in den Kern des Holzes zu treiben.

Beim Holztränken in geschlossenen Kesseln hat man stellenweise vor Herstellung der Luftverdünnung Dampf in den Kessel eingeblasen. Dieses Dämpfen und Erwärmen hat auch nur zum Zweck die Luft aus den Zellen auszutreiben; Hartholz wird bei 60—70° C, Weichholz bei 100—110° C gedämpft. Doch hat man beobachtet daß dadurch die Haltbarkeit des Holzes leidet.

4. Die Vorteile und Nachteile der verschiedenen Holzschutzmittel.

Die Holztränkung macht sich bezahlt, wenn die Lebensdauer des Holzes dadurch verdoppelt wird; man hat aber fast allgemein eine mehr als doppelte oder dreifache Lebensdauer festgestellt.

Wo starker Druck herrscht, ist die Verwendung imprägnierten Holzes ausgeschlossen; denn es wird hier durch diesen, nicht aber durch Fäulnis zerstört. Wohl aber ist getränktes Holz an solchen Stellen einzubauen, wo kein oder nur schwacher Druck vorhanden ist und die Wetterverhältnisse die Fäulnis begünstigen.

Kegel gibt an, daß der Reingewinn durch Holzersparnisse um 8,5 % erhöht wird. Hierzu kommen aber noch die an Reparaturlöhnen usw. zu erzielenden Ersparnisse.

Die Salzimprägnierung ist nur an Stellen anwendbar, wo kein fließendes Wasser vorhanden ist. Der Salzgehalt des Holzes muß mindestens 5 % betragen; ein nur schwacher Salzgehalt fördert sogar das Gedeihen der Fäulniskeime, was auch schon dadurch bewiesen wird, daß die Nährgelatine in den Bakterienkulturen der Laboratorien schwach gesalzen wird. Bei fließendem Wasser kann man den Hölzern einen Schutzanstrich von Teer geben, um das Eindringen des Wassers zu verhüten.

Da sehr viele Steinkohlenbergwerke in der Lage sind, Solen mit manchmal recht bedeutendem Kochsalzgehalte heben zu müssen, so wird für sie die Salzimprägnierung die vorteilhafteste, weil billigste, sein.

Die Teerölimprägnation hat den Vorteil, daß die meisten Gruben sich das Tränkungsmittel in den eigenen Kokereien herstellen können. Die Hölzer sind ferner leichter als die salzimprägnierten. Nachteile des Verfahrens sind, daß der Geruch unangenehm ist und die Entstehung von Grubenbrand nicht so leicht wahrnehmen läßt, weil dieser sich auch durch einen ähnlichen Geruch schon frühzeitig bemerkbar macht. Der Geruch verursacht bei manchen Leuten Kopfschmerzen; beim Abwischen des Gesichtsschweißes können Entzündungen entstehen. Das Arbeiten mit den geteerten Hölzern ist schmutzig. Durch das Teeröl wird die Feuersgefahr der Holzzimmerung vergrößert. Das Teeröl wird ähnlich wie das Salz durch Wasser ausgelaugt; so ist beispielsweise in ausziehenden Wetterstrecken beobachtet worden, daß die Zimmerung auf der dem Wetterstrome zugewendeten Seite morsch wurde, während sie an den im Windschatten liegenden Stellen noch vollständig imprägniert war; man hat sich dies damit zu erklären, daß die im feuchten Ausziehstrome enthaltenen Wasserteilchen infolge der Stoßkraft in das Holz eindrangen und es auslaugten.

Stens unterwarf imprägniertes und rohes Holz vergleichenden Stauchungs- und Biegeproben. Es stellte dabei fest, daß von vielen Schutzmitteln die Festigkeit des Holzes stark beeinträchtigt wird. Am besten schneidet hierbei die Salzimprägnierung ab; auch die Verfahren von Rüping und Kruskopf, zum Teil auch noch die B. M.-Methode ergaben günstige Resultate, während bei dem Hasselmann-Wolman-Verfahren, wohl wegen der längeren Einwirkungsdauer der heißen Lauge, die Festigkeitszahlen beinahe um $^1/_3$ gesunken waren.

Indessen ist zu berücksichtigen, daß es bei imprägniertem Holze nicht so sehr auf die Stauchungs- und Biegefestigkeit ankommt; denn man baut ja solches Holz fast ausnahmslos nur an Stellen mit geringem Drucke ein, wo es auf Widerstandsfähigkeit der Zimmerung gegen Fäulnis ankommt; wo aber starker Druck herrscht und die Zimmerung sehr oft ausgewechselt werden muß, würde sich der Einbau imprägnierten Holzes schon wegen seines höheren Preises verbieten.

Die Warnfähigkeit der Nadelhölzer war bei der Salztränkung, dem B. M.-, dem Rüpingschen und dem Kruskopfschen Verfahren fast unverändert geblieben; dagegen knickten nach dem Wiese- und dem Hasselmann-Wolman-Verfahren behandelte Hölzer fast lautlos zusammen und zeigten oft starke Quasten am Kopf- und Fußende.

Die Salztränkung, das Rüping-, Wiese-, Hasselmann-Wolman- und das B. M.-Verfahren bewirkten, daß das Holz schwerer mit Axt und Säge bearbeitet werden konnte.

Die Feuersicherheit der Hölzer wurde durch die Behandlung mit Salz, Wiese-Salz, Kieselfluornatrium, nach Hasselmann-Wolman und in geringerem Umfange nach dem B. M.-Verfahren beträchtlich gesteigert.

Das Holzimprägnieren nach dem Eintauchverfahren erfordert nur geringe Anschaffungs- und Ausführungskosten. Das Eintauchen in ein heißes Ölbad hat nach Seidenschnur den Nachteil, daß wegen der schlechten Wärmeleitungsfähigkeit des Holzes nur dessen äußerste Schichten erwärmt werden; die hier vorhandene Luft entweicht nur teilweise; gleichzeitig wird der luftverdünnte Raum von Wasserdampf erfüllt, der sich aus der Holzfeuchtigkeit bildet; dieser Wasserdampf wirkt der vollständigen Imprägnation entgegen. Dies ist jedoch nur dann ein Nachteil, wenn es auf Kerntränkung ankommt.

Die Kosten des Imprägnierens betragen:

beim	Rütgersschen Verfahren	9—12 M./cbm	(nach Stens)
„	Kruskopfschen Verfahren	3— 5 M./cbm	(nach Stens)
„	Hasselmannschen Verfahren	8 M./cbm	(nach Stens)
„	Wolmanschen Verfahren	4 M./cbm	(nach Pütz)
bei	Salzimprägnierung	1— 2 M./cbm	(nach Stens)

Jedes Imprägnierverfahren muß

1. die Lebensdauer des Holzes verlängern.
2. die Tragfähigkeit, sowie
3. das Warnungsvermögen des Holzes nicht vermindern und
4. die Brandgefahr nicht erhöhen.

III. Die für den Bergbau wichtigsten Holzarten und ihre Gebrauchsfähigkeit.

a) Die Holzarten.

Abgesehen von einigen ausländischen Hölzern (pitch pine u. a.) kommen für unseren heimischen Bergbau nur die im Lande gewachsenen Holzarten in Betracht. Es sind entweder Laubhölzer oder Nadelhölzer.

Nach Stens sind etwa 85 % des zur Anlieferung kommenden Grubenholzes Nadel-Rundholz u. zw. $^2/_3$ hiervon Kiefer, der Rest vorwiegend Fichte. Die übrigen 15 % sind fast ausschließlich Eichenholz; hiervon werden $^2/_3$ als Schnittholz, $^1/_3$ als Rundholz verbraucht.

Das Nadelholz hat vor dem Laubholze den Vorzug des schlankeren Wuchses, besonders wenn es aus dichten Beständen stammt. Außerdem zeichnet es sich durch seinen größeren Harzreichtum aus. Der Splint, das äußere Holz, ist dichter und härter als der Kern. Denkt man sich diesen letzteren fort, weil ja seine Tragfähigkeit eine nur geringe ist, so läßt sich ein Nadelholzstempel mit einer hohlen Säule vergleichen.

Das Laubholz hat einen harten Kern, dagegen einen weichen Splint. Dieser wird oft vor dem Einbau durch Beschlagen entfernt, weil er nicht viel trägt, wohl aber in engen Bauen unnötig Platz beansprucht und der erste Träger der Fäulnis wird. Laubholz läßt sich bezüglich der Tragfähigkeit mit einer massiven Säule vergleichen; es wird also bei gleichem Querschnitte nicht so gut tragen wie das Nadelholz.

Die am häufigsten angewendeten Nadelhölzer sind Fichte, Kiefer, Lärche und Tanne. Die verbreitetsten Laubhölzer sind Eiche und Buche; seltener findet sich die Birke.

Das unstreitig beste Grubenholz ist die Akazie (Robinia pseudoacacia). Sie kann aber in unseren heimischen Bergbaubetrieben nicht verwendet werden, weil sie zu teuer ist. Die nächsten größeren Akazienwaldungen finden sich in Ungarn. Die Anpflanzung dieses Baumes würde aber auch in Deutschland sehr nutzbringend sein; er begnügt sich mit jedem Boden (Bergehalden), schlägt leicht Wurzeln, und wächst so schnell, daß schon 8—10jährige Triebe dünnes Zimmerungsholz (schwache Kappen) liefern. Sie haben in Brusthöhe einen Durchmesser von 8—10 cm; 15—20jährige Stämme haben 10—20 cm Durchmesser, geben also richtiges Stempelholz.

Akazie ist gegen Fäulnis noch widerstandsfähiger als Eiche; Holz, das monatelang in Wetterausziehstrecken eingebaut war, erwies sich noch als lebensfähig. So waren bei Saarbrückener Versuchen nach 12—13 Monaten in einer Versuchsstrecke noch alle Akazienhölzer gesund, während von Eichenholz 33 % und von Nadelholz bereits 64 % faul waren. Die Druckfestigkeit ist ähnlich der des Buchenholzes. Ebenso ist die Warnfähigkeit im frischen Zustande nur gering; darum muß das Holz künstlich getrocknet werden.

b) Die Gebrauchsfähigkeit.

1. Nach dem Alter.

Nadelhölzer liefern im Alter von 80—100 Jahren das beste Material für die Zimmerung; insbesondere ist Kiefer in einem Alter von 70—80 Jahren, Fichte (Rottanne) in einem solchen von 80 bis 150 Jahren am meisten geschätzt.

Die Laubhölzer müssen älter werden, um größere Holzstärken, wie sie bei wichtigeren Zimmerungen verlangt werden, zu liefern. Dies ist zumeist in einem Alter von 200—300 Jahren der Fall.

Für die gewöhnliche Streckenauszimmerung reichen auch jüngere Exemplare aus, die dann auch geringere Stärken besitzen.

2. Nach der Tragfähigkeit.

Im Saarreviere wurden auf Grube König bei Neunkirchen Versuche mit ganzen Stempeln von 1—2½ m Länge aus Buchen-, Eichen-, Fichten- und Kiefernholz angestellt. Man erhielt dabei folgende Ergebnisse.

Druckversuche sofort nach der Fällung.

Holzart	Druckfestigkeit je qcm kg	%	Raumgewicht kg
Buche	228	100	1084
Fichte	197	86	885
Kiefer	185	81	984
Eiche	174	76	1235

Druckversuche 5 Monate nach der Fällung.

Holzart	Druckfestigkeit je qcm kg	%	Raumgewicht kg
Buche mit Rinde . .	251	100	1094
Fichte „ „ . .	214	85	845
Kiefer „ „ . .	191	76	917
Eiche „ „ . .	150	60	1050

Holz 8 Tage lang bei 65° C getrocknet.

Holzart	Druckfestigkeit je qcm kg	%	Raumgewicht kg
Buche ohne Rinde .	255	100	915
Fichte „ „ . .	238	93	656
Kiefer „ „ . .	208	81	647
Eiche „ „ . .	208	81	825

(Aus Glückauf 1898, Nr. 41.)

Demnach hat also die Buche die größte, die Eiche aber von den vier Holzarten die niedrigste Tragfähigkeit. Die Tragfähigkeit nimmt bei der Trocknung zu, besonders bei künstlicher. Nur die Eiche verliert bei der Lagerung (mit Rinde!) an Druckfestigkeit, gewinnt aber bei künstlicher Trocknung bedeutend.

Hölzer, die unter Tage im einziehenden Wetterstrome drei Monate lang gelagert hatten, verloren einen Teil ihrer Tragfähigkeit, noch mehr solche, die ebenso lange dem ausziehenden Wetterstrome ausgesetzt worden waren. Die Einbuße betrug nach Glückauf 1898, Nr. 41, bei

Buche	11,4 %,
Kiefer	2,2 %,
Fichte	4,3 %,
Eiche	23,0 %.

Die Festigkeit ist an den harzigsten Stellen am geringsten; dies wären bei Nadelhölzern die Aststellen. Bei Laubhölzern leidet die Festigkeit weniger durch Äste und Risse als wie durch Krümmungen.

Die meisten Stempel, auch solche von 1 m Länge und 0,1 m Durchmesser, brechen bei 25 000—28 000 kg Belastung.

3. Nach der Warnfähigkeit.

Die Reihenfolge der oben angeführten Hölzer ist mit Bezug auf das Warnungsvermögen eine andere als in der Tragfähigkeit. Am besten warnt die Fichte, dann folgen Kiefer, Buche und Eiche.

Das Warnungsvermögen nimmt mit der Austrocknung zu.

IV. Die Holzquerschnitte und Verbindungsweisen.

a) Holzquerschnitte.

Die häufigsten Querschnitte des zum Ausbau verwendeten Holzes sind die des Rundholzes, Kantholzes und Halbholzes. Außerdem stehen noch Schwarten, Bretter, Bohlen und Pfosten in Gebrauch. Die Unterschiede liegen bei diesen nur in der Stärke; die Schwarten sind am dünnsten, die Pfosten am stärksten. Sie sind zu scheiden in Randbretter (-bohlen usw.) und Kantbretter (-bohlen usw.) Die ersteren haben an den schmalen Flächen noch den Rindenansatz, während die letzteren auch hier beschnitten sind und somit rechteckigen Querschnitt besitzen.

Die Schwarten usw. finden ihre hauptsächlichste Verwendung beim Verzuge der Felder zwischen den einzelnen Zimmerungshölzern. An ihrer Stelle werden auch gern gerissene Pfähle eingebaut. Diese sind mit der Axt aus einem entsprechend langen Stück Holz gespalten. Sie haben gegenüber den Brettern den Vorzug größerer Billigkeit, weil sie aus noch gesundem Raubholze hergestellt werden können; außerdem sind sie tragsicherer, weil die Holzfaser nicht durchschnitten ist. Dagegen haben die Bretter den Vorteil, daß mit ihnen größere schwache Stellen besser gedeckt werden können.

Auf Hohenlohegrube O.-S. werden den Arbeitern von der Grube bereits fertige Pfähle aus dünnem Halbholze geliefert. Die Grube bezieht sie zum Preise von 5 Pfg. je Stück unmittelbar vom liefernden Forstamte.

Auf Königin Luisegrube werden die Pfähle auf dem Holzplatze der Grube hergestellt. Man benutzt hierzu die in Fig. 17 abgebildete

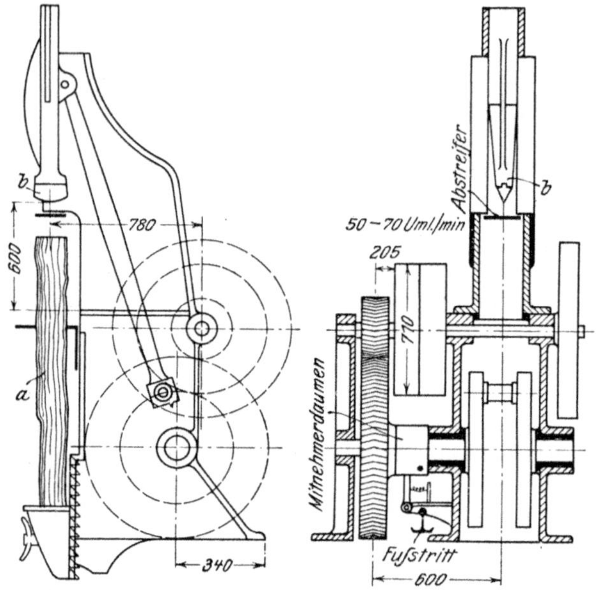

Fig. 17. Pfählespaltmaschine (aus Vers. und Verb. 1907).

Pfählespaltmaschine von Kirchner & Co. A.-G. in Leipzig-Sellerhausen. Das zu spaltende 1,3—1,5 m lange Holz *a* wird in ein Gestell eingesetzt, worauf das beilartige Messer *b* in Tätigkeit gesetzt wird. Die Maschine liefert in einer Minute 6—8 Pfähle.

b) Verbindungen.

Solange nur ein Stück Holz (Kappe oder Stempel) zur Aufnahme des Druckes genügt, spricht man von einfacher Zimmerung.

Bei der zusammengesetzten Zimmerung werden mehrere Stücke Holz zu einem Ganzen verbunden. In früheren Zeiten wurden namentlich bei der Schachtzimmerung ab und zu recht umständliche Verbände benutzt, um ein Auseinandergehen des Ausbaues zu vermeiden. Hiervon ist man jetzt ganz abgekommen, ohne daß die Sicherheit der Baue darunter gelitten hätte. Man stellt jetzt die Anforderung,

daß der Verband möglichst fest ist,
daß das Holz schnell und leicht zurechtgeschnitten werden kann, und
daß das Holz möglichst wenig geschwächt wird.

Die am häufigsten vorkommenden Verbände sind die Kehlung, die Verblattung oder Verzahnung, der schräge Schnitt oder das stumpfe Aneinanderstoßen und die Verzapfung.

1. Die Kehlung.

Bei der Kehlung oder Ausscharung wird das Holz in seiner Stärke nicht geschwächt. Sie wird gehackt (Fig. 18) oder mit der Säge geschnitten (Fig. 19). Die geschnittene Schar wird Froschmaul genannt; sie ist nicht so gut, weil beim Eintritt von Druck das Holz in ihr leicht zu spalten anfängt.

Die Schar soll von vorn nach hinten etwas ansteigen, damit sich das Holz besser eintreiben läßt. Die Ohren, d. h. die beiden seitlichen Begrenzungen sollen mindestens so weit voneinander abstehen, daß das dazwischen eingefügte Holz voll in der Kehlung aufliegt; anderenfalls würden sie bei größer werdendem Drucke abbrechen, oder das Holz würde auch hier, wie beim Froschmaul, aufspalten.

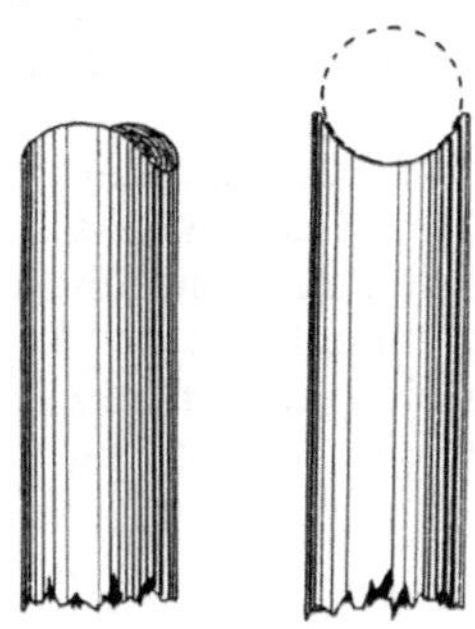

Fig. 18. Gehackte Kehlung.

Fig. 19. Geschnittene Kehlung.

An Stelle der gewöhnlichen Zimmerungsaxt oder der Säge gibt es für die Ausarbeitung der Schar auch besondere Werkzeuge. So hat man dazu Rundfeilen, Äxte mit entsprechend gekrümmter Schneide

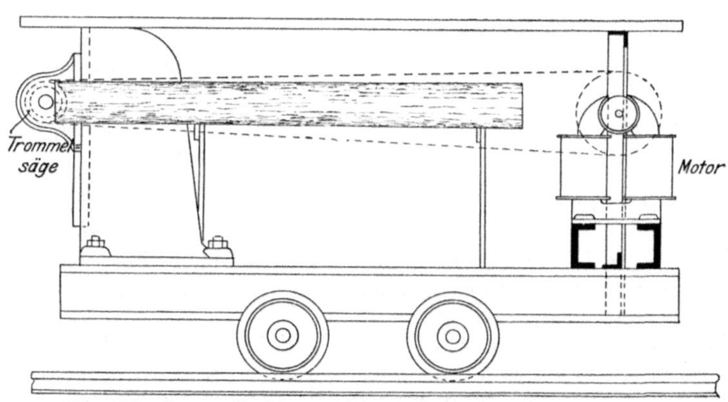

Fig. 20. Stempelkehlmaschine (aus Vers. und Verb. 1904).

und gekrümmtem Blatt und auch Sägen versucht, deren Blatt nicht eine gerade Ebene bildet, sondern von oben nach unten gekrümmt war. Da man aber mit allen diesen Apparaten nur eine Kehlung von bestimmter Weite herstellen konnte, sind sie nicht verwendbar gewesen.

Zum Auskehlen der Stempel wird auf Grube Friedrichsthal im Saarbezirke eine elektrisch angetriebene, fahrbare Kehlmaschine (Fig. 20) verwendet. Die Trommelsäge, ein dünnwandiges Stahlrohr von 100 mm, macht in der Minute 3000 Umdrehungen. Ein Mann kann mit dieser Maschine in 10 Stunden 800—1100 Stempel kehlen.

Auch die Maschinenfabrik von Guth & Wolf in Liegnitz liefert eine gut brauchbare Kehlmaschine, die allerdings fest eingebaut ist.

2. Die Verblattung.

Die Verblattung zweier Hölzer kann unter jedem beliebigen Winkel erfolgen, also auch wenn ein Holz in der Verlängerung eines anderen liegt.

Wenn zwei Hölzer miteinander verblattet werden sollen, erhält jedes von ihnen an der Zusammenstoßstelle die sogenannte Blattung.

Bei Kantholz wird zunächst mit der Säge ein Einschnitt bis zur halben Holzstärke gemacht. Der Abstand dieses Einschnittes von dem Holzende ist gleich der Breite des neu anzufügenden Holzes. Darauf wird das durch den Sägeschnitt losgetrennte Stück mit der

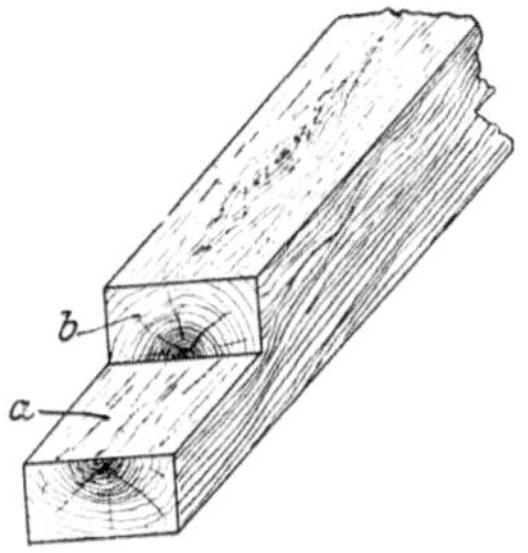

Fig. 21. Blattung.

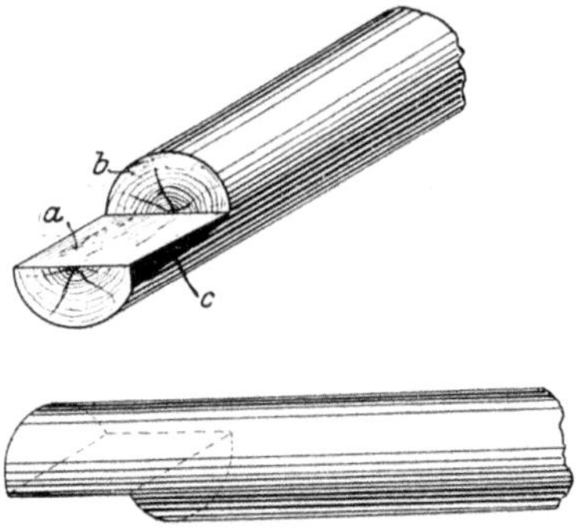

Fig. 22. Verblattung. (Aus Sickel, Die Grubenzimmerung.)

Axt abgespalten (Fig. 21). Die durch den Axthieb hergestellte Fläche *a* heißt Blatt oder Gesicht; die senkrecht darauf stehende Sägeschnittsfläche *b* ist das Eingeschneide oder der Einschnitt. Beide zusammen ergeben die Blattung. Zwei aufeinandergelegte Blattungen bilden die Verblattung oder Überblattung.

Wenn zwei Rundhölzer (Fig. 22) miteinander verblattet werden sollen, ist der Arbeitsvorgang zunächst derselbe wie beim Zurechtmachen von Kantholz. Die Verbindung würde aber nicht fest genug sein; denn das Eingeschneide des einen Holzes würde dann an der scharfen Kante zwischen dem Gesicht *a* und der runden Seitenfläche des anderen Stückes anliegen. Es ist besser, wenn Fläche an Fläche liegt. Darum wird diese Kante immer mit der Axt so beschlagen, daß hier eine schmale, auf dem Gesicht senkrecht stehende Seitenfläche *c* entsteht.

Diese eben beschriebene Verblattungsweise ist fast ausschließlich in Schächten anzutreffen. Die im folgenden angeführten Verbindungen eignen sich in erster Reihe für die Streckenzimmerung (Türstöcke), finden sich aber auch ab und zu beim Schachtausbau, namentlich beim wasserdichten Holzausbau. Man nennt sie dann verwendete oder blinde Gevierte. Die Hölzer werden nicht aufeinander-, sondern aneinandergefügt. Man nennt diese Art von Verblattung wohl auch Verzahnung. Hierbei bekommt wieder jedes Holz ein Eingeschneide *a* (Fig. 23). Die Fläche *b* heißt Gesicht,

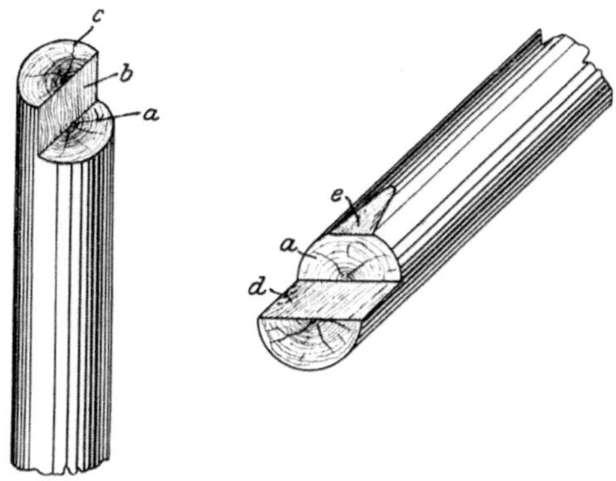

Fig. 23. Verblattung. (Aus Sickel, Die Grubenzimmerung.)

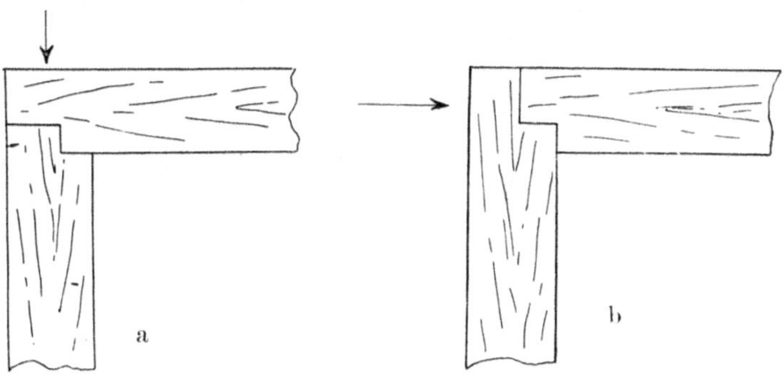

Fig. 24 a und b. Verblattung.

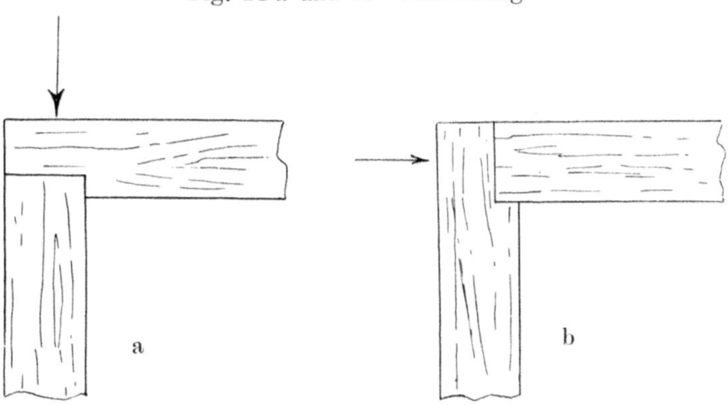

Fig. 25 a und b. Verblattung.

c Kopf, *d* Blatt; *e* wird nur bei Rundholz hergestellt und soll die beiden Stücke besser aneinander anliegen lassen.

Die Hölzer werden verschieden ineinandergefügt, je nach der Richtung, aus welcher der Hauptdruck kommt (Fig. 24 a, b, Fig. 25 a, b, Fig. 26 a, b).

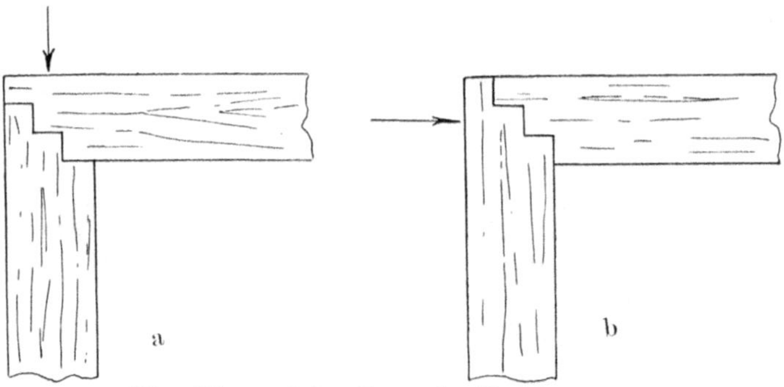

Fig. 26 a und b. Doppelte Verblattung.

Es sind zu unterscheiden einfache Verzahnung (Fig. 24 a, b), doppelte Verzahnung (Fig. 26 a, b) und das einfache Einlassen des einen Holzes in das andere (Fig. 25 a, b). Auch bei der Herstellung von einfacher Verzahnung kann man, wenn der Firstendruck groß ist, den Stempelkopf ganz in die Kappe eingreifen lassen (Fig. 27). Die doppelte Verzahnung ist schwierig herzustellen und findet sich daher sehr selten.

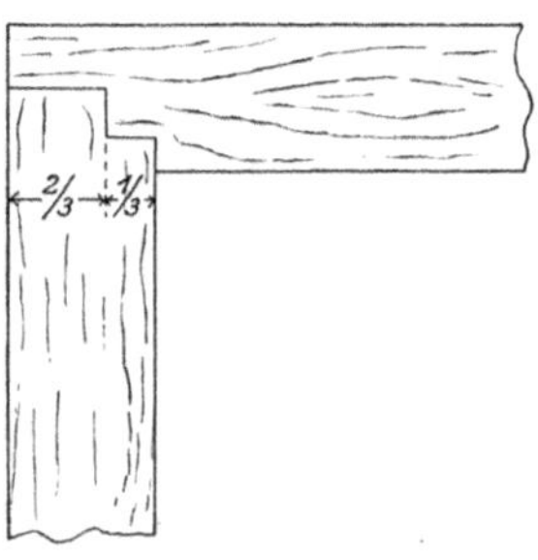

Fig. 27. Verzahnung.

Damit die Verblattung oder Verzahnung haltbar ist, müssen alle Flächen fest aufeinanderliegen; das Holz darf nirgends „aufmachen“. Man prüft dies, indem man mit der Hand zwischen die zusammengefügten Flächen zu fahren sucht.

3. Der schräge Schnitt.

Der schräge Schnitt oder das stumpfe Aneinanderstoßen (Fig. 28 a und b) gibt der Zimmerung keinen sicheren Verband, da die einzelnen

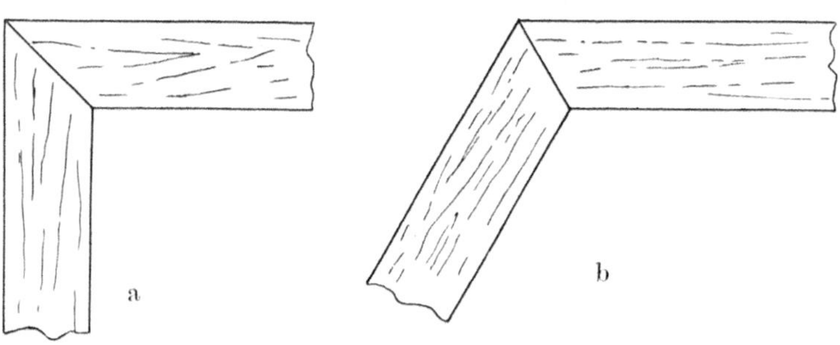

Fig. 28 a und b. Schräger Schnitt.

Hölzer bei schiefem Druck leicht gegeneinander verschoben werden können. Er wird am häufigsten beim Ausbau von Schächten gebraucht, seltener in Strecken; seine Anwendung ist immer dann empfehlenswert, wenn ein von allen Seiten gleichmäßig wirkender Druck vorhanden ist. Die einzelnen Hölzer werden dann gleichmäßig nach dem Mittelpunkte des Schachtes bezw. der Strecke hingeschoben und pressen sich dadurch nur um so fester aneinander.

4. Die Verzapfung.

Die Verzapfung (Fig. 29) ist eine beim Grubenausbau sich nicht allzu häufig findende Verbindungsweise. Sie hat den Nachteil, daß die

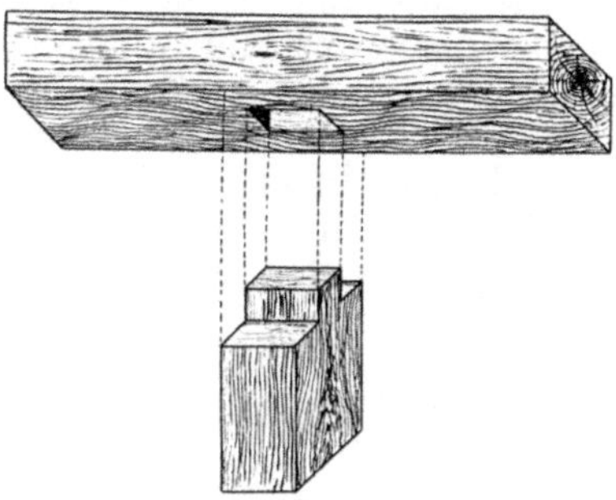

Fig. 29. Gerader Zapfen.

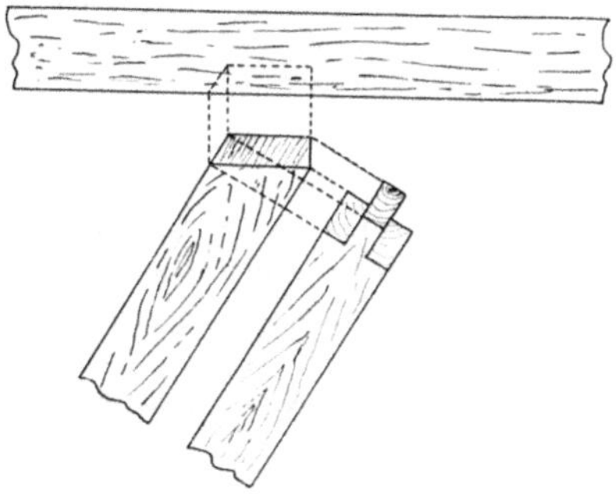

Fig. 30. Schräger Zapfen.

(Aus Lange, Katechismus der Baukonstruktionslehre.)

Holzstärke im Zapfen sehr geschwächt ist; die Breite des Zapfens soll nämlich gleich einem Drittel der Holzstärke sein.

Der schräge Zapfen (Fig. 30) findet öftere Verwendung, wenn es sich darum handelt, eine schräge Strebe mit dem zu stützenden Holze zu verbinden.

B. Das Eisen.

Die am häufigsten verwendeten Eisensorten sind Schmiedeeisen, seltener Stahl und Gußeisen.

I. Das Schmiedeeisen.

a) Querschnittsformen und Verbindungsweisen.

Das Schmiedeeisen kommt mit folgenden Profilen zum Einbau: I, T, I, C. Außerdem finden noch gebrauchte oder neue Eisenbahn- und Grubenschienen recht zahlreiche Verwendung.

Die einzelnen Eisenstücke werden entweder in gerader oder in gebogener Form eingebaut. Bei zusammengesetzter Zimmerung läßt man sie gern stumpf aneinanderstoßen und verbindet sie durch

Laschen. Die üblichen Verlaschungsmethoden werden bei den entsprechenden Ausbauarten besprochen werden. Seltener findet sich die Überblattung (Fig. 31), weil sie nicht so leicht herzustellen ist.

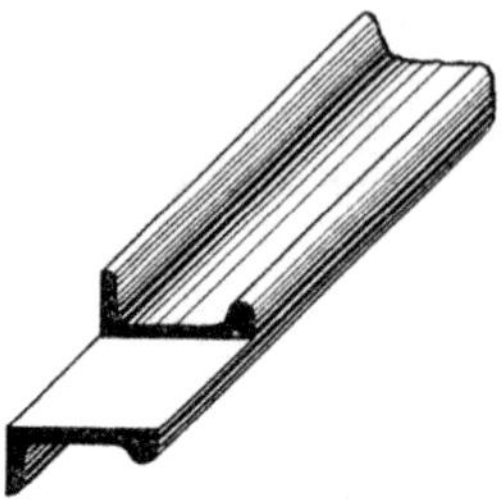

Fig. 31. Schiene mit Blattung. (Aus Jicinsky, Katechismus der Grubenerhaltung.)

b) Verwendbarkeit.

Es läßt sich jede Sorte von Schmiedeeisen anwenden; für Stücke, die gebogen werden müssen, empfiehlt sich ein starksehniges und dehnbares Material.

Der Ausbau in Schmiedeeisen ist zwar teurer als der hölzerne, dies fällt aber nicht so sehr ins Gewicht, da Eisenzimmerung länger aushält als solche in Holz. Wenn also Strecken lange offen erhalten werden sollen, ohne daß der Eintritt von großem Druck zu erwarten wäre, wird immer Eisenausbau am Platze sein. Denn das Holz müßte öfters, manchmal unter Betriebsstörungen, ausgewechselt werden; dieses öftere Auswechseln des Holzes bedingt natürlich auch höhere Kosten.

Dazu kommt, daß sich derselbe Eisenausbau später noch an anderen Stellen von neuem einbringen läßt, während einmal geraubtes Holz nur noch für untergeordnete Zwecke taugt.

Nur bei großem Drucke ist Eisen zum Ausbau nicht brauchbar. Es verbiegt sich dergestalt, daß es kaum wieder gerade gerichtet werden kann.

Als Kappen sind Stahlschienen widerstandsfähiger als Eisenschienen. Sie brechen aber leichter, während diese sich verbiegen und dann wieder gerade gerichtet werden können.

Am meisten leidet das Eisen durch Rost, salzhaltige und saure Wasser. Den einzig möglichen Schutz dagegen bieten Anstriche, die das Eisen vor der unmittelbaren Berührung mit diesen Flüssigkeiten und mit der Luft bewahren. Insbesondere sind Anstriche mit Mennige, Zement oder Ölfarben beliebt. Auf Maxgrube bei Michalkowitz O.-S. hat sich Schuppenpanzerfarbe als Anstrich von eisernen Förderwagen gut bewährt; es ist also anzunehmen, dass sie auch zum Schutze von Eisenzimmerung wird verwendet werden können.

II. Das Gußeisen.

a) Querschnittsformen und Verbindungsweisen.

Abgesehen davon, daß Gußeisen ab und zu in Röhrenform als Stempel eingebaut wird, ist es in größerem Umfange nur noch beim wasserdichten Ausbaue eingeführt, und zwar vorzüglich in Schächten, seltener in Strecken. Man benutzt dort der Schachtform entsprechend gebogene Platten mit Flanschen und Verstärkungsrippen. Diese Platten, Tübbings genannt, werden entweder nur einfach im Verbande neben-

und aufeinandergesetzt (englische Tübbings), oder sie werden noch miteinander verschraubt (deutsche Tübbings).

b) Verwendbarkeit.

Nach Jicinsky ist graues Gußeisen dem weißen vorzuziehen, namentlich für Tübbingsschächte. Das Material soll dicht, aber nicht porös sein. Gußeisen bewährt sich bei ruhigem und starkem Drucke, während Schmiedeeisen gegen Stöße und Stahl gegen starke Abnutzung größere Sicherheit bietet.

Gegen das Rosten wird das Gußeisen durch Teer- oder Lackanstriche geschützt. An trockenen Orten bildet sich auf dem blanken Eisen ein leichter Rostanflug, der nicht tief eindringt und den Vorteil hat, das Eisen vor weiterer Oxydation zu bewahren.

C. Die Mauerung.

Benutzte Literatur:

Lange, Katechismus der Baukonstruktionslehre.
Mund, Trassverwendung zu Mörtel und Beton bei Hoch-, Tief- und Wasserbauten. Deutsche Techniker-Zeitung 1908, Nr. 39.
M., Eicken, F. Schott, Portland-, Magnesia- und Hochofen-Zement im Salzbergbau. Deutsche Bergwerkszeitung 1908, Nr. 191, 215, 217.
Wasserdichte Verdämmung im Steinsalzgebirge. Glückauf 1902, Nr. 14.
Hinfälligkeit von Zementverputz. Glückauf 1896, Nr. 32.
Neuere Verfahren zur Herstellung von Hochofenschlacken-Zement. Berg- und hüttenmännische Rundschau, IV. Jahrgang, Nr. 2.
Canaris, C. jr., Hochofenschlacke und Zement im Lichte der Zulkowskischen Theorie. Österr. Zeitschrift 1905, Nr. 1/2.
Wichtemann, Über die Wertbestimmung der Zemente. Deutsche Techniker-Zeitung 1908, Nr. 33.
Janda, F., Zur Abbindungs- und Erhärtungstheorie der Portland- und Romanzemente. Österr. Zeitschr. 1908, Nr. 35.
Seibt, J., Dauerhaftigkeit, Erhaltung und Imprägnierung natürlicher Bausteine. Deutsche Techniker-Zeitung 1908, Nr. 26.
Hirschwald, J., Die Prüfung der natürlichen Bausteine auf ihre Wetterbeständigkeit. Zeitschrift für praktische Geologie 1908, Heft 7 und folgende.
Sabass, Mauersteine aus granulierter Hochofenschlacke. Oberschlesische Zeitschrift 1904, Heft 8.

I. Die Arten der Mauerung.

Jede Mauer besteht aus Steinen und Mörtel. Wird der Mörtel mit Wasser angemacht, und enthält er solche Bestandteile, daß er erhärtet (abbindet), so spricht man von nasser Mauerung. Wenn dagegen die Fugen nur mit Schutt, Sand und dergl. ausgefüllt wurden, ohne daß ein Abbinden erfolgt, so ist es trockene Mauerung.

Bei der nassen Mauerung wird ferner noch — namentlich mit Rücksicht auf den Mörtel — zwischen gewöhnlicher und wasserdichter unterschieden. Die erstere soll nur den Gebirgsdruck aufnehmen, schließlich wohl auch die Luft von einem leicht verwitternden Gesteine abhalten. Von der letzteren wird in erster Reihe verlangt, daß sie wasserundurchlässig ist; sie muß also den mit der Tiefe immer größer werdenden Wasserdruck aushalten können und außerdem noch dem Gebirgsdrucke widerstehen.

II. Die Mauerungsmaterialien.

a) Die Steine.

Die Steine werden in natürliche und künstliche geschieden.

1. Natürliche Steine.

Zu den natürlichen Steinen wird fast immer das Material verwendet, welches sich in der Nähe der Grube findet, soweit es für die Zwecke der Grubenmauerung brauchbar ist. Es sind dies in der Mehrzahl der Fälle Sandstein, Kalkstein, Grauwacke usw. Es darf nur Gesteinsmaterial genommen werden, welches wetterbeständig ist, also nicht an der Luft zerfällt. Leicht verwitternde Steine dürfen nur an Stellen eingemauert werden, wo sie mit der Luft nicht in Berührung kommen; dies wäre also in Fundamenten von untergeordneter Bedeutung und bei Hintermauerungen der Fall.

Bezüglich der Dauerhaftigkeit des gesamten Steinmaterials führt Seibt folgende Klassen an:

1. Die größte Widerstandsfähigkeit besitzen die kristallinischen und quarzreichen, sowie die glasig verschlackten Gesteine (Granit, Syenit, Diorit, Quarzit, Basalt, Porphyr und Basaltlava);

2. weniger widerstandsfähig sind die grobkörnigen, porösen, schieferigen und kalkigen Gesteine (Marmor, Gneis, Glimmerschiefer Grauwacke, mittelharte Sand- und Kalksteine usw.);

3. den geringsten Widerstand leisten die Trümmergesteine, namentlich wenn sie ein toniges oder mergliges Bindemittel besitzen oder Schwefelkies enthalten, sowie wenn sie sehr glimmerreich sind (weiche Sandsteine und Konglomerate, Breccien, Tuffe).

Um Gewähr für Dauerhaftigkeit der Steine zu haben, muß man die gesunden Steine sorgfältig aussuchen. Sind solche nicht zu erhalten, so kann man minderwertiges Material oberflächlich mit einem ein- oder mehrmaligen Anstriche versehen. Als geeignete Mittel hierzu nennt Seibt:

a) Das Barytverfahren. Eine wässerige Lösung von Baryumhydrat (etwa 3%) wird mindestens 6 mal aufgetragen. Es scheidet sich unlösliches Baryumkarbonat aus, wodurch die Oberfläche des Steins „gehärtet" wird.
b) Die Kesslerschen Fluate, mineralische Imprägniermittel, zu beziehen von H. Hauenschild-Berlin.
c) Testalin und Fluate für Sand- und Kalkstein, zu beziehen von Eduard Bloßfeld in Dessau.
d) Das Steinkonservierungsmittel „Duro" von Karl Schmidt, München, Angertorstraße 4.

e) Eine Mischung von geschmolzenem Schwefel und Graphit, die einen dichten, säurefesten Überzug erzeugt.

f) Eine mehrmals aufzutragende Mischung von Leinöl und Firnis, besonders für Sandsteine.

g) Ein dreimaliger Ölfarbenanstrich oder ein solcher mit Wasserglas.

Die natürlichen Steine stellen sich fast stets teurer als wie die künstlichen, namentlich wenn sie an allen Flächen bearbeitet werden müssen. Es ist darum gut, sie aus solchen Gesteinsbänken zu brechen, wo zwei Schichtungsflächen nicht weiter als 40 cm voneinander abstehen (lagerhafte Steine). Diese ergeben dann schon zwei glatte Flächen, die nicht erst behauen zu werden brauchen. Damit die Steine nicht zu schwer und unhandlich ausfallen, sollen sie nach keiner Richtung hin das eben genannte Maß von 0,4 m überschreiten. Nur bei den Mauerfüßen in Schächten wählt man oft größere Abmessungen; es ist dies hier leichter durchführbar, weil die einzelnen Steine am Seile hängend in die Mauer eingefügt werden.

2. Künstliche Steine.

Unter den künstlichen Steinen nehmen die erste Stelle die Ziegel ein. Haben diese die Abmessungen von $25 \times 12 \times 6{,}5$ cm, so heißen sie Normalsteine. Andernfalls werden sie Formsteine genannt. Bei der Ausmauerung runder Schächte und zur Herstellung von Gewölben werden gern Keilziegel genommen. In Oberschlesien haben solche beim Schachtausbau übliche Steine 26 cm Länge, 9 cm Höhe, 14,5 cm vordere Breite und 16 cm hintere Breite. In Westfalen sind die Steine 30 cm lang, 6,5 cm dick und 12,5 bezw. 14 cm breit.

Die Tragfähigkeit der Ziegelsteine schwankt zwischen 150 bis 180 kg/qcm.

Die besten Ziegel sind die Klinker; sie haben ihren Namen daher, daß sie beim Anschlagen hell erklingen. Ein gewöhnlicher Normalziegelstein wiegt 2,75 — 3,0 kg, ein Klinker 3,5 kg. Der Verlust durch Bruch darf höchstens 2 % betragen. Ein guter Ziegel soll so porös sein, daß er beim Liegen im Wasser um $^{1}/_{15}$ an Gewicht zunimmt. Die Porosität kann auch mit einem Durchblaseversuche festgestellt werden. Man wickelt den Stein so in Papier ein, daß die beiden schmalsten Flächen unbedeckt sind und das Papier noch über sie hinausragt. Bläst man nun kräftig gegen die eine dieser beiden Flächen, so wird ein hinter der anderen stehendes Licht zu flackern anfangen. Schließlich müssen gute Steine so fest sein, daß sie, ohne zu zerbrechen, einen Meter tief auf eine harte Unterlage fallen können.

Schlackensteine werden aus Hochofenschlacke hergestellt, die man granuliert und mit Kalkmilch anmacht. So ist beispielsweise ein Wetterscheider im Concordia-Schachte der Concordia-Grube bei Zabrze nur aus solchen Steinen hergestellt und hält trotz starker Förderung vollkommen dicht.

Zementsteine nach Patent Möhle sind ab und zu in den westdeutschen Bergrevieren als Schachtausbau zu finden. Sie sind 1 m hoch, ebenso breit und 0,3 m dick.

b) Der Mörtel.

1. Luftmörtel.

Luftmörtel erhärtet nur im Trockenen; er darf also nur bei Mauern Verwendung finden, die allseitig von Luft umgeben sind. Hierher gehört der Kalksandmörtel. Er wird aus Kalk, Sand und Wasser angemacht. Der Kalk wird vorher gebrannt und dadurch von der Kohlensäure befreit. Nachdem dieser gebrannte Kalk mit Wasser abgelöscht und einige Zeit in einer Erdgrube eingesumpft worden ist, wird er in verschiedenem Verhältnis mit Sand versetzt. Bei fettem, d. h. tonfreiem Kalk kann man auf einen Raumteil drei Raumteile Sand nehmen; in magerem, tonhaltigem Kalke muß der Sandzusatz entsprechend verringert werden. Die Erhärtung erfolgt durch Aufnahme von Kohlensäure aus der umgebenden Luft. Später wird auch etwas Kalksilikat gebildet, wozu der Sand die Kieselsäure hergeben muß.

Der Kalkmörtel darf nicht ohne Sandzusatz verwendet werden. Der Sand vermittelt eine bessere Berührung zwischen dem Mörtel und den Steinen. Ohne ihn würde außerdem der Mörtel beim Erhärten rissig werden. Am besten verwendet man scharfkantigen Quarzsand, der auch unter dem Namen Bergsand bekannt ist. Vor dem Gebrauche muß er geschlämmt werden.

Der Gipsmörtel wird aus gebranntem und gepulvertem Gips hergestellt. Er hat im Bergbau eine nur geringe Verbreitung.

Der Lehmmörtel, der aus einem Gemisch von Sand und Lehm besteht, hat nur eine geringe Festigkeit.

2. Hydraulischer Mörtel.

Die hydraulischen Kalke oder Wasserkalke sind Kalksteine mit einem natürlichen Gehalt an Tonerdesilikaten; dieser beträgt am besten 20—25 %, darf aber zwischen 10—30 % schwanken. Der Stein wird gebrannt und gemahlen; er ist in frischem Zustande zu gebrauchen. Der Mörtel kann aus reinem Wasserkalke, also ohne Sandzusatz, bereitet werden; dies ist namentlich im bewegten Wasser gut. In allen anderen Fällen werden auf drei Teile Kalk zwei Teile Sand genommen.

Der Traß ist ein vulkanischer Tuffstein, der nur gemahlen zu werden braucht, um zur Mörtelbereitung fertig zu sein. Für untergeordnete Mauerungen ist das gewöhnliche Mischungsverhältnis desselben: 1 Kalk, 1 Traß, 1—3 Sand. Wenn es auf größere Festigkeit und Wasserundurchlässigkeit ankommt, wird mehr Traß genommen und wohl auch Zement zugesetzt. Auf den Schachtanlagen der Arenbergschen Aktien-Gesellschaft für Bergbau und Hüttenbetrieb sowie bei der Gelsenkirchener Bergwerks-Aktiengesellschaft wurden folgende Mörtelmischungen verwendet:

im Förderschachte: 1 Wasserkalk, 2 Traß, 1 Kiessand;
im Wetterschachte: 2 Kalk, 3 Traß, 2 Kiessand.

Romanzement ist ein Kalkstein mit mehr als 30% Tonerdegehalt. Er wird gebrannt und gepulvert. Man mischt ihn, je nach der Güte des herzustellenden Mauerwerks, mit Sand im Verhältnisse 2:1, 1:1—3 und 2:3. Der Romanzement hat die Eigenschaft, rasch zu erhärten (in 15—20 Minuten).

Portlandzement hat dieselbe Zusammensetzung wie der Romanzement. Er wird fabrikmäßig durch Mischung von Ton und Kalk erzeugt. Auch er wird unter Sandzusatz verwendet; die üblichen Mischungsverhältnisse sind außer den beim Romanzement angegebenen 1:1 bis 1:4. Die Beimengung von Sand ist nicht unbedingtes Erfordernis, wie beim Kalkmörtel, sondern soll den Mörtel nur billiger machen.

Die Erhärtung des Portlandzements geht nicht so rasch vor sich wie beim Romanzement. Die Zeitdauer des Erhärtens hängt außer vom Sandzusatze besonders von der Zusammensetzung der Zementmasse selbst ab. Um ihn schneller abbinden zu lassen, muß man den Zement recht heiß anmachen und desgleichen die Steine so heiß wie möglich einfügen.

Dem Zement kann auch Schlacke beigemengt werden; er erfährt durch solchen Zusatz keine Verdünnung, sondern eine Verbesserung.

Vielfach besteht die Annahme, daß Portlandzement nur mit süßem Wasser angemacht werden dürfe, mit Salzwasser aber nicht abbinde. Demgegenüber weist Schott, der Vorsitzende des „Vereins Deutscher Portland-Zementfabriken“, darauf hin, daß man im Winter sehr häufig Salzlösung anwendet, um diesen Zement auch bei hoher Kälte verarbeiten zu können. Auch zum Anschluß von Beton an Salzgebirge kann man ihm zufolge unbedenklich gewöhnliches Wasser, anstatt einer Salzlauge anwenden, ohne die Bildung einer Haarfuge zwischen dem Beton und dem Steinsalze befürchten zu müssen. Denn „solange der Beton flüssiges Wasser enthält, welches Salz lösen kann, ist er auch weich und plastisch und wird unter dem Druck der eigenen Masse die Stelle des gelösten Salzes einnehmen, sich fest an die vorhandenen Wände pressen — ist der Beton erstarrt, so ist auch das Wasser durch den Abbindeprozeß verbraucht.“

Will man einen rasch bindenden Portland-Zement haben, so muß man ihn mit gesättigter Chlormagnesiumlauge anmachen; er hat aber dann den Nachteil, daß er treibt.

Der Schlackenzement wird aus fein gemahlener Hochofenschlacke hergestellt. Da er verhältnismäßig langsam erhärtet, wird er nur zu weniger wichtigen Arbeiten genommen. In der nachstehenden Tabelle, die einem Vortrage des Betriebsdirektors Jantzen, Wetzlar, im Verein zur Förderung des Gewerbefleißes entnommen ist, sind Portlandzement, Hochofenschlacken und Schlackenzement miteinander verglichen.

	Portlandzement %	Hochofenschlacken %	Schlackenzement %
Kalkerde	58,0—65,5	44,0—52,0	54,0—60,0
Magnesia	1,0— 3,0	0,5— 5,0	0,6— 5,0
Kieselerde . . .	20,0—26,5	27,0—35,0	20,0—25,0
Tonerde und Eisenoxyd	6,0—14,0	8,0—20,0	9,0—15,0
Schwefelsäure . .	0,3— 2,4	1,1— 3,0	0,8— 2,6

Der Schlackenzement kann aus Hochofenschlacke auf dreierlei Weise hergestellt werden, nämlich:

1. durch Granulieren in Kalkmilch, statt in Wasser;
2. durch Zusatz von Lösungen wasserlöslicher Salze des Kalziums, Aluminiums, Magnesiums (Barium, Strontium) zur heißflüssigen Schlacke ohne Granulation. Dadurch werden die schädlichen Bestandteile der Schlacke, namentlich der Schwefel, umgewandelt und die Abbindefähigkeit wird erhöht;
3. durch Behandlung der heißflüssigen Schlacke mit überhitztem, trockenem Dampf.

Eine ohne Kalkzusatz angemachte Schlacke erhärtet stets sehr träge und erlangt, namentlich an der Luft, keine Festigkeit.

Namentlich ist zu beachten, daß die Granulation im Wasser nicht ausreicht, um aus einer Schlacke einen brauchbaren Zement herzustellen. Sie muß weiter aufgeschlossen werden; das geeignete Mittel dazu ist der Ätzkalk. Seine Einwirkung auf kalte Schlacke ist eine nur langsame, auf feuerflüssige dagegen viel energischer. Durch solche Granulation hat man tatsächlich auch vorzügliche Zemente hergestellt.

Vom Hochofenzement wird behauptet, daß er in allen Salzlaugen schneller erhärtet, als wie Portlandzement. Wegen seiner feinen Mahlung kann man ihm reichlich Sand zusetzen. Dagegen wird man gut tun, öfters Proben auf Magnesiagehalt zu machen. Seine Zusammensetzung ist, je nach dem Ofengange, eine wechselnde; ein Magnesiagehalt von mehr als 5% ist schädlich, weil die Magnesia erst nach dem Abbinden, also während des Erhärtens treibt. Bei den Portlandzementen liegt diese Gefahr nicht in solchem Maße vor; ihr Mg-Gehalt schwankt nach S c h o t t zwischen $1\frac{1}{2}$—4%; ein Gehalt von weniger als 5% ist aber unschädlich.

Bei Arbeiten im salzhaltigen Wasser wird der M a g n e s i u m - z e m e n t sehr gern angewendet. Die beste Qualität ist eine Mischung von gebrannter Magnesia mit 30—31%iger Chlormagnesiumlauge. Allgemein üblich ist ein Zement, der im Verhältnis 5 : 2 mit dieser Lauge angesetzt wird; auch wird ab und zu Karnallit-Lösung (Endlauge) genommen. Durch Sandzusatz kann man diesen Mörtel verlängern; am besten ist hier das Verhältnis von 1 Teil Zement zu 3 Teilen Sand. Bei einem Mischungsverhältnisse von 1 : 5 bindet dieser Mörtel nicht mehr ab.

Beim Abbinden treibt der Magnesiumzement und bläht sich auf; damit ist innerhalb von 6—8 Stunden eine Erhitzung bis auf 140 bis 150° C verbunden. Eine Folge des Treibens ist, daß die Verschalungen losgerissen werden; darum muß man sie mit gesättigter Lauge berieseln. Infolge des Treibens füllt aber dieser Zement alle Hohlräume gut aus.

Die Magnesia wird zum Teil aus Chlormagnesium-Lauge, zum Teil aus Euböa-Magnesit hergestellt; sie ist aber ein in der Qualität sehr wechselndes Produkt; darum muß man während der Verwendung täglich mehrere Proben machen. Namentlich muß sie frei von Kohlensäure sein, weil sonst der Mörtel rissig wird.

In Leopoldshall will man die Beobachtung gemacht haben, daß Magnesium-Zement an Portland-Zement nicht abbindet; darum wurden bei der Abdämmung eines Querschlages in der 300 m-Sohle an den Wechseln zwischen Magnesiumzement- und Portlandzement-Mauern 5 cm starke Schichten von Asphalt eingeschaltet, der in breiigem Zustande eingebracht wurde. Die Ziegelsteine wurden bei dieser Arbeit warm verwendet und mit Chlormagnesiumlauge getränkt. Der Mörtel bestand aus 90 %iger Magnesia, scharfem Elbsande (Verh. 1 : 1 bis 1 : 2) und Chlormagnesium-Lauge vom spezifischen Gewichte 1,3.

III. Das Mauerwerk.

Ziegelmauerwerk enthält auf 1 cbm 400 Normalziegel und 0,28 cbm Mörtel. Es wird stets im Verbande und mit Mörtel aufgeführt. Der Verband ist um so sicherer, mit je mehr Nachbarsteinen jeder Ziegel in Berührung ist. Die bei Grubenmauerungen am meisten angewendeten Verbände sind der Läuferverband (Fig. 32), der Binderverband (Fig. 33), der Blockverband (Fig. 34) und der Kreuzverband (Fig. 35). Beim Läuferverbande werden nur Läuferschichten gemauert; es liegt jeder Stein mit der Längsrichtung in der Mauerfront. Beim Binderverbande (Streckerverband, Schornsteinverband) liegen die schmalsten Flächen, die Köpfe, in der Front. Beim Blockverbande und dem Kreuzverbande wechseln Läufer- und Binderschichten miteinander ab. Äußerlich unterscheiden sich diese Verbände dadurch, daß ein von einem Läufer und zwei Bindern gebildetes Kreuz (in

Fig. 32. Läuferverband.

Fig. 33. Binderverband.

Fig. 34 und 35 schraffiert) beim Blockverbande oben und unten wieder von Läufern begrenzt ist, während beim Kreuzverbande hier zwei senkrechte Fugen stehen. Beim Blockverbande liegen alle Stoßfugen der Binderschichten und alle Stoßfugen der Läuferschichten immer senkrecht übereinander. Beim Kreuzverbande liegen wohl alle Stoßfugen der Binderschichten übereinander, innerhalb der Läuferschichten ist dies aber nur immer in der 1., 3., 5. usw. und dann wieder in der 2., 4., 6. usw. Binderschicht der Fall. Es gehören hier also immer fünf Schichten zu einem vollständigen Verbande.

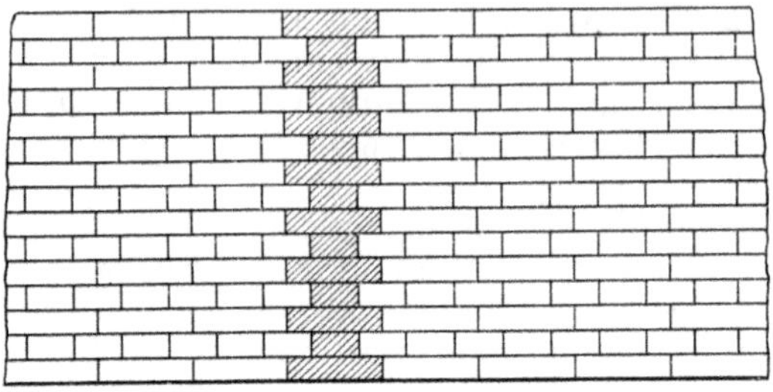

Fig. 34. Blockverband.

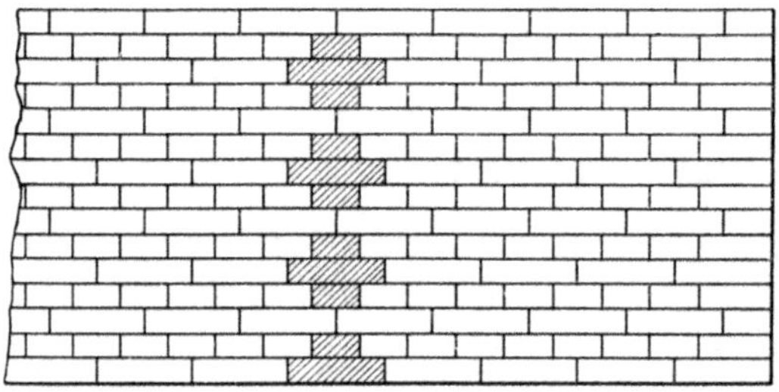

Fig. 35. Kreuzverband.

Die Mauern werden in gerade und gewölbte eingeteilt.

Die geraden Mauern sind senkrechte (Fig. 36), geböschte (Fig. 37) oder teils senkrecht, teils geböscht (Fig. 38).

Bei den gewölbten Mauern oder Wölbungen sind verschiedene Formen zu unterscheiden. Die im Grubenbetriebe am häufigsten vor-

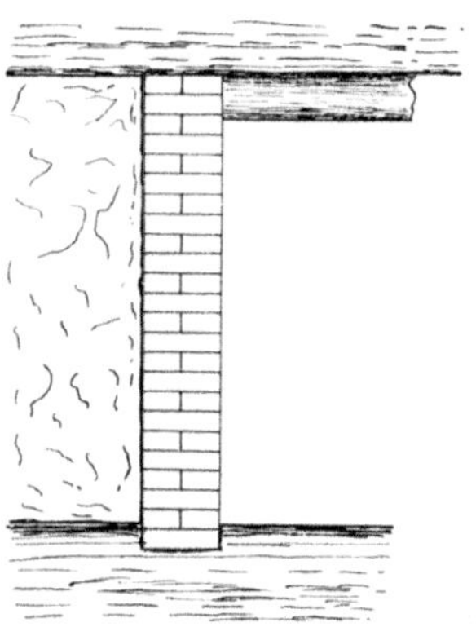

Fig. 36. Senkrechte Mauer.

Fig. 37. Geböschte Mauer.

kommenden Gewölbearten sind das kreisförmige, das elliptische, das eiförmige Gewölbe als Schacht- und Streckenausbau; diese Formen können geschlossen oder offen sein. Beim Streckenausbau werden, wenn es sich nicht um Sicherung des ganzen Streckenumfanges handelt, auch das Tonnengewölbe (Fig. 39) und das flache Gewölbe (Fig. 40) recht oft hergestellt. Diese unterscheiden sich dadurch voneinander, daß das erstere einen Halbkreis, das letztere aber einen kleineren Teil des Kreisumfanges bildet.

Fig. 38. Unten senkrechte, oben geböschte Mauer.

In jedem Gewölbe (Fig. 41) bezeichnet *a* die Widerlager, *b* den Scheitel, *a—b* die Gewölbeschenkel, *b—c* die Gewölbestärke, *d—d'* die Gewölbeachse, *e—f* die Spannweite, *d—b* die Pfeilhöhe oder den Stich, *e—e'* die Kämpferlinie. Unter der Gewölbespannung ist das Verhältnis zwischen Stich und Spannweite zu verstehen; die Spannung beträgt also bei Tonnen-

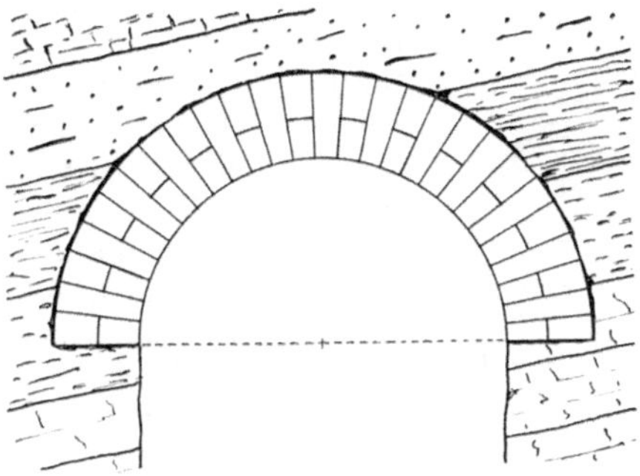

Fig. 39. Tonnengewölbe.

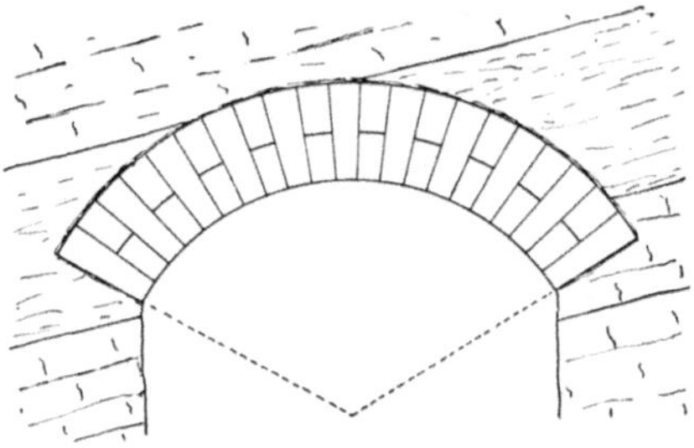

Fig. 40. Flaches Gewölbe.

gewölbe 1 : 2; bei flachem Gewölbe ist der Nenner größer als 2.

Der Zentriwinkel darf nicht unter 60⁰ betragen. Die Fugen müssen stets radiale Richtung haben. Um dies letztere zu prüfen, wird am besten im Mittelpunkte der zum Gewölbebogen gehörenden Schablone eine Schnur an einem Nagel befestigt; beschreibt man mit ihr einen Kreis, so muß sie sich mit jeder Fuge decken.

Zur Herstellung der einzelnen Gewölbeformen dienen besondere Schablonen

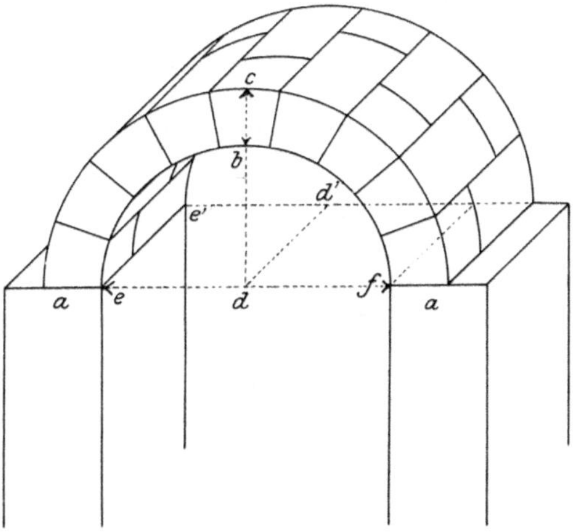

Fig. 41. Gewölbe. (Aus Lange, Katechismus der Baukonstruktionslehre.)

(Lehren). Diese sind bei kleinen Spannweiten fast immer voll aus mehreren nebeneinanderliegenden Bohlen geschnitten (Fig. 42). Wenn es aber auf Holzersparnis ankommt, wie bei großen Spannweiten, oder wenn der Betrieb in einer Strecke nicht gestört werden darf, wird der Lehrbogen nach dem Muster von Fig. 474 gezimmert.

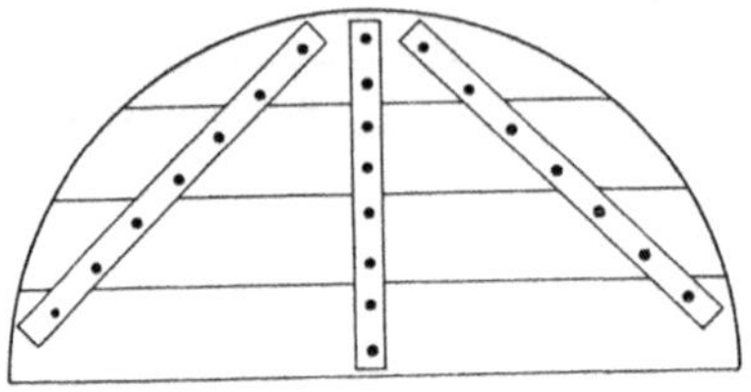

Fig. 42. Lehrbogen.

Bei gewöhnlichen Streckenausmauerungen genügen aus 1/2 Stein hergestellte Gewölbe. Bei größerem Druck nimmt man sie 1 Stein stark. Gewölbe von mehr als 1 1/2 Steinstärke im Verbande (Fig. 43 links) zu mauern ist nicht ohne weiteres möglich. Es ist immer besser, dieselben in getrennten, konzentrischen Schalen aufzuführen (Fig. 43 rechts). Würde man im Verbande mauern, so braucht man Keilziegeln, die nach außen immer dicker werden müssen, um durchlaufende Radialfugen zu erhalten. Beim Mauern mit Normalziegeln würden dagegen die radialen Fugen nach außen immer breiter ausfallen; im selben Maße würde auch der Mörtelverbrauch steigen. Alle diese Mißstände fallen beim Mauern in Ringen fort.

Fig. 43. Gewölbe im Verbande (links) und in Ringen (rechts).

Die Gewölbe widerstehen am besten einem gleichmäßigen, ruhigen Drucke, der von allen Seiten mit derselben Kraft wirkt; bei stoßweisem und einseitigem Drucke dagegen werden sie schnell beschädigt.

Die trockene Mauerung dient zur Begrenzung von Bergeversatz und zur Anfertigung von Wetterdämmen. Die Stärke solcher Mauern beträgt 1 m. Zu diesem Zwecke werden lagerhafte (plattenförmige) Berge ausgewählt. Man legt sie im Verbande und füllt die Fugen mit feinen Bergen und Staub aus. Am besten ist es, zwei solcher Mauern im Abstande von 0,5—1 m parallel aufzuführen und den Zwischenraum mit Schutt gut auszustampfen.

D. Der Beton.

Benutzte Literatur:

Mund, Traßverwendung zu Mörtel und Beton bei Hoch-, Tief- und Wasserbauten. Deutsche Techniker-Zeitung 1908, Nr. 39.

Zerstörung von armierten Betonbauten durch elektrische Ströme. Der Bergbau, XX. Jahrgang, Nr. 63.

Wasserundurchlässigkeit des Betons. Kohle und Erz 1908, Nr. 6.

Steffen, Armierter Beton als Verstärkung des eisernen Schachtausbaues in wasserreichem Gebirge. Glückauf 1908, Nr. 8.

Penkert, Die Betonierung als selbständiger Grubenausbau. Kohle und Erz 1908, Nr. 15/16.

Eisenbeton im Dienste des Bergbaus. Kohle und Erz 1907, Nr. 21.

Die Verbindung von altem und frischem Beton. Braunkohle VII, Nr. 46.

Dr. Rohland, Die Entrostung des Eisens im Eisenbeton. Stahl und Eisen 1909, Nr. 11.

Scharf, R., Einige neuere Betonierungsverfahren und ihre Anwendungsgebiete im Bergbau. Glückauf 1909, Nr. 13.

Der Beton gehörte im Bergbau anfangs nur zu den Mörteln; denn man benutzte und benutzt ihn auch jetzt noch häufig zum Hintergießen von Tübbingsausbau, wasserdichter Mauerung usw. In den letzten Jahren ist er indessen auch selbständiges Verbauungsmittel geworden und hat sich in Schächten, Querschlägen und Strecken vorzüglich bewährt. Er wird in diesem Falle hinter Schablonen eingebracht und soll entweder nur das Gestein vor der Berührung mit der Luft schützen oder aber geradezu als Ersatz für Mauerung dienen.

Zum Hintergießen gußeiserner Tübbings besteht der Beton nach Köhler aus 4 Teilen Sand, 4 Teilen gesiebten Wasserkalks, 4 Teilen Traß und einem Teil Zement.

Soll der Beton selbständiger Ausbau sein, so richtet sich seine Zusammensetzung nach der Wasserführung, dem Drucke usw. des Gebirges.

Ein einfacher und billiger Beton wird hergestellt aus gesiebter Kesselschlacke, Sand und Zement, z. B.

3 Asche, 1 Sand, 1 Zement,
2 Asche, 1 Sand, 1 Zement.

Soll der Beton besser sein, so wird die Kesselschlacke durch Bergekleinschlag, Ziegelbrocken, Waschberge u. a. ersetzt und wohl auch mehr Zement genommen. Die Korngröße dieser Bergestücke beträgt am besten 30—60 mm. Einige in der Praxis bewährte Betonmischungen wären die folgenden:

5 Abhub, 2 Sand, 1 Portlandzement (nach Penkert),
3 granulierte Hochofenschlacke, 2 Ziegelmehl, 1 Portlandzement (Böerschacht II bei Kostuchna O.-S).
5 Dolomitabhub, 3 Sand, 1 Zement (von mehreren oberschlesischen Schächten),
7 Kesselasche, 1 Zement (zum Betonieren von Gesteinsstrecken auf Schacht Holland III/IV, B. R. Wattenscheid),
6 Dolomitabhub, 3 Sand, 1 Zement (in einer Grundstrecke der Karsten-Zentrumgrube bei Beuthen O.-S).

Für Betonmauern, die nur kürzere Zeit stehen bleiben sollen (Wetterscheider beim Streckenvortriebe), kann das Mischungsverhältnis betragen

8 Abhub, 4 Sand, 1 Zement.

Nach J. Schustler ist ein aus gleichen Teilen von Roman- und Portlandzement hergestellter Beton für unterirdische Bauten besonders vorteilhaft.

Für 1 cbm Beton braucht man:

beim Mischungsverhältnis in Raumteilen			Portland-Zement		Sand	Kies	Wasser
Zement	Sand	Kies	kg	cbm	cbm	cbm	l
1	2	3	360	0,270	0,50	0,75	144
1	2	4	300	0,225	0,45	0,45	130
1	3	6	223	0,167	0,42	0,42	120

(Aus Österr. Zeitschr. 1908, Nr. 35.)

Der Beton erhärtet bei der Grubentemperatur von 16—18° C gewöhnlich innerhalb 32 Stunden. Am günstigsten sind für ihn Wärmegrade, die zwischen 10—20° C liegen. Bei höheren Temperaturen, wie sie in der Nähe von Brandherden herrschen (über 25° C), wird er ausgetrocknet, bevor er gut abbinden konnte. Solche Mauern halten nicht viel und platzen leicht. Man muss dann den Beton durch häufig wiederholtes Begießen feucht halten; ist dies nicht gut möglich, so kann man auch mit Hilfe einer leichten Verschalung vor der Betonwand eine Packung von Sägespänen anbringen, die man gut durchnäßt.

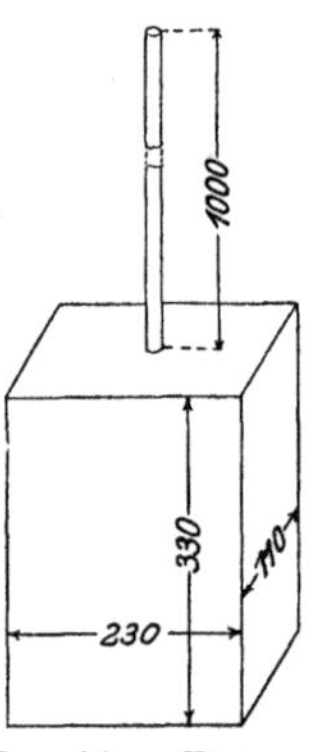

Nr. 44. Betonstampfer.

Die Wandstärke einer Betonmauer beträgt in festerem Gebirge 12 cm, in Schächten nicht unter 15 cm. Querschläge im gebrächen Schieferton mit losem Hangenden, sowie breite Strecken erhalten Betonmauern von mindestens 20 cm Stärke. Für Wetterscheider genügen Dicken von 9—12 cm.

Der Beton wird am besten mit nur soviel Wasser angemacht, daß er einen gallertartigen Brei bildet. Ist er an Ort und Stelle eingebracht, so muß er noch solange gestampft werden, bis er „schwitzt", d. h. bis sich an der Oberfläche Feuchtigkeit zeigt. Zum Stampfen kann man den in Fig. 44 abgebildeten hölzernen Stampfer benutzen; in verschiedenen Fällen ist diese Arbeit aber schon mit gutem Erfolge maschinell mit Hilfe von Bohrhämmern ausgeführt worden, die man zu diesem Zwecke mit einem Stampfkolben versah.

Sind beim Betonieren Pausen gemacht worden, so muß man die Stoßfläche zwischen dem alten und dem neuen Beton vor Beginn der

Arbeiten mit allen Mitteln von jeder Art von Verunreinigungen befreien u. zw. hauptsächlich von Staub, Öl und Fett. Der Staub wird mit einem scharfen Wasserstrahle abgespritzt, das Fett mit Wasser und scharfen Drahtbürsten abgescheuert; denn jede Art von Fett veranlaßt leicht Brüche und Risse im Beton. Darum ist es besser, die Verschalungs- und Gerüsthölzer nicht einzufetten, wenn sie sich dann auch etwas schwerer vom Beton lösen sollten.

Soll der Betonausbau größere Haltbarkeit und Festigkeit haben, so erhält er eiserne Einlagen; man nennt ihn dann eisenverstärkten Beton. Als Einlagen benutzt man Eisenbahn- und Grubenschienen, U-Eisen, T-Eisen, Flacheisen- und Rundeisenstäbe, Drahtseile usw. Es wird daraus vielfach ein vollständiges Gitterwerk angefertigt, das als Skelett für die Betonauskleidung dient.

Eine neue Art von „armiertem Beton" schlägt L. Bailly in Nancy für den Schachtausbau vor. Er besteht aus dünnwandigen Tübbings oder geschlossenen Gußeisenringen, die für geringe Schachttiefen z. B. nur eine Wandstärke von 20--25 mm erhalten. In diesen eisernen Ausbau kommt eine innere Verkleidung von eisenverstärktem Beton. In angemessenen Zwischenräumen sind Wasserhähne angebracht, um während der Herstellung des Ausbaues jeden Wasserdruck auf die Schachtauskleidung durch Ablaufenlassen des Wassers zu vermeiden. Bei Schächten von 6 m lichtem Durchmesser sollen nach diesem Verfahren auf jeden Meter Schacht mindestens 20 000 kg Eisen erspart werden, wenn anstatt eines Tübbingsausbaues von 120 mm Wandstärke ein solcher von 20 mm nebst Betonverstärkung gewählt wird.

Diese neue Art von Betonausbau stimmt übrigens im Grundgedanken vollkommen mit den Pattbergschen Compoundschächten überein, die in Deutschland schon seit Jahren beim Senkschachtbetriebe bekannt sind.

Im gut ausgeführten Eisenbeton rostet das Eisen nicht. Es findet im Gegenteil, selbst wenn man stark verrostetes Eisen verwendet, während des Abbindens und der erstenErhärtungszeit ein Entrosten des Eisens statt. Nach den Untersuchungen von Dr. Rohland findet nämlich in dieser Zeit eine Reaktion zwischen der Kohlensäure, dem Wasser, dem in ihm gelösten Kalziumhydroxyd und dem Eisenoxyde statt, bei der letzteres zerstört wird.

Ein nicht zu unterschätzender Vorteil des eisenverstärkten Betons ist, daß er sich ohne große Mühe in alten Schächten anbringen läßt, die bis dahin im Holzausbau standen. Wollte man diese ausmauern, so müßte jeder Stoß nachgerissen werden, um für die Wölbung und für die wesentlich dickere Mauer den nötigen Platz zu schaffen. Dagegen kann beim Ausbau mit eisenverstärktem Beton der Schachtquerschnitt rechteckig bleiben und ebenso die Betonmauer Rechtecksform erhalten; ihre Wandstärke ist auf keinen Fall größer als die des Holzausbaues.

Nach Gaines, Chemiker der New-Yorker Wasserwerke, macht ein kleiner Zusatz von Alaun und feiner Tonerde den Portlandzementbeton wasserundurchlässiger und gibt ihm erhöhte Festigkeit.

Die Eisen- und Stahleinlagen des Betons werden durch ihn wohl vor dem Verrosten geschützt, aber nicht, wie A. A. Knudson nachwies, vor der Zerstörung durch elektrische Ströme. Diese Ströme finden sich immer in der Nähe von Straßenbahnen oder elektrischen Kraftstationen im Erdboden, der ja als Rückleitung benutzt wird; sie sind also auch in Bergwerken vorhanden und wirken in den Schächten wegen deren Nässe besonders kräftig. Mit Rücksicht hierauf muß man alle Eisenteile möglichst isolieren. So hat man z. B. im „Times"-Gebäude zu New-York alle stählernen Träger, Streben, Bänder usw. mit einer mindestens 2 cm starken Schutzschicht von Portlandzementmörtel versehen. Knudson kam zu folgenden Schlußfolgerungen:

1. Stahlkonstruktionen, mögen dieselben in See- oder Süßwasser liegen, werden gegen Rost durch einen Überzug von Beton gut geschützt.
2. Wenn nur ein kleiner Teil eines Ampères der Elektrizität . . . in den Beton oder das Mauerwerk, wie es gewöhnlich hergestellt wird, eintritt, so wird eine Zerstörung des Metalls und des Betonmauerwerks eintreten.
3. Konstruktionen aus Stahl in Beton, die mit Seewasser in Berührung kommen, sind in größerer Gefahr durch Elektrizität zerstört zu werden, wie die in Süßwasser, da das Seewasser an sich schon den Beton leichter angreift wie das Süßwasser.
4. Keinesfalls kann Beton als ein Isolierungsmittel gegen die elektrischen Ströme angesehen werden; denn er ist ein ebenso guter Leiter, wie irgend ein anderer Boden, den man auf der Erde findet.

Was hier vom Seewasser gesagt ist, gilt im Bergbau natürlich auch von den sich sehr häufig findenden salzhaltigen Wässern und Solen.

Scharf empfiehlt sehr, an Stelle des Stampfbetons zum Ausbau von Strecken, Füllörtern, Maschinenräumen und auch Schächten den Preßbeton anzuwenden. Zu seiner Herstellung werden ebenso wie beim Stampfbeton Schablonen benutzt; die einzelnen Schablonenbretter müssen aber gegeneinander, z. B. mit Segeltuch, abgedichtet sein; ebenso werden an den Enden einer Schablone die zu betonierenden Räume mit Schottenwänden aus Blech verschlossen, die gegen das Gebirge abgedichtet sein müssen. Gleichzeitig mit dem Errichten der Schablone wird der zwischen ihr und dem Gebirge verbleibende freie Raum mit einer Packlage von Bergen ausgefüllt. Ist diese Arbeit beendet, so wird in die allenthalben geschlossene Preßform Zementmörtel in ähnlicher Weise eingepreßt, wie es späterhin beim Zementieren des Gebirges beschrieben ist. Im allgemeinen genügt ein aus 1 Zement und 5 Sand bestehender strengflüssiger Mörtel; soll dagegen der Abschluß wasserdicht sein, so nimmt man auf 1 Teil Zement 2 Teile Sand.

Preßbeton hat gegenüber dem Stampfbeton folgende Vorteile:

1. Die Wandstärke kann geringer sein, weil der Zement auch in

alle Klüfte und Hohlräume des Gebirges eindringt und dieses verfestigt.

2. Die Sicherheit des Stampfbetons hängt von der Zuverlässigkeit der Arbeiter ab, während Preßbeton schon infolge seiner eigenartigen Herstellungsweise viel homogener ist. Namentlich gilt dies für den Scheitel eines Gewölbes, der sich nur schwer aus Stampfbeton herstellen läßt.
3. Eiseneinlagen können bei Preßbeton viel dichter aneinander gesetzt werden; bei Stampfbeton muß dagegen ihr Abstand mit Rücksicht auf das Stampfen ein größerer sein. Infolgedessen kann ein Preßbetonkörper von gleicher Wandstärke weit widerstandsfähiger gemacht werden.

Die Kosten des Preßbetons stellen sich denen des Stampfbetons ungefähr gleich, wenn man in beiden Fällen dieselbe Wandstärke wählt.

E. Vergleich von Holzzimmerung, Eisenausbau, Mauerung und Betonierung.

Benutzte Literatur:

Schlesiona, Einiges über den Vergleich der Unterhaltungskosten für den Ausbau von Hauptförderstrecken in Holz und Mauerung. Berg- und hüttenmännische Rundschau II (1905 1906), Nr. 8.

Färber, Die Bedeutung des Eisenbetons für den Schachtausbau. Glückauf 1909, Nr. 11.

Bezüglich der Kosten kann man ungefähr rechnen, daß sich verhalten Holz : Eisen : Mauerung = 3 : 4 : 6. Dies gilt aber nur für den ersten Einbau. Eisen läßt sich, wenn es nicht allzusehr verbogen ist, wiedergewinnen und an anderen Stellen von neuem einbauen. Mauerung ist, wenn sie gut ausgeführt wurde, und wenn sie nicht gerade einseitigem Drucke ausgesetzt ist, so gut wie unzerstörbar. Holzausbau ist nur in frischen Wettern am Platze oder an solchen Stellen, die nicht lange offen bleiben sollen (Abbaustrecken usw.).

Eisenausbau braucht den geringsten Platz; dann kommt Holz; den meisten Raum beansprucht die Mauerung. Man kann im allgemeinen rechnen, daß bei gleicher Tragfähigkeit Bruchsteinmauer das $1^1/_2$- bis $1^3/_4$ fache, Ziegelmauerung das $1^3/_4$- bis 2 fache an Raum beansprucht als wie gleich starker Holzausbau.

Für den Vergleich der Tragfähigkeit von Holz und Eisen sei auf die Tabelle auf Seite 54 verwiesen.

In der Schnelligkeit der Herstellung kommen sich Holz- und Eisenzimmerung ungefähr gleich, besonders wenn für die letztere das Material so weit vorbereitet worden ist, daß es nicht weiter bearbeitet zu werden braucht. Die Mauerung braucht bis zu ihrer Fertigstellung bedeutend mehr Zeit.

Einen Vergleich der Ausbaukosten in Holzimmerung und Mauerung gibt folgende Berechnung von Schlesiona, die für eine Förderstrecke von 3×2 m Querschnitt und 900 m Länge aufgestellt wurde.

Ein Rundholz von einem Durchmesser	Gewicht pro 1 m	hat dieselbe Tragfähigkeit wie													
		Gußeisen von				Schmiedeeisen von									
		Röhrenform 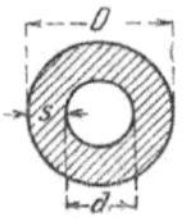			Gewicht pro 1 m	Doppel-T-Form 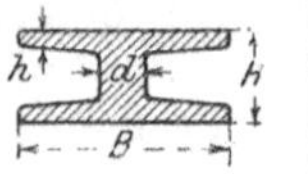				Gewicht pro 1 m	quadratischer Form 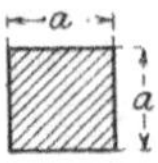	Gewicht pro 1 m	flacher Form 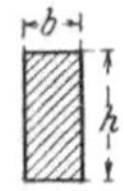		Gewicht pro 1 m
		D	d	s		H	B	h	d		a		h	b	
cm	kg	cm			kg	cm				kg	cm	kg	cm		kg
10	6,7	7,5	5,5	1,0	15,3	Fällt zu schwach aus					3,3	8,6	4,2	2,1	6,9
20	26,7	13,0	10,0	1,5	40,6	9,7	5,3	1,0	0,7	12,5	6,5	34,4	8,4	4,2	27,6
30	60,0	20,0	16,0	2,0	84,7	14,4	9,0	1,5	1,1	30,7	10,0	77,4	12,6	6,2	62,1
40	106,7	25,0	19,6	2,7	143,3	23,5	9,15	1,4	1,3	40,5	13,0	137,6	16,8	8,4	110,0

(Aus W. Jicinsky, Katechismus der Grubenerhaltung.)

1. Holzzimmerung.

Die Türstöcke erhalten einen Abstand von etwa 40 cm. Sie bestehen aus Kiefernholz von 17/18 cm Stärke. Für je 2 Türstöcke werden als Firsten- und Stoßverzug 25 Schwarten von 1,25 m Länge und 50 mm Stärke gebraucht.

Es sind also bei einer Streckenlänge von 900 m erforderlich: rund 1550 Türstöcke und 19 375 Schwarten. Wenn

ein 3 m-Stempel 1,20 M.
ein 2 m-Stempel 0,75 M.
ein Fichtenpfahl 0,20 M.

kostet und für das Aufstellen eines Türstockes der Arbeitslohn 1,75 M. beträgt, so sind folgende Ausgaben zu machen:

für das Holzmaterial	8 060,— M.
an Löhnen	2 712,50 M.
insgesamt	10 772,50 M.

Angenommen durch diese Strecke ziehen feuchtwarme Wetter, sodaß die Zimmerung alle 12 Monate ausgewechselt werden muß, und ferner angenommen, daß die Strecke 15 Jahre lang offen zu erhalten ist, so beträgt der Kostenaufwand

15 . 10 772,50 M. = 161 587,50 M.

20 % dieser Summe können aber für wiedergewonnenes Holz, das noch anderweitig verwendbar ist, in Abzug gebracht werden; es stellen sich somit die reinen Unterhaltungkosten für den Ausbau auf 129 270 M.

2. Ausmauerung.

Die Stoßmauern seien 0,75 m, die Gewölbemauern 0,5 m dick; die ersteren sollen aus unter Tage gewonnenen Bergen, das Gewölbe aus Klinkerziegeln hergestellt werden.

Die Kosten setzen sich folgendermaßen zusammen:

Stoßnachreißen je lfd. m Strecke : 900 . 3,— M. . . = 2 700,— M.

Materialverbrauch für die Stoßmauern:

Für 2 . 900 . 2 . 0,75 m = 2700 cbm Stoßmauerung		
Kalkverbrauch : 2700 . 0,3 cbm = 810 cbm je 4,50 M.	=	3 645,— M.
Sandverbrauch : 2700 . 0,2 cbm = 540 cbm je 2,50 M.	=	1 350,— M.
Arbeitslohn je 1 cbm Stoßmauerung 4,— M. = 2700 . 4.— M.	=	10 800,— M.
Gesamtkosten der Stoßmauerung		18 495,— M.

Gewölbemauerung:

Materialverbrauch für 900 . 3,6 . 0,5 m = 1620 cbm Gewölbemauer.

Ziegelverbrauch : 1620 . 400 = 648 000 Stück Ziegeln je 1000 Stück zu 20,— M. = 648,20 M. . .	=	12 960,— M.
Mörtelverbrauch : 0,28 cbm auf 1 cbm Mauerwerk, mithin auf 1620 cbm : 0,28 . 1620 = rund 454 cbm.		
Sandverbrauch : 454 . 0,3 cbm = rund 136 cbm zu je 2,50 M.	=	340,— M.
Kalkverbrauch : 454 . 0,5 cbm = 227 cbm zu je 4,50 M.	=	1 021,50 M.
Zementverbrauch : 454 . 0,2 cbm = rund 90 cbm zu je 38,50 M.	=	3 465,— M.
Arbeitslohn je cbm Mauerung 5,— M. = 1620 . 5	=	8 100,— M.
Für (angenommene) 1800 cbm Bergeversatz je 1,50 M.	=	2 700,— M.
Gesamtkosten der Gewölbemauerung		28 586,50 M.
Gesamtkosten für Stoß- und Gewölbemauerung		47 081,50 M.

Es erreicht also ein viermaliges vollständiges Auswechseln des Holzausbaues nahezu die Kosten der nur einmal vorzunehmenden Ausmauerung. Man muss allerdings noch einige tausend Mark für Ausbesserungen in der Streckenmauerung in Ansatz bringen; doch spielt dieser Betrag gegen ein z. B. 15 maliges Auswechseln des Holzes kaum eine Rolle. Dazu kommt, daß in der ausgemauerten Strecke die Förderung nicht so sehr durch Ausbesserungsarbeiten gestört wird, daß sie feuersicher ist, besser z. B. von angesammeltem Kohlenstaub gesäubert werden kann, daß die Mauerung für die Wetterführung günstiger ist usw.

Zum Vergleiche von Betonierung mit Mauerung hat Penkert folgende Kostenberechnung für einen zweigeleisigen Querschlag von 2,7 m Breite und 2,0 m Höhe aufgestellt.

1. Betonierung mit 16 cm Mauerstärke.

a) Betonieren der Stöße.

Material:		
1,5 t Zement zu je 5,40 M. . . .	8,10 M.	
0,50 cbm Sand zu je 1,20 M. . .	0,60 M.	
0,75 cbm Abhub zu je 0,90 M. . .	0,68 M.	
Dazu Löhne:		
Einhängen, Anfahren und Ausladen	1,20 M.	
Arbeitslohn einschl. Handlanger . .	10,— M.	
	20,58 M.	= 20,58 M.

b) Betonieren der Gewölbe.	Übertrag	20,58 M.
Material:		
1,3 t Zement zu je 5,40 M. . . .	7,02 M.	
0,25 cbm Sand zu je 1,20 M. . .	0,30 M.	
0,75 cbm Abhub zu je 0,90 M. . .	0,68 M.	
Dazu Löhne:		
Einhängen, Anfahren und Ausladen	1,20 M.	
Arbeitslohn einschl. Handlanger . .	9,— M.	
	18,20 M. =	18,20 M.
	Insgesamt	38,78 M.

2. Ausmauern desselben Querschlages.

a) Mauerung der Stöße.		
Material:		
1000 Stück Ziegeln zu je 24,— M.	24,— M.	
0,5 t Zement zu je 5,40 M. . . .	2,70 M.	
0,30 cbm Kalk zu je 1,60 M. . .	0,48 M.	
0,80 cbm Sand zu je 1,20 M. . .	0,96 M.	
Dazu Löhne:		
Einhängen, Anfahren und Ausladen	1,60 M.	
Arbeitslohn einschl. Handlanger . .	10,— M.	
	39,74 M. =	39,74 M.
b) Kappengewölbe in der Firste mit Ziegelmauerwerk u. eiserner Schiene	21,30 M. =	21,30 M.
	Insgesamt	61,04 M.

Es stellt sich also die Betonierungsarbeit auf 1 lfd. Meter um etwa 22 M. billiger, als wie Ziegelmauerung mit Kappengewölbe. Dazu kommt, daß für die Herstellung von gewöhnlicher Betonmauerung keine Leute erforderlich sind, die richtige Verbände im Ziegelmauerwerk herstellen können.

Die Kosten der laufenden Unterhaltung für die Holzzimmerung in Schächten betragen in der Regel das 3—4 fache dessen, was die sofortige Ausmauerung gekostet hätte. Die nachträgliche Ausmauerung solcher holzgezimmerter Schächte verlangt fast immer eine nachträgliche Änderung der Querschnittsform; denn die Stöße müssen Wölbung erhalten. Dies kann aber im Sandstein oder Konglomerat sehr teuer werden. Dagegen paßt sich eisenverstärkter Beton jeder Schachtform, also auch der viereckigen, vorzüglich an; das kostspielige Stoßnachreißen wird also vermieden.

Färber empfiehlt den eisenverstärkten Beton wegen seiner größeren Billigkeit auch als Ersatz für die Schachtmauerung im festen Gebirge mit nur geringen Wasserzuflüssen. Nach ihm stellen sich die Kosten von Schächten für 1 lfd. m

in 1 ½ Stein starkem Mauerwerk:

Mauerwerk	8,22 cbm	zu 23 M. =	189 M.
Aushub	43,71 cbm	zu 18 M. =	787 M.
			976 M.

in 2 Stein starkem Mauerwerk:

Mauerwerk	11,0 cbm	zu 23 M.	=	253 M.
Aushub	46,87 cbm	zu 18 M.	=	844 M.
				1097 M.

in 20 cm starker, 0,6 prozentig armierter Eisenbetonkonstruktion (als Ersatz für obige $1\,^1/_2$ Stein starke Mauerung):

Eisenbeton	4,21 cbm	zu 55 M.	=	232 M.
Aushub	39,59 cbm	zu 18 M.	=	712 M.
				944 M.

in 20 cm starker, 1,5 prozentig armierter Eisenbetonkonstruktion (als Ersatz für obige 2 Stein starke Mauerung):

Eisenbeton	4,21 cbm	zu 70 M.	=	295 M.
Aushub	39,59 cbm	zu 18 M.	=	712 M.
				1007 M.

Dritter Abschnitt.

Das Gezähe.

A. Gezähe bei der Holzzimmerung.

Die bei der Zimmerung am meisten zur Anwendung gelangenden Gezähe sind die Axt und das Beil, die Säge, die Keilhaue, das Großfäustel oder Treibefäustel, das Sperrmaß, das Lot und die Setzwage mit der Setzlatte.

Axt und Beil können verschiedene Formen haben. Sie unterscheiden sich voneinander in der Hauptsache dadurch, daß die Axt zweiseitig, das Beil nur einseitig zugeschärft ist.

Die Säge hat ebenfalls in den einzelnen Bergbaubezirken verschiedenes Aussehen. Wenn ihre beiden Enden durch einen gekrümmten Bügel verbunden sind, ist es eine Bügelsäge. Ist das Sägeblatt von einem Ende bis zum anderen gleich breit und hat an beiden Enden Handgriffe, so ist es eine Schrotsäge. Die Bügelsägen können von einem Arbeiter bedient werden, die Schrotsägen besser von zwei Mann. Es ist vorteilhaft, wenn die Zähne geschränkt sind, d. h. wenn sie abwechselnd einmal nach links uud dann nach rechts ausgebogen sind. Der Sägeschnitt wird dann breiter, und die Säge klemmt sich nicht so leicht fest.

Die Keilhaue ist am besten eine solche mit Einsatzspitzen. Sie dient zur Herstellung von Bühnlöchern in milderem Gestein; im härteren werden solche mit dem Fäustel und dem Spitzbohrer oder dem Preßluft-Bohrhammer ausgearbeitet.

Das Großfäustel oder Treibefäustel wird gebraucht, um Hölzer, die stramm sitzen sollen, einzutreiben. Bei schwächerer Zimmerung kann es durch die Keilhaue vertreten werden.

Das Sperrmaß besteht aus zwei Latten, von denen jede kürzer als das zu nehmende Maß ist, während beide, aneinandergesetzt, länger sind. Man verschiebt sie so lange aneinander, bis man die zu schneidende Länge erhalten hat.

Mit dem Lote wird die richtige Stellung senkrechter Hölzer geprüft. Am einfachsten wird es aus einem Bindfaden mit einem Bergestück verfertigt. Oft genügt es auch, ein kleines Kohlen- oder Bergestück an dem betreffenden Holze herunterfallen zu lassen.

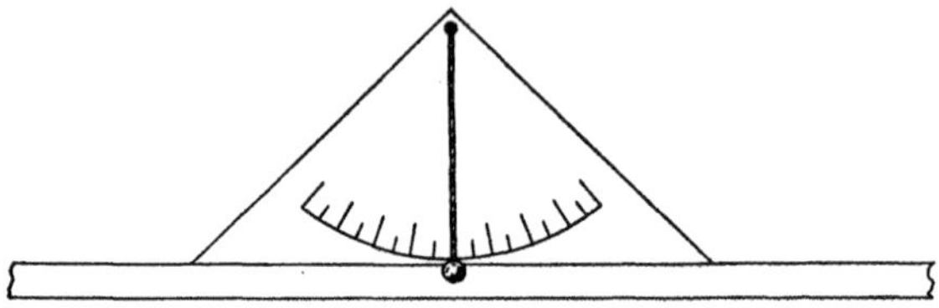

Fig. 45. Setzwage mit Setzlatte.

Mit Hilfe der Setzwage werden Hölzer horizontal oder unter einem bestimmten Neigungswinkel eingebaut. Sie hat Dreiecksform und ist aus einem Stück Bohle geschnitten (Fig. 45). Von ihrer Spitze hängt ein kleines Lot herab. Dieses muß bei horizontaler Lage des zu prüfenden Holzes genau auf die Mitte der Basis einspielen, die durch einen kurzen Strich mit der Zahl 0 gekennzeichnet ist. Außerdem sind auf einem Kreisbogen noch einige Winkel aufgetragen, um auch diese messen zu können. Die Setzwage wird nie unmittelbar auf das Zimmerungsholz aufgesetzt; man legt vielmehr auf dieses erst eine 2—3 m lange, gut behobelte Latte, die Setzlatte, und auf diese erst die Setzwage. Dies geschieht, um Fehler zu vermeiden, da die Oberfläche des Zimmerungsholzes nie vollkommen eben ist.

B. Gezähe bei der Eisenzimmerung.

Abgesehen von Axt und Säge finden wir hier wieder dieselben Gezähe wie bei der Holzzimmerung. Ferner kommen noch dazu Schrotmeißel und Zuschlaghammer zum Durchkreuzen zu langer Eisenstücke.

Um den Zimmerlingen die zeitraubende Arbeit des Durchkreuzens zu sparen, wird es sich empfehlen, an geeigneter Stelle über oder unter Tage eine Eisensäge aufzustellen. Eine solche Vorrichtung, von Hand angetrieben, durchschneidet die stärksten Eisenbahnschienen in wenigen Minuten.

C. Gezähe bei der Mauerung.

Der Grubenmaurer braucht beständig die Kelle, den Maurerhammer, die Wasserwage (Libelle), ein Lot, die Kalkkrücke zum Mischen des Mörtels usw.

Zweiter Teil.

Die Herstellung und der Ausbau von Schächten.

Erster Abschnitt.

Der Ausbau von Schächten im festen Gebirge mit unbedeutenden Wasserzuflüssen.

Benutzte Literatur:

Schimitzek, Eisenarmierter Betonausbau alter Schächte. Österr. Zeitschrift 1904, Nr. 34.
Hundt, Ersatz des Holzausbaues im Wilhelmschacht II des Kgl. Steinkohlenbergwerks König (Saarrevier) durch Eisen-Beton-Ausbau. Preuß. Zeitschr. 54 (1906).
Schwebebühne System Großmann. Der Bergbau XXI (1907/08), Nr. 16.
Herbst, Schachthochbrechen mit Erweiterung von unten nach oben. Glückauf 1907, Nr. 25.
Stefan, Das Teufen der Przibramer Schächte. Österr. Zeitschr. 1908, Nr. 40.
Weiss, Der Umbau des Schachtes II der Gewerkschaft ver. Konstantin der Große. Glückauf 1908, Nr. 38.

Erstes Kapitel. Ausbau in Holz.

A. Endgültiger Ausbau.

I. Seigerschächte.

In früheren Zeiten wurden die Schächte fast nur in hölzernen Ausbau gesetzt; Mauerung fand sich selten. Heute beschränkt sich der Gebrauch des Holzes zur Sicherung der Schachtstöße auf Untersuchungsduckeln, Überbrechen und Gesenke, sowie auf Förderschächte von geringen Abmessungen, welche voraussichtlich nur kurze Zeit in

Betrieb bleiben werden. Da der Verband des Holzes am sichersten ist, wenn die Stücke aufeinander senkrecht stehen, so erhalten die Schächte rechteckigen oder quadratischen Querschnitt. Bei quadratischer Schachtscheibe liegen die einzelnen Trümmer neben- und hintereinander (Fig. 74 und 75). Ist der Querschnitt rechteckig, so liegen sie nur nebeneinander (Fig. 73). In diesem Falle wird der Schacht am besten so abgeteuft, daß die kurzen Stöße im Streichen der Gebirgsschichten liegen; dies ist vorteilhaft, weil der Druck quer gegen das Streichen stets am größten ist.

Beim Ausbau werden vier Hölzer, die Jöcher, zu einem rechteckigen Rahmen, dem Geviert, vereinigt. Die den beiden langen Stößen anliegenden Hölzer heißen lange Jöcher, Jöcher oder Schenkel, die beiden anderen kurze Jöcher, Kappen, Pfändungen oder Hauptpölzer.

Die Verbindung der Jöcher zum Gevierte erfolgt am häufigsten mit Überblattung (Fig. 22), seltener mit schrägem Schnitt (Fig. 28), Verzahnung (Fig. 23) oder Auskehlung.

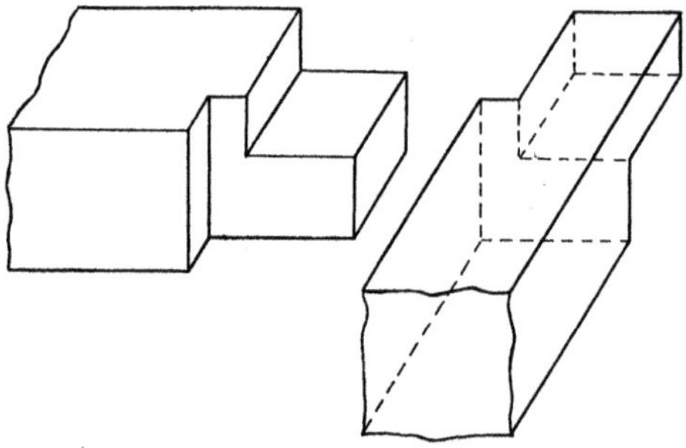

Fig. 46. Verblattete und verzahnte Jöcher.

Auf Zeche ver. Sälzer und Neuack zu Essen wird in den Schächten bei starkem Drucke die in Fig. 46 dargesellte Verbindungsweise der Jöcher angewendet.

Wenn im folgenden nichts Besonderes bemerkt ist, wird immer angenommen, daß die Jöcher miteinander verblattet sind. Hierbei hat als Regel zu gelten, daß man in jedem Gevierte die kurzen Jöcher zuerst einbaut. Das Gesicht ihrer Blattungen kommt somit nach oben zu liegen; auf dieses werden die langen Jöcher mit dem Gesichte nach unten aufgelegt. In Oberschlesien ist jedoch das umgekehrte Verfahren üblich; es werden dort also die langen Jöcher zuerst eingebaut. Dies ist eine alte Gewohnheit aus der Zeit, als noch der Erzbergbau größere Bedeutung als der Steinkohlenbergbau hatte. Im oberschlesischen Erzreviere müssen die Schächte vielfach durch schwimmendes Gebirge durchgebracht werden; bei der Getriebearbeit, die hierbei zur Anwendung kommt, werden aber aus ganz bestimmten Gründen in jedem Gevierte die langen Jöcher zuerst verlegt.

Je nach dem Drucke und der Gebirgsbeschaffenheit wird entweder Geviert auf Geviert gelegt, oder es werden zwischen den einzelnen Schachtrahmen Zwischenräume von 0,25—2 m gelassen. Das erstere Verfahren ist der Ausbau im ganzen Schrot; das letztere nennt man die Bolzenschrotzimmerung, weil die Gevierte durch senkrechte Bolzen gegeneinander verstrebt werden.

a) Die Aufsattelung.

Das Abteufen eines Schachtes beginnt mit der Verlegung des Rasengeviertes (Fig. 47). Es besteht aus den vier Jöchern, die aber alle länger als die Schachtstöße sind. Die über die Blattungen hinausgehenden Verlängerungen heißen Schwänze. Mit diesen Schwänzen wird das Geviert auf den Rasen aufgelegt, damit es sicheren Halt hat und nicht in den Schacht hineinrutscht. Die lichte Weite des Rasengeviertes ist gleich der der Schachtgevierte; diese werden alle nach ihm eingelotet. Es dient also auch zugleich als Lehrgeviert.

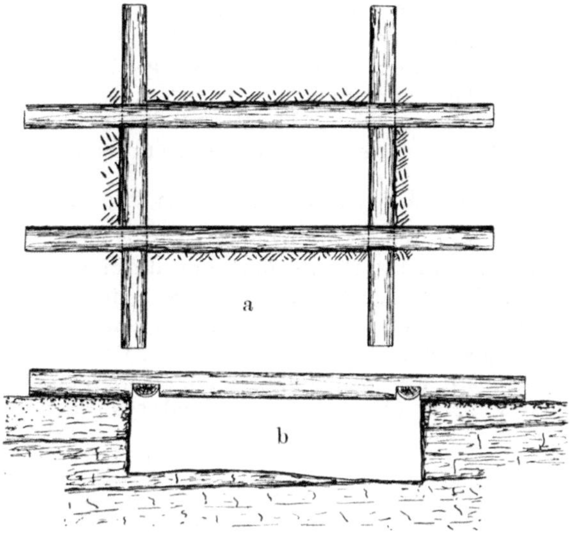

Fig. 47. Rasengeviert. a) Grundriß, b) Aufriß.

Bei dem nun beginnenden Ausschachten des Gebirges werden die losen Massen zunächst rund um den Schacht verstürzt: der Schacht wird aufgesattelt. Durch diese Aufsattelung sollen die Schwänze des Rasengeviertes vollkommen verschüttet und in ihrer Lage gehalten werden. Die Aufsattelung hat ferner noch den Zweck, zu verhüten, daß bei Überschwemmungen Wasser in den Schacht eindringt; die Verladung in Fuhrwerke und Eisenbahnwagen ist von ihr aus bequemer, als wenn die Massen mit der Schaufel dahineingefüllt werden müssen; ebenso wird das Stürzen auf die Halde bedeutend erleichtert.

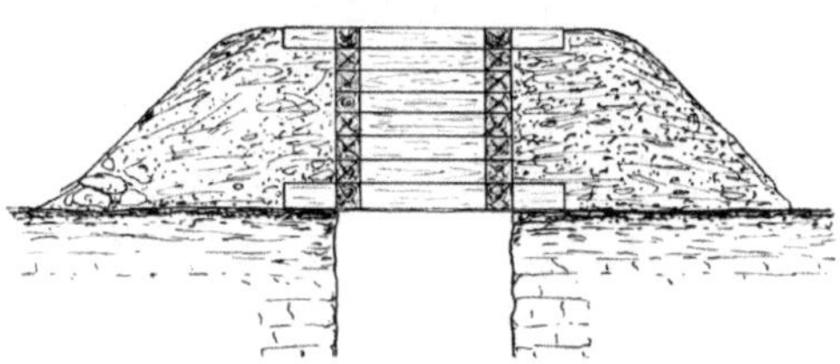
Fig. 48. Schacht mit Aufsattelung.

Um zu vermeiden, daß die losen Massen wieder in den Schacht zurückfallen, werden auf das Rasengeviert noch andere Gevierte im ganzen Schrot aufgesetzt (Fig. 48). Das oberste Geviert besteht wieder aus vier Schwanzjöchern. Seine Schwänze werden nicht einfach auf die Aufsattelung aufgelegt, sondern in sie eingelassen, um auch dieses Geviert unverschiebbar festzuhalten. Es wird Haspelgeviert genannt, weil es den Haspel trägt. Damit die Haspelzieher sicher stehen können, wird es verbühnt, d. h. mit Bohlen überdeckt. Nur die Fördertrümer bleiben offen, sind aber durch ein Geländer umwehrt. Ist ein Fahrtrum vorhanden, so muß es mit einer Klappe verschlossen werden.

b) Das Einbauen und die Sicherung der Schachtgevierte.

Der Ausbau kann während des Abteufens auf zweierlei Art eingebracht werden. Wenn das Gebirge gut steht, wird erst ein Stück ohne Ausbau abgeteuft und dann dieser von unten nach oben eingebracht. Das Abteufen und Verzimmern erfolgt also absatzweise. Ist dies wegen zu geringer Festigkeit der Schachtstöße nicht möglich, so werden die einzelnen Gevierte sofort eingebaut, wenn mit dem Tieferwerden des Schachtes für sie Platz geschaffen ist. Um ein Abrutschen derselben zu verhüten, hängt man sie aneinander auf.

1. Absatzweises Abteufen und Verzimmern.

Die Höhe der einzelnen Absätze hängt von der Festigkeit des Gebirges ab; sie schwankt fast durchweg zwischen 5—10 m. Wenn es nötig ist, wird während des Abteufens verlorener Ausbau eingebracht, indem man schwache Stellen vom gegenüberliegenden Stoße aus abstrebt.

Ist der Absatz fertig abgeteuft, so baut man ungefähr 1 m über der Schachtsohle das Haupt- oder Tragegeviert ein. Es hat seinen

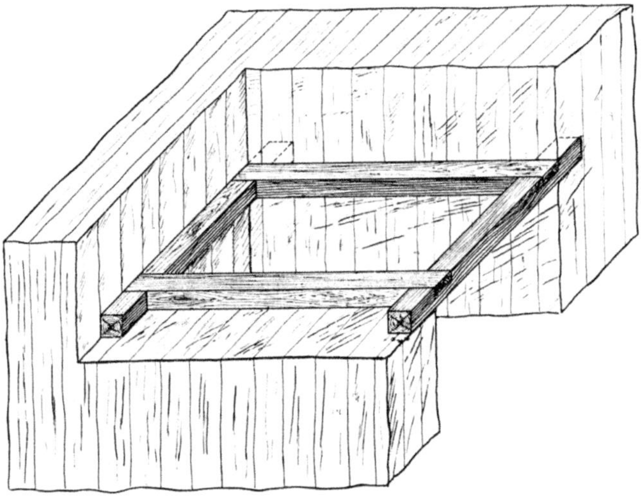

Fig. 49. Schwanzgeviert.

Namen daher, daß es bestimmt ist, den Ausbau des zugehörigen Schachtabsatzes zu tragen. Man verlegt es nicht unmittelbar auf die Schachtsohle, weil es sonst beim Weiterabteufen durch Schüsse beschädigt werden könnte. Es gibt zwei Arten von Tragegevierten, nämlich erstens Schwanzgevierte und zweitens gewöhnliche Gevierte, die auf Tragestempeln liegen.

Die Schwanzgevierte werden eingebaut, wenn die Schachtstöße nicht besonders lang sind. Die kurzen Jöcher bekommen Schwänze von 0,3—1 m Länge. Für diese Schwänze werden in den langen Stößen nahe den Ecken Bühnlöcher ausgearbeitet. Sind die kurzen Jöcher eingebühnt, so werden die langen in ihre Blattungen eingesetzt (Fig. 49).

Wenn der Schacht größere lichte Weite erhält, würden die Jöcher sich wegen ihrer größeren Länge leicht nach unten durchbiegen. Es genügt dann nicht, daß die langen Jöcher nur an den beiden Enden getragen werden; sie müssen auch in der Mitte unterstützt sein. Alsdann wird das unterste Geviert

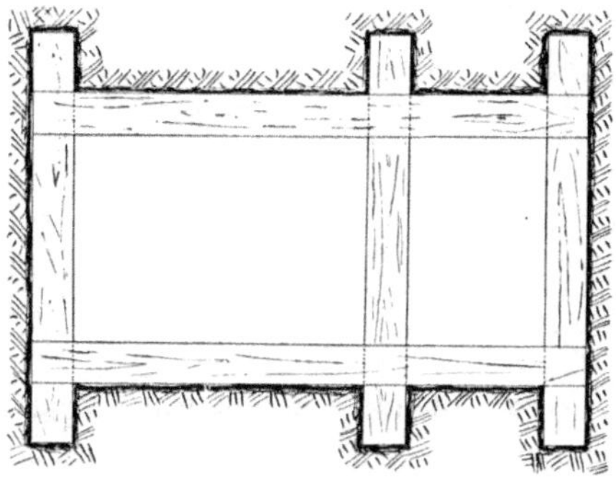

a

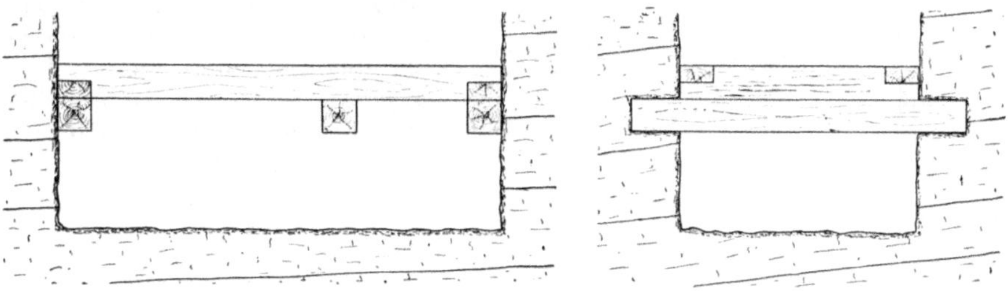

b c

Fig. 50. Hauptgeviert auf Tragestempeln. a) Grundriß, b) Aufriß, c) Kreuzriß.

auf Tragestempel (Fig. 50 a, b, c) gelegt, die in den langen Stößen ihre Bühnlöcher haben. Zwei davon kommen unter die kurzen Jöcher, liegen also dicht an den kurzen Stößen an. Die übrigen Tragestempel baut man qüer durch den Schacht ein; sie kommen dann an die Grenze zwischen zwei Trümer zu liegen, damit sie der Schachteinteilung nicht im Wege sind. Auch sie gehen parallel den kurzen Stößen und liegen mit den ersterwähnten Tragestempeln in gleicher Höhe.

Die Stelle, an welche die Bühnlöcher für die Tragestempel oder für die Schwanzjöcher kommen, wird von dem nächstoberen Hauptgeviert (oder von einem besonderen Lehrgeviert) aus durch Ablotung genau bestimmt. Ob die Bühnlöcher alle in einer und derselben Horizontalebene liegen, wird

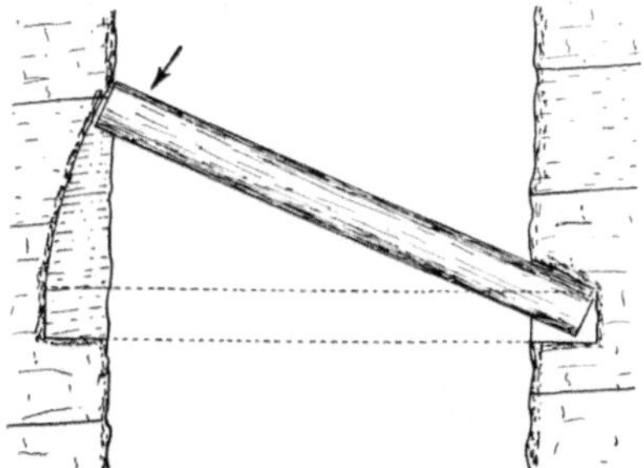

Fig. 51. Bühnloch mit Eingabe.

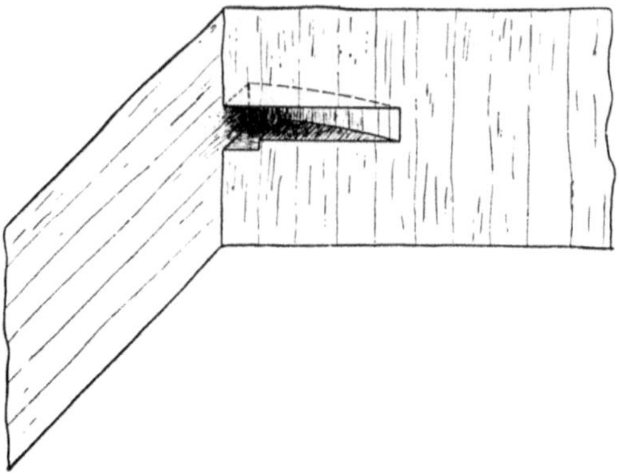

Fig. 52. Bühnloch mit seitlicher Eingabe.

vor ihrer Herstellung durch Anlegen der Setzlatte und der Setzwage ermittelt.

Da die Tragestempel bezw. Schwanzjöcher länger sind als die lichte Weite des Schachtes, muß von den zwei zusammengehörigen Bühnlöchern das eine mit Eingabe versehen werden. Diese Eingabe wird am zweckmäßigsten senkrecht von oben her ausgearbeitet (Fig. 51); will man indessen das Holz von der Seite her einbringen, so soll sie etwas höher als das Bühnloch liegen (Fig. 52). An Stelle des Bühnloches mit Eingabe kann auch ein Schiebebühnloch (Fig. 53 a, b, c) benutzt werden.

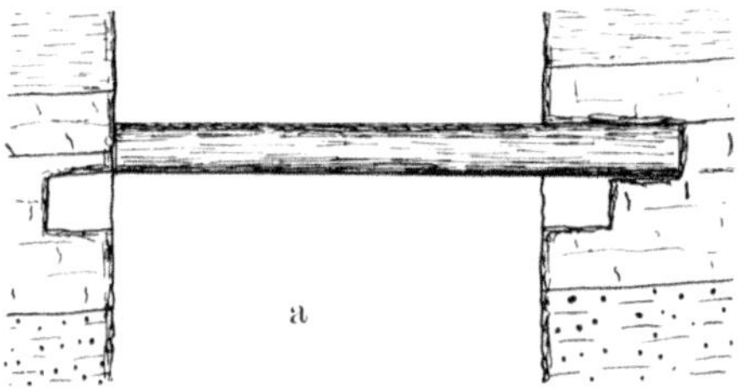

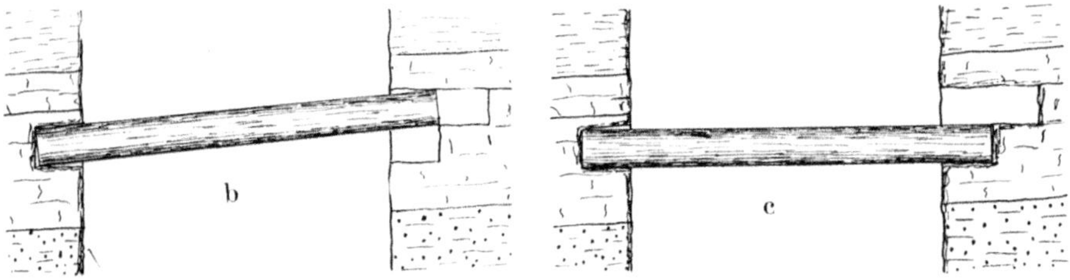

Fig. 53 a, b, c. Schiebebühnloch.

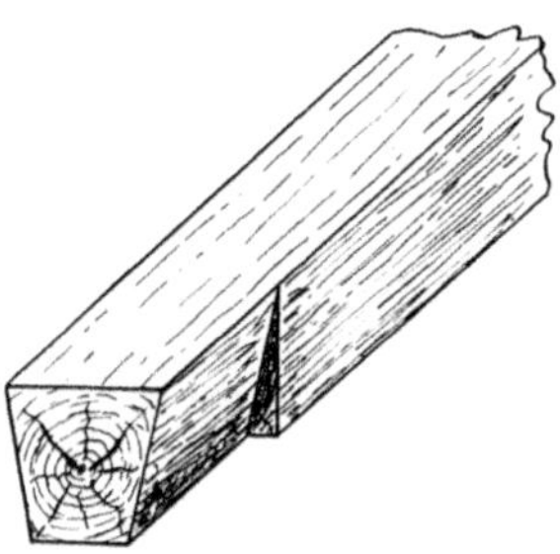

Fig. 54. Schwanzjoch.

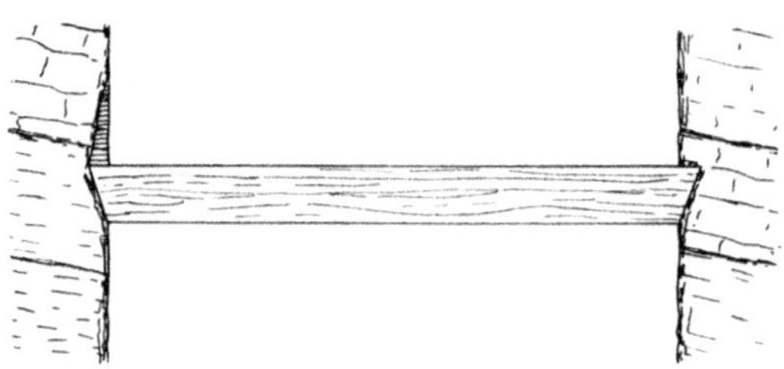

Fig. 55. Tragestempel.

Die Jöcher werden in den Bühnlöchern durch Keile gesichert. Will man ein übriges tun, so läßt man die Schwänze und die Bühnlöcher sich nach unten verjüngen; ihr Querschnitt wäre also ein Trapez (Fig. 54). Desgleichen läßt man wohl auch die Hirnholzflächen der Jochschwänze nach unten konvergieren (Fig. 55).

Bei mildem Gebirge liegt die Gefahr nahe, daß die Tragegevierte in den Bühnlöchern nicht hinreichenden Halt finden. Die Schwänze bekommen dann Unterlagen aus Brett- oder Bohlenstücken; auch werden ab und zu die senkrechten Bühnlochstöße in derselben Weise mit Holz ausgefuttert werden müssen (Fig. 56).

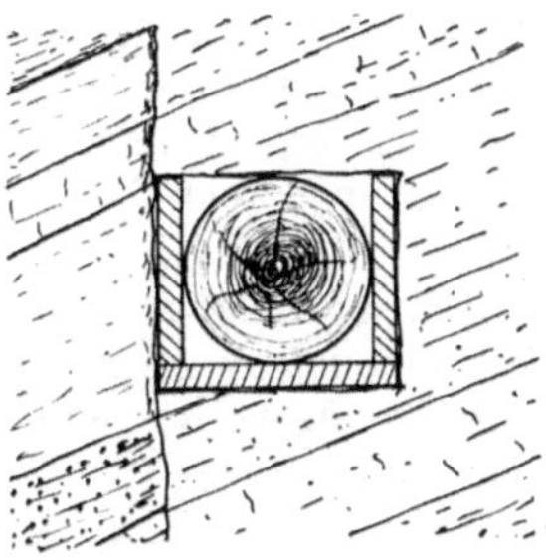

Fig. 56. Bühnloch mit Bohlenausfutterung.

Fig. 57. Verklammerung der Schachtbolzen mit den Jöchern.

In den übrigen Gevierten, die in dem zu sichernden Absatze zum Einbau gelangen, ist die Länge eines jeden Joches immer gleich der der Schachtstöße. Die Gevierte werden in Abständen von höchstens 2 m verlegt. Untereinander werden sie durch Bolzen verstrebt, die in die vier Schachtecken kommen. Um zu verhüten, daß sich die Jöcher in der Mitte ihrer Länge nach unten durchbiegen, werden auch den Stößen entlang in Abständen von höchstens 2 m derartige Bolzen gestellt.

Besteht der Schachtausbau aus Kantholz, so werden diese Bolzen an beiden Enden gerade abgeschnitten und mit den Jöchern in der aus Fig. 57 zu ersehenden Weise verklammert. Auch bei Ausbau in Rundholz können die Bolzen in derselben Weise zugeschnitten werden. Wenn man sie aber auskehlt, so ist darauf zu achten, daß die Kehlungen der Eckbolzen in aufeinander senkrechter Richtung ausgearbeitet werden; denn der Fuß des Bolzens steht auf einem langen Joche, sein Kopf aber unter einem kurzen.

2. Die Unterhängezimmerung.

Ist das Gebirge zu schwach, als daß es möglich wäre, in Absätzen abzuteufen, so muß die Unterhängezimmerung angewendet werden. Bei diesem Verfahren wird der endgültige Ausbau nicht wie beim absatzweisen Abteufen von unten nach oben eingebracht, sondern er rückt mit dem Tieferwerden des Schachtes nach unten vor. Jedesmal, sobald Platz für ein neues Geviert geschaffen ist, wird dieses auch sofort eingebaut. Zum Schutze vor dem Abrutschen nach unten wird jedes Joch an dem nächstoberen mittelst starker Eisenklammern angehängt. Außerdem wird das unterste, der Schachtsohle nächste Geviert gegen diese noch besonders verbolzt (Fig. 58).

Fig. 58. Verbolzte und verklammerte Schachtgevierte.

Der Abstand der Hauptgevierte ist im großen und ganzen derselbe wie bei der absatzweisen Auszimmerung. Nach Möglichkeit wird man immer dann ein Hauptgeviert einbauen, wenn man eine festere und somit tragfähigere Gesteinsschicht erreicht hat.

c) Die Sicherung der Schachtstöße.

1. Sicherung durch Verzug.

Wenn es sich nur darum handelt, größere, lose Schalen abzufangen, steckt man hinter die Jöcher dünnes Stangenholz. Die Stangen reichen über mehrere Felder weg; sie stehen in Abständen von 1 m, nach Bedarf noch weniger. Wo es erforderlich ist, wird hinter den Stangen ein Verzug von gerissenen oder geschnittenen Pfählen in horizontaler Lage angebracht. Die Stangen und Pfähle müssen durch Keile dicht an das Gebirge angetrieben werden.

In kurzklüftigem Gebirge, überhaupt in loseren Massen, ist ein dichterer Verzug nötig. Hierzu nimmt man geschnittene Pfähle, die je nach dem verwendeten Material Brettpfähle oder Schwartenpfähle heißen. Bei großem Abstand der Gevierte reichen sie nur über ein Feld, bei geringerem über mehrere.

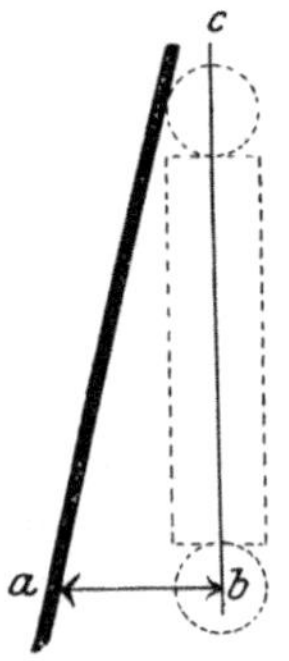

Fig. 59. Pfändung.

Die Pfähle werden nicht senkrecht, sondern mit Pfändung eingebaut. Unter der Pfändung ist das horizontale Maß *a b* (Fig. 59) zu verstehen, um welches jeder Pfahl von der Senkrechten *b c* abweicht.

Das obere Ende eines jeden Pfahles, beispielsweise *a b* in Fig. 60, liegt an der Außenseite des zugehörigen Joches *c* fest an; dies wird durch die beiden Keile *d* und *e* erreicht. Das untere Ende wird von Keilen *f* und *g* an das Gebirge gedrückt. Es ist besser, je zwei Keile zum Anziehen der Pfähle zu nehmen, anstatt nur eines solchen. Aus Fig. 61 ist ohne weiteres ersichtlich, daß sich der Pfahl *a* nur so weit an das Gebirge antreiben lassen wird, wie es die Stärke des Keiles *b* erlaubt; bei Verwendung von je zwei Keilen kann dagegen der Verzug zu jeder Zeit nachgespannt werden.

Fig. 60, 61 und 62. Verpfändung des Stoßverzuges.

Es bleibt nun noch die Frage übrig, ob man die Pfähle allein durch die Keile abfangen und verpfänden soll, oder ob es besser ist, quer vor die unteren Pfahlenden eine Pfändelatte (Fig. 62) zu legen. Läßt man diese Pfändelatte fort, so wird jeder Pfahl durch die Keile so stark an das Gebirge angetrieben, wie es für ihn nötig ist. Dagegen sind dann oft die vor einem Stoße eingesteckten Pfähle nicht gut ausgefluchtet. Wenn ferner einmal ein Keil locker wird und verloren geht, so verliert auch der betreffende Pfahl seinen Halt. Dies letztere kann bei Einbau einer Pfändelatte nicht vorkommen, besonders wenn noch vor jeden Pfahl ein besonderer Keil geschlagen wird. Fällt hier ein Keil heraus, so hält die Latte trotzdem den Pfahl in seiner Lage fest. Dagegen wird nicht jeder einzelne Pfahl stramm genug angezogen sein, besonders wenn die Stöße uneben sind.

Sind hinter der Verpfählung Hohlräume vorhanden, so müssen sie gut ausgefüllt werden. Hierzu dienen am besten Berge; im Notfalle kann man auch Abfallholz nehmen; doch ist dies nicht so gut, weil das Holz mit der Zeit schwindet und der Verzug dann lose wird. Altholz zur Hinterfüllung zu nehmen, ist unter allen Umständen zu vermeiden; es enthält stets Fäulniskeime und steckt die Schachtzimmerung an.

2. Sicherung durch ganze Schrotzimmerung.

Die ganze Schrotzimmerung ist in losem Gebirge und ferner bei sehr starkem Drucke anzuwenden. Sie unterscheidet sich von der Bolzenschrotzimmernng dadurch, daß die einzelnen Gevierte unmittelbar aufeinander liegen. Während des Einbaues ist darauf zu achten, daß die auf demselben Stoße übereinanderliegenden Jöcher sich immer abwechselnd mit dem dickeren Wurzelende und mit dem dünneren Wipfelende decken (Fig. 63); anderenfalls kämen die Gevierte nach oben zu immer mehr aus der horizontalen Lage (Fig. 64).

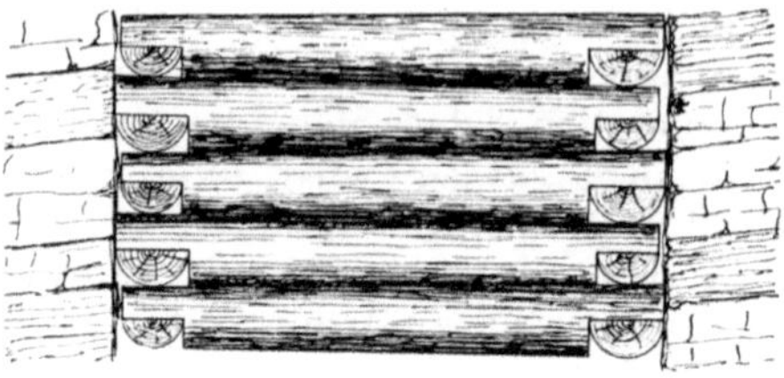

Fig. 63. Ganzer Schrotausbau (richtig).

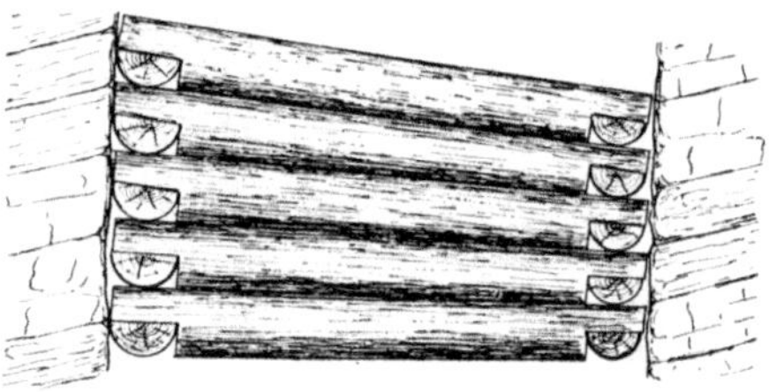

Fig. 64. Ganzer Schrotausbau (falsch).

Wenn der ganze Schrot absatzweise eingebracht wird, bereitet der Einbau des obersten Geviertes einige Schwierigkeiten. Zunächst muß hierfür Holz von solcher Stärke ausgesucht werden, daß es die Fuge bis an das darüberliegende Hauptgeviert vollkommen ausfüllt. Nun ist es aber nur möglich, drei von den Jöchern des Anschlußgeviertes von der Seite her in die Schlußfuge einzuschieben. Das letzte Joch geht nicht mehr ohne weiteres an seinen Platz, weil es mit den Blattungen ebensolang ist, als der Stoß, während zwischen seinen Nachbarjöchern nur noch ein Schlitz offen ist, dessen Länge um die doppelte Holzstärke kürzer als der betreffende Stoß ist.

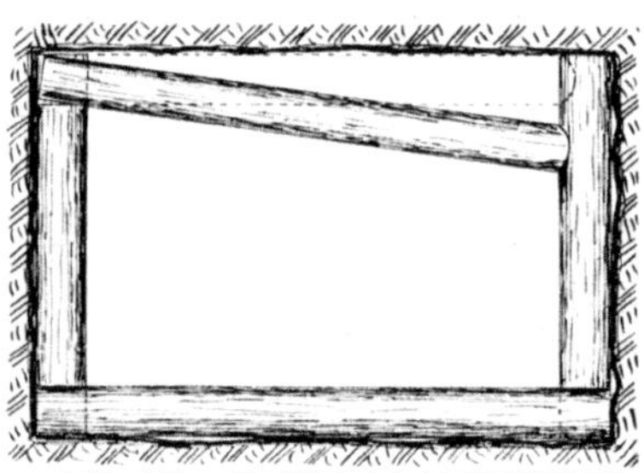

Fig. 65. Gekehltes Schlußjoch.

Besteht der Schachtausbau aus Rundholz, so kann man sich in der Weise helfen, daß das Schlußjoch an dem einen Ende Blattung, am andern aber Kehlung erhält. Man setzt es mit der Blattung auf die des Nachbarjoches (Fig. 65) und treibt dann das gekehlte Ende im Bogen ein. Es wird dann noch durch Vorschlagnägel, Klammern oder dergleichen in seiner Lage gesichert.

Fig. 66. Schlußjoch mit zugeschärftem Blatt.

Fig. 67. Einbau des Schlußjoches.

Ein anderes Verfahren wäre, daß alle vier Hölzer an beiden Enden Blattung erhalten. Die drei ersten Hölzer werden wieder von der Seite her in die Schlußfuge eingebracht. Nun wird das letzte an dem einen Ende keilförmig zugeschärft (Fig. 66) und dann in derselben Weise wie beim vorhin beschriebenen Verfahren eingetrieben. Dabei wird die zugeschärfte Blattung in den Ritz zwischen Joch *a* und Joch *b* (Fig. 67) eingesetzt.

Fig. 68. Joch mit Doppelblatt.

Nach einer dritten Methode erhalten ebenfalls alle vier Jöcher die gewöhnliche Blattung. Die eine Blattung des Schlußjoches wird aber, nachdem sie fertiggestellt ist, um eine Jochstärke verlängert (Fig. 68), das abgespaltene Holzstück *a* aber aufgehoben. Nachdem für diese längere Blattung in dem einen Stoße ein Schiebebühnloch (Fig. 69) ausgearbeitet worden, werden wieder die ersten drei Jöcher eingebaut. Nun wird die längere Blattung ganz in das Schiebebühnloch gesteckt (Fig. 70), das Joch an den Stoß geschoben und dann soweit in der durch den Pfeil angegebenen Richtung nach der Seite gezogen, bis auch die andere Blattung an Ort und Stelle sitzt (Fig. 71). Das bei Beginn der Arbeit ausgespaltene Blattungsstück wird jetzt wieder an seinem alten Platze eingesetzt und durch einen Nagel befestigt. Dies ist nötig, damit sich das Schlußjoch nicht wieder nach dem Schiebebühnloch hin zurückzieht.

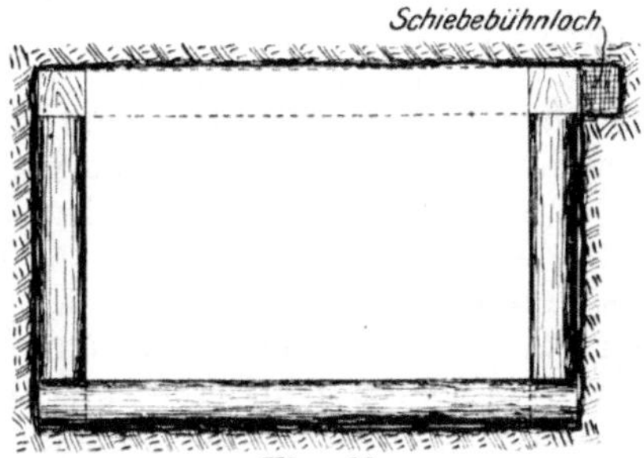

Fig. 69.

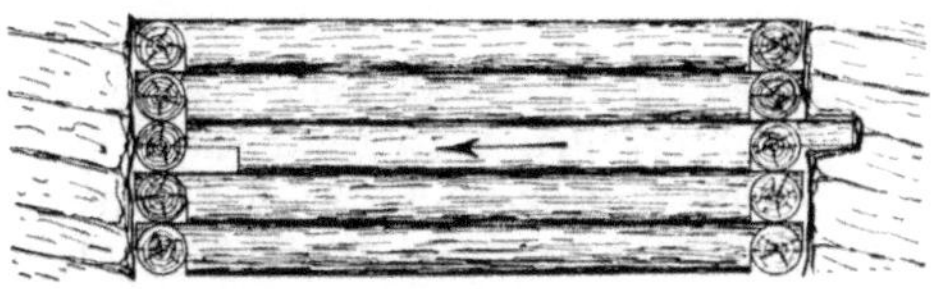

Fig. 70.

Fig. 71.

Fig. 69—71. Einbau des Schlußjoches mit Doppelblatt.

d) Die Stadelzimmerung.

Die Stadelzimmerung ist ein schnell herzustellender Ausbau, der sich in manchen kleinen Bergbauen Österreichs findet. Man kann sie sich als einen Schrotausbau denken, bei dem die langen und kurzen Jöcher nicht miteinander verbunden werden; sie werden vielmehr einfach aufeinander gelegt (Fig. 72 untere Hälfte). Sollte etwas Druck vorhanden sein, der eine Verschiebung der Hölzer befürchten läßt, so erhalten die einen Jöcher auf ihrer Oberfläche schwache Vertiefungen

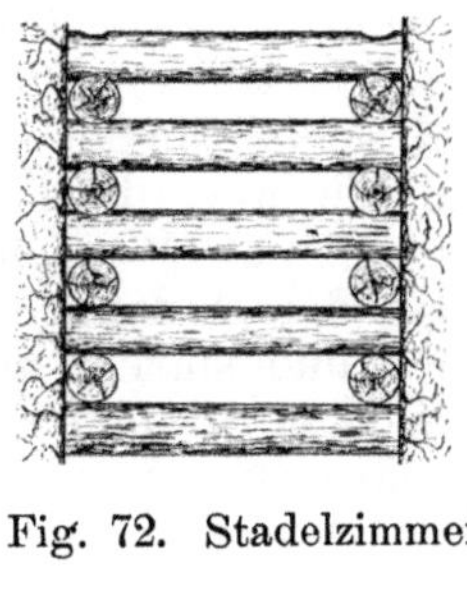

Fig. 72. Stadelzimmerung.

für die aufliegenden Jöcher (Fig. 72 obere Hälfte). Sind diese Schächte eng, was meistens der Fall ist, so dient die Zimmerung zugleich als Ersatz für die Fahrten.

e) Die Reifenzimmerung.

In wenig druckhaftem Gebirge kommt für runde Schächte von geringem Durchmesser stellenweise in Deutschland, so z. B. in der Gegend von Kreuzburg O.-S, in Nassau, Hessen, ein schon den Alten bekanntes Ausbauverfahren, die Reifenzimmerung, zur Anwendung. In einer bisher unveröffentlicht gebliebenen Handschrift über die gesamte Bergbaukunde schreibt von Carnall hierüber:

„Sie (die Alten) haben Duckeln nicht allein als Versuchsarbeit getrieben, sondern wo es das Gebirge gestattet hat, sind sie längere Zeit offen geblieben und ließen die Förderung in solchen Duckeln umgehen. Dabei haben sie eine eigne Art Befestigung angewendet. Sie bestand in schlanken 1 ½ Zoll starken Ästen und Reisig von Birkenholz, diese Äste haben sie wie Reifen herumgeführt und förmlich in einander gewunden, alsdann haben sie Pfähle in schiefer Richtung in die Stöße hereingeschlagen und die Duckeln mehr befestigt.“

Über das Innehalten der Seigerrichtung in solchen Schächten berichtet er ferner folgendes:

„Der Häuer sucht in der Mitte der Schachtscheibe etwas vorzuarbeiten und nimmt die Stöße nach; um letztere seiger nieder zu führen, bedient er sich des Lotes, oder er haut das weg, was vom Tageslichte beschienen wird, oder er richtet sich nach dem Hereinhängen der Kübel.“

f) Der Schachteinbau.

1. Schachtscheider.

Wenn man einen Schacht in Trümer einteilen will, benutzt man hierzu die Schachtscheider. Es sind dies Hölzer, die parallel den langen oder kurzen Stößen quer durch den Schacht gehen und an der Grenze zwischen den einzelnen Trümern liegen. In der Hauptsache braucht man sie zur Befestigung der Leitungsbäume für die Förderschalen, zur Verlagerung der Ruhebühnen in Fahrtrümern, zum Anbringen der Vertonnung zwischen den Fahr- und Fördertrümern oder des Verschlages von Kohlen- und Bergerutschen u. dergl. Man braucht sie nicht an jedem Gevierte anzubringen; ihr Abstand hängt einzig und allein von der Last ab, die sie zu tragen bekommen, und von den Erschütterungen usw., denen sie im Betriebe ausgesetzt werden. Wenn sie nur die Fahrtbühnen tragen sollen, genügt ein Abstand von ca. 6 m. Werden an ihnen die Schachtleitungen befestigt, so beträgt der Abstand meistens 2 m; er wird indessen bei schweren Schalen und starken Stößen auch oft noch verringert werden müssen. Den größten Stößen sind diejenigen Schachtscheider ausgesetzt, welche die Begrenzungen von Rollöchern bilden; sie sind infolgedessen in Abständen von 0,5—1 m einzubauen.

Am einfachsten gestaltet sich die Einteilung eines länglich-rechteckigen Schachtes, weil hier die Trümer nur neben einander liegen (Fig. 73). Etwas umständlicher ist die Befestigung der Schachtscheider,

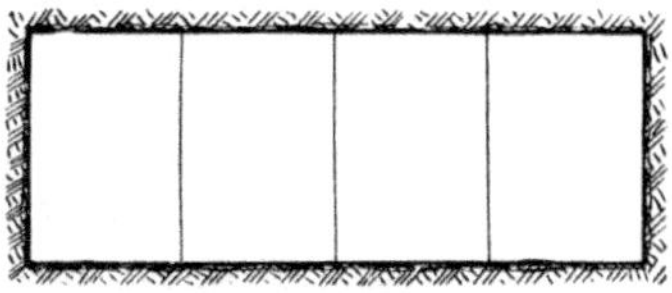

Fig. 73. Einteilung einer länglich rechteckigen Schachtscheibe.

Fig. 74.

Fig. 75.

Einteilung einer quadratischen Schachtscheibe.

wenn die Trümer, wie aus Fig. 74 und 75 ersichtlich ist, sowohl neben- als auch hintereinander liegen. In diesem Falle liegen verschiedene Schachtscheider mit beiden Enden auf den Gevierten, andere aber nur mit dem einen Ende auf einem Joch, mit dem anderen aber auf einem Schachtscheider. Daraus folgt, daß nicht alle Schachtscheider in gleicher Höhe liegen können, und daß daher auch die Art der Verbindung mit ihrer Unterlage verschieden sein muß.

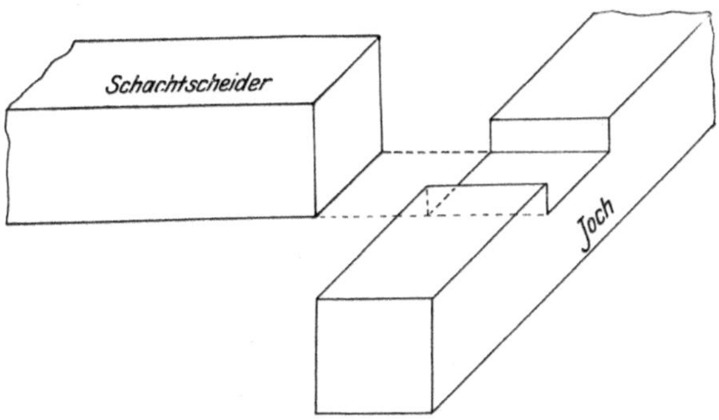

Fig. 76. Joch mit Schachtscheider.

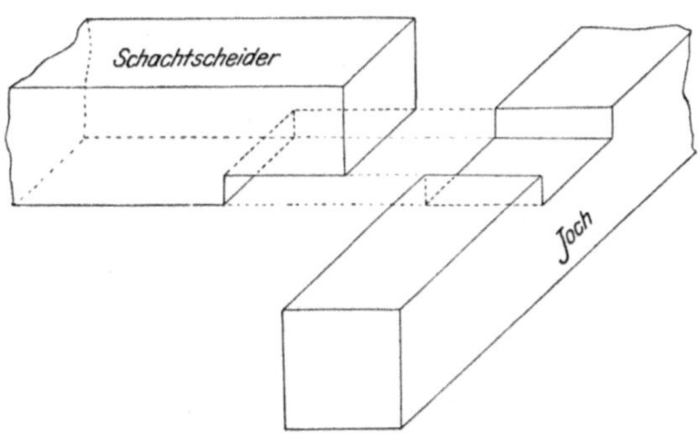

Fig. 77. Joch mit Schachtscheider.

Die Schachtscheider werden in der Hauptsache auf Biegung beansprucht. Diese Beanspruchung ist am größten, wenn sich eine schwere Förderschale vom Seile löst; die Fangvorrichtung überträgt dann ihre Last mit einem mehr oder weniger scharfen Ruck durch die Leitungen auf die Scheider. Diesem Anprall müssen sie widerstehen können. Es ist darum wesentlich, daß diese Hölzer an den Verbindungsstellen mit den Jöchern möglichst wenig geschwächt werden. Die in dieser Beziehung sicherste Verbindung wäre die in Fig. 76 dargestellte; der Schachtscheider hat durchweg gleiche Holzstärke und ist etwas in das Joch eingelassen, um ihn vor seitlichen Verschiebungen zu schützen. Wird zur Zusammenfügung die halbe Überblattung (Fig. 77) gewählt, so werden Joch und Scheider nur auf $^1/_4$ Holzstärke eingeschnitten, anstatt auf halbe Holzstärke wie bei der ganzen Verblattung. Soll vermieden werden, daß sich der Schachtscheider aus dem Sitze im Joch herauszieht, so gibt man ihm ein Hakenblatt (Fig. 78 und 79). Unter und über jedem Schachtscheider werden die Jöcher durch senkrechte Bolzen verstrebt. Bei großer Länge der Schachtscheider sollen auch diese selbst untereinander verbolzt werden.

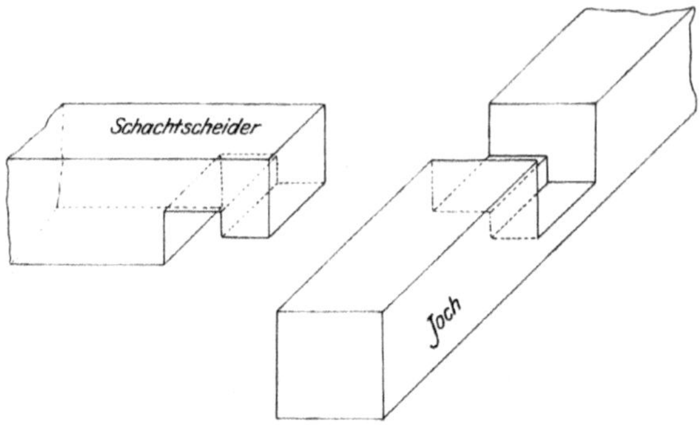

Fig. 78. Joch und Schachtscheider mit Hakenblattung.

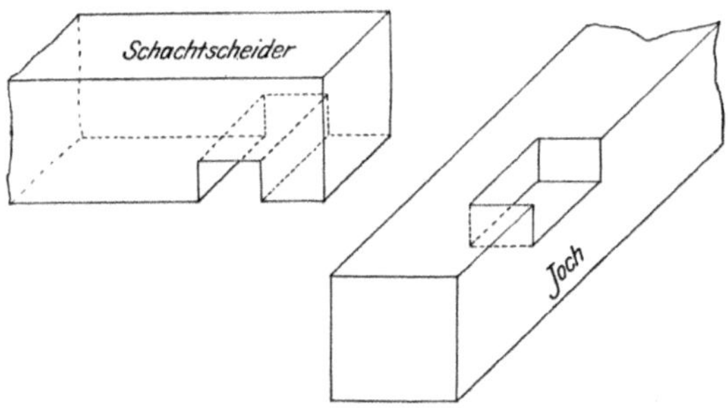

Fig. 79. Joch und Schachtscheider mit Hakenblattung.

2. Einstriche.

Der Gebirgsdruck sucht die Jöcher nach innen zu biegen, bis sie brechen. Dieser Gefahr sind besonders die langen Jöcher ausgesetzt. Man legt darum gern die langen Stöße quer gegen die Streichrichtung der Gesteinsschichten, weil der Hauptdruck in der Mehrzahl der Fälle auch querschlägige Richtung hat. Ferner sichert man die Gevierte noch dadurch, daß die langen Jöcher desselben Geviertes gegeneinander verspreizt werden. Die Hölzer, welche dazu dienen, heißen Spreizen oder Einstriche. Sie gehen parallel den kurzen Jöchern und werden stets an den Grenzen zwischen zwei Schachttrümern eingebaut, damit sie der Benutzung derselben nicht im Wege sind. Sie hätten also im großen und ganzen innerhalb der Schachtscheibe dieselbe Stellung wie die Schachtscheider. Von diesen unterscheiden sie sich aber zunächst dadurch, daß sie in jedem Gevierte eingebaut werden müssen. Noch ein anderer Unterschied liegt in der Art und Weise, wie sie mit den Jöchern verbunden werden. Wir haben schon gesehen, daß die Schachtscheider auf Biegungsfestigkeit beansprucht werden, und daß dementsprechend der Verband mit den Jöchern ausfallen muß. Die Einstriche werden dagegen auf Zerknickung beansprucht. Es ist also ohne weiteres klar, daß sie sich anders in das Geviert einfügen müssen als die Scheider. Während die letzteren besser auf den Gevierten aufliegen, müssen die Spreizen mit ihrem Gesamtquerschnitte vor den Jöchern liegen.

Der einfachste Verband zwischen Einstrich und Joch ist beim Ausbau mit Rundholz möglich; die Einstriche werden an beiden Enden gekehlt und zwischen die langen Jöcher getrieben. Um zu verhindern, daß sie wieder nach der Seite ausweichen, werden rechts und links von ihnen starke Nägel eingeschlagen, oder sie werden mit jedem Joche verklammert.

Besteht der Schachtausbau aus Kantholz, so ist Verzapfung anzuwenden. Der Einstrich bekommt zwei Zapfen, von den Jöchern das eine ein einfaches Zapfenloch, das andere ein Zapfenloch mit seitlicher Eingabe. Auch in diesem Falle sind als Sicherung Klammern oder Vorschlagnägel zu gebrauchen.

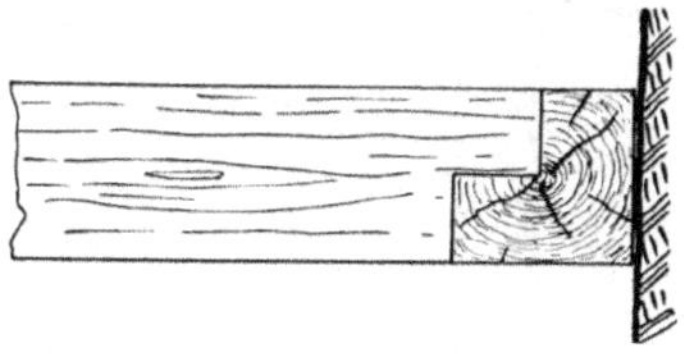

Fig. 80. Joch mit Einstrich.

Auch die ganze Überblattung (Fig. 80) läßt sich anwenden. Die Blattlänge soll aber nicht gleich der Jochstärke sein, sondern kleiner, damit der Einstrich mit seinem vollen Querschnitte gegen das Joch drückt.

In zahlreichen Fällen wird es vorkommen, daß ein Einstrich gleichzeitig als Schachtscheider oder, umgekehrt, ein Schachtscheider als Einstrich dient. Man wird dann bei der Herstellung des Verbandes mit dem Joche den ganz verschiedenen Beanspruchungen Rechnung tragen müssen. Ein Schachtscheider, der z. B. Leitungsbäume für eine Förderschale trägt, darf nicht eingezapft werden; dies wäre aber gerade die bei Stoßdruck beste Verbindung mit dem Joche. Man wird hier am besten die Verblattung wählen; die Spreize wird bis zur halben Holzstärke eingeschnitten, also ganze Überblattung hergestellt, damit sie den Stoßdruck mit der ganzen Querschnittsfläche aufnehmen kann; die Blattlänge wird aber gleich der Jochstärke sein müssen, damit der Einstrich auf einer möglichst großen Fläche aufliegt.

Auf Karsten-Centrumgrube wurden beim Abteufen des Vüllers-Schachtes die Schachtscheider (Fig. 81) aus zwei zweiseitig beschlagenen

Fig. 81. Jöcher mit Einstrich und Schachtscheider.

Rundhölzern hergestellt, die durch zwei starke Schrauben miteinander verbunden waren. Das untere Holz war an beiden Enden ausgekehlt und diente als Einstrich. Das obere, längere Holz lag auf den Jöchern auf und war zum Tragen aller vorkommenden Lasten bestimmt.

3. Streben.

Streben werden an denselben Stellen der Schachtscheibe eingebaut wie die Schachtscheider und die Einstriche, also an der Grenze zwischen zwei Trümern. Auch sie sollen den Stoßdruck aufnehmen, gleichzeitig aber verhindern, daß ein ins Abwärtsrutschen gekommener Schachtstoß die Schachtzimmerung mitnimmt. Dies wird dadurch erreicht, daß die Streben schräg nach oben gerichtet werden, und zwar entgegen der Bewegungsrichtung des ins Schieben gekommenen Gebirgsstückes (Fig. 82). Sie liegen zwischen den langen Jöchern verschiedener Gevierte. Die Verbindung erfolgt bei Rundholz mittelst Auskehlung, bei Kantholz mit Froschmaul (geschnittener Schar). Bei der Abwärtsbewegung sucht das Gebirge die ihm anliegenden Jöcher durch Reibung mitzunehmen; dadurch werden aber die Streben nur um so strammer angezogen.

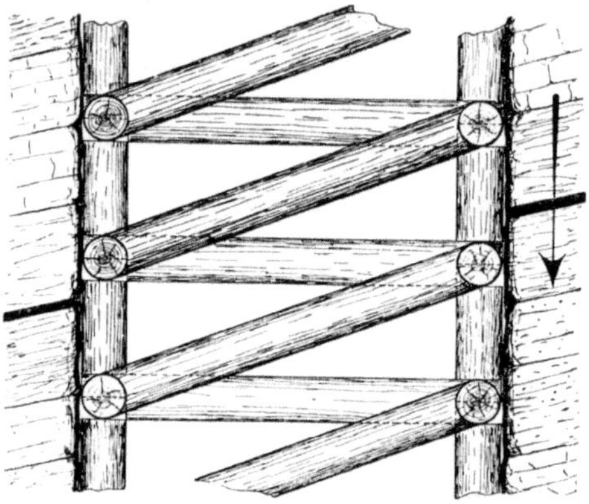

Fig. 82. Verstrebung der Schachtgevierte.

4. Wandruten.

Wandruten sind starke Hölzer von 5—6 m Länge. Sie stehen senkrecht im Schachte und legen sich dicht an die Innenseite der Gevierte an. Infolge ihrer Länge reichen sie stets über mehrere Gevierte hinweg und verhindern dadurch ein gegenseitiges Verschieben derselben sowie auch ein etwaiges Abrutschen der gesamten Schachtzimmerung. Sie stehen immer vor den langen Stößen. Ihr Platz ist sowohl in den vier Ecken als auch vor der Mitte der Stöße (Fig. 83). Im letzteren Falle werden sie auch wieder in die Schachtscheiden verlegt.

Fig. 83. Wandrutenzimmerung.

Zwei sich gegenüberstehende Wandruten bilden ein Wandrutenpaar. Diese zwei zusammengehörenden Wandruten werden durch horizontale Hölzer (Lagerstempel oder Spreizen [Fig. 84]) oder durch schräg nach oben gerichtete Hölzer (Strebstempel oder Streben [Fig. 86]), die zwischen sie eingetrieben werden, fest an die Stöße bezw. an die langen Jöcher gepreßt. Diese Streben und Spreizen dienen gleichzeitig als Schachtscheider und Einstriche. Die Streben können untereinander parallel (Fig. 86) sein oder im Zickzack stehen (Fig. 88); das erstere ist stets der Fall, wenn ein Stoß gehindert werden soll, nach unten abzurutschen. Im großen und ganzen kann man sagen, daß sich die Spreizen (Lagerstempel) meistens im Steinkohlenbergbau, die Streben (Strebstempel) im Erzbergbau vorfinden.

Der Einbau geht in der Weise vor sich, daß das unterste Wandrutenpaar auf einen besonderen Tragestempel (Fig. 84) gestellt wird, der in den langen Stößen sicher eingebühnt ist; auf keinen Fall darf er nur auf der Zimmerung, etwa auf den langen Jöchern, aufliegen. Zwischen die Kopfenden der beiden Wandruten kommt eine verlorene Spreize, dann beginnt das Verstempeln.

Werden nur Lagerstempel eingebaut, so können sie eingezapft werden. Von den beiden Wandruten erhält die eine ein Zapfenloch, die andere ein ebensolches mit Eingabe.

Die Verzapfung reicht nicht aus, wenn die Lagerstempel noch auf Biegung beansprucht werden sollen, z. B. wenn an ihnen die Schachtleitungen angebracht werden. In diesem

Fig. 84. Wandruten mit Larve *a* und Anfall *b* für die Schachtspreizen.

Fig. 85. Wandruten mit Schachtspreize.

Fig. 86. Wandruten mit Strebestempeln.

Falle ist in der einen Wandrute ein Bühnloch (Larve oder Brust) *a* (Fig. 84), in der anderen ein Bühnloch *b* mit Eingabe (Anfall) herzustellen. Es ist gut, für die einzelnen übereinander folgenden Lagerstempel Larve und Anfall in den Wandruten nicht immer auf derselben Seite anzubringen, sondern sie wechseln zu lassen. Auch kann die in Fig. 85 dargestellte Verbindungsweise gewählt werden.

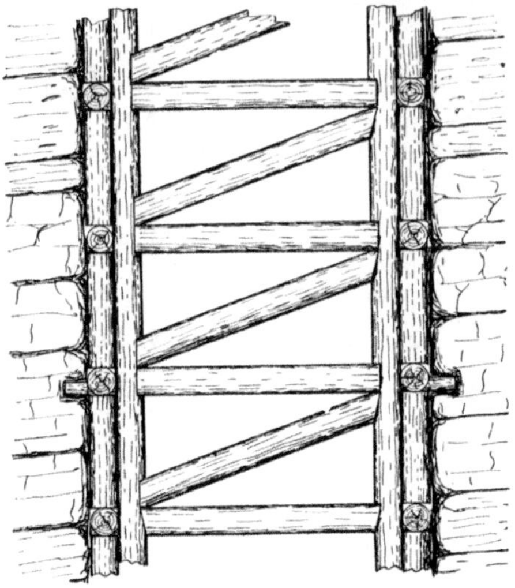
Fig. 87. Wandruten mit Streben und Spreizen.

In Schächten von kleineren Abmessungen werden die Wandruten aus Rundholz hergestellt; es genügt dann, wenn man die Spreizen mit Kehlung versieht.

Strebestempel, die untereinander parallel sind, werden am Fußende eingebühnt, am Kopfende mit schrägem Zapfen in die Wandrute eingelassen (Fig. 86). Es ist gut, in diesem Falle Streben und Spreizen miteinander wechseln zu lassen (Fig. 87), weil dadurch die ersteren einen besseren Halt gewinnen.

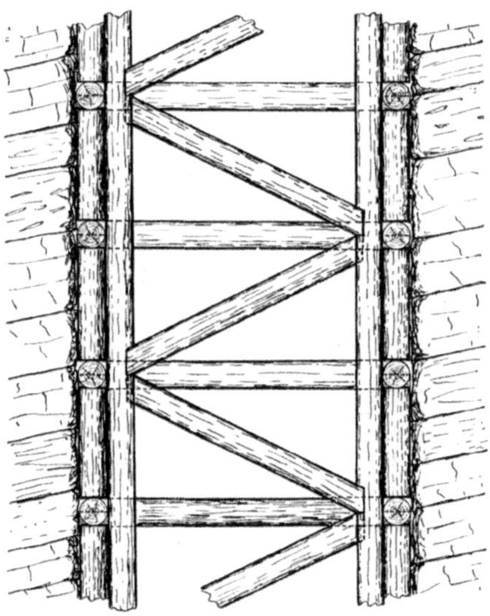
Fig. 88. Zickzackverstempelung der Wandruten.

Bei Zickzackverstempelung (Fig. 88) steht jede Strebe mit ihrem Fuße auf dem Kopfe der nächst unteren. Die Verbindung mit den Wandruten ist entweder die eben geschilderte oder die Auskehlung. Auch hier ist es empfehlenswert, Strebe- und Lagerstempel wechseln zu lassen (Fig. 89).

Es ist darauf zu achten, daß die Wandrutenstempel immer vor ein Joch zu stehen kommen. Würde man sie so einbauen, daß sie vor der Mitte eines Feldes liegen, so würde sich die Wandrute nach dem Stoße zu ausbiegen; die Stempel würden nicht fest angetrieben werden können und die ganze Zimmerung sich leicht verschieben.

Das Sicherste und Vorteilhafteste ist es, jedem Wandrutenpaare einen besonderen Tragestempel zu geben. Um Holz und Arbeit zu sparen, werden jedoch in vielen Fällen, natürlich nur wenn es das Gebirge erlaubt, die Tragestempel in größeren Abständen eingebaut; sie kommen dann erst unter jedes dritte oder vierte Wandrutenpaar. Es stehen dann also mehrere Wandrutenpaare so aufeinander, daß sie sich unmittelbar berühren. Mehrere derartige Wandrutenpaare, die auf einem gemeinschaftlichen Tragestempel stehen, nennt man einen Wandrutenstrang. In einem Strange stoßem die Wandruten stumpf aneinander oder werden wohl auch verblattet. Vor die Zusammenstoßstelle gehört ein Stempel.

Fig. 89. Wandruten mit Streben u. Spreizen.

II. Überbrechen.

Ein Überbrechen, das fertig im Ausbau steht, sieht genau so aus wie ein Seigerschacht, ein Gesenk oder dergleichen. Der Unterschied liegt nur in der Herstellungsweise, indem ein Schacht von oben nach unten abgeteuft wird, während man ein Überbrechen von unten nach oben vortreibt.

Ein Überbrechen kann sofort in den endgültigen Ausbau gesetzt werden, ohne daß die Einbringung eines verlorenen erforderlich wird. Der Ausbau kann auch immer bis nahe vor Ort reichen.

Fig. 90. Fußende eines Überbrechens.

Der Einbau von Tragegevierten, gewöhnlichen Gevierten, der Verzug der Stöße, die Verstärkung der Zimmerung mit Spreizen,

Wandruten usw. erfolgt in derselben Weise wie bei Seigerschächten. Es ist nur nötig, das unterste Tragegeviert sicher zu verlagern. Zu diesem Zweck werden zunächst auch zwei Jöcher desselben eingebühnt; dann aber wird das ganze Geviert noch durch Stempel oder Bolzen a unterfangen (Fig. 90).

Bei größeren Abmessungen erhält das Überbrechen für die Zeit seiner Herstellung drei nebeneinanderliegende Trümer (Fig. 91). Trum *A* enthält die Fahrtenfahrung; Trum *B* dient als Rutsche (Rolloch) für die Berge; Trum *C* wird gegen *B* wetterdicht verkleidet und als Wetter- und Holzhängetrum benutzt. Es ist entschieden davon abzuraten, daß man den Wetterscheider zwischen *B* und *C* spart, dagegen aber die Rutsche voll Berge stehen läßt, um diese als Wetterscheider zu benutzen. Das Rolloch soll vielmehr immer möglichst wenig Berge enthalten. Es sind nämlich verschiedene Fälle bekannt, daß es von der Last der Bergemassen durchbrochen wurde; die im Überbrechen beschäftigten Arbeiter saßen dann oben vollkommen abgesperrt und konnten oft erst nach Tagen befreit werden.

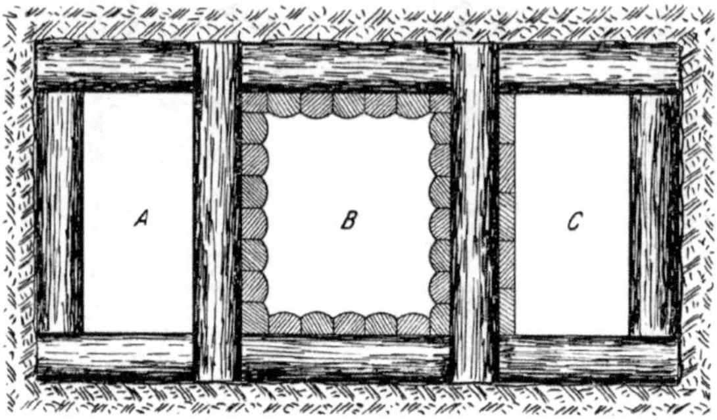

Fig. 91. Überbrechen (Grundriß).

III. Tonnlägige Schächte.

Tonnlägige Schächte werden ebenso ausgezimmert wie Seigerschächte. Die Gevierte dürfen jedoch nicht horizontal eingebaut werden, sondern müssen so liegen, daß die Jöcher eines jeden Stoßes senkrecht auf den Nachbarstößen stehen. Je flacher der Neigungswinkel des Schachtes wird, um so mehr muß sich der Ausbau dem von Strecken nähern; so würde beispielsweise die Verbindung der Jöcher mit Verblattung schließlich der Auskehlung weichen müssen. Auch wird bei festem Liegendgestein das vor diesen Stoß gehörende Joch fortgelassen werden können, wenn man die kurzen Jöcher in Bühnlöcher setzt.

IV. Schachtausbesserungen.

Die Auswechslung des Schachteinbaues ist verhältnismäßig einfach. Ist der Schacht stark in Druck, so muß man nur darauf achten, daß man nicht ohne weiteres den Einbau entfernt, um an seine Stelle den neuen zu setzen. Denn gerade in der Zwischenzeit kann ein gefährlicher Bruch des Schachtausbaues erfolgen Darum setzt man zunächst neben den auszuwechselnden Einstrich oder Wandrutenstrang einen ebensolchen in verlorenem Holze und ersetzt dann erst den schadhaften durch einen neuen.

Handelt es sich um die Auswechslung eines Geviertes *a—b* (Fig. 92), so müssen die darüberstehenden Gevierte erst gut abgefangen werden, damit sie nicht ins Rutschen kommen. Zu diesem Zwecke werden mehrere Streben *c*, *d* eingetrieben. Da diese den Raum sehr beengen, tut man oft gut, die Gevierte am nächstoberen Tragegeviert aufzuhängen. Hierzu benutzt man Eisenklammern in der bekannten Weise. Sind diese nicht vorhanden, so läßt man Bohlen vom Hauptgeviert bis an die Arbeitsstelle dicht an den Stößen herunterhängen und nagelt diese an allen Jöchern an.

Fig. 92. Rauben eines Schachtgeviertes.

Umständlicher und zeitraubender ist die Arbeit, wenn es sich darum handelt, ein Geviert auszuwechseln, welches hinter Wandruten liegt. Dies läßt sich nicht so schnell bewirken, wie es oft im Interesse des Förderbetriebes liegt, weil erst der gesamte Einbau entfernt werden muß. In dringenden Fällen kann man dies aber doch mit Hilfe von gebrochenen Jöchern bewerkstelligen. Diese Jöcher bestehen aus zwei Stücken, die durch gerade Überblattung verbunden sind (Fig. 93). Die Bruchstelle wird durch Laschen *a* und Schraubenbolzen *b* gesichert. Sie kommt hinter eine Wandrute zu liegen. Vor dieser Stelle wird ein Wandrutenstempel eingetrieben; desgleichen werden über und unter die Bruchstelle senkrechte Schachtbolzen gesetzt.

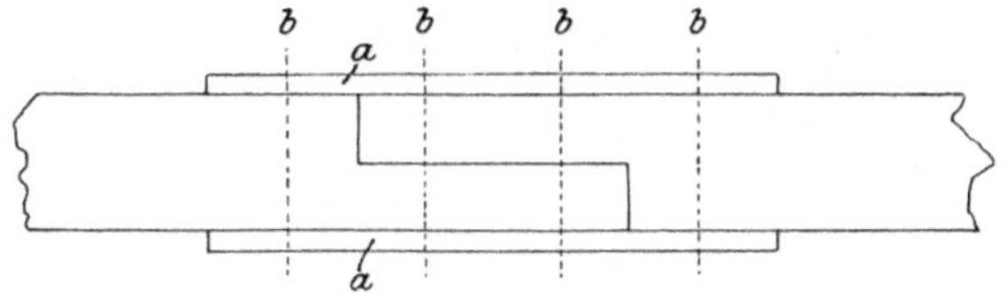

Fig. 93. Gebrochenes Joch.

B. Verlorener Ausbau.

In rechteckigen Schächten, deren endgültiger Ausbau in Holzzimmerung erfolgt, ist der verlorene Ausbau von untergeordneter Bedeutung; dagegen hat er größere Wichtigkeit für solche Schächte, die nachher ausgemauert werden sollen. Die Form des verlorenen

Ausbaues hängt von der Umfangsform des Schachtes ab. Diese Umfangsformen können sein: rechteckig (Fig. 113), rechteckig in flachen Bögen (Fig. 117), flachbögig (Fig. 114), vieleckig (Fig. 101), elliptisch (Fig. 115) und kreisrund (Fig. 116). Die meisten Schächte werden rund ausgemauert. Dementsprechend werden sie auch rund abgeteuft oder in einer Vielecksform, die sich dem Kreise möglichst nähert.

Die Vorteile runder Schächte gegenüber den vieleckigen sind, daß das Abteufen schneller vorwärts geht, daß das Gestein seine Spannung am gleichmäßigsten bewahrt, und daß die Mauerung rundherum gleichmäßige Stärke hat.

Das Abteufen in Vielecksform schreitet langsamer vorwärts, weil die Ecken besonders ausgearbeitet werden müssen. Die Menge der zu fördernden Berge ist infolge der Ecken größer als in runden Schächten. Ebenso braucht man mehr Mauerungsmaterial, weil die Schachtmauer ihre Mindeststärke nicht in den Ecken, sondern vor der Mitte der Polygonseiten haben muß, und weil die Ecken besonders ausgemauert werden müssen. Diese Nachteile werden aber um so geringer, je größer der Schachtdurchmesser genommen wird, und je größer die Zahl der Vielecksseiten ist; denn der Schachtumfang nähert sich dann mehr und mehr dem Kreise.

Ein großer Vorteil des polygonalen Abteufens ist, daß der verlorene Holzausbau sich leichter einbringen und sicherer verlagern läßt als in runden Schächten.

I. Verlorener Ausbau flachbögiger Schächte.

Schächte, die in vier flachen Bögen ausgemauert werden sollen, werden häufig rechteckig abgeteuft und in verlorenen Geviertausbau gesetzt. Damit ist der Nachteil verbunden, daß in den Ecken zu viel Gestein herausgeschossen wird; beim nachherigen Ausmauern wird in den Ecken viel Ziegel- und Mörtelmaterial verbraucht. Dies wurde beim Abteufen des Vüllers-Schachtes der Karsten-Zentrumgrube bei Beuthen O.-S. durch die in Fig. 94 wiedergegebene Art des verlorenen Ausbaues vermieden. Der Schacht erhielt auch im Gestein flachbögige Gestalt; der verlorene Ausbau war ein Zehneck aus

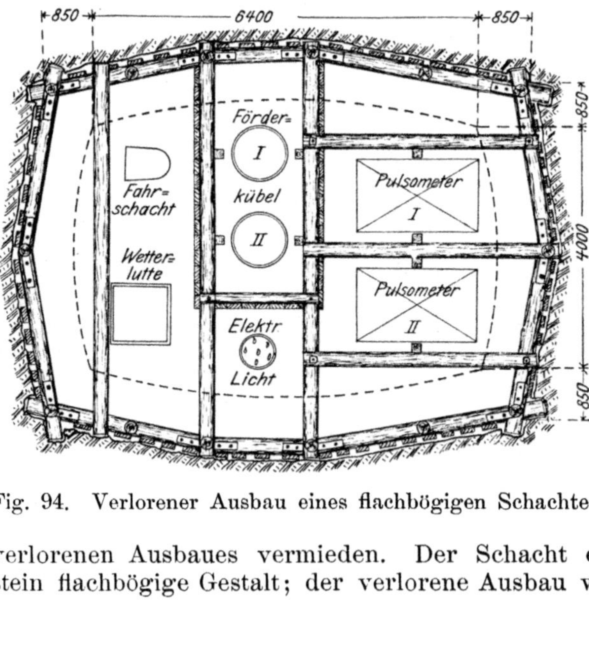

Fig. 94. Verlorener Ausbau eines flachbögigen Schachtes.

verschieden langen Jöchern; er schloß sich der Umfangsform des Schachtes gut an. In den vier Hauptecken wurden die Jöcher miteinander verblattet. An jedem Zusammenstoße waren eiserne Laschen vorhanden. Unter die Mitte eines jeden Joches kam außerdem ein Strebebolzen (Fig. 100), der es sicher in seiner Lage hielt.

II. Verlorener Ausbau vieleckiger Schächte.

Der Ausbau erfolgt im Bolzenschrot, seltener im ganzen Schrot. Entsprechend den Gevierten in viereckigen Schächten gelangen hier Jochkränze zum Einbau, die aus ebenso viel Jöchern bestehen, als der Schacht Stöße hat. Als Verbindung dient Überblattung oder schräger Schnitt (stumpfes Aneinanderstoßen).

Die Jöcher werden über Tage nach einem Maße zurechtgeschnitten und auf einer wagrechten Bühne so zusammengepaßt, daß die Ecken des Jochkranzes auf einer vorgezeichneten Kreisperipherie liegen. Hierauf werden die Hölzer numeriert, eingehängt und in derselben Reihenfolge eingebaut.

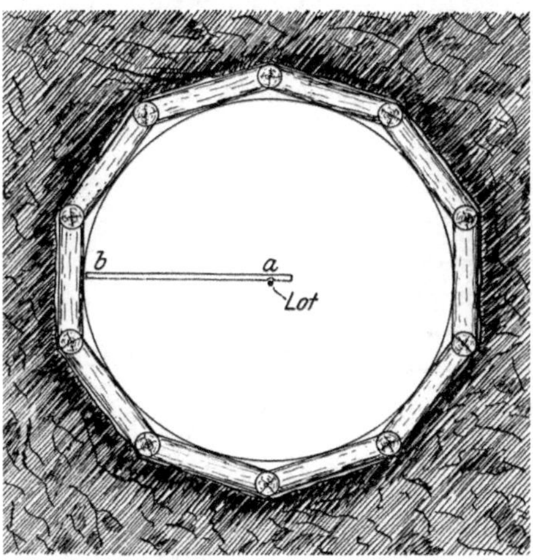

Fig. 95. Einfluchten eines Jochkranzes.

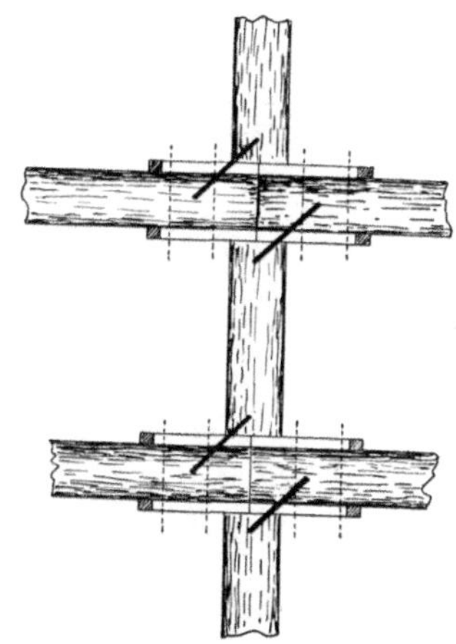
Fig. 96. Jochkränze mit Eckbolzen.

Ob die Jöcher genau auf dem Schachtumfange liegen, wird mit dem „Radius“ ermittelt. Es ist dies eine Holzlatte, die nahe dem einen Ende eine Kerbe *a* (Fig. 95) hat, so daß *a b* den Radius des dem Jochkranze eingeschriebenen Kreises bildet. Ein Häuer setzt die Latte mit dem Ende *b* vor die Mitte eines jeden Joches, während gleichzeitig der Drittelführer darauf achtet, ob sich die Kerbe mit der Lotschnur deckt. Ist dies vor sämtlichen Jöchern der Fall, dann liegt der Jochkranz genau unter den oberen Kränzen.

Um den Verband fester zu gestalten, kann man durch je zwei sich berührende Blattungen einen oder mehrere Schraubenbolzen mit Unterlagsscheiben stecken. Bei schrägem Schnitt kommen über und

Fig. 97. Jochkranz mit Tragestempeln.

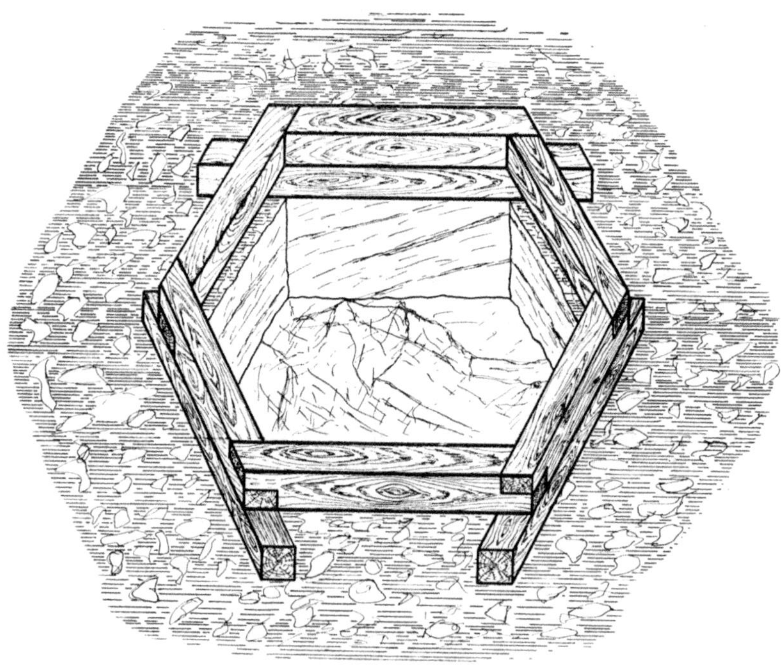

Fig. 98. Jochkranz mit Tragestempeln.

unter die Stoßfuge eiserne Laschen; die Verbindung erfolgt ebenfalls mit Schraubenbolzen. Es genügt aber auch vollständig, wenn die Laschen aus Bohlenstücken geschnitten und an den Jöchern durch Drahtnägel von 10 – 15 cm Länge befestigt werden.

Rundhölzer müssen an den Enden mit der Axt ebene Flächen angeschlagen bekommen, damit die Laschen gut aufliegen.

In jedem Falle werden die Jochkränze untereinander durch Eckbolzen versteift. Diese Bolzen werden mit den Jöchern verklammert (Fig. 96).

Der Verzug der Stöße ist derselbe wie in rechteckigen Schächten.

So wie in rechteckigen Schächten Tragegevierte eingebaut werden, wird hier der verlorene Ausbau durch Tragekränze gesichert. Diese Tragekränze liegen auf Tragestempeln auf. Die Tragestempel können zweierlei Lage im Schachte haben; entweder laufen sie quer durch den Schacht (Fig. 97) und greifen unter die Zusammenstöße zweier Jöcher, oder sie liegen dicht an den Stößen an und sind dann unter jedem zweiten Joch gelagert (Fig. 98). Diese letztere Art des Einbaues der Tragestempel empfiehlt sich besonders beim stumpfen Aneinanderstoßen der Jöcher. Werden dieselben verblattet, so kommt es weniger auf die Lage der Tragestempel an. Es ist jedoch zu berücksichtigen, daß die quer durch den Schacht eingebauten Träger der Benutzung desselben nicht im Wege stehen

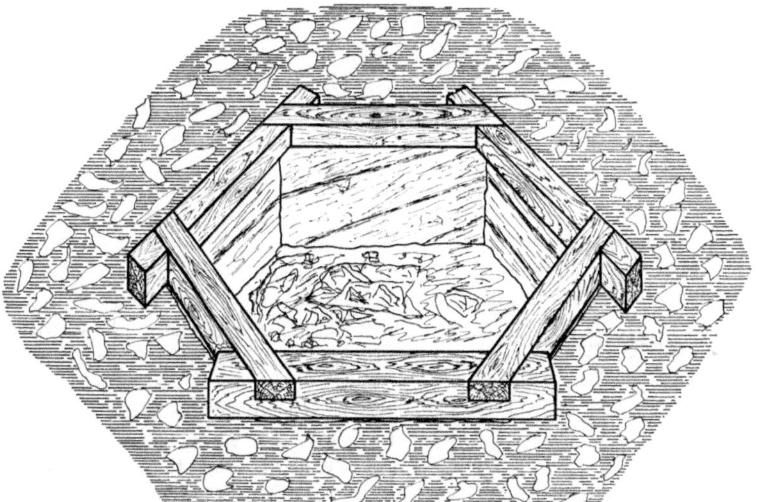

Fig. 99. Jochkranz mit Schwanzjöchern.

dürfen. Bei kleinerem Durchmesser oder festerem Gebirge ist es auch angängig, im Tragekranze jedes zweite Joch mit Schwänzen zu versehen (Fig 99). Die Blattungen der Schwanzjöcher müssen das Gesicht immer nach oben gerichtet haben, um die Nachbarjöcher gut und sicher tragen zu können. In den gewöhnlichen Jochkränzen macht man es wohl auch so, daß jedes Joch ein Gesicht nach oben und eins nach unten richtet.

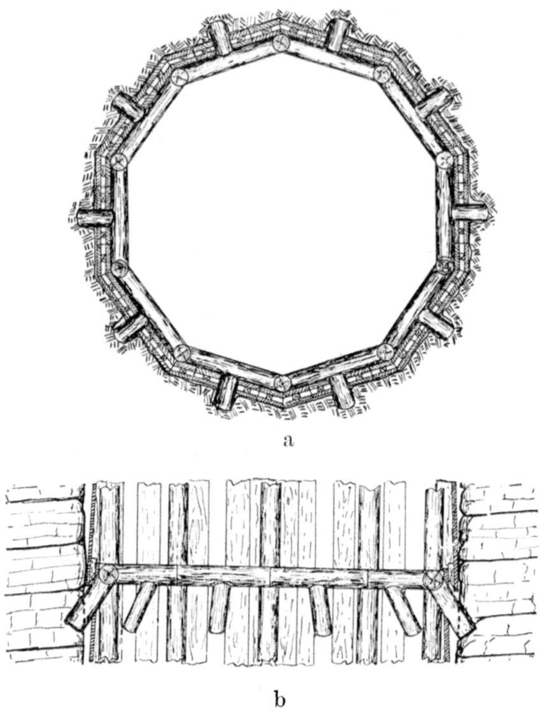

Fig. 100. Jochkranz mit Strebebolzen. a) Grundriß, b) Aufriß.

Bei stumpfem Aneinanderstoßen der Jöcher ist es natürlich unmöglich, sie mit Schwänzen zu versehen. Es können dann nur Tragestempel angewendet werden. In Oberschlesien werden indessen auch diese oft gar nicht eingebaut. Hier wird vielmehr jedes Joch eines jeden Jochkranzes durch kurze Strebebolzen getragen (Fig. 100). Diese Bolzen fassen mit gehackter oder geschnittener Schar unter die Mitten der Jöcher und sitzen mit dem Fuße in Bühnlöchern. Diese Art, die Schachtkränze zu unterfangen, ist in vieler Hinsicht von großem Vorteile. Zunächst ist jeder Jochkranz von den Nachbarkränzen ganz unabhängig, da jeder Kranz als Tragekranz gelten kann. Schachtbrüche werden auf kleinere Absätze beschränkt bleiben, während sie sich andernfalls fast immer bis zu einem Tragekranze fortpflanzen. Insbesondere zeigen sich die Vorzüge bei der Ausmauerung. Jeder Kranz kann selbständig ausgeraubt werden, ohne daß es nötig wird, die darüber folgenden aufzuhängen oder nach unten abzustreben.

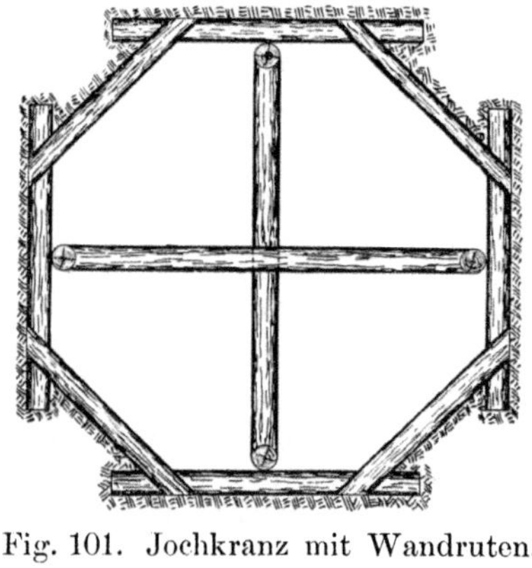

Fig. 101. Jochkranz mit Wandruten.

Wandruten, die zur Verstärkung des Ausbaues dienen, werden in vieleckigen Schächten nicht in den Polygonecken, sondern vor der Mitte der Jöcher eingebaut (Fig. 101).

Von 6 zu 6 m werden quer durch den ganzen Schacht Bühnen hergestellt; in ihnen bleiben nur Durchgänge für den Förderkübel und für etwaige Senkpumpen frei, die aber mit Geländern umwehrt werden. Alle diese Bühnen sind vom Fahrtrume aus durch in der Vertonnung angebrachte Türen zugänglich.

Diese Bühnen können auch fortbleiben, was aber im Interesse der täglichen Schacht- und Zimmerungsrevisionen nicht ratsam ist. Mindestens ist dann eine Schutzbühne kurz über der Schachtsohle erforderlich, um die im Abteufen beschäftigten Leute vor herabfallenden Gegenständen zu sichern. Das Fördertrum wird hier durch eine Klappe geschlossen, die nur geöffnet wird, um den Kübel durchzulassen. Da diese Klappe ständig einen Mann zur Bedienung erfordert, läßt man sie häufig weg und macht die Öffnung gerade nur so groß, daß der Kübel durchkann. Ein Hängenbleiben desselben an dieser Stelle wird dadurch vermieden, daß die Öffnung nach oben und unten hin mit einem Einführungstrichter versehen wird.

III. Verlorener Ausbau runder Schächte.

Bei großem Schachtdurchmesser ist es sehr gut möglich, den Ausbau aus Jochkränzen bestehen zu lassen und den Schacht trotzdem mit runden Stößen abzuteufen. Es ist nur nötig, die Kränze aus so vielen Segmenten (Jöchern) zusammenzusetzen, daß ihr Umfang sich dem Kreise möglichst nähert. Dies wird bei einem Schachtdurchmesser von 6—7 m der Fall sein, wenn die Kränze aus 10—12 Jöchern bestehen. Um auch die hinter der Jochmitte befindlichen Verzugspfähle festzuhalten, genügt es, wenn man hier etwas stärkere Pfändekeile eintreibt als hinter den Jochenden. In dieser Weise wurde der verlorene Ausbau der Schächte Kramsta und Hohenlohe auf Oheimgrube bei Kattowitz ausgeführt.

In Schacht I der fiskalischen Anlage bei Makoschau O.-S. bestand der verlorene Ausbau aus Eichenholzringen, die innen und außen rund waren. Der Schachtdurchmesser betrug 6,75 m. Jeder Ring bestand aus 18 Segmenten von 0,25×0,25 qm Querschnitt. Diese stießen stumpf aneinander und wurden durch Brettlaschen verbunden. Der Ausbau erfolgte teils im ganzen, teils im Bolzenschrot. In beiden Fällen wurden die Segmente in den aufeinanderfolgenden Ringen so versetzt, daß die Mitte der Segmente des einen Ringes immer auf die Fuge zwischen den Segmenten des anderen Ringes traf. Die Bolzen bestanden aus Nadelholz; auf und unter jeder Fuge stand je ein Bolzen, so daß also rundherum zwischen je zwei Kränzen 36 Bolzen eingetrieben waren.

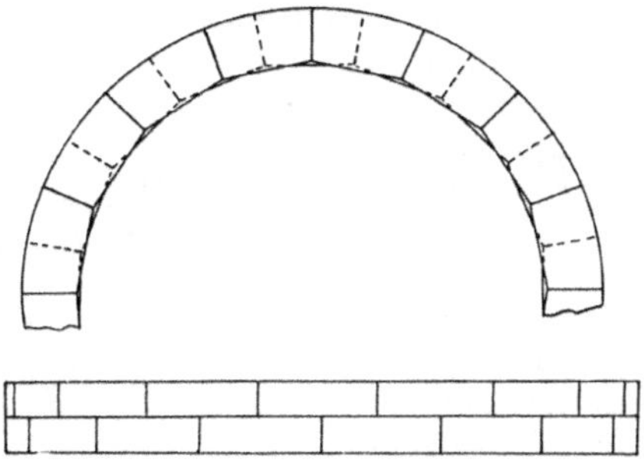

Fig. 102. Hölzerner Schachtring.

Anstatt nur je eines Ringes werden auch ab und zu beim Bolzenschrot zwei solche aufeinandergelegt und durch Schraubenbolzen verbunden (Fig. 102). Auch können, wie aus derselben Figur zu ersehen ist, die Ringe nur außen rund zugeschnitten sein, während ihre Innenseiten ein Polygon bilden.

C. Die wichtigsten Regeln für die Ausführung von Schachtzimmerungen.

Nach Jicinsky hat man bei der Verzimmerung von Schächten auf folgende Punkte zu achten:

1. Alle Jöcher, Einstriche, Spreizen usw. dürfen nur aus einem Stücke Holz bestehen.
2. Jöcher aus Kantholz sollen flach, aber nicht hochkantig liegen, weil sie in der Hauptsache einem horizontalen Drucke widerstehen müssen.
3. Alle Gevierte, Jochkränze usw. sind nach der Setzwage genau horizontal zu legen. Daher müssen alle Tragestempel, Bühnlöcher und dergleichen in einer horizontalen Ebene liegen. Hierdurch wird die Zimmerung gegen Seitendruck widerstandsfähiger; insbesondere kann sie sich unter seinem Einflusse nicht senken.
4. Der Ausbau muß in viereckigen Schächten genau rechteckig, in polygonalen Schächten dem Polygonwinkel entsprechend angefertigt werden. Rechteckige Schächte werden daraufhin durch Ausmessen der Diagonalen geprüft. Bei der Vieleckszimmerung müssen die Mitten der Jöcher oder ihre Ecken von einem in der Mitte hängenden Lote den gleichen Abstand haben.
5. Die Gevierte, Kränze, Einstriche usw. müssen genau gegeneinander eingelotet sein. Die Lote hängen in den Winkeln zwischen den einzelnen Hölzern, und zwar einige Zentimeter von der Zimmerung entfernt, damit sie nirgends anliegen.
6. Die Zimmerung muß gespannt sein, d. h. sie muß allenthalben gegen das Gestein so fest verkeilt sein, daß sie unverschiebbar festliegt.
7. Bühnlöcher und Eingaben kommen in festere Gesteinslagen. Sie sind mit Spitzarbeit (Schlägel- und Eisenarbeit), jedoch nicht durch Sprengung anzufertigen. Ihre Tiefe beträgt mindestens 0,3 m; bei mildem Gestein geht man bis zu 1 m.

D. Leistungen und Kosten beim Abteufen und Überbrechen.

Auf Schlesiengrube O.-S., deren Feld von so zahlreichen Sprüngen durchsetzt wird, daß mehrere hundert Gesenke und Überbrechen hergestellt werden mußten, sind folgende Leistungen und Kosten erzielt worden.

Art der Überbrechen bezw. Schächte	Gedinge für Häuer je 1 m	Gedinge für Füller	Leistung je Häuerschicht m	Beschaffenheit des Gebirges	Querschnitt in m	Querschnittsform
Wetter- und Fahr-Überbrechen	40,00 M. 38,00 „ 36,00 „ 36,00 „ 32,00 „ 20,00 „	Je nach Gebirgsart und Länge des Förderweges 10—15 M je 1 m	0,16 0,17 0,20 0,20 0,22 0,31	Schieferton mit Sandstein desgl. Sandstein mit Kohle fester Schieferton desgl. Sprunggebirge (milder Schieferton)	2,2 × 2,35	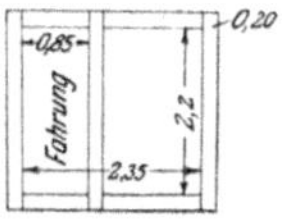
Eintrümiges Förder-, Wetter- und Fahr-Überbrechen	94,00 „ 80,00 „ 75,00 „ 70,00 „ 61,00 „ 50,00 „		0,10 0,11 0,11 0,12 0,12 0,15	Konglomerat desgl. fester grauer Sandstein desgl. Sandschiefer Schieferton	1,82 × 3,40	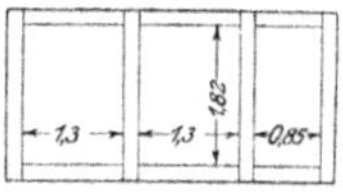
Zweitrümiges Förder-, Wetter- und Fahr-Überbrechen für Schalen mit 1 Wagen	80,00 „ 85,00 „ 90,00 „ 94,00 „ 95,00 „ 130,00 „		0,11 0,12 0,08 0,06 0,06 0,05	Schieferton desgl. Sandschiefer Schieferton mit Sandstein Sandstein sehr fester Sandstein und Wasser	1,82 × 3,85	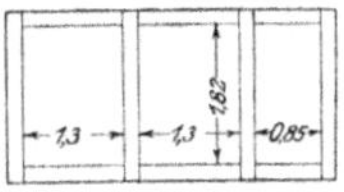
Zweitrümiges Förder-, Wetter- und Fahr-Überbrechen für Schalen mit 2 Wagen	80,00 „ 110,00 „ 120,00 „ 160,00 „		0,11 0,06 0,05 0,05	Kohle mit Schieferton Sandschiefer mit Sandstein desgl. Sandstein, Wasser	3,26 × 3,85	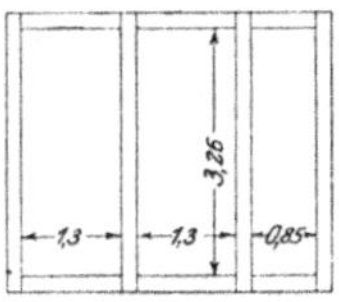
Fahr- und Wetterschacht III — Hochbrechen	80,00 „ 120,00 „ 140,00 „	15,00	0,12 0,06 0,05	Schieferton Sandstein desgl.	Mauerung 3,5 m Dm. ohne 4,5 m Dm. mit	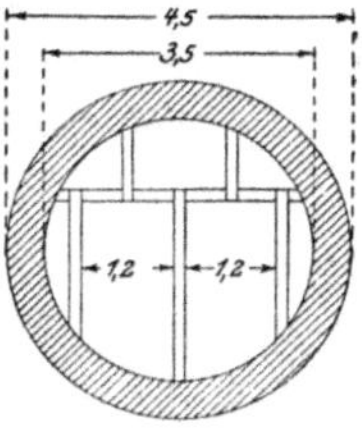
Fahr- und Wetterschacht III — Abteufen	150,00 „	30,00	0,05	Schieferton mit Sandstein		

Zweites Kapitel. Ausbau in Eisen.

A. Endgültiger Ausbau.

Beim eisernen Schachtausbau läßt sich eine Trennung nach der Form der Schächte vornehmen. Es ist zu unterscheiden zwischen dem Verbau rechteckiger und runder Schächte.

In rechteckigen Schächten wird Eisenausbau gern eingebracht, wenn es sich um die Auswechslung alter Holzzimmerung handelt.

Der neue Ausbau muß sich dann den bereits vorhandenen Verhältnissen anpassen. Die Jöcher werden in diesem Falle meistens durch Eisenbahnschienen ersetzt, die durch Verblattung oder schrägen Schnitt verbunden werden. Im letzteren Falle erhalten die Jöcher zu beiden Seiten des Steges Laschen.

Auf Schacht Centrum II bestanden die Gevierte nach Angaben des Sammelwerks aus U-Eisen NP 18, von denen je zwei immer in I-Form aneinandergenietet wurden. Die Blattung wurde in der aus Fig. 103 ersichtlichen Weise hergestellt. Der Abstand der Tragegevierte betrug 10 m, die Schwanzlänge 0,5 m.

Fig. 103. Geviert aus U-Eisen.

Auf Kleophasgrube O.-S. wurde das 60 m hohe Überbrechen V mit Gevierten aus alten Eisenbahnschienen verzimmert. Jedes Geviert hatte Schwanzjöcher. Die Schwanzlänge betrug bei drei Gevierten 15—20 cm, bei jedem vierten Gevierte 25—35 cm. Die Bühnlöcher wurden noch mit Zement vergossen. Die kurzen Jöcher und die Schachtscheider wurden mit den langen Jöchern durch Winkellaschen verbunden. Zwischen die Gevierte kamen hölzerne Bolzen. Der Abstand der Gevierte betrug in den unteren 15 m 1,0 m, weiter oben 1,4 m. Die Stöße wurden mit Brettern verzogen.

Häufiger findet sich der Eisenausbau in runden Schächten, weil sich Ringe besser herstellen lassen als Gevierte, und weil sie auch den Druck besser aufnehmen. Sie werden aus U-Eisen NP 15—25, seltener aus Eisenbahnschienen oder I-Eisen zusammengesetzt. Die Anzahl der einen Ring bildenden Segmente beträgt drei bis vier bei 4—6 m Schachtdurchmesser.

Die Segmente stossen einfach aneinander. Vor die Stoßfugen werden bei U-Eisen Laschen von ebenfalls U-förmigem Querschnitte

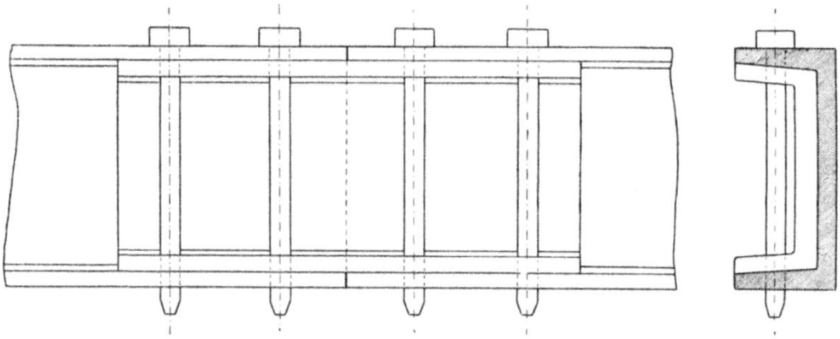

a b

Fig. 104. U-Eisenring mit Lasche. a) Aufriß, b) Kreuzriß.
(Aus Dannenberg, Der Bergbau in Skizzen.)

so eingesetzt, daß sie vollständig zwischen den Flanschen des Schachtringes liegen (Fig. 104). Zu jeder Lasche gehören vier Bolzen, welche durch die oberen und unteren Flanschen der Segmente und der Lasche durchgesteckt werden. Eine besondere Sicherung ist für sie nicht unbedingt erforderlich, weil sie sich durch ihr Eigengewicht halten. Es ist allerdings besser, aber auch teurer, wenn man an ihrer Stelle Schraubenbolzen verwendet.

Das Spannschloß, D. R. P. 201 535, der Maschinenfabrik A. H. Meier & Co. in Hamm gestattet eine schnelle Verbindung der Laschen mit den U-Eisenringen. Es besteht aus zwei hakenförmig gebogenen Dornen C und G (Fig. 105), die mittelst der Hebel D und E mit dem Griffe F in Verbindung stehen. Wird dieser aufwärts bewegt, bis er in die wagrechte Lage kommt, so gehen die Dorne C und G auseinander; in dieser Stellung wird das Spannschloß über den U-Eisenring geschoben. Um es zu schliessen, muß man den Griff F auf den Schachtstoß zu bewegen und gleichzeitig nach unten drücken.

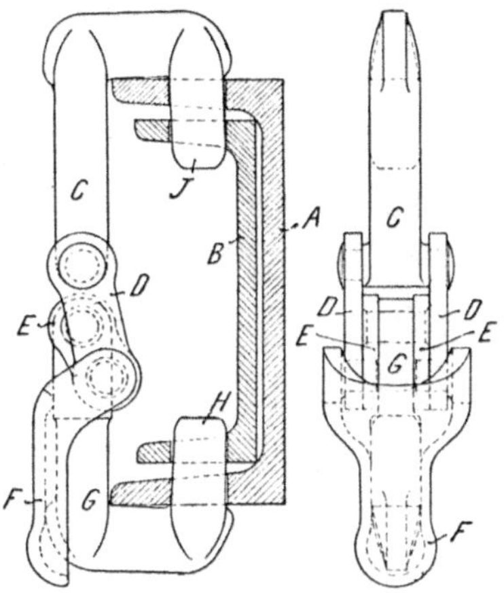

Fig. 105. Spannschloß.

Die einzelnen Ringe werden durch Bolzen von U-Eisen abgestrebt. Sie werden mit ihnen verschraubt. Damit die Bolzen eine gute Auf-

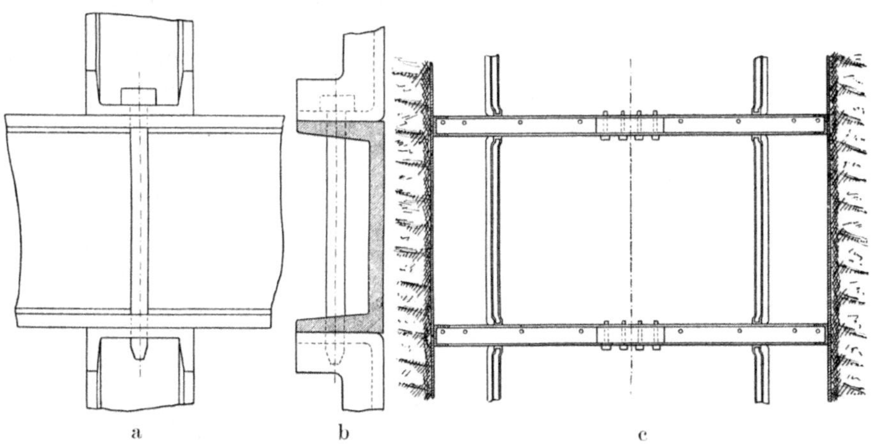

Fig. 106. Eiserne Schachtringe mit Bolzen aus U-Eisen. a) Aufriß, b) Kreuzriß, c) Gesamtansicht. (Aus Dannenberg, Der Bergbau in Skizzen.)

lagefläche für die Ringe bieten, sind sie am Kopf- und Fußende horizontal umgebogen (Fig. 106 a, b und c).

Ebenso wie beim hölzernen Bolzenschrot müssen auch hier in bestimmten Abständen Tragestempel eingebaut werden. Die Höhe der Absätze ist dieselbe wie beim hölzernen Ausbau. Wenn es sich mit der Schachteinteilung in Einklang bringen läßt, werden die Tragestempel quer durch den Schacht gelegt; andernfalls schlitzt man sie so in die Stöße ein, daß nur das Mittelstück eines jeden Trägers innerhalb des Schachtquerschnittes liegt; auf diese Stelle kommen die Stoßfugen zwischen zwei Segmenten (Fig. 107). Als Tragestempel sind I-Eisen zu verwenden.

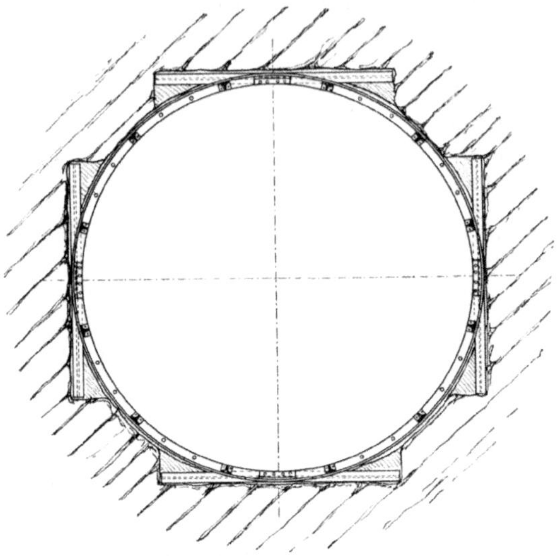

Fig. 107. Eiserner Schachtring auf Tragestempeln. (Nach Dannenberg, Der Bergbau in Skizzen.

Die Einstriche bestehen aus U-Eisen oder I-Eisen. Das erstere ist nur bei geringerem Schachtdurchmesser anwendbar, weil es nicht so tragfähig ist. Man schiebt die Schachtscheider entweder zwischen die Flanschen der Schachtringe oder legt sie auf letztere auf. In beiden Fällen werden sie mit den Ringen unter Zuhilfenahme von Laschen verschraubt. Beim Einlegen zwischen die Ringflanschen kann man auch die Laschen entbehrlich machen; man haut vom Schachtscheider die Flanschen ab und biegt den Steg so um, daß er an dem des Ringes anliegt (Fig. 108); die Stege werden dann unmittelbar miteinander verschraubt.

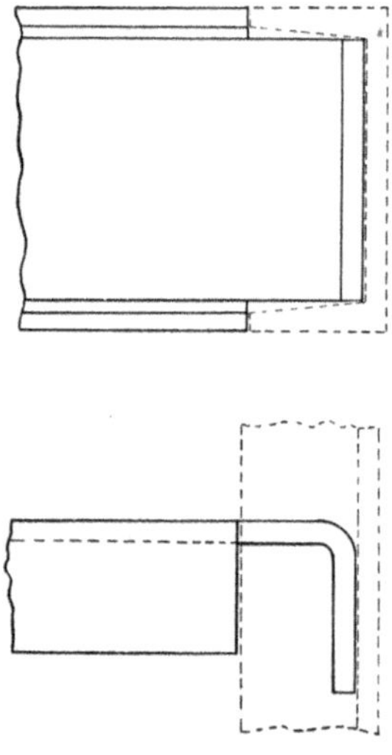

Fig. 108. Eiserner Schachtring mit Schachtscheider.

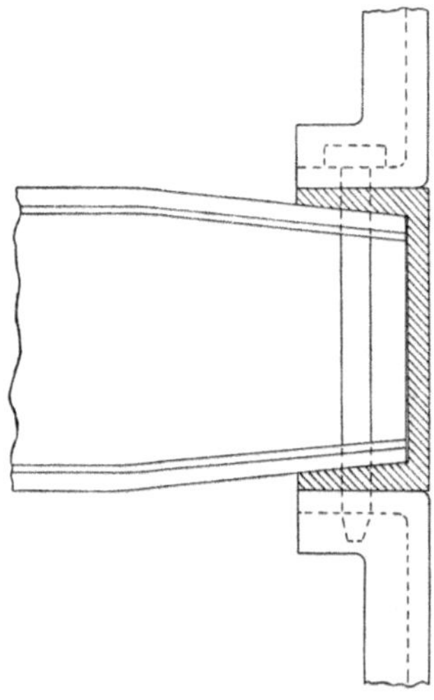

Fig. 109. Eiserner Schachtring mit Schachtscheider. (Aus Dannenberg, Der Bergbau in Skizzen.)

Ein anderes Verfahren wäre, daß man die Enden der Schachtscheider so zurechtschmiedet, wie es Fig. 109 zeigt. Man kann sie dann in die U-Eisen-Ringe einschieben und mit ihnen mittelst Steckbolzens verbinden.

Die Verpfählung kann aus Holz bestehen und wird durch Keile verpfändet. Wird der Verzug der Stöße aus Eisenplatten oder Wellblech hergestellt, so bekommt dieses auf der Innenseite nahe dem oberen Rande einen oder mehrere Haken; mit diesen wird jede Platte an den Schachtkränzen angehängt (Fig. 110).

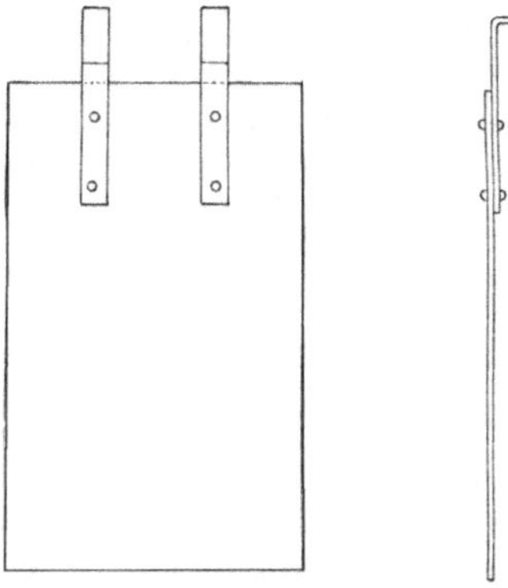

Fig. 110. Verzugsblech.

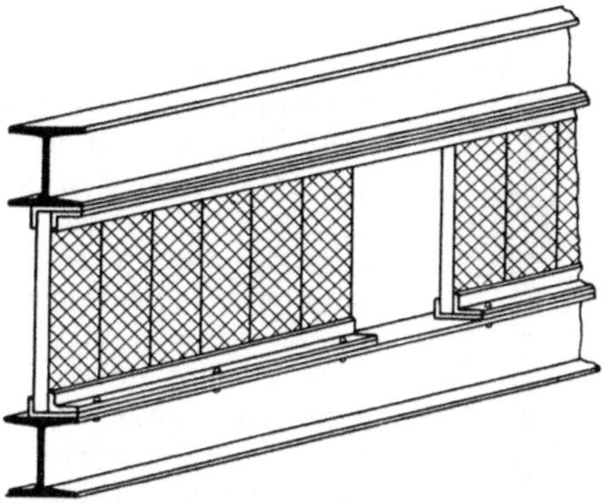

Fig. 111. Vertonnung aus Zementdielen.

Zur Vertonnung des Fahrtrumes werden ebenfalls am besten Tafeln aus Wellblech oder Eisenplatten gewählt und mit den Schachtscheidern verschraubt. Auf Preußengrube bei Miechowitz wurden Zementdielen eingebaut. Sie wurden von zwei Winkeleisen gehalten, die auf bezw. unter einem Schachtscheider angeschraubt waren (Fig. 111). Das Einschieben erfolgte von der Mitte aus; zuletzt wurde auch diese in derselben Weise verschlossen. Auf den Böerschächten bei Kostuchna O.-S. ist eine Moniervertonnung in der Weise ausgeführt worden, daß in den Feldern zwischen den Schachtscheidern senkrecht und wagerecht Drähte ausgespannt und dann mit Zement verputzt wurden.

Ein wesentlicher Vorzug des Eisenausbaues ist, daß man ihn ebensogut von unten nach oben als auch in umgekehrter Richtung einbauen kann. In diesem letzteren Falle erspart man die Kosten des verlorenen Ausbaues in Holz. Da auch die Zeit für den Einbau der Holzzimmerung in Wegfall kommt, schreitet das Abteufen um so schneller vorwärts. Die Unterhängezimmerung wird in folgender Weise eingebaut. Man schraubt unter einen Ring die senkrechten Bolzen, unter diese den nächstunteren Ring, dann wieder unter diesen die Bolzen usf. Sind so mehrere Ringe eingebaut worden, so werden sie, wieder mit dem obersten beginnend, eingelotet. Der Arbeitsvorgang beim Einloten ist derselbe wie beim Einbau hölzerner Jochkränze. Ringe, die nicht genau in der vorgeschriebenen Kreisperipherie liegen, werden durch dahintergeschlagene Keile in die richtige Lage getrieben. Die Stelle, wohin die Tragestempel kommen, läßt sich bei der Unterhängezimmerung mit viel größerer Sicherheit bestimmen als beim Einbau von unten nach oben. Die Tragestempel kommen hier unter den letzten Ring des Absatzes, während sie beim absatzweisen Einbau nach einem Stichmaße gegen die nächstoberen Tragestempel verlegt werden müssen.

B. Verlorener Ausbau.

Der verlorene eiserne Ausbau kommt fast nur in runden Schächten vor. Er gelangt, ebenso wie der hölzerne, immer dann zur Anwendung, wenn der Schacht später ausgemauert werden soll. Ein Vorteil ist, daß man den Schacht stets rund abteufen kann und doch einen festen Verbau hat.

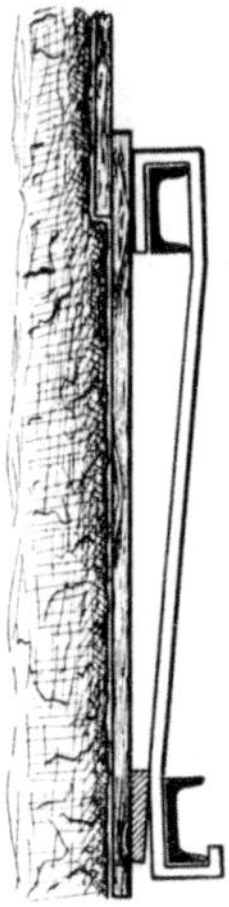

Fig. 112. Verlorener eiserner Schachtausbau.

Die Ringe werden in derselben Weise zusammengesetzt, wie wir es schon beim endgültigen Eisenausbau kennen gelernt haben. Nur die Verbindung der einzelnen Ringe untereinander ist oft eine etwas andere. Dies kommt daher, daß der Ausbau nur eine verhältnismäßig kurze Zeit im Schachte bleibt. So wurde z. B. Junghannschacht I der Dubenskogrube mit U-Eisenringen verbaut, die mittelst Z-förmiger Haken aneinanderhingen (Fig. 112) und durch hölzerne Bolzen unter sich verspreizt waren. In Abständen von je 6 m wurden Tragestempel eingebaut. Die Z-Haken gewähren denselben Vorteil wie beim verlorenen Holzausbau die Strebebolzen, nämlich daß man während des Ausmauerns jeden Ring für sich entfernen kann, ohne daß der nächstobere seinen Halt verliert.

Auf Schacht Von der Heydt bei Saarbrücken wurden die U-Eisenringe mit Hilfe von Haken an eisernen Ketten angehängt, die frei an den Schachtstößen herabhingen. Die Ketten bestanden aus Teilen einer abgelegten Streckenförderungskette.

Drittes Kapitel. Schachtmauerung.

A. Form der Schächte.

Die am häufigsten vorkommenden Querschnittsformen der Schächte sind die rechteckige mit geraden Stößen (Fig. 113), die rechteckige mit flachen Bögen (Fig. 114), die elliptische (Fig. 115) und die runde (Fig. 116).

Die zuerstgenannte Form, daß vor den Stößen eines rechteckigen Schachtes einfach geradstirnige, nicht gewölbte Mauern aufgeführt werden, ist nicht besonders zu empfehlen. Eine solche Mauer kann großem Drucke nicht widerstehen, sondern höchstens als Verkleidung dienen, um das Gebirge vor Verwitterung zu schützen. Die Mauerstärke beträgt hier und bei den drei anderen Formen meistens

$1^1/_2$ Steine. Der Verband ist fast immer Kreuz- und Blockverband; er wird nicht immer genau innegehalten, bildet also ein Mittelding

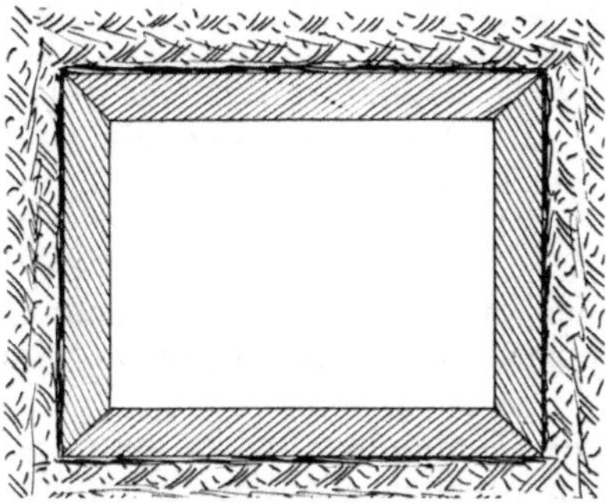

Fig. 113. In Rechtecksform ausgemauerter Schacht.

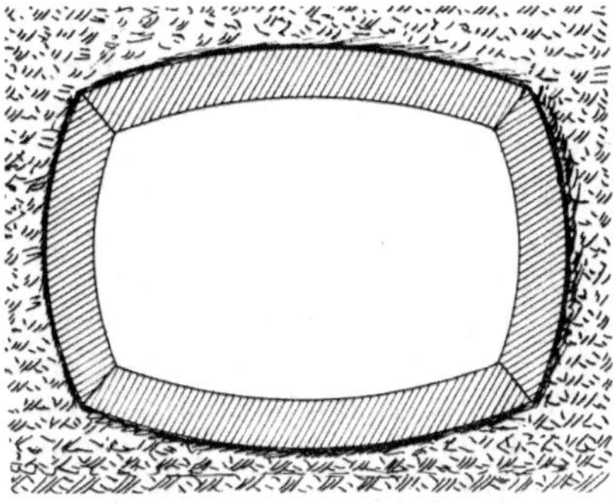

Fig. 114. In flachen Bögen ausgemauerter Schacht.

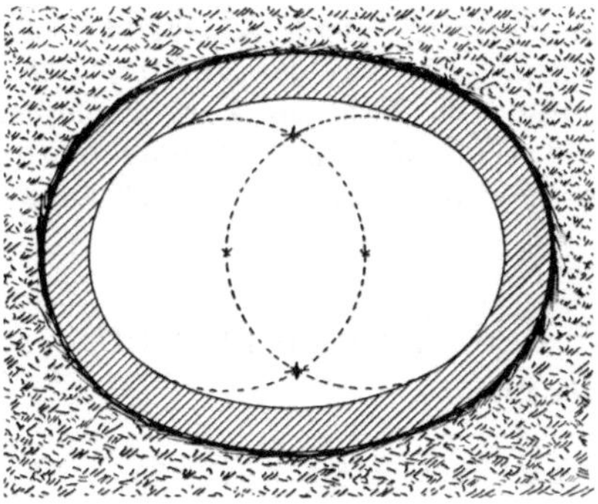

Fig. 115. Elliptischer Mauerschacht.

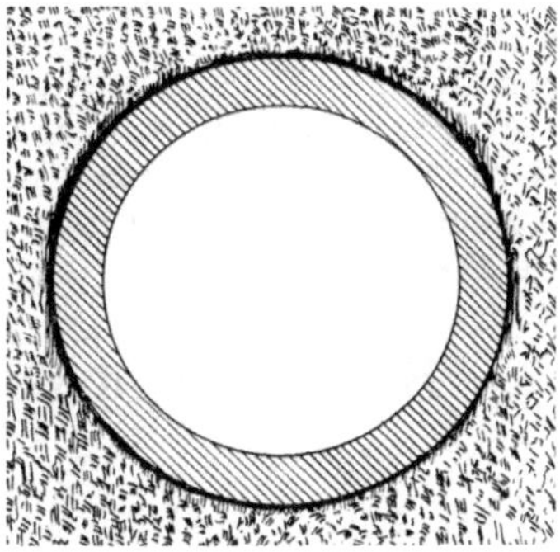

Fig. 116. Runder Mauerschacht.

zwischen diesen beiden; es wird dann nur darauf geachtet, daß keine senkrechten Fugen aufeinandertreffen.

Bei Stoßdruck ist es angebracht, gewölbte Mauerformen anzuwenden. Dies läßt sich bewerkstelligen, indem man den Schacht rechteckig mit geraden Stößen abteuft und in vier flachen Bögen ausmauert (Fig. 117). Die Mauer muß vor der Mitte der Stöße die dem Drucke angemessene Mindeststärke besitzen. Sie wird daher in den Ecken zu stark sein. Die

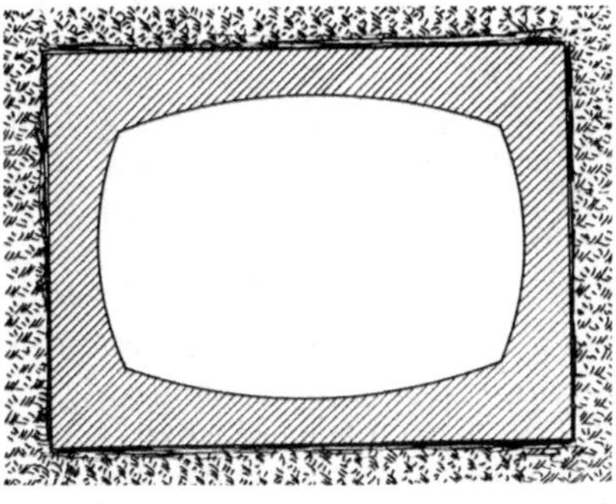

Fig. 117. In vier flachen Bögen ausgemauerter rechteckiger Schacht.

Nachteile dieser Ausmauerungsform sind, daß die Ecken unnötig ausgearbeitet werden müssen, und daß hier viel Material vermauert wird. Darum werden neue Schächte gleich von Anfang an auch schon im Gestein mit flachen Bögen abgeteuft (Fig. 114). Ältere Schächte, die erst ausgemauert werden sollen, nachdem sie jahrelang im Betriebe gestanden, werden wenn möglich durch Nachreißen der Stöße auf diese Form gebracht. Die Spannung der einzelnen Mauerbögen beträgt bei Ziegeln 30—80 mm, bei Bruchsteinen 80—125 mm auf 1 m. Je größer der Druck ist, um so größer muß auch die Spannung genommen werden.

Elliptische Schachtformen kommen nur selten zur Anwendung, weil sie weder große Festigkeit besitzen, noch eine bequeme Einteilung der Schachtscheibe gestatten.

Denselben Vorwurf der unbequemen Einteilung macht man auch den kreisrunden Schächten. Trotzdem werden sie immer häufiger angewendet; denn ein Kreis hat bei kleinstem Umfange den größten Flächeninhalt. Derartige Schächte verbrauchen also bei gleichem Inhalte das wenigste Mauerungsmaterial. Außerdem leistet ein kreisrundes Gewölbe dem Drucke den allergrößten Widerstand; das Gestein selbst verliert bei dieser Schachtform nicht so leicht seine Spannung als bei irgendeiner anderen. Die Kreisabschnitte, deren Unverwendbarkeit von manchen Seiten als Nachteil hervorgehoben wird, lassen sich immer noch für die Wetterführung ausnützen; besonders aber sind sie gut brauchbar für die Verlegung elektrischer Starkstromkabel.

B. Verschiedene Arten des Abteufens und Ausmauerns.

1. Abteufen und Ausmauern in einem Satze.

Es wird fast nur bei Schächten von geringerer Tiefe vorkommen, daß man sie zuerst fertig abteuft und dann zur Ausmauerung schreitet. Die Mauerung in einem Stücke hat den Vorteil, daß sie ein einheitliches Ganze bildet, das gleichsam aus einem Gusse entstanden ist. Dies ist besonders beim wasserdichten Ausbau sehr wesentlich, weil dort die Anschlußstellen von einem Mauerungsabsatze an den anderen nur selten vollkommen wasserdicht gemacht werden können. Die Herstellung in einem Stücke hat aber verschiedene Nachteile, die im folgenden Absatze besprochen werden sollen.

2. Absatzweises Abteufen und Ausmauern.

Die absatzweise Ausmauerung bietet den Vorteil, daß der verlorene Ausbau, der beim Aufrücken der Mauer wiedergewonnen wird, in jedem tieferen Absatze von neuem Verwendung finden kann. Die Holzkosten werden also um so niedriger sein, je größer die Zahl der Absätze ist. Das Gestein bleibt nicht so lange der zersetzenden Einwirkung von Luft und Wasser, Wärme und Kälte u. dergl. ausgesetzt, weil es zeitiger durch den endgültigen Ausbau bedeckt wird, als beim Ausmauern in einem Stücke. Schließlich ist die Sicherheit der im Schachte beschäftigten Belegschaft größer, wenn nur der jeweilig unterste Absatz im verlorenen Ausbaue steht, als wenn dies für den ganzen Schacht zuträfe.

Die Höhe der Absätze hängt von der Festigkeit des durchteuften Gebirges ab. Sie beträgt durchschnittlich im Schieferton 50 m, im Sandstein 60 m. Absätze von 70—80 m Höhe sind jedoch im festen Steinkohlengebirge keine Seltenheit.

3. Gleichzeitiges Abteufen und Ausmauern.

Wenn auf Neuanlagen zwei Schächte zu gleicher Zeit abgeteuft werden, läßt sich die Arbeit so einteilen, daß immer der eine im Abteufen steht, während der andere ausgemauert wird. Nach Beendigung der in Arbeit stehenden Absätze wechseln die beiden Belegschaften ihre Arbeitsstätten. Wenn dagegen nur ein einziger Schacht abgeteuft wird, bereitet es jedesmal mehr oder weniger Umstände, das eine Mal die Maurer, das andere Mal die Häuer anderweitig zu beschäftigen. Um die dadurch bedingten Übelstände zu vermeiden, ist man auf manchen Anlagen dazu übergegangen, auch die Ausmauerung von den Schachthäuern besorgen zu lassen. Die Schachthäuer sind durchweg geschickte und intelligente Leute, die sich bei guter Anleitung verhältnismäßig schnell auf diese neue Arbeit einrichten. Dazu kommt, daß sie den zu vermauernden Absatz schon vom Abteufen her kennen, also wissen, an welchen Stellen mit besonderer Sorgfalt und Vorsicht gearbeitet werden muß.

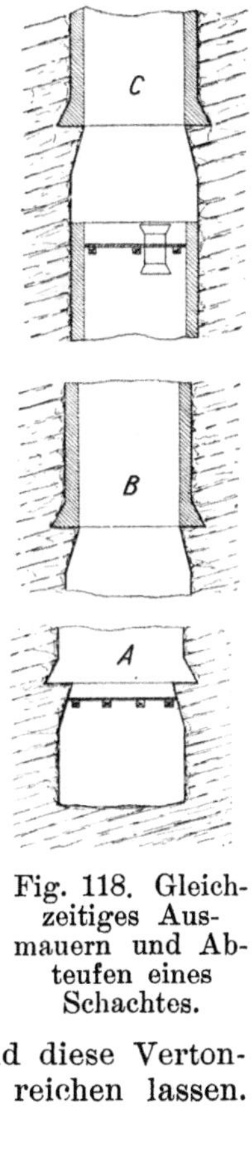

Fig. 118. Gleichzeitiges Ausmauern und Abteufen eines Schachtes.

Am schnellsten geht die Fertigstellung des Schachtes vor sich, wenn er zu gleicher Zeit abgeteuft und ausgemauert wird. Während die Häuer den Schacht weiter abteufen, beginnen die Maurer ungefähr 6 – 10 m über der Sohle mit einem neuen Mauerabsatze. Haben sie diesen fertig hergestellt und an den nächstoberen angeschlossen, so fangen sie wieder in der angegebenen Höhe über der Schachtsohle von neuem an. In Fig. 118 sehen wir den Schacht oberhalb von *C* bereits fertig in Mauerung stehen. Der neue Mauerabsatz geht von *B* aus nach oben. Bei *A* soll der dritte Absatz beginnen, und ist hierfür schon eine Bühne quer durch den Schacht geschlagen. Für die Förderung aus dem Abteufen ist in der Maurerbühne ein Durchlaß offen geblieben, der mit einer oben und unten trichterförmigen Umwehrung versehen ist. Eine zweite Kübelförderung geht bis auf die Maurerbühne und dient zur Förderung der hier nötigen Materialien.

Man kann wohl auch die für die Bergeförderung bestimmten Trümer rundherum dicht verschlagen und diese Vertonnung von der Schachtsohle bis an die Hängebank reichen lassen.

Die Maurer sind dann so gut wie ganz vor allen unglücklichen Zufälligkeiten bewahrt.

4. Inangriffnahme des Schachtes von verschiedenen Sohlen aus.

Will man, daß ein Schacht schnell fertiggestellt wird, so nimmt man ihn von mehreren Sohlen aus in Angriff. Es wird also von Tage aus abgeteuft und von jeder vorhandenen Sohle aus abgeteuft und übergebrochen. Die Ansatzpunkte für sämtliche Arbeitsstellen werden durch den Markscheider genau ermittelt, damit sie auch vollkommen senkrecht untereinanderliegen.

Die Überbrechen werden am besten erst in geringeren Abmessungen hergestellt, um mit Rücksicht auf Wasserhaltung und Wetterführung bald mit allen Sohlen durchschlägig zu sein. Nach erfolgtem Durchschlag werden sie dann durch Stoßnachreißen, das von oben nach unten zu vorschreitet, auf den richtigen Durchmesser erweitert. Sollte einmal das Überbrechen nicht genau in der Schachtachse angesetzt sein, so kann man während des Nachreißens den Fehler beseitigen. So wurde z. B. auf Annaschacht der Friedensgrube O.-S. ein solches Überbrechen ungefähr 100 m hoch vorgetrieben; man richtete sich dabei nach einem Bohrloche, welches vorher von der Mitte der Schachtsohle aus gestoßen worden war. Mit Rücksicht auf ein etwaiges Fehlfahren betrug der Durchmesser des Überbrechens 2 m gegen 6,5 m Schachtdurchmesser. Als man mit dem Abteufen durchschlägig wurde, saß das Überbrechen aber nicht in der Schachtmitte, sondern an dem einen Stoße.

Fig. 119. Überbrechen mit Sprungbühnen.

Während der Erweiterung eines derartigen Überbrechens benutzt man es mit seinem vollen Querschnitte oder mit nur einem Teile desselben als Rutsche. Die Berge werden unten abgezogen und unterTage versetzt oder auf die Halde geschafft. Steht das ganze Überbrechen voll Berge, so müssen der Wetterführung wegen besondere Lutten durch dieselben durchgeführt werden.

Will man für den Wetterstrom einen größeren Querschnitt zur Verfügung haben, so wird das für die Bergeförderung bestimmte Trum nach Art von Fig. 119 mit Bühnen versehen. Die Berge fallen hier von Bühne zu Bühne, bis sie in der Förderstrecke ankommen.

Die Häuer stehen während des Stoßnachreißens auf einer Schwebebühne, die den gesamten Querschnitt des Überbrechens verdeckt. Fig. 147 zeigt eine solche hölzerne Hängebühne.

Beim Weiterabteufen von Schacht Prosper II wurde dieser zwischen der IV. und V. Sohle hochgebrochen; dieses Überbrechen mußte aus Betriebsrücksichten auch von unten nach oben erweitert werden. Die Arbeit erfolgte von einer Bühne aus, die immer auf den jeweilig obersten Jochkranz aufgelegt wurde. Zum Schutze gegen Steinfall wurde die Firste durch Kreuze abgefangen, die auf der Schachtmauer oder auf den Einstrichen standen. Wo dagegen die Firste schwach war, stellte man die Kreuze auf eine künstliche

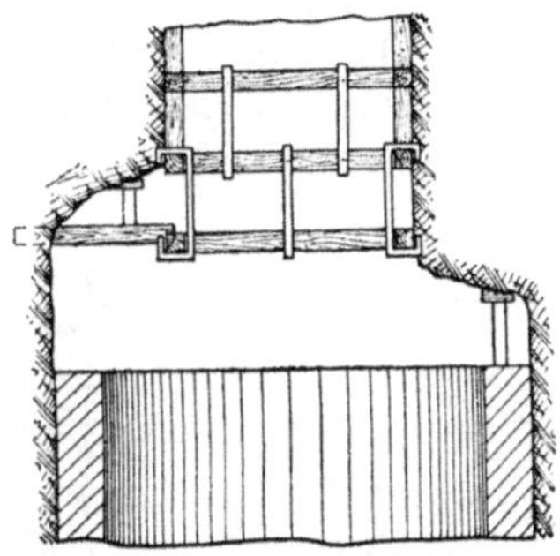

Fig. 120. Erweiterung eines Überbrechens von unten nach oben. (Aus Glückauf 1907, Nr. 25.)

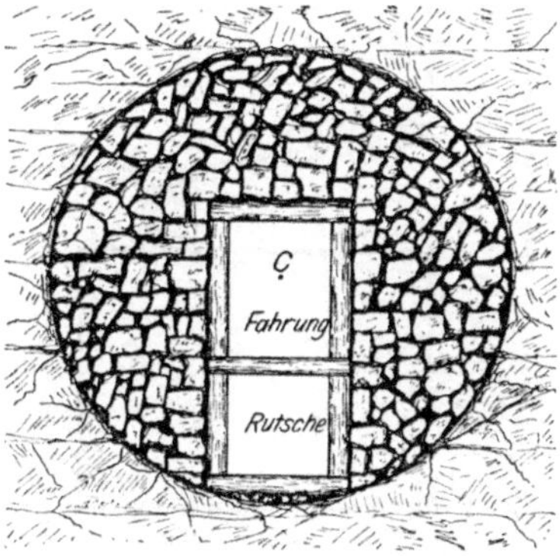

Fig. 121. Überbrechen eines Schachtes mit vollem Querschnitt.

Bühne. Diese bestand aus Kappen (Fig. 120 links), die mit dem einen Ende eingebühnt waren und mit dem anderen auf dem verlorenen Ausbau des Überbrechens auflagen.

Die Schächte Tante Anna und Bergrat Pieler von Castellengogrube O.-S. wurden s. Zt. mit vollem Durchmesser hochgebrochen. Während dieser Arbeit wurden aber nur die beiden in Fig. 121 vermerkten Trümer offen erhalten; der übrige Teil des Schachtes wurde dagegen mit Bergen versetzt, die erst nach beendetem Hochbrechen durch die Rutsche weggefördert wurden. Das eine Trum mußte natürlich bis etwas über die Schachtmitte reichen, um den Schacht jederzeit abloten zu können. Auf der Sohle des Hochbrechens war zu diesem Zwecke der Schachtmittelpunkt durch ein Markscheiderzeichen *C* vermerkt.

5. Weiterabteufen unter einer Fördersohle.

Wenn man einen in Förderung stehenden Schacht tiefer teufen will, muß man die auf der Schachtsohle arbeitenden Leute vor fallenden schweren Gegenständen, insbesondere vor der abstürzenden Förderschale, zu schützen suchen. Dies läßt sich auf dreierlei Weise erreichen:

1. Es bleibt zwischen dem schon fertigen oberen Schachtteile *A* und dem neuen Abteufen *B* eine Gesteinsschwebe von 10 bis 15 m Mächtigkeit stehen (Fig. 122). Einige Meter abseits wird ein Hilfsschacht *C* abgeteuft. Durch ihn geht die gesamte Förderung von *B* nach *A*, die Fahrung, Wetterführung usw. Um festzustellen, ob *B* auch genau in der Achse von *A* liegt, verfährt man auf folgende Weise. In *A* wird ein Mittellot *a b* gehängt. In *C* hängen zwei Lote *c d* und *c' d'* bis auf die Sohle des Hilfsschachtes hinab. Durch Einvisieren (wie es beim Streckenvortriebe nach der Stunde geschieht) bringt man diese drei Lote in eine senkrechte Ebene. Darauf wird auf der Sohle von *C* ein in *B* angebrachtes Mittellot *e f* eingefluchtet. Ist der Abstand von *d* bis *e* gleich dem von *b* bis *c*, so liegt *e f* genau in der Verlängerung von *a b*.

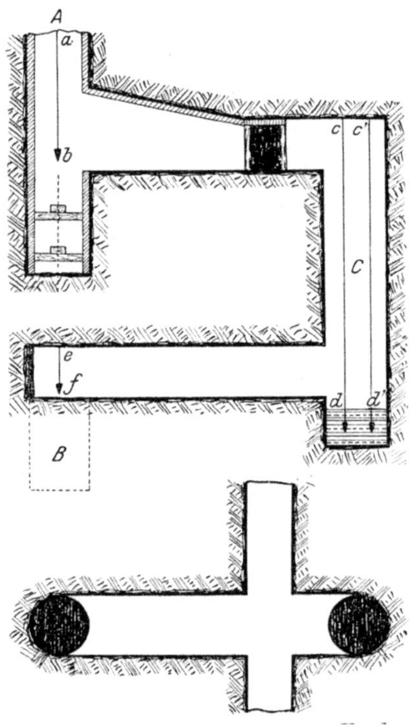

Fig. 122. Abteufen unter einer Fördersohle. (Nach Dufrane-Demanet, Traité d'exploitation des mines de houille).

Fig. 123. Abteufen unter einer Fördersohle.

Ist das Abteufen beendet, so wird die Gesteinsschwebe zwischen *A* und *B* entfernt. Etwaige Wasser aus dem Sumpfe von *A* werden vorher durch Auspumpen beseitigt oder durch ein Bohrloch nach *B* abgelassen.

2. Man teuft den Hilfsschacht nicht abseits, sondern innerhalb der Schachtscheibe ab. Er wird so eng gehalten, als es der Abteufbetrieb gerade nur erfordert. Unter die Hauptfördertrümer kommt die Gesteinsschwebe zu liegen, damit die seillos gewordene Schale sicher aufgehalten wird.

Fig. 123 zeigt eine derartige Einrichtung von Junghannschacht II der Dubenskogrube in Oberschlesien. Das Hilfsgesenk liegt unter dem Fahrtrume und enthält die Kübelförderung und die Fahrtenfahrung. Es hat die Form eines Kreisabschnittes. Die Gesteinsschwebe ist am freien Ende 11 m, am festen Stoße 12 m hoch und noch mit vier I-Trägern unterfangen.

3. Der Schacht wird mit seinem vollen Querschnitte auch unmittelbar unter der Fördersohle weiter abgeteuft. Unter die Fördertrümer kommt eine Sicherheitsbühne, während das Fahrtrum von Tage aus bis auf die Schachtsohle frei durchgeht; es muß aber unterhalb der Fördersohle zur Aufnahme der Kübelförderung benutzt werden.

Die Sicherheitsbühnen sind endweder starr oder federnd. Die federnden Bühnen sind vorzuziehen, weil sie einen mit großer Wucht abstürzenden Gegenstand nicht plötzlich, sondern nach und nach zur Ruhe bringen.

Eine harte Sicherheitsbühne ist in Fig. 124 abgebildet. Sie besteht aus vier starken I-Trägern *a*, die tief in die Stöße eingebühnt sind. Auf ihnen liegen die I-Eisen *b* dicht aneinander und auf diesen die Kantholzbalken *c*. Um die Sicherheit zu erhöhen, ist es ratsam, mehrere derartige Bühnen in Abständen von 1—2 m untereinander anzubringen. Bricht die oberste unter dem Anprall, z. B. der Schale, durch, so hält noch die zweite, schließlich noch die dritte, bis die Schale zum Stillstand gekommen ist.

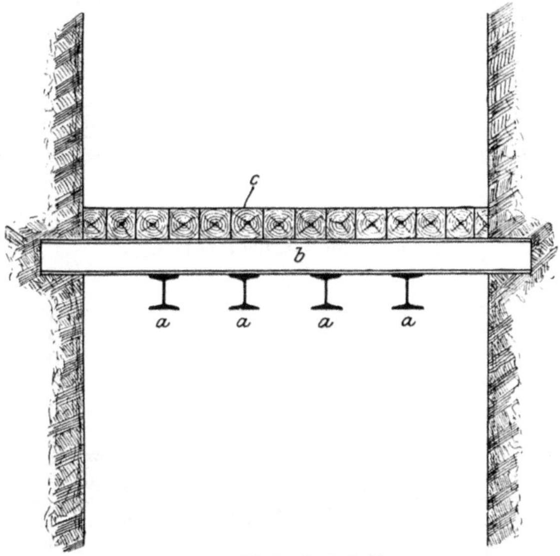

Fig. 124. Sicherheitsbühne.

Eine federnde Sicherheitsbühne besteht nach Jicinsky aus starken Rundhölzern *a* (Fig. 125), die im Abstande von 0,6 m in tiefe Bühnlöcher eingesetzt sind. Quer auf diese wird Kantholz *b* dicht aneinandergelegt. Auf diese Bühne kommt eine 3—4 m hohe Packung Berge von etwa Faustgröße oder besser Reisigbündel (Faschinen), frische Tannenzweige u. a. Dann folgt nach oben zu ein freier Raum von etwa 0,25 m Höhe, über welchem wieder eine dichte Rundholzbühne *c* mit ähnlicher Packung angebracht ist. Das Fahrtrum ist mit einer Bohlenvertonnung von solcher Stärke versehen, daß sie von der Bergefüllung nicht eingedrückt werden kann.

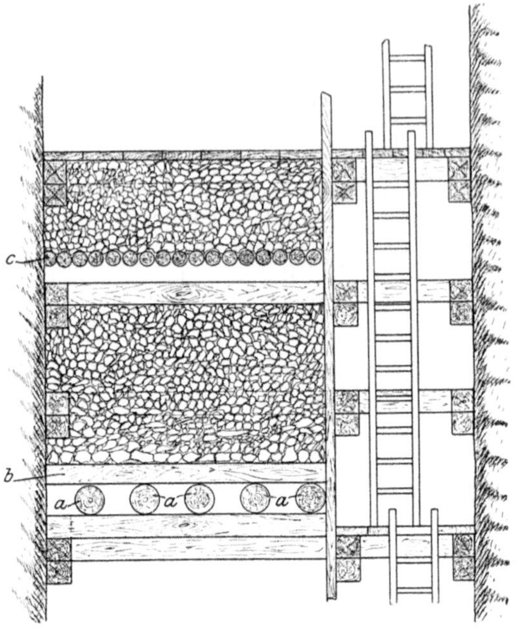

Fig. 125. Sicherheitsbühne. (Aus Jicinsky, Katechismus der Grubenerhaltung.)

Die in Fig. 126 abgebildete Sicherheitsbühne ist auf Oheimgrube bei Kattowitz eingebaut gewesen. Eine dichtschliessende doppelte Lage von Kanthölzern *a* und *b* ist an beiden Enden eingemauert und jeder Balken der unteren Lage *a* durch ein doppeltes Sprengewerk unterfangen. Die schrägen Streben sitzen in besonderen Stahlschuhen, die ebenfalls in den Stößen eingemauert sind. Die Bühne ist quer zu den Balken *b* mit Bohlen belegt. Eine mehrere Meter hohe Schüttung *c* von Sägespänen reicht bis an die Sohle des Füllortes, von dem aus im Schachte gefördert wird.

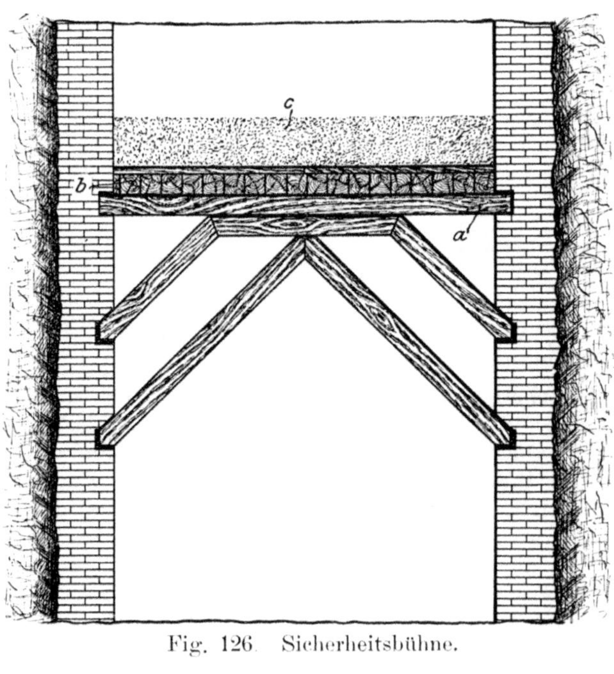

Fig. 126. Sicherheitsbühne.

Beim Abteufen der Przibramer Schächte steht folgende Sicherheitsbühne in Gebrauch. Auf vier Hauptträgern (Fig. 127 *a*, *b*) liegen dicht aneinander Kanthölzer von 16 : 20 cm Querschnitt. Diese sind von einer Lage 5 cm starker Bohlen überdeckt. Diese Bohlenlage trägt vier Sprengeböcke, die genau über den untersten vier Trägern liegen; sie sind 3 m hoch. Jeder Bock hat noch einen besonderen senkrechten Mittelstempel. Gegen dieses

Sprengewerk sind zwei Doppelgevierte abgestrebt, die eine dichte Balkenlage tragen; auf diese oberste Kantholzlage wird eine Sand-

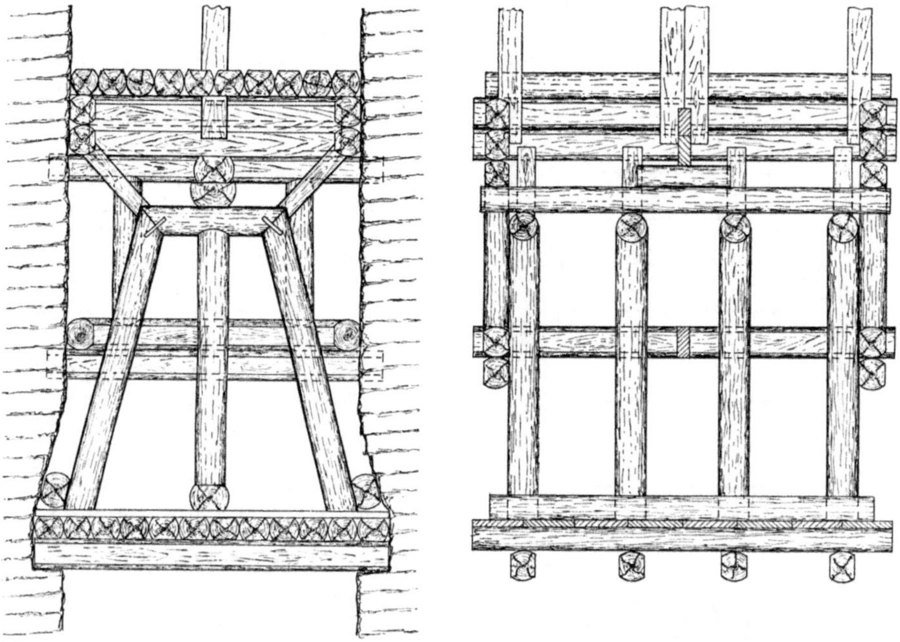

a b

Fig. 127 a b. Sicherheitsbühne. (Aus Österr. Zeitschrift 1908, Nr. 40.)

schüttung aufgebracht. Die Gesamthöhe dieser nur aus weichem Holz hergestellten Sicherheitsbühne beträgt etwa 4 m.

6. Ausmauerung von Schächten ohne Störung des Förderbetriebes.

Auf Hedwigswunschgrube O.-S. stellte sich die Notwendigkeit heraus, den nur in Holzausbau stehenden, rechteckigen Doppelförderschacht auszumauern; jedoch durfte die Förderung nicht eingestellt werden. Zu dieser Arbeit wurden nur die Sonn- und Feiertage benutzt. Man raubte nur so viel Gevierte heraus, als man sofort vermauern konnte. Die Arbeit nahm bis zu ihrer Beendigung mehrere Jahre in Anspruch.

In einem anderen Falle handelte es sich darum, auf einer Neuanlage den verlorenen Ausbau durch Mauerung zu ersetzen und zugleich von einer tieferen Sohle zu fördern. Die Fördertrümer lagen in der Mitte der Schachtscheibe, und die Stöße waren rundherum zugänglich. Da in kleinen, einbödigen Schalen (Gesenkschalen) für den eigenen Bedarf gefördert wurde, ging die Kohlengewinnung nur während der Tagschicht vor sich. Es ließ sich also leicht einrichten, daß nur bei Nacht gemauert wurde. Bei Tage raubten einige Schachthäuer so viel Zimmerung über der Mauer weg, als in der folgenden Schicht wieder vermauert werden konnte. An der Stelle, wo jeweils die Maueroberkante stand, wurde mit geringerer Geschwindigkeit gefördert.

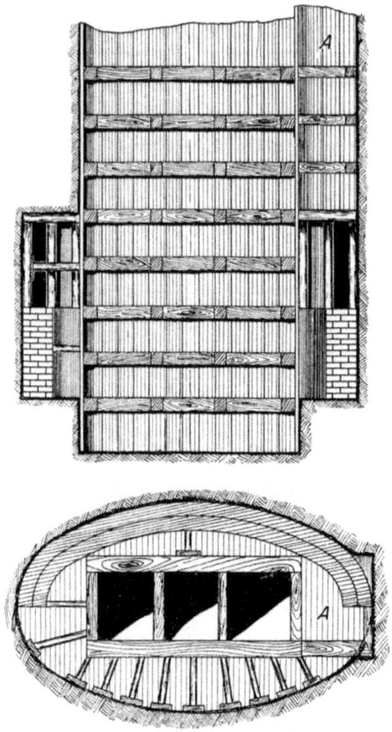

Fig. 128. Ausmauerung eines Schachtes ohne Störung des Förderbetriebes. (Aus Dufrane-Demanet, Traité d'exploitation des mines de houille.)

Aus Dufrane-Demanet: Traité d'exploitation des mines de houille sei folgende interessante Arbeit mitgeteilt:

Ein rechteckiger, in Holzzimmerung stehender Schacht (Fig. 128) sollte mit elliptischem Querschnitte ausgemauert werden, ohne den Förderbetrieb unterbrechen zu müssen. Zunächst wurde an dem einen kurzen Stoße ein Hilfsschacht *A* bis zu der Teufe, wo die Mauerung beginnen sollte, hergestellt. Von diesem Schächtchen aus umfuhr man außerhalb des Holzausbaues den Hauptschacht nach rechts und links hin in einzelnen übereinanderstehenden Abschnitten von 2 m Höhe. Sobald ein solcher Abschnitt fertig aufgefahren war, mauerte man ihn nach rückwärts, also nach *A* hin, aus. Darauf erst wurde ein neuer Absatz in Angriff genommen und sofort wieder ausgemauert. Die hölzernen Gevierte wurden vorläufig gegen die Stöße abgestrebt. Zu ihrer Entfernung wurden die Sonntage benutzt, an denen dann auch die neuen Schachtscheider eingezogen wurden.

C. Die Ausmauerungsarbeiten.

So wie bei Holz- und Eisenzimmerung Tragegevierte und Tragestempel eingebaut werden, die den Druck des Ausbaues auf das Gebirge zu übertragen bestimmt sind und verhindern sollen, daß sich ein Schachtbruch weit nach oben fortpflanzt, so wird auch bei der Ausmauerung von Schächten ein Unterbau (Fundament) hergestellt. Die Form desselben ist verschieden und hängt hauptsächlich von der Querschnittsform des Schachtes ab. In rechteckigen und flachbögigen Schächten besteht er meistens aus Tragegurten (Entlastungsbögen), die an allen vier Stößen in die Mauer eingefügt werden. In elliptischen und runden Schächten verwendet man die Mauerfüße, die sich aber auch für alle anderen Schachtformen eignen. Häufig erhalten die Schachtmauern keinen Unterbau aus Mauerwerk, sondern sie werden auf hölzerne oder auch eiserne Tragekränze gelegt, die tief in die Stöße eingebühnt sind.

1. Hölzerne Tragekränze.

Die hölzernen Tragekränze (Fig. 129) sind aus eichenen Balken von 40—50 cm Stärke zusammengesetzt. Sie bilden in der Hauptsache ein Tragegeviert, bestehend aus den vier Jöchern *a*, *b*, *c* und *d*, auf dessen vier Ecken die Hölzer *e*, *f*, *g* und *h* aufgeblattet sind. Innen ist der Kranz nach der Schachtrundung zugeschnitten und hat dieselbe lichte Weite wie der fertig ausgemauerte Schacht.

Die Tragekränze dürfen nicht unmittelbar auf der Schachtsohle eingebaut werden, sondern einige Meter darüber, damit sie nicht beim Weiterabteufen durch die Sprengarbeit beschädigt werden (Fig. 130).

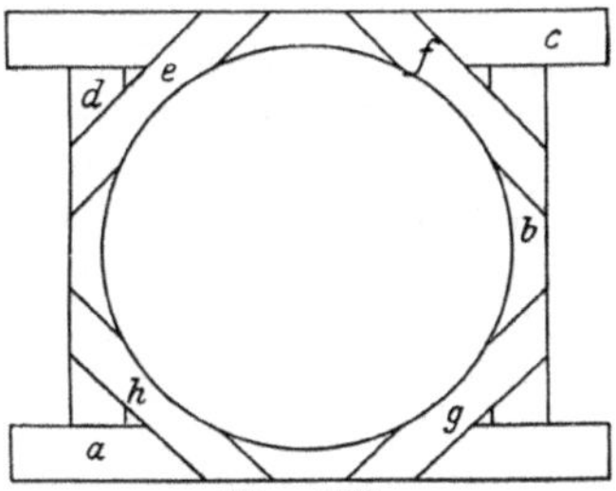

Fig. 129.

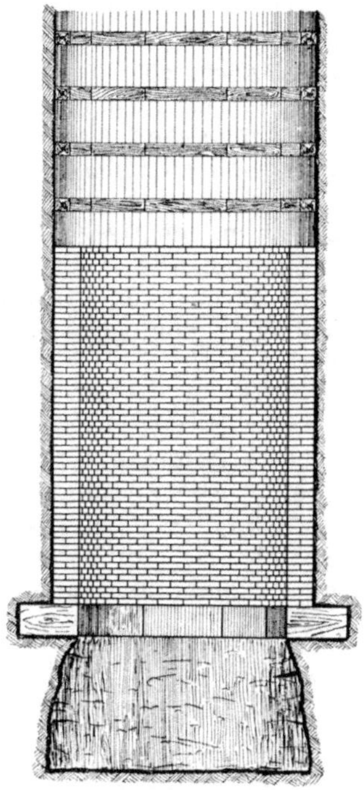

Fig. 130.

Tragekranz für Schachtmauerung. (Aus Dufrane-Demanet, Traité d'exploitation des mines de houille.)

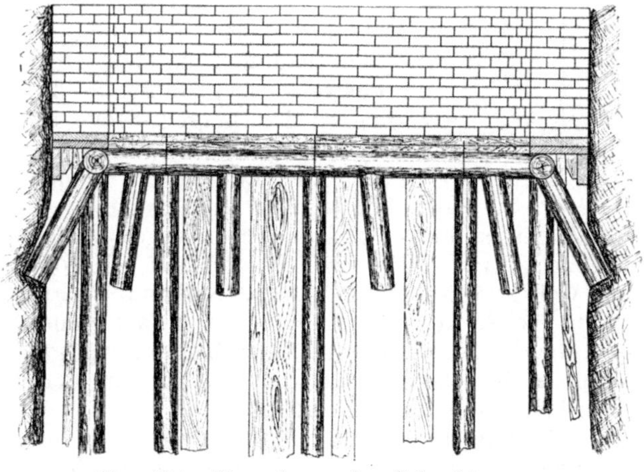

Fig. 131. Tragekranz für Schachtmauerung.

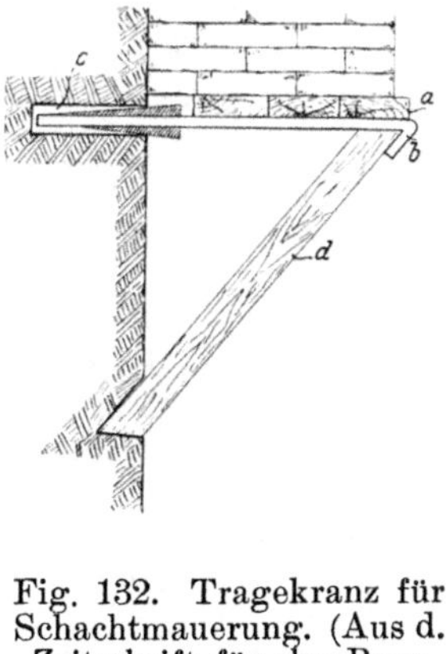

Fig. 132. Tragekranz für Schachtmauerung. (Aus d. „Zeitschrift für das Berg-, Hütten- und Salinenwesen im Preuß. Staate", 1903.)

Auch die Holzkränze mit Strebebolzen lassen sich, wie aus Fig. 131 ersichtlich ist, gut als Unterlagen für die Mauerung verwenden. Sie erhalten, wenn sie aus Rundholz bestehen, eine doppelte Bohlenreihe aufgelegt; auf dieser wird die Mauer aufgeführt. Diese Tragekränze sind jedoch nicht als endgültige Sicherung des Mauerkörpers zu wählen; sie sollen nur so lange tragen, bis der nächstuntere Absatz ausgemauert ist.

Im Wetterschachte der Zeche Germania I bei Dortmund wurde ein Bohlenkranz *a* (Fig. 132) auf 0,15 m breite Flacheisen *b* aufgelegt. Diese Flacheisen waren am hinteren Ende zugeschärft und in Bühnlöchern *c* von etwa 0,25 m Tiefe festgekeilt. Vorn hatten sie Haken, um 0,8 m lange Streben *d* von 200—240 mm Querschnitt festzuhalten, die in die Stöße eingelassen waren. Es wurden immer 8—10 Streben in Abständen von 1,5 m gestellt. Zwischen ihnen wurde der Bohlenkranz außerdem noch mit je 1—2 Stempeln unterbolzt.

2. Tragegurte.

Die Tragegurte werden aus Bruchsteinen oder aus Ziegeln hergestellt. Die Spannung der Bögen beträgt 1 : 5—6.

Es genügt nicht, wie es beim Holzausbau mit den Tragestempeln geschieht, sie an zwei gegenüberliegenden Stößen anzubringen; es muß vielmehr an jedem Schachtstoße ein besonderer Gurtbogen vorhanden sein. Die Gurtbögen erhalten am besten ihre Widerlager im Gebirge (Fig. 133), nicht aber in der Mauerung der Nachbarstöße. Darum kommen die vier zusammengehörigen (einem Tragegevierte bei Holzzimmerung entsprechenden) Gurte nicht alle in gleiche Höhe; für gewöhnlich liegen die der kurzen Stöße etwas über denen der langen. Eine sich häufiger findende Herstellungsweise ist, daß nur die Gurtbögen der langen Stöße im Gestein verwiderlagert sind, während die der kurzen auf denen der langen Stöße auflagern.

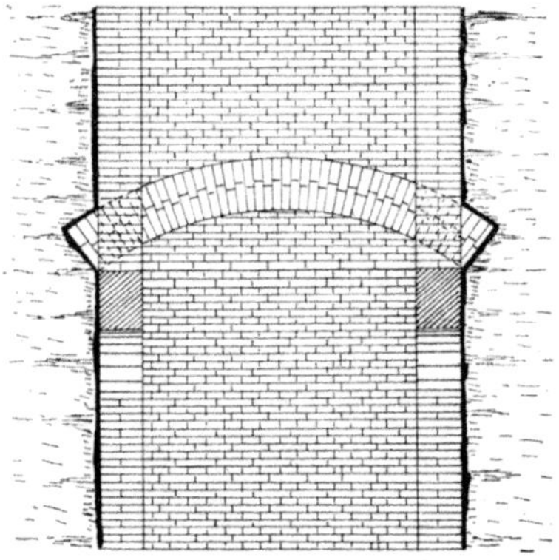

Fig. 133. Mauerschacht mit Tragegurten.

Nach Jicinsky sollen die Entlastungsbögen in denselben Abständen angebracht werden wie die Tragestempel bei Holzausbau. In der Praxis wird dies jedoch, weil zu kostspielig und zeitraubend, so gut wie gar nicht gemacht. Die senkrechten Abstände betragen fast immer 30—40 m, weil sie mit der Sohlenbildung in Übereinstimmung gebracht werden. Da nämlich der Regel nach die Füllörter in denselben Ausbau gesetzt werden, mit dem der zugehörige Schacht verkleidet ist, so werden die Firstenwölbungen der Füllortsmauerung bis unter die Mauern der Schachtstöße verlängert und dienen so zugleich als Tragegurte. Die Füllortsmündungen liegen für gewöhnlich in den langen Stößen; es brauchen nun nur noch in den kurzen Stößen besondere Gurte gemauert zu werden (Fig. 134).

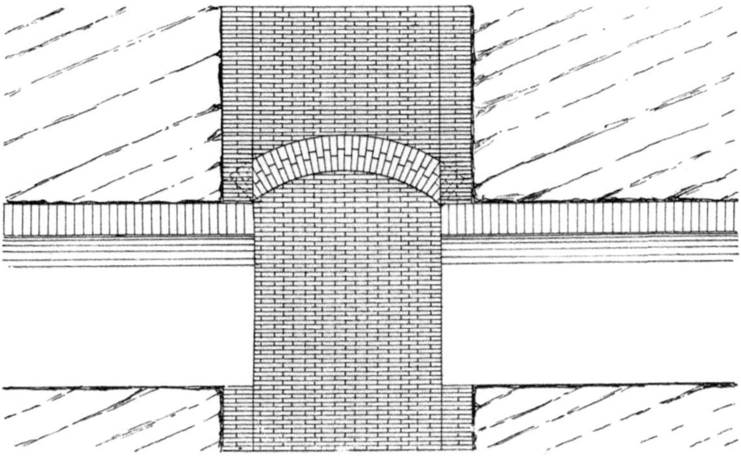

Fig. 134. Mauerschacht mit Tragegurten.

Reicht bis kurz unter die tiefste Sohle noch ein Schachtsumpf, der ja auch ausgemauert werden muß, so werden die Mauern der Sumpfstöße in Sohlenschlitze gestellt.

3. Mauerfüße.

Die Mauerfüße werden in vier Hauptformen hergestellt; es sind dies der blockförmige (Fig. 135), der einfach-konische (Fig. 136), der doppelt-konische (Fig. 137) und der hohlkegelförmige Fuß (Fig. 138).

Werden die Mauerfüße unmittelbar auf die Schachtsohle gesetzt, so muß man beim weiteren Abteufen unter ihnen eine Gesteinsbrust stehen lassen, damit sie nicht ihren festen Halt verlieren. In ihrer Nähe hat dabei die Schießarbeit zu unterbleiben, weil dadurch das Gebirge zerklüftet wird und an Festigkeit einbüßt. Erst einige Meter unter dem Mauerfuße darf geschossen werden.

Der blockförmige und der einfach-konische Mauerfuß sollen im festeren Gebirge Verwendung finden, der Doppelkegel im milderen. Bei diesen drei Formen muß, wenn unter ihnen weiter abgeteuft wird, eine Gesteinsbrust stehen bleiben, so daß also der Schacht hier geringeren Durchmesser erhält (Fig. 135 u. 136), wenn man nicht die Sicherung durch Tragekränze (Fig. 137) vorzieht. Dieser Nachteil fällt bei Verwendung eines Fußes von Hohlkegelform fort. Der Schachtdurchmesser braucht hier nicht verringert zu werden. Außerdem kann der von unten heraufkommende neue Mauerabsatz noch in den Hohlkegel hinein verlängert werden (Fig. 138); der Anschluß gewinnt dadurch an Festigkeit, was namentlich beim wasserdichten Ausbau von großer Bedeutung ist.

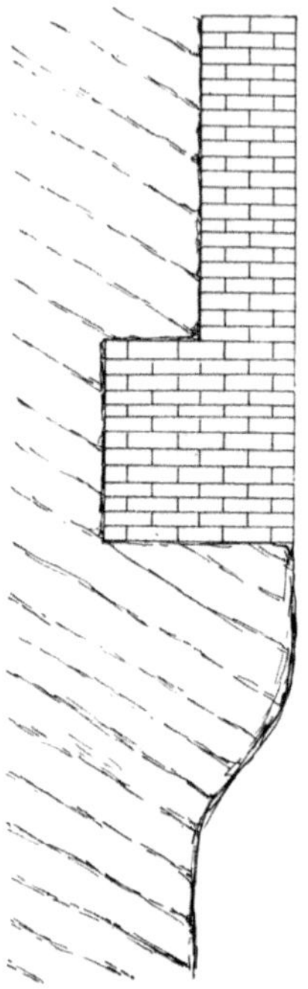

Fig. 135. Mauerfuß.

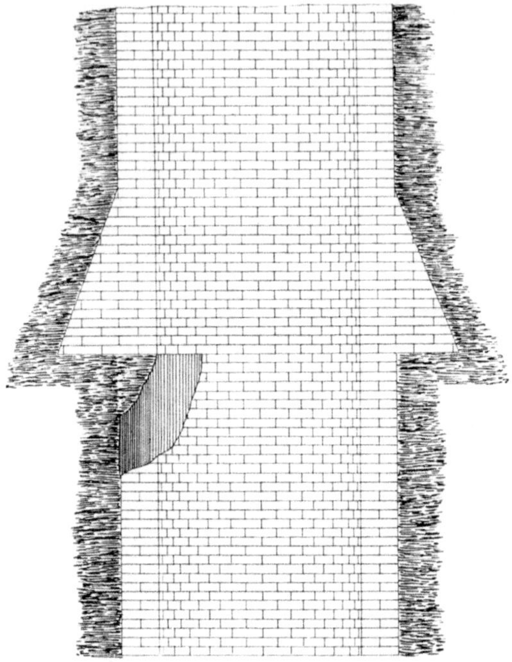

Fig. 136. Mauerfuß. (Aus Dufrane-Demanet, Traité d'exploitation des mines de houille.)

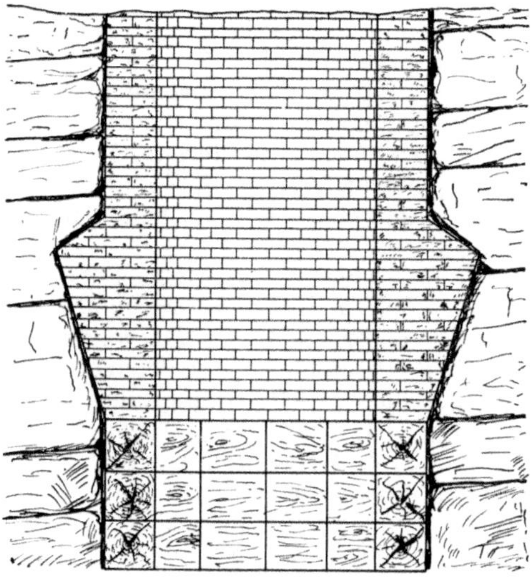

Fig. 137. Mauerfuß.

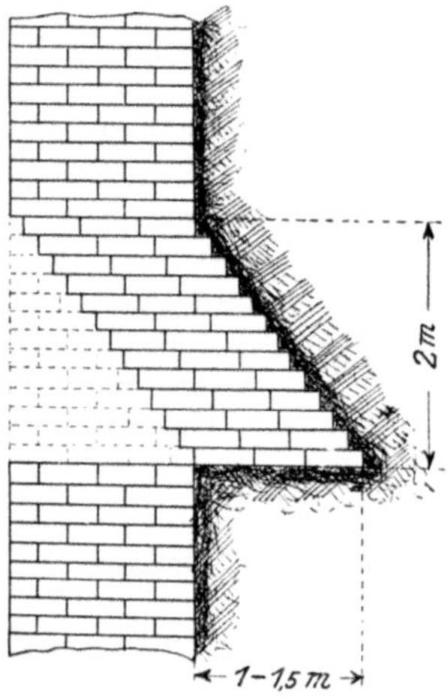

Fig. 138. Mauerfuß.

Jede neue Ziegelschicht muß bei dieser Art von Mauerfüßen um ein bestimmtes Maß gegen die nächstuntere vorragen. Um dies genau einzuhalten, gebrauchen die Maurer die in Fig. 139 dargestellte Holzschablone.

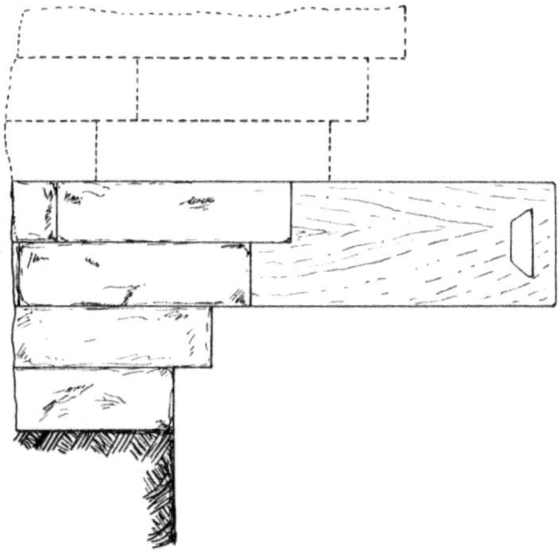

Fig. 139. Schablone für Herstellung des hohlkegelförmigen Mauerfußes.

Ab und zu finden sich Mauerfüße aus Bruchsteinen. Die Steine werden in solcher Größe zurechtgehauen, daß nur eine Reihe rundherum zur Anfertigung des Fußes erforderlich ist. Die einzelnen Segmente werden am besten unmittelbar am Seile hängend eingelassen und zwar sofort bis an ihren endgültigen Platz.

4. Mauerung ohne Kränze und Füße.

Wir haben bereits gesehen, daß man beim absatzweisen Abteufen die Mauerfüße entbehren kann, wenn man für eine andere Unterstützung der Stoßmauern in Gestalt von verlorenen Holzkränzen sorgt.

Auf Hoheneggerschacht bei Karwin mauerte man auch ohne solche Tragekränze. Der Schacht wurde mit ca. 6 m Durchmesser rund abgeteuft, ohne ihn in verlorenen Ausbau zu setzen. Hatte man 6 m neu hergestellt, so schritt man zur Ausmauerung. Diese wurde einfach auf die Schachtsohle aufgesetzt und bis zum Anschluß an den oberen Absatz hochgeführt. Bei dem weiteren Abteufen wurde sofort mit Sprengarbeit vorgegangen und zwar nicht nur in der Schachtmitte, sondern auch an den Stößen unmittelbar unter der Mauer. Nachteilige Folgen waren nicht zu verspüren.

5. Die Stoßmauern.

Unter gewöhnlichen Verhältnissen beträgt die Mauerstärke $1^1/_2$ Steine. Der Verband ist Block- oder Kreuzverband, in runden Schächten auch Binderverband. Die Mauer ist allenthalben gut an das Gebirge anzuschließen, besonders wenn keine Mauerfüße oder Tragebögen hergestellt werden. Darum dürfen auch Hohlräume nicht etwa nur mit Bergen ausgesetzt werden, weil dadurch kein Verband zwischen Mauer und Gebirge erzielt wird; dieselben sind vielmehr vollständig auszumauern. Ebenso darf kein Holz hinter der Mauerung bleiben; dieses schwindet mit der Zeit und läßt so leere Räume entstehen. Auch kann die Mauer an solchen Stellen nicht die vorschriftsmäßige Stärke erhalten.

In rechteckigen und flachbögigen Schächten ist namentlich auf den Eckverband zu achten. Fälle, daß die Ecken regellos mit Steinen ausgesetzt werden, dürften eigentlich überhaupt nicht vorkommen. Sobald sich Druck einstellen sollte, würden solche Mauern ohne weiteres nach der Schachtmitte zu verschoben werden, weil ihnen ein solides Widerlager fehlt. Diese Widerlager erhält jeder einzelne Mauerbogen in den beiden Nachbarmauern; sie sind entweder glatt (Fig. 114) oder verzahnt (Fig. 140).

In den vier Ecken hängen Lote, die von den Stößen je 5 cm Abstand haben. Nach ihnen wird die senkrechte Lage der Mauern ermittelt. Um die richtige Wölbung einzuhalten, haben die Maurer Schablonen, die sie bei jeder neugelegten Schicht von Steinen anlegen.

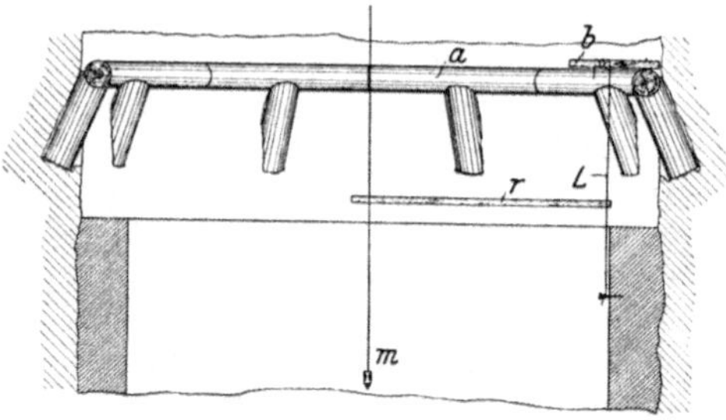

Fig. 140. Eckverband in flachbögigen Mauerschächten. (Aus Jicinsky, Katechismus der Grubenerhaltung.)

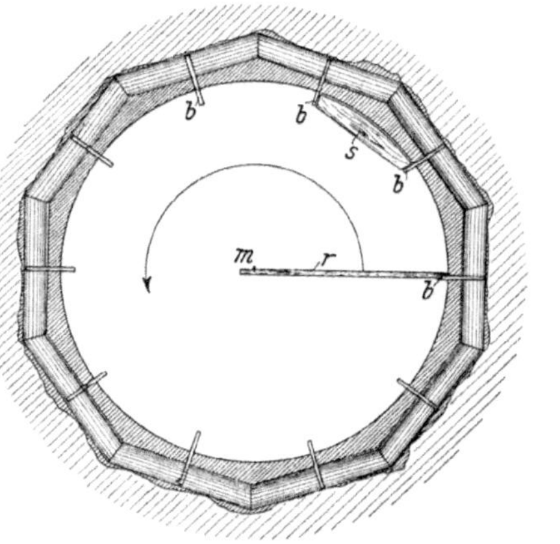

Fig. 141. Das Einloten von runder Schachtmauerung.

Bei der Ausmauerung runder Schächte hängen von dem untersten Jochkranze *a* (Fig. 141) Lote *L* herab, durch welche die innere Peripherie der Mauerung angegeben wird. Sie werden mittels horizontaler Latten *b* vor der Mitte eines jeden Joches aufgehängt und mit dem Radius *r* vom Mittellote *M* aus genau auf den Kreisumfang eingestellt. Anstatt der Lote können auch senkrecht eingelotete Latten verwendet werden, die oben an einem Joche, unten an der Mauerung angenagelt sind.

Zu Beginn und Ende jeder Schicht prüft jede Kameradschaft die Stoßlote nach, damit Fehler rechtzeitig beseitigt werden können.

Jede neue Ziegelschicht wird, wenn sie fertig verlegt ist, durch Andrücken der Schablone *s* auf ihre richtige Rundung geprüft. Jeder Maurer hat eine solche Schablone, deren Länge dem Abstande von einem Stoßlote bis zum nächsten entspricht. Sie wird so angesetzt, daß sie zwischen zwei Lote *b* zu liegen kommt. Vorstehende Steine werden durch sie zurückgedrängt; zu weit auf den Stoß zu eingesetzte Ziegel treibt der Maurer mit dem Hammer bis an die Schablone. Dann erst wird bis an den Stoß heran hintermauert.

Nähert sich die Aufmauerung einem Mauerfuße, der auf einer Gesteinsbrust aufruht, so muß diese letztere erst entfernt werden, ehe es möglich ist, den Anschluß an den oberen Absatz herzustellen. Die Gesteinsbrust darf aber nicht auf einmal rundherum weggespitzt werden. Zunächst geschieht dies nur in einem Schlitze, der sofort ausgemauert wird. Ist der Mauerfuß an dieser Stelle unterfangen, so verbreitert man den Schlitz nach rechts und links oder nur nach einer Seite hin (Fig. 136). Wenn der Mauerfuß durch Tragekränze gestützt ist, so dürfen diese auch nur segmentweise ausgeraubt werden.

6. Der Schachteinbau.

In Mauerschächten hat der Einbau nur noch den Zweck, die Einteilung in Trümer zu bewirken, die Spurlatten für die Förderschalen, die Fahrtenfahrungen, Ruhebühnen zu tragen u. dergl. Eine Verstärkung des Ausbaues wie bei Holzzimmerung wird hier nicht angestrebt.

Die Schachtscheider bestehen aus Holz oder Eisen. Hölzerner Einbau, meistens Eichenholz, hat den Nachteil, daß er nicht feuersicher ist. Darum werden fast allgemein eiserne Schachtscheider vorgezogen. Man wählt hierzu U-Eisen oder I-Eisen, das erstere für geringere, das letztere für größere Schachtdurchmesser.

Der Einbau der Schachtscheider kann sofort während der Ausmauerung erfolgen; er wird aber auch recht häufig erst vorgenommen, wenn die Ausmauerung beendigt ist.

Im ersteren Falle werden die Eisenträger am besten mit einer eisernen Unterlagsscheibe versehen, damit sich ihr Gewicht auf eine möglichst große Grundfläche verteilt. Dies ist ratsam, weil das Mauerwerk noch nicht erhärtet ist. Die Schachtscheider werden mit den Enden fest vermauert, liegen also unverrückbar fest; aus demselben Grunde ist es aber auch schwierig, sie schnell zu entfernen, wenn es z. B. nötig werden sollte, den Schacht in größeren Teufen abzubohren oder einen Senkschacht niederzubringen.

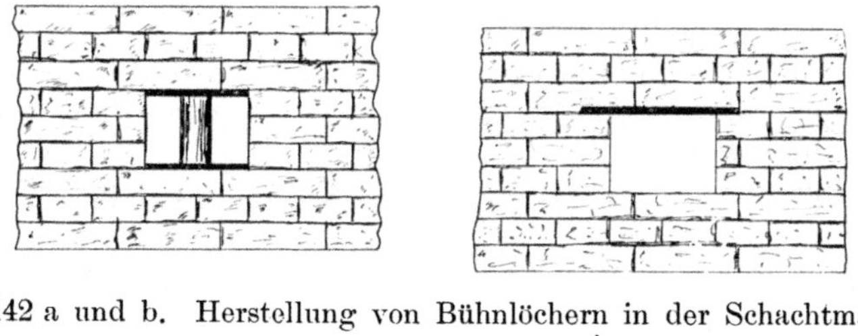

Fig. 142 a und b. Herstellung von Bühnlöchern in der Schachtmauer.

Werden die Schachtscheider erst später eingebaut, so müssen für sie Bühnlöcher ausgearbeitet werden. Das beste ist es, diese Bühnlöcher gleich von Anfang an offen zu lassen. Dies wird durch einen kurzen Bolzen mit Anpfahl und Fußpfahl aus Brettern erreicht (Fig. 142 a). Anstatt dessen läßt man wohl auch eine dünne Eisenplatte als Decke in die Mauer ein (Fig. 142 b). Will man die Schachtscheider im Bühnloche sichern, so vergießt man sie mit Zement oder mauert das Bühnloch vollständig aus; es bekommt dann besser keine glatten, sondern verzahnte Seitenstöße.

In manchen Fällen werden die Bühnlöcher während der Ausmauerung noch nicht angefertigt, sondern erst später ausgestemmt. Dies ist eine mühselige und zeitraubende Arbeit, die aber manchmal nicht vermieden werden kann, z. B. wenn die Einteilung der Schachtscheibe erst später bestimmt wird. Auf Hedwigswunschgrube hat man die Handarbeit mit sehr großem Erfolge durch Preßluftmeißel (Bohrhämmer) ersetzt.

Die Form der Bühnlöcher ist dieselbe wie die der im Gestein für Holzzimmerung ausgearbeiteten.

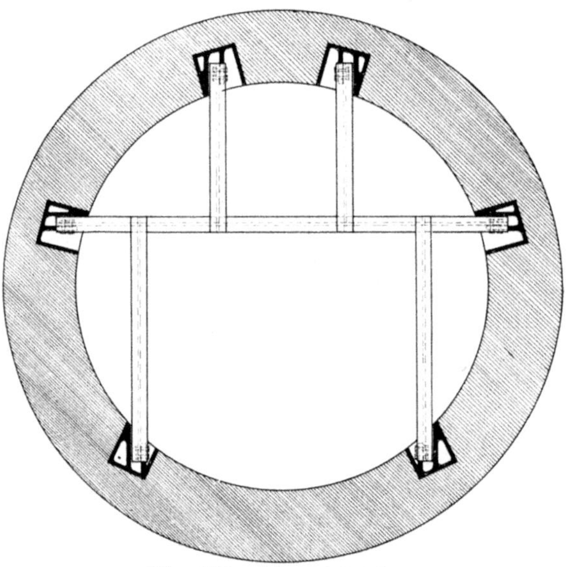

Fig. 143. Mauerkästchen.

Auf den Schächten der Preußengrube bei Miechowitz wurden die Schachtscheider in besonderen gußeisernen Kästchen befestigt, die in die Schachtmauer eingelassen waren (Fig. 143). Diese Kästchen waren nur auf der dem Schachte zugekehrten Seite offen. Im Innern hatten sie starke Stege, die in der Richtung der Schachtscheider lagen. An diesen Stegen wurden die Schachtscheider angeschraubt.

An Stelle der Bühnlöcher werden auch ab und zu Konsolen aus Bruchsteinen in die Stöße eingemauert, auf welche dann die Schachtscheider aufgelegt werden.

In Fig. 144 a, b, c sind gußeiserne Konsolen von Zeche Holland IV dargestellt.

Billiger ist das auf Versuchsschacht II (Schacht Kaiser Wilhelm der Große) im Nordfelde der Königsgrube O.-S. angewendete Verfahren zur Befestigung der Schachtscheider. Auf der U-Eisenkonsole *a* (Fig. 145) liegt der Schachtscheider *b* auf; beide sind durch die trapezförmige Eisenplatte *c*, das sogenannte Schachtstumpf, miteinander verlascht. Die Konsole *a* ist mit einer Unterlagsscheibe *d* verschraubt,

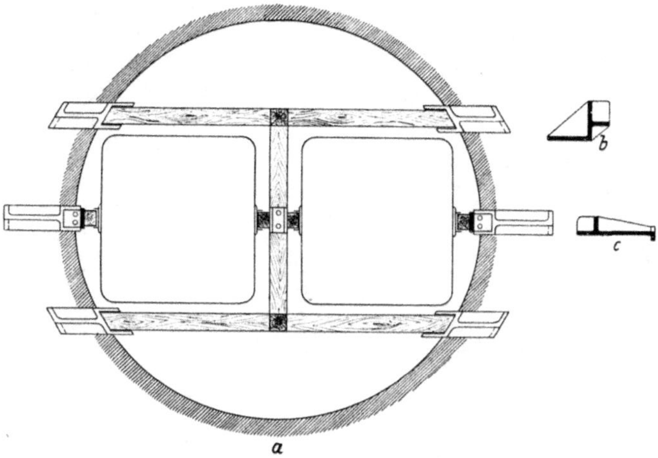

Fig. 144. Gußeiserne Mauerkonsolen. (Aus dem „Sammelwerk", Band III.)

die ihre Auflagefläche auf der Mauer vergrößert und zugleich verhütet, daß sie aus der Mauer herausgerissen wird.

Die Stellen an den Schachtstößen, wo Bühnlöcher oder Konsolen hinkommen, werden durch besondere Lote bezeichnet, damit alle Schachtscheider auch in genau derselben senkrechten Ebene liegen. Die Lote hängen nicht vor der Mitte der Bühnlöcher, sondern am besten vor der einen senkrechten Außenkante.

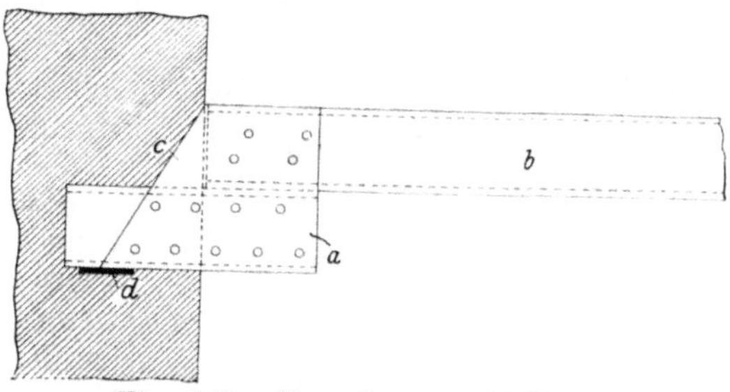

Fig. 145. Konsolen aus U-Eisen.

Die senkrechten Abstände, in denen die Schachtscheider eingebaut werden, schwanken zwischen 1—6 m, gehen aber selten über 3 m hinaus.

7. Die Arbeitsbühnen.

Werden die Schachtscheider sofort während der Ausmauerung eingebaut, so benutzen die Maurer diese für die Herrichtung ihrer Arbeitsbühnen, indem sie sie mit starken Bohlen belegen. Können sie von dieser Bühne aus nicht mehr mauern, ist es aber noch nicht an der Zeit, neue Träger einzubauen, so stellen sie mit Hilfe von Holzböcken, leeren Zementfässern und dergeichen Hilfsbühnen her.

Auf Donnersmarckgrube bei Rybnik wurde für die Maurer eine besondere Fußrüstung (Fig. 146 a, b) verwendet. Die Hauptbühnen hatten gegenseitige Abstände von 5 m; auf die oberste Hauptbühne wurden 8 Säulen gestellt, die in gleichmäßigen Abständen durchbohrt waren. Durch diese Löcher wurden Bolzen gesteckt, die das ösenartige Ende der Tragarme trugen. Das andere Ende der Arme wurde in die Schachtmauer

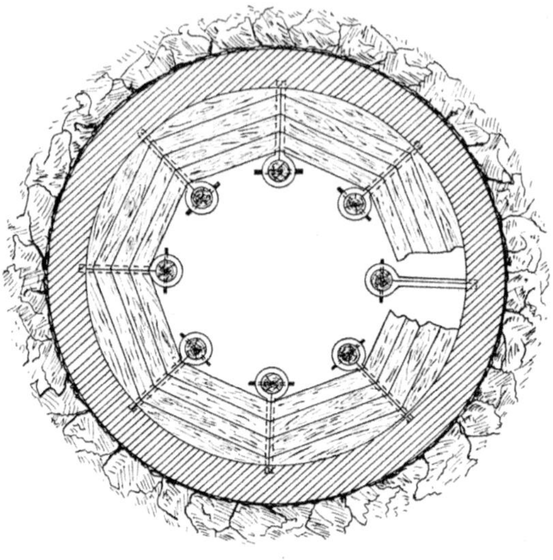

a

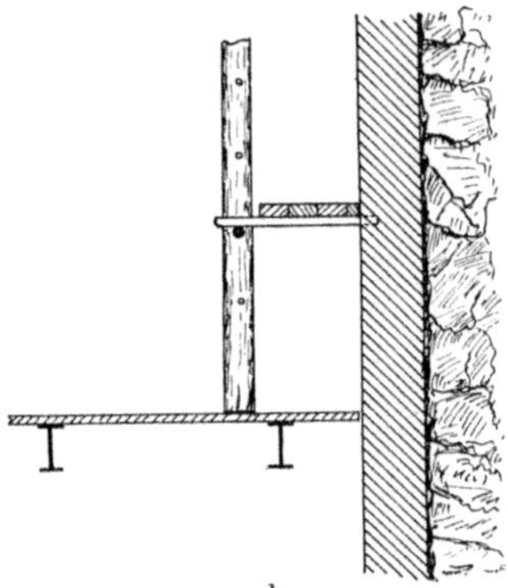

b

Fig. 146 a und b. Fußrüstung.

eingebühnt. Die Maurer standen auf Bohlen, die von Arm zu Arm reichten.

Soll der Einbau der Schachtscheider erst nach beendeter Mauerung vorgenommen werden, so werden die Bühnen aus einigen Längs- und Querbalken mit Bohlenüberdeckung hergestellt. Die Hauptträger solcher Bühne werden in den Stößen vermauert oder in die schon vorhandenen Bühnlöcher eingelegt.

Damit der Schacht stets bis zum Sumpfe befahrbar bleibt, sollen möglichst alle Maurerbühnen stehen bleiben; zum mindesten ist es gut, unter der jeweiligen Arbeitsbühne zwei Sicherheitsbühnen zu belassen.

Das Neuherstellen oder Umlegen der festen Bühnen hält die Ausmauerungsarbeiten sehr auf. Will man dieselben schneller vorwärts schreiten lassen, so muß man Schwebebühnen anwenden.

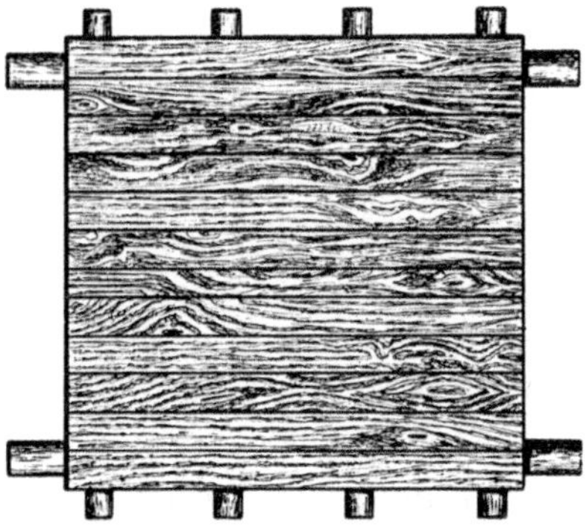

a

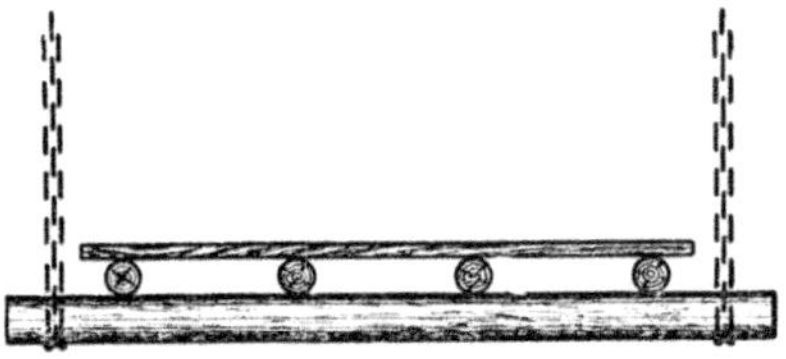

b

Fig. 147. Einfache Schwebebühne. a) Grundriß, b) Aufriß.

Die in Fig. 147 a, b abgebildete, sehr einfache Schwebebühne wurde, allerdings nicht beim Mauern, sondern bei dem schon auf S. 97 erwähnten Stoßnachreißen im Annaschachte der Friedensgrube verwendet. Sie bestand aus einigen Längs- und Querbalken nebst einem Bohlenbelage. Mittelst vier in den vier Ecken angebrachter Flaschenzüge hing sie an zwei starken Tragestempeln, die in den Schachtstößen sicher verbühnt waren; die Flaschenzüge erlaubten das Nachlassen der Bühne entsprechend dem Tieferrücken des Stoßnachreißens. Die Bühne war so groß, daß sie das bereits im Schachte vorhandene Überbrechen vollständig verdeckte.

Eine für Ausmauerungsarbeiten geeignete einfache Schwebebühne ist in Fig. 148 a und b dargestellt. Sie besteht aus einer Holzbühne *a*, die mittelst starker Ketten *b* an dem Kabelseile *c* hängt. Für den Fall eines Kettenbruches sind die Hilfsketten *d* da. Die Vorschubriegel *e* werden in die horizontalen Fugen der Mauer eingetrieben oder auf den Maueroberrand aufgelegt, um der Bühne als weitere Sicherung zu dienen.

Dieselbe Bühne kann auch aus Eisen angefertigt werden.

Die Schwebebühnen dienen den Maurern gleichzeitig als Schablonen, nach denen sie sich bei der Arbeit richten.

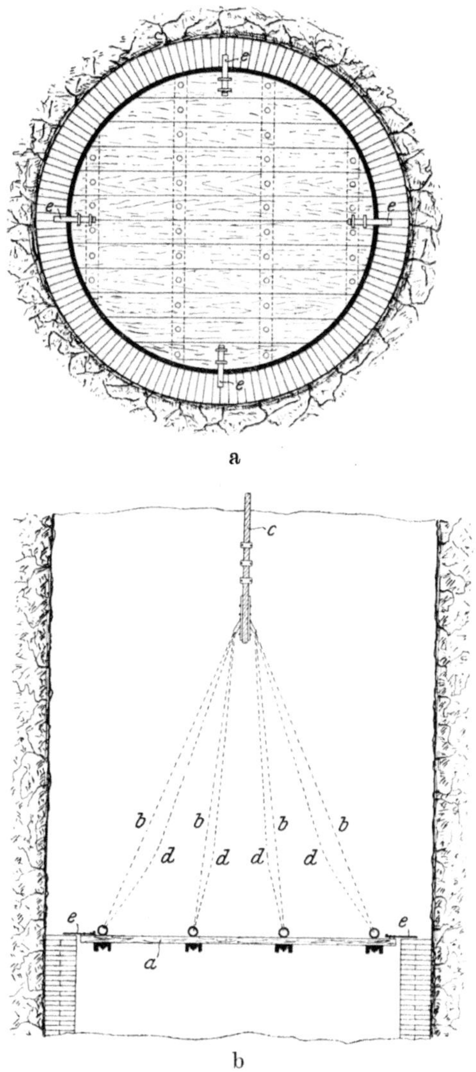

Fig. 148 a, b. Schwebebühne. a) Grundriß, b) Aufriß.

Wird nicht im Schachte gemauert, z. B. während ein neuer Absatz abgeteuft wird, so hängt man die Schwebebühne im Schachte senkrecht auf. Sie verdeckt dann nicht mehr seinen Querschnitt; es kann also ohne Störung aus dem Abteufen gefördert werden.

Bei Verwendung einer solchen Hängebühne kann also nur gemauert oder nur abgeteuft werden. Natürlich ist es sehr erwünscht, einen Schacht recht schnell fertig zu stellen; man sucht dies durch gleichzeitiges Mauern und Abteufen zu erreichen. Die Schwebebühnen müssen dann Durchlaßöffnungen für die Förderung und Fahrung vom Abteufen sowie auch für seine Bewetterung besitzen.

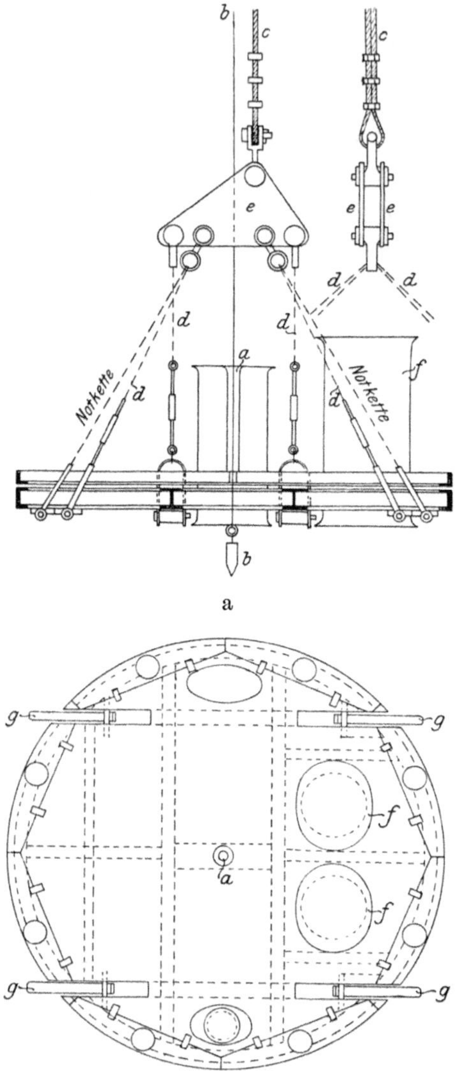

Fig. 149 a, b. Schwebebühne von Großmann. (Aus Bergbau XXI, Nr. 16.)

Diesen Anforderungen entspricht die Schwebebühne von Großmann (Fig. 149a und b). Genau in ihrer Mitte befindet sich die Durchlaßöffnung *a* für das Schachtmittellot *b*. Mit Rücksicht hierauf hängt das die Bühne tragende Kabelseil *c* außerhalb der Schachtmitte; zwischen ihm und den sechs Schurzketten *d* ist die dreieckige Traverse *e* eingeschaltet. Weil die Bühne das Bestreben hat, infolge der exzentrischen Aufhängung zu kippen, sind die Durchlaßöffnungen für die Bergekübel auf die der Kipprichtung entgegengesetzte Seite der Bühne verlegt und mit so schweren Schutztrichtern *f* umgeben, daß diese das Gleichgewicht wieder herstellen; nötigenfalls werden noch besondere Gewichte aufgelegt. Während des Mauerns wird die Bühne durch vier eiserne Riegel *g*, die man in die Schachtmauer eintreibt, festgehalten. Zur Abdichtung der Fuge zwischen der Bühne und der Schachtmauer dienen segmentförmige Blechklappen.

Zur Abdichtung dieser Fuge hat K. Thielmann ein D.R.P. 168226 auf die in Fig. 150 skizzierte Vorrichtung erhalten. Der Blechkegel *a* hat unten geringeren Durchmesser als oben und sitzt auf der Schwebebühne *b* auf. Auf einer Seite ist der Kegel aufgeschlitzt; die beiden Enden übergreifen sich hier und sind mit den Führungen *c* und *d* versehen. Das Einstellen auf den richtigen Schachtdurchmesser bewirkt man mittelst der Spannschraube *e*.

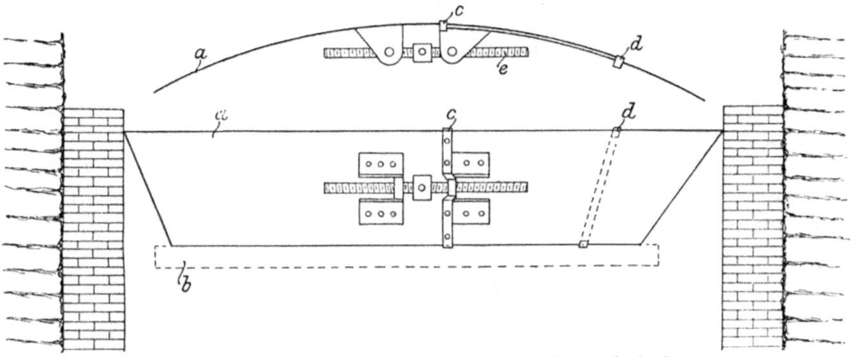

Fig. 150. Thielmanns Abdichtung für Schwebebühnen.

Für die Ausbetonierung von Böerschacht I bei Kostuchna O.-S. war die Benutzung einer besonderen Schwebebühne in Aussicht genommen, die auch schon im Waldenburger Reviere mit Erfolg benutzt worden war. Sie besteht aus zwei horizontalen Bühnen *a* und *b* (Fig. 151), von denen die untere mittelst Schubriegel *c* auf der schon fertigen Betonmauer festgelegt werden kann. Zwischen die den Umfang der Bühnen bildenden Rahmen kommen Bohlen *d* als Lehren für die Betonverkleidung. Die beiden Förderrohre *e* und *f* gestatten die Förderung aus dem gleichzeitig weiter betriebenen Abteufen. *g* und *h* sind Fahrlöcher; *i* ist eine Wetterlutte; bei *k* und *l* stehen zwei

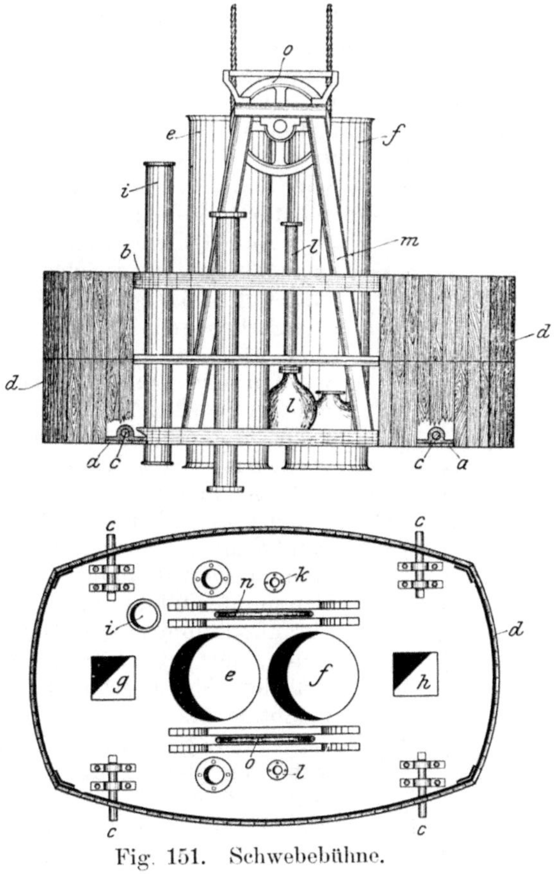

Fig. 151. Schwebebühne.

Pulsometer. Auf dem Bocke *m* sind zwei Seilscheiben *n* und *o* verlagert. Das die Bühne tragende Kabel geht von dem über Tage aufgestellten Haspel über die erste im Schachtturme angebrachte Seilscheibe zur Bühne hinunter und unter der Seilscheibe *n* weg nach der im Turme angebrachten zweiten Scheibe, dann wieder zur Bühne und unter *o* durch. Das freie Seilende ist schließlich im Turme sicher befestigt. Die vier Seilstränge, die von der Bühne bis zu Tage reichen, werden als Leitungen für die Förderkübel benutzt.

Bei Verwendung von Schwebebühnen werden die Schachtscheider erst nachträglich von oben nach unten eingebaut. Ist man unten angekommen, so wird die Bühne auseinandergenommen.

D. Die Betonierung.

Anstatt mit Mauerwerk kann ein Schacht auch mit Stampfbeton verkleidet werden. Diese Arbeit wird fast allgemein absatzweise ausgeführt. Als Lehre dienen Holz- oder Eisenkränze mit einer Bretter- oder Blechverschalung. Die Ausführung der Arbeit soll durch einige Beispiele erklärt werden.

Der östliche Hauptförderschacht der Grube Göttelborn bei Saarbrücken wurde mit einer Mischung von 1 Teil Zement, 3 Teilen Sand und 6 Teilen Dioritfeinschlag ausbetoniert, die in Lagen von 15 cm Höhe eingebracht wurde. Als Lehre dienten vierteilige Eisenringe von 5,04 m Durchmesser, die durch senkrechte zollstarke Bohlen versteift waren.

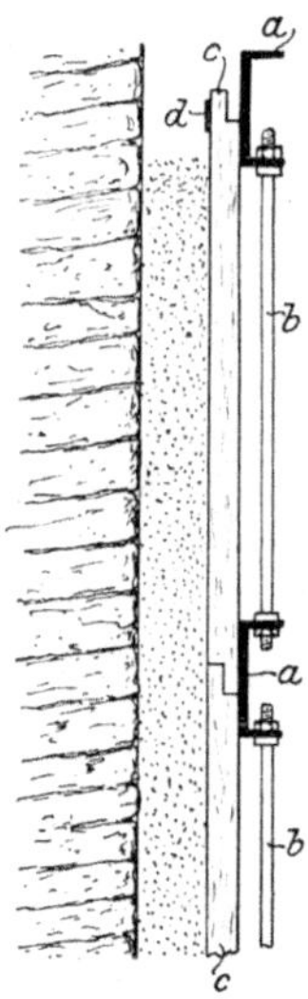

Fig. 152. Lehre für Schachtbetonierung.

Auf Hedwigswunschgrube sowie auf einigen ihr benachbarten oberschlesischen Steinkohlenbergwerken hat sich folgendes Betonierungsverfahren bewährt. Die Lehrbögen waren dreiteilige U-Eisenkränze *a* (Fig. 152), die in Abständen von je 1 m eingebaut wurden und durch 6 Stehbolzen *b* miteinander verbunden wurden. Die Verschalung bestand aus 5 oder auch 8 cm dicken Bohlen *c*, die oben und unten Blattung besassen. Jeder Bohlenkranz wurde am Fußende schon durch diese Blattung in seiner Lage gehalten; am oberen Ende wurde ein eisernes Ziehband *d* um sie herumgelegt, das durch eine Schraubenspindel schraff angespannt werden konnte. War die Betonhinterfüllung bis in die Nähe dieses Ziehbandes heraufgekommen, so wurde es weggenommen. Der Beton, der aus 1 Teil Zement, 3 Teilen Sand und 5 Teilen Abhub bestand, wurde über Tage gemischt, in Lutten bis auf die Arbeitsbühne gelassen und von dort in Lagen von 25 cm Höhe hintergeschüttet, wobei er gleichzeitig mit Wasser durchfeuchtet und gestampft wurde.

Das Betonieren des Lontzener Schachtes der Grube Altenberg, B.-R. Düren, erfolgte absatzweise von oben nach unten. Die Höhe der einzelnen Absätze, die doppelt konisch waren (Fig. 154), betrug 1,5 m. Der Lehrbogen von 1,25 m Höhe (Fig. 153) konnte durch eine Schraube *a* verstellt werden; bei *b* hatte er dagegen steife Laschen. Das Segment *c* ließ sich nach Lösen der Bolzen *e* und Abheben der Haken *d* auswechseln. Für den Beton eines jeden Absatzes blieb eine Gesteinsbrust *h* stehen,

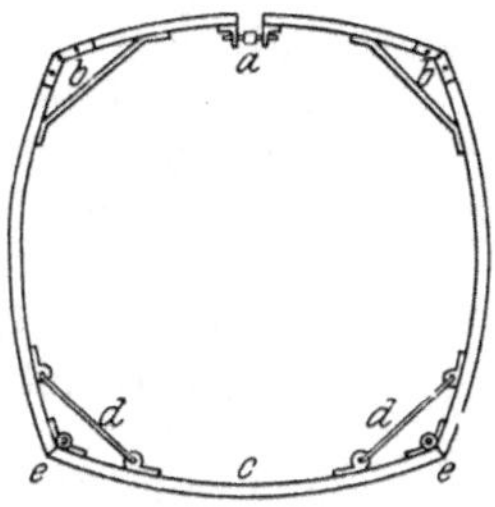

Fig. 153. Lehre für Schachtbetonierung.

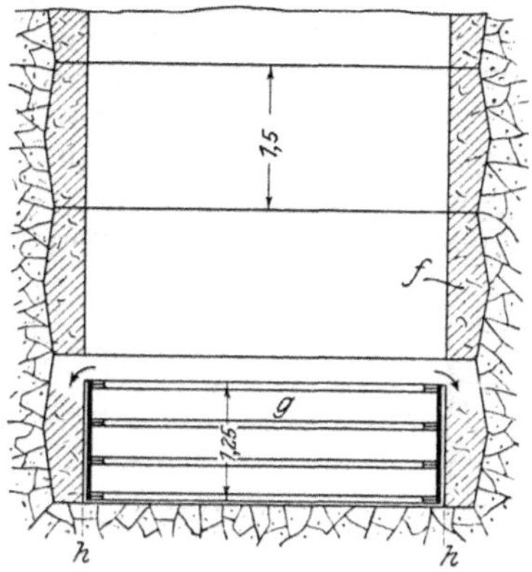

Fig. 154. Absatzweises Schachtbetonieren.

(Aus Preußische Zeitschrift 1906, Heft 2.)

die bei der Betonierung des nächst unteren Absatzes erst zuletzt weggespitzt wurde. Die Anschlußfugen zwischen den einzelnen Absätzen wurden unter Zuhilfenahme von kurzen Handblechen von vorn her verbetoniert.

Als der Guibalschacht der ver. Glückhilf-Friedenshoffnunggrube bei Waldenburg zwischen der 6. und 7. Sohle betoniert wurde, ließ man den Beton von der 6. Sohle aus in einer Lutte bis in einen Trichter hinunter, der sich über der Arbeitsbühne in der Schachtmitte befand. Von diesem Trichter (Fig. 155) aus gelangte er mittelst einer mit Kniestücken versehenen Lutte unmittelbar hinter die Verschalung. Diese ganze Lutte konnte gedreht werden, um den Beton gleichmäßig zu verteilen. Mit dem Trichter war nämlich ein Winkeleisenring *A* verbunden, der mit drei Rollen versehen war; diese Rollen liefen auf einem Flacheisenringe *B*, der mittelst 4 hakenförmiger Arme an zwei Einstrichen befestigt war.

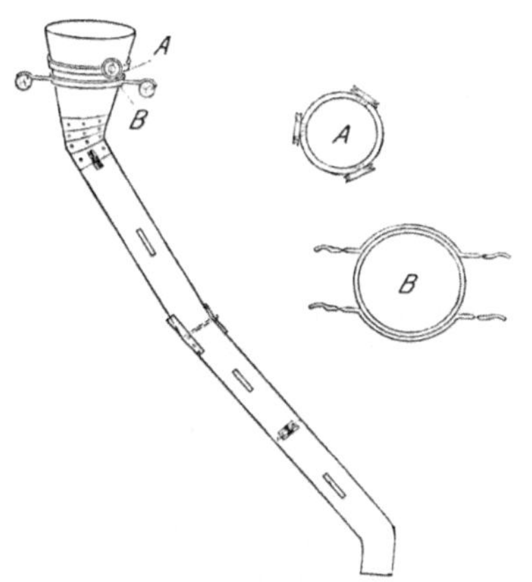

Fig. 155. Betonierlutte. (Aus Preuß. Zeitschrift 1908, Heft 1.)

Im Überbrechen VIII von Oheimgrube bei Kattowitz wurde kein verlorener Ausbau angewendet, sondern sofort betoniert, wenn ein Absatz von 2—3 m Höhe ausgeschossen war. Der Querschnitt war elliptisch; die Achsenlängen im Lichten des Betonausbaues betrugen 4,05 m bezw. 2,10 m. Die zweiteiligen Schablonen bestanden aus 2 Winkeleisenrahmen, die in den vier Ecken durch eiserne Stützen gegeneinander versteift wurden. Zwischen der Verschalung und dem Gebirge blieb für den Beton ein freier Raum von 15 cm Breite vor den Stoßmitten, von 25 cm in den Ecken. Der Beton bestand aus 1 Teil Zement, 1 Teil Sand und 2 Teilen Zinkräumasche. Wo viel Platz hinter der Verschalung war, wurde der Beton mit Wasser zu einem dicken Brei angemacht, hintergegossen und gestampft; wo dagegen der Raum zum Stampfen zu eng war, gab man mehr Wasser zu, so daß sich das Material durch seine eigene Schwere im Wasser hinreichend dicht setzte.

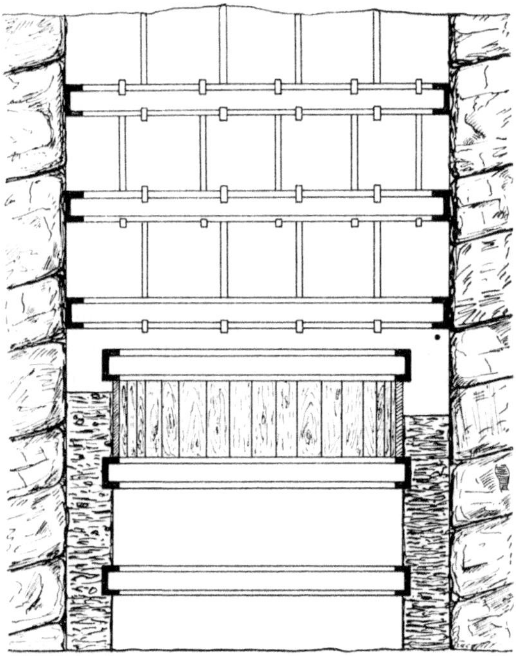

Fig. 156. Eisenverstärkte Schachtbetonierung.

Bei der Herstellung des eisenverstärkten Betonausbaues können in die Betonwand Eisenringe eingelassen werden (Fig. 156), die man gleichzeitig als Lehrbögen benutzt. Man befestigt nämlich die Verschalung nicht außen an ihnen, sondern treibt sie zwischen sie ein.

Schacht Waldwiese der Grube Reden bei Saarbrücken wurde mit eisenverstärktem Beton versehen, dessen geringste Dicke 15 cm betrug. Das Mischungsverhältnis war 1 Zement, $1^1/_2$ Sand und $2^1/_2$ Kies. Die Schablonen bestanden aus dünnem U-Eisen; die Verschalung wurde aus Bohlen hergestellt. Hinter der Verschalung wurden in Abständen von 20—25 cm alte Drahtseile so aufgehängt, daß sie in die Mitte der Betonmauer kamen; außerdem wurden mit ihnen in je 25 cm Abstand wagerechte Drahtseile verflochten. Nach der Erhärtung wurde auf diese Betonmauer noch ein Zementverputz von 1 cm Stärke aufgetragen.

Ebenso wie in dem eben beschriebenen Falle wurde auch der Mückenwinkelschacht von Glückhilf-Friedenshoffnunggrube bei Waldenburg mit eisenverstärktem Beton ausgekleidet. In den Beton wurden, wie die Figuren 157 und 158 zeigen, zwei konzentrische Netze aus Rundeisen von 10 mm Stärke eingelassen. Bei einer Dicke von 30 cm hatte diese Betonmauer dieselbe Festigkeit wie eine 50 cm dicke Mauer aus Klinkerziegeln und bestem Zementmörtel. Weil man eine hohe Wasserundurchlässigkeit der Betonmauer verlangte, wurde sie noch mit einer Rohputzlage von 5—10 mm und einer Fertigputzschicht von 5—8 mm Dicke überzogen. Zum Zwecke des schnelleren Abbindens wurde dieser Putz mit warmer Sodalösung angefeuchtet.

Daß der eisenverstärkte Beton sich vorzüglich dazu eignet, in Holzzimmerung stehende Schächte nachträglich ohne Änderung der Querschnittsform mit einem widerstandsfähigeren Ausbau zu versehen, zeigt das Beispiel von Wilhelmschacht II der Grube König bei Saarbrücken. Die Stöße wurden hier (Fig. 159) mit flachen Scheibenmauern aus Beton verkleidet, der durch wagerechte Rundeiseneinlagen von 15 mm verstärkt war; diese Rundeisenstäbe hatten einen gegenseitigen Abstand von 100 mm. Außerdem waren entlang den Schachtstößen in gleichmäßigen Abständen 24 senkrechte Rund-

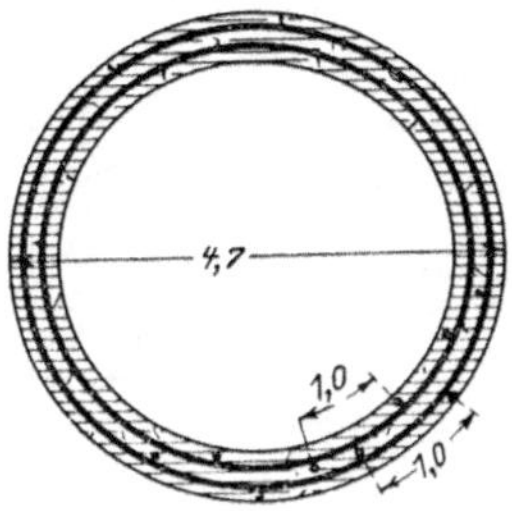

Fig. 157.

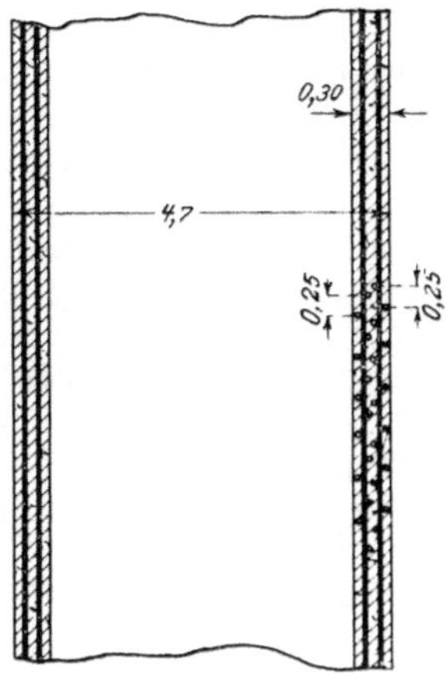

Fig. 158.

Fig. 157 und 158. Eisenverstärkte Schachtbetonierung. (Aus Preuß. Zeitschrift 1906, Heft 2.)

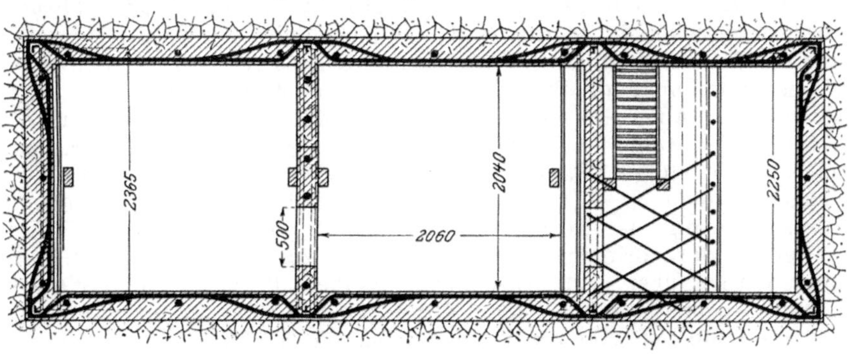

Fig. 159. Eisenverstärkte Betonierung. (Aus Preuß. Zeitschrift 1906, Heft 2.)

stäbe angebracht. In den vier Schachtecken stehen Winkeleisen, vor den die Schachttrümer trennenden Querwänden T-Eisen. Diese Querwände, die hauptsächlich zur Versteifung der langen Stoßmauern dienen, sind ebenfalls durch ein zusammenhängendes Gerippe von Rundeisen verstärkt.

Im Wodzicki-Revier zu Fohnsdorf wurde ein in Holzausbau stehender rechteckiger Schacht von 3140×4810 mm nachträglich ausbetoniert. Die Arbeit ging in Absätzen vor sich. Es wurde immer nur ein Feld mit dem nächstoberen Kranze geraubt, jeder Stoß in seiner Mitte auf 2 m Breite und 5 cm Tiefe nachgenommen und dann in flachen Bögen ausbetoniert. Das Mischungsverhältnis war: 1 Raumteil Portlandzement, 2,5 Raumteile Sand und 5 Raumteile Schotter. Die geringste Wandstärke war 16 cm. Zur Verstärkung wurden in Abständen von je 1 m U-Eisenringe eingebaut, die durch 8 mm starke Eisenbleche verstrebt waren. Diese Schablonenbleche erhielten auf der Innenseite einen Anstrich von Unschlitt und Graphit. Die Betonierung ging jedesmal bis etwa 3 cm unter Oberkante der Eisenringe; dann wurde die Betonoberfläche mit Brettern bedeckt und von neuem geraubt. Die Leistung betrug einschließlich Vor- und Nacharbeiten in 29 Stunden 2 - 3 m Schachtbetonierung. Die Kosten je 1 m Schacht waren:

an Material (einschließlich Einstriche)	236 Kr.	=	200,60 M.
an Löhnen	124 „	=	105,40 „
insgesamt	360 Kr.	=	306,— M.

Zweiter Abschnitt.

Der Ausbau von Schächten im festen Gebirge mit stärkeren Wasserzuflüssen.

(Wasserdichter Ausbau.)

Im festen Gebirge sind mit Rücksicht auf die Wasserführung zweierlei Arten von Schichten zu unterscheiden: die wasserführenden und die wassertragenden (= wasserundurchlässigen). Diese Schichten wechseln miteinander ab. Ihre Mächtigkeit ist großen Schwankungen ausgesetzt. Auch die Größe der Wasserzuflüsse ist verschieden. Sie beträgt von wenigen Litern in einer Minute bis zu vielen Kubikmetern. In einigen Fällen wurden während des Abteufens aus dem Schachte allein 30—40 cbm Wasser gehoben. Bei derartig starkem Wasserzudrange ist es nicht mehr möglich, den Schacht von Hand weiter niederzubringen; man geht dann zum Schachtabbohren im toten Wasser über (s. 3. Abschnitt). Bleiben die zusitzenden Wassermengen jedoch nur auf einige Kubikmeter beschränkt, so kann man sie mit Hilfe von Abteufpumpen zu Sumpfe halten.

Die Wasser kommen im festen Gebirge immer aus Klüften. Ihre Menge wird also um so größer sein, je mehr Klüfte durch das Abteufen freigelegt werden. Im Laufe der Zeit kann es vorkommen, daß die aus einer bestimmten Anzahl von Klüften austretenden Wasserzuflüsse sich vermehren; dies rührt daher, daß die Wasser sich erst ihren Weg bahnen müssen, daß sie die Klüfte erweitern. Wieder in anderen Fällen wird der Wasseraustritt geringer, weil sich die Klüfte mit Schlamm zustopfen, der aus anderen Partien des Gebirges zugeführt wird.

Die Schächte werden im wasserreichen, festen Gebirge meistens absatzweise hergestellt. Die Höhe der Absätze hängt von der Anzahl der freigelegten Klüfte, d. h. also in der Hauptsache von der Menge der zusitzenden Wasser ab. Ferner ist auch der Abstand der wassertragenden Schichten von Einfluß. Der Fuß des Ausbaues ist möglichst immer in eine solche Gebirgspartie zu verlegen. Daher werden die Absätze mit Rücksicht hierauf manchmal größer, manchmal wieder niedriger sein.

Nicht allein der Ausbau muß wasserdicht sein, sondern auch sein Fuß und dessen Anschluß an das Nebengestein. Dieser soll nicht etwa nur auf eine wassertragende Schicht aufgesetzt werden; er muß vielmehr in dieselbe eingelassen sein, damit nicht das Wasser unter ihm durch, etwa auf Gesteinsklüften, in den Schacht eindringt.

Der wasserdichte Ausbau wird in Holz, Eisen, Mauerung und Stampfbeton ausgeführt. Als wasserdichter Fuß dienen fast durchweg die Keilkränze. Nur bei der Ausmauerung werden auch an Stelle der Keilkränze Mauerfüße aus wasserdichtem Material angewendet.

A. Der wasserdichte Ausbau in Holz.

(Hölzerne Küvelage.)

Die hölzerne Küvelage ist heute recht selten geworden, weil sie durch bessere Verfahren ersetzt worden ist. Sie hat jetzt nur noch Berechtigung in Schächten von kleinem Durchmesser und bei geringer Mächtigkeit der wasserführenden Schichten. Zum Ausbau wird Kantholz im ganzen Schrote verwendet. Die Schächte sind rechteckig oder polygonal.

Hat man beim Abteufen wassertragendes Gestein erreicht, so wird 2—3 m unter der wasserführenden Schicht der Keilkranz verlegt. Man setzt ihn auf einem starken Tragekranze zusammen oder auf der Schachtsohle, in deren Mitte ein Sumpf von geringerem Durchmesser hergestellt ist. Die Schachtsohle oder der Tragekranz muß vollkommen horizontal sein und darf keinerlei Unebenheiten besitzen. Sie wird daher vor dem Einbau mittelst Spitzarbeit geglättet. Auf diese so vorbereitete Sohle kommt eine Schicht *a* (Fig. 160—163) gut gereinigtes Waldmoos als Unterlage für den Keilkranz *b*. Die einzelnen Segmente desselben werden am besten mit schrägem Schnitt verbunden; allenfalls kann auch die Verzahnung (Fig. 24 u. 25) Anwendung finden.

Zwischen dem Keilkranze und dem Stoße bleibt rundherum ein freier Raum von 30 cm. In diesem Raume erfolgt die Abdichtung des Kranzes gegen die Stöße in der Weise, daß nachher kein Wasser mehr zwischen ihm und dem Stoße nach unten durchtreten kann. Zu diesem Zwecke wird der Keilkranz auf seiner Außenseite mit einer dichten Reihe von Keilen *c* umgeben, die ihre schmale Seite nach oben richten. Auf die abgeschrägten Flächen dieser Keilreihen werden nun starke Bohlen *d*, die Schwellen, gelegt, worauf der Raum zwischen ihnen und den Stößen ebenfalls mit Waldmoos ausgefüllt wird. Dieses Moos wird möglichst fest eingestampft. Nun wird die Schwelle *d* mit Brechstangen senkrecht gestellt, damit man zwischen sie und die Keilreihe *c* ebensolche Keile *e*, jedoch mit der Schneide nach unten, eintreiben kann. Um die Moosstampfung noch dichter

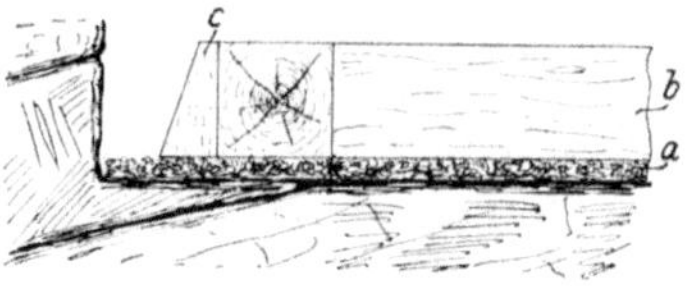

Fig. 160.

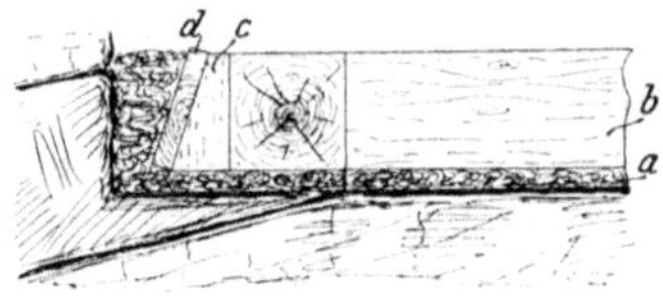

Fig. 161.

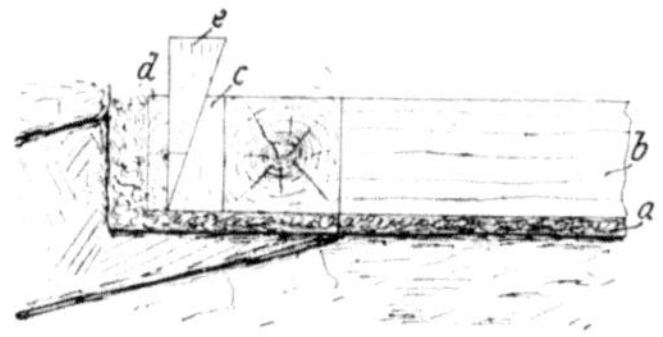

Fig. 162.

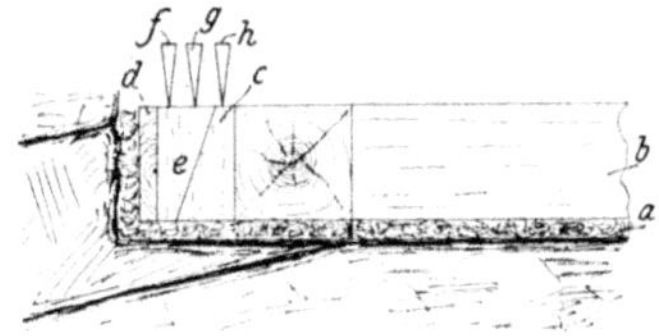

Fig. 163.

Fig. 160—163. Hölzerner Keilkranz. (Nach Dufrane-Demanet, Traité d'exploitation des mines de houille.)

zusammenzudrücken, werden in die beiden Keilreihen *c* und *e* noch drei Reihen Spitzkeile *f*, *g*, *h* eingetrieben. Die beiden äußeren Reihen dieser Spitzkeile bestehen aus weichem Holze (Weidenholz), die mittlere aus hartem Holz (Buchenholz). Für diese Keile müssen die Fugen erst mit einem Stemmeisen vorgeschlagen werden.

Genügt ein Keilkranz nicht, so werden zwei oder mehr solche übereinander verlegt.

Vor dem Einbau eines neuen Kranzes muß jeder fertige Keilkranz erst glatt gehobelt werden, weil er sich durch das Verkeilen geworfen hat.

Die an den Schachtstößen niederrinnenden Wasser müssen durch Traufdächer oberhalb der Sohle abgefangen und in den Sumpf geleitet werden, damit die Arbeit am Keilkranze nicht durch sie behindert wird.

Die Jöcher der Aufsatzkränze erhalten auf der Ober- und Unterseite Längsnuten, die mit geteerter Leinwand ausgefüllt werden, damit die Fugen wasserdicht schliessen. Der leere Raum zwischen den Gevierten und dem Stoße wird dicht mit Bergen versetzt, damit sich der Ausbau nicht nach rückwärts verschieben kann. Anstatt der Berge wird auch Letten oder plastischer Ton eingestampft; die Wasserundurchlässigkeit des Ausbaues wird dadurch erheblich erhöht.

Um den Anschluß an den Keilkranz des nächstoberen Absatzes zu erreichen, wird die Gesteinsbrust jochweise weggespitzt. Die Jöcher des Anschlußkranzes werden genau nach Maß geschnitten. Das Schlußjoch desselben erhält nicht radiale, sondern parallele Fugen, um von vorn aus eingeschoben werden zu können. Es muß dann noch durch

Klammern gesichert werden. Gibt man ihm radiale Stoßflächen, so wird es vorher in eine Nische gelegt, die im Gestein hinter seinem endgültigen Platze ausgearbeitet ist. Es wird dann an eingeschraubten Handhaben herausgezogen. Da die Nische nicht offen bleiben darf, wird durch das Joch ein Loch gebohrt und dünnflüssiger Zementbrei dahintergeleitet.

Zuletzt werden noch sämtliche Fugen mit geteerten Hanfzöpfen kalfatert. Diese Arbeit soll von unten nach oben vorschreiten, weil sich dabei das Wasser hinter dem Ausbaue allmählich aufstaut, dieser also erst nach und nach unter Druck kommt.

Alle diese Arbeiten werden von fliegenden Bühnen aus vorgenommen.

Für die Schachtscheider u. dgl. werden am Ausbau eiserne Konsolen angeschraubt.

Im Schachte IV zu Karlingen (Lothringen), dessen Abteufen i. J. 1855 begann, wurde damals mit Rücksicht auf die starken Wasser-

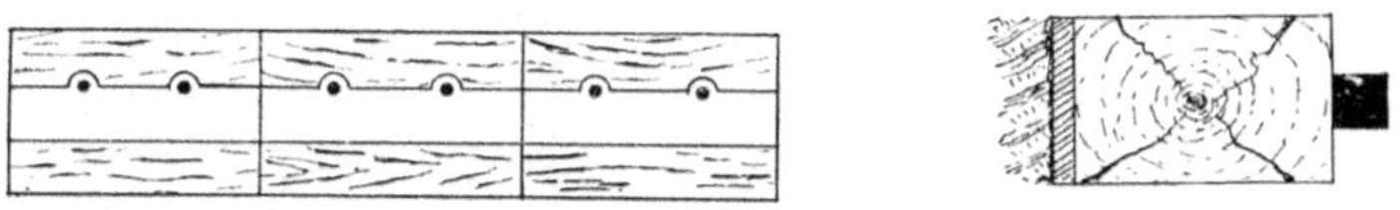

a b

Fig. 164 a, b. Hölzerne Küvelage. (Aus Glückauf 1908, Nr. 51.)

zuflüsse eine hölzerne Küvelage (Fig. 164 a u. b) eingebracht, deren Ringe aus je 20 Segmenten bestanden. Die Segmente wurden aus Eichenholz hergestellt und besaßen 20—30 cm Höhe bei 30—50 cm Tiefe. In größerer Tiefe, wo der Wasserdruck zu stark wurde, verstärkte man diese noch durch vorgebaute gußeiserne Ringe von 8 qcm Querschnitt, die man mit Vorsteckkeilen zusammenzog. Jeder Ring besaß am Oberrande eine Öse, um ihn mit Holzschrauben an der Küvelage zu befestigen.

B. Der wasserdichte Ausbau in Eisen.

(Eiserne Küvelage.)

Benutzte Literatur:

Heise, Gewellte Tübbings. Glückauf 1904, Nr. 41.
Über gewellte Tübbings. Glückauf 1904, Nr. 46.
Heise, Zur Frage der gewellten Tübbings. Glückauf 1905, Nr. 3.
Hoffmann, Zur Frage der Schachttübbings und deren Verstärkung. Glückauf 1905, Nr. 9.
Heise, Neues über die Festigkeitsverhältnisse gewellter und anderer Tübbings. Glückauf 1905, Nr. 9.

Während die hölzerne Küvelage nur in rechteckigen oder polygonalen Schächten von untergeordneter Bedeutung Anwendung findet, steht der eiserne wasserdichte Ausbau in runden Hauptschächten häufig im Gebrauch.

Es werden bei diesem Ausbau ebenfalls Keilkränze und Aufsatzkränze unterschieden. Außerdem finden sich auch noch in einigen Fällen besondere Tragekränze. Das Material, aus dem die Küvelage besteht, ist Gußeisen, in neuester Zeit auch Stahlguß.

Die Aufsatzkränze können aus geschlossenen Ringen bestehen, die am Ober- und Unterrande mit horizontalen Flanschen versehen sind. Diese Ringe dürfen aber aus Transportrücksichten für gewöhnlich nur einen größten lichten Durchmesser von 3650 mm innerhalb der Flanschen erhalten. Mit den eigens hierfür gebauten Eisenbahntransportwagen der Firma Haniel & Lueg zu Düsseldorf ist es auch möglich, Ringe von 4100 mm lichtem Durchmesser und 1200 mm Höhe mit der Eisenbahn zu versenden. Überschreitet ein Schacht diese Abmessungen, so muß jeder Ring aus einzelnen Segmenten, den Tübbings, zusammengesetzt werden.

Unter einem Tübbing versteht man eine nach der Peripherie des Schachtes gebogene Eisenplatte. Sie ist an den vier Rändern mit Flanschen versehen. Die Haltbarkeit wird durch Verstärkungsrippen und Versteifungszwickel erhöht. Die Verstärkungsrippen laufen in senkrechter, wagerechter oder in diagonaler Richtung über die ganze Tübbingsfläche. Die Versteifungszwickel sind bedeutend kürzer und stehen senkrecht auf den Flanschen (Fig. 165 u. 166).

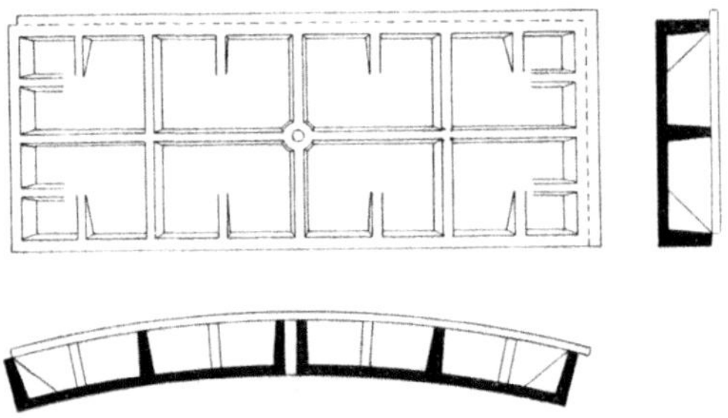

Fig. 165. Englischer Tübbing.

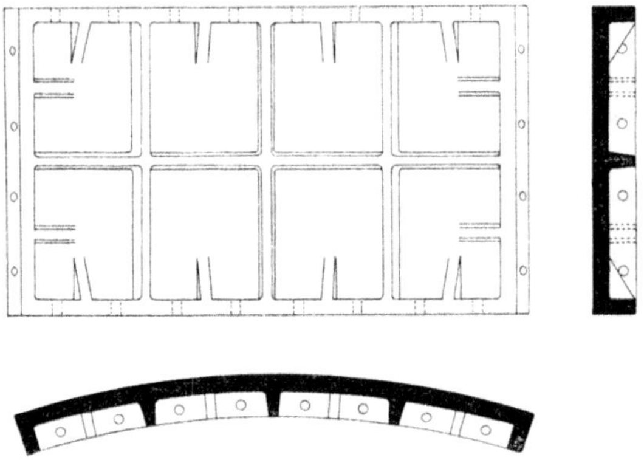

Fig. 166. Deutscher Tübbing.

Es sind zwei Arten von Tübbings zu unterscheiden: die deutschen und die englischen. Man spricht demzufolge kurz von deutscher und von englischer Küvelage.

Die englischen Tübbings (Fig. 165) haben die Verstärkungsrippen nach außen, also dem Gebirge zugewendet, die deutschen (Fig. 166) nach innen. Die englischen Tübbings werden bloß neben- und aufeinandergesetzt und nur dadurch gehalten, daß sie gegen die Schachtstöße verkeilt werden. Die deutschen Tübbings werden untereinander verschraubt; zu diesem Zwecke besitzen sie in den Flanschen Schraubenlöcher.

Die Verdichtung der Fugen erfolgt bei der englischen Küvelage mit Holzbrettchen und Holzkeilen, bei der deutschen mit Bleistreifen. Die Flanschen der englischen Tübbings sind auf der Aussenseite unbearbeitet, also rauh, die der deutschen Tübbings sind abgedreht. Die Höhe der englischen Tübbings schwankt zwischen 300 bis 620 mm, die der deutschen beträgt bis zu 1500 mm. Die Sehne ist ungefähr $= {}^3/_2$ der Höhe. Die Wandstärke hängt in erster Reihe vom Wasserdrucke ab, den sie auszuhalten haben; sie wird also nach der Schachttiefe berechnet, und zwar nach der Formel

$$x = \frac{r \cdot h}{500} + 0{,}02 \text{ m},$$

in welcher r den Radius des Schachtes in Metern, h den Druck in Kilogramm auf 1 qcm bedeutet. Werden die Tübbings aus Stahlguß hergestellt, so kann die Wandstärke nur ${}^2/_3$ des durch obige Formel ermittelten Wertes betragen. Sie soll jedoch in keinem Falle unter 25 mm sinken.

I. Die englische Küvelage.

Die Herstellung der englischen Küvelage beginnt mit dem Verlegen des Keilkranzes (Fig. 167 u. 169). Der Keilkranz besteht aus mehreren Segmenten von 1,2—1,7 m Sehnenlänge, 300 mm Höhe, 400—750 mm Breite und 30—40 mm Wandstärke. Sie sind hohl gegossen und durch Querrippen a (Fig. 167) in einzelne Kammern geteilt; die Rippen dienen zur Verstärkung. In den Stoßflächen sind Nuten b ausgespart, in welche Holzpflöcke eingetrieben werden. Auf der Oberseite ist ein Wulst c angegossen, vor den der Tübbingsring kommt; er verhindert, daß die Tübbings nach hinten ausweichen. Das Einhängen erfolgt an einer Doppel-

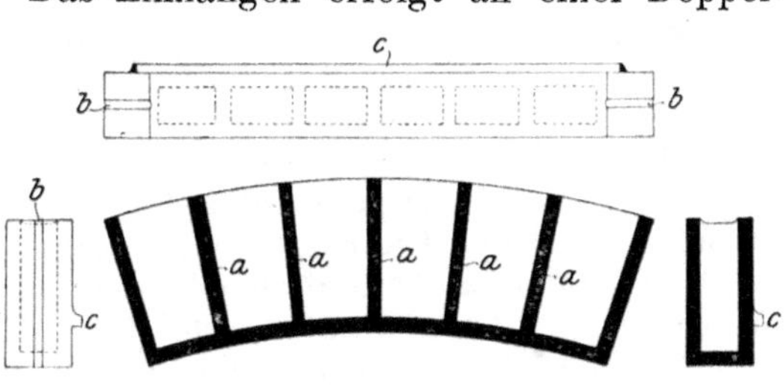

Fig. 167. Gußeiserner Keilkranz für englische Küvelage.

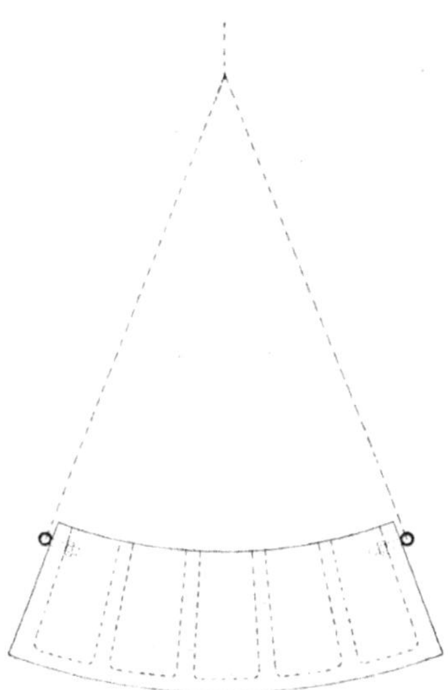

Fig. 168. Einhängen eines Keilkranzes für englische Küvelage.

kette, wie aus Fig. 168 ersichtlich ist. Um die Segmente an dieser Kette befestigen zu können, besitzen sie an den senkrechten Seitenflächen je ein rundes Loch.

Die Gesteinsbrust, auf welcher der Keilkranz aufruhen soll, wird gut horizontal zugehauen. Dann verlegt man auf ihr einen Eichenholzkranz als Unterlage für den Keilkranz oder breitet eine Zementschicht aus. In die Fugen zwischen den einzelnen Segmenten werden 12 mm starke Brettchen aus trockenem und astfreiem Tannenholze so eingelegt, daß die Fasern radiale Richtung haben. Mit ebensolchen Brettchen wird der 40—50 mm weite Raum zwischen dem Kranze und dem Gestein ausgesetzt. Dieser ringförmige Raum wird nun mit Keilen aus trockenem Fichtenholze so lange verkeilt, bis die Fugenbrettchen zwischen den Keilkranzsegmenten auf Papierdicke zusammengepreßt sind. In manchen Fällen hat man auch diese Fugen noch von der Schachtmitte her pikotiert (verkeilt).

Ist der Wasserdruck bedeutend, so legt man mehrere Keilkränze übereinander. In diesem Falle werden auch die horizontalen Fugen zwischen den Kränzen mit Brettern gedichtet und pikotiert.

Werden zwei Keilkränze aufeinandergelegt, so ist der obere um 10—20 cm breiter als der untere und ragt um diesen Betrag über ihn vor. Der oberste Tübbingsring des nächstunteren Absatzes reicht bis an diesen Keilkranz heran, verdeckt also den unteren (Fig. 169); dieses Verfahren bewirkt einen guten Anschluß der einzelnen Absätze aneinander.

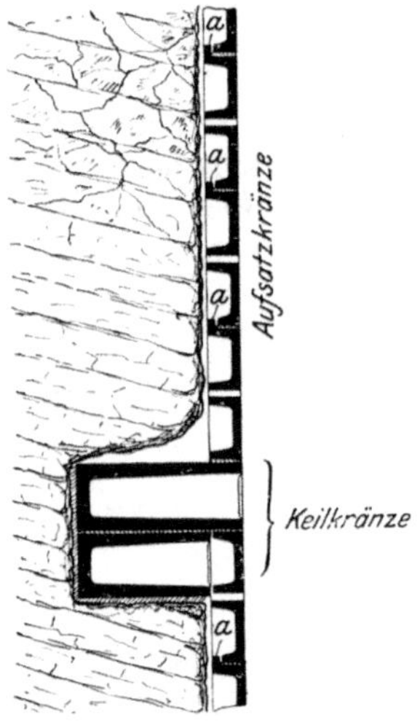

Fig. 169. Englische Küvelage auf zwei Keilkränzen.

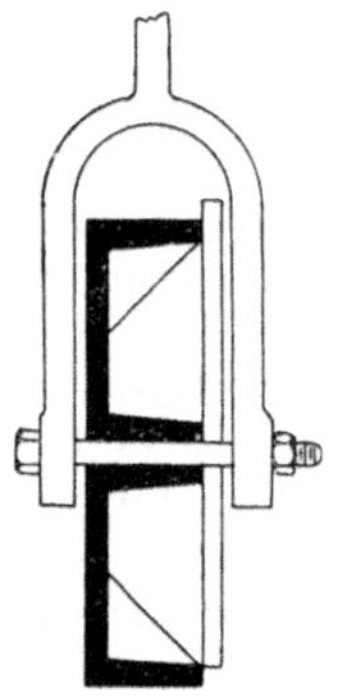
Fig. 170. Einhängen eines englischen Tübbings.

Die Tübbings der Aufsatzkränze werden an einer Gabel bis an Ort und Stelle eingehängt. Zu diesem Zweck haben sie in der Mitte ein Loch, durch welches ein Bolzen gesteckt wird (Fig. 170). Alle wagerechten und senkrechten Fugen erhalten die schon beschriebenen Dichtungsbrettchen als Einlagen. Jeder Kranz, der fertig zusammengesetzt ist, wird eingelotet und gegen die Stöße verkeilt. Die Keile schlägt man hinter die senkrechten Fugen. Der freie Raum hinter den Tübbings wird mit Bergen verfüllt oder besser mit Beton ausgegossen. Durch die Betonierung wird die Haltbarkeit des Ausbaues und die Wasserundurchlässigkeit erhöht. Die Tübbingsringe stehen so aufeinander, daß keine durchlaufenden senkrechten Fugen entstehen; dieselben sind also gegeneinander versetzt.

Ist der Aufbau einer Tübbingssäule beendet, so geht man an das Verdichten der Fugen. Dies geschieht durch zweimaliges Pikotieren (Verkeilen), das erstemal mit Keilen aus trockenem Kiefernholz, das zweitemal mit solchen aus Eichenholz. Die Keile sind etwa 140—150 mm lang, 40 mm breit und höchstens 10 mm dick. Mit einem Stemmeisen werden für sie Kerben in den Fugen vorgeschlagen. Damit die Fugenbrettchen beim Verkeilen nicht nach hinten ausweichen, kann man bei jedem Tübbing an zwei Flanschen einen vorspringenden Rand *a* (Fig. 165 und 169) angießen.

E. & S. Fischer in Wernshausen stellen Pikotierkeile und -nadeln aus Pitchpine-Holz her (Fig. 171). In dieser Abbildung sind Nr. 1—5

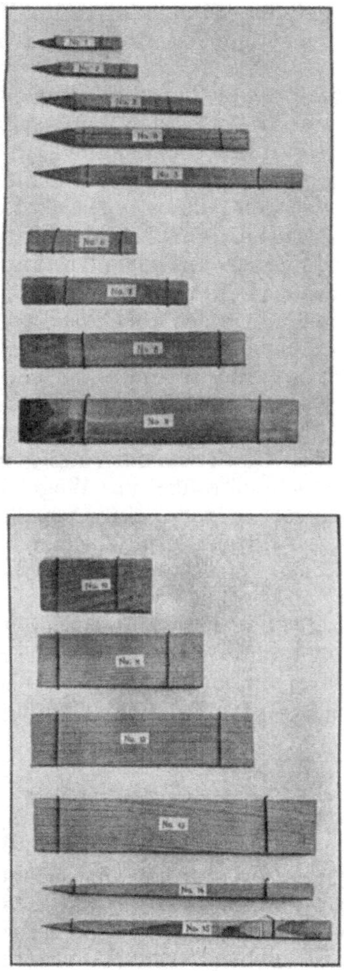

Fig. 171. Pikotierkeile und -nadeln.

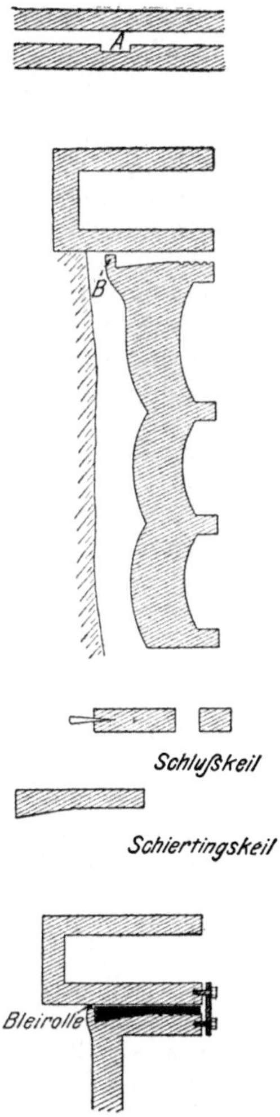

Fig. 172. Pikotieren der Schlußfuge. (Aus „Vers. und Verb. 1907".)

Vierkantkeile, Nr. 6—9 Flachkeile, Nr. 10—13 konische Flachkeile, Nr. 14 und 15 Pikotiernadeln.

Im Schachte des Kalibergwerkes Hattdorf, B.-R. Schmalkalden, betrug der Druck der aus dem Stoße kommenden Wasser 50 atm. Mit Rücksicht hierauf wurde die Anschlußfuge gegen den oberen Keilkranz in folgender Weise pikotiert. Sie war vorn wagerecht (Fig. 172) und fiel dann nach aussen hin ab; im horizontalen Teile besaß sie 5 mm tiefe Rillen. Zum Pikotieren dienten Schiertingskeile; die durch Einführungslöcher *A* eingeschoben und dann seitlich aneinander gereiht wurden. In die Außenseite des Schlußkeiles wurde ein Einschnitt gemacht, in den man einen kleinen Keil einsetzte, beim Anstoßen an den Rand *B* trieb er den Schlußkeil auf. Vor die pikotierte Fuge wurde außerdem noch ein starker Eisenring geschraubt.

Die Löcher in der Mitte der Tübbings bleiben bis nach der ersten Verkeilung offen, damit das Wasser frei ablaufen kann. Der Ausbau darf nämlich bis zu diesem Zeitpunkte nicht unter Druck kommen. Das Schließen dieser Öffnungen erfolgt durch Verspunden mit Holzpflöcken, die ebenfalls pikotiert werden müssen. Dieses Verspunden geht von unten nach oben vor sich; es darf in jedem Ringe erst dann vorgenommen werden, wenn Wasser aus den Öffnungen ausläuft, da anderenfalls hinter dem Ausbau Luft bleiben würde.

Der Tübbingsausbau soll in Absätzen von nicht über 25 m Höhe eingebracht werden. Die Stelle für jeden neuen Keilkranz wird nach einem Stichmaße vom nächstoberen Keilkranze aus bestimmt. Kleinere Unterschiede werden durch stärkere Fugenbrettchen ausgeglichen. Sollte die Schlußfuge trotzdem zu groß sein, so wird ein besonderer Tübbingsring, der Paßring, nach dem hier genommenen Maße gegossen. Die Gesteinsbrust, die dem Anschlußkranze im Wege ist, wird nur soweit weggespitzt, daß sich dieser gerade einbauen läßt. Der hintere Teil des Keilkranzes bleibt also von ihr unterstützt.

Die Innenseite einer englischen Küvelage ist vollkommen glatt; darum lassen sich die Schachtscheider nicht ohne weiteres an ihr anbringen. Für diesen Zweck werden in die Küvelage besondere Tübbings mit angegossenen Konsolen eingefügt, oder man befestigt den Einbau an Wandruten, die den Stößen entlang laufen.

Der Ausbau wird auch bei diesem Verfahren von fliegenden Bühnen aus eingebracht.

II. Die deutsche Küvelage.

Bei mehr als 10 Atmosphären Wasserdruck soll die englische Küvelage nicht mehr angewendet werden. Will man den Schacht in eisernen wasserdichten Ausbau setzen, so muß die deutsche Küvelage gewählt werden. Sie ist auch schon bei geringerem Drucke ihrer Vorzüge wegen der englischen vorzuziehen. Ein Hauptvorzug ist, daß die Flanschen bearbeitet sind; es trägt also hier jeder Quadratmillimeter gleichmäßig, während bei der englischen Küvelage besonders die Innenränder, an denen pikotiert ist, das Gewicht des Ausbaues tragen. Außerdem werden alle Teile miteinander verschraubt. Der Ausbau hat also einen besseren Zusammenhang. Dies ist aber bei Gebirgsbewegungen nachteilig; in diesem Falle bewährt sich die englische Küvelage besser: sie gibt nach.

Professor Heise schlägt vor, gewellte Tübbings (Fig. 173) zu verwenden. Als Vorzüge derselben gibt er an, daß sie „bei gleicher Druckbeanspruchung und gleichem Gewichte Biegungsfestigkeiten besitzen, die 2,2—3,09 mal so hoch als diejenigen der gewöhnlichen Tübbings sind".

Infolge ihrer abgesetzten Außenwand gewähren die Heiseschen Tübbings den Vorteil, daß jeder Ring sich selber an den Schachtstößen trägt, wenn er gut einzementiert und das Gebirge fest ist. Besondere Tragekränze werden darum häufig überflüssig werden.

Fig. 173. Gewellter Tübbing. (Aus „Glückauf" 1905, Nr. 9.)

a) Absatzweiser Einbau.

Der Keilkranz wird ebenso eingebaut wie bei der englischen Küvelage. Ein Unterschied liegt nur darin, daß die Segmente miteinander verschraubt werden, und daß die Fugenverdichtung aus Bleistreifen besteht. Derselbe Unterschied gilt auf für die Aufsatzkränze.

Zum Zwecke des Verschraubens sind in den Flanschen der Keilkranzteile und der Tübbings Löcher vorhanden. Diese Löcher werden zum Einhängen benutzt; es brauchen also bei den deutschen Tübbings nicht besondere Löcher in der Mitte eines jeden Stückes wie bei den englischen angebracht zu werden.

Die Bleistreifen haben gewöhnlich eine Stärke von 3 mm. Unter die Köpfe der Schraubenbolzen und unter die Schraubenmuttern werden Unterlagsscheiben *a* (Fig. 174) aus Blei gelegt, damit auch diese Stellen dicht schließen. Eiserne Unterlagsscheiben *b*, deren eine Fläche etwas vertieft ist, halten sie unverschiebbar fest. Quillt das Blei beim Verschrauben aus den Fugen heraus, so wird es wieder in diese hinein gestemmt.

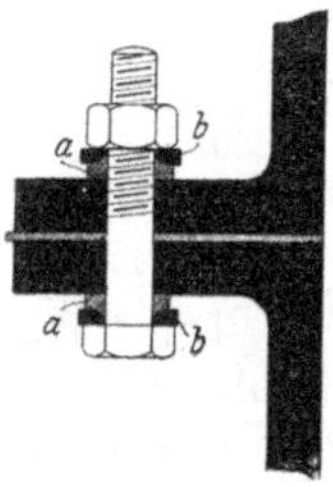

Fig. 174. Verdichtung der Schraubenlöcher an deutschen Tübbings.

Damit die Bleistreifen in den wagerechten Fugen fester sitzen, werden die Flanschen der Tübbings auch in der in Fig. 175 dargestellten Weise, ähnlich wie Feder und Nut, ausgefräst.

In Schacht VI des Salzbergwerkes Leopoldshall-Staßfurt mußte ein Keilkranz im schwachen Gebirge verlegt werden. Da er in den Stößen keine genügende und haltbare Auflage fand, unterstützte man ihn auf folgende Weise (Fig. 176). Man teufte noch ungefähr 1,5 m unter die Stelle ab, wo der Keilkranz hinkommen sollte. Diesen Raum baute man im ganzen Schrot und mit demselben Durchmesser aus, wie ihn der Tübbingsausbau erhielt. Der ca. 25 cm breite Raum zwischen der Schrotzimmerung und dem Gebirge wurde mit gutem Beton ausgefüllt. Auf diesen Unterbau wurde der Keilkranz mittelst Keilen aufgelegt, ausgerichtet und gegen den Stoß pikotiert.

Die Keilkränze bewirken den wasserdichten Abschluß der einzelnen Absätze und übertragen das Gewicht der Küvelagesäulen auf das Gestein. Wo es nicht so sehr auf die Wasserundurchlässigkeit des Kranzes ankommt, baut man besondere Tragekränze (Fig. 177) ein. Sie werden nur mit Zement oder Beton hintergossen.

Fig. 175. Tübbing mit ausgefrästen Flanschen.

Fig. 176. Verlagerung des Keilkranzes im schwachen Gebirge. (Aus Riemer, Das Schachtabteufen.)

Fig. 177. Tragekranz.

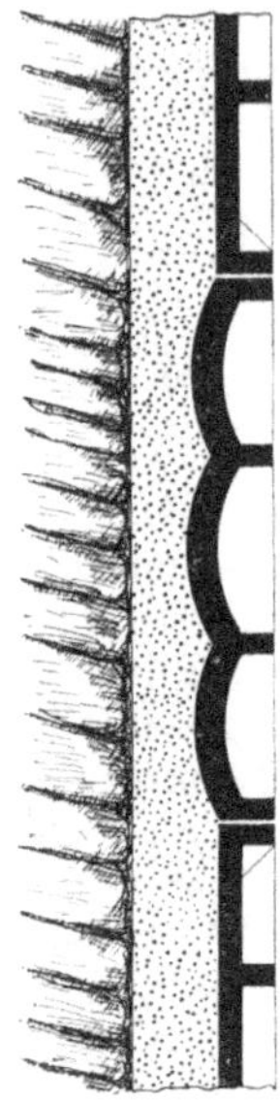

Fig. 178.

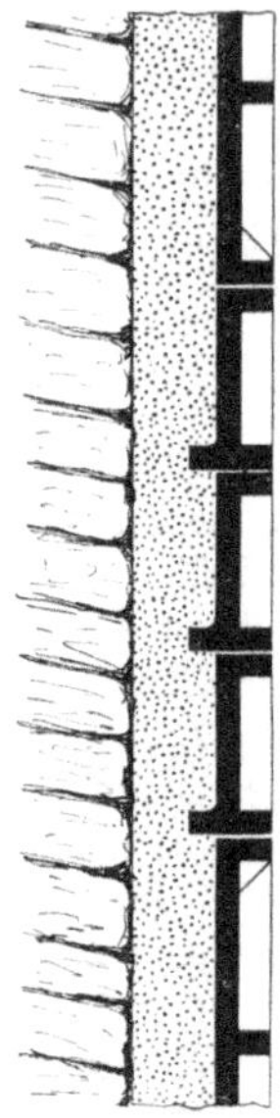

Fig. 179.

Tübbings als Ersatz für Tragekränze. (Aus „Glückauf“ 1903, Nr. 30.)

Die Tragekränze sind schon vielfach durch besonders geformte Tübbings ersetzt worden. Derartige Formen sind in Fig. 178 und 179 abgebildet. Wenn diese mit Beton hinterfüllt sind, ist ihre Verbindung mit dem Gebirge so gut, daß die Tragekränze entbehrlich werden.

Zum Anschluß an einen höheren Absatz dient auch hier ein Paßring; die Schlußfuge wird pikotiert. Die beiden letzten Segmente *a* und *b* (Fig. 180) des Paßringes erhalten nach Lueg aufeinander zulaufende Flanschen. Zwischen diese wird ein Keil *c* mittelst der Schrauben *d* eingeschoben.

Bis zur Anlieferung eines Paßringes vergeht immer beträchtliche Zeit; auf Vorrat kann man ihn nicht haben, da seine Höhe vorher nicht bekannt ist. Man behilft sich daher gern mit stopfbüchsenähnlichen Anschlußringen nach der in Fig. 181 dargestellten Form. Der vorletzte Tübbingsring wird durch einen besonderen Ring *a* ersetzt, dessen obere Hälfte um die doppelte Wandstärke größeren Durchmesser besitzt. In diese Erweiterung paßt genau der auch außen abgedrehte Schlußring *b*, der mit dem Keilkranze verschraubt ist. Die Leder- oder Gummimanschette *c*, die am oberen Flansch von *a* angeschraubt ist, wird durch den Wasserdruck gegen *b* ge-

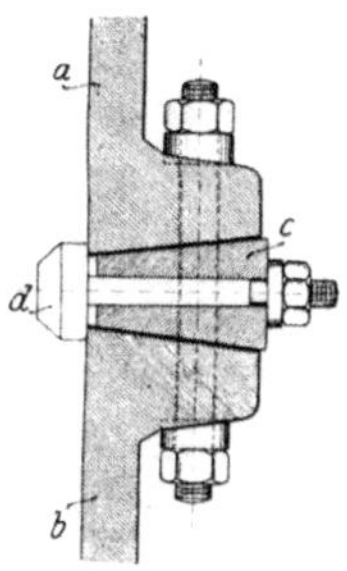

Fig. 180. Schlußsegmente eines Paßringes.

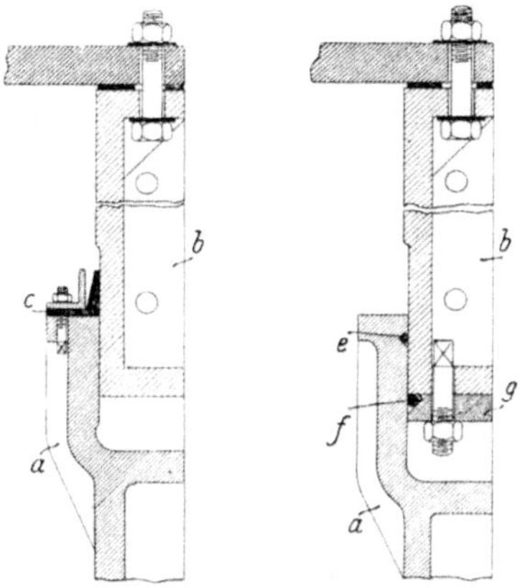

Fig. 181 und 182. Schachtstopfbüchse.

(Aus der „Zeitschrift f. d. Berg-, Hütten- und Salinenwesen im Preuß. Staate", 1893, Nr. 41.)

preßt und bewirkt auf diese Weise den Wasserabschluß. Nötigenfalls kann die senkrechte Fuge zwischen *a* und *b* pikotiert werden.

Die Stopfbüchse kann auch, wie aus Fig. 182 zu ersehen ist, durch zwei Schnuren *e* und *f* gedichtet werden, von denen die letztere durch den Ring *g* gehalten wird.

b) Das Unterhängeverfahren.

Die deutsche Küvelage eignet sich vorzüglich zum Einbau von oben nach unten. Der letzte Tübbing eines jeden Ringes wird von unten an seinen Platz geschoben. Damit dies möglich ist, muß über der Schachtsohle immer so viel unverbauter Raum bleiben, als die Tübbings hoch sind. Reicht der Tübbingsausbau bis an die Schachtsohle, wie z. B. im quellenden Ton, so wird der Sumpf an die Stelle des Stoßes verlegt, wo der letzte Tübbing eingebaut wird.

Fig. 183. Unterhängetübbing. (Aus Tecklenburg, Handbuch der Tiefbohrkunde, Band VI.)

Um die Schraubenbolzen in den wagerechten Fugen zu entlasten, wird der unterste Ring gegen die Sohle abgestrebt. Die Strebengreifen unter die horizontalen Verstärkungsrippen.

Nach jedem achten Ringe wird ein Tragekranz verlegt. Wählt man größere Abstände, so sollen doch 25 m nicht überschritten werden.

Die Ringe werden während des Einbaues nur eingelotet und in der richtigen Lage durch dahintergeschlagene Keile gehalten. Die

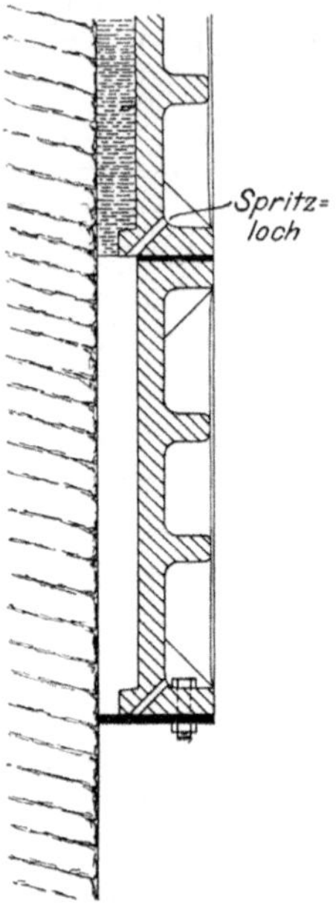

Fig. 184. Hintergießen der einzelnen Tübbingsringe.

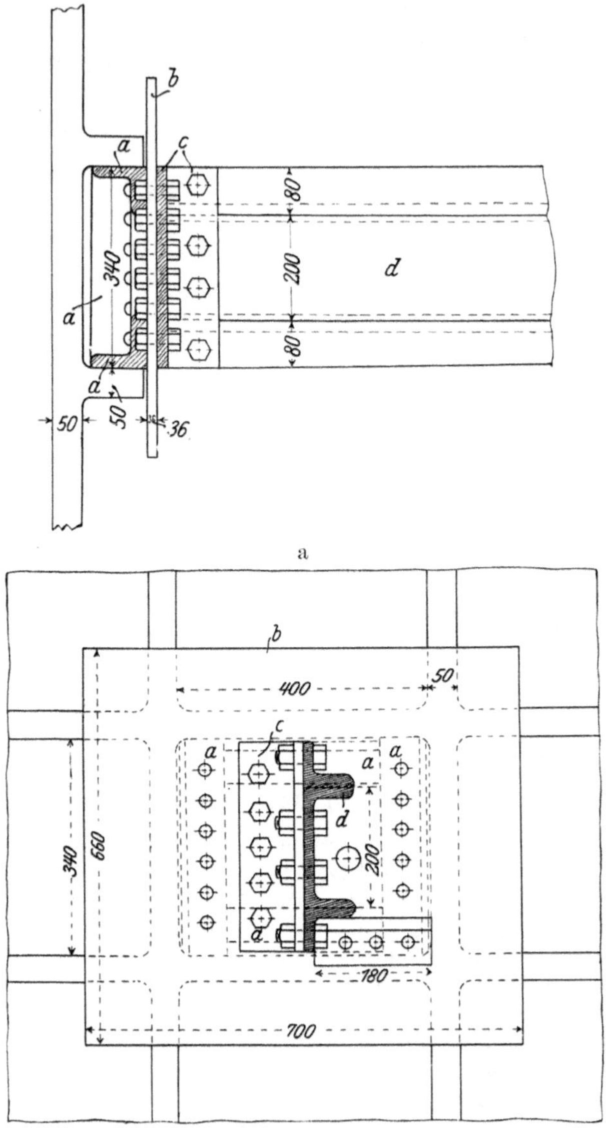

Fig. 185 a und b. Befestigung der Schachtscheider an deutschen Tübbings.

Hinterfüllung mit Beton wird meistens erst vorgenommen, wenn ein Tragekranz eingebaut ist. Die Segmente der Tragekränze und die Tübbings müssen hierfür schräg nach unten gerichtete Löcher haben (Fig. 183).

Indessen kann man auch jeden Tübbingsring für sich sofort nach dem Einbau hintergießen. Man schraubt zu diesem Zwecke unter den Ring starke Blechplatten, die gegen den Stoß abgedichtet werden (Fig. 184), und gießt den Beton durch das Spritzloch des nächstoberen Ringes ein.

Die Schachtscheider, Einstriche und dergleichen werden einfach auf die Rippen der Tübbings aufgelegt und mit diesen verschraubt.

In Fig. 185 a und b ist eine andere Art der Befestigung des Einbaues vom Versuchsschachte im Nordfelde der Königsgrube O.-S. abgebildet. Die vier U-Eisen *a* sind mit einem Flansch an die Tübbingsrippen angepreßt und tragen mit dem andern die Eisenplatte *b*. An dieser ist wieder die Winkellasche *c* befestigt, mit deren freiem Flansch der Träger *d* verschraubt ist.

C. Die wasserdichte Mauerung.

Mit Rücksicht auf den Widerstand gegen den Druck des Wassers beträgt die Mauerstärke nicht unter zwei Steinen. Zu ihrer Berechnung dient die Formel:

$$x = \frac{100\,r\,h}{10\,k - h}.$$

Hierin ist x die Mauerstärke in Zentimetern, h die Tiefe, in welcher die Mauerung liegt, r der innere Radius in Metern, k der Festigkeitsmodul für Ziegel pro Quadratzentimeter. Dieser letztere ist nach Weißbach = 39,66 bis 150,58 kg.

Bei größeren Tiefen wird die Mauerstärke so bedeutend, daß sie zu hohe Kosten bereitet. Es ist dann besser, zum Ausbau in Tübbings überzugehen, zumal da eine Mauer selten vollkommen wasserdicht ist, sondern immer etwas schwitzt.

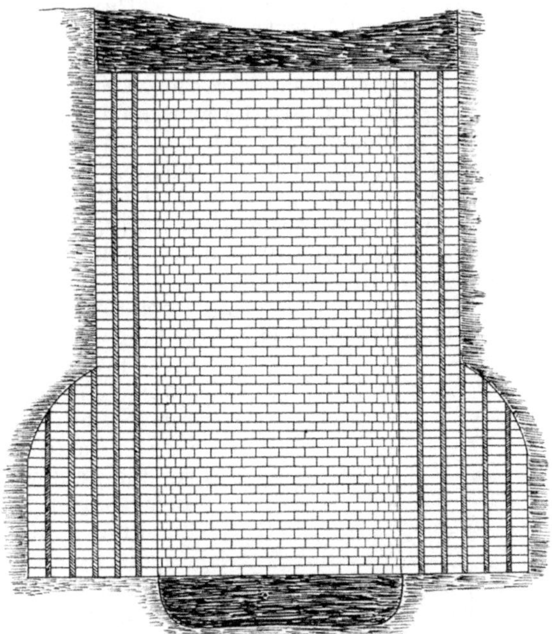

Fig. 186. Wasserdichte Schachtmauerung. (Aus Dufrane-Demanet, Traité d'exploitation des mines de houille.)

Demanet empfiehlt der größeren Undurchlässigkeit wegen die Mauer nicht vollständig bis an den Stoß heran im Verbande aufzuführen, sondern sie aus mehreren konzentrischen Schalen (Fig. 186) bestehen zu lassen. Die Fugen zwischen diesen Schalen sind gut mit Zement zu vergießen. Nach demselben soll überhaupt keine einzige Fuge unter 13 mm stark sein, weil die Steine porös sind und nur der Zementmörtel wasserundurchlässig ist.

Als Unterlage für Mauerabsätze dienen Mauerfüße oder Keilkränze.

Wasserklüfte dürfen nicht ohne weiteres zugemauert werden. Das abgesperrte Wasser sammelt sich dann hinter der noch weichen Mauer an, kommt nach und nach unter immer höhere Spannung und spült schließlich den Mörtel aus den Fugen heraus. Man setzt darum in eine solche Kluft ein Gasrohr ein und verschmiert die Kluft vollständig mit Ton oder Letten, so daß das Wasser nur noch aus dem Rohre ausfließt. Bei größerem Wasserdruck werden dagegen die Klüfte pikotiert. Sollten in gleicher Höhe rund um den Schachtstoß herum viele solche Klüfte vorhanden sein, so verbindet man sie durch einen horizontalen, im Gestein ausgespitzten Kanal (Fig. 187). Dieser sammelt das Wasser aus allen Klüften und führt es mehreren Ausgußröhren zu. Damit das Wasser sich nicht etwa trotzdem durch die Fugen einen Weg bahnt, wird die den Sammelkanal begrenzende Mauerfläche mit einem Lettenüberzuge versehen.

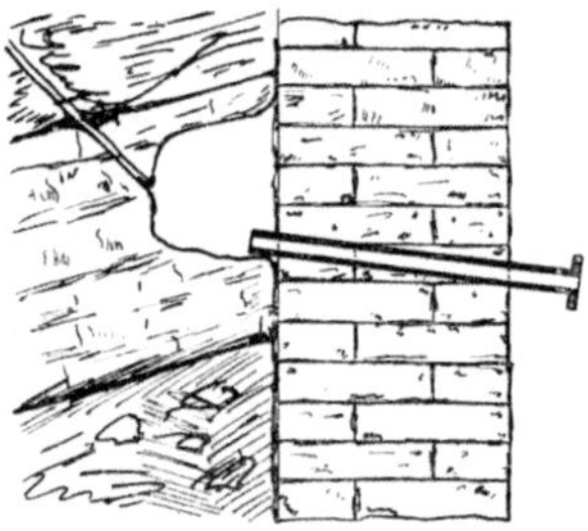

Fig. 187. Schachtmauer mit Wasserkanal und Ausgußrohr.

Dieses aus den Stößen tretende Wasser läßt man frei in den Schacht fließen, wenn unterhalb der Maurerbühne keine weiteren Arbeiten vorgenommen werden. Sonst schließt man wohl auch an die Ausgußröhren Rohrleitungen an, die an den Stößen befestigt sind und bis in den Sumpf reichen. Will man die Wasser beständig aus dem Gebirge abziehen, so bleiben die Rohrleitungen angeschlossen. Soll dagegen das Wasser im Gebirge zurückgedämmt werden, so nimmt man nach Erhärtung der Mauer die Leitungen ab und verschließt die Ausgußrohre durch hölzerne Pfropfen oder durch davorgeschraubte Eisenscheiben.

Bei der Ausmauerung der Junghannschächte von Dubenskogrube O.-S. wurden zur Ableitung der Gebirgswasser in der Mauer vier lotrechte Kanäle von 20$\times$30 cm Querschnitt ausgespart. Wo wasserführende Klüfte auftraten, verband man diese vier Kanäle untereinander durch einen rundum laufenden, ebenfalls in der Mauer ausgesparten und am Gebirge anliegenden Zuleitungskanal.

Fig. 188. Gefluter im Schachte.

In dem noch nicht ausgemauerten Schachtteile rieseln die Wasser an den Stößen herab. Würden sie auf ihrem Wege nicht aufgehalten werden, so würden sie schließlich auf den Oberrand der Mauer kommen und über diesen wegströmen. Dies muß nach Möglichkeit vermieden werden, weil dadurch der Mörtel weggespült wird. Man fängt daher die Wasser oberhalb der Mauerung durch

Traufdächer ab. Diese liegen dicht an den Schachtstößen an, sind gegen sie verlettet und gegen die Schachtmitte geneigt. Nun laufen die Wasser über dieses Traufdach ab, ohne die Mauerungsarbeiten zu stören. An Stelle der Dächer kann auch rund um den Schacht ein gegen die Stöße verlettetes Gefluter (Fig. 188) gelegt werden. Es wird auf einen Jochkranz aufgesetzt. Aus diesem Gefluter wird das Wasser in Lutten nach dem Sumpfe geführt.

Trotz all dieser Einrichtungen wird es doch immer noch vorkommen, daß Wasser über die Mauerkante wegströmt. Dies kommt nicht daher, daß die Gefluter und Dächer undicht sind, sondern weil auch zwischen ihnen und der Mauer Wasser aus dem Stoße herauskommt. Auch diese Wasser sind noch imstande, den Mörtel fortzuspülen. Ein einfaches Mittel dagegen ist folgendes. Bevor man eine neue Schicht von Steinen legt, klebt man auf den Innenrand der Stoßmauern einen niedrigen Lettendamm. Hinter diesem Damme stauen sich die Wasser an, bis sie über ihn hinwegströmen. Die Höhe des Dammes ist ungefähr gleich der der wagerechten Fugen. Hinter diesem Wall breitet nun der Maurer das Mörtelbett aus, in welches die Ziegel gelegt werden, und setzt die Steine ein. Zwischen den einzelnen Steinen bleibt soviel freier Raum, als die Breite der senkrechten Fugen beträgt. Nun werden auch die senkrechten Fugen in der Mauerfront mit Letten verschmiert und darauf mit Mörtel ausgefüllt. Der Letten bleibt in den Fugen; wenn man also später mit einem spitzen Gegenstande in eine solche Fuge hineinsticht, so dringt diese immer zuerst durch eine Lettenschicht durch, ehe sie auf den Mörtel trifft.

Der Anschluß an einen oberen Absatz läßt sich am besten bei den Mauerfüßen von Hohlkegelform bewirken. Bei anders gestalteten Mauerfüßen wird die Schlußfuge erst vollkommen mit Mörtel ausgefüllt, und dann schiebt man die Steine hinein.

Sehr häufig ist auch der Fall, daß die Anschlußfuge pikotiert wird. Dies ist namentlich dann nötig, wenn es sich um den Anschluß an einen Keilkranz handelt.

Die Frage, ob man die Wasser während der Ausmauerung beständig zu Sumpfe halten oder ob man sie im Schachte ansteigen lassen soll, wird verschieden beantwortet. Läßt man die Wasser ansteigen, so erhärtet die Zementmauer am besten und schnellsten. Dagegen wird der Einwand erhoben, daß die Mauer im Wasser an Gewicht verliert, sich nicht vollständig setzt und dann nach erfolgter Sümpfung reißt, weil sie dann noch einmal beginnt, sich zu setzen. Dieser Einwand dürfte aber nicht stichhaltig sein. Ein derartiges nachträgliches Setzen kann nur im losen Gebirge vorkommen oder, wenn zwischen Mauer und Gebirge kein Verband herbeigeführt worden ist. Eine vollkommen erhärtete Mauer, die mit dem Gebirge gut verbunden ist, wird sich wohl kaum noch weiter setzen. Tatsächlich sind derartige Fälle in der Praxis auch noch nie beobachtet worden. Bühnen und dergleichen dürfen nicht unter Wasser gelassen werden, weil sie zu sehr verschmutzen und weil alles, was nicht niet- und nagelfest ist, losgerissen werden würde. Dagegen fallen die

Kosten der beständigen Wasserhaltung fort; es muß höchstens darauf geachtet werden, daß die Wasser nicht schneller im Schachte ansteigen, als wie die Mauer vorrückt.

D. Die Betonierung.

Auf Böerschacht II bei Kostuchna O.-S. bestand der Beton aus 1 Teil Portlandzement, 2 Teilen Ziegelstücken und 3 Teilen granulierter Schlacke. Die Wasserzuflüsse betrugen in ca. 75 m Teufe 5 cbm/min. Der Schacht wurde in vier flachen Bögen mit 3,6 × 3,3 m Durchmesser abgeteuft.

Die obersten 30 m standen im Ziegelmauerwerk. Als man dann zum Betonieren überging, erweiterte man den Schacht an jedem Stoße um 28 cm. Dies geschah, um nicht an Schachtdurchmesser zu verlieren, falls man die Betonmauer noch hätte durch eine einen Stein starke Ziegelmauer verstärken müssen.

Jedesmal, wenn 6 m abgeteuft worden waren, wurde betoniert. Auf die Schachtsohle kam entlang den Stößen eine Schicht Dachpappe, damit sich der Beton nicht mit der Sohle verband. Als Schablone wurden vier U-Eisensegmente durch Winkellaschen zu einem Rahmen verbunden. Der Abstand dieser Rahmen betrug 1 m. Sie wurden durch Bolzen gegeneinander abgesteift. Waren zwei Ringe aufgestellt und eingelotet, so wurden sie außen herum mit Bohlen umgeben, hinter die dann der trockene Beton geworfen wurde. Späterhin ließ man den Beton nicht mehr im Kübel bis auf die Arbeitsbühne, sondern leitete ihn in Lutten von einer höheren Stelle her sofort hinter die Schablone.

Weil die starken Wasserzuflüsse den Beton aus der Anschlußfuge zwischen zwei Absätzen stets herausspülten, wurde diese mit Ziegelmauerwerk geschlossen, dessen Höhe 0,5 m betrug.

Die wasserführenden Klüfte wurden in derselben Weise wie bei der Mauerung mit Hilfe von Röhren entwässert.

E. Das Zementieren des Gebirges.

Benutzte Literatur:

Alfred Wiede, Die Wasserabdämmung beim Abteufen des Pöhlauer Schachtes der Gewerkschaft Morgenstern in Reinsdorf durch Versteinung der natürlichen Wasseradern. Sächsisches Jahrbuch 1901.

F. M. Georgi, Wasserdämmung und Betonausbau im König-Georg-Schachte des Königl. Steinkohlenbergwerkes Zauckerode. Sächsisches Jahrbuch 1904.

Verfahren zur Ausführung von Arbeiten in wasserführenden oder lockeren Gebirgsschichten. Glückauf 1907, Nr. 7.

Divis, Einiges über das Zementierverfahren beim Abteufen und Ausbau von Schächten im wasserreichen Gebirge. Österr. Zeitschrift 1907, Nr. 3, 4.

Hasebrink, Die Sümpfung und Aufwältigung des Schachtes IV der Saar- und Moselbergwerksgesellschaft zu Karlingen in Lothringen. Glückauf 1908, Nr. 51.

Dobbelstein, Anwendung des Zementierverfahrens beim Durchteufen einer wasserreichen Gebirgszone im Schacht III der Kohlengrube zu Liévin. Glückauf 1909, Nr. 7.

Donnersmarckhütte, Das Abteufen des Adolf-Schachtes der Steinkohlengrube Neue Abwehr bei Mikultschütz bis zum Anschluß an das Steinkohlengebirge. Berg- und hüttenmännische Rundschau II, Nr. 5 und 6. Oberschlesische Zeitschrift 1905, Oktoberheft.

Das Zementieren wird dann angewendet, wenn sich im Gebirge Klüfte befinden, die viel Wasser führen und dadurch dem Schachtabteufen große Schwierigkeiten bereiten. Diese Klüfte werden verschlossen, indem man in sie einen aus Zement und Wasser bestehenden Brei einpreßt; diese Mischung erhärtet in ihnen; die Klüfte werden also dadurch gleichsam mit einem Mörtel ausgefüllt oder „versteint". Das Verfahren ist sowohl in flach als auch in steil einfallenden Klüften anwendbar.

Während man in Deutschland mit dem „Versteinen" der wasserführenden Klüfte noch kaum über die ersten Versuche hinausgekommen ist, die zu einem weiteren Ausbau des Verfahrens sehr ermutigten, sind in Belgien und Frankreich damit schon in vielen Fällen bedeutende Erfolge erzielt worden. Insbesondere sind es Portier und Saclier gewesen, die sich die Ausgestaltung des Versteinungsverfahrens angelegen sein ließen.

Das Zementieren kann sowohl vor Beginn des Schachtabteufens als auch während desselben bewirkt werden, ist aber auch ein vorzügliches Mittel, um alte nasse Schächte nachträglich zu dichten, wie die nachfolgenden Beispiele zeigen.

I. Das nachträgliche Wasserdichtmachen alter Schächte.

In Landres wurde i. J. 1902 eine gußeiserne Schachtküvelage hintergossen. Die hierzu erforderliche Zementmilch wurde über Tage in einem Bottich mit Rührschaufeln zubereitet. Von hier aus kam sie durch eine mittelst eines Hahnes verschließbare Rohrleitung und durch mehrere Drahtsiebe in ein Sammelgefäß. Die von diesem ausgehende Schachtrohrleitung hatte am unteren Ende einen mit Hahn versehenen Krümmer, der an die Öffnungen des jeweils zu hintergießenden Tübbingsringes angeschlossen wurde. Zum Entleeren der senkrechten Schachtrohrleitung hatte der Krümmer außerdem einen nach unten gerichteten senkrechten Fortsatz. In der senkrechten Schachtleitung konnte mittelst eines Haspels an einem Seile ein schweres Eisenstück auf und ab bewegt werden, um Zementkrusten im Rohrinnern zu beseitigen. Dieses Eisenstück war am unteren Ende konisch abgedreht und verschloß als Kegelventil den senkrechten Krümmerfortsatz.

Beim Beginn des Zementierens ließ man klares Wasser, dann erst die Zementmilch in die Rohrleitung fließen und hörte damit auf, wenn die Leitung keine mehr aufnahm; dies war ein Zeichen entweder von der erfolgten Sättigung des Gebirges oder von Rohrverstopfungen. Man schloß dann den Ausgußhahn im Krümmer, öffnete den im senkrechten Krümmungsfortsatze, ließ Wasser in die Rohrleitung und setzte den Reinigungsapparat in Gang.

Der Druck der Zementmilch mußte stets höher sein als der an der jeweiligen Arbeitsstelle im Gebirge herrschende Wasserdruck.

In Courrières wurde die hölzerne Küvelage von Schacht III in ähnlicher Weise hintergossen. Außer an den Sammelbottich konnte man aber dort die Schachtrohrleitung an eine Handfeuerspritze anschließen, um jederzeit den zum Zementieren erforderlichen Druck erhöhen zu können. Besonders wurde die Spritze gebraucht, um Rohrverstopfungen zu beseitigen und vorzeitige Verstopfungen hinter der Küvelage zu beheben; denn es ist immer anzustreben, daß der Zement möglichst weit ins Gebirge eindringt.

Der im J. 1862 wegen zu großer Wasserzuflüsse eingestellte Schacht IV der Saar- und Moselbergwerksgesellschaft zu Karlingen (Lothringen) wurde im J. 1904 wieder neu aufgenommen. Er stand bis zu einer Teufe von 65 m in hölzerner Küvelage, deren oberen Teil man durch Mauerwerk ersetzte. Hinter die im Schachte verbleibende Küvelage spritzte man dünnflüssigen Zement. Zu diesem Zwecke wurde über Tage ein Holzbehälter von 1 cbm Fassungsvermögen aufgestellt, in dem der Brei gemischt wurde. Von ihm aus gingen zwei Rohrleitungen *r* (Fig. 189) von 1" lichtem Ø bis zu den Arbeitsstellen; *u* waren Rohransätze, mit deren Hilfe man bei Verstopfungen Wasser von 3 atm Überdruck zuleitete; *p* waren Probierröhrchen, um die saugende Wirkung der Leitung zu prüfen. Später benutzte man nur eine Rohrleitung von 2" innerem Ø, von der aus Zweigleitungen nach allen Einspritzhähnen gingen. Vor dem Einleiten des Zementes füllte man den zu hintergießenden Schachtteil mit Sand aus; der Zement konnte infolgedessen nicht in den Schacht durchdringen.

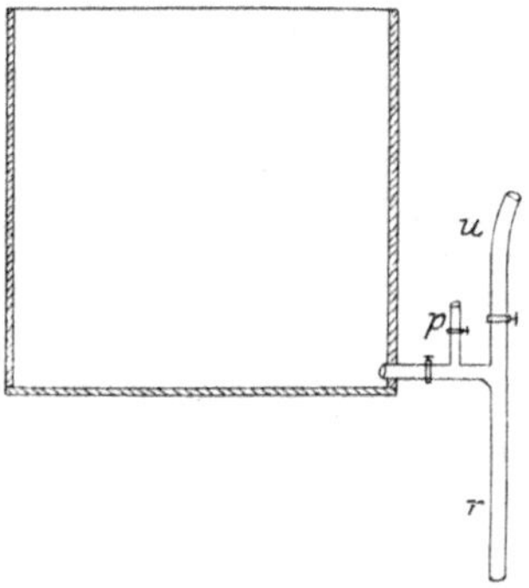

Fig. 189. Zementierbottich. (Aus „Glückauf" 1908, Nr. 51.)

In ähnlicher Weise wurden auch die alten Mauerschächte Concordia und Julia der Concordiagrube bei Zabrze nachträglich gedichtet.

II. Das Zementieren während des Abteufens.

Soweit bekannt ist, wurde das Zementierverfahren in Deutschland zum ersten Male auf dem Pöhlauer Schachte der Gewerkschaft Morgenstern zu Reinsdorf, Kgr. Sachsen, angewendet, Das Gebirge hatte dort flach fallende, stark wasserführende Klüfte (Fig. 190). Es wurden nun während des Abteufens den Schachtstößen entlang Löcher auf jedesmal 1,5 m Tiefe vorgebohrt. Traf man mit ihnen auf Wasseradern, so wurden in die Bohrlöcher Gasrohre eingelassen, die oben mit einem Hahne versehen waren. Die Bohrlochsmündungen wurden durch Hanfpfropfen verschlossen, die man um die Röhren wickelte. Nun wurde nacheinander in die einzelnen Rohre dünnflüssiger Zementbrei eingelassen, der die Klüfte vollständig versteinte.

Dieses Verfahren gab den Anstoß dazu, im Adolfschachte der Donnersmarckhütte-Grube bei Mikultschütz O.-S. eine steile Kluft im Buntsandstein zu schließen. Die Unterstufe dieser Formation besteht in Oberschlesien aus stark tonigem Sandstein, der so wasserreich ist, daß er beim Abteufen geradezu schwimmend wird. Man durchteufte ihn mit einem Senkschachte und brachte ihn anstandslos bis auf das wassertragende Gebirge. Der Anschluß bezw. Wasserabschluß war aber auch trotz Hinzuziehung eines erfahrenen Tauchers nicht zu erzielen, weil die wasserführende Kluft in der Minute 6 cbm sandhaltiges Wasser unter dem Schneidschuhe in den Schacht eindringen ließ. Schließlich wurde die Schachtsohle mit einem Zementpfropfen bedeckt. Nach seiner Erhärtung sümpfte man die Wasser und bohrte in die zwanzig Tübbingsringe 260 Löcher von 30—40 mm Durchmesser. Diese wurden mit Hähnen verschlossen, durch welche, von unten beginnend, unter 30—40 Atmosphären Druck Zement von der Hängebank aus in das Gebirge gespritzt wurde. Um den Gebirgswassern den Abfluß zu ermöglichen und dadurch dem Zement das Eindringen ins Gebirge zu erleichtern, wurden an der Spritzstelle die Nachbarhähne geöffnet. Im ganzen wurden 20 000 Ztr. Zement und 10 000 Ztr. Sand verbraucht. Die Zementkruste war sowohl mit dem Tübbingschachte als auch mit dem Gebirge fest verbunden und hatte Hohlräume von 500—1500 mm Größe vollständig ausgefüllt sowie auch die Kluft auf mindestens 8 m im Umkreise versteint. Man nimmt aber an, daß der Zement auf 20—30 m, vielleicht auch noch weiter, in die Kluft eingedrungen ist.

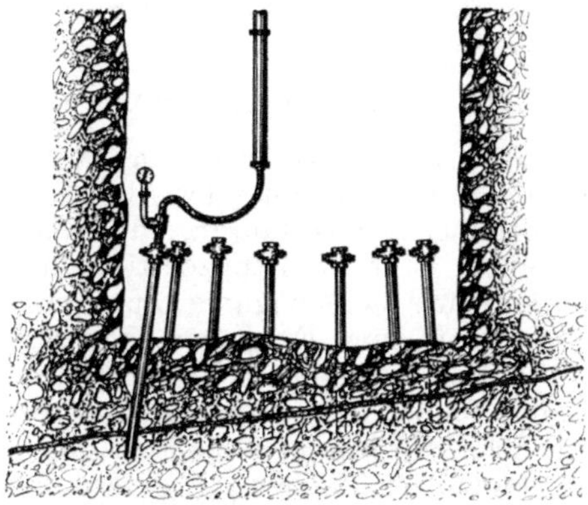

Fig. 190. Versteinung wasserführender Klüfte. (Aus dem „Jahrbuch f. d. Berg- u. Hüttenwesen im Königreich Sachsen“ 1901.)

D i v i š vermutet, daß das Gebirge selbst Zement aufnimmt; denn es wird weit mehr Zement verbraucht, als wie der Inhalt der auszufüllenden Hohlräume beträgt.

Im Schachte Wilhelm von Recklinghausen, B.-R. Schmalkalden, bereitete im Jahre 1907 das Zementieren große Schwierigkeiten. Als der Schacht 141,50 m tief war, traten aus einer steil einfallenden Kluft sowohl in der Sohle als auch an den Stößen bis zu 9,5 cbm/min. Wasser. Darum wurde durch die bereits eingebauten Tübbings hindurch zementiert und außerdem auf der Sohle ein Betonpfropfen hergestellt, um auch diese zementieren zu können. Zu diesem Zwecke schlug man 1 m über der Sohle eine starke Holzbühne; mehrere senkrechte Sicherheitsrohre, die durch sie hindurchgingen, leiteten die Sohlenwasser ab. Dann wurde der Zement zwischen die Sohle und diese Bühne eingebracht. Weil die Wasser dadurch aber noch nicht abgeschlossen waren, mußten auch über die Bühne noch mehrere Pfropfen gebracht werden. Außerdem war es nötig, über der Bühne wagerechte Bohrungen und senkrechte Löcher von 25 m Tiefe zu stoßen und durch diese Zement in das Gebirge einzugießen, um die Wasser vollständig abzusperren.

III. Das Zementieren vor Beginn des Abteufens.

Nach dem Verfahren von Portier kann man das Gebirge auch schon vor dem Beginne des Abteufens versteinen. Es werden, ebenso wie beim Gefrierverfahren, außerhalb der Schachtscheibe Bohrlöcher auf einem oder zwei konzentrischen Kreisen niedergebracht. In jedes Bohrloch wird ein engeres Zuleitungsrohr bis auf die Sohle eingelassen, das zum Eingießen der Zementmilch dient. Mit dem Aufrücken der Versteinung werden diese Rohre hochgezogen. Im festen Gebirge bleiben die Bohrlöcher unverrohrt; im losen Gebirge werden gelochte Verrohrungen benutzt, die man ebenfalls entsprechend dem Aufsteigen des Zementierprozesses hochzieht.

In Grenay wurden vor dem Abteufen nur 4 Bohrlöcher gebohrt, die von den Schachtstößen 120 mm Abstand hatten; der Aufsatz von Diviš, dem diese Angaben entnommen sind, gibt leider nicht an, ob die Bohrlöcher innerhalb oder außerhalb der Schachtscheibe lagen. Zwei davon wurden nach dem System Raky hergestellt; die Zementmilch wurde während des Bohrens ständig durch das Hohlgestänge eingegossen. In den beiden anderen Bohrlöchern wurde absatzweise gebohrt und zementiert. Um den Einfluß des Bohrverfahrens auf den Versteinungsprozeß feststellen zu können, wurde in den Raky-Bohrungen gefärbter Zement benutzt. Ebenso wurde in den verschiedenen, nacheinander durchbohrten Gebirgsarten jedesmal ein mit einem anderen Farbstoffe vermengter Zement be-

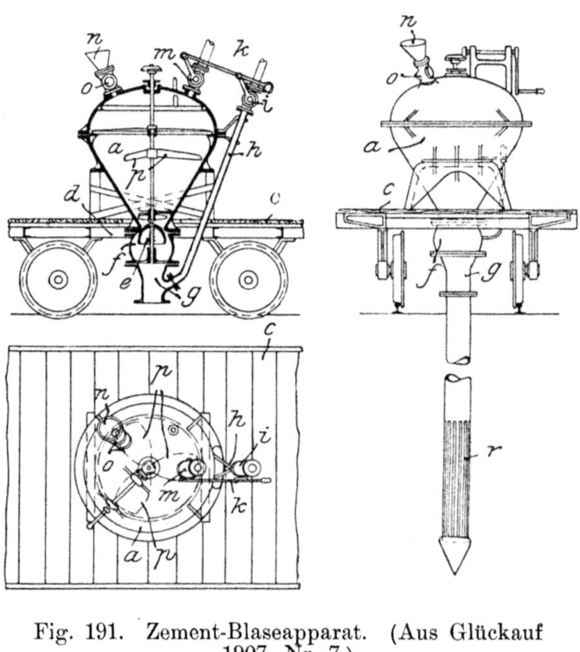

Fig. 191. Zement-Blaseapparat. (Aus Glückauf 1907, Nr. 7.)

nutzt, um zu ermitteln, wie tief er in die verschiedenen Gesteinschichten eindringt. Steile Spalten waren stets besser versteint als flache, weil sich in diesen der Zement mit dem Bohrschmand vermengte. Es stellte sich darum als notwendig heraus, den Schmand vor dem Zementieren durch kräftiges Pumpen zu entfernen.

Nach einem neueren Verfahren wird der Schmand sowie alles, was dem Zementieren hinderlich ist, durch Preßluft weggeblasen. Hierzu dient der nachstehend beschriebene Apparat (Fig. 191). Auf der Plattform *c* eines kleinen Wagens ist der Zementmischbehälter *a* befestigt. Der Zement wird durch den Trichter *n*, der einen Abschlußhahn *o* hat, eingefüllt und mittelst des Rührwerkes *p* mit Wasser vermengt. Während dieser Zubereitung der Zementmilch wird durch den Hahn *i* und das Rohr *h* ein Preßluftstrom in die Bohrlochsverrohrung *g*, die sich unten an den Mischbehälter *a* anschließt, eingeleitet; die Druckluft tritt durch die Schlitze *r* in das Gebirge ein und verdrängt das Wasser und alles der Versteinung Hinderliche. Schließt man nun den Hahn *i*, so wird gleichzeitig durch die Stange *k* der Hahn *m* zwangläufig geöffnet, so daß nun Preßluft in den Mischbehälter *a* eintreten kann. Durch den Luftdruck wird das in der Kammer *f* sitzende, mit einer Feder versehene Ventil *e* aufgestoßen, so daß die Zementmilch in die Bohrlochsverrohrung *g* eintreten kann. Der Weg ins Gebirge ist ihr durch den Druckluftstrom schon geebnet worden. Wird der Druckluftstrom nachher wieder umgestellt, so schließt die Feder das Ventil *e*.

S a c l i e r hat ein Patent auf ein Verfahren, um alle Bohrlöcher gleichzeitig zementieren zu können. Auf jedem Bohrrohre sitzt ein

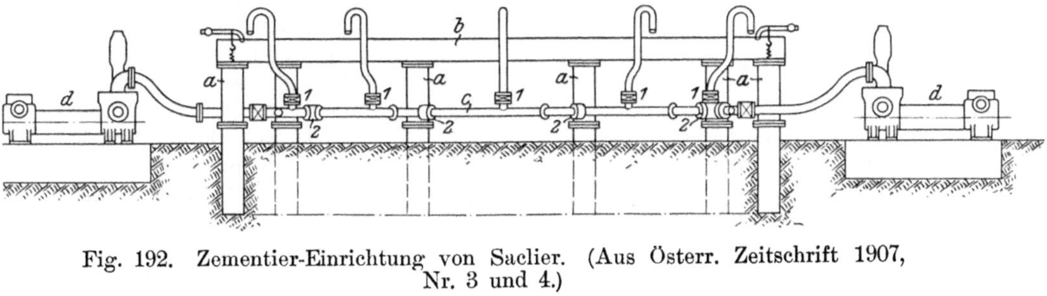

Fig. 192. Zementier-Einrichtung von Saclier. (Aus Österr. Zeitschrift 1907, Nr. 3 und 4.)

Ventilgehäuse *a* (Fig. 192); diese Gehäuse sind untereinander durch eine ringförmige Rinne *b* verbunden, in der die Zementmilch hergestellt wird. Von da aus gelangt sie durch die Ventile *a* in die Bohrlöcher. Unterhalb dieser Ventile münden in die einzelnen Bohrröhren Zweigleitungen, die von der ringförmigen Rohrleitung *c* herkommen und durch diese mit den Pumpen *d* in Verbindung stehen. Es ist also möglich, erst in alle Bohrlöcher Wasser, dann Zementmilch einzulassen. Diese Zementmilch kann nach Schließung der Ventile 1 und Öffnen der Ventile 2 durch den Druck der Pumpen in das Gebirge eingepreßt werden. Bleiben die Pumpen stehen, so ist die Versteinung beendet, d. h. alle Klüfte sind verschlossen.

Auch kann man mit Hilfe dieser Einrichtung feststellen, ob überhaupt Klüfte im Gebirge vorhanden sind. Man öffnet z. B. die Ventile 2 aller mit ungeraden Ziffern bezeichneten Bohrlöcher (oder auch nur eines solchen Bohrloches) und die Ventile *a* der geradzahligen Bohrlöcher und setzt die Wasserpumpen in Gang. Sind Klüfte vorhanden, so wird das Wasser bei 2 einströmen und bei *a* ausströmen. Das wird aber meistens nur bei flach fallenden Klüften eintreffen; denn steiler fallende Klüfte können auch zwischen den Bohrlöchern hindurchgehen.

Saclier hat auch ein Verfahren ersonnen, um die Versteinung in größeren Tiefen von der Schachtsohle aus vorzunehmen. Diese wird mit einem an den Stößen dicht schließenden Schilde bedeckt, durch das die Bohrlochsrohre hindurchgehen.

Ein solches Schild (falscher Boden) wurde auch in Liévin benutzt. Es bestand aus Stahlguß und hatte 6 m lichten Durchmesser. Ein äußerer Ring von 25 cm Breite konnte davon abgenommen werden (Fig. 193), um den Boden auch in Schächten von 5,5 m Durchmesser verwenden zu können. Das Schild selbst ist aus 16 Kreisausschnitten zusammengesetzt; acht von ihnen besitzen Rohrstutzen von 40 cm Durchmesser für die Bohrarbeit und die Zementierrohre. In der Mitte des Bodens befindet sich eine Durchlaßöffnung von 1 m Ø für das Saugrohr der Pumpe.

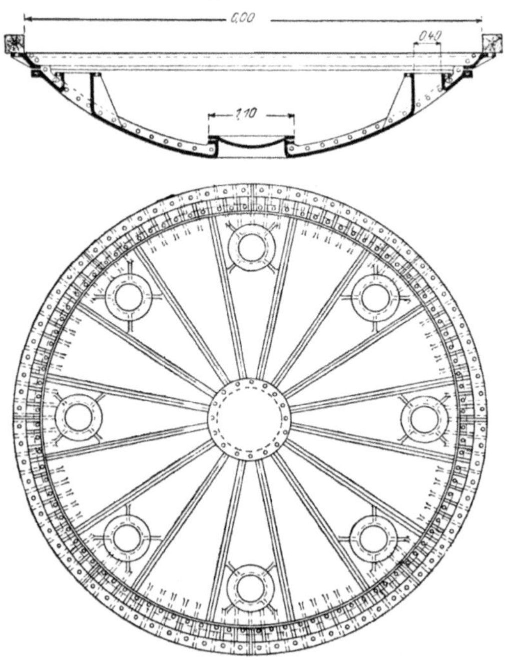

Fig. 193. Schachtboden. (Aus „Glückauf“ 1909, Nr. 7.)

Dieser Boden wurde in Liévin in einer Teufe von 29,3 m unter Tage an der Unterseite der Schachtzimmerung angeschraubt, wobei natürlich alle Fugen gedichtet wurden. Der Raum zwischen der Schachtsohle und dem Schilde wurde mit Steinschlag verfüllt; unter den Rohrstutzen ließ man aber Durchgangsöffnungen im Versatze frei. Darauf wurde in einem der Löcher gebohrt, in einem andern gepumpt; die übrigen blieben verschlossen.

Als man etwa 6 m abgebohrt hatte, traten Wasserzuflüsse von 280 cbm/Stunde ein; deshalb verschloß man alles und begann zu zementieren. Als die 5%ige Zementmilch durch einige Fugen des

Bodens durchtrat, hörte man damit auf und stellte nach einer Erhärtungszeit von 25 Tagen nur noch Zuflüsse von 2 cbm/Stunde fest. Man bohrte nun noch neue Löcher bis in eine 23 m tiefer liegende Sandsteinschicht, baute den Schachtboden aus und teufte weiter ab. Dabei fuhr man eine steile Wasserkluft von 10 cbm/Stunde an, die unversteint geblieben war. Darum baute man den Boden wieder ein und zementierte von neuem. Um ihn zu entlasten, ließ man auf den Boden ebensoviel Wasser laufen, als man unter ihn Zementmilch einspritzte.

Das Zementieren stellte sich (ohne den Tübbingsausbau, der dadurch ja auch erspart wurde) gegenüber einem Gefrierschachte von 84 m Tiefe um etwa 100000 Mk. billiger.

IV. Zementmischungen.

Für gewöhnlich wird die Zementmilch im Verhältnis 1:10 hergestellt, d. h. auf 10 l Zement werden 100 l Wasser gegeben. Gegen Ende des Versteinungsprozesses, wo die Aufnahmefähigkeit des Gebirges gesunken ist, muß die Mischung verdünnt werden; das Verhältnis beträgt dann nur noch 5:100.

Andererseits kann man die Milch um so dicker machen, je schneller die Zementaufnahme vor sich geht. So wurde beispielsweise im Jahre 1904 bei einer Streckenzementierung zu Carmaux auch das Verhältnis 1:1 angewendet.

Vielleicht dürfte es sich empfehlen, auch einmal Versuche mit Magnesiumzement zum Versteinen von wasserführenden Klüften zu machen; gerade zu diesem Zwecke muß er sich infolge seiner Neigung zum Treiben und Blähen vorzüglich eignen.

V. Die Vorteile des Zementierverfahrens.

In der Hauptsache bestehen die Vorteile des Zementierverfahrens darin, daß das Gebirge verfestigt wird, und daß man trocken abteufen kann. Die bei der Wasserhebung ersparten Kosten sowie der schnellere Fortschritt der Abteufarbeiten machen die für das Zementieren aufzuwendenden Mittel bei weitem bezahlt.

Insbesondere scheint das Zementieren berufen zu sein, mit dem Gefrierverfahren in scharfen Wettbewerb zu treten. Es hat diesem gegenüber folgende Vorteile:

1. man braucht weniger Bohrlöcher;
2. das Schiefwerden der Bohrlöcher ist ohne Bedeutung, selbst dann, wenn ein oder mehrere Bohrlöcher in die Schachtscheibe geraten;
3. das Verfahren ist einfacher, billiger und rascher zum Ziele führend;
4. Brüche der Bohrlochsverrohrungen sind von nur untergeordneter Bedeutung;
5. die Wasser sind für immer abgesperrt.

Dritter Abschnitt.

Die Herstellung und der Ausbau von Schächten in festem Gebirge mit bedeutenden Wasserzuflüssen, insbesondere das Schachtabbohren nach Kind-Chaudron.

Benutzte Literatur:

Handbuch der Ingenieurwissenschaften. Bd. IV, 2. Abteil.
Tecklenburg, Handbuch der Tiefbohrkunde. Bd. VI.
L. Hoffmann, Leistungen und Kosten beim Schachtabteufen im Ruhrbezirk. Glückauf 1901, Nr. 36, 37.
Joh. Graefe, Küvelierungen von Schächten nach Kind-Chaudron. Der Bergbau XXI (1907/08), Nr. 33.
Wacker, Betonierungen von Schachtsohlen unter Wasser. Glückauf 1902, Nr. 47.
Sammelwerk, Bd. III.
Wewetzer, Das Abteufen des Schachtes Julius der Bergwerks-Aktiengesellschaft La Houve bei Kreuzwald in Lothringen. Glückauf 1906, Nr. 25.

Die Herstellung von Schächten mittelst Abbohrens ist dann am Platze, wenn die Wasserzuflüsse so bedeutend werden, daß die Arbeit auf der Schachtsohle unmöglich ist. Man soll nicht zn lange damit warten, vom Abteufen auf der Sohle zum Bohren überzugehen; denn die Wasserhaltung ist oft kostspieliger als die Bohrarbeit.

Wenn man erwarten kann, daß es unmöglich sein wird, einen Schacht mit Handarbeit fertigzustellen, so muß man schon beim Ausbau in den höheren Teufen auf die spätere Bohrarbeit Rücksicht nehmen. Man wird dann den Schachtquerschnitt vollständig frei lassen, also keine Schachtscheider, Einstriche, Bühnen, Fahrten und dergleichen einbauen; zum mindesten richtet man es so ein, daß diese sich schnell und bequem entfernen lassen. Doch ist dies nur dann möglich, wenn die zudringenden Wasser nicht allzuschnell aufsteigen, oder wenn man sie bis zur Beendigung dieser Arbeit zu Sumpfe halten kann. Beträgt die Wassertiefe nicht mehr als 50 m, so kann man die Hindernisse auch mit Hilfe eines Tauchers entfernen. Weit häufiger aber bedeckt man die Schachtsohle mit einem Betonpfropfen; ist er erhärtet, so sümpft man die Wasser, entfernt jeglichen Schachteinbau und teuft dann entweder von Hand ab, bis sich wieder die Wasserzuflüsse einstellen, oder man geht sofort zum Abbohren des Schachtes über.

Auch das Betonieren der Sohle wird häufig durch die Schachtscheider, Bühnen, Pumpen usw., die im Schachte zurückgeblieben sind, erschwert. Wenn man bei der Einteilung der Schachtscheibe nicht schon von vornherein auf eine etwaige spätere Betonierung Rücksicht genommen hat, kann man die Arbeit nur durch die Fördertrümer vornehmen. Wacker traf zum Zwecke der Betonierung im Kalisalzschachte Jessenitz folgende Einrichtungen.

Der Beton wurde in viereckigen Kübeln eingelassen, deren unterer Durchmesser etwas weiter war als der obere; dadurch wurde erreicht, daß der Beton leichter aus den Kübeln herausrutschte. Oben und unten waren sie durch Klappen verschlossen; die unteren Klappen wurden während des Einhängens durch einen Bügel *a* (Fig. 194 a—c) und einen Winkelhebel *b* gehalten. An dem Winkelhebel war ein Zugseil *c* angebracht, das bis zu dem Führungskreuze reichte, mit dem jeder Kübel an Seilleitungen geführt wurde. Die

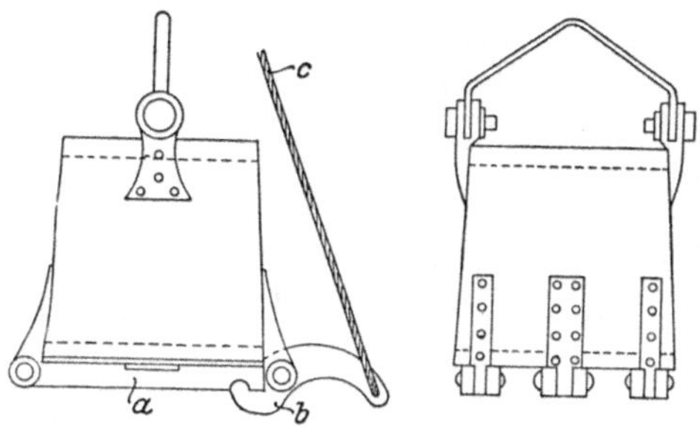
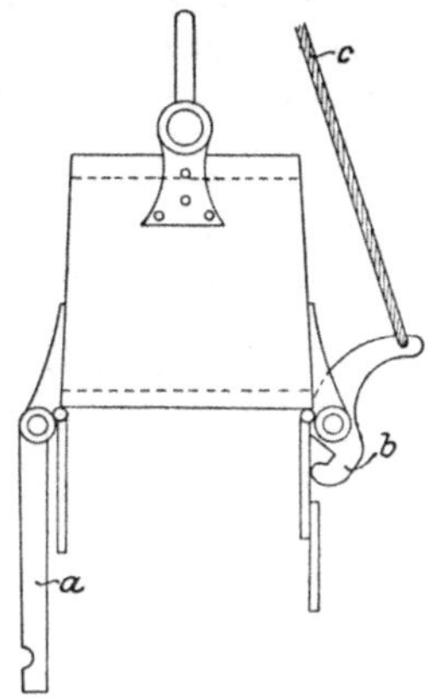

a b c

Fig. 194 a, b, c. Betonierkübel. (Aus „Glückauf“ 1902, Nr. 47.)

unteren Enden dieser Seilleitungen waren an Spreizen befestigt, die einige Meter über der zukünftigen Oberfläche des noch einzubringenden Betonpfropfens im Schachte eingebühnt waren. Setzte sich das Kreuz, wenn der Kübel in der Nähe der Schachtsohle angekommen war, auf die an den Leitungen angebrachte Aufsetzvorrichtung auf, so ging der Kübel allein tiefer; das Zugseil wurde gespannt und öffnete schließlich die Bodenklappen. Mit dem Aufwachsen des Betonpfropfens mußte das Zugseil verkürzt werden.

Ein anderer sich selbsttätig öffnender Kübel, der öfters im Braunkohlenbergbau benutzt wird, besitzt am Boden zwei schräg stehende Klappen *c* (Fig. 195 a, b), die durch die Zapfen *b* des Stempels *a* gehalten werden. Beim Auftreffen auf die Schachtsohle bleibt dieser Stempel stehen, während der Kübel noch tiefer geht. Dadurch werden aber die Klappen frei gegeben.

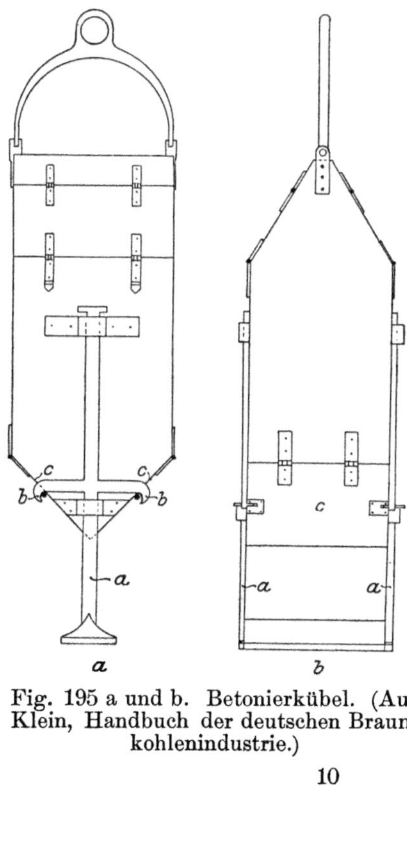

a *b*

Fig. 195 a und b. Betonierkübel. (Aus Klein, Handbuch der deutschen Braunkohlenindustrie.)

Die Fallhöhe des Betons zwischen dem Kübel und der oberen Pfropfenkante darf nicht mehr als 1 m betragen; denn im Klothildeschachte bei Eisleben hatte W a c k e r die Erfahrung gemacht, daß der Beton bei größerer Fallhöhe Schichtung annimmt und dann nicht mehr richtig bindet, weil sich die einzelnen Gemengteile im Wasser nach dem spezifischen Gewichte scheiden. Der 12,5 m hohe Betonpfropfen hatte folgende Zusammensetzung:

1 m	reiner Zement,
3 m	Zement und Sand im Verhältnis 1 : 1,
4,5 m	Zement, Sand und Steinschlag im Verhältnis 1 : 2 : 1,
3 m	Zement und Sand im Verhältnis 1 : 1,
1 m	reiner Zement,
12,5 m	Gesamthöhe.

Die für seine Herstellung aufzuwendenden Kosten betrugen:

M.	11 616	f. Zement,
„	710	„ Sand,
„	130	„ Steinschlag,
„	1 000	„ Löhne,
M.	13 456.	

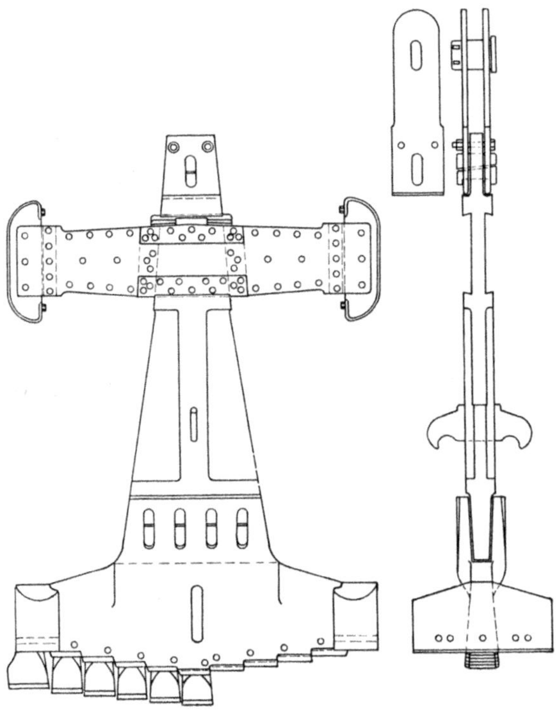

Fig. 196. Der kleine Schachtbohrer. (Aus dem „Sammelwerk“, Band III.)

Um einen gleichsam aus e i n e m Gusse entstandenen Pfropfen zu erhalten, muß man die Betonkübel ohne Pausen und flott hintereinander einlassen. Es hat sich dann aber gezeigt, daß nur der oberste Meter des Zementkörpers fest ist, und daß die Festigkeit tiefer nach unten bedeutend abnimmt. Man kann sich diese Erscheinung wohl nur damit erklären, daß im Innern des Pfropfens das nötige Wasser zum Abbinden des Zementes fehlt.

Obwohl man den Schacht sofort mit seinem vollen Querschnitte abbohren kann, verfährt man namentlich im festen Gestein in der Weise, daß man erst einen Vorschacht

(Einbruch) mit geringerem Durchmesser vorbohrt und diesen dann erweitert. Nach diesem letzteren Verfahren arbeitet insbesondere die Firma Haniel & Lueg in Düsseldorf.

In der Hauptsache gewährt der Vorschacht den Vorteil, daß er als Führung für den großen Bohrer dient, und daß der Bohrschmand leichter entfernt werden kann, weil er sich in ihm ansammelt.

A. Das Bohrgezähe.

1. Der kleine Bohrer.

Der kleine Bohrer (Fig. 196 und 197) hat eine Schneidenbreite bis zu 2,60 m. Die Schneide steigt nach außen an; die Sohle wird

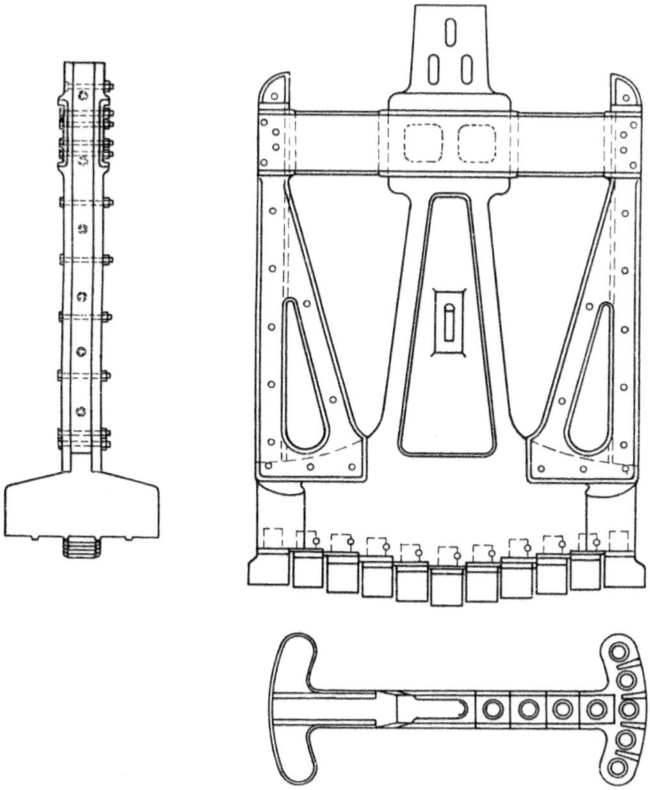

Fig. 197. Der kleine Schachtbohrer. (Aus dem „Sammelwerk“ Band III.)

also trichterförmig ausgearbeitet. Zwecks besserer Bearbeitung in der Schmiede ist die Schneide aus einzelnen Zähnen zusammengesetzt. Diese werden am Bohrerschafte mit Bolzen befestigt. Das Gewicht des aus Stahlformguß angefertigten Meißels beläuft sich bis auf 9800 kg. Am oberen Schaftende ist der Bohrer mit einem Führungs-

10*

kreuze versehen; dieses soll verhindern, daß er sich im Schachte schief stellt.

2. Der große Bohrer.

Der große Bohrer (Fig. 198) hat bis zu 5,05 m Schneidenbreite. Sein Gewicht beträgt dann 24 600 kg. Die Schneide ist in der Mitte durch einen Bügel unterbrochen, der den Bohrer im Vorschachte führt. Zur ferneren Führung ist auch am oberen Ende ein Führungskreuz

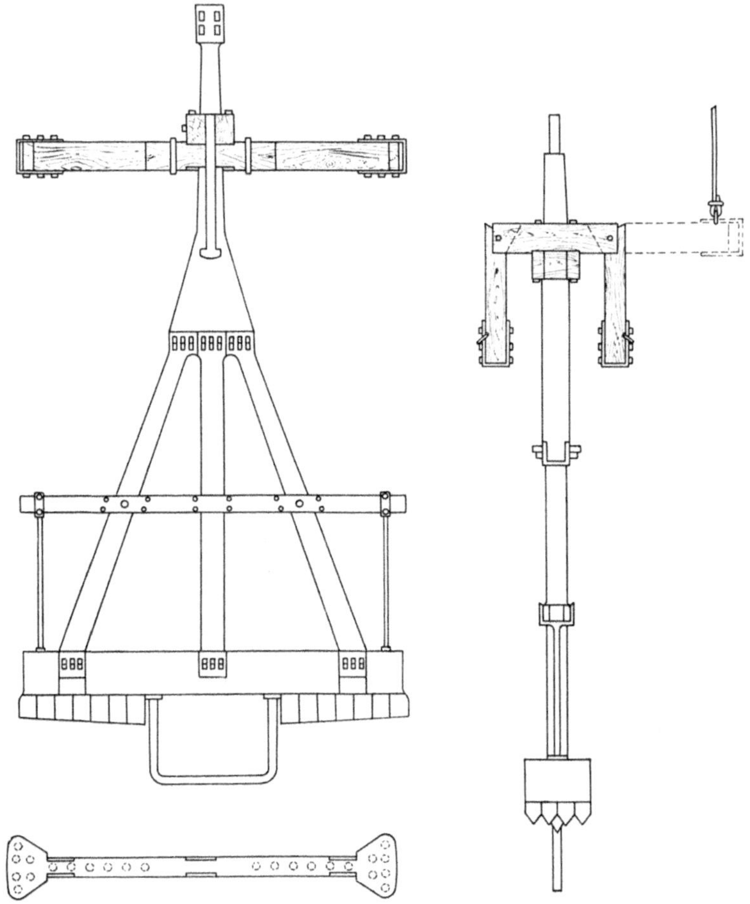

Fig. 198. Der große Schachtbohrer. (Aus dem „Sammelwerk", Band III.)

angebracht. Zwei von diesen Führungsarmen lassen sich in einem Gelenk nach unten senken, damit der Bohrer beim Aufholen und Einlassen durch einen Schlitz in der Arbeitsbühne durchkann. Die Zahl der Zähne beläuft sich auf 18—20. Beim Vorhandensein von Füchsen werden die Kopfzähne durch Schruppzähne ersetzt; auch hat man in einem solchen Falle den Bohrer mit einem zylindrischen Führungsmantel vom Durchmesser des Schachtes umgeben, der am Unterrande gezahnt war.

3. Das Bohrgestänge.

Das beste Material für die Bohrstangen ist das Pitchpine-Holz. Die Stangen erhalten bei 18—20 m Länge einen Querschnitt von 22 × 22 cm. Die Verbindung der einzelnen Stangen erfolgt durch Verschraubung. Zur Anbringung der Schlösser sind sie mit einem gabelförmigen Eisenbeschlage versehen; dieser wird so schwer gemacht, daß die Stangen im Wasser weder Auftrieb haben noch untersinken. Die Verbindung des Bohrers mit der Tagesfläche ist also vollkommen gewichtslos. Jede Stange hängt in einem besonderen Bohrwagen (Fig. 199), der auf Schienen im Bohrturme läuft.

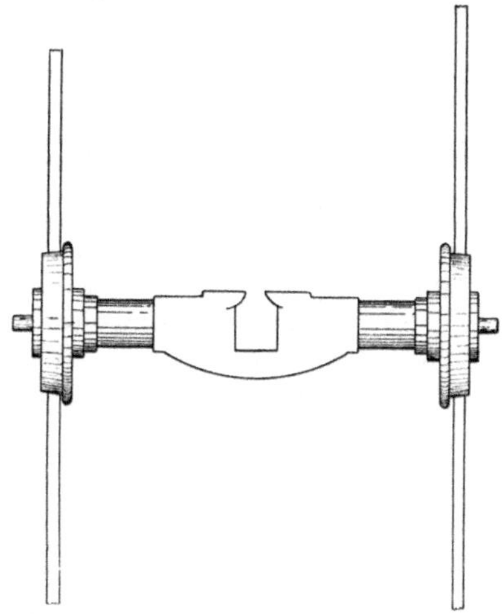

Fig. 199. Gestängewagen. (Aus Tecklenburg, Handbuch der Tiefbohrkunde, Band VI.)

Außer den Hauptbohrstangen sind noch eiserne Einsatzstücke vorhanden. Diese werden zwischen dem Gestänge und der Nachlaßvorrichtung so lange eingeschaltet, bis für eine neue Stange Platz da ist.

4. Die Zwischenstücke.

Als Zwischenstücke werden über dem Bohrer sowohl die Rutschschere als auch der Freifallapparat von Kind verwendet. Sie sollen das Gestänge vor Stauchungen bewahren und verhüten, daß die vom Bohren herrührenden Erschütterungen sich auf dieses übertragen. Der Freifallapparat kommt während des Vorbohrens, die Rutschschere während der Erweiterung zur Anwendung. Dies kommt daher, daß beim Arbeiten mit der Rutschschere der Bohrer keine große Wucht erhält, da er nicht frei herabfällt; dieser Mangel wird durch das bedeutendere Gewicht des großen Bohrers ausgeglichen. Der Freifallapparat läßt sich im Erweiterungsschachte nicht gebrauchen, weil sich der Bohrer beim Auftreffen auf Klüfte schief stellt und dann nur schwer gefaßt werden kann.

Mit der Rutschschere werden in der Minute 6—10 Schläge bei 30—40 cm Hubhöhe geführt. Beim Freifallbohren beträgt die Hubzahl 12—20 bei 25—35 cm Hubhöhe.

Der Umsetzungswinkel ist gleich $^1/_{10}$—$^1/_{20}$ des Schachtumfanges. Das Umsetzen erfolgt am Krückel, das Nachlassen an einer Stellschraube.

5. Der Schlammlöffel.

Der Schlammlöffel ist ein 3—4 m hoher Zylinder aus Eisenblech, dessen Durchmesser etwas geringer als der des Vorschachtes ist. Er hängt in einem Bügel, der nicht am Oberrande, sondern in der Mitte der Löffelhöhe angreift. Der Löffel läßt sich dann beim Entleeren leichter kippen. Um ein vorzeitiges Kippen zu vermeiden, ist eine Feststellvorrichtung angebracht. Im Boden befinden sich zwei Klappenventile. Für den Fall, daß das eine von diesen Ventilen undicht werden sollte, teilt man den Schlammlöffel durch eine Scheidewand in zwei Kammern. Läuft aus einer der Bohrschmand heraus, so wird der Löffel nur halb leer.

Während des Vorbohrens wird täglich mehrmals gelöffelt. Die Zeitdauer hierfür beträgt $^1/_2$—1 Stunde.

Während der Erweiterung sammelt sich der Schmand im Vorschachte an, der immer mindestens 5—10 m voraus sein muß. Hier wird nur etwa alle acht Tage gelöffelt. Diese Arbeit beansprucht dann 3—6 Stunden.

6. Die Fanggeräte.

Die am häufigsten angewendeten Fanggeräte sind:
- der Glückshaken zum Fangen von Gestänge,
- der Fanghaken (Löffelhaken) zum Fangen des Schlammlöffels
- und der Klauenfänger oder Krätzer (ähnlich dem Eisenfänger von Zobel) zum Ergreifen von Gegenständen, die auf die Schachtsohle gefallen sind.

B. Die Einrichtungen über Tage.

1. Der Bohrturm.

Über dem Schachte ist ein ungefähr 25 m hoher Turm errichtet. Er hat eine größere Anzahl von Bühnen; auf der obersten laufen die Gestängewagen auf Schienen, zwischen denen ein Schlitz für die herabhängenden Stangen offen ist. Auch die unterste Bühne ist mit Gestänge versehen; auf diesem fahren die Wagen für die beiden Bohrer und den Schlammlöffel. Bohrer- und Löffelwagen werden mittelst Kurbeln und Zahnradübersetzung hin- und hergefahren.

In dem gemauerten Vorschachte ist eine viereckige Bohrbühne (Fig. 200) von ungefähr 6 m Seitenlänge errichtet. In ihrer Mitte befindet sich eine etwa 2,5 m breite, ebenfalls 6 m lange Öffnung zum Fördern der Bohrer und des Löffels. Während des Bohrens ist sie überdeckt.

Zum Abfangen der Bohrstangen während der Förderung dienen zwei Abfangebalken.

2. Die Betriebsmaschinen.

Das Gestänge wird durch einen eisernen Schwengel (Balanzier) von ca. 9 m Länge und 1—1,2 m Höhe in auf- und niedergehende

Bewegung versetzt. Zum Antriebe desselben dient ein stehender Dampfzylinder mit Handsteuerung.

Die Gestängeförderung wird mit Hilfe einer Zwillingsmaschine von 150—200 PS besorgt, welche doppeltes Vorgelege besitzt. Das dazugehörige Aloeflachseil erhält eine Bruchfestigkeit von 180000 kg.

Zum Löffeln dient eine zweite Maschine mit einfachem Vorgelege, die 200 bis 300 PS leistet. Das Löffelseil besteht aus Tiegelgußstahl und hat eine Bruchfestigkeit von 120 000 kg.

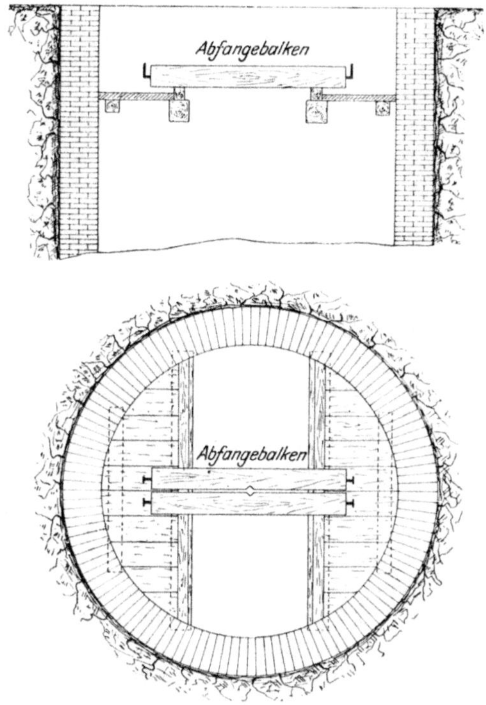

Fig. 200. Bohrbühne.

C. Der Ausbau.

1. Verlorener Ausbau.

Während des Abbohrens stellt sich gern Nachfall ein, der durch verlorenen Ausbau zurückgehalten werden muß. Finden sich die Nachfallschichten unmittelbar über der Sohle vor, so senkt man einen eisernen Blechzylinder bis auf diese ein und arbeitet dann mit etwas verkleinertem Erweiterungsbohrer weiter. Es bleibt also unter dem Blechrohre eine Gesteinsbrust stehen.

Auf Schacht Kaiseroda bei Salzungen mußten drei derartige Verrohrungen in verschiedenen Teufen eingebaut werden. Die oberste Verkleidung hatte bei 4,83 m Schachtdurchmesser einen äußeren Durchmesser von 4810 mm. Sie bestand aus 20 mm starken Blechen, die im Verbande vernietet waren. Der Unterrand war zugeschärft, der Oberrand etwas verbreitert, um den Zylinder noch durch Beschwerung mit dem großen Bohrer nachdrücken zu können. Ein zweiter Rohrstrang, der keinen festen Fuß finden konnte, wurde an vier Flachseilen aufgehängt, die bis zu Tage reichten.

2. Endgültiger Ausbau.

a) Die Küvelage.

Der Ausbau eines Bohrschachtes besteht immer aus gußeiserner Küvelage. Diese ist aus geschlossenen Ringen von 3650—4100 mm lichtem Durchmesser und 1,5 m Höhe zusammengesetzt. In einigen Fällen wurde der lichte Durchmesser in letzter Zeit auf 4,4 m erweitert; doch bereitet dann der Bahntransport Schwierigkeiten.

Die Wandstärke nimmt alle 10 – 18 m um 3—5 mm zu. Von einer Schachtbohrung seien folgende Angaben über die Wandstärken angeführt; sie betrugen:

bei 102,5 m Teufe	48 mm
„ 244,0 „ „	76 „
„ 301,0 „ „	90 „
„ 368,0 „ „	105 „

Für ihre Berechnung gilt die Formel:

$$E = \frac{R \cdot P}{S}.$$

Es bedeutet hier E = Wandstärke, R den äußeren Radius der Küvelage, P den äußeren Druck in Atmosphären, S die Materialspannung je Quadratzentimeter (500—800 kg).

Das Gewicht der Schachtringe beträgt bei 3,65 m Durchmesser und 32—44 mm Wandstärke 5100—6700 kg. Im Durchschnitt wiegt 1 m Küvelage ohne Schrauben und Dichtungen 12 200 kg.

Der Preis beläuft sich auf 14 – 22 Mark für 100 kg.

Der Schachtausbau wird von Tage aus bis auf die Schachtsohle eingesenkt. Dabei muß von vornherein dafür Sorge getragen werden, daß beim späteren Sümpfen keine Wasser mehr aus dem wasserführenden Gebirge in das Schachtinnere eindringen können. Dies wird dadurch erreicht, daß man noch mehrere Meter tief in das wassertragende Gebirge bohrt und dort den Küvelagefuß verlegt; damit aber unter diesem Fuße kein Wasser mehr durchdrückt, besteht der unterste Teil der Küvelage aus der stopfbüchsenartig gearbeiteten Moosbüchse.

Die Moosbüchse besteht aus den zwei Ringen a und b (Fig. 201 und 205), die sich ineinander verschieben lassen. Der obere von beiden, der Mantelring b, hat einen um ca. 25 cm größeren Durchmesser als die Tübbingsringe und wird daher aus Segmenten zu-

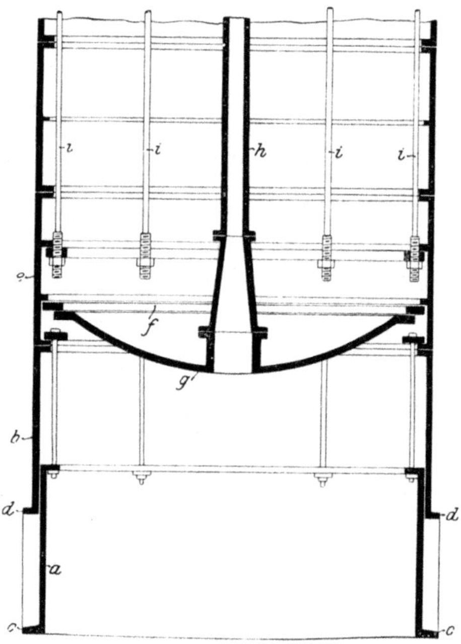

Fig. 201. Moosbüchse mit Gleichgewichtsboden und Gleichgewichtsröhre.

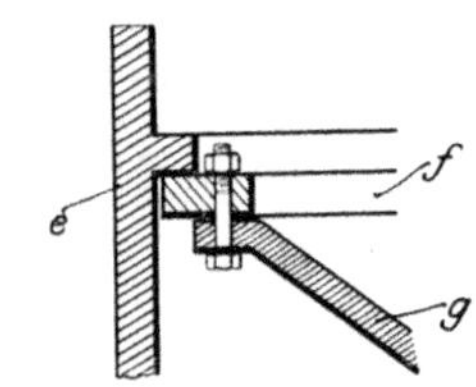

Fig. 202. Befestigung des Gleichgewichtsbodens am Mantelringe. (Aus „Handbuch der Ingenieur-Wissenschaften," Band IV.)

sammengesetzt, falls der Durchmesser für den Bahntransport zu groß werden sollte. Jeder Ring besitzt am unteren Ende einen nach außen vorspringenden Flansch *c* und *d*. Eine zwischen ihnen angebrachte Moospackung von 1,20 m Höhe wird beim Auftreffen auf die Schachtsohle bis auf eine Höhe von 20—40 cm zusammengedrückt. Da sie dadurch dicht an die Schachtstöße gepreßt wird, bewirkt sie den Wasserabschluß.

An der ersten wagerechten Verstärkungsrippe des auf den Mantelring folgenden Tübbingsringes *e* wird mittelst des Tragringes *f*

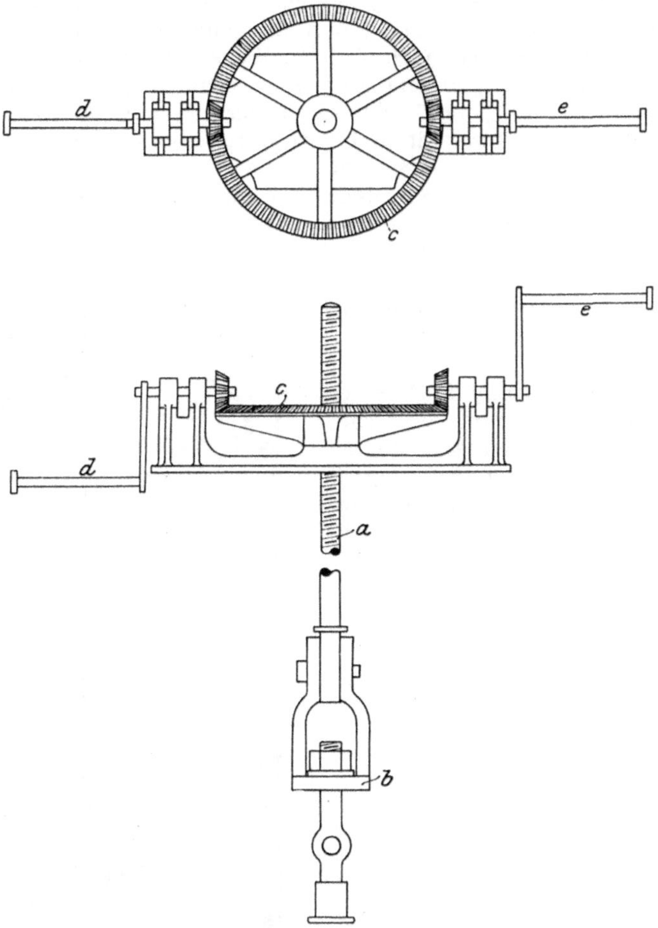

Fig. 203. Senkwinde. (Aus „Handbuch der Ingenieur-Wissenschaften“, Band IV.)

(Fig. 201 und 202) der Gleichgewichtsboden *g* befestigt. Der Tragering und der Gleichgewichtsboden bestehen aus Gußeisen oder — bei größeren Teufen — aus Stahlguß. Auf den Gleichgewichtsboden wird die Gleichgewichtsröhre *h* aufgesetzt.

Der Zweck der Gleichgewichtsröhre ist, beim Aufsetzen der Moosbüchse auf die Schachtsohle das unter dem Gleichgewichtsboden eingeschlossene Wasser nach oben entweichen zu lassen. Sie muß im Küvelagekörper durch paarweise seitlich angebrachte Holzspreizen gehalten werden, welche in Abständen von 4—6 m senkrecht übereinander liegen. Diese müssen genau eingefluchtet sein, damit innerhalb des Senkkörpers für das spätere Sümpfen mit Wassertonnen hinreichend Platz bleibt.

An der nächsten Verstärkungsrippe über dem Gleichgewichtsboden fassen sechs bis zu Tage reichende Ankerstangen *i* (Fig. 201) an. An diesen Ankerstangen hängt die Küvelage während des Einlassens so lange, als sie noch nicht im Wasser zu schwimmen vermag.

Auf die Ankerstangen sind zuoberst Schraubenspindeln *a* (Fig. 203) mit Wirbeln *b* aufgesetzt. Die zugehörige Mutter ist in die Nabe des Kegelrades *c* eingekeilt und wird durch die mit Zahnrädern versehenen Kurbeln *d* und *e* gedreht.

Beim Absenken der Küvelage bis auf den Wasserspiegel muß die unter dem Gleichgewichtsboden vorhandene Luft entfernt werden. Hierzu dienen einige Kupferröhrchen *a* (Fig. 204), Durchbohrungen des Trageringes bei *b* oder solche des Bodens bei *c*.

Sobald der Ausbau im Wasser zu schwimmen beginnt, entfernt man die Senkgestänge. Beim weiteren Aufbau von Küvelageringen läßt man ins Innere der Schachtauskleidung Wasser eintreten, damit sie entsprechend dem

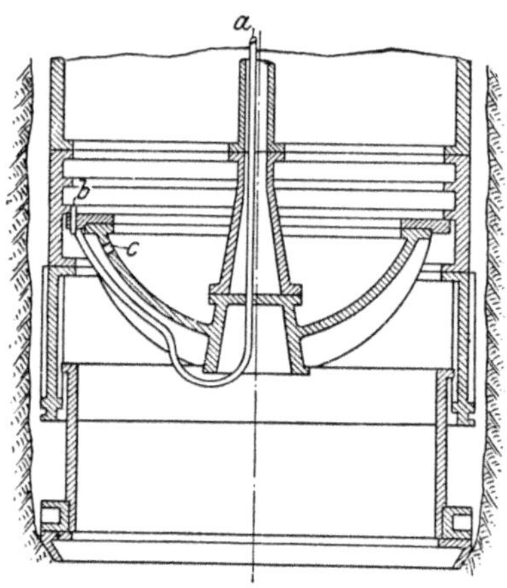

Fig. 204. Entfernen der Luft unter dem Küvelageboden. (Aus Bergbau XXI, Nr. 33.)

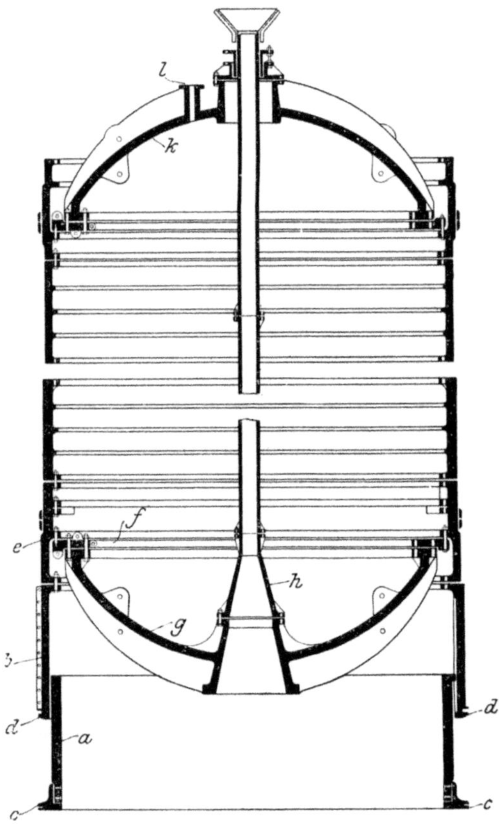

Fig. 205. Küvelage mit Deckel. (Aus dem „Sammelwerk" Band III.)

Aufwachsen tiefer einsinkt. Sie muß dabei immer gerade noch einige Meter über den Wasserspiegel hervorragen. Das Wasser wird von Tage her eingeleitet, oder man läßt es aus der Gleichgewichtsröhre austreten, in welcher zu diesem Zwecke Hähne in Abständen von je 10 m vorgesehen sind.

Früher ließ man die Küvelage und die Gleichgewichtsröhre immer bis über den Wasserspiegel reichen. Stand dieser im Schachte hoch über der oberen Grenze des wasserführenden Gebirges, so brachte dies eine bedeutende Erhöhung der Kosten mit sich. Bei 100 m unnötigem Ausbau würden beispielsweise die Mehrkosten 150 000 Mark betragen. Aus diesem Grunde wird die Küvelage in neuester Zeit nur noch bis ungefähr 10 m über das wasserführende Gestein aufgeführt. Um sie leicht unter Wasser einsenken zu

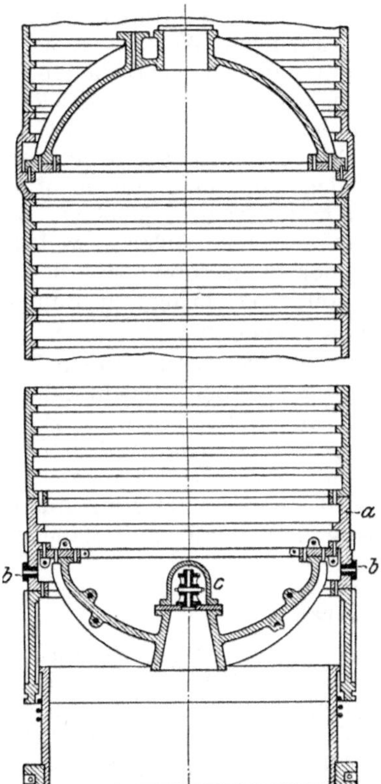

Fig. 206. Senk-Küvelage von Gräfe. (Aus Bergbau XXI, Nr. 33.)

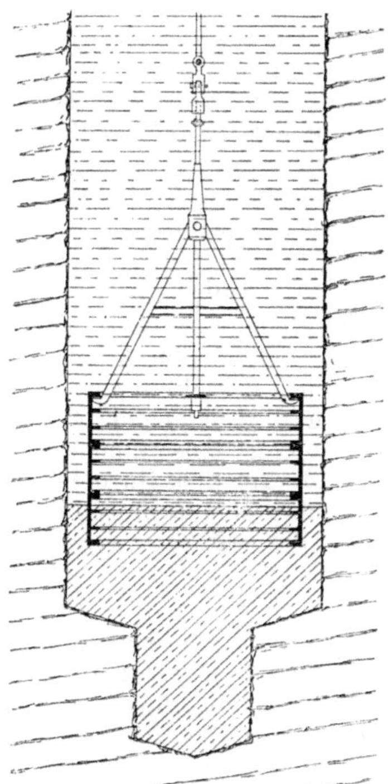

Fig. 207. Küvelage von Riemer mit Hakenapparat.

können, erhält die Küvelage als oberen Abschluß einen Deckel *k* (Fig. 205). Damit man Wasser ins Innere der Küvelage einlassen und sie so zum Sinken bringen kann, befindet sich im Deckel ein von Tage aus zu öffnendes Ventil *l*. Das Gleichgewichtsrohr reicht durch die ganze Küvelage bis über den Deckel. Setzt sich der Ausbau auf die Schachtsohle auf und schiebt sich die Moosbüchse zusammen, dann entweicht das unter dem Gleichgewichtsboden befindliche Wasser durch das Gleichgewichtsrohr nach oben.

Das Einsenken dieses Ausbaues unter Wasser erfolgt am Gestänge. An diesem ist ein besonderer Hakenapparat (Fig. 207) angebracht, welcher an einem über den Deckel hinausragenden Küvelageringe angreift. Er läßt sich durch Rechts- bezw. Linksdrehen des Gestänges zum Eingriff bringen oder lösen.

Nach beendetem Einsinken läßt man die Küvelage voll Wasser laufen, damit das Moos in der Moosbüchse gut zusammengepreßt wird.

Die Ausgleichsröhre erhöht die Küvelagekosten und kann zudem während des Absenkens durch hinunterfallende schwere Gegenstände beschädigt werden; das an einer solchen Stelle durchtretende Wasser vergrößert das Küvelagengewicht in gefährlicher Weise. Außerdem sammeln sich während des Einsenkens unter dem Küvelageboden Luft bezw. Gase an, die sich aus dem Wasser ausscheiden. Mit Rücksicht darauf schlägt Graefe folgende Abänderungen (D. R. P. 197 588) an der Küvelage vor (Fig. 206). Der den Gleichgewichtsboden tragende Ring *a* erhält Ventile *b*, die sich nur nach außen öffnen. Durch sie kann jederzeit das unter dem Gleichgewichtsboden vorhandene gepreßte Gas sowie später das Wasser nach außen entweichen. Im Gleichgewichtsboden wird ein mit einer Schutzkappe überdeckter Hahn *c* angebracht; mit seiner Hilfe soll nach erfolgtem Sümpfen festgestellt werden, ob der Wasserabschluß gelungen ist.

J. Riemer will seinem D. R. P. 159 522 zufolge auch ohne Gleichgewichtsboden küvelieren. Die Ringe werden einzeln oder zu mehreren am Hakenapparat eingebracht und aufeinandergesetzt. Zur Dichtung dienen elastische Dichtungsringe, die sich unter dem Druck der Tübbings zusammenpressen. Damit sich die Küvelage nicht schief auf die Schachtsohle aufsetzt, wird der unterste Ring am Gestänge über der Sohle in der Schwebe gehalten und mit Beton umgossen (Fig. 207).

b) Das Betonieren.

Zwischen der Küvelage und dem Gebirge ist ein ringförmiger Raum von 20—30 cm freigeblieben. Dieser wird ausbetoniert, um die Wasser vollständig im Gebirge zurückzuhalten. Der Beton wird in besonderen Betonlöffeln (Fig. 208) eingelassen. Ein solcher Löffel besteht aus Blech und ist nach der Schachtrundung gebogen. Im Boden besitzt er zwei Klappen *a*, die während des Einlassens geschlossen sind. An der Stange *b* ist oben das Förderseil befestigt; unten besitzt sie eine Schere *c*, an welcher die Kette *d* hängt. Diese ist während des Einlassen infolge des Seilzuges gespannt; beim Aufsetzen auf die Sohle bildet sich Hängeseil; die Schere öffnet sich alsdann und gibt die Schere frei, so daß bei dem nun folgenden Anheben die Bodenklappen nach unten schlagen und der Beton auf der Sohle zurückbleibt.

Es werden immer je zwei Betonlöffel von einem gemeinsamen Haspel in der Weise bedient, daß der eine hinunter, der andere nach oben geht. Jeder wird an zwei dünnen Rundseilen geführt; diese sind unten an dem ersten Küvelageringe über der Moosbüchse befestigt; über Tage sind sie auf den Trommeln von Handkabeln aufgewickelt.

Die Gleichgewichtsröhre muß während des Betonierens durch einen Eisenblechhut oder dergleichen bedeckt sein; denn es geht unterwegs viel Beton verloren, der sich zum Teil auf dem Deckel ansammelt, zum Teil aber in die Röhre eindringt und sie verstopft.

Die beim Betonieren erzielte tägliche Leistung beträgt im Durchschnitt 3,6 m.

Der Zementgehalt des Betons ist von der Höhe über der Moosbüchse abhängig. Nach Tecklenburg wird das 1. Fünftel mit reinem Zement, das 2. Fünftel mit 1 Zement und 1 Sand, das 3. mit 1 Zement und 2 Sand, das 4. mit 1 Zement und 1 Sand und das 5. wieder mit reinem Zement ausgefüllt.

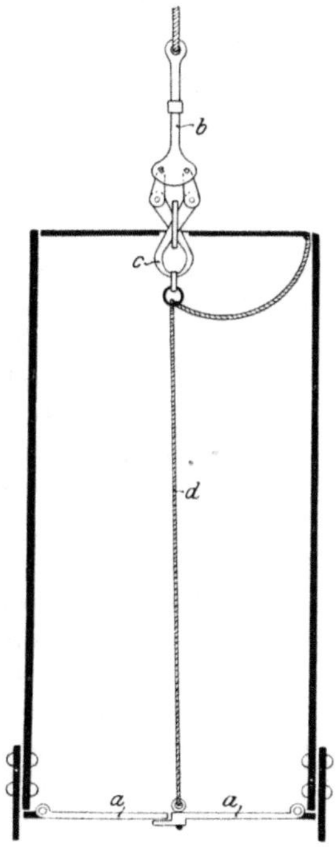

Fig. 208. Betonlöffel von Chavatte.

c) Das Sümpfen.

Nachdem man dem Beton 6 Wochen Zeit zum Erhärten gelassen, sümpft man den Schacht mit zylindrischen Blechgefäßen von ca. 5 m Höhe und bis zu 1 m Durchmesser. Diese werden an einem der Betonierhaspel zweitrümig eingelassen. Hierbei werden der Deckel, die Gleichgewichtsröhre und der Gleichgewichtsboden ausgebaut, sobald sie sichtbar werden, und mittelst der Kabelmaschine herausgefördert.

Fig. 209. Schraube aus dem Gleichgewichtsboden. (Aus dem „Handbuch der Ingenieur-Wissenschaften“, Band IV.)

Um bereits vor Entfernung des Gleichgewichtsbodens feststellen zu können, ob der Wasserabschluß gelungen ist, besitzt eine der Schrauben, die den Gleichgewichtsboden mit der Küvelage verbinden, eine Durchbohrung (Fig. 209). Diese ist durch die Schraubenmutter verschlossen; wird sie abgeschraubt und spritzt kein Wasser heraus, so hält die Moosbüchse dicht.

d) Das Unterbauen der Küvelage.

Nach Entfernung des Gleichgewichtsbodens teuft man ohne Schießarbeit weiter ab. Unter der Moosbüchse bleibt eine Gesteinsbrust stehen. Der dann herzustellende Unterbau besteht aus deutscher

Küvelage, die auf ein oder zwei Keilkränzen aufruht. Der oberste Tübbingsring erhält nicht einen horizontalen Flansch, sondern einen solchen, der schräg nach außen abfällt. Diese Fuge wird mit keilförmigen Brettchen pikotiert.

Es ist gut, auch das obere Ende der Küvelage durch Keilkränze abzuschließen.

D. Leistungen.

Bei sämtlichen Schachtbohrungen in Westfalen konnte bis jetzt nicht wahrgenommen werden, daß die Tiefe irgendeinen ungünstigen Einfluß auf die Leistung ausübte.

Bei der Bohrarbeit beträgt die monatliche Leistung in Westfalen durchschnittlich 3,5 m. Der kleine Bohrer leistet in einem Monate 12 m, der große im Durchschnitt 5,5 m.

Zur Berechnung des Zeitbedarfes für das Einlassen der Küvelage kann man annehmen, daß auf je 2 m Küvelagenhöhe ein Tag erforderlich ist.

Beim Betonieren wurden in früherer Zeit täglich 3,6 m hinterfüllt. In den letzten Jahren ist jedoch die Leistung infolge verbesserter Apparate auf 7,4 m pro Tag gestiegen.

Zur Freilegung der Schachtsohle sind je nach Höhe des Wasserspiegels 2—6 Wochen nötig.

E. Kosten.

Bei 4,40 m Durchmesser und einer mittleren Bohrteufe von 50 bis 350 m Höhe kosten

		Mk.		Mk.
1.	Einrichtungen und Apparate 50 % von 200 000 bis 280 000 Mk.	100 000	bis	140 000
2.	Küvelage, je Meter Höhe derselben . .	1 200	„	2 600
3.	Beton, je Meter Höhe	150	„	150
4.	Sonstige Materialien und Kosten der Dampferzeugung je Meter Bohrschacht	800	„	1 400
5.	Löhne und Gehälter je lfd. Meter Bohrschacht	1 800	„	2 800
6.	Verschiedenes, insgesamt	50 000	„	100 000

(aus „Glückauf“ 1901, Nr. 36/37).

Die nachstehende Tabelle gibt die auf 1 m Bohrschacht entfallenden Kosten für mittlere Bohrteufen von 50—350 m bei einem Durchmesser von 4,40 m an.

Mittlere Bohrteufe m	Kosten je lfd. Meter in Mark bei einer Höhe des abzubohrenden Schachtteils von 100 m	50 m
50	6000	7000
100	6200	7300
150	6500	7600
200	7000	8200
250	7800	9000
300	8700	10000
350	9600	11000

(aus „Glückauf" 1901, Nr. 36/37).

F. Anwendbarkeit des Schachtbohrens.

Für die Anwendbarkeit des Schachtbohrens gelten nach L. Hoffmann folgende Regeln:

1. Beträgt die mittlere Bohrteufe nicht mehr als etwa 50 m und der Wasserzufluß hierbei weniger als etwa 8 cbm je Minute, so stellt sich das Kind-Chaudronsche Verfahren teurer als das Abteufen auf gewöhnliche Weise.

2. Steigt die mittlere Teufe auf etwa 100 m, so ist dasselbe der Fall, solange der Wasserzufluß etwa 4 cbm nicht überschreitet.

3. Beträgt die mittlere Teufe mehr als ungefähr 150 m, so sind die Kosten bei einem Wasserzuflusse von 4 cbm einerseits und einer Höhe des abzubohrenden Schachtteils von etwa 50 m anderseits bei beiden Verfahren nicht wesentlich verschieden, während bei größerer Menge der zusitzenden Wasser oder größerer Mächtigkeit der wasserreichen Schichten sich das Bild ganz erheblich zugunsten des Kind-Chaudron-Verfahrens verschiebt.

G. Die Küvelage von Bohrschächten in großen Teufen.

Mit zunehmender Schachttiefe muß auch die Wandstärke der Tübbings vergrößert werden. Mit Rücksicht auf fehlerfreien Guß darf diese aber 110—125 mm nicht übersteigen. Eine Abhilfe wird hier durch die Verfahren von Tomson und von Haniel und Lueg geschaffen.

Tomson will innerhalb der Schachtscheibe vier getrennte Küvelagen absenken (Fig. 210) und die Zwischenräume ausbetonieren. Wegen des geringen Durchmessers der Senkzylinder sind geringere Wandstärken möglich.

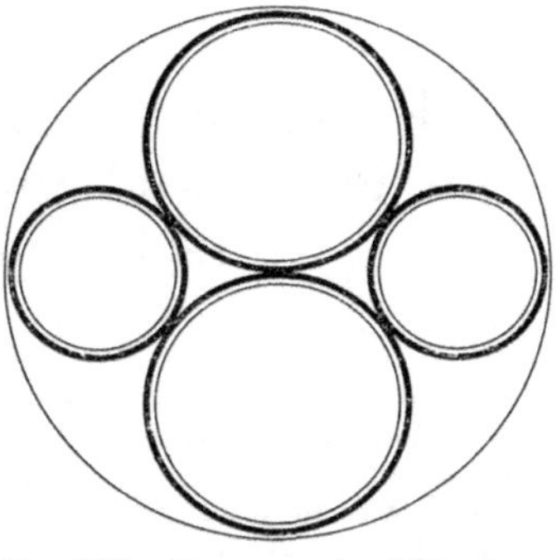

Fig. 210. Tomsonsche Küvelage für große Teufen.

Haniel und Lueg wenden zwei konzentrische Küvelagen an. Der ringförmige Zwischenraum zwischen beiden soll mit Beton, Preßluft oder Druckwasser angefüllt werden. Der Druck dieser beiden letzteren Mittel muß immer gleich der Hälfte des auf den untersten, äußeren Tübbingsring wirkenden Wasserdruckes sein. Beträgt dieser z. B. 70 Atmosphären, so ist zwischen den Küvelagen ein solcher von 35 Atm. zu halten. Alsdann ist die äußere Tübbingssäule mit 70 — 35 = 35 Atm. und die innere ebenfalls mit 35 Atm. beansprucht.

H. Das Schachtbohren nach Mauget-Lippmann.

Außer nach dem Verfahren von Kind-Chaudron können Schächte auch nach dem von Mauget-Lippmann abgebohrt werden. Da diese Methode in Deutschland nur in einigen wenigen Fällen zur Anwendung gekommen ist, genügt es, wenn hier die Hauptunterschiede gegenüber Kind-Chaudron angegeben werden.

Der Schacht wird sofort mit seinem vollen Durchmesser, also ohne Vorschacht, hergestellt. Der Bohrer, dessen Schneide die in Fig. 211 angegebene Grundrißform hat, wird durch eiserne Gestänge und mit Hilfe des Freifallapparates von Degoussée bewegt. Zum Antriebe des Schwengels dient eine liegende Maschine mit Kurbelscheibe und Pleuelstange. Der Schlammlöffel besitzt am Boden 27 Tellerventile.

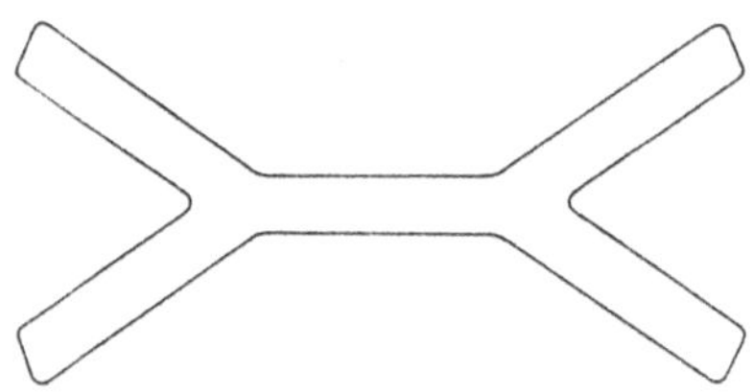

Fig. 211. Schachtbohrer nach Mauget-Lippmann (Grundriß).

An der Küvelage fehlt die Gleichgewichtsröhre. Der Wasserballast wird während des Einsenkens durch einen als Heber wirkenden Schlauch von außen zugeführt.

Das Betonieren erfolgt durch Rohrleitungen, die entsprechend dem Aufgehen des Betons hochgezogen werden.

Vierter Abschnitt.

Die Herstellung und der Ausbau von Schächten im losen und gleichzeitig wasserführenden (schwimmenden) Gebirge.

Benutzte Literatur:

Max Venator, Über Abteufen mittelst des Haaseschen Röhrenverfahrens. Sächsisches Jahrbuch 1901.
Die Verwendung komprimierter Luft beim Absinken des Schachtes Sterkrade der Aktiengesellschaft Gutehoffnungshütte. Glückauf 1898, Nr. 10.
R. Wabner, Abteufen und Auszimmern von Schächten im gebrächen, rolligen oder losen Gebirge mit sogenannter Schleißenzimmerung in Oberschlesien. Berg- und hüttenmännische Zeitung 1890, Nr. 2.

Heise, Neue Tübbings. Der Bergbau XVIII, Nr. 48, 49.
Über ein neues Abteufverfahren. Braunkohle 1907, Nr. 48.
Martin, Schachtabteufen im Schwimmsande mittelst Strohwiepen. Braunkohle 1908, Nr. 6.
F. Wanjura, Schachtabteufen durch Schwimmsand in Nordamerika nach Friestedts Verfahren. Kohle und Erz 1907, Nr. 7.
Herrmann, Das Durchteufen des Buntsandsteins in den Schächten Jelka und Winckler des Steinkohlenbergwerks Preussen in Miechowitz O.-S. Kohle und Erz 1906, Nr. 4, 5.
Oberschlesische Zeitschrift 1904, Heft 12.
Peinert, Das Durchteufen und Entwässern von lockeren, wasserführenden Schichten mittelst weiter Bohrlöcher und darauf niedergebrachter Schächte. Braunkohle VI, Nr. 52.
Nieß, Die Bekämpfung der Wassersand-(Schwimmsand-)Gefahr beim Braunkohlenbergbau. Freiberg i. S., Craz & Gerlach, 1907.

Das schwimmende Gebirge ist entweder Schwimmsand (Fließ) oder Kurzawka.

Schwimmsand besteht aus Sand mit einem mehr oder weniger großen Wassergehalte; dieser kann bis zu 25 % des Sandvolumens betragen; von dem Wassergehalte hängt der Grad seiner Beweglichkeit (Dünnflüssigkeit) ab. Nimmt man etwas Schwimmsand in die Hand, so läuft so viel Wasser ab, daß er gerade nur noch feucht bleibt. Wird der Rückstand auf der Hand herumgerollt, so zerfällt er.

Die Kurzawka ist eine innige Mischung von Ton oder Letten mit Wasser. Etwas Kurzawka behält, in die Hand genommen, ihren ganzen Wassergehalt und läßt sich zu einer Kugel zusammenrollen, ohne zu zerfallen.

Zwischen Schwimmsand und Kurzawka gibt es alle möglichen Mischungsverhältnisse und Übergänge. Man kann also einen mehr oder weniger tonhaltigen oder lettigen Schwimmsand finden; ebenso treten häufig sandige Kurzawkamassen im Gebirge auf.

Im schwimmenden Gebirge wechsellagern Kurzawka- und Schwimmsandschichten untereinander und mit festen, wasserarmen oder wasserfreien Einlagerungen.

Das schwimmende Gebirge findet sich meistens in geringer Teufe unter der Tagesfläche. Man wird beim Abteufen eines Schachtes von Tage aus immer wahrnehmen, daß mit zunehmender Tiefe das Gebirge an Feuchtigkeit zunimmt. Ist der Grundwasserspiegel erreicht und das Gebirge dann noch lose, so wird es schwimmend. In je größere Tiefen man vordringt, um so größer wird der Druck desselben, da er von der Höhe der über der Schachtsohle stehenden Wassersäule abhängt.

Die Mächtigkeit des nahe der Tagesoberfläche auftretenden schwimmenden Gebirges ist sehr verschieden. Sie ist selten auf größere Entfernung hin die gleiche. Dies liegt daran, daß der Schwimmsand als Decke des festen Gebirges auftritt. Die Oberfläche des festen Gebirges ist aber selten eine gleichmäßige Ebene, sondern wellig.

Schwimmendes Gebirge findet sich aber auch ab und zu in größeren Teufen. So ist beispielsweise der oberschlesische Buntsandstein, entgegen seiner sonstigen Ausbildungsweise im übrigen Deutschland, durchweg schwimmend.

Zum Durchteufen der schwimmenden Gebirgsschichten stehen dem Bergmann viele Methoden zur Verfügung. Welches Verfahren er wählt, hängt ab

1. vom Wassergehalt,
2. von der Dünnflüssigkeit des Gebirges,
3. von der Mächtigkeit desselben und
4. vom Schachtdurchmesser.

Das Durchteufen der Schwimmsandablagerungen ist um so schwieriger, je dünnflüssiger (treibender) das Gebirge ist, und je mehr seine Mächtigkeit und der Durchmesser des Schachtes zunehmen.

Um das Abteufen im schwimmenden Gebirge zu erleichtern, sucht man letzteres auf mannigfaltige Weise zu entwässern und abzutrocknen. Dies macht sich auch beim späteren Abbau in sehr vorteilhafter Weise bemerkbar.

Nieß hat vorgeschlagen, die wasserhaltigen Sandschichten von Tage oder von der Sohle besonderer Entwässerungsschächte her mittelst verrohrter Bohrlöcher zu entwässern. Hierzu sollen Mammutpumpen verwendet werden; weil diese aber bis zur halben Rohrlänge in Wasser tauchen müssen, ist mit ihnen nur teilweise Entwässerung möglich.

Vollständige Entwässerung des Gebirges soll nach Peinert auf folgende Weise möglich sein. Es wird ein Vorschacht bis auf den Schwimmsand abgeteuft; darauf werden von seiner Sohle aus Bohrlöcher von 1600—1700 mm Anfangsdurchmesser bis in die feste Kohle oder bis in eine wassertragende Schicht über oder unter dem Flöze gestoßen. Fehlt eine solche, dann muß die Bohrlochssohle betoniert werden. Die Bohrlöcher werden darauf mit einer wasserdichten Verrohrung ausgekleidet, die siebartig mit Löchern von 2×10 mm versehen ist. In sie wird ein zweiter Rohrstrang mit 80—100 mm kleinerem Durchmesser eingelassen. Der Raum zwischen beiden Verrohrungen wird mit Kies von 4—8 mm Korn ausgestampft und dann der äußere Rohrstrang gezogen. Nun erfolgt die Wasserhebung und somit die Abtrocknung des Gebirges mittelst Zentrifugalpumpen von z. B. 6 cbm/min. Leistung. Die Pumpe kommt auf die Schachtsohle, das Saugrohr in das Bohrloch. Ist der Wasserspiegel im Gebirge gesunken, so wird wieder ein Stück Schacht abgeteuft, das Filterrohr abgehauen und die Pumpe niedergesetzt. Es wechseln nun Wasserhaltung und absatzweises Abteufen solange miteinander ab, bis der Schacht die gewünschte Teufe eingebracht hat.

Erstes Kapitel. Die Schleißenzimmerung.

Die Schleißenzimmerung findet auf den Eisenerzförderungen der Tarnowitzer Gegend häufige Anwendung. Voraussetzung ist, daß der Schacht nur in geringen Abmessungen gehalten wird, sowie daß das schwimmende Gebirge keine bedeutende Mächtigkeit und einen nur geringen Wassergehalt aufweist. Dieser letztere muß so schwach sein, daß die freigelegten Schachtstöße nicht sofort zu treiben beginnen, sondern noch eine kurze Zeit stehen; außerdem darf die Sohle keinen Auftrieb haben.

Die Schleißenzimmerung ist ein Ausbau im ganzen Schrote, der von oben nach unten eingebracht wird. Außer den Jöchern werden noch die Schleißpfähle (Spleißpfähle) gebraucht. Es sind dies mit der Axt aus Holzklötzern gespaltene Brettchen von Handbreite und 30—40 cm Länge, die an beiden Enden zugeschärft werden (Fig. 212).

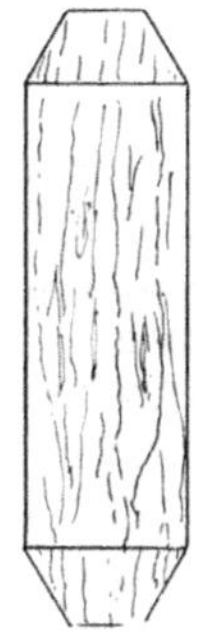

Fig. 212. Schleißpfahl.

Die Arbeiter stehen auf der unverwahrten Schachtsohle oder, bei etwas größerem Wassergehalte, auf einigen Brettern.

Vor dem Einbau eines neuen Geviertes liegt das unterste unmittelbar auf dem Gebirge oder auf einigen Brettunterlagen (Fig. 213). Nun wird für das erste Joch des neuen Geviertes dem einen Stoße entlang ein Einbruch hergestellt. Dies hat natürlich unter einer Kappe zu geschehen, d. h. unter einem Joche, dessen Blattung von den beiden Nachbarjöchern getragen wird (Fig. 214). Die Herstellung des Einbruches beginnt in der einen Schachtecke und schreitet allmählich dem Stoße entlang weiter. Jedesmal sobald während dieser Arbeit genügend Platz freigelegt ist, wird der senkrechte Stoß des Einbruches mit einer

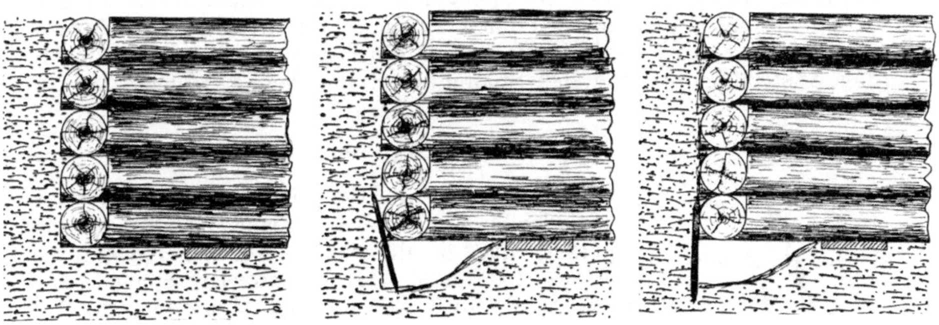

Fig. 213. Fig. 214. Fig. 215.
Schleißenzimmerung.

Strohschicht bedeckt und dann durch die Schleißpfähle verwahrt. Diese werden zunächst von untenher in schräger Richtung hinter das über dem Einbruche hängende Joch geschoben (Fig. 214), dann senkrecht gestellt und nun mit dem unteren Ende in die Sohle des Einbruches hineingedrückt (Fig. 215).

Ist diese Arbeit an dem einen Stoß beendet, so schiebt man sofort das neue Joch an Ort und Stelle, ehe man an den anderen Stößen beginnt. Ist der Einbruch etwas zu tief, so erhält das Joch eine Brettunterlage und wird wohl auch noch durch Keile nach oben getrieben.

Die Schleißenzimmerung ist wesentlich billiger als die Herstellung eines Schachtes mit Getriebearbeit; denn das Ausheben eines Kubikmeters Gebirge einschließlich Herstellung des Ausbaues und des Lohnes für Haspelzieher und Karrenläufer stellt sich auf 12 Mark je Kubikmeter.

Zweites Kapitel. Die Getriebezimmerung.

Hat man beim Abteufen im losen Gebirge den Grundwasserspiegel erreicht, und verbietet der zu hohe Wassergehalt die Arbeit mit Schleißpfählen, dann ist die Getriebearbeit am Platze. Man hat sich durch Vorbohren davon zu überzeugen, wo das Gebirge anfängt schwimmend zu werden, und ob es Auftrieb hat. Ist solcher nicht vorhanden, so ist eine Verwahrung der Schachtsohle unnötig; höchstens werden einige Bretter gelegt, damit die Arbeiter nicht einsinken.

A. Die Abtreibearbeit.

I. Die Gevierte.

Bei der Getriebearbeit werden dicht aneinander anschließende Pfähle in das Gebirge vorgetrieben. Diese Pfähle müssen eine stramme Führung erhalten, damit sie nicht nach dem Schachtinnern zu gedrängt werden oder zu weit nach außen in das Gebirge vordringen. Die Führung wird den Pfählen bei Beginn der Abtreibearbeit durch das Ansteckgeviert und das Spanngeviert gegeben.

a) Das Ansteckgeviert.

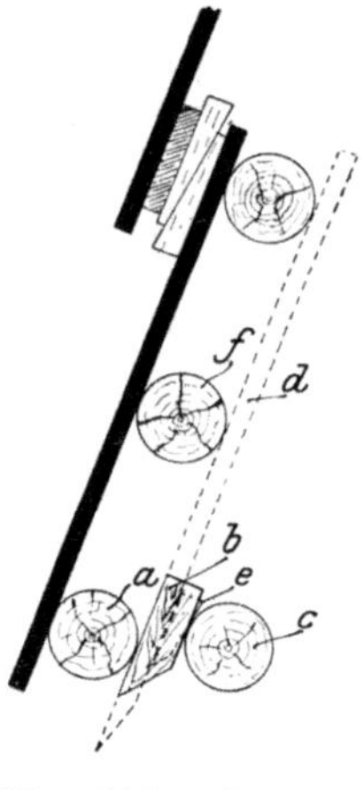

Fig. 216. Ansteckgeviert und Spanngeviert.

Angenommen der Schacht sei zunächst durch festes oder loses, aber wasserarmes Gebirge soweit abgeteuft und in Bolzenschrotzimmerung gesetzt worden, bis man den Grundwasserspiegel erreichte und zur Getriebearbeit übergehen mußte. Man stellt nun zunächst das Ansteckgeviert her, indem man die Pfähle des zuletzt eingebauten Feldes durch das Pfändeholz *a* und die Keile *b* (Fig. 216) von dem Joche *c* abdrängt. Dadurch wird ein Schlitz hergestellt, in welchen hernach die vorzutreibenden Pfähle *d* von obenher eingesteckt werden. Es ist gut, den Schlitz etwas breiter zu machen als die Stärke der Pfähle. Dadurch ist ausgeschlossen, daß sich diese festklemmen, wenn der Schachtausbau in Druck kommt und sich die Breite des Schlitzes vermindert. Damit aber die Pfähle nicht schlottern, werden sie durch Keile *e* gesichert, die zwischen ihnen und dem Ansteckgeviert eingetrieben werden.

b) Das Spanngeviert.

Noch bevor die Pfähle angesteckt werden, baut man über dem Ansteckgevierte das Spanngeviert *f* (Fig. 216) ein. Es besitzt immer größere lichte Weite als wie das Ansteckgeviert. Seine Höhenlage über diesem ist verschieden. Man baut es in der Mitte des Feldes ein (Fig. 216), aber auch im oberen oder unteren Drittel (Fig. 217).

Solange die Pfähle noch nicht angesteckt sind, wird das Spanngeviert durch daruntergestellte Bolzen *a* (Fig. 218) gehalten. Statt dessen kann man es aber auch mittelst Klammern *b* an den Pfählen des vorigen Feldes befestigen. Die Bolzen oder die Klammern werden entfernt, sobald die Pfähle eingesetzt werden; denn nun wird das Spanngeviert von ihnen gehalten.

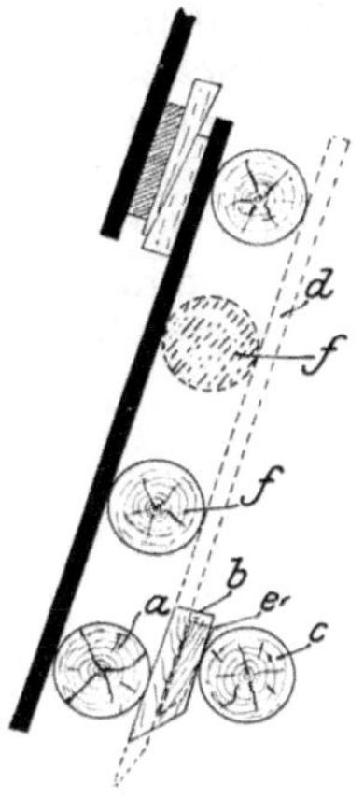

Fig. 217. Ansteckgeviert und Spanngeviert.

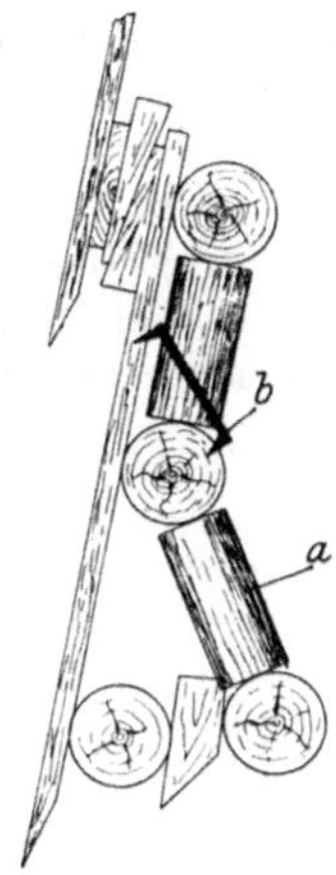

Fig. 218. Unterbolzung des verlorenen Geviertes.

Die Jöcher der Schachtgevierte werden bei der Getriebearbeit stets miteinander verblattet.

II. Die Getriebepfähle.

Zu den Pfählen nimmt man geradegewachsenes, astfreies Holz. Am besten eignet sich dazu Kiefer und Eiche, am wenigsten Tanne.

Die Länge der Pfähle hängt von der Höhe des Feldes ab. Die Stärke beträgt 7 – 50 mm, die Breite 15—30 cm. Es ist ratsam, mit der Breite nicht über 25 cm hinauszugehen, weil sonst die Pfähle vom Treibefäustel nicht gleichmäßig getroffen werden und dann leicht aufspalten. Um das Aufspalten zu vermeiden, werden sie gern mit Eisenband eingefaßt; auch benutzt man häufig die T r e i b e k a p p e, ein Stück Eisen mit einer Nut, in welche das obere Pfahlende hineinpaßt (Fig. 219).

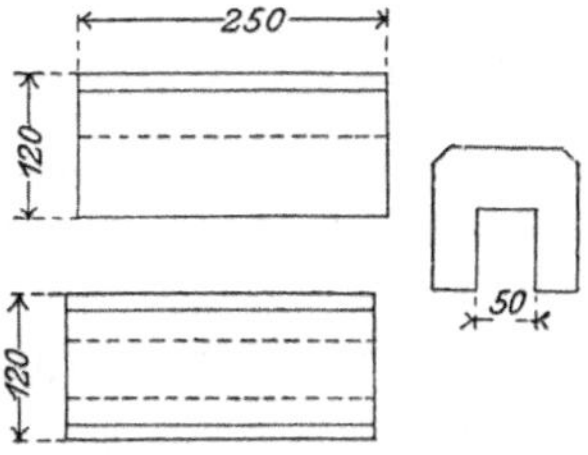

Fig. 219. Treibekappe.

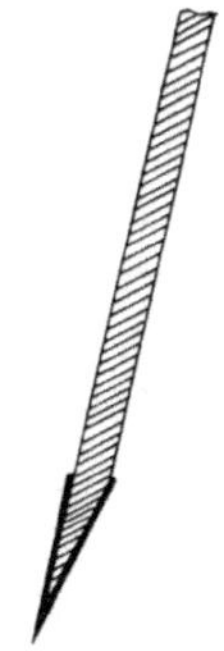
Fig. 220. Getriebepfahl.

Am unteren Ende werden die Pfähle zugeschärft. Die Abschrägung befindet sich auf der Innenseite (Fig. 220). Dadurch wird erzielt, daß die Pfähle während des Vortreibens von selbst die gewünschte Pfändung nach außen annehmen; sie leisten also dem Gebirgsdrucke, der sie nach dem Schachtinnern hin zu drücken sucht, einen weit besseren Widerstand. Auch wird die Schneide gern mit einem eisernen Schuhe versehen, damit sie beim Durchgange durch härtere Schichten nicht aufsplittert.

Die Gestalt der Getriebepfähle ist ein langgezogenes Rechteck. Nur die Eckpfähle erhalten Trapezform; sie sind am unteren Ende breiter als am oberen. Dies ist darin begründet, daß wegen der Pfändung der Pfähle jedes Getriebefeld nach untenhin größeren Durchmesser bekommt. Damit nun in den Ecken keine Öffnungen entstehen, gibt man den hier eingesetzten Pfählen diese abweichende

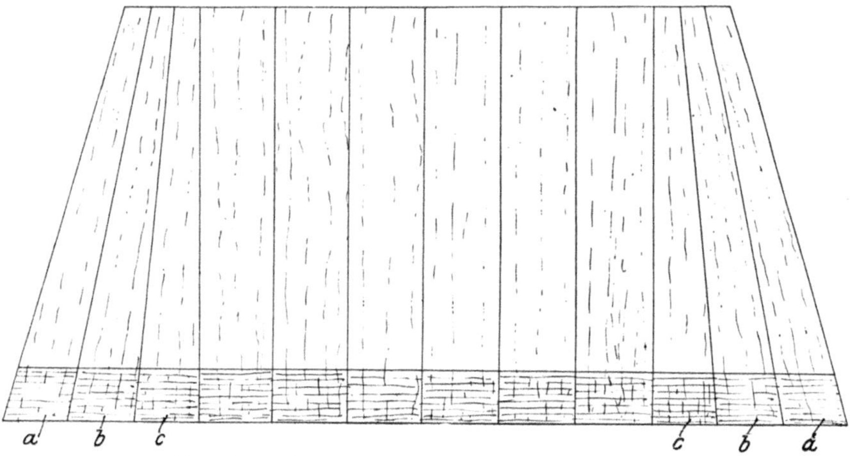

Fig. 221. Getriebepfähle von einem Schachtstoße.

Form. Damit das Einstecken besser möglich ist, sollen an jedem Stoße nicht etwa nur die beiden Endpfähle trapezförmig zugeschnitten werden, sondern je zwei bis drei (*a*, *b* und *c* in Fig. 221). Damit die Reibung mit dem Gebirge möglichst gering ist, und damit die Pfähle dicht aneinanderschließen, werden sie behobelt. Der Tarnowitzer Erzbergmann macht dies mit der Axt.

III. Das Vortreiben der Pfähle; das verlorene Geviert.

Die Eckpfähle werden zuerst angesteckt und schräg nach der Seite hin vorgetrieben. Würde man sie bis zuletzt lassen, so könnten sie nicht mehr in den Schlitz hinein, weil sie ja unten breiter sind, als dieser noch offen steht. Sind sie genügend weit vor, dann werden nach der Mitte zu neue Pfähle eingesetzt.

Die Pfähle werden immer so weit in das Gebirge hineingetrieben, als sie noch ziehen. Hierbei wird das Gebirge in ihrer nächsten Nähe verdichtet, die Reibung also immer größer.

Wenn die Pfähle nicht mehr ziehen wollen, wird so viel Gebirge aus dem Schachtinnern ausgehoben, daß die Pfahlspitzen noch mindestens 10 cm tief in der Sohle stecken. Sie dürfen nicht vollständig freigelegt werden, weil sonst ihre unteren Enden keinen Halt mehr hätten; sie würden durch den Gebirgsdruck nach innen gebogen werden und abbrechen.

Hinter die Pfähle, die augenblicklich getrieben werden, wird mit einem Stecheisen Stroh gestopft. Am besten wird das Stroh so gedreht und zusammengewickelt, daß es die Form einer 8 annimmt. Mit diesen Strohbüscheln muß die ganze Fläche zwischen den Pfählen und dem Gebirge gut belegt sein. Sie dienen als Filter für das in das Schachtinnere eintretende schwimmende Gebirge, indem sie die festen Bestandteile zurückhalten und nur das Wasser durchlassen.

Sollten die Pfähle während des Vortreibens einmal auseinandergehen, so daß also ein Schlitz im Stoße entsteht, dann muß dieser sofort mit Strohbüscheln verstopft werden. Auch treibt man wohl in wagerechter Richtung Keile in das Gebirge hinein. Ist die entstandene Fuge sehr groß, dann paßt man einen neuen Pfahl in sie ein.

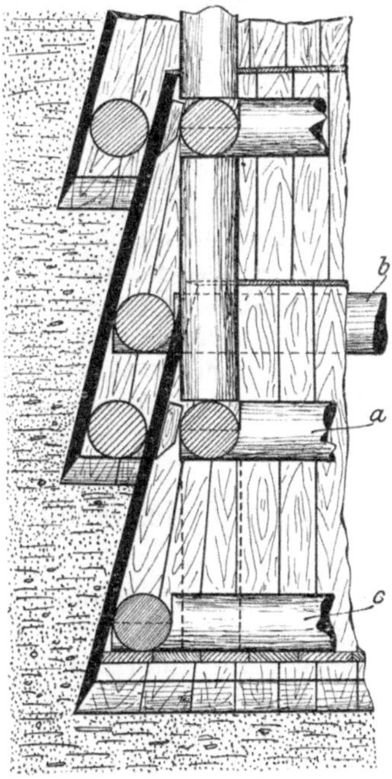

Fig. 222. Getriebeschacht mit Spanngeviert, Ansteckgeviert und verlorenem Geviert.

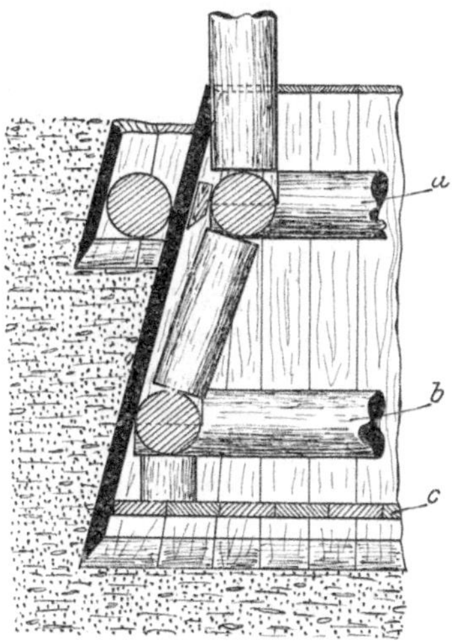

Fig. 223. Verbolzung von Ansteckgeviert und verlorenem Geviert.

Fig. 224. Verlorenes Anstecken. (Aus „Braunkohle“ 1908, Nr. 6.)

Von Anfang an haben die Pfähle ihre Führung im Ansteckgevierte *a* (Fig. 222) und durch das Spanngeviert *b*. Im Verlaufe der Getriebearbeit kommt der Zeitpunkt, wo sie das Spanngeviert verlassen. Sie hätten dann nur noch eine einzige Führung, nämlich im Schlitze des Ansteckgeviertes. Um aber auch weiterhin ständig eine doppelte Führung zu haben, baut man vor den unteren Pfahlenden das verlorene Geviert *c* ein. Es wird ebenso wie das Spanngeviert in der Feldesmitte oder auch schon im oberen Drittel eingebaut. Seine lichte Weite ist gleich der des Spanngeviertes. In Oberschlesien macht man sie meistens gleich dem äußeren Durchmesser des Ansteckgeviertes, also gleich dessen lichter Weite und der doppelten Holzstärke. Der Grund hierfür liegt, wie wir später sehen werden, darin, daß sich dann der endgültige Ausbau im ganzen Schrot bedeutend leichter einbringen läßt. Da infolgedessen die Pfähle eine sehr starke Pfändung bekommen, wird zu dem Pfändeholz des neuen Ansteckgeviertes starkes Rundholz genommen.

Solange das verlorene Geviert noch nicht eingebaut ist, wird das Ansteckgeviert durch Bolzen gegen die Schachtsohle abgestrebt. Nach dem Einbau des verlorenen Geviertes *b* (Fig. 223) verbolzt man das Ansteckgeviert *a* gegen dieses und das letztere gegen die Sohle. Diese Bolzen haben auch gleichzeitig den Zweck, die Bretter *c*, mit denen die Schachtsohle verkleidet ist, vor dem Emportreiben zu bewahren.

In der Gegend von Halle a. S. erhalten die Pfähle häufig noch eine besondere Führung in Gestalt eines verlorenen Ansteckens (Fig. 224). Es sind dies Pfähle *a* von 1 m Länge und 25 mm Stärke. Sie werden senkrecht auf ihre ganze Länge vorgetrieben und erhöhen die Widerstandsfähigkeit des Ausbaues gegen den Gebirgsdruck. Die Pfähle *b* des Hauptansteckens werden unter ihren Füßen durch vorgetrieben und finden an ihnen Halt. Die Fugen zwischen den Pfählen beider Anstecken sind gegeneinander versetzt. Die Schlitze werden durch Pfändekeile *c* offen erhalten, aber mit Stroh verstopft.

IV. Einbau des verlorenen Geviertes und des Ansteckgeviertes.

Der Einbau eines neuen Geviertes bereitet in Getriebeschächten bedeutende Schwierigkeiten. In jedem Falle müssen nämlich erst die Bolzen weggeschlagen werden, durch welche die untersten Gevierte getragen werden. Würde man dies ohne weiteres machen, so würde erstens einmal die gesamte Zimmerung ihren Halt verlieren; zweitens würde aber auch die Sohlenvertäfelung durch den Auftrieb des Gebirges nach oben gedrückt werden. Es gibt zwei Verfahren, um das dadurch bedingte Zubruchegehen des Schachtes zu vermeiden.

1. Die vier Jöcher des neuen Geviertes werden fertig zugeschnitten, zusammengepaßt und dann jedes, z. B. *a* in Fig. 225, vor die Bolzen *b* desjenigen Stoßes gelegt, an dem es eingebaut werden soll. Ist dieses geschehen, dann stellt man unter das zu stützende Joch *c* mehrere schräge Bolzen *d* (Fig. 226), schlägt die senkrechten Bolzen *b* fort (Fig. 227), schiebt das Joch bis an die Verpfählung heran (Fig. 228),

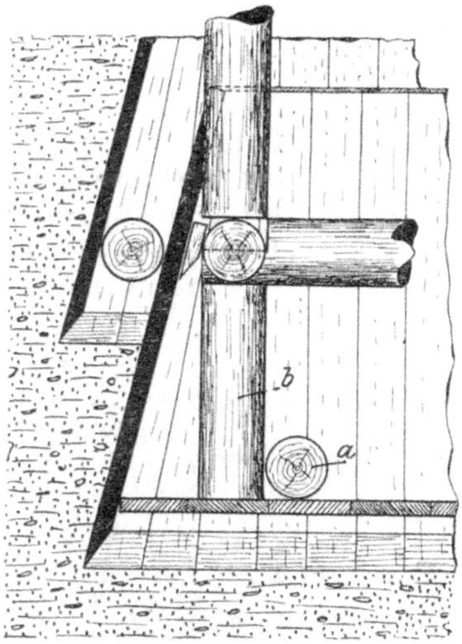

Fig. 225.

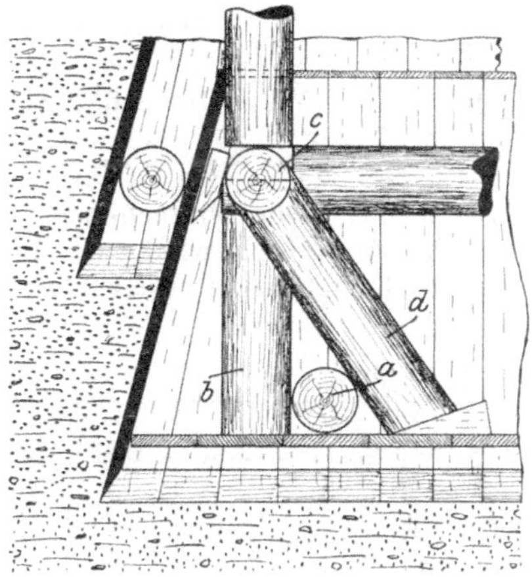

Fig. 226.

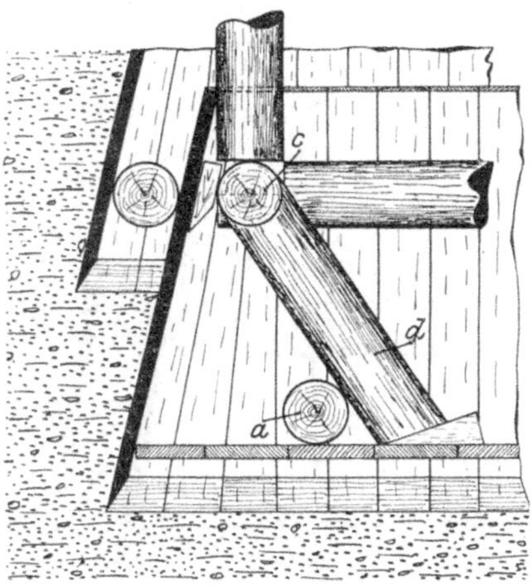

Fig. 227.

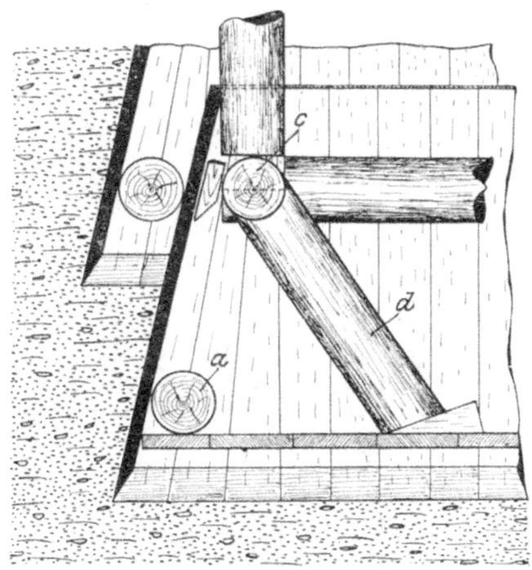

Fig. 228.

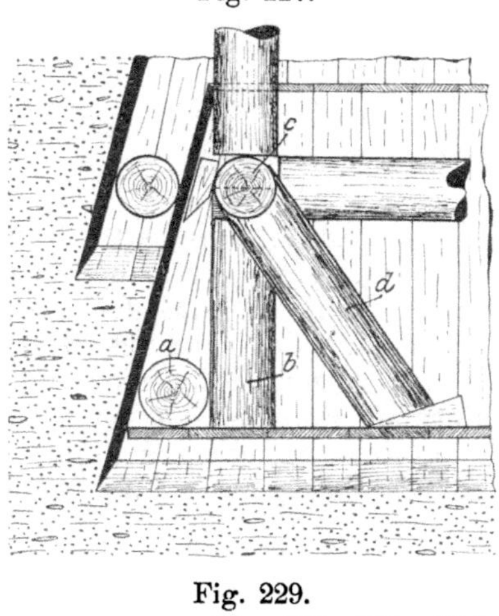

Fig. 229.

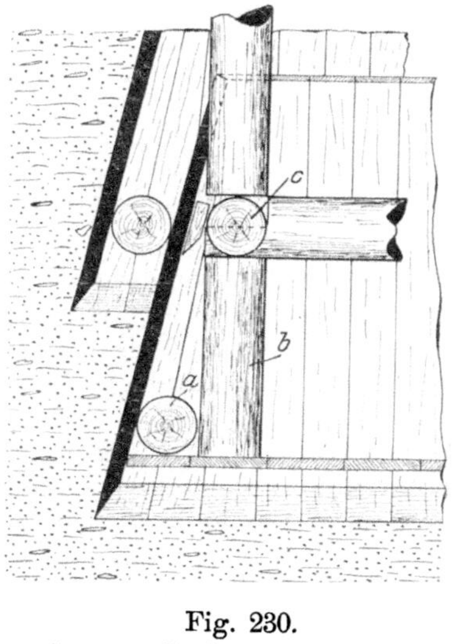

Fig. 230.

Fig. 225—230. Einbau eines verlorenen Geviertes.

stellt dann wieder die senkrechten Bolzen *b* (Fig. 229) und entfernt schließlich die nun wieder überflüssigen schrägen Bolzen *d* (Fig. 230).

2. Bei stärkerem Treiben der Sohle ist dieses Verfahren nicht anwendbar. Der oberschlesische Bergmann verfährt dann folgendermaßen. Das Joch wird zwischen den ersten beiden Bolzen *1* und *2* (Fig. 231) hindurchgesteckt; dann wird Bolzen *2* entfernt und das

Fig. 231.

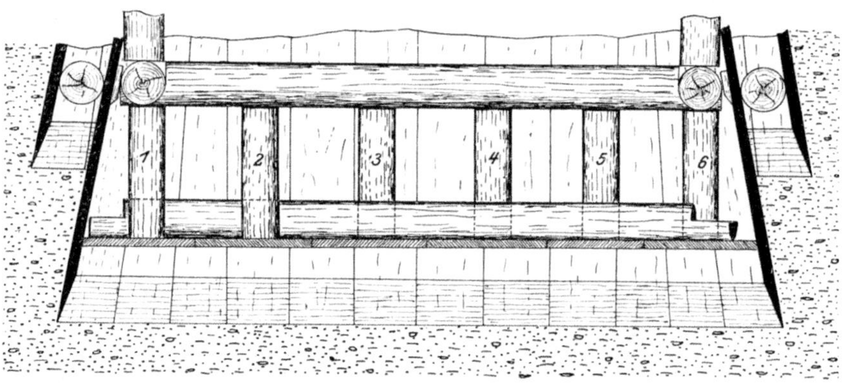

Fig. 232.

Fig. 231 und 232. Einbau eines verlorenen Geviertes.

Joch so weit herumgeschwenkt, daß es am Bolzen *3* anliegt. Nun wird Bolzen *2* vor dem Joche wieder eingesetzt (Fig. 232) und Bolzen *3* entfernt. Diese Arbeit wiederholt sich, bis das Joch an der Verpfählung anliegt. Sie muß mit großer Vorsicht und Schnelligkeit ausgeführt werden. Das Entfernen der Bolzen, Schwenken des Joches und der Wiedereinbau des entfernten Bolzens müssen sich unmittelbar aufeinander folgen, damit das Gebirge unter dem nunmehr losen Sohlenbrette nicht Zeit findet, in Bewegung zu kommen.

V. Die Sicherung der Schachtsohle.

Die Schachtsohle wird, wie wir in den obigen Ausführungen schon erfahren haben, mit einer Vertäfelung versehen, wenn das Gebirge Auftrieb besitzt. Es gibt drei Arten von Sohlenvertäfelung: die mit einzelnen Zumachebrettern, die mit einer zusammenhängenden Platte und die Klötzelvertäfelung.

a) Die Zumachebretter (= Schachtlagen).

Die Sohle wird mit starken Bohlen bedeckt, die dem kurzen Stoße parallel gehen. Ließe man sie den langen Jöchern parallel laufen, so würden sie zu lang werden und sich leicht nach oben ausbiegen.

Unter die Zumachebretter kommt eine Schicht Heu, Stroh, Pferdemist oder dergleichen. Der stark strohige Pferdemist wird als Filter für die durchtretenden Wasser ganz besonders empfohlen, weil er weich und gut durchgearbeitet ist.

Mit dem Tieferrücken der Schachtsohle werden auch die Zumachebretter nach unten verschoben. Es müssen also immer Bolzen von verschiedener Länge im Schachte vorrätig gehalten werden, um das Abbolzen sofort vornehmen zu können. Die Verbolzung erfolgt nur gegen die langen Jöcher. Aus diesem Grunde muß bei ihnen das Gesicht der Blattung nach oben gerichtet sein; die kurzen Jöcher werden also von den langen getragen.

Zwischen den einzelnen Ansteckgevierten nimmt die Schachtsohle immer an Länge und Breite zu, weil ja die Pfähle mit Pfändung

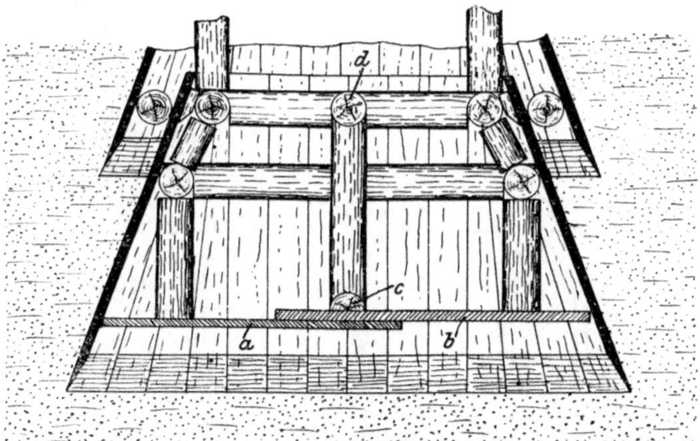

Fig. 233. Vertäfelung der Schachtsohle (Schnitt parallel dem kurzen Stoße).

vorgetrieben werden. Es würden also in der Vertäfelung Fugen entstehen, wenn man sie nur aus solchen Brettern herstellen würde die von dem einen langen Stoße bis an den anderen reichen. Diese gefährlichen Fugen werden dadurch vermieden, daß man zwei Zumachebretter *a* und *b* nimmt, die sich in der Mitte übergreifen (Fig. 233). Sie werden auseinandergeschoben, wenn die Schachtsohle tiefergelegt wird. Damit sie in der Mitte der Sohle nicht nach obenhin auseinandergetrieben werden können, legt man über die Deckungsstelle ein Halbholz *c*, die Bremse, und verbolzt es gegen eine darüber eingebaute Spreize *d*.

Im Braunkohlenbergbau verwahrt man die Schachtsohle mittelst der Schachtlagen *d* (Fig. 224), an die sich beiderseits die Anlagen *e* anschließen. Diese Anlagen müssen mit dem Tieferrücken der Schachtsohle stets durch längere ersetzt werden, weil sonst in der Sohlenvertäfelung Fugen vorhanden wären. Über die Zusammenstoßstelle zwischen Schachtlage und Anlage kommt die Decklage *f*, auf der die Bolzen *g* aufstehen.

Fig. 234.

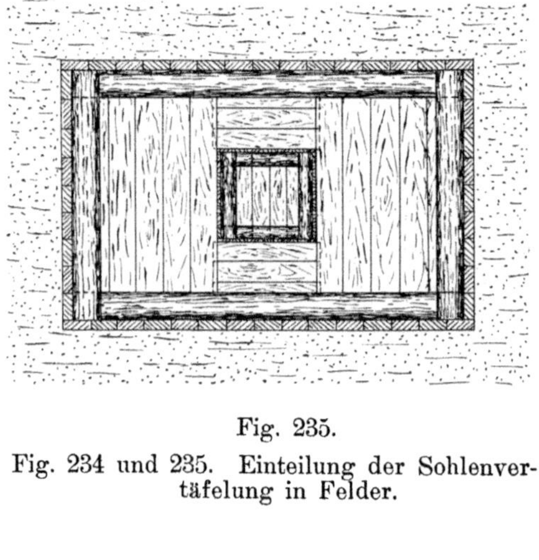

Fig. 235.

Fig. 234 und 235. Einteilung der Sohlenvertäfelung in Felder.

Bei der starken Pfändung, die man den Pfählen im oberschlesischen Eisenerzbergbaue gibt, wird in Schächten von geringem Durchmesser (1,5 bis 2 m) ein besonderes Bremsholz nicht eingebaut. Die unter den langen Jöchern stehenden Bolzen genügen vollständig, weil sie immer auf oder nahe der Mitte der „Zubretter“ stehen (Fig. 241).

Bei größerem Schachtquerschnitte wird die Sohle in eine verschieden große Anzahl von Feldern geteilt, deren jedes für sich „verzubrettet“ ist und unabhängig von den Nachbarfeldern bearbeitet werden kann (Fig. 234 und 235).

Das Tieferlegen der Vertäfelung beginnt in der Mitte der Sohle von dem dort angebrachten Sumpfe aus. Es wird ein Zumachebrett entfernt, das Stroh mit der Axt abgehackt, mit der Schaufel oder dergleichen etwas Gebirge herausgehoben, in die entstandene Grube Stroh und das Brett wieder eingesetzt und letzteres durch längere Bolzen nach obenhin verstrebt.

Das Gebirge muß während dieser ganzen Arbeit genau beobachtet werden. So lange als klares Wasser abläuft, kann die Sohle offen bleiben; sowie es sich aber zu trüben beginnt, muß alsbald das Zumachebrett nebst der Strohunterlage eingesetzt werden.

In sehr treibendem Gebirge wird immer nur um eine Bohlenstärke ausgeschachtet, damit zwischen den Zumachebrettern keine Fugen entstehen (Fig. 236). Ferner wird im sehr treibenden Gebirge manchmal auch nicht einmal ein ganzes Zubrett herausgenommen, sondern

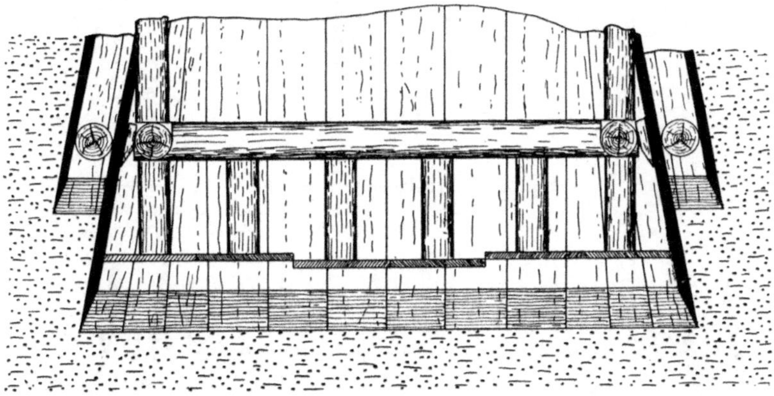

Fig. 236.

nur ein Stück eines solchen mit der Axt herausgehauen und unter diesem die Sohle tiefergelegt. Der Rest des Brettes bleibt abgebolzt und wird nachher auch in einzelnen Teilen herausgeraubt. Zuletzt werden dann die einzelnen „Teilzubretter“ wieder durch ein ganzes ersetzt. Wenn das Gebirge verhältnismäßig gut steht, kann man auch auf einmal mehr Gebirge ausheben. Die Sohle wird dann in der aus Fig. 237 ersichtlichen Weise gesichert. Die senkrechten Setzbretter *a* und *b* müssen dabei durch Spreizen *c* gehalten werden.

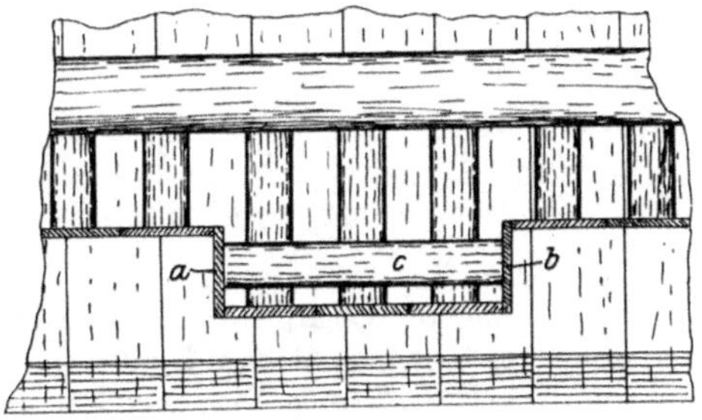

Fig. 237.

Fig. 236 und 237. Tieferlegen der Sohlenvertäfelung (Schnitt parallel dem langen Stoße).

Der in einer Schicht erzielte Fortschritt beträgt oft nur 3—5 cm.

In der Mitte der Schachtsohle ist, wie schon kurz vorher erwähnt, der Sumpf angebracht. Ist das Gebirge sehr wasserführend, dann muß man wohl auch zwei Sümpfe herstellen. Sie haben dann ihren Platz in der Nähe der beiden kurzen Stöße.

Der Sumpf wird durch vorgetriebene Pfähle gebildet, die schräg oder senkrecht angesteckt werden (Fig. 238). Seine Sohle ist ebenfalls vertäfelt. Bei geringer Neigung des Gebirges zum Treiben genügt es, wenn man sie mit einer starken Strohschicht bedeckt.

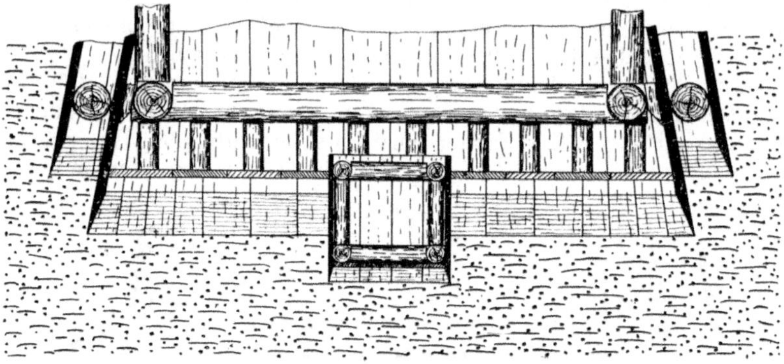

Fig. 238. Hölzerner Sumpf.

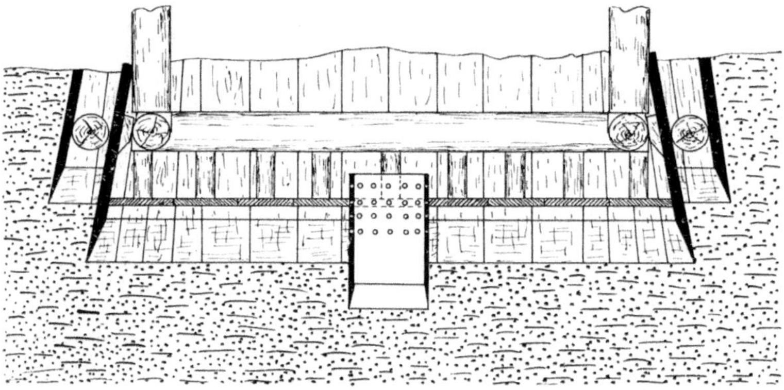

Fig. 239. Eiserner Sumpfkasten.

Auch eiserne Sumpfkästen werden häufig verwendet. Es sind dies oben und unten offene Behälter von rundem oder viereckigem Querschnitt (Fig. 239). Sie werden mit dem Großfäustel oder mit Wagenwinden in das Gebirge vorgetrieben. Die Wagenwinden werden paarweise auf den Oberrand aufgesetzt und drücken gegen zwei Spreizen, die quer durch den Schacht eingebaut sind.

In den oberen zwei Dritteln sind die Wandungen des Sumpfkastens siebartig durchlöchert, um die auf der Schachtsohle angesammelten Wasser in den Sumpf fließen zu lassen.

Die Wasser werden, solange es geht, mit dem Kübel zutage gehoben. Bei größeren Zuflüssen hebt man sie am besten mit Hilfe eines an einem Flaschenzuge senkbar aufgehängten Pulsometers.

Ist der Schacht bereits mit einer Strecke unterfahren, so läßt man die Wasser in einem Bohrloche nach dort ablaufen. Da die Futterröhren des Bohrloches nicht immer gerade mit der Sohle abschneiden, sondern oft über diese emporragen, zieht man die Wasser mittelst eines Hebers aus dem Sumpfe ab.

Kubuschok entwässert das Gebirge ebenfalls durch Bohrlöcher. Er ersetzt aber die eisernen Futterröhren durch Holzlutten (Fig. 240), die wechselständig angebrachte Öffnungen besitzen. Diese sind innen und außen mit Blechsieben bedeckt, zwischen die trockenes Moos als Filter gestopft wird.

Trotz dieser Lutten gelingt es nicht immer, das Gebirge vollständig zu entwässern; dagegen wird es immer erreicht, daß es nicht mehr so stark treibt. Die Sohlenvertäfelung braucht dann auch nicht mehr vollständig dicht zu schließen. Das von den Stößen herabkommende Wasser läuft über die Sohle nach den Wasserlutten, die jedesmal in der Höhe der Sohle abgeschnitten werden. Damit nun das Wasser infolge seiner manchmal noch ziemlich starken Strömung den Schwimmsand nicht nach dem Bohrloche mitreißt, treibt man rund um dieses herum vier trapezförmige Eisenblechplatten *a* in die Sohle hinein (Fig. 241).

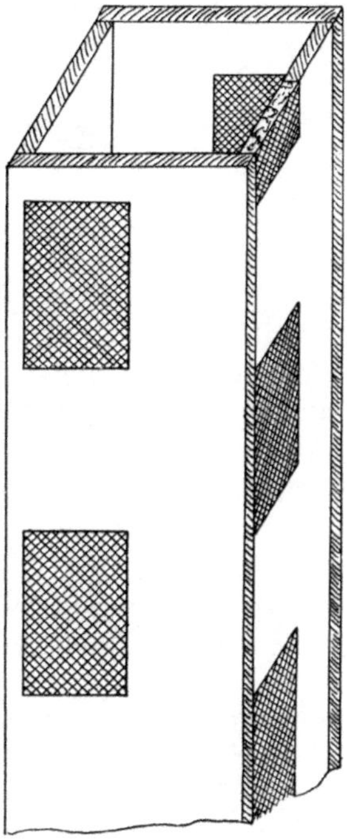

Fig. 240. Wasserlutte von Kubuschok.

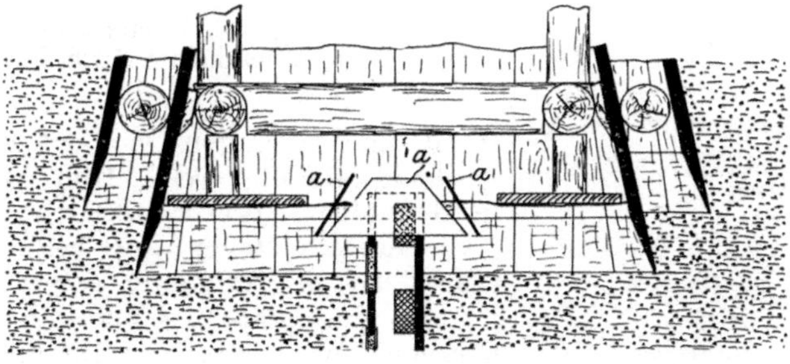

Fig. 241. Ableitung der Sumpfwasser durch ein Bohrloch (Schnitt parallel dem kurzen Stoße).

Eine Vervollkommnung der im vorhergehenden beschriebenen Sohlensicherung stellt das Wiepverfahren vor. Es hat seinen Namen von den in Form einer 8 gewundenen etwa 15 cm langen und 2—3 cm dicken Strohbündeln, den Wiepen (Fig. 242), mit denen die Schachtsohle ausgestopft wird. Sie werden mit dem Wiepeisen (Fig. 243) in der Mitte gefaßt und ins Gebirge eingetrieben, wobei sie in der Mitte zusammenknicken; ihnen werden andere Wiepen nachgetrieben, so daß sie alle ineinander stecken (Fig. 244). In dieser Weise wird das Gebirge bis auf eine Tiefe von 1—1,5 m unter der

Fig. 242. Strohwiepe.

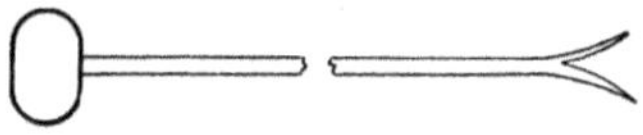

Fig. 243. Wiepeisen.

Fig. 244. Wiepen.

(Aus „Braunkohle“ 1908, Nr. 6.)

Vertäfelung ausgewiept. Die Wasser können nun nicht mehr durch die derart verdichtete Sohle durch, steigen außen am Schachte in die

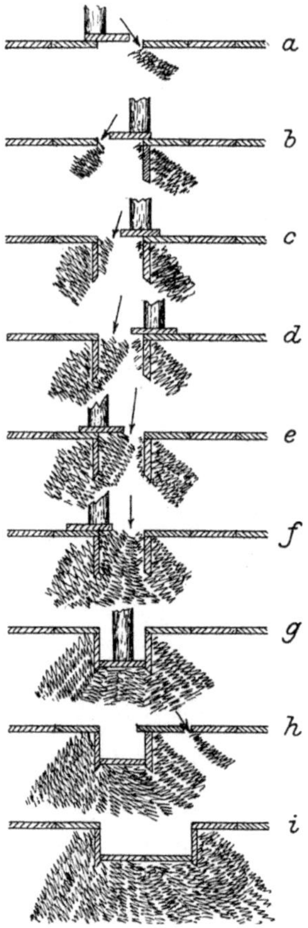

Fig. 245 a—i. Verwiepen der Schachtsohle. (Aus „Braunkohle“ 1908, Nr. 6.)

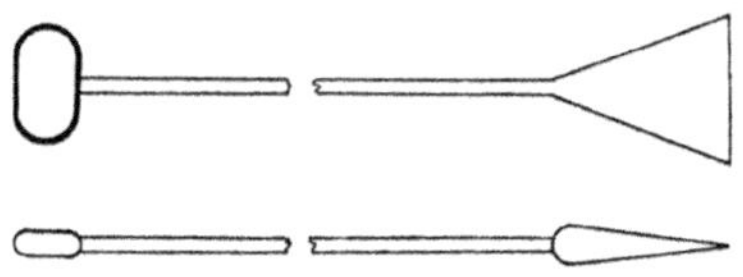

Fig. 246. Strohschneider.

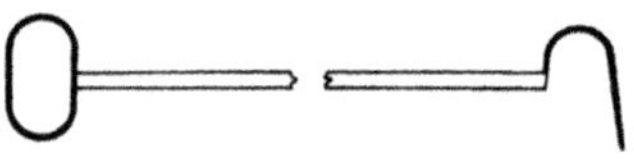

Fig. 247. Wiephaken.

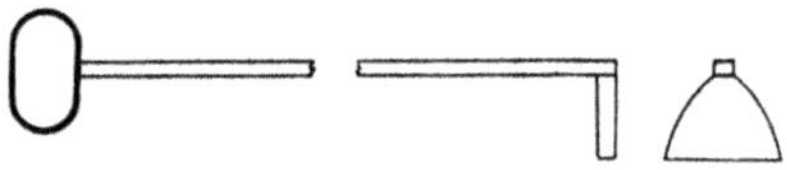

Fig. 248. Wiepkratze.
(Aus „Braunkohle“ 1908, Nr. 6.)

Höhe und zwängen sich zwischen den Ansteckpfählen durch. Hiei werden sie in Geflutern aufgefangen.

Der Arbeitsvorgang beim Wiepverfahren ist der folgende (Fig. 245 a—i). Um in der glatten Sohle den Einbruch herzustellen, schiebt man die eine Schachtlage soweit über die benachbarte, daß ein Spalt von etwa 5 cm Breite entsteht (Fig. 245 a). In ihn werden in schräger Richtung Wiepen eingetrieben; zuletzt wird mit Hilfe des Strohschneiders (Fig. 246) ein Setzbrett eingesteckt (Fig. 245 b). Darauf verschiebt man die Schachtlage nach der anderen Seite und verfährt in gleicher Weise (Fig. 245 b—e). Nachdem man die Wiepen auch senkrecht nach unten in das Gebirge eingetrieben hat (Fig. 245 f), setzt man die Schachtlage ein und verbolzt sie nach oben (Fig. 245 g). In gleicher Weise verfährt man darauf mit der nächsten Schachtlage (Fig. 245 h, i).

Sind auf diese Weise alle Schachtlagen nacheinander tiefer vorgeschoben worden, so hat man wieder glatte Sohle und muß von neuem Einbruch herstellen. Man hat jetzt schon ausgewieptes Gebirge vor sich. Nach Entfernung der Schachtlage, unter der der Einbruch erfolgen soll, hackt man soviel von der Wiepenpackung weg, als die Höhe eines Setzbrettes beträgt (20—35 cm), entfernt sie mit Strohschneider (Fig. 246), Haken (Fig. 247) und Kratze (Fig. 248) und schiebt mit ihnen gleichzeitig die alten Strohschichten weiter in das Gebirge vor, bis die Auswiepung wieder die vorige Stärke erreicht hat.

Bei guter Auswiepung kann man auch mehrere Schachtlagen gleichzeitig in Arbeit nehmen; die Schachtsohle steigt dann vom Sumpfe aus nach den kurzen Stößen hin treppenförmig an.

Das Bestreben muß darauf gerichtet sein, daß man die Strohwiepen auch unter den Pfahlschnauzen durch in das Gebirge seitlich vom Schachte eintreiben kann. Vor dem Weitertreiben der Pfähle müssen dann aber erst die im Wege stehenden Wiepen mit dem Strohschneider zerschnitten werden; denn ein einziger ganz gebliebener Strohhalm soll genügen, um einen Getriebepfahl der Länge nach aufzuspalten.

b) Die Verwahrung mit einer Platte.

Wird die Schachtsohle mit einer starren Holzplatte bedeckt, so muß diese in der Mitte und an den Stößen Öffnungen mit Schiebern haben, um das Gebirge ausheben zu können. Die Platte ist ebenso wie die Zumachebretter nach oben verspreizt. Will man die Schachtsohle tiefer verlegen, dann öffnet man die Schieber und belastet die Platte oder preßt sie nieder. Das überflüssige Gebirge tritt durch die Öffnungen in den Schacht oder wird mit kleinen Spaten ausgehoben.

Das Verfahren eignet sich nur für ein gleichmäßig feines und dünnflüssiges Gebirge ohne größere Einlagerungen. Denn trifft die Platte auf Geschiebeblöcke oder auf festere Schichten, so kann man diese nur an den Stellen bearbeiten, wo sich die Öffnungen befinden.

c) Die Klötzelvertäfelung.

Die Klötzelvertäfelung läßt sich ebenfalls nur unter denselben Verhältnissen anwenden wie die zusammenhängende Platte.

Die Schachtsohle wird mit Klötzeln aus Eichen- oder Fichtenholz bedeckt.

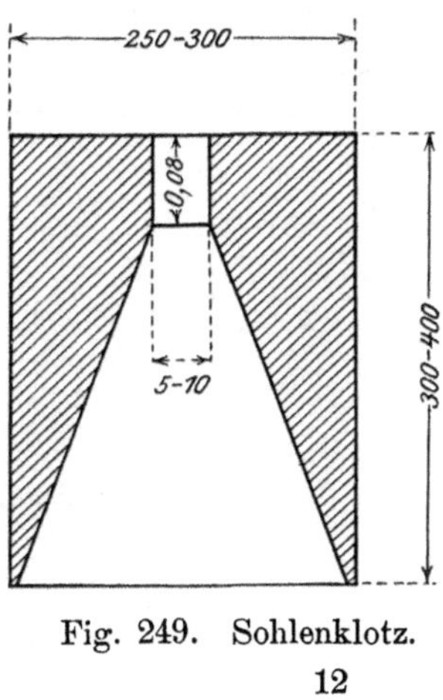

Fig. 249. Sohlenklotz.

Die Abmessungen der Klötzer sind aus Fig. 249 zu ersehen. Die nach unten sich trichterähnlich erweiternde Durchbohrung wird mit Strohpfropfen verschlossen.

Die Klötze stehen in Reihen nebeneinander und werden durch Bolzen gegen Spreizen verstrebt, die über ihnen quer durch den Schacht laufen.

Das Vortreiben erfolgt mit Handrammen von der Schachtmitte aus, so daß diese am tiefsten liegt und so eine Art Sumpf bildet.

Die an der Verpfählung anliegenden Klötze werden auf der Außenseite dem Pfändungswinkel entsprechend abgeschrägt. Die offenen Fugen, die sich beim Tieferlegen der Schachtsohle zwischen den äußersten Klotzreihen und der Verpfählung bilden, werden durch Keile geschlossen.

VI. Das Abteufen runder oder vieleckiger Getriebeschächte.

Schächte werden rund oder in Vielecksform mit Getriebearbeit abgeteuft, wenn sie großen Durchmesser besitzen und nachher rund ausgemauert werden sollen. Wegen des großen Durchmessers, den solche Schächte namentlich mit Rücksicht auf die bedeutenden Mauerstärken erhalten müssen, äußert sich bald ein derartiger Stoßdruck, daß die stärksten Spreizen ihm nicht zu widerstehen vermögen. Es ist darum in solchen Fällen die Getriebearbeit nur bei sehr geringer Mächtigkeit der schwimmenden Schichten am Platze. In jedem anderen Falle soll man diese nicht erst versuchen, sondern sofort zu einem der weiter unten beschriebenen Verfahren greifen

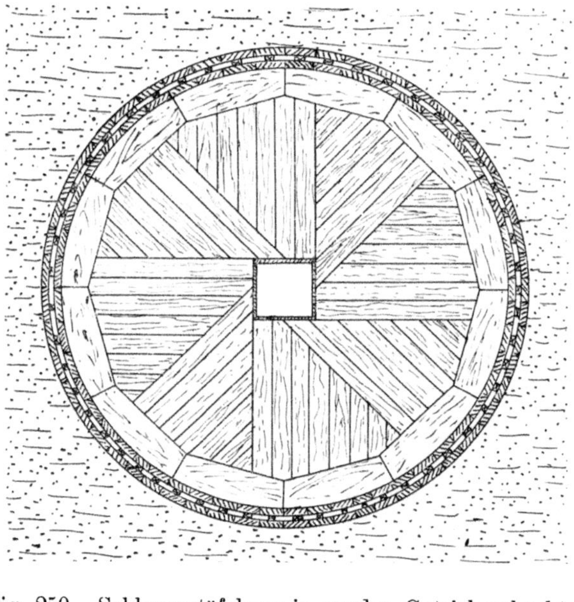

Fig. 250. Sohlenvertäfelung in runden Getriebeschächten.

Die Getriebearbeit selbst unterscheidet sich in nichts von der in viereckigen Schächten. Es muß nur auf eine sehr starke Zimmerung Bedacht genommen werden; desgleichen wird die Sohle gut verwahrt, indem man sie in einzelne Felder einteilt. Als Muster einer guten Sohlenvertäfelung ist in Fig. 250 die in Schacht II der fiskalischen Anlage zu Makoschau angewendete abgebildet.

Auf Jelkaschacht der Preußengrube O.-S. mußte man i. J. 1903 zum Durchteufen des Buntsandsteins eine Luftschleuse und Druckluft anwenden (Näheres hierüber s. Kap. IV, D. II). Man hatte nun beobachtet, daß aus der Sohle kein Sandauftrieb mehr stattfand, wenn das Gebirge 1 m hoch in den Schacht eingedrungen war. Da also der Druck von 100 ccm feuchten Sandes auf 1 qcm Grundfläche genügte, um den Auftrieb des Gebirges zum Stillstande zu bringen, da ferner das spez. Gewicht von feuchtem Sande etwa = 2 ist, mußte ein Überdruck von 0,2 Atmosphären für das Abteufen ausreichen.

Es genügte also für diese Zwecke eine einfache Luftschleuse (Fig. 251). Sie wurde in folgender Weise hergestellt. Die Bühne *A* wurde in 2 m Höhe über der Schachtsohle zusammengesetzt; sie bestand aus 2 kreuzweise übereinander liegenden 80 mm starken Bohlenlagen, die man verspundete und 10 cm tief in die Schachtmauer einließ. Das verwendete Material war astfreies Kiefernholz. Diese Bühne wurde von 3 300 mm hohen I-Eisen getragen und außerdem nach oben hin abgestrebt. Ein Zementguß diente zur Abdichtung der Bühne.

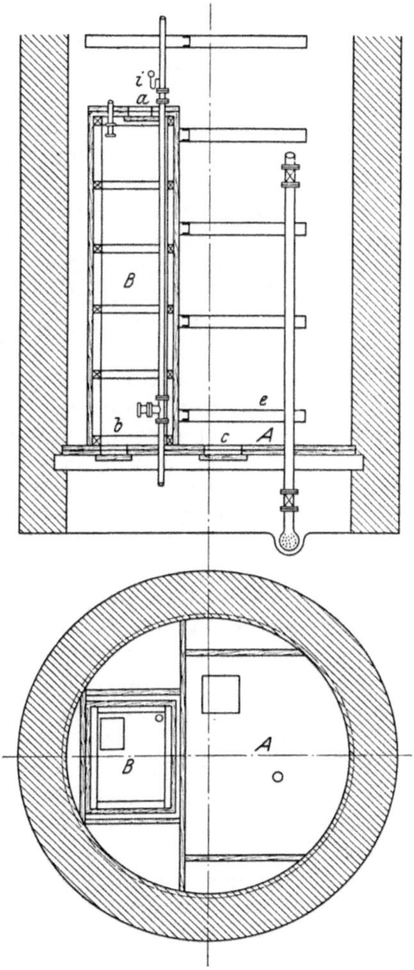

Fig. 251. Luftschleuse von Jelka-Schacht. (Aus Kohle u. Erz 1906, Nr. 4).

Auf diese Bühne wurde der Schleusenschacht *B* aufgesetzt. Auch er bestand aus Holz. Weil der Raum außerhalb von *B* und oberhalb der Bühne *A* als Sumpf für die aus dem Abteufen gehobenen Wasser diente, wurde der Schleusenschacht innen mit hölzernen Gevierten ausgebaut, die den Wasserdruck aufnehmen sollten. Zum Schutze gegen den von innen wirkenden Luftdruck wurde er mittelst eiserner Anker zusammengezogen und gegen die Schachtmauer abgesteift.

Die Unterseite der Bühne *A* und die Innenseite des Schachtes *B* wurden zur besseren Abdichtung noch mit 3 mm starken Gummiplatten verkleidet.

Die Steigerohrleitung *e* brachte die aus dem Abteufen kommenden Wasser in den eben beschriebenen Sumpf.

Zum Ein- und Ausschleusen der Arbeiter dienten die beiden Klappen *a* und *b*, die nach unten schlugen. Beim Einschleusen war *b* geschlossen und *a* offen. War die Belegschaft im Schleusenschachte, so wurde auch *a* geschlossen und nun Preßluft in den Schleusenraum *B* eingelassen, bis in ihm derselbe Druck herrschte wie unter der Bühne *A*. Darauf konnte Klappe *b* geöffnet werden und die Abteufarbeit beginnen.

Die Förderung des Gebirges erfolgte mittelst Weidenkörben von 30 kg Inhalt, die an einem Seile in den Schleusenschacht emporgezogen und dort aufgestapelt wurden. Waren so 80 Körbe gefördert worden, so begaben sich die Leute ebenfalls in den Vorraum und schlossen die Klappe *b*. Auf ein besonderes Signal ließ nun der Schleusenwärter aus dem Schleusenschachte die Preßluft von Minute zu Minute um 0,1 Atmosphären ausblasen, bis die Einsteigeklappe geöffnet werden durfte; darauf wurden die Körbe zutage gezogen.

Die Preßluft wurde von einem Kompressor mit einer Spannung von 6 Atmosphären geliefert. Beim Einströmen in die Schleuse expandierte sie und erzeugte infolgedessen eine angenehme Kühle.

In der Bühne *A* war noch eine dritte Klappe *c* vorhanden; sie war mit Rücksicht auf die Senkpumpe angebracht worden, die ja bis zum fertigen Zusammenbau der Luftschleuse die Wasser von der Schachtsohle wegheben mußte.

Mit Hilfe dieser Luftschleuse wurde ein 7,3 m tiefer Vorschacht von 3 m lichtem Durchmesser hergestellt, der bis auf das Steinkohlengebirge reichte. Von seiner Sohle aus steifte man die Schachtmauer ab und ließ dann die Preßluft abblasen. Inzwischen hatte man den Vorschacht mit einer Strecke unterfahren und mit ihr durch ein Bohrloch in Verbindung gebracht, das die Wasser dorthin ablaufen ließ.

Nun ging man daran, den Vorschacht auf den gewünschten Schachtdurchmesser von 7 m zu erweitern. Dies geschah segmentartig mit Hilfe von 6 Getriebeschächten, die man zwischen dem Vorschachte und dem endgültigen Schachtumfange niederbrachte. Jeder dieser Getriebeschächte wurde mit Rücksicht auf den hohen Gebirgsdruck sofort nach seiner Fertigstellung bis an den Vorschacht heran wieder voll zugemauert. Erst als man später im Steinkohlengebirge einen sicheren Mauerfuß hatte herstellen können, spitzte man von dieser Mauer so viel weg, bis der Mauerschacht die verlangte lichte Weite besaß.

B. Der endgültige Ausbau eines Getriebeschachtes.

a) Der Ausbau im ganzen Schrot.

Eine fertige Getriebezimmerung gleicht auf den ersten Blick vollständig dem Ausbau im Bolzenschrote. Die einzelnen Ansteckgevierte sind untereinander verbolzt. Hinter den Gevierten steht die Verpfählung. Höchstens findet man als Unterschied, daß in halber Feldeshöhe hinter den Bolzen noch die verlorenen Gevierte zu sehen sind.

Um den Schachtausbau standhafter zu machen, ist es nötig, ihn in ganze Schrotzimmerung umzuwandeln. Diese Arbeit ließe sich am einfachsten in der Weise ausführen, daß im Schachtlichten ein ganzer Schrotausbau hochgeführt wird. Dies hat aber den Nachteil, daß der Schachtquerschnitt zu sehr verengt wird. Außerdem müßte man damit warten, bis die Getriebearbeit beendet ist. Nun soll aber jedes neuhergestellte Feld möglichst bald mit diesem Ausbaue versehen werden, damit der Schacht nicht zu sehr in Druck kommt.

Das unterste, eben erst fertig vorgetriebene Feld darf nicht sofort in ganzen Schrot gesetzt werden, weil dadurch der Schlitz für die neu anzusteckenden Pfähle verbaut werden würde. Es bleibt also nur das zweite Feld von unten übrig.

Will man das Feld zwischen den zwei Ansteckgevierten in ganzen Schrot setzen, so muß man die Bolzen zwischen ihnen wegschlagen. Dadurch würde aber die gesamte Zimmerung ihren Halt verlieren; das unterste Feld würde nach oben treiben und die obere Zimmerung nach unten ins Rutschen kommen.

Es werden vor Entfernung der Bolzen zwei oder mehrere „Türstöcke“ (Fig. 252) eingebaut. Unter das Ansteckgeviert *a* kommen so viel Kappen *b*, als man Türstöcke herstellt. Sie gehen parallel den kurzen Stößen, greifen unter die langen Jöcher und reichen somit bis an die Verpfählung heran. Die Türstockbeine *c* stehen auf Grundsohlen (Bremsen) *d*, mittelst deren die Sohlenvertäfelung gehalten wird. Nun können die Bolzen *e*, die in Fig. 252 punktiert gezeichnet sind, herausgeschlagen und die Gevierte bis an die Kappen *b* heran eingebaut werden. Beim Einbau des letzten Geviertes wären die Kappen der Türstöcke im Wege. Darum werden

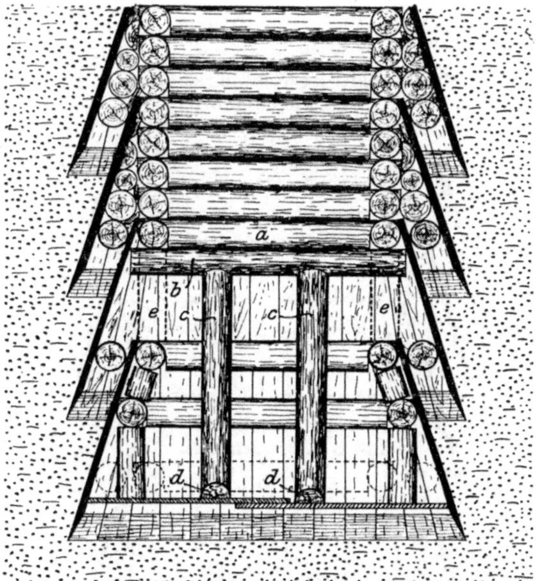

Fig. 252. Abbremsen der Sohlenvertäfelung. (Schnitt parallel dem kurzen Stoße).

diese entfernt und durch kurze Bolzen *b* (Fig. 253) ersetzt, die man zwischen die langen Jöcher des zuletzt eingebauten Geviertes *f* und

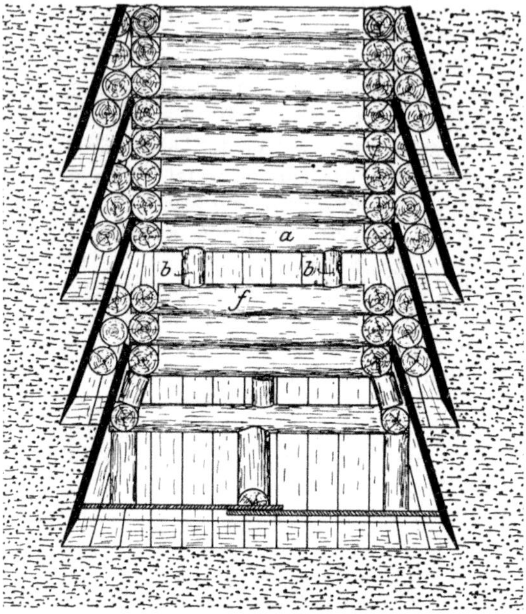

Fig. 253. Einbau des Schlußgeviertes in einem Getriebefelde.

Fig. 254. Ausbau eines Getriebefeldes mit Halbholzschrot.

des Ansteckgeviertes *a* treibt. Jedes der langen Jöcher wird nun in der Weise eingebracht, daß man es z. B. rechts in die Ecke einsetzt, den nächsten Bolzen *b* herausschlägt und dann das Joch so weit auf den Stoß zu schwenkt, daß es am zweiten Bolzen *b* anliegt. Der beschränkte Raum gestattet meistens nicht, auch diesen herauszuholen. Darum treibt man das Joch mit aller Gewalt mittelst des Großfäustels an seinen Platz; dabei muß der Bolzen die Verpfählung durchbrechen und in das Gebirge ausweichen. Man kann ihm dies erleichtern, indem man vorher die Pfähle seinen Umrissen gemäß mit der Axt durchhaut. Sollte schwimmendes Gebirge durchtreten, so wird in die Fugen zwischen den Jöchern etwas Stroh gestopft.

Nachdem das eine kurze Joch und die beiden langen Jöcher eingebaut worden sind, wird auch das letzte kurze Joch mit keilförmiger Blattung (Fig. 66) eingetrieben.

Auf der königlichen Friedrichsgrube in Oberschlesien wird bei mittlerem Drucke der endgültige Schrotausbau aus hochkantig gestelltem Halbholze angefertigt, dessen Rundung dem Schachtinnern zugekehrt wird. Der Hauptvorteil dieses Verfahrens ist, daß die zwischen den Ansteckgevierten stehenden Bolzen nicht entfernt zu werden brauchen; sie werden bloß um halbe Holzstärke nach außen getrieben, so daß der Halbholzschrot vor ihnen Platz erhält (Fig. 254).

Zur Verstärkung des Schrotausbaues wird der Schacht sofort verwandrutet, sobald für ein Wandrutenpaar Platz vorhanden ist. Die einzelnen Wandruten eines Stranges dürfen sich nicht unmittelbar berühren; es muß vielmehr zwischen ihnen immer etwas Spielraum bleiben. Dies ist namentlich dann der Fall, wenn sich das Gebirge infolge von Abtrocknung setzt. Auf Florasglückgrube bei Bibiella hat man beispielsweise beobachtet, daß die damit zusammenhängende Senkung der Tagesoberfläche rund um den Schacht herum bis über ein Meter beträgt. Mit dem Gebirge muß sich auch die Zimmerung setzen können. Dies ist aber nur dann möglich, wenn zwischen den Wandruten etwas Luft bleibt.

b) Die Ausmauerung.

Bei der Ausmauerung eines Getriebeschachtes muß man große Vorsicht anwenden, damit er nicht zu Bruche geht. Bevor ein Ansteckgeviert bezw. Ansteckjochkranz geraubt wird, um der aufrückenden Mauer Platz zu machen, muß das nächstobere verlorene Geviert daraufhin geprüft werden, ob es noch unverminderte Haltbarkeit besitzt. Es dürfen niemals mehrere Gevierte oder Jochkränze auf einmal herausgeraubt werden. Im Gegenteil ist es gut, aus einem Geviert zunächst nur ein einziges Joch zu entfernen und an dieser Stelle bis an das obere Geviert hochzumauern. Oft wird es sogar unmöglich sein, ein ganzes Joch auf einmal herauszuholen. Dann wird ein Teil desselben mit der Axt abgehauen und das noch vor dem Stoße stehende Stück nach dem gegenüberliegenden Stoße abgestrebt.

Ist das Gebirge sehr druckhaft, dann wird die gesamte Zimmerung im Schachte bleiben müssen, während man im anderen Falle nur die Getriebepfähle zurückläßt.

C. Das Senkrechtanstecken.

Die Getriebearbeit mit senkrecht angesteckten Pfählen geht in derselben Weise vor sich wie beim schrägen Anstecken. Dieses Verfahren wird jedoch für gewöhnlich nur dann angewendet, wenn die Mächtigkeit des schwimmenden Gebirges so gering ist, daß man mit einem einzigen Felde durchkommt. Die Höhe eines solchen Feldes wird aber gemäß der Mächtigkeit der zu durchteufenden Gebirgsschicht größer genommen als wie beim schrägen Anstecken. Die Länge der Getriebepfähle kann bis zu 6 m und mehr betragen.

Sollte die Mächtigkeit der schwimmenden Schicht so groß sein, daß man mit einem Felde nicht bis auf das Liegende der Schwimmsandmassen kommt, dann kann man auch mehrere Anstecken herstellen. Es muß dann jedoch berücksichtigt werden, daß sich der Schachtdurchmesser mit jedem Felde verringert. Man muß daher mit möglichst großem Anfangsdurchmesser beginnen.

Drittes Kapitel. Die Spundwände.

A. Spundwandformen.

Bei den Spundwänden werden ähnlich wie beim Senkrechtanstecken Pfähle in lotrechter Richtung in das Gebirge eingetrieben. Die zur Verwendung kommenden Pfähle gleichen nur noch selten denen von Getriebeschächten, nämlich dann, wenn es starke Bohlen sind, die durch Feder und Nut verbunden werden; in der Mehrzahl der Fälle nimmt man hierzu Röhren oder Profileisen, oder man stellt die Spundwände aus Profileisen in Verbindung mit Eisenplatten oder starken Bohlen her.

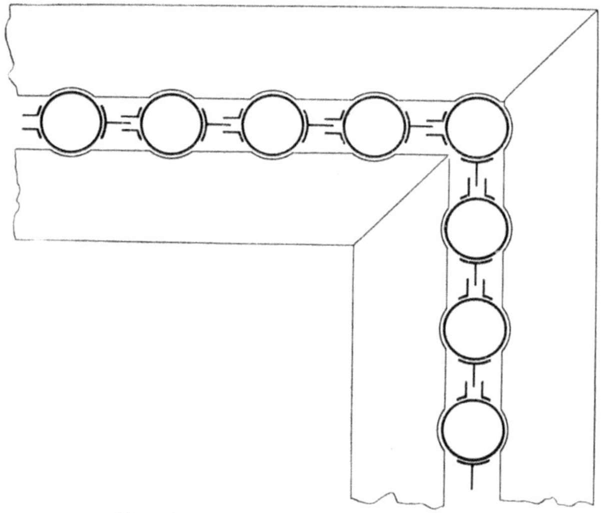

Fig. 255. Spundwand von Haase.

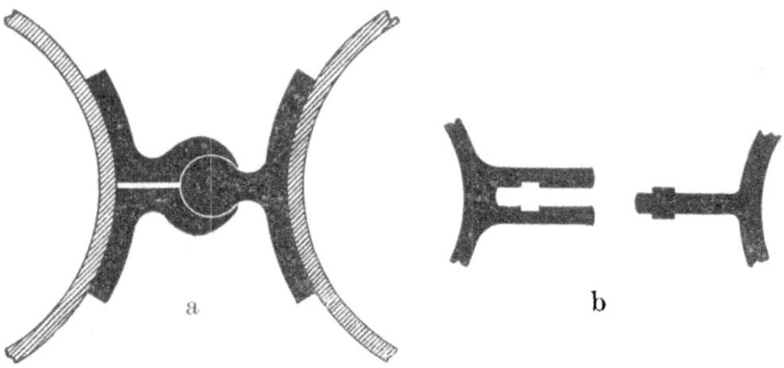

Fig. 256. Verbindung der Spundwandröhren.

Aus Röhren sind beispielsweise die Haaseschen Spundwände angefertigt. Entsprechend der Feder und Nut bei den Bohlen werden auch die Haaseschen Röhren mit angenieteten Führungseisen versehen. Die in Fig. 255 dargestellte Verbindungsweise hat den Nachteil, daß die Spundwand leicht durch Auseinandergehen der Rohre Risse bekommt; dies tritt bei dem Zangenprofil (Fig. 256a und b) nicht so leicht ein; dagegen wird bei diesem das schwimmende Gebirge nicht so schnell und gründlich abgetrocknet als bei ersterem. Die lichte Weite der Rohre beträgt

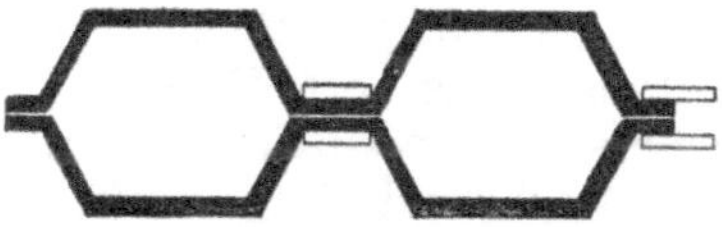

Fig. 257. Spundwand.

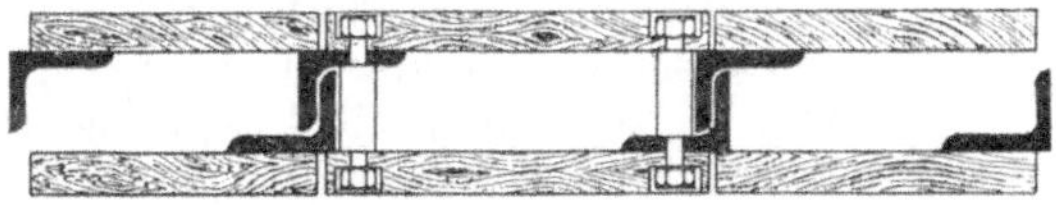

Fig. 258. Hölzerne Spundwand von Eichler.

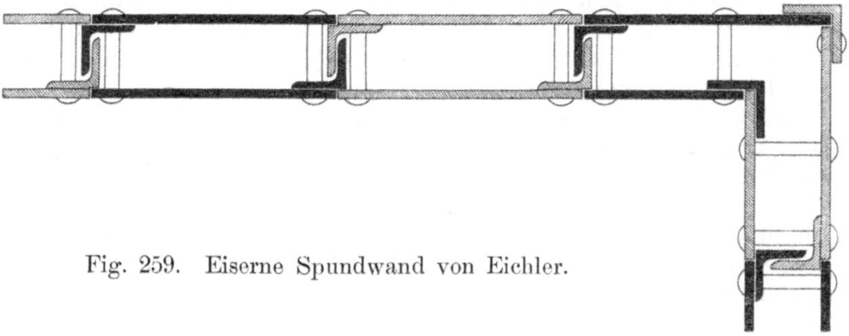

Fig. 259. Eiserne Spundwand von Eichler.

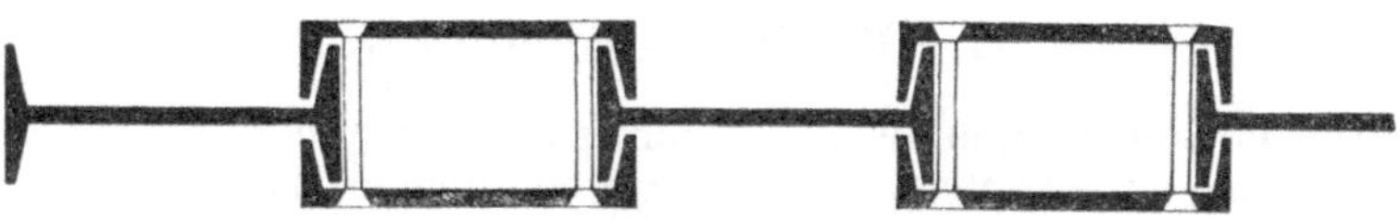

Fig. 260. Spundwand von Simon.

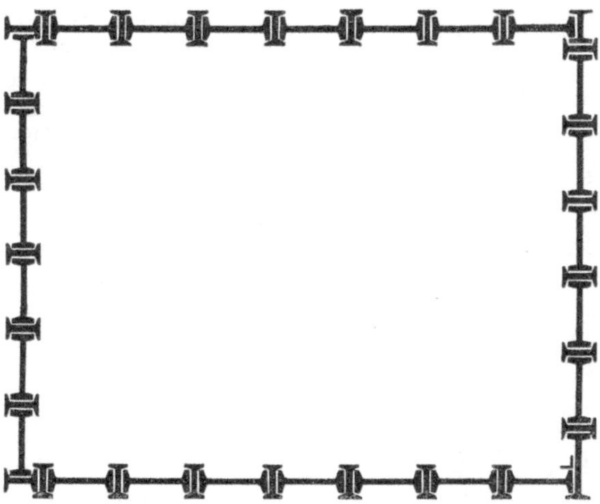

Fig. 261. Spundwand von Jänicke. (Aus der „Zeitschrift f. d. Berg-, Hütten- und Salinenwesen im Preuß. Staate 1891“.)

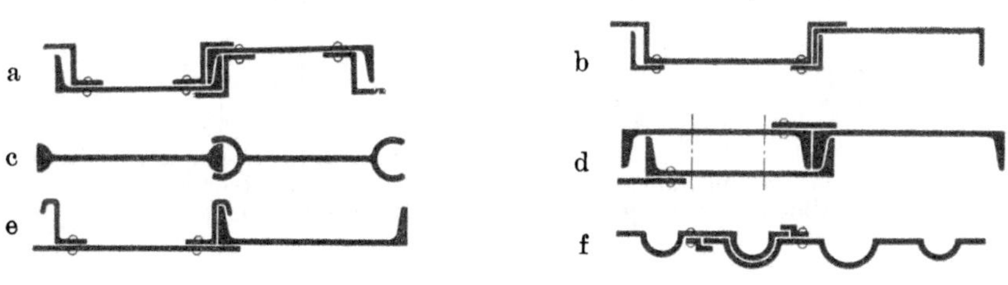

Fig. 262 a—f. Spundwand aus Formeisen. (Aus „Kohle und Erz“ 1907, Nr. 7.)

meistens 105 mm, ihre Baulänge 4 m. Sollten wegen größerer Mächtigkeit des schwimmenden Gebirges größere Rohrlängen erforderlich werden, so setzt man die entsprechende Zahl von Röhren aufeinander.

Anstatt aus kreisrunden Röhren hat man die Spundwände auch aus dem in Fig. 257 abgebildeten Formeisen hergestellt; durch Annieten von zwei Flacheisen an der einen Seite erhielt man die Nut.

Eichler benutzt hölzerne und eiserne Spundwände, deren Bauart aus Fig. 258 und 259 ohne weiteres ersichtlich ist. Ein Auseinandergehen der Pfähle kann hier nicht eintreten.

Aus Formeisen sind die Spundwände von Simon (Fig. 260) und Jänicke (Fig. 261) hergestellt, und zwar die erstere aus U- und I-Eisen, die letztere nur aus I-Eisen.

Aus z. T. besonders gestalteten Eisenformen bestehen die Spundwände nach Friestedts Patenten, die in Nordamerika stellenweise niedergebracht worden sind. Fig. 262 *a*–*f* gibt einige solche Spundwandverbindungen wieder.

B. Die Abtreibearbeit.

Die einzelnen Spundwandglieder werden rundherum immer um je ein Meter vorgetrieben. Zum Eintreiben dienen Wagenwinden oder Rammen. Auf den Ramsdorfer Braunkohlenbergwerken bei Borna wurden anfangs Wagenwinden von 400 Ztr. Preßkraft, nachher Handrammen von 1,5 Ztr. Gewicht bei 0,8 m Fallhöhe, zuletzt solche von 6 Ztr. Gewicht und 3 m Fallhöhe angewendet. Diese letzteren wurden mit Hilfe von Vor-

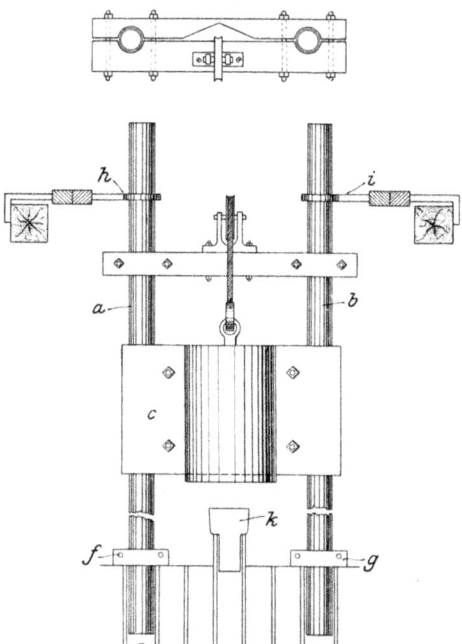

Fig. 263. Spundwandramme.

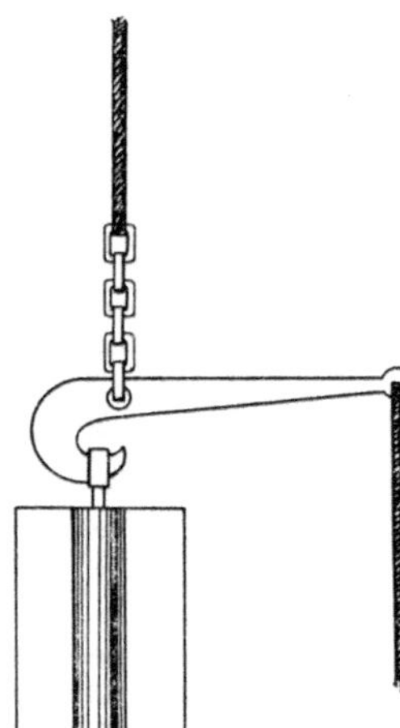

Fig. 264. Rammklotz mit Ausklinkvorrichtung.

Aus dem „Jahrbuche f. d. Berg- und Hüttenwesen im Königreich Sachsen“, 1901.)

legehaspeln bewegt. Fig. 263 zeigt die Einrichtung der dortselbst benutzten Rammen: *a* und *b* sind zwei Führungen für den Bär *c*; sie sind in zwei Getrieberöhren *d* und *e* eingesetzt und werden mittelst der Schellen *f* und *g* und der Halter *h* und *i* in ihrer Lage gesichert. Der Freifall des Rammbären wird durch die Ausklinkvorrichtung Fig. 264 erzielt.

Beim Einbau der Jänickeschen Spundwand auf Grube Anna im Bergreviere Cottbus wurden die ersten 4 m der 8 m langen Träger mit Dampframmen von 100 kg Bärgewicht, die letzten 4 m mit solchen von 500 bezw. 750 kg Bärgewicht eingerammt.

Damit die Nachbarrohre nicht beschädigt werden, benutzt man beim Eintreiben Aufsatzstücke von 20, 30, 50 und 100 cm Länge. Auf die Köpfe dieser Aufsatzstücke kommen massive stählerne Schlagstücke *k* (Fig. 263).

Damit die Rohre sicher im Lote niedergehen, erhalten sie auf der Innen- und Außenseite Führungen in entsprechenden Rahmen (Fig. 255). In diesen Kränzen können für jedes Rohr noch halbkreisförmige Ausschnitte angebracht werden. Infolge ungleicher Stärke der Spundwandrohre kamen auf den Ramsdorfer Werken Klemmungen vor. Deshalb ließ man hier nicht nur die Ausschnitte, sondern auch die äußeren Führungsrahmen fort und ersetzte die letzteren einzig und allein durch eine Kiesschicht.

Stoßen die Rohre auf härtere Gebirgsschichten, so wird in diesen mit stoßendem oder drehendem Bohren Platz gemacht. Die Bohrarbeit wird überhaupt schon dann angewendet, wenn die Rohre beim Niedergange einigen Widerstand finden.

Die Schachtsohle wird während des Abteufens in derselben Weise wie bei der Getriebearbeit vertäfelt.

C. Der endgültige Ausbau.

Die Spundwand wird nur bei geringen Mächtigkeiten des schwimmenden Gebirges als alleiniger Schachtausbau behalten werden können. Ist sie aus Profileisen hergestellt, und soll sie wasserdicht abschließen, so wird dies mit Beton erreicht, den man mit besonderen Betonlöffeln in die einzelnen Kästen einläßt.

In allen anderen Fällen führt man innerhalb der Spundwand noch einen besonderen Ausbau aus Holz, Eisen oder Mauerung auf.

D. Leistungen und Kosten.

In 24 Stunden werden meistens 30—60 m Rohrlänge, je nach der Beschaffenheit der zu durchsinkenden Gebirgsschichten, niedergetrieben.

Die Kosten belaufen sich für 1 m Schacht auf rund 700—1900 Mark. 1 qm Schachtwand kostet 60—133 Mark.

Viertes Kapitel. Die Senkschächte.

Benutzte Literatur:

Riemer, Das Schachtabteufen in schwierigen Fällen.
Handbuch der Ingenieurwissenschaften. Bd. IV, 2. Abteilung.
Tecklenburg, Handbuch der Tiefbohrkunde. Bd. VI.

A. Allgemeines.

In der Regel sind Senkschächte hauptsächlich dann anzuwenden, wenn die zu durchteufenden Schwimmsandmassen große Mächtigkeit besitzen, wenn sie beträchtliche Dünnflüssigkeit aufweisen, oder wenn der Schacht größeren Durchmesser erhalten soll.

Bevor man das schwimmende Gebirge erreicht hat, wird der Senkzylinder in möglichster Länge zusammengesetzt. Er wird entsprechend dem Fortschritt der Senkarbeit durch Aufbauen so lange verlängert, bis das Liegende des schwimmenden Gebirges erreicht ist, vorausgesetzt, daß der Senkschacht nicht etwa stecken bleibt.

Am häufigsten werden die Senkschächte aus Mauerwerk oder aus gußeisernen Tübbings hergestellt, während Schmiedeeisen verhältnismäßig selten, Holz so gut wie gar nicht verwendet wird. In letzter Zeit sind auch Versuche mit Compoundschächten gemacht worden; diese besitzen einen Mantel von Gußeisen und sind mit Mauerwerk ausgefuttert.

Die Hauptteile eines jeden Senkschachtes sind der Schneidschuh, der das Eindringen in das Gebirge erleichtern soll, und der eigentliche Schachtkörper; nur bei den gemauerten Senkschächten wird zwischen dem Schneidschuhe und dem Mauerkörper noch ein aus starken Bohlen bestehendes Zwischenglied, der Rost, eingeschaltet.

B. Senkschachtkonstruktionen.

I. Hölzerne Senkschächte.

Wie schon erwähnt, werden hölzerne Senkschächte so gut wie gar nicht mehr benutzt. Dies kommt daher, daß das Holz zu schnell fault, und daß es sich weder für großen Schachtdurchmesser noch für größere Mächtigkeiten des schwimmenden Gebirges eignet.

Die Senkschächte werden ähnlich wie ein Faß aus Holzdauben von 0,2 m Stärke, verschiedener Breite und bis zu 6 m Länge hergestellt. Zum Zusammenhalten der Dauben dienen eiserne Bänder, die durch senkrechte eiserne Zugstangen verbunden werden. Der unterste Eisenring endigt in eine Schneide.

II. Gemauerte Senkschächte.

a) Der Schneidschuh.

Der Schneidschuh braucht nur aus Holz angefertigt zu werden, wenn die zu durchsinkenden Massen verhältnismäßig nachgiebig sind und nur geringe Mächtigkeit besitzen. Solche Schneidschuhe müssen aber mit Eisen beschlagen werden (Fig. 265, 266, 269, 270), damit sie haltbarer sind.

Die gußeisernen Schneidschuhe werden am besten aus mehreren Segmenten zusammengesetzt, die miteinander verschraubt werden. So bestand beispielsweise der in Fig. 267 a—c abgebildete Schneidschuh von Schacht II der Grube Neumühl aus 20 Teilen. Zur Verbindung der einzelnen Stücke dienten je zehn starke Schrauben. Die Fugen wurden mit 3 mm starkem Bleiblech ausgelegt, welches nach erfolgter Verschraubung verstemmt wurde.

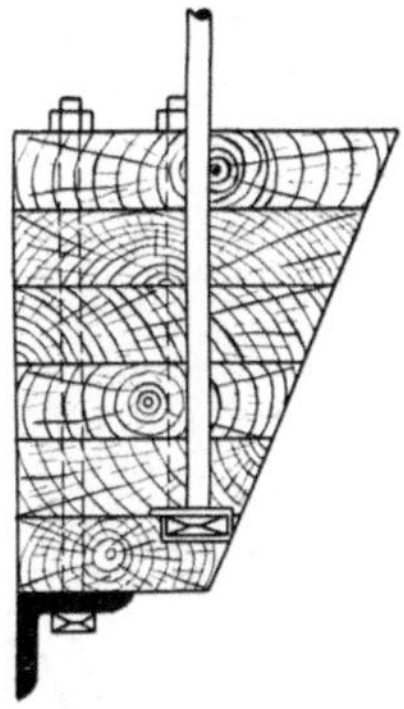

Fig. 265. Schneidschuh.
(Aus dem „Sammelwerk", Bd. III.)

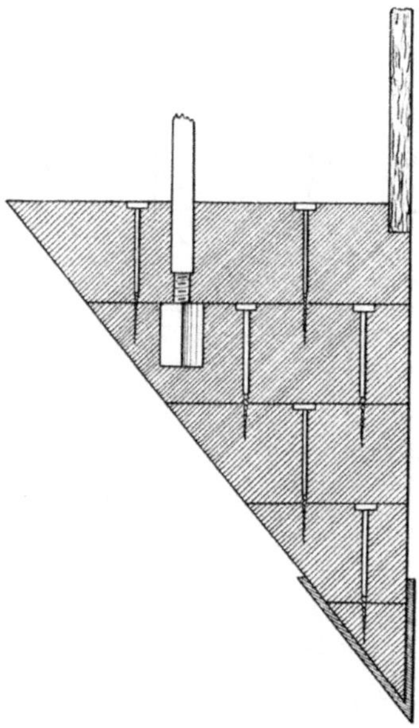

Fig. 266. Schneidschuh.
(Aus Köhler, Lehrbuch d. Bergbaukunde.)

Die einzelnen Schneidschuhsegmente werden ebenso, wie es bei den gußeisernen Tübbings geschieht, mit Längs- und Querrippen versehen, die zur Verstärkung dienen. Dadurch entstehen einzelne Kammern, die offen bleiben oder aber ausgefüllt werden können. Danach unterscheidet man offene und geschlossene Schneidschuhformen. Die letztere Art ist stets vorzuziehen. Das Ausfüllen der Kammern erfolgt mit Holz, Mauerung oder Zementverguß.

Der Winkel, den die beiden Schneideflächen bilden, muß um so schlanker sein, je zäher das schwimmende Gebirge ist. Der üblichste Winkel ist ein solcher von 40—50^{0}.

b) Der Rost und der Mauerschacht.

Da Mauerschächte meist bedeutende Wandstärken erhalten, Schneidschuhe von einer der Mauerstärke entsprechenden Breite aber sehr teuer wären, behilft man sich in der Mehrzahl der Fälle mit Schuhen von geringerer Breite. Es wird dann aber zwischen Senkschuh und Mauerkörper ein Zwischenglied, der Rost, eingeschaltet. Man hat den Rost in einigen Fällen fortgelassen (Fig. 267 a). Bei größeren

Arbeiten soll dies jedoch nie geschehen; denn er hält die einzelnen Segmente des Schneidschuhes besser zusammen und erleichtert späterhin, falls dies nach Beendigung des Abteufens erwünscht sein sollte, die Entfernung des Senkschuhes.

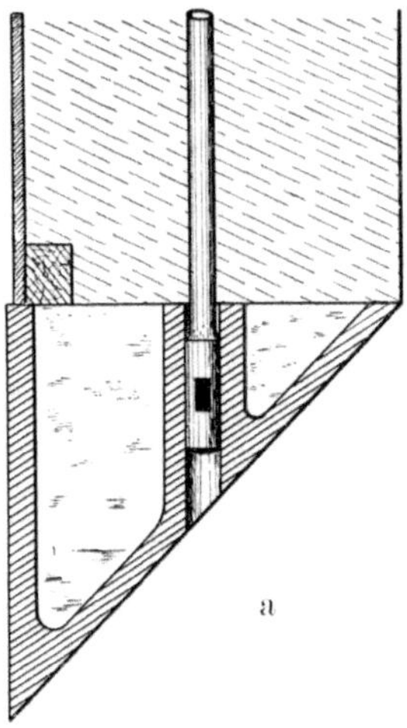

Der Rost besteht aus starken Pfostenlagen, die untereinander verschraubt werden. Seine senkrechte Außenwand liegt nicht genau in der Verlängerung der Außenwand des Schneidschuhes *a* (Fig. 268), sondern ist gegen diese etwas nach innen versetzt. Auf diesem Absatze stehen buchene Bohlen *b*, die man unten

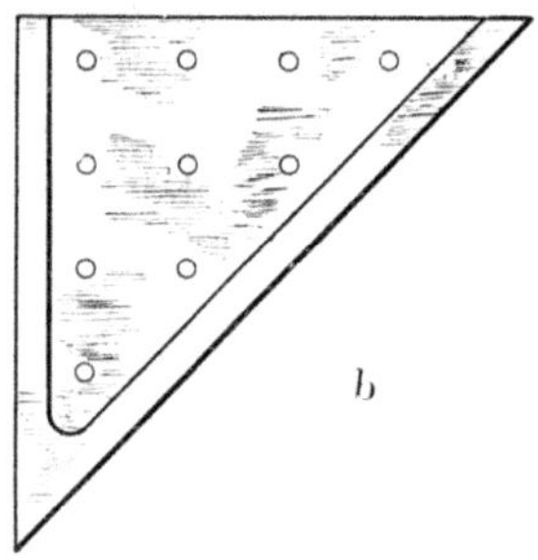

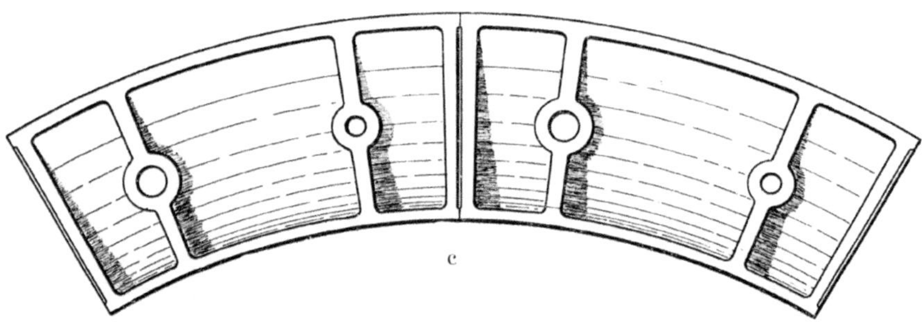

Fig. 267. Schneidschuh (a Querschnitt, b Seitenansicht, c Grundriß.)
(Aus dem „Handbuch der Ingenieur-Wissenschaften", Band IV.)

am Roste, mit dem oberen Ende an einem 2—3,5 m darüber befindlichen Eichenholzkranze befestigt. Sie dienen als Lehre für die Mauerung und sollen während des Einsinkens die Reibung zwischen dem Senkschachte und dem Gebirge verringern. Zu diesem Zwecke sind sie auf der Außenseite glatt gehobelt und werden auch oft mit Seife bestrichen. In denselben Abständen von 2—3,5 m werden auch weiter nach obenhin immer neue Holzkränze in die Senkmauer eingefügt, um die Verschalung fortsetzen zu können. Die Holzkränze bestehen aus doppelten Pfostenlagen und gehen durch die ganze Mauerbreite hindurch.

Die Holzschablone kann auch durch einen Mantel aus Eisenblech ersetzt werden. In beiden Fällen läßt man sie, besonders bei starken Mauern, nach oben sich verjüngen. Die Verjüngung beträgt auf 1 m

Höhe 2—40 mm. Sie ist dadurch bedingt, daß die Schachtmauer in größeren Tiefen wegen der Zunahme des Wasserdruckes größere Wandstärke besitzen muß. Ferner soll dadurch auch erzielt werden, daß der Schacht, dessen äußerer Durchmesser nun von unten nach oben abnimmt, leichter einsinkt.

Die gemauerten Senkschächte werden aus dem allerbesten Material hergestellt, also aus Klinkerziegeln und schnell abbindendem Zement.

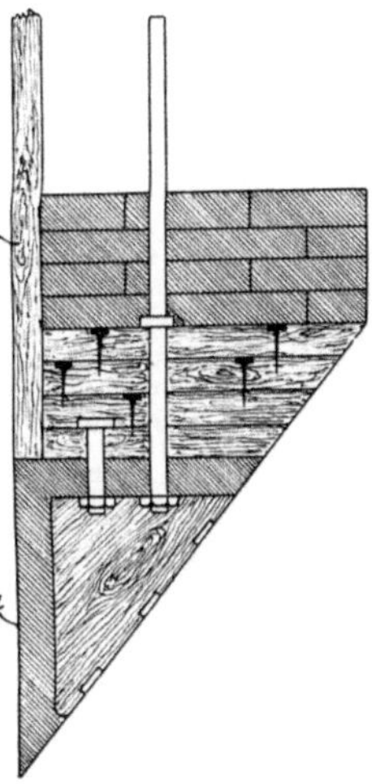

Fig. 268. Schneidschuh. (Aus Köhler, Lehrbuch d. Bergbaukunde.)

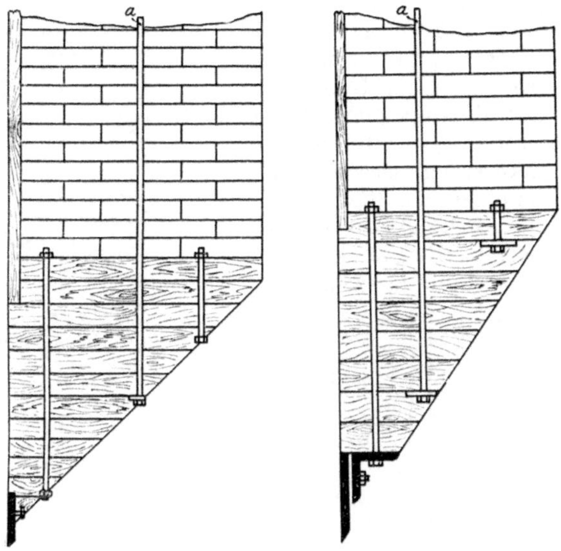

Fig. 269 und 270. Schneidschuh. (Aus dem „Sammelwerk“, Band III.)

Die Mauerstärke soll zwei Steine betragen, wenn das schwimmende Gebirge bis zu 5 m mächtig ist. Für jede weiteren 5 m Senkschacht ist mindestens je 1/2 Steinstärke zuzugeben. Der Durchmesser darf 8 m nicht übersteigen, weil sonst die Reibung mit dem Gebirge zu groß würde.

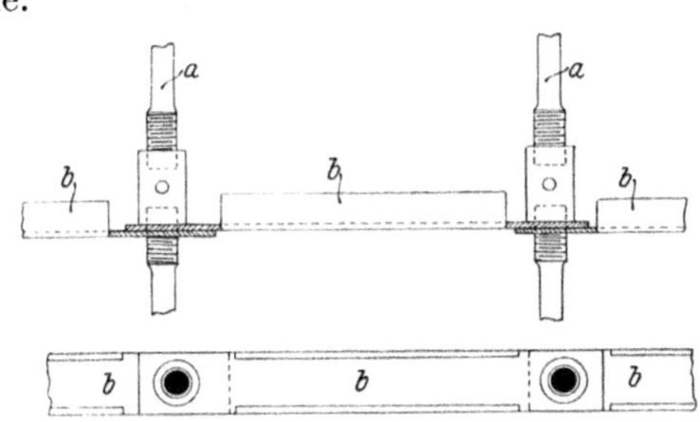

Fig. 271. Verlaschung der Ankerstangen.

Um zu verhüten, daß ein Senkschacht schief niedergeht, sowie um die Geschwindigkeit des Niedersinkens jederzeit regeln zu können, werden die Mauerschächte an Ankerstangen *a* (Fig. 269 u. 270) aufgehängt, die bis zutage reichen. Sie gehen vom Schneidschuhe aus und sind in ein oder auch in zwei konzentrischen Reihen angeordnet. Jedes Schneidschuhsegment wird mindestens an zwei Ankerstangen aufgehängt, deren Stärke von ihrer Anzahl und von der Größe der zu tragenden Last abhängt. Sie beträgt meistens 60 – 80 mm. Jede Ankerstange ist wiederum aus einzelnen Stücken von etwa 3 m Länge zusammengesetzt. Die zweckmäßigste Verbindungsweise dieser einzelnen Stücke ist die Verschraubung.

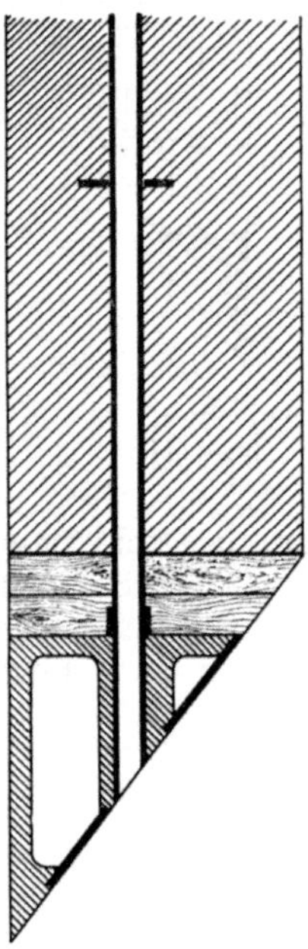

Fig. 272. Senkmauer mit hohlen Ankerstangen. (Aus der „Zeitschrift f. d. Berg-, Hütten- und Salinenwesen im Preuß. Staate", 1891.)

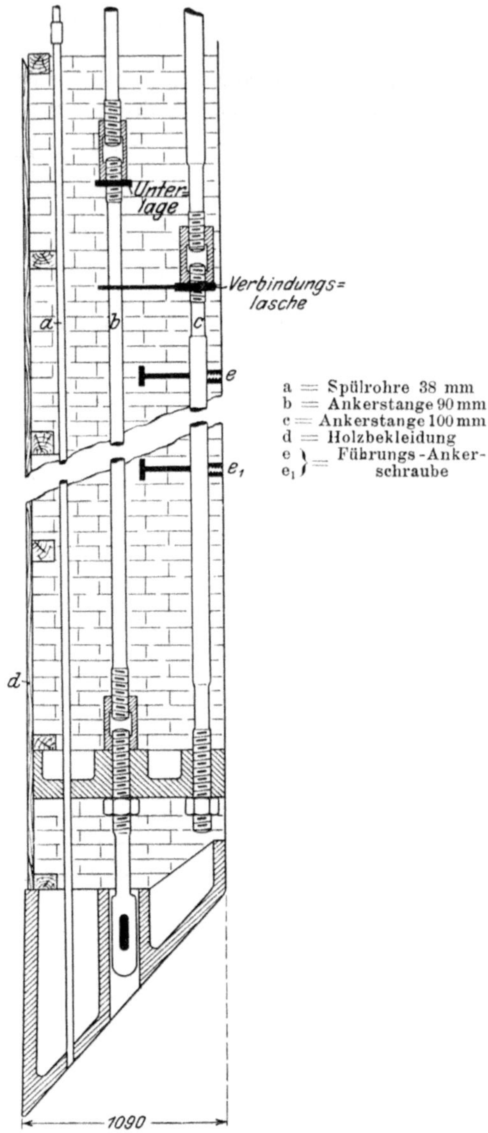

Fig. 273. Senkschacht mit Spülrohren. (Aus Vers. und Verb. im J. 1902.)

Dem Senkschachte kann dadurch eine noch größere Steifigkeit verliehen werden, daß man die Ankerstangen *a* untereinander durch wagerechte Laschen *b* von Flacheisen oder U-Eisen verbindet (Fig. 271).

Am oberen Ende sind die Ankerstangen mit Schraubenspindeln versehen und werden mit Hilfe von Senkwinden (Fig. 203) gleichmäßig niedergelassen.

Auf Grube Neue Hoffnung bei Pömmelte wurden statt der massiven Ankerstangen schmiedeeiserne, patentgeschweißte Röhren (Fig. 272) eingebaut, um beim Durchteufen eines 12 m mächtigen Kieslagers Geschiebe unter dem Schneidschuhe entfernen zu können.

Im Schachte V der Gewerkschaft Deutscher Kaiser bei Hamborn erhielt der gemauerte Senkschacht Spülrohre *a* (Fig, 273) von 38 mm Durchmesser, die ganz durch den Schneidschuh hindurchgingen. Mit einer Spülpumpe von 40 PS wurde durch sie ein kräftiger Wasserstrahl unter den Schneidschuh geschickt, der alle Hindernisse nach dem in der Mitte der Schachtsohle befindlichen Einbruche hinschaffte.

III. Beton-Senkschächte.

Anfang 1907 wurde in Biwabik im Staate Minnesota ein eigenartiger Senkschacht niedergebracht. Er bestand aus eisenverstärktem Stampfbeton, hatte 6,75 m äußeren Durchmesser und eine Wandstärke von 1,20 m. Innerhalb des Senkschachtes war ein eiserner Hohlzylinder von 1,3 m Durchmesser untergebracht, durch den der eindringende Schwimmsand zutage geschafft wurde, während man das zusitzende Wasser in den Schacht ließ. Die Stampfformen waren 2,4 m hoch und wurden nach Erhärtung der Masse um diesen Betrag hochgezogen, um einen neuen Schachtteil von 2,4 m Höhe herzustellen. Um den gleichen Betrag wurde auch der innere Hohlzylinder verlängert. In den Beton wurden als Verstärkung 25 mm dicke Quadrateisenstäbe senkrecht eingebettet, die man an den Enden hakenförmig umbog; die nächst oberen Stäbe wurden in die unteren eingehängt.

IV. Gußeiserne Senkschächte.

Die gußeisernen Senkschächte bestehen nur aus dem Senkschuhe und dem eigentlichen Schachtkörper; es fehlt also bei ihnen der bei gemauerten Senkschächten fast unbedingt erforderliche Rost. Der Schneidschuh und die Ringe sind entweder geschlossen oder bestehen aus einzelnen Segmenten. Man wählt ganze Ringe bei kleinerem Schachtdurchmesser; dadurch gewinnt man noch den Vorteil, daß man nicht so viele Fugen zu dichten braucht.

a) Der Schneidschuh.

Die Höhe des Schneidschuhes beträgt 0,6—1,0 m, seine Wandstärke bei 4—7 m Schachtdurchmesser und bei einer Teufe bis zu 50 m 50—75 mm. Sein Gewicht beläuft sich alsdann auf 6000 bis 10 000 kg. Der Schneidenwinkel schwankt zwischen 30—45^{0}.

Das am häufigsten zur Herstellung von Schneidschuhen verwendete Material ist Gußeisen. Doch ist es gut, den Schuh noch mit einem warm aufgezogenen schmiedeeisernen Ring *a* zu versehen (Fig. 274), weil er dadurch widerstandsfähiger wird. Neuerdings wird er auch ab und zu aus Stahlguß hergestellt; denn bei schiefem Niedergehen des Senkschachtes wird er auf Biegung beansprucht; dieser Beanspruchung wäre aber ein gußeiserner Schneidschuh nicht gewachsen.

Ist zu erwarten, daß der Senkschacht großen Widerstand im Gebirge findet, so kann man wohl auch dem Schneidschuh keine durchlaufenden senkrechten Fugen geben, sondern überblattet die einzelnen Segmente miteinander

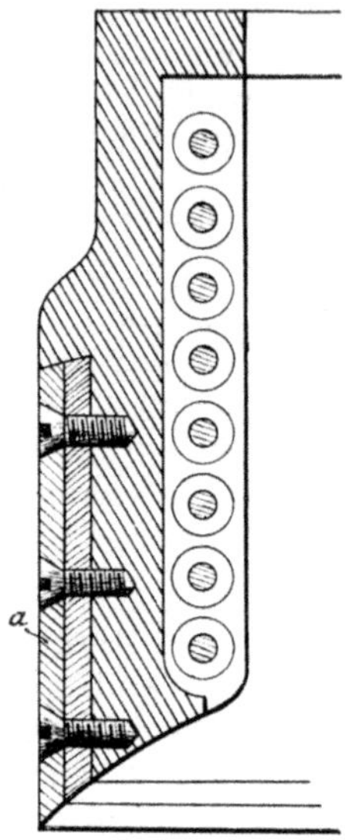

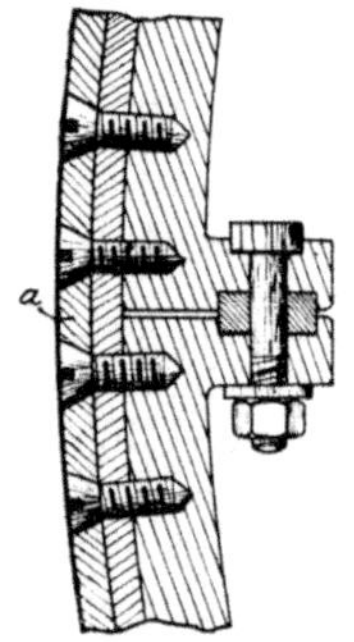

a Querschnitt b Grundriß

Fig. 274. Schneidschuh mit Verstärkungsring. (Aus dem „Handbuch der Ingenieur-Wissenschaften“, Band IV.)

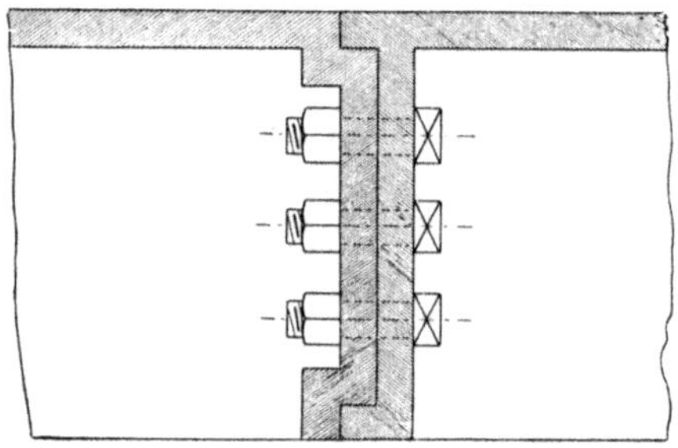

Fig. 275. Verblattete Schneidschuhsegmente. (Aus der „Zeitschrift f. d. Berg-, Hütten- und Salinenwesen im Preuß. Staate“, 1892.)

(Fig. 275). Durch eine derartige Anordnung der Fugen will man vermeiden, daß die Schraubenbolzen zu stark auf Abscherung beansprucht werden.

b) Der Gußeisenschacht.

Der auf dem Schneidschuh aufgebaute Senkkörper besteht immer aus deutschen Tübbings, deren Flanschen meistens bearbeitet sind. Die Fugen werden mit Bleistreifen verdichtet. Bei kleinen Schächten kann diese Abdichtung auch aus pikotierten Holzeinlagen bestehen. Bleiben die Flanschen unbearbeitet, so lassen sich die Fugen auch mit Zementkitt ausfüllen.

Die Wandstärke der Tübbings ist von der Tiefe und dem Drucke abhängig, mit dem der Schacht niedergepreßt wird. Auch bei geringen Tiefen soll man nicht unter 40 mm Stärke der Tübbings gehen. Die höchste zulässige Stärke beträgt 90 mm. Daß man hier nicht bis zu 110 mm geht, wie bei Schächten, die nach Kind-Chaudron abgebohrt werden, kommt daher, daß die gußeisernen Senkschächte in das Gebirge eingepreßt werden. Tübbings von mehr als 90 mm Wandstärke würden aber hierfür kein geeignetes Material mehr besitzen. Bei Berechnung der Wandstärke ist der spezifische Druck mit 1,9 anzusetzen, weil der Wasserdruck noch durch den des Gebirges vergrößert wird.

Senkschächte lassen sich auch aus den Heiseschen gewellten Tübbings herstellen; die äußeren Kästen derselben müssen dann mit Beton oder dgl. ausgefüllt werden, damit der Senkkörper eine glatte Außenfläche erhält. Ein solcher Küvelageschacht besitzt eine hohe Biegungsfestigkeit, die ja gerade bei Senkschächten in besonderem Maße verlangt wird. Um bei Ineinanderschachtelung mehrerer Senkzylinder nicht zuviel an Schachtquerschnitt zu verlieren, will Heise die in Fig. 276 abgebildete Tübbingsform anwenden. Allerdings müssen hierbei einige Schrauben von der Außenseite her angezogen werden; doch liegen sie nur in den senkrechten Fugen; zudem sind die Schrauben in zwei Reihen vorhanden.

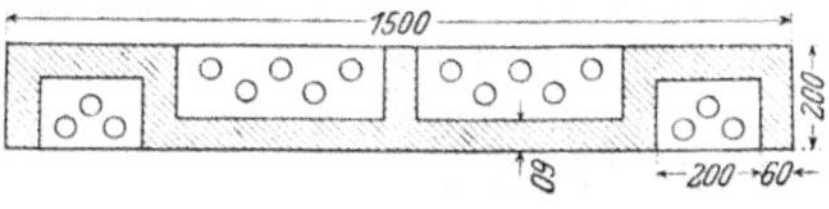

Fig. 276. Senkschacht-Tübbing von Heise. (Aus „Bergbau" XVIII, Nr. 49.)

Ein solcher Tübbing von 60 mm Wandstärke hat einen Eisenquerschnitt von 1320 qcm und ein Widerstandsmoment von 6334 cm^3. Dagegen hat ein gewöhnlicher Tübbing von 100 mm Wandstärke bei gleicher Flanschenbreite 1900 qcm Querschnitt und ein Widerstandsmoment von 3680 cm^3. Der gewellte 60 mm-Tübbing hat also eine um 172 % höhere Biegungsfestigkeit als die schwersten bisher üblichen Tübbings von 100 mm Wandstärke.

V. Compoundschächte.

Die von Direktor Pattberg erfundenen Compoundschächte sind aus dem Bestreben heraus entstanden, die Gußeisenschächte gegen das Eingedrücktwerden möglichst widerstandsfähig zu machen. Zu diesem Zwecke werden zwischen den Tübbingsringen breite, steife Verstärkungsringe *a* (Fig. 294) eingeschaltet. Diese erhalten im unteren Schachtteile 3 m, weiter oben $4^1/_2$, 6 und 9 m Abstand. Sie sind untereinander durch Ankerstangen *b* verbunden und dienen als Träger für Mauerwerk oder Beton, mit dem der Zwischenraum zwischen ihnen ausgefüllt wird. Die dadurch hervorgerufene Gewichtsvermehrung soll das selbständige Niedergehen des Senkschachtes günstig beeinflussen; anderseits behält man auch den Vorteil der Gußeisenschächte, Pressen anwenden zu können. Die Wandstärke steht in der Mitte zwischen der von gußeisernen und gemauerten Senkschächten.

Die Compoundschächte sind u. a. bereits auf Zeche Rheinpreußen angewendet worden. Größere Tiefen als wie mit einfachen Gußeisenschächten ließen sich dort auch mit ihnen nicht erreichen. Jedoch steht zu erwarten, daß bei ferneren Anwendungen des Verfahrens günstigere Ergebnisse erzielt werden.

VI. Stahlschächte.

Um die Tübbingsschächte widerstandsfähiger zu machen, ist von verschiedenen Seiten vorgeschlagen worden, statt Gußeisen Stahl zu verwenden. Hiergegen wendet Riemer mit Recht ein, daß dies die Kosten auf das Dreifache erhöhen würde, ohne sonst etwas zu nützen; denn es kommt hier in erster Reihe die relative Festigkeit in Frage; diese ist aber bei Stahl nur wenig größer als bei Gußeisen.

Wenn es also auch überflüssig ist, ganze Senkschächte aus Gußstahl herzustellen, so kann man dieses Material doch mit Vorteil im unteren Teile von solchen Senkschächten anwenden, die eine große Tiefe erhalten sollen. Es ist eine alte Tatsache, daß fast kein Senkschacht im Lote niedergeht. Wenn nun hierzu ein ruckweises, von starken Stößen begleitetes Sinken kommt, werden in den meisten Fällen die untersten Tübbingsringe beschädigt werden. Stahltübbings werden dagegen an dieser Stelle haltbarer sein.

VII. Eisenblechschächte.

Weil Gußeisenschächte bei stoßweißem Einsinken leicht zertrümmert werden, suchte man die Stoßwirkung auch dadurch zu verringern, daß man das Gewicht der Senkschächte verringerte. Hierzu war Schmiedeeisen das beste Material.

Schmiedeeiserne Schächte haben bis jetzt nur geringen Durchmesser bekommen, nämlich rund 1,3—3,5 m. Die Wandstärke beträgt bis zu 26 mm. Die Senkzylinder werden aus einzelnen Ringen von 0,78—1,25 m Höhe zusammengesetzt, die aus mehreren Schüssen bestehen. Der unterste Ring erhält am besten doppelte Wandstärke. Außerdem ist der ganze Schacht sowohl in der Längsrichtung als auch rundherum durch Flacheisen- oder U-Eisenschienen zu verstärken. Als Schuh dient ein am untersten Ringe angenieteter Stahlring von 16 mm Wandstärke.

Weil die Blechzylinder gegen Druck nicht hinreichend sicher sind, hatte man auf Rheinpreußen II im Jahre 1872 gleich von Anfang an einen Tübbingsausbau als Auskleidung des schmiedeeisernen Senkschachtes gewählt.

C. Vergleich der verschiedenen Senkschachtarten.

Da in der Hauptsache nur gemauerte und gußeiserne Senkschächte angewendet werden, kommen bei einem Vergleiche der einzelnen Senkschachtarten untereinander nur diese beiden in Betracht.

Die gemauerten Senkschächte sind schwerer als die gußeisernen von gleicher Höhe und gleichem lichten Durchmesser. Berechnet man jedoch das Gewicht auf 1 qm Grundfläche, so sind die gußeisernen schwerer.

Bei den gemauerten Senkschächten muß man mehr Gebirge entfernen als bei gußeisernen Schächten von gleicher Höhe und gleichem lichten Durchmesser, nämlich um den Unterschied des Rauminhaltes.

Gemauerte Senkschächte sinken erfahrungsgemäß nicht tiefer als durchschnittlich 40 m. Will aber ein gemauerter Senkschacht nicht mehr sinken, so darf man ihn nicht etwa einpressen, sondern nur durch Belastung tiefer zu bringen suchen. Ein gußeiserner Schacht kann dagegen noch gepreßt werden. Der von den Pressen ausgeübte Druck darf hier bis zu 1,5—2 Millionen Kilogramm auf 1 qm gehen. Zudem sinken eiserne Senkschächte wegen des kleineren Querschnittes besser.

D. Die Abteufarbeiten.

I. Vorarbeiten (Herstellung der Führung für den Senkschacht).

a) Die Senkarbeit erfolgt von Tage aus.

Jeder Senkschacht muß in seinem oberen Teile eine stramme Führung erhalten, damit er möglichst lotrecht niedergeht. Diese Führung muß hergestellt werden, ehe man an die Abteufarbeit herangehen kann.

Der Fall, daß das schwimmende Gebirge sich bereits 1—2 m unter der Tagesfläche einstellt, wird sehr selten vorkommen. In diesem Falle errichtet man über dem Schachte ein starkes Gerüst, in dessen Innerem eine größere Anzahl senkrecht stehender Leitungsbäume *m* (Fig. 296) angebracht ist. Diese geben dem Senkschachte die erforderliche lotrechte Richtung.

Ist es möglich, von Tage aus erst 10—12 m auf der Sohle abzuteufen, ehe man das schwimmende Gebirge erreicht, dann stellt man einen Vorschacht von solchem Durchmesser her, daß der Senkschacht in dessen Lichtem gut Platz hat. Als Ausbau des Vorschachtes genügt Holzzimmerung mit einer entsprechenden Anzahl gleichmäßig rundherum verteilter, senkrechter Leitungsbäume, wenn man sicher weiß, daß der Schacht nicht gepreßt zu werden braucht. Muß jedoch der Senkschacht gepreßt werden, dann ist es erforderlich, daß der Vorschacht ausgemauert wird.

In diesem Falle teuft man den Vorschacht je nach der Beschaffenheit des Gebirges so tief ab, daß über dem schwimmenden Gebirge noch eine Schwebe von 1—3 m bleibt. Darauf verlegt man auf einem Zementvergusse vollständig horizontal einen gußeisernen Ring *a* (Fig. 277), den Sohlenring oder Zugring. Er besteht je nach seinem Durchmesser und Gewichte aus mehr oder weniger Segmenten; seine Breite ist gleich der unteren Mauerstärke des Führungsschachtes. Durch Längs- und Querrippen wird er in Kammern eingeteilt. Der Ring hängt an ein oder zwei Reihen von Ankerstangen *b*, die bis zu Tage reichen und am besten im Schachtturme endigen. Dadurch soll vermieden werden, daß die nun zu errichtende Führungsmauer in das schwimmende Gebirge einsinkt. Um den Verband des Führungsschachtes mit dem Gebirge zu erhöhen, ist es sehr zweckmäßig, ihm auf der Außenseite mehrere Verstärkungsrippen zu geben (Fig. 278).

Es genügt vollständig, wenn der Führungsschacht eine Länge von 10—14 m erhält. In diesem Abstande vom Zugring wird, wenn es sich um gußeiserne Senkschächte handelt, der Preßring (Druckring) *c* (Fig. 277) eingebaut. Er ragt soweit in das Schachtlichte hinein, daß die auf dem Senkschachte *d* stehenden Pressen gegen ihn drücken können. Es ist gut, der über dem Druckringe aufzuführenden Schachtmauer solchen Durchmesser zu geben, daß er von ihr voll bedeckt wird; anderenfalls könnte er beim Pressen leicht nach oben gedrückt werden.

In dem Preßringe wird ein Teil der Ankerstangen befestigt (Fig. 278 links); der Rest geht bis zu Tage (Fig. 278 rechts)

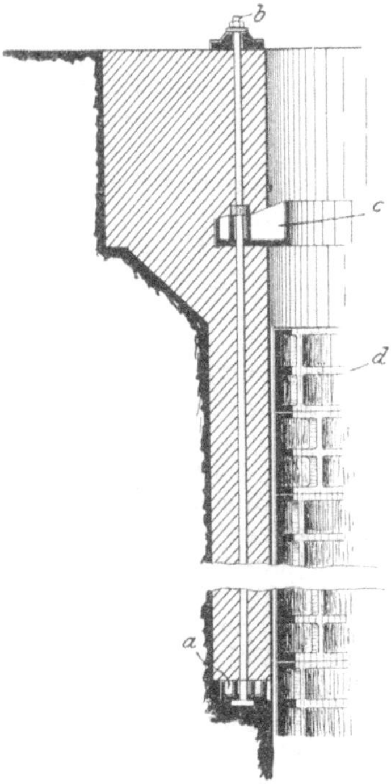

Fig. 277. Führungsschacht mit Zug- und Druckring. (Aus dem „Handbuch der Ingenieur-Wissenschaften", Band IV.)

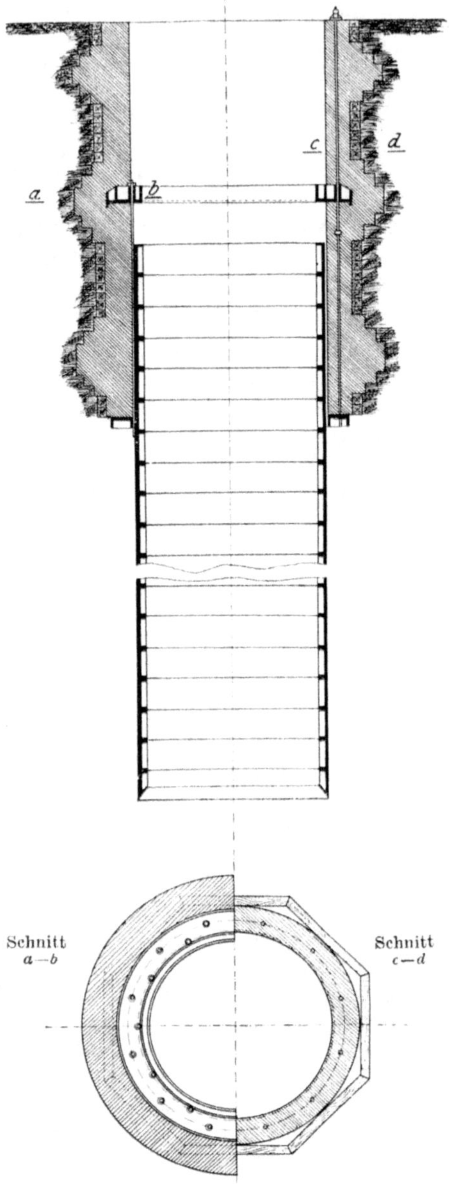

Fig. 278. Führungsschacht mit äußeren Verstärkungsrippen.

und endigt dort in starken Eisenplatten oder in einem besonderen Ringe, der auf der Oberfläche des Führungsschachtes aufliegt.

Ist der Führungsschacht nur kurz, so daß der Preßring in die Rasenfläche zu liegen kommt, dann muß man die Mauer auf ihm noch 2—4 m hoch über die Tagesfläche hinaus aufführen und ihr nach außen hin große Stärke geben. Denn der Führungsschacht muß so schwer sein, daß die Pressen an ihm ein sicheres und vor allem feststehendes Widerlager finden.

Um den Preßring noch widerstandsfähiger zu machen, kann man, wie Fig. 279 zeigt, ihn in seiner ganzen Breite mit Mauerwerk belasten. Mit Rücksicht auf diese Verstärkung hat man s. Zt. im Ernst-Augustschachte der Gräfin Lauragrube den Druckring einfach aus I-Trägern hergestellt, die in Achtecksform den Schachtstößen entlang eingemauert wurden.

Zwischen dem Senkschachte und den Stößen des Führungsschachtes bleibt ein kleiner Spielraum, damit der Senkschacht nicht infolge der Reibung zu stark gebremst wird. Um ihm jedoch trotzdem die nötige Führung zu geben, werden an den Wandungen des Vorschachtes rundherum hölzerne oder eiserne Leitungen in senkrechter Richtung angebracht (Fig. 280, 299). In Oberschlesien baut man keine besonderen Leitungen ein, sondern verlegt die innere Reihe von Ankerstangen vor die Stirnwand des Führungsschachtes (Fig. 278).

Der erste Senkschacht, den man von Tage aus niederbringt, ist in der Regel ein gemauerter. Man läßt ihn so tief einsinken, als er infolge des Eigengewichtes niedergeht. Bleibt er stecken, so soll man nicht versuchen, ihn mit Gewalt weiter vorzutreiben, weil er dann fast durchweg beschädigt wird. Das ratsamste Verfahren ist, in ihm einen neuen Schacht abzusenken, der dann aus Gußeisen hergestellt wird, weil ein neuer gemauerter Senkschacht den freien Querschnitt zu sehr einengen würde. Für diesen neuen Schacht dient der steckengebliebene Senkkörper als Führung. Dieser Mauersenkschacht muß also an den Ankerstangen aufgehängt bleiben, damit er nicht etwa später noch ins Rutschen kommt. Aus demselben Grunde ist es gut, den Schneidschuh nebst Rost abzunehmen und den Schacht durch einen Mauerfuß zu unterfangen. Dies ist natürlich nur dann möglich, wenn der Schneidschuh in einer festen, wasserfreien Schicht steht oder wenn es das Abteufverfahren (Arbeiten unter Preßluft) gestattet.

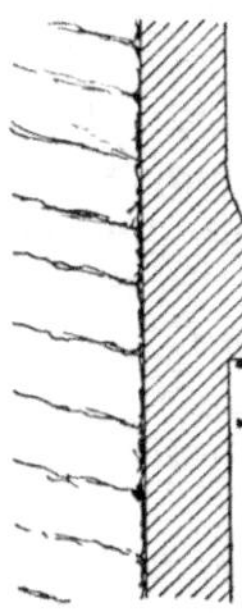

Fig. 279. Übermauerter Druckring.

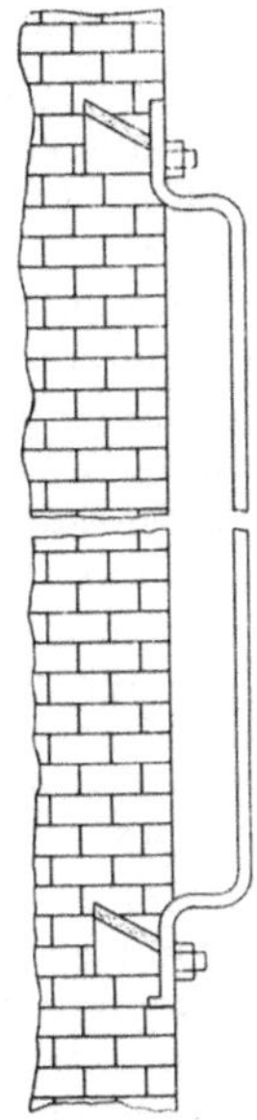

Fig. 280. Eiserne Führung für den Senkschacht. (Aus dem „Sammelwerk“, Band III.)

Sollte der steckengebliebene Senkkörper aus dem Lote gekommen sein, so ist er vorher gerade zu richten. Ist dies nicht durchführbar, dann wird in seinem Innern so viel Mauerwerk weggespitzt, daß die Stöße wieder im Lote stehen, oder aber die neuen Leitungen werden im schiefen Senkschachte lotrecht eingebaut.

b) Die Senkarbeit erfolgt in größerer Teufe.

Der Fall, daß man einen Schacht im festen Gestein abteuft und dann erst auf schwimmendes Gestein stößt, kommt namentlich in Oberschlesien nicht selten vor. Die Schächte, die hier im Muschelkalke angesetzt werden, müssen, bevor sie das Steinkohlengebirge anfahren, durch den Buntsandstein hindurch; dieser ist in Oberschlesien fast allenthalben schwimmend. Die Tiefe, in der er bis jetzt immer erreicht wurde, beträgt 60—120 m.

Es ist selbstverständlich, daß erst der obere Schachtteil vollständig in den endgültigen Ausbau gesetzt werden muß, ehe man zum Abteufen schreiten darf. Dieser Ausbau muß ferner vor dem Abreißen und Abrutschen gesichert werden. Dies geschieht mit Hilfe von häufigen Mauerfüßen, äußeren gemauerten Verstärkungsringen, die auch weiter nichts als einen Mauerfuß darstellen, durch Aufhängen an Ankerstangen, Drahtseilen usw.

Die untersten 10—14 m werden als Führungsschacht mit etwas größerem Durchmesser ausgemauert als der darüberstehende Teil, damit der Schacht im schwimmenden Gebirge keine Verengerung erleidet. Die lichte Weite des Führungsschachtes berechnet sich aus dem erforderten Durchmesser des Senkschachtes + dessen doppelter Wandstärke + der doppelten Stärke der im Führungsschachte eingebauten Leitungen. Besser ist es jedoch, den Durchmesser des Führungsschachtes und des Senkschachtes noch größer zu nehmen, weil man immer damit rechnen muß, daß man mit nur einem Senkschachte nicht auskommt, sondern möglicherweise noch einen zweiten oder dritten innerhalb des ersten abteufen muß. Man wird in diesen Tiefen natürlich immer nur gußeiserne Senkschächte anwenden; denn bleibt ein solcher stecken, so ist die Querschnittsverminderung nicht so bedeutend wie bei Anwendung eines gemauerten Senkschachtes.

II. Das Abteufen.

a) Der Zusammenbau und die Aufstellung des Senkschachtes.

Nach Fertigstellung des Führungsschachtes wird der Senkschacht zusammengesetzt. Dies geschieht nicht unmittelbar auf der Sohle des Führungsschachtes, sondern auf einer Aufschüttung, die aus Kies, Sand, Lehm oder Kesselasche besteht. Kies hat den Nachteil, daß er sich hinter dem Senkschachte festsackt und Klemmungen verursacht. Das beste Material ist Sand, den man weiter oben durch Ziegelbrocken ersetzen kann. Auf Donnersmarckgrube bei Rybnik wurde Kesselschlacke als recht brauchbares Material erprobt, dies besonders aus dem Grunde, weil sie kein Wasser ansaugt.

Die Höhe des Propfens soll nicht unter 2—4 m betragen. Als allgemeiner Anhaltepunkt hierfür kann gelten, daß sie mit $^1/_3$—$^2/_3$ des Abstandes von der Schachtsohle bis zum Grundwasserspiegel zu bemessen ist, und zwar $^1/_3$ bei festem Ton, $^1/_2$ bei weichem Ton und $^2/_3$ bei Schwimmsand.

Ist der Pfropfen fertig, so wird er eingeebnet und auf ihm eine genau söhlig liegende Bohlenbühne zusammengesetzt. Auf dieser wird nun der Schneidschuh aufgestellt. Die einzelnen Segmente desselben werden durch schräge Bolzen, die unter die wagerechten Flanschen greifen, nach innen hin abgestrebt (Fig. 281). Dieses Abstreben verhindert, daß die zunächst noch einzeln stehenden Segmente umfallen, und verteilt den Druck des Senkschachtes auf die ganze Bühne.

Fig. 281. Schneidschuh mit Strebe.

Während des Zusammensetzens werden die einzelnen Segmente nach einem Mittellote eingerichtet, so daß der fertige Schneidschuh schließlich auf dem richtigen Kreisumfange steht.

Auf dem Schneidschuhe wird nun der übrige Teil des Senkschachtes aufgeführt. Sobald dieser eine Mindesthöhe von 4 m erreicht hat, wird die Bühne durchgehauen, worauf der Schacht zu sinken beginnt. Die Abwärtsbewegung erfolgt anfangs schneller, wird aber infolge der größeren Reibung immer langsamer, je tiefer der Schacht in das Gebirge eindringt.

b) Die Absenkarbeiten.

Während der nun folgenden Abteufarbeiten ist stets darauf zu halten, daß der Schneidschuh vollständig im Gebirge steckt. Die Gewinnung der losen Massen darf also nur innerhalb des Senkschachtes und oberhalb seiner Schneide erfolgen. Nur wenn der Senkschacht auf sehr harten Gesteinseinlagerungen im schwimmenden Gebirge aufsitzt und nicht weiter vordringen will, wird in der Praxis häufig der Senkschuh mit geeigneten Werkzeugen unterschnitten und auf diese Weise unter ihm ein Einbruch hergestellt, in den man dann den Schacht nachsinken läßt. Dies ist jedoch ein sehr gewagtes Unternehmen; denn es können sich hierbei außerhalb der Schachtwandungen Hohlräume bilden, die schließlich einmal zusammenbrechen. Die stürzenden Massen üben auf den Schacht einen Stoß aus, der einer Kraftäußerung von vielen tausend Pferdestärken gleichkommt. Daß hierbei der Schacht zerdrückt werden muß, liegt klar auf der Hand.

Um gegen den Auftrieb des schwimmenden Gebirges während des Abteufens einen Gegendruck auszuüben, behilft man sich in zahlreichen Fällen in der Weise, daß während des Abteufens im Senkschachte eine hinreichend hohe Wassersäule stehen bleibt. Diese muß im Schachte mindestens ebenso hoch stehen als wie der Wasserspiegel im Gebirge. Besser ist es jedoch, sie noch etwas höher zu halten. Denn es muß berücksichtigt werden, daß das Wasser im Schachte nur ein spezifisches Gewicht von 1 besitzt, während das des schwimmenden Gebirges nahe an 2 heranreicht. Von diesem Überdrucke wird ein Teil durch die größere Reibung im Gebirge, die größere Zähflüssigkeit usw. wieder aufgehoben.

Das „Abteufen im toten Wasser“, wie man diese Arbeitsweise nennt, findet immer Anwendung bei großer Mächtigkeit der schwimmenden Gebirgsschichten sowie bei verhältnismäßig hoher Dünnflüssigkeit derselben.

Wenn es aber erwünscht ist, die Arbeiter auf der Schachtsohle arbeiten zu lassen, muß der Gegendruck auf andere Weise hervorgerufen werden. Dies wird dann entweder durch eine Sohlenvertäfelung erzielt oder durch Preßluft, die man unter eine im Senkschachte eingebaute luftdicht abschließende Bühne pumpt.

1. Das Abteufen auf der Sohle.

Wird auf der Sohle abgeteuft, so wird eine Vertäfelung angewendet, die sich in nichts von der in Getriebeschächten üblichen unterscheidet. Diese Vertäfelung kann ebenso wie in Getriebeschächten fortbleiben, wenn man genau weiß, daß das Gebirge nicht treiben wird.

Beim Abteufen des Wincklerschachtes der Preußengrube O.-S. stellte sich Sandauftrieb aus der Sohle ein. Um den hinter den Tübbings unter Druck stehenden Wassern einen bequemeren Weg als unter dem Schneidschuhe durch zu schaffen, bohrte man die Tübbings an; in diese Öffnungen setzte man durchlöcherte Rohre ein, die als Filter dienten.

Wird mit Benutzung von Preßluft abgeteuft, dann ist eine Sohlenverwahrung überflüssig, weil hier der Gegendruck gegen den Auftrieb des Gebirges von der verdichteten Luft ausgeübt wird. Es ist zu berücksichtigen, daß dieser Luftdruck nach allen Richtungen hin gleichmäßig wirkt. Von diesen verschiedenen Richtungen darf die nach oben gehende nicht unberücksichtigt bleiben. Der senkrecht nach oben wirkende Druck sucht nämlich den Senkschacht anzuheben: er wächst mit der Spannung der Preßluft und mit dem Durchmesser des Schachtes.

Eine recht zweckmäßige Einrichtung für das Arbeiten unter erhöhtem Luftdrucke ist die in Fig. 282 dargestellte Luftschleuse von Sterkrade I. Der Deckel *a* war in einer Höhe von 2,2 m über dem Schneidschuhe mit dem Mauerwerke luftdicht verbunden. Das Förder- und Fahrrohr *b* hatte 0,9 m Durchmesser; es ging vom Deckel aus bis zu Tage und wurde in demselben Maße nach oben verlängert, als der Senkschacht in das Gebirge einsank. Auf dem Förderrohre saß die Kammer *c* auf, in welche man durch die Vorkammer *d* gelangte. Zwei Förderhosen *e* gestatteten, das mit dem Haspel *f* in die Kammer *c* gezogene Fördergut von Tage aus abzuziehen.

Beim Einfahren begab sich die Belegschaft in die Vorkammer *d*, die gegen den übrigen Teil der Luftschleusen, den Arbeitsraum, dicht verschlossen war. Nun wurde in den Vorraum so lange Druckluft eingelassen, bis in ihr derselbe Atmosphärendruck herrschte wie im Arbeitsraume. Jetzt konnte sich die Belegschaft auf die Schachtsohle begeben. Die in die Kammer *c* aufgezogenen Massen wurden abwechselnd in die eine, dann in die andere Hose *e* verstürzt, so daß immer eine gefüllt, die andere entladen wurde. Damit an diesen Stellen keine Druckluft aus dem Arbeitsraume entweichen konnte, hatte jede Förderhose am oberen und unteren Ende je eine Verschlußklappe. Diejenige Hose, welche gerade gefüllt wurde, war unten geschlossen und oben offen; die in der Entladung begriffene war dagegen oben geschlossen und unten offen.

Bei der Ausfahrt mußte die Belegschaft wieder so lange in der nach allen Seiten hin abgesperrten Vorkammer warten, bis die Spannung daselbst auf den gewöhnlichen Atmosphärendruck gesunken war.

Zum Arbeiten in der Preßluft dürfen nur vollständig gesunde Leute herangezogen wer-

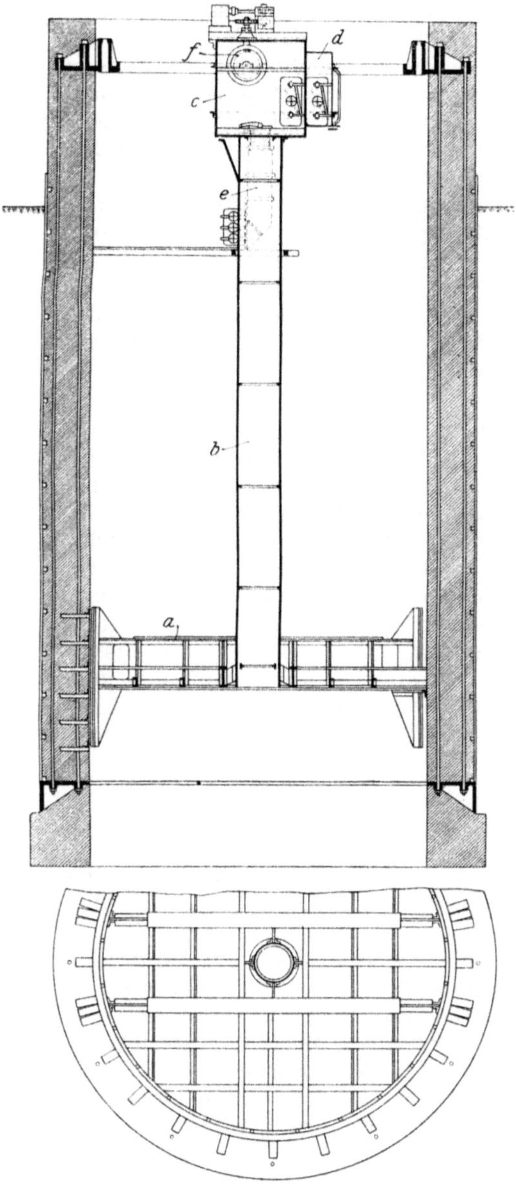

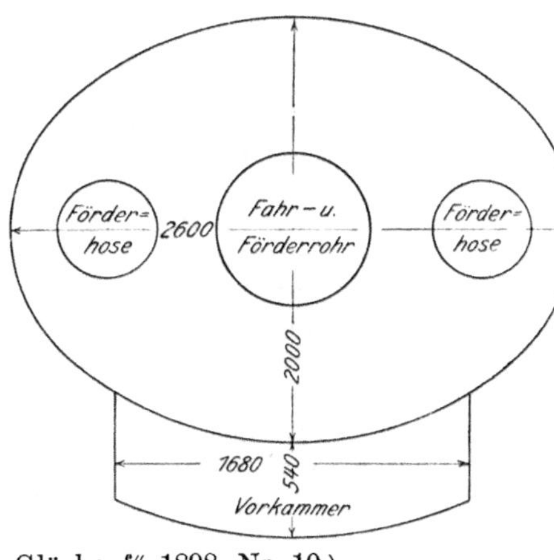

Fig. 282. Luftschleuse. (Aus „Glückauf“ 1898, Nr. 10.)

den; insbesondere müssen sich bei ihnen Herz und Lungen in gutem Zustande befinden. Namentlich während des Ein- und Ausschleusens machen sich Kopf- und Gliederschmerzen sowie Ohrensausen bemerkbar. Die in dem Arbeitsraume herrschende hohe Wärme macht die Arbeiter leicht zu Erkältungen geneigt.

Herrmann schlägt vor, beim Abteufen mit der Luftschleuse den Senkschacht oberhalb der Schleusenbühne anzubohren; die Wasser treten dann nicht in den Arbeitsraum ein, sondern gelangen durch diese Öffnungen in den Raum seitlich des Schleusenschachtes *B* (Fig. 251) und oberhalb der Bühne *A*, von wo sie mittelst einer Senkpumpe weggehoben werden können.

Im allgemeinen soll man bei Arbeiten mit der Luftschleuse nicht über einen Druck von 2,5 bis 3 Atmosphären hinausgehen. Dadurch ist ohne weiteres die Grenze für die Anwendbarkeit des Verfahrens gezogen; denn der Luftdruck im Schachte muß dem Auftriebe des Gebirges das Gleichgewicht bieten. Nimmt nun die Mächtigkeit des schwimmenden Gebirges zu, so steigt der Wasserdruck nach der Tiefe hin so weit, daß in dem entsprechenden Luftdrucke nicht mehr gearbeitet werden kann.

In den wenigen Fällen, in welchen bisher Preßluft bei den Abteufarbeiten verwendet wurde, hat sich als größte Gefahr gezeigt, daß die Luftschleusen leicht explodieren. Diese Explosionen können auf zweierlei Weise entstehen. Das eine Mal kann das Gebirge plötzlich in Bewegung geraten; es dringt mit großer Gewalt in das Schachtinnere ein und verdichtet die Preßluft mit einem Rucke so stark, daß die Abschlußbühne herausgeschleudert wird (Zeche Rheinpreußen). In einem anderen Falle ließ sich eine Explosion nur in der Weise erklären, daß sich plötzlich im Gebirge Risse bildeten, die bis zu zu Tage reichten. Auf diesen Kanälen entwich die Preßluft aus dem Schachte. Darauf drang natürlich das schwimmende Gebirge mit großer Gewalt in den Arbeitsraum und zerstörte die Schleuse vollständig.

2. Das Abteufen im toten Wasser.

Beim Schachtabsenken im toten Wasser sind die vorbereitenden Arbeiten dieselben, als wenn auf der Schachtsohle abgeteuft werden sollte. Erst nachdem der Senkschacht so hoch aufgeführt worden ist, daß er über den während des Abteufens zu haltenden Wasserspiegel emporragt, läßt man die Schachtwasser ansteigen. Reicht das Wasser nicht bis zu der gewünschten Höhe, so muß noch welches zugeleitet werden. Sind die Wasserzuflüsse aber zu stark, namentlich wenn aus höheren Stellen des Schachtes Wasser zuströmt, so wird der Überfluß mit schwebenden oder fest verlagerten Pumpen gehoben. Damit der Wasserspiegel immer auf gleicher Höhe gehalten werden kann, bringt man an der Schachtwandung unmittelbar über dem Preßringe einen Wasserstandszeiger an, der mit einem Schwimmer in Verbindung steht.

α) Die Arbeitsbühne.

Für die Arbeiter muß im Schachte eine Bühne hergerichtet werden. Es kann dies eine schwebende Bühne sein. Da eine solche ständig dieselbe Teufe unter dem Preßringe beibehält, wird durch ihren Abstand vom Wasserspiegel ohne weiteres dessen Steigen und Fallen festgestellt.

Bei Tübbingsschächten kann die Bühne auf den wagerechten Verstärkungsrippen verlagert werden. Sie sinkt dann mit dem Schachte tiefer und wird jedesmal höher nach oben verlegt, wenn sie den Wasserspiegel erreicht hat oder wenn ein neuer Tübbingsring eingebaut worden ist.

In gemauerten Senkschächten verlegt man eine solche Bühne auf Trägern, die in die Stöße des Mauerschachtes eingelassen sind. Beim Höherlegen der Bühne werden diese Träger ausgebaut und die Bühnlöcher vermauert.

Auf dem Versuchsschachte im Nordfelde der Königsgrube O.-S. stand s. Zt. eine schwimmende Bühne in Anwendung. Sie wurde mit Vorschubsriegeln auf die wagerechten Rippen der Tübbings aufgesetzt, um bei einseitiger Belastung nicht zu kippen. Sanken diese Rippen unter den Wasserspiegel, so wurden zwischen sie und die Riegel kurze Bolzen gestellt.

Die Arbeitsbühnen besitzen in der Mitte eine Öffnung, um dem Bohrer den Durchgang zu gestatten. Diese Öffnung ist entweder mit einem Geländer umwehrt oder besser durch Klappen verschlossen.

β) Die Preßvorrichtungen.

Zum gewaltsamen Niederpressen darf man nur bei gußeisernen Senkschächten schreiten. Dies geschieht mit Schraubenwinden oder

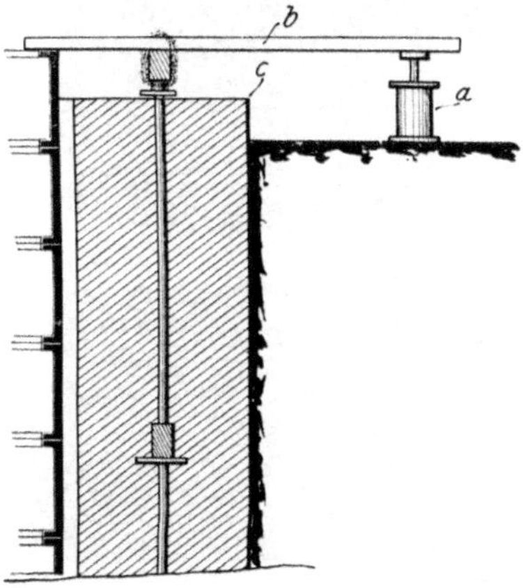

Fig. 283. Schachtpreßvorrichtung. (Aus dem „Handbuch der Ingenieur-Wissenschaften“, Band IV.)

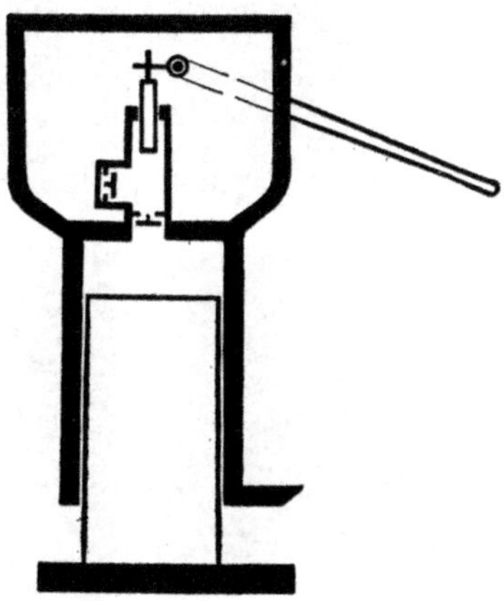

Fig. 284. Hydraulische Handpresse. (Aus „Sammelwerk“, Band III.)

hydraulischen Pressen, die man meistens auf den Oberrand des Senkschachtes aufsetzt und gegen den Preßring drücken läßt. Seltener stellt man die Pressen *a*, wie in Fig. 283 abgebildet, außerhalb der Schachtscheibe auf und drückt den Senkkörper mittelst Hebebäumen *b* nach unten, die ihren Stützpunkt auf dem Führungsschachte *c* finden.

Die Anzahl der Pressen hängt von ihrer Leistungsfähigkeit und dem Widerstande des Gebirges ab. Schraubenpressen leisten 20—30 t, hydraulische Pressen 60—100 t.

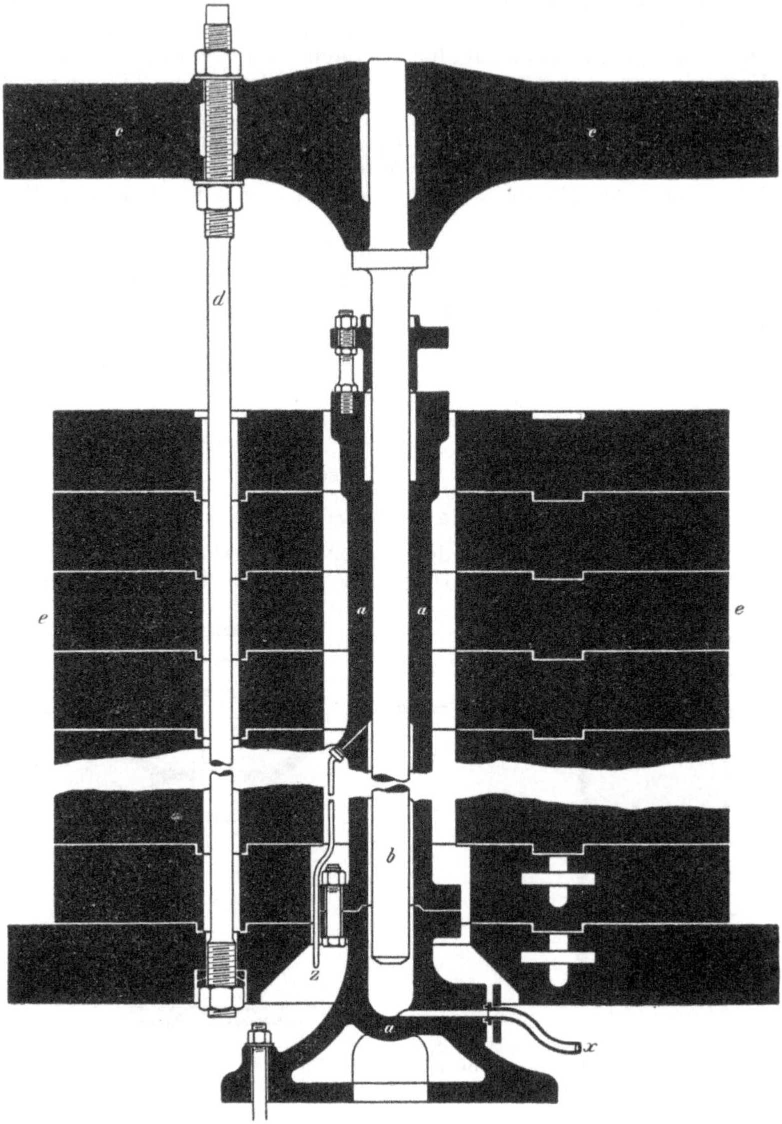

Fig. 285. Akkumulator. (Aus „Sammelwerk", Band III.)

Die hydraulische Handpresse (Fig. 284) von Zeche Deutscher Kaiser ist ohne besondere Beschreibung verständlich.

Die Pressen können Handantrieb haben oder für maschinelle

Bedienung eingerichtet sein, in welchem Falle noch eine Dampfpumpe und ein Akkumulator aufgestellt werden müssen.

Ein Akkumulator, der auf Schacht Hugo bei Holten benutzt wurde, ist in Fig. 285 abgebildet. Das von der Druckpumpe kommende Wasser tritt bei *x* in seinen Stiefel *a* ein und treibt den Tauchkolben *b* in die Höhe. An seinem Kopfstücke *c* sind mittelst dreier Stangen *d* die Belastungsgewichte *e* angehängt. *z* ist die nach den Pressen gehende Druckwasserleitung. Das Kopfstück *c* ist in einem hier nicht abgebildeten, senkrechten Rahmen geführt.

Der mechanische Antrieb der Schachtpressen bietet die Vorteile,

1. daß alle Pressen gleichzeitig mit vollem Druck wirken,
2. daß der Senkschacht beständig in Bewegung erhalten wird und
3. daß er bei längerer Dauer des Pressens sich billiger als Handbetrieb stellt.

γ) Die Gewinnung des Gebirges.

1. *Sackbohrer.*

Der Sackbohrer ist das beim Schachtabsenken am häufigsten angewendete Werkzeug. In seiner einfachsten Form besteht er aus an dem Arbeitsgestänge *a* (Fig. 286) befestigten Rahmen *b*, an denen die Ledersäcke *c* angeschraubt sind. Der obere Teil der Säcke, welcher der Öffnung gegenüberliegt, wird am besten aus starker Sackleinwand gearbeitet, um während der Drehung und beim Aufholen das Wasser durchfließen zu lassen. Dadurch wird die Handhabung des Bohrers wesentlich erleichtert. Häufig wird die auf der Schachtsohle gleitende Unterseite des Rahmens mit Messern und Reißern besetzt, namentlich wenn es sich um die Arbeit in harten Einlagerungen handelt. Die Breite des

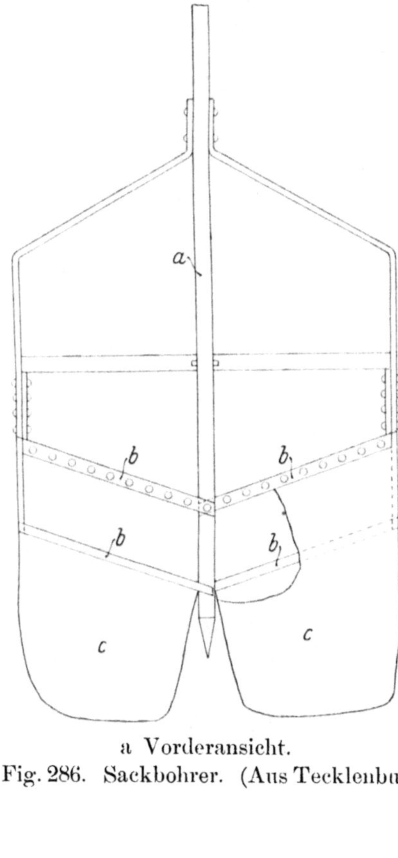

a Vorderansicht.

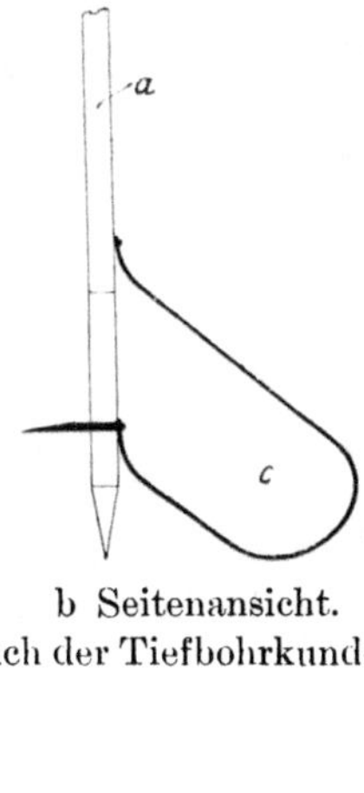

b Seitenansicht.

Fig. 286. Sackbohrer. (Aus Tecklenburg, Handbuch der Tiefbohrkunde, Band VI.)

Sackbohrers ist bei kleinem Schachtdurchmesser gleich der lichten Weite des Schachtes. Bei größerem Durchmesser beträgt die Rahmen-

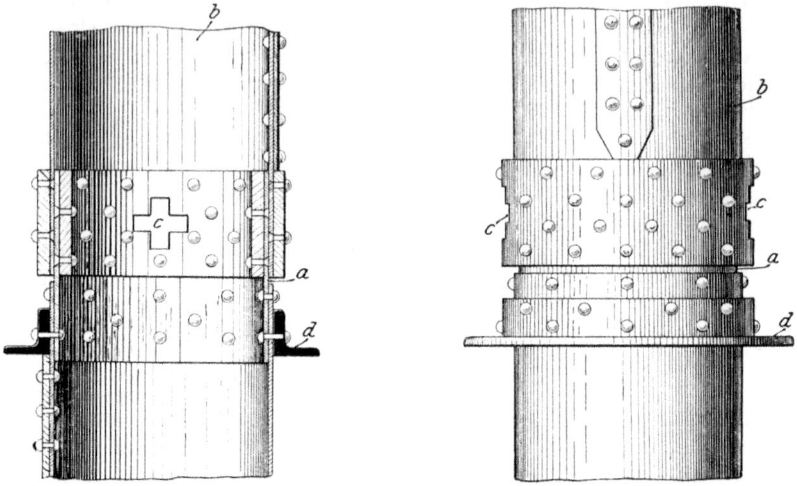

a Schnitt. b Ansicht.

Fig. 287. Hohlgestänge. (Aus dem „Handbuch der Ingenieur-Wissenschaften“, Band IV.)

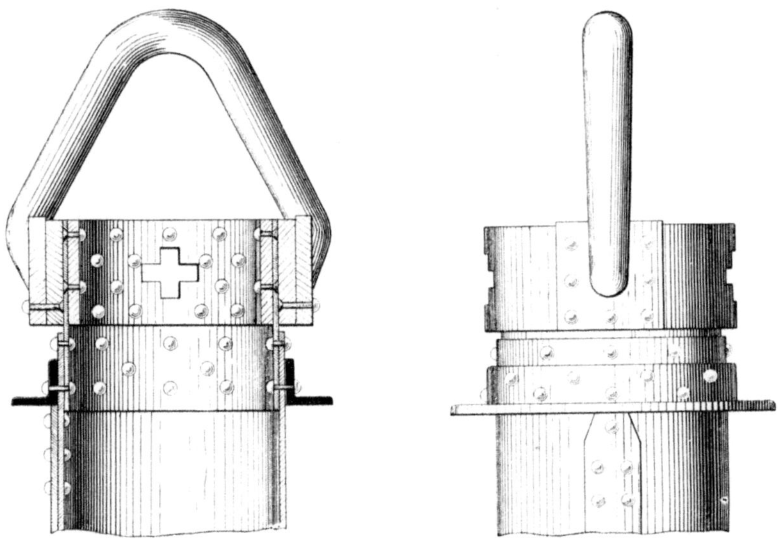

a Schnitt. b Ansicht.

Fig. 288. Hohlgestänge. (Aus dem „Handbuch der Ingenieur-Wissenschaften“, Band IV.)

breite 2—2,5 m. Man stellt zuerst in der Mitte der Schachtsohle einen Einbruch her und erweitert diesen allmählich nach den Stößen hin.

Die Drehung des Bohrers erfolgt mit Menschen oder Maschinen; ab und zu werden zu dieser Arbeit auch Tiere, am besten Ochsen, verwendet. Das Gestänge ist massives Quadrateisen von 5—12 cm Stärke, oder es besteht aus schmiedeeisernen Röhren. Das Hohlgestänge kommt in neuester Zeit immer mehr in Aufnahme, weil es namentlich bei großen Tiefen gegen Biegung und Verdrehung widerstandsfähiger ist. Diese Hohlgestänge bestehen aus Stücken von ca. 10 m Länge, die aus einzelnen, miteinander vernieteten Schüssen zusammengesetzt sind. Jedes Rohrstück besitzt am Kopfende eine angenietete Innenmuffe *a* (Fig. 287 a und b); über diese wird das neue Gestängestück *b* geschoben und alsdann mittelst eines bei *c* durchgesteckten Kreuzkeiles befestigt. Zum Abfangen während der Gestängeförderung dienen die aus Winkeleisen bestehenden Bunde *d*. Das oberste Gestängestück wird mit Hilfe des in Fig. 288 a und b dargestellten Gestängehutes an das Förderseil angeschlagen. Auch hier erfolgt die Befestigung mittelst eines Kreuzkeiles.

Wird der Senkschacht von Tage aus niedergebracht, dann muß das Gestänge beim Aufholen auseinandergenommen werden. Dies ist aber überflüssig, wenn das Absinken in größerer Teufe unter Tage vorgenommen wird. In diesem Falle wird das Gestänge an das Förderseil angeschlagen und so lange hochgezogen, bis der Sackbohrer auf der Arbeitsbühne angekommen ist. Dieser wird nun noch so weit angehoben, daß er mit dem Unterrande auf dem auf der Bühne stehenden Förderkübel aufsitzt. In den meisten Fällen sind die Säcke zu schwer, als daß sie mit der Hand angehoben und entleert werden könnten. Die Entleerung erfolgt dann mit Hilfe eines Flaschenzuges, der an einem am untersten Ende eines jeden Sackes angebrachten Ringe angreift.

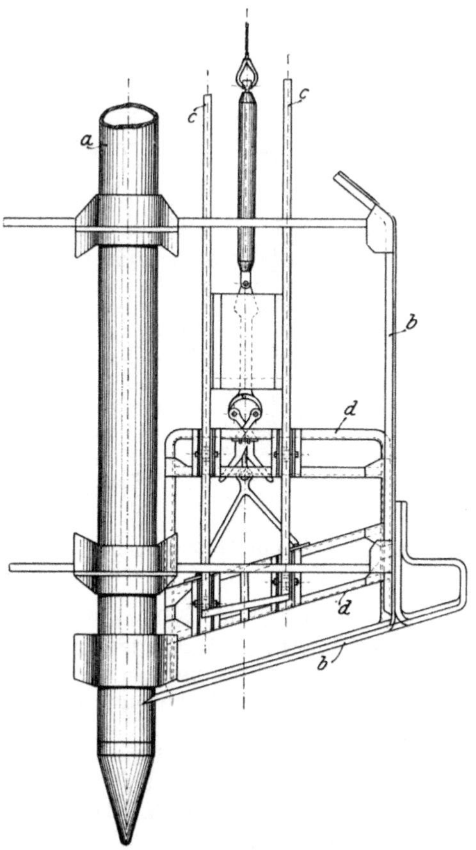

Fig. 289. Sackbohrer von Sassenberg-Clermont. (Aus Riemer, Das Schachtabteufen.)

Dieser nämliche Flaschenzug wird auch benutzt, während der Sackbohrer auf der Schachtsohle arbeitet, um den Druck desselben auf das Gebirge zu regeln. Zu diesem Zwecke ist das Gestänge mittelst eines Drehwirbels an ihm aufgehängt, während ein Arbeiter beständig den Flaschenzug nachläßt oder anzieht, je nachdem wie es die Arbeit erfordert.

Bei großer Mächtigkeit der Schwimmsandmassen sind der Bohrer und das Gestänge für einen Flaschenzug zu schwer. Zum Nachlassen dient dann eine Kabelwinde oder ein Haspel nebst einem Seil, an dem das Rohrgestänge hängt.

Zur Entleerung der Säcke muß jedesmal der ganze Sackbohrer emporgezogen werden. Dies ist besonders dann eine sehr zeitraubende Arbeit, wenn das Gestänge auseinandergenommen werden muß. Um die dadurch entstehenden Pausen abzukürzen, haben Sassenberg und Clermont mit großem Erfolge eine Verbesserung vorgenommen, die es gestattet, daß nur die Säcke allein aufgezogen werden, das Rohr-

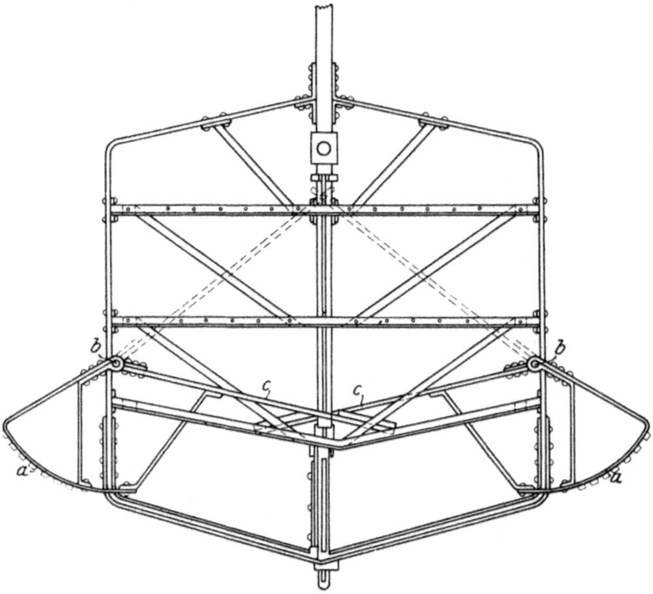

Fig. 290. Bohrer mit Unterschneidemessern. (Aus Tecklenburg, Handbuch der Tiefbohrkunde, Band VI.)

gestänge dagegen im Schachte belassen werden kann. Bei dieser Konstruktion (Fig. 289) besitzt das Gestänge *a* unten einen Rahmen *b*, an welchem die Leitungen *c* für die Säcke *d* angebracht sind. An dem Sackrahmen sind besondere Führungsschlitten befestigt, die in den Leitungen gleiten.

Zum Lösen des Gebirges unter dem Schneidschuhe diente auf Zeche Rheinpreußen II ein Sackbohrer, der an den Bügeln *a* (Fig. 290) Unterschneidemesser besaß. Die Bügel drehten sich um Gelenke *b*. Die Hebel *c* waren am Ende mit Gewichten belastet, so daß die Bügel mit den Messern nach außen gedrückt wurden. Beim Aufholen und Einlassen des Bohrers schoben sie sich von selbst zurück.

2. *Rührbohrer.*

Große Geschiebeblöcke, Tonklumpen und dergleichen werden vom Sackbohrer nur schwer oder gar nicht gefaßt. In diesem Falle lockert man das Gebirge mit dem Rührbohrer auf, einem mit Messern und Reißern besetzten Rahmen, der dem eines Sackbohrers entspricht, und fördert dann das Gebirge mit einem Priestmannschen Greifer (Fig. 291, 292 und 297 d) zu Tage. Die ausgezogenen Linien von Fig. 291 zeigen letzteren im geöffneten, die punktierten im geschlossenen Zustande.

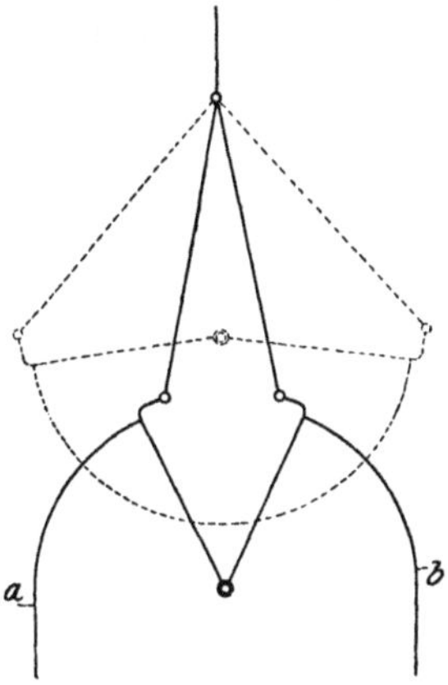

Fig. 291. Greifbagger. (Aus dem „Handbuch der Ingenieur-Wissenschaften" Band IV.)

Er hat zwei Stahlblechkästen *A* (Fig. 292), die mit Zähnen besetzt sind, um gut in das Gebirge eindringen zu können. Die Kästen sitzen drehbar an den Enden *b* der nicht drehbaren Welle *a*; wohl aber kann Welle *a* gehoben und gesenkt werden, wobei sich die Kästen *A* schließen bezw. öffnen. Von den Kästen *A* aus gehen die Arme *c* nach dem Kopfteile *C*; ebendorthin gehen die Ketten *f* und *d* von der Kettenrolle *B*

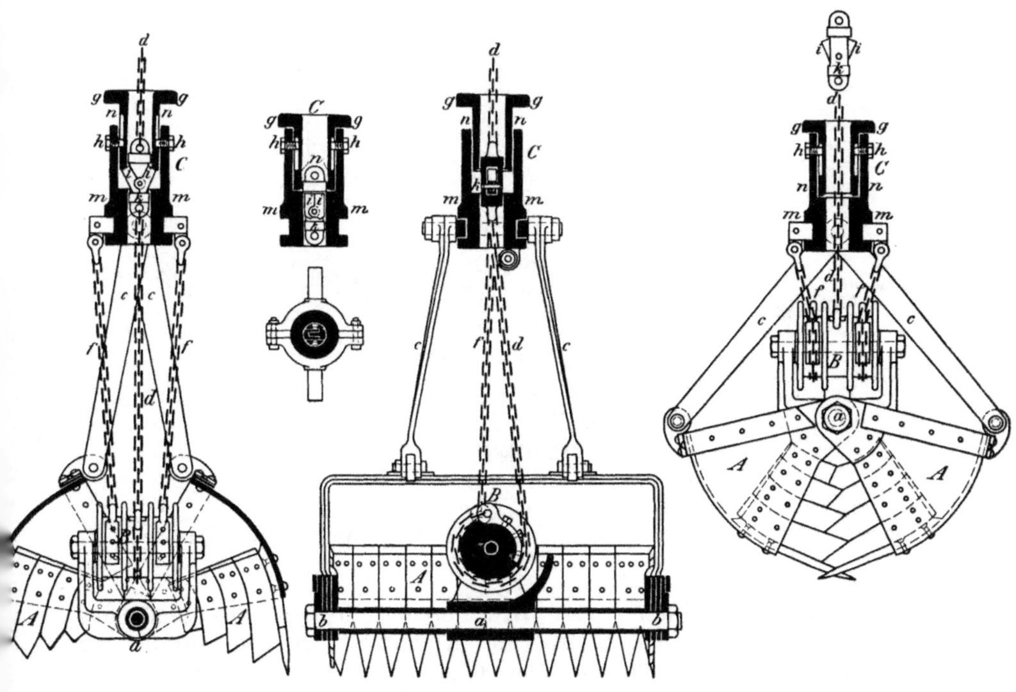
Fig. 292. Greifbagger von Priestmann. (Aus „Sammelwerk", Band III.)

aus. Der Kopfteil *C* besteht aus der Führungshülse *m*, der Büchse *n* und dem Auslösekolben *k* mit den Fangklauen *i*. *n* ist in *m* verschiebbar; die Grenze des Hubes wird durch die Stiftschrauben *h* gegeben, die in senkrechte Schlitze von *n* eingreifen. Beim Einlassen des Greifers ist die Büchse *n* in der höchsten Stellung, die sie

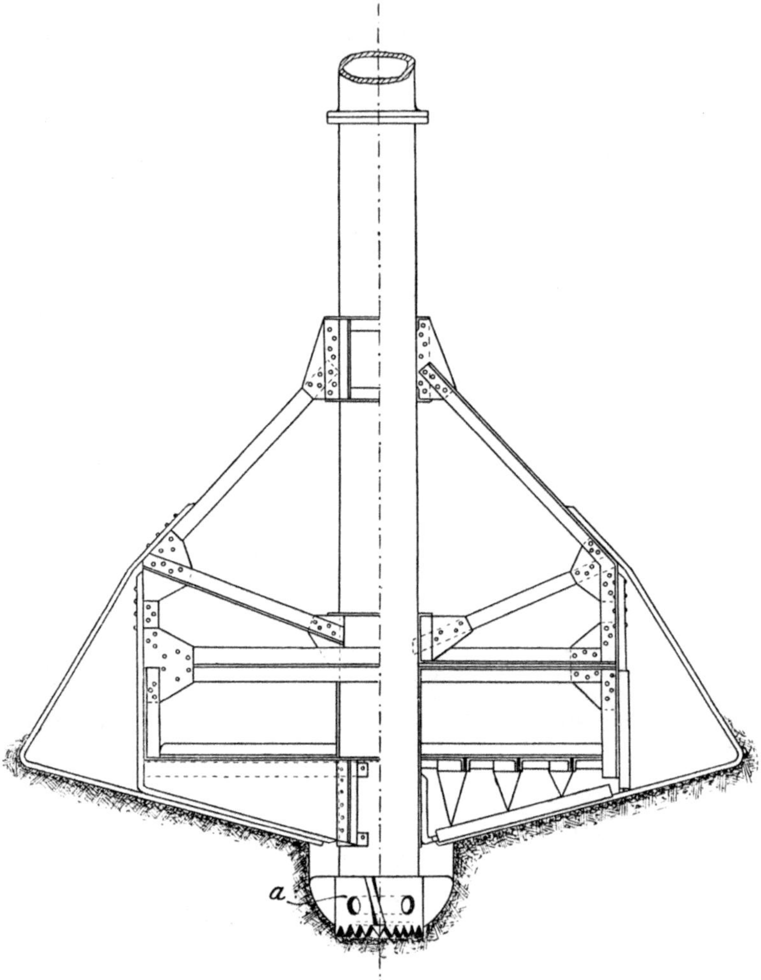

Fig. 293. Drehbohrer von Jakobi (Vorderansicht). (Aus Riemer, Das Schachtabteufen.)

in *m* einnehmen kann; sie wird dabei von den auseinandergespreizten Klauen *i* getragen. Die Kettenrolle *B* und die an ihr hängende Welle *a* befinden sich dagegen in ihrer tiefsten Lage. Beim Aufstoßen auf die Sohle entsteht Hängeseil, so daß die mit dem Förderseile verbundene Kette *d* nicht mehr straff gespannt ist und der in sie eingeschaltete Auslösekolben *k* in der Führungshülse *m* nach unten ruscht; infolgedessen gehen die Klauen *i* zusammen und die von ihnen getragene Büchse *n* kann ebenfalls innerhalb von *m* nach unten rutschen. Wird nun das Förderseil wieder aufgezogen, so kann *k* nach oben aus *m* und *n* austreten, Kette *d* wird gespannt und dreht die Kettenrolle *B* einmal herum und hebt sie gleichzeitig an; dadurch wird aber auch Welle *a* angehoben; die Arme *c* werden auseinander gespreizt und die Kästen *A* werden geschlossen; dabei dringen sie infolge ihrer Schwere in das Gebirge ein und nehmen es mit zu Tage.

Über Tage wird *n* mittels einer unter den Flansch *g* geschobenen Gabel abgefangen; wird nun Hängeseil gegeben, so öffnet sich der Greifer wieder.

In anderer Weise ist die Aufgabe, den Fortschritt der Bohrarbeit zu beschleunigen, von Jakobi gelöst worden. Das Gestänge trägt unten eine Zahnkrone *a* (Fig. 293), die in der Mitte der Schachtsohle einen Einbruch herstellt. Von diesem aus steigt die Sohle nach den Stößen hin trichterförmig an. Das Gebirge wird durch verschieden gestaltete Messer und Reißer *b, c, d* losgeschnitten und nach dem Einbruche hin geschoben.

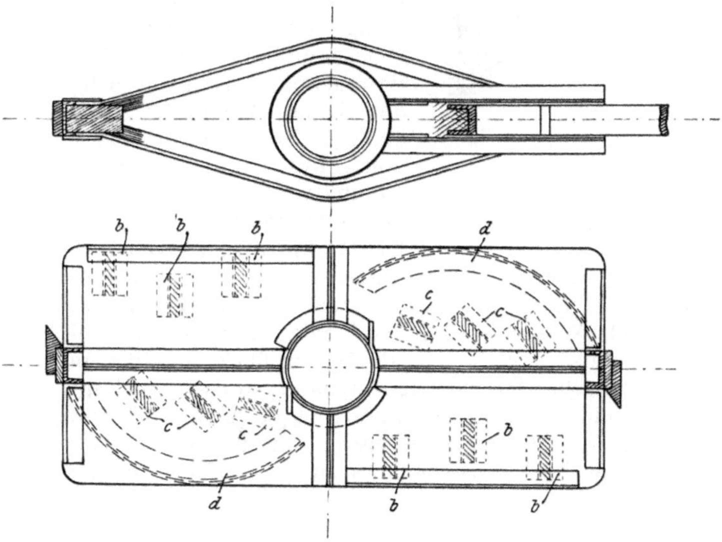

ig. 293 b u. c. Drehbohrer von Jakobi (Grundriß). (Aus Riemer, Das Schachtabteufen).

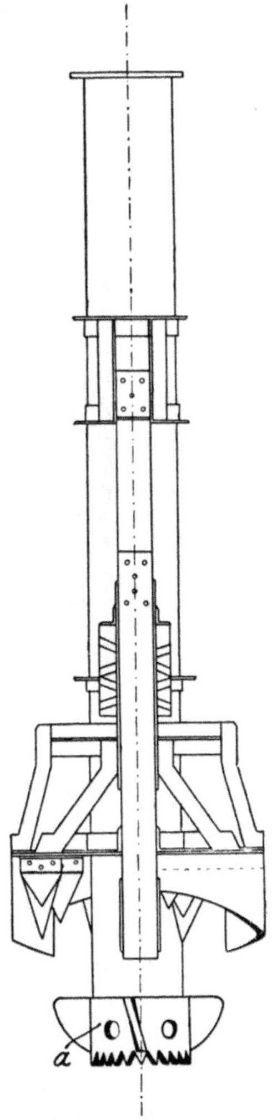

Fig. 293 d. Drehbohrer von Jakobi (Seitenansicht). (Aus Riemer, Das Schachtabteufen.)

Das Hohlgestänge ist so weit, daß in ihm ein Schlammlöffel bequem eingelassen werden kann. Dieser holt das losgelöste Gebirge zu Tage, so daß eine Unterbrechung der Bohrarbeit überflüssig ist.

3. *Stoßbohrer.*

Dieselbe Erscheinung, die sich beim Herstellen von Bohrlöchern mit drehenden Bohrwerkzeugen zeigt, daß nämlich das Loch leicht aus dem Lote kommt, ist auch bei abgebohrten Senkschächten bemerkt worden. Damit sind u. a. auch Querschnittsverengerungen verknüpft. Weil nun bei stoßendem Bohren ein Abweichen von der Senkrechten seltener vorkommt, hat Pattberg dieses Bohrverfahren auch für das Abteufen von Schächten im schwimmenden Gebirge nutzbar gemacht. Der Pattbergsche Stoßbohrer (Fig. 294) stellt eine trichterförmige Sohle her. Er ist ähnlich wie bei dem Bohrverfahren nach Kind-Chaudron mit Zähnen besetzt; aus diesen tritt beständig ein Spülwasserstrom aus, welcher ihnen durch das hohle Gestänge *c* zugeleitet wird. Die Wasserspülung schafft allen Bohrschmand nach der Mitte der Sohle. An dieser Stelle endigen die Steigerohre *d*, *e* von zwei Mammutpumpen, die an dem Bohrgestänge angebracht sind und das losgelöste Gebirge zu Tage heben.

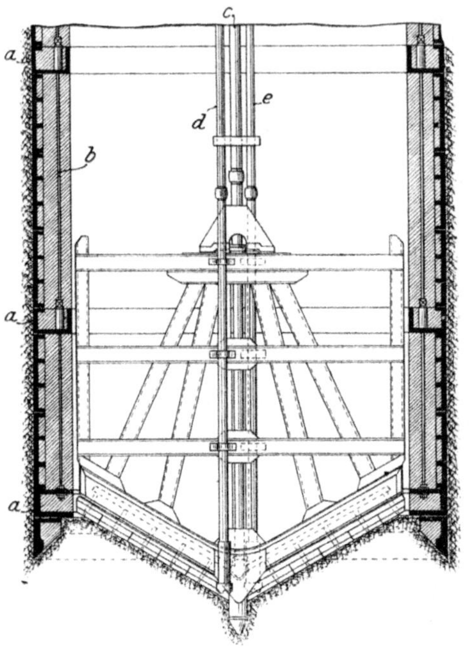

Fig. 294. Stoßbohrer von Pattberg. (Aus Riemer, Das Schachtabteufen.)

Die Mammutpumpen besitzen ein Steigerohr *b* (Fig. 301), welches bis zu einer bestimmten Tiefe voll Wasser steht. In diesem Rohre hängt ein bis unter den Wasserspiegel reichendes Rohr *c* von geringerem Durchmesser, durch welches beständig Preßluft eingeblasen wird. Die Preßluft vermischt sich mit dem Wasser; dieses wird infolgedessen spezifisch leichter, strömt in dem Steigerohr empor und zieht neues Wasser von der Schachtsohle nach. Mit diesem Wasser wird naturgemäß auch der im Einbruche angesammelte Bohrschmand zu Tage gehoben.

4. Baggerwerke.

In verschiedenen Fällen sind zur Loslösung und Förderung des Gebirges Baggerwerke beim Senkschachtabteufen in Gebrauch genommen worden. Eine für das Arbeiten im toten Wasser geeignete Anordnung ist in Fig. 295 abgebildet; sie kam auf Wilhelmine Viktoria III zur Anwendung. Die Eimerleiter hängt an zwei Kabelseilen *a* und *b*, so daß sie jederzeit ohne Unterbrechung des Betriebes nachgelassen werden kann. Die Antriebsmaschine *c*, durch welche die Eimerkette in Bewegung gesetzt wird, ist auf der Leiter selbst angebracht.

Auf Schacht V der Zeche Concordia, B.-R. Oberhausen, wurde i. J. 1903 folgende Baggereinrichtung, System Altena, angewendet. Im Schachtturme *a* (Fig. 296) war eine feste Bühne mit einem kreis-

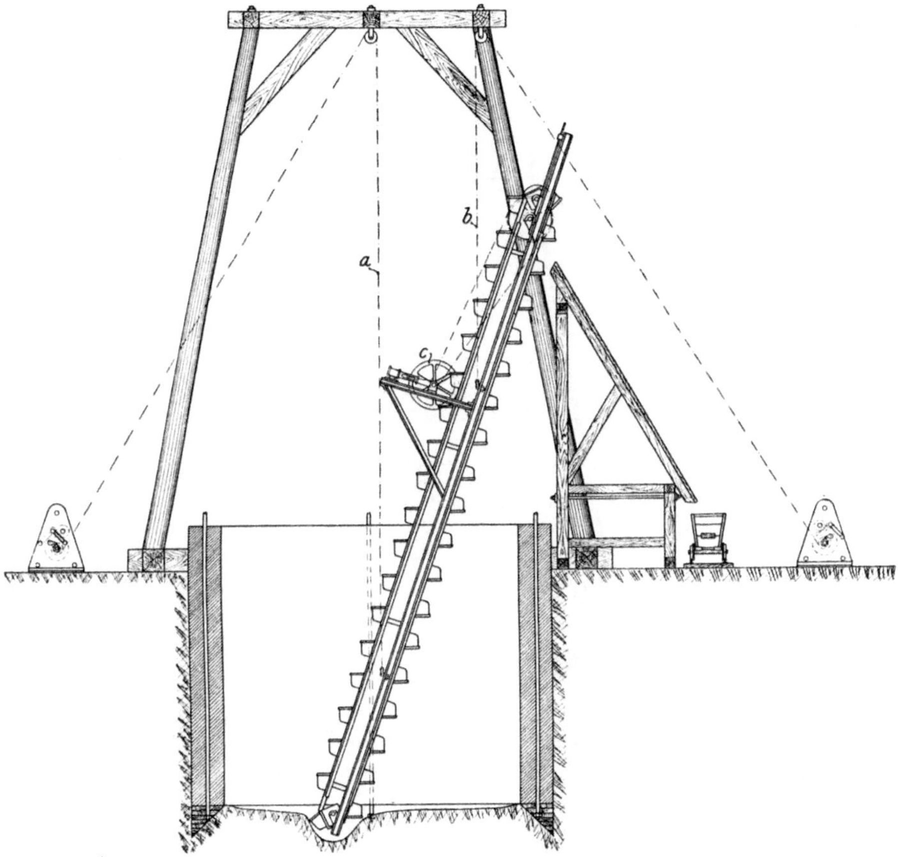

Fig. 295. Senkschacht mit Baggerwerk. (Aus „Glückauf“ 1892, Nr. 2.)

förmigen Ausschnitte von 6 m Dm. hergerichtet worden. Über diesem Ausschnitte befand sich die Drehscheibe *b*, auf der ein Wagen *c* mit einem Lufthaspel und dem Baggergerüste lief. Der Wagen konnte von der Mitte der Drehscheibe bis an ihren Rand verschoben werden; auf diese Weise war es möglich, jeden Punkt der Schachtsohle zu bearbeiten. Um die feste Bühne zu entlasten, war die Drehscheibe an der Seilscheibenbühne aufgehängt. *l*, *l* sind die Spurlatten für die Baggerkette, *m m* die Führungen für den Senkschacht, *n n* Schlitten, die den Senkschacht an *m m* führen, *o o* sind Zeiger, die auf Maßstäbe an *m m* einspielen.

Infolge der Drehung von *b* macht der Bagger einen kreisrunden Einschnitt in die Schachtsohle; kommen seine Becher leer herauf, so ist dies ein Zeichen zum Verlängern der Baggerkette. Sinkt der

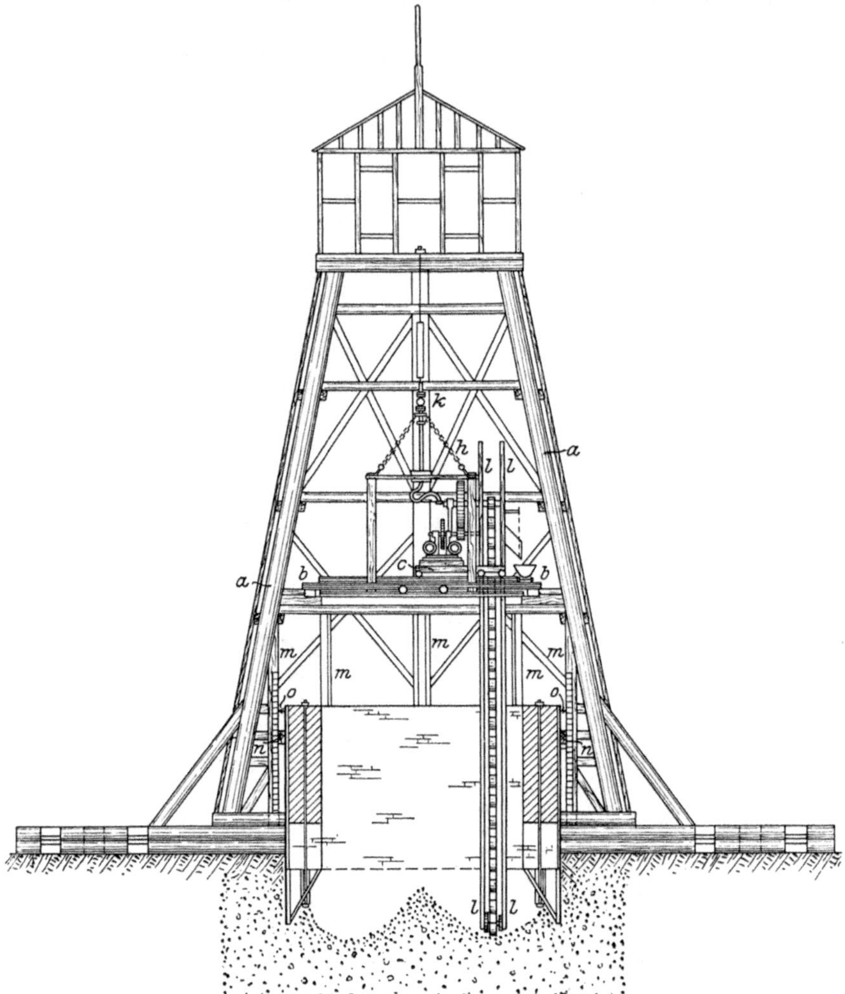

Fig. 296. Bagger von Altena. (Aus Vers. u. Verb. i. J. 1903.)

Schacht schief, was man mittelst der Zeiger *o* an den an *m* angebrachten Maßstäben sieht, so bearbeitet man die Sohle nur an der Stelle, wo der Schacht zu hoch steht.

III. Die Störungen beim Schachtabsenken.

a) Abweichungen von der Senkrechten.

Das schiefe Niedergehen der Senkschächte ist, wie schon oben erwähnt, eine sehr häufige Erscheinung. Es ist oft eine Folge des Arbeitens mit Drehbohrern; ebenso oft kommt es aber daher, daß der Schneidschuh einseitig auf Geschiebeblöcke oder härtere Schichten auftrifft.

Muß in einem schief gewordenen Schachte ein neuer Senkschacht niedergebracht werden, so ist der Verlust an Querschnittsfläche gleich

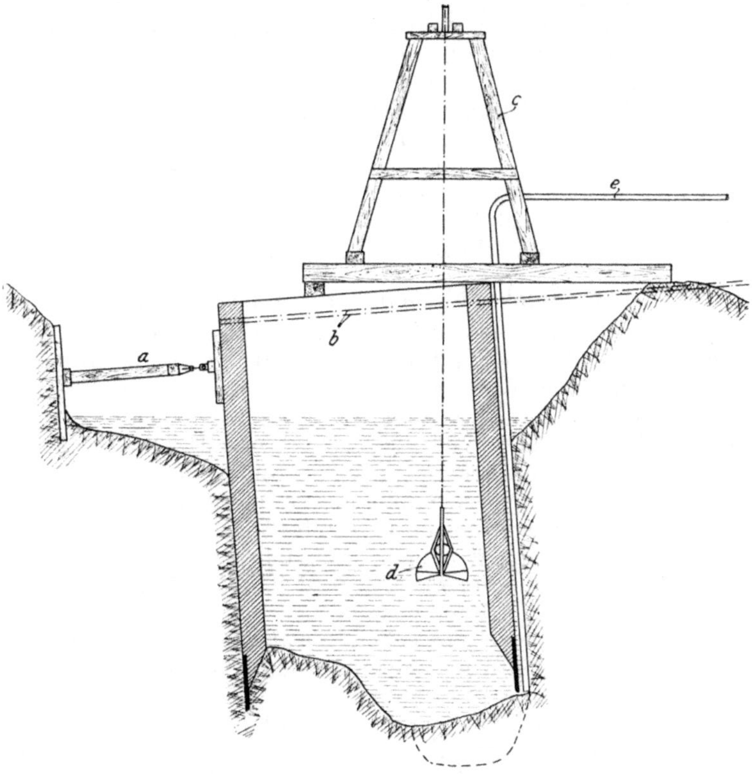

Fig. 297. Geraderichten eines Senkschachtes. (Aus dem „Sammelwerk", Band III.)

ein recht bedeutender. Aus diesem Grunde werden solche Schächte sofort, wenn man ein ungleiches Niedergehen bemerkt, gerade gerichtet.

Sind die Senkschächte nur kurz, so geschieht dies mit eisernen Keilen, die man zwischen sie und den Führungsschacht eintreibt, wie z. B. auf Donnersmarckhütte-Grube bei Mikultschütz.

Das Geraderichten kann auch dadurch erfolgen daß der Schacht auf der zurückgebliebenen Seite stärker gepreßt wird. Da dies natürlich nur bei gußeisernen Senkzylindern möglich ist, begnügt man sich bei Mauerschächten mit einer stärkeren Belastung. Diese Arbeit wird dadurch unterstützt, daß man auf derselben Seite mehr Gebirge von der Schachtsohle wegfördert, wobei man soweit gehen kann, daß man auch unter dem Schneidschuhe Gebirge wegnimmt. Mit Rücksicht auf die Gefahr eines Durchbruches oder ruckweisen Sinkens ist dieses Verfahren jedoch nicht ratsam.

In Fig. 297 ist ein Verfahren abgebildet, welches auf Zeche Trier II angewendet wurde, um den Senkschacht wieder ins Lot zu bringen. Der Senkzylinder wurde am Kopfe mit Pressen *a* und Spannseilen *b* in die richtige Lage zurückgezogen und zurückgedrückt und mit dem Gerüste *c* einseitig belastet. Gleichzeitig wurde dem Schneidschuhe mit Hilfe eines Greifbaggers *d* Luft gemacht und unter ihm mittelst einer Wasserleitung *e* gespült.

Um festzustellen, ob ein Senkschacht aus dem Lote abweicht, hat man auf Zeche Minister Achenbach über dem Schneidschuhe einen Ring aus Gasrohren genau horizontal verlegt. Von diesem aus gingen vier mit Wasser gefüllte Glasröhren senkrecht nach oben. Solange der Schacht senkrecht einsank, stand das Wasser in ihnen gleich hoch. Beim Schiefwerden aber sank es in dem einen unter die vorher angebrachte Marke und stieg in dem anderen darüber.

b) Steckenbleiben der Senkschächte.

Gemauerte Senkschächte sinken erfahrungsgemäß höchstens 40 m, gußeiserne Senkschächte im Durchschnitt 50 m tief ein; alsdann wird die Reibung mit dem Gebirge so groß, daß ein weiteres Sinken unmöglich wird.

Beim Abteufen der Schächte Hugo I und II und Sterkrade bei Holten und Sterkrade gelang es nach Riemer ausnahmsweise mit einem einzigen Senkkörper, Senkteufen von 90—110 m zu erreichen. Dies lag daran, daß aus einer wasserführenden Schicht Wasser unter hohem Druck außen um den Senkschacht herum bis zu Tage stieg. Dieser Wassermantel verhinderte, daß sich das Gebirge an den Senkschacht anlegte und ihn abbremste.

Auf Grund der hier gemachten Erfahrungen ahmte Sassenberg diese natürlichen Verhältnisse künstlich nach. Nach seinem Verfahren erhalten der Schuh und die untersten vier Tübbingsringe einen um 40 mm größeren äußeren Durchmesser als der übrige Schachtteil. In der Höhe des Absatzes, also ungefähr 7 m über dem Schuhe, ist in den Tübbings ein ringförmiger Kanal *a* (Fig. 298) angebracht, dem in zwei Leitungen *b* das Druckwasser von Tage aus zugeführt wird. Diese beiden Kanäle liegen zunächst noch im Innern der Tübbings und treten erst weiter oben aus ihnen heraus. Aus dem ringförmigen Kanale tritt das Druckwasser in zahlreichen Öffnungen *c* nach außen.

Nach dem Verfahren von Sassenberg wurde im Jahre 1903 Schacht Adolf von Grube Anna bei Alsdorf, B.-R. Aachen, niedergebracht. Der untere Senkschachtteil hatte um 40 mm größeren Durchmesser als wie der obere. Es gelang den Senkschacht in 6 Monaten bis auf 130 m zu bringen. Vorher war der Senkkörper trotz eines Eigengewichtes von 1200 t und einer Pressung von 2400 t nicht imstande gewesen, den 112 m mächtigen Schwimmsand zu durchsinken.

Beim Niederbringen eines gußeisernen Senkschachtes im Buntsandstein auf Adolfschacht der Donnersmarckhütte-Grube bei Mikultschütz O.-S. wollte der Senkkörper auf einer Gebirgsschicht stehen bleiben, die im Trocknen, wie dies der oberschlesische Buntsandstein fast allgemein macht, zu einer sandsteinharten Konglomeratmasse erhärtete. Als der Sackbohrer hier versagte, wurde ein Taucher auf die Schachtsohle geschickt. Dieser spritzte aus einer Schlauchleitung einen äußerst kräftigen Wasserstrahl von 20 Atmosphären Druck gegen die Sohle, besonders aber dem Schneidschuhe entlang. Diesem Wasserstrahle wurde zuletzt noch scharfer Sand beigemengt. Unter seiner Einwirkung löste sich das Gebirge „wie Zucker“ auf und konnte mit einem Sackbohrer leicht gefaßt werden. Infolgedessen gelang es, den Schacht noch vier Meter tiefer bis auf das Steinkohlengebirge zu bringen.

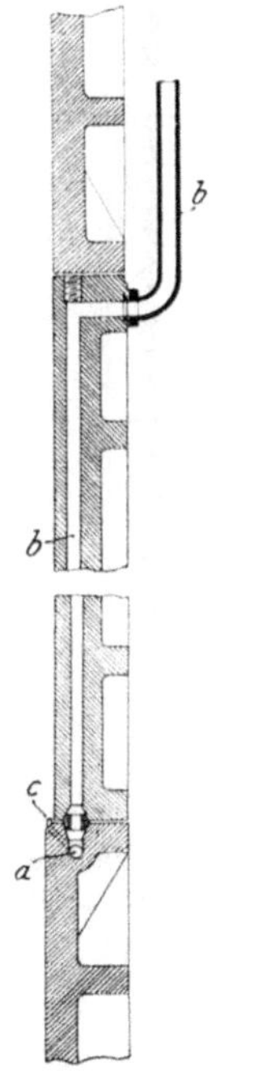

Fig. 298. Tübbings mit Spülkanälen. (Aus Riemer, Das Schachtabteufen.)

Hier sowie auch in vielen anderen Fällen mußte der Taucher große feste Blöcke von vielen Zentnern Gewicht von der Schachtsohle entfernen. In der Mitte des Schachtes ist es wohl möglich, sie mittelst Sprengarbeit zu zerkleinern. Dies darf aber in der Nähe des Schneidschuhes und unter ihm niemals vorgenommen werden. Geschiebeblöcke, die an dieser Stelle auftreten, müssen ringsum freigelegt und dann herausgewuchtet oder mit Winden herausgezogen werden. Diese Arbeit ist auch schon ohne Taucher vorgenommen worden; die Geschiebeblöcke wurden mit hakenförmig gekrümmten Messern, die an langen Stangen angebracht waren, freigelegt und unter dem Schneidschuhe weg nach der Schachtmitte gezogen.

Auf Ernst August-Schacht der Gräfin Laura-Grube bei Königshütte wurde ein gußeiserner Senkschacht im Buntsandstein unter Vertäfelung der Schachtsohle abgeteuft. Die Vertäfelung lag 1 m über der Schneide. Als der Senkschacht trotz allen Pressens nicht tiefer einsank, wurde in der Mitte der Sohle ein Eisenblechzylinder (Flammrohr) bis auf das Steinkohlengebirge vorgetrieben und zunächst das Gebirge nur aus diesem Vorschachte herausgeholt. Darauf bohrte man den Zylinder in der Höhe des Schneidschuhes an und ließ so viel Gebirge herauslaufen, bis der Schuh hinreichend Luft bekommen hatte und der Senkschacht wieder in Bewegung kam. Diesen Vorgang wiederholte man jedesmal, wenn der Schacht hängen blieb, und brachte ihn auch glücklich zum Anschlusse an das Gebirge.

Auch beim Abteufen von Schacht I der Donnersmarckgrube bei Rybnik wollte der Senkschacht trotz stärksten Pressens nicht tiefer sinken. Als man daher versuchte, den Anschluß an das feste Gebirge, das etwa 4 m unter dem Schneidschuhe lag, mittelst Getriebearbeit zu erreichen, kam der eiserne Getriebeschacht infolge einseitigen Druckes aus dem Lote. Darum entwässerte man zunächst das Gebirge, indem man von der Sohle des Getriebeschachtes aus einen siebartig durchlöcherten Kesselstutzen von 1,3 m lichtem Durchmesser vorpreßte; außerdem wurden von diesem Stutzen aus nach allen Seiten hin Entwässerungsrohre in das Gebirge eingetrieben. Dadurch war es tatsächlich sehr erleichtert, mit der Abtreibezimmerung an die Oberfläche des wassertragenden Gesteins anzuschließen.

Fig. 299. Schachtleitungen i. Tübbingsschachte. (Aus dem „Sammelwerk“, Band III.)

Ist es auf keinerlei Weise möglich, einen steckengebliebenen Senkschacht weiter in das Gebirge vorzutreiben, so bleibt nichts weiter übrig, als zum Zusammenbau eines neuen Senkkörpers überzugehen. Für diesen dient der alte Senkschacht als Führungsschacht. In Tübbingsschächten bringt man die erforderlichen Leitungen so an, wie es Fig. 299 zeigt.

Um den neuen Senkschacht auf der Schachtsohle aufbauen zu können, muß beim Arbeiten im toten Wasser zunächst alles Wasser gesümpft werden. Dies darf aber nicht ohne weiteres geschehen, weil ja dadurch jeder Gegendruck gegen den Auftrieb des schwimmenden Gebirges aufgehoben werden würde. Darum wird erst auf der Schachtsohle ein Pfropfen aus Kies aufgeschüttet, dessen Höhe dem Wasser- und dem Gebirgsdrucke gewachsen ist. Darauf werden erst die Wasser gesümpft. Der Einbau des neuen Senkschachtes vollzieht sich dann in der bekannten Weise.

Die Zwischenräume zwischen dem Senkschachte und seinem Führungsschachte oder zwischen mehreren steckengebliebenen Senkschächten werden nach beendetem Abteufen ausbetoniert, um zu verhüten, daß diese nachträglich noch zu sinken anfangen.

c) Rissigwerden der Senkschächte.

Mit dem zu starken Pressen oder mit einseitigem Hängenbleiben des Senkschachtes auf harten Einlagerungen ist fast immer der Übelstand verbunden, daß die Schachtwandung Risse bekommt oder daß der Senkschuh zerbricht. Zerbrochene Senkschuhsegmente werden von Tauchern gegen neue ausgewechselt. Wird der Schacht im toten Wasser abgesenkt, so müssen Risse der Schachtwandung ebenfalls durch Taucher ausgebessert werden. Dies kommt aber fast nur bei gemauerten Senkschächten vor. Kleinere Risse werden auspikotiert, größere mit Ziegeln und kleinen Säcken voll Zement auf der Innenseite zugesetzt. Darauf leitet man Zement in Röhrenleitungen hinter diese Ausfüllung und zerschlägt die Säcke mit einem spitzen Hammer.

E. Der Anschluß des Fußes von Senkschächten an das feste Gebirge.

Nachdem es gelungen ist, einen Senkschacht durch das schwimmende Gebirge hindurch bis auf dessen Liegendes zu bringen, beginnt eine neue, mitunter recht schwierige Arbeit. Denn mit dem Erreichen des festen Gebirges ist das Schachtabteufen noch nicht beendet; es handelt sich nun vielmehr darum, zu erzielen, daß man ohne Gefahr vor Durchbrüchen im festen Gesteine abteufen kann. Damit dies möglich ist, muß der Senkschacht mit einem Unterbaue abgefangen werden, der an keiner Stelle wasserdurchlässig ist.

Die bei Herstellung dieses Anschlusses zu wählende Arbeitsweise ist davon abhängig, ob das Liegende der Schwimmsandmassen milde oder fest ist, in beiden Fällen auch wieder, ob es eine söhlige oder geneigte Oberfläche besitzt.

I. Anschluß an mildes Gebirge.

a) Anschluß bei söhliger Oberfläche.

Bei söhliger Oberfläche des unter dem schwimmenden Gebirge abgelagerten Gesteins sitzt der Senkschacht sofort mit seinem vollen Umfange auf. Es ist nun nur nötig, ihn noch einige Meter tief in das wassertragende Gebirge einzulassen.

Ist es erforderlich, diese Arbeit ebenfalls im toten Wasser vorzunehmen, dann gewinnt man das Gebirge mit denselben Bohrwerkzeugen, die in den zähen schwimmenden Massen zur Anwendung gelangten. Hier wird man es auch eher einmal wagen dürfen, den Senkschuh zu unterschneiden, das Abteufen also dem Absenken vorausgehen zu lassen.

Wo es geht, versucht man jedoch, den Anschluß durch Abteufen auf der Sohle zu erreichen. Auch wenn der Schacht im toten Wasser abgesenkt wurde, läßt sich dies immer nur dann ermöglichen, wenn das schwimmende Gebirge entwässert werden kann. In dieser Weise wurde z. B. Schacht I der neuen fiskalischen Anlage bei Makoschau O.-S. abgeteuft. Die Schachtsohle wurde dort mit einer Kiesschüttung von ungefähr 10 m Höhe bedeckt. Die Wasser wurden in Absätzen gesümpft und bei jedem Absatze die Tübbings angebohrt, um auch aus dem Gebirge die Wasser abziehen zu können. Dies geschah in Teufen von 35, 45, 48 und 54 m unter Tage. Es wurde immer erst weiter gesümpft, wenn aus den Tübbings kein Wasser mehr heraustrat, ein Zeichen, daß das Gebirge abgetrocknet war. Darauf konnte der Kiespfropfen entfernt und ohne Gefahr vor Durchbrüchen auf der Sohle abgeteuft werden.

b) Anschluss bei geneigter Oberfläche.

Hat das Liegende des Schwimmsandes eine geneigte oder unebene Oberfläche, so sitzt der Schneidschuh nur auf einer Seite auf, während er im übrigen sich noch im schwimmenden Gebirge befindet. Auch in diesem Falle wird die Herstellung des Anschlusses nicht allzu schwierig sein. Man braucht in der Hauptsache nur dort, wo der Schacht bereits aufsitzt, etwas Luft zu schaffen und achtet gleichzeitig darauf, daß er auch zuletzt noch im Lote niedergeht.

II. Anschluß an festes Gestein.

Der Fall, daß der Senkschacht nach Beendigung der Arbeit im schwimmenden Gebirge auf mildem Gestein aufsitzt, kommt in der Regel nur im Braunkohlenbergbau vor, wo unter dem Schwimmsande in der Regel Tone, Lettenschichten und dergleichen auftreten. Auch bei Herstellung des Anschlusses an festes Gestein ist zu unterscheiden, ob dieses eine wagerechte oder geneigte bezw. unebene Oberfläche besitzt.

a) Anschluß bei söhliger Oberfläche.

Ist es möglich, das Gebirge zu entwässern, so wird man ebenso verfahren wie schon oben geschildert wurde; die Schachtsohle wird also mit einem Kiespfropfen bedeckt; dann werden die im Schachte stehenden Wasser unter Anbohrung der Senkschachtwände langsam gehoben, bis man auf der Sohle angekommen ist.

Ist die Entwässerung nicht durchführbar, dann kann man bei geringem Wasserdrucke die Anschlußarbeiten in der Luftschleuse vornehmen.

Indessen ist es auch sehr wohl möglich, den Anschluß im toten Wasser vorzunehmen. So kann man beispielsweise zunächst in der Mitte der Sohle mit Hilfe eines Stoßbohrers von großer Breite einen etwa einen Meter tiefen Einbruch herstellen. In diesen senkt man einen Eisenblechzylinder von gleichem Durchmesser ein und bedeckt darauf die Schachtsohle rund um ihn herum mit einem Betonpfropfen. Damit dieser mit dem Liegenden des schwimmenden Gebirges gut abbindet, muß die Sohle vorher von Schmand und Schlamm gesäubert worden sein. Ist der Beton erhärtet, dann werden die Wasser gesümpft, und man beginnt mit dem ferneren Abteufen in dem Zylinder, der natürlich über den Betonpfropfen hinausragen muß. Von Anfang an erhält das Abteufen den Durchmesser des Blechzylinders; erst in angemessener Teufe unter dem wasserführenden Gebirge erweitert man den Schacht bis auf den erforderlichen Querschnitt. Die Loslösung des Gebirges darf im Anfang nur mit Spitzarbeit erfolgen, um die Bildung von Rissen im Gestein zu verhüten, auf denen Wasser in den Schacht eindringen könnte. In der ersten geeigneten Schicht wird dann mit dem Abteufen Halt gemacht und der Unterbau für den vorläufig nur auf der Gesteinsbrust stehenden Senkschacht in Angriff genommen.

Ein Verfahren, welches ebenfalls in mehreren Fällen von Erfolg begleitet war, ist folgendes. Man stellt mit stoßendem Bohren dem Schneidschuh entlang auf dessen Innenseite eine oder zwei Reihen von Bohrlöchern her. Die Arbeitsbühne befindet sich dabei über dem Wasserspiegel im Schachte. Der Meißel und das Gestänge werden in Röhren von gleichem Durchmesser wie der der Bohrlöcher geführt.

Die Führungsrohre (Bohrtäucher) reichen von der Arbeitsbühne bis auf die Schachtsohle und werden so gestellt, daß die Bohrlöcher nach unten auseinandergehen (divergieren). Dadurch wird erreicht, daß der Schneidschuh gleichsam unterschrämt ist; denn er steht nun nur noch auf den zwischen den einzelnen Bohrlöchern verbleibenden, dünnen Trennungswänden. Wird nun der Senkschacht nach beendeter Bohrarbeit von neuem gepreßt, dann durchschneidet er diese Zwischenwände und gelangt so in das feste Gestein.

b) Anschluß bei geneigter Oberfläche.

Der Anschluß an Gestein mit geneigter Oberfläche ist bedeutend schwieriger herzustellen als in den eben beschriebenen Fällen. Es ist eigentlich jedes der schon erwähnten Anschlußverfahren anwendbar. Nur muß bei der Arbeit beinahe noch mehr Sorgfalt aufgewendet werden.

Ein gutes Hilfsmittel sind in diesem Falle die Spundwände. Man darf nicht eher im festen Gebirge abteufen, als bis der Schacht rundherum auf diesem aufsitzt. Darum wird, wenn der Schneidschuh nur auf einer Seite festes Gebirge erreicht hat, rundherum eine Spundwand eingetrieben. Darauf kann man mit Hilfe eines Betonpfropfens nebst Eisenblechzylinder oder auf irgendeine andere Weise weiter abteufen.

Auf dem bereits weiter oben erwähnten Ernst August-Schachte der Gräfin Laura-Grube erzielte man den Anschluß an das Steinkohlengebirge mit Hilfe von Getriebepfählen. Der Senkschuh saß auf der Südseite auf, darum teilte man die Schachtscheibe in eine nördliche und eine südliche Hälfte. Auf dem Umfange des südlichen Trumes, also auf einem halbkreisförmigen Bogen und dem dazugehörigen Durchmesser, wurden die Pfähle so lange vorgetrieben, bis sie auf der Oberfläche des festen Gesteins aufsaßen. Alsdann wurde in diesem so tief mit Spitzarbeit abgeteuft, daß es möglich war, die südliche Hälfte des Schneidschuhes ganz ins feste Gebirge zu bringen. Bei den nun folgenden Arbeiten in der nördlichen Hälfte der Schachtscheibe teilte man diese noch weiter in ein östliches und ein westliches Viertel ein, weil sich während der Anschlußarbeiten herausgestellt hatte, daß die Oberfläche des wassertragenden Gesteins nicht genau nach Norden einfiel. Auch in diesen beiden Trümern wurde nacheinander mit Getriebepfählen sowie mit Ausspitzen des festen Gesteins so lange gearbeitet, bis der Schneidschuh rundherum im festen Gestein steckte. Der Senkschacht wurde nun noch einige Meter tiefer in das Steinkohlengebirge eingelassen und darauf mit einem Unterbau abgefangen.

III. Das Abfangen der Senkschächte durch einen Unterbau.

Ist es gelungen, den Senkschacht bis in das wassertragende Gestein einzulassen, dann muß man sobald als möglich dazu übergehen, ihn durch einen Unterbau so sicher abzufangen, daß er nicht mehr ins Rutschen kommen kann. Dieser Unterbau ist aus Mauerung oder aus gußeisernen Tübbings herzustellen. Ist eine Entwässerung des schwimmenden Gebirges nicht beabsichtigt oder wegen zu starker Wasserzuflüsse nicht durchführbar, dann muß auch der Anschluß des Unterbaues an den Senkschacht vollkommen wasserdicht sein.

a) Untermauerung des Senkschachtes.

Nachdem man mit dem Abteufen im wassertragenden Gestein die erste hierzu geeignete Schicht erreicht hat, wird ein Mauerfuß hergestellt und auf diesem hochgemauert. Kommt man bis an die Gesteinsbrust heran, auf welcher der Schneidschuh aufsitzt, dann wird in ihr ein bis an den Senkschuh reichender schmaler Schlitz hergestellt und sofort ausgemauert. Dieser Schlitz wird allmählich verbreitert und vermauert, bis der Senkschacht rundherum abgefangen ist.

Wo es möglich ist, beispielsweise in gemauerten Senkschächten, nimmt man den Senkschuh ab und verbindet Schachtmauer und Senkmauer miteinander. Wird der Schneidschuh nicht abgenommen, dann darf man ihn nicht unmittelbar auf den gemauerten Unterbau aufsetzen, weil die scharfe Schneide das spröde Mauerwerk zerdrücken würde, und weil der wasserdichte Abschluß auf dieser schmalen Linie nicht hinreichend sicher wäre. Die Oberfläche der Unterfangungsmauer wird mit einer oder mehreren Lagen von starken Bohlen bedeckt, in welche der Schneidschuh sich hineindrückt. Außerdem ist es gut, auch noch außerhalb des Senkschachtes einige Meter in die Höhe zu mauern und diese Mauer dicht an die Außenseite des Senkkörpers anzuschließen.

An Stelle des Holzbelages wurde auf Ernst August-Schacht bei Maczejkowitz ein Eisenring genommen, der auf der Oberseite eine Rille besaß. Der Senkschacht wurde nach Einbau dieses Ringes so viel nachgelassen, daß der Schuh in der Rille saß. Darauf wurde diese noch mit einer Mischung von Zement und Eisenspänen vergossen.

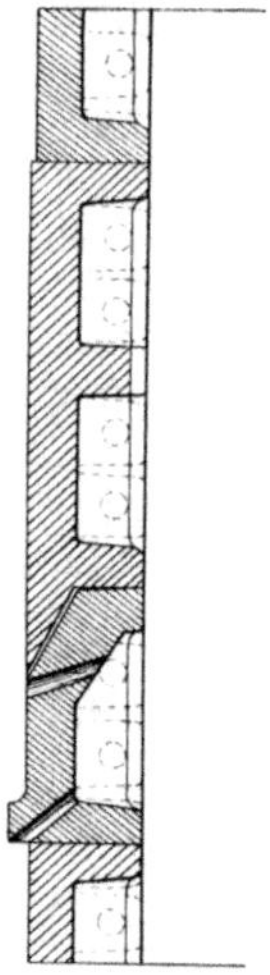

Fig. 300. Senkschuh mit Anschlußring. (Aus dem „Handbuch der Ingenieur-Wissenschaften“, Band IV.)

In Westfalen wird der gemauerte Unterbau häufig mit etwas geringerem Durchmesser als der Senkschacht ausgeführt und als Futtermauer durch diesen hindurch bis zu Tage fortgesetzt.

b) Unterbau mit Tübbings.

Die Arbeiten beim Unterfangen eines Senkschachtes mit gußeiserner Küvelage sind dieselben, als wenn Mauerung zur Anwendung käme. Es wird also sobald als möglich ein Keilkranz verlegt und auf diesem die Küvelage aufgebaut. In den seltensten Fällen wird es aber möglich sein, den Senkschacht auf den Küvelageunterbau aufzusetzen, nämlich immer dann, wenn der Senkschacht nicht im Lote steht.

Wenn man jedoch den Senkschacht auf seinen gußeisernen Unterbau aufsetzen kann, dann nimmt man den Schneidschuh ab und verschraubt den untersten Tübbingsring des Senkkörpers mit dem obersten der Anschlußküvelage. In neuester Zeit verwendet man sehr gern den in Fig. 300 abgebildeten Anschlußring, der so gearbeitet ist, daß auf ihm der Senkschuh mit der schrägen Schneidenfläche und der untersten Verstärkungsrippe aufsitzt. Steht der Senkschacht schief auf, dann erhält sein Unterbau geringere lichte Weite; er wird so hoch aufgeführt, daß er bis in den Senkschacht hineinragt. Der Zwischenraum zwischen diesen beiden Küvelagen wird verpikotiert oder mit Zement vergossen.

F. Leistungen und Kosten beim Schachtabsenken.

Beim Abteufen auf der Sohle des Schachtes hat man in Westfalen durchschnittliche Monatsleistungen von 12 m erzielt.

Bei großen Mächtigkeiten des Gebirges oder bei starkem Wasserzudrange muß im toten Wasser abgesenkt werden. Hierbei schwanken die Leistungen zwischen rund 0,5 m und 7,5 m. Als Durchschnittsergebnisse kann man ungefähr 1,75 m annehmen. Bei Anwendung des Stoßbohrverfahrens von Pattberg auf Zeche Rheinpreußen stiegen die täglichen Leistungen verschiedentlich bis zu 5 m.

Wie schon weiter oben erwähnt, muß man annehmen, daß bei je 50 m Senkteufe ein neuer Senkzylinder eingebaut werden muß. Damit ist eine Verringerung des Durchmessers verbunden, die man jedesmal zu 0,7 m veranschlagen kann. Bei einem Anfangsdurchmesser des Senkschachtes von 6 m an der Tagesoberfläche würde man also bei 200 m Senkteufe auf eine lichte Weite von 3,2 m kommen. Dieser Durchmesser ist aber für die heutigen Betriebsverhältnisse unbrauchbar. Mit größerem Anfangsdurchmesser zu beginnen, ist ebenfalls ausgeschlossen, weil dann Tübbings von größerer Wandstärke erforderlich wären, die sich aber fehlerfrei nicht herstellen lassen. In solchen Fällen führt nur das Gefrierverfahren zum Ziele.

Die Kosten des Schachtabsenkens richten sich in der Hauptsache nach der Menge der zusitzenden Wasser und nach dem Durchmesser des Schachtes. Sie betragen bei mäßigen Wasserzuflüssen und einem Durchmesser von 4,5—7 m zwischen 945 und 2227 Mark; als Durchschnittspreis kann für westfälische Verhältnisse die Summe von 1615 Mark für Senkmauern, von 2033 Mark für gußeiserne Senkschächte gelten.

Senkmauern sind immer billiger als Gußeisenschächte. So wurde z. B. für Schacht IV der Zeche Holland ein gußeiserner Senkschacht von 16 m Tiefe und 6,50 m Durchmesser zu 33 969 Mark veranschlagt, während ein gemauerter Senkschacht nur 21 155 Mark kostete.

G. Schachtabbohren nach Honigmann.

Das Bohrverfahren von Honigmann ähnelt in einigen Punkten der Arbeitsweise nach Kind-Chaudron. Es wird dabei nämlich auch erst der Schachtraum im toten Wasser abgebohrt und der Ausbau nach Beendigung der Bohrarbeit eingelassen.

Damit die Schachtstöße nicht zu Bruche gehen, wird der Wasserspiegel im Schachte 10 m über der Höhe des Grundwasserstandes gehalten. Außerdem setzt Honigmann diesem Wasser fein gemahlenen Ton zu, bis sein spezifisches Gewicht auf ungefähr 1,2 gestiegen ist. Dieser Tongehalt dringt, wie durch Untersuchungen festgestellt wurde, bis 1 m tief in die Stöße ein und verfestigt diese ganz bedeutend.

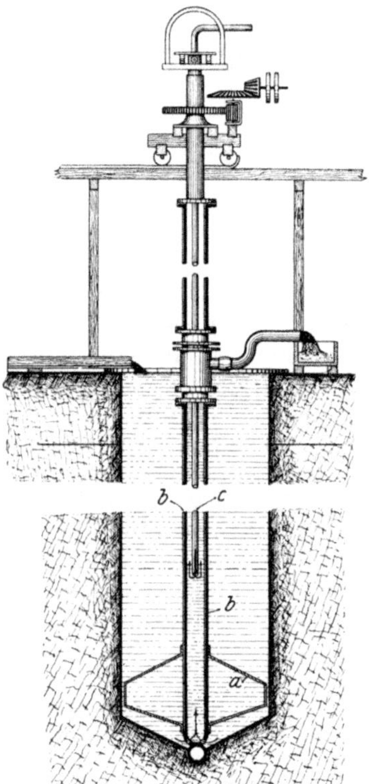

Fig. 301. Schachtbohrung nach Honigmann. (Aus Köhler, Lehrbuch der Bergbaukunde.)

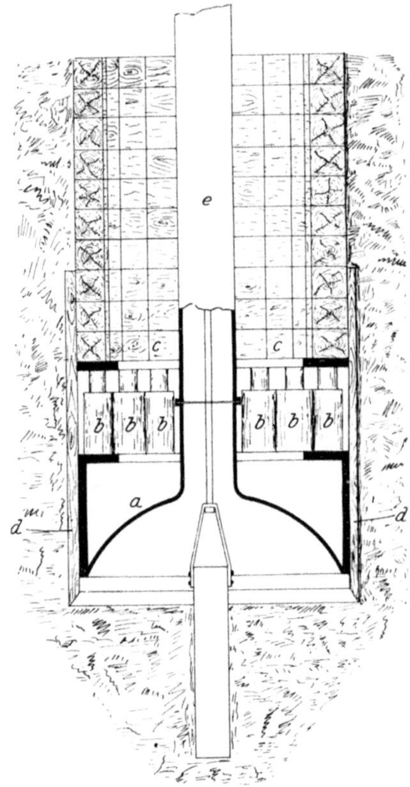

Fig. 302. Schachtabteufen nach Guibal. (Nach Dufrane-Demanet, Traité d'exploitation des mines de houille.)

Der Rührbohrer *a* (Fig. 301) arbeitet die Schachtsohle in Trichterform aus. Das losgelöste Gebirge sammelt sich in der Mitte der Sohle an und wird von hier aus durch das hohle Bohrgestänge *b*, welches als Mammutpumpe eingerichtet ist, zutage gehoben.

Ist man mit der Bohrung bis in wassertragende Gebirgsschichten vorgedrungen, dann wird der Ausbau in ähnlicher Weise wie bei dem Verfahren nach Kind-Chaudron eingesenkt und auf seiner Außenseite verbetoniert.

H. Schachtabteufen nach dem Verfahren von Guibal.

Das Verfahren von Guibal findet hauptsächliche Anwendung in Nordfrankreich und Belgien; vereinzelt ist es auch im Aachener Steinkohlenrevier benutzt worden. Streng genommen gehört es nicht mehr zu den Senkschachtmethoden; denn es wird hier nur noch ein eiserner Schild in das schwimmende Gebirge hineingepreßt. Der endgültige Ausbau folgt von oben nach unten gleichmäßig dem Vordringen des Schildes nach. In den Hauptzügen wären die Abteufarbeiten die folgenden.

Der Schild *a* (Fig. 302) wird von den Pressen *b* vorgetrieben. Die Pressen stehen auf dem Mantel des Schildes und drücken gegen den hölzernen Vielecksausbau *c*. Die Pfähle *d* werden vom Schilde mitgeschleppt; sie reichen bis hinter den endgültigen Ausbau und verhüten so das Eindringen von schwimmendem Gebirge in den Arbeitsraum. Ist der Schild so weit vorgeschoben, daß das obere Ende der Verpfählung sein Auflager am Ausbau verlieren würde, dann wird neuer Ausbau eingebracht. Das Gebirge wird von Tage aus mit Sackbohrern oder Schlammlöffeln durch die auf den Schild aufgesetzte Gleichgewichtsröhre *e* hereingewonnen.

Fünftes Kapitel. Das Gefrierverfahren.

Benutzte Literatur:

Riemer, Das Schachtabteufen in schwierigen Fällen.
Mellin, Rückblick auf das Bergwesen der Pariser Weltausstellung 1900.
R. Pierre, Das Abteufen des Schachtes I der Bergwerksgesellschaft Laura und Vereeniging zu Eygelshoven (Holländisch-Limburg) mittelst Gefrierverfahrens. Glückauf 1903, Nr. 21.
C. Klein, Über die Anwendung des Gefrierverfahrens zum Abteufen von Schächten in schwimmendem und wasserreichem Gebirge. Glückauf 1903, Nr. 27.
Verfahren und Einrichtung zum Abteufen von Schächten für beliebig große Teufen und unter Berücksichtigung des Wasserabschlusses in der Salzlagerstätte mit alleiniger Anwendung des Gefrierverfahrens. Glückauf 1903, Nr. 50.
Joosten, Die neueste Anwendung des Gefrierverfahrens auf der Zeche Auguste Viktoria i. W. Glückauf 1904, Nr. 50, 51.
Knochenhauer, Das Abteufen des zweiten Schachtes der Neue Abwehrgrube (Donnersmarckhütte-Grube) unter Anwendung des Gefrierverfahrens. Oberschlesische Zeitschrift 1908, Juliheft.
Kegel, Das Gefrierverfahren von Poetsch. Braunkohle 1907, Nr. 35, 36. Kohle und Erz 1908, Nr. 9, 10.
F. Drobniak, Schachtabteufen mittelst des Gefrierverfahrens in Brzeszcze. Österr. Zeitschr. 1906, Nr. 28, 29, 30.
Joosten, Die Anwendung des Gefrierverfahrens beim Abteufen zweier Schächte auf der holländischen Staatsgrube B (Grube Wilhelmina) in der Provinz Limburg. Glückauf 1906, Nr. 18.
Joosten, Die Entwickelung des Gefrierverfahrens seit seiner ersten Anwendung im Jahre 1883. Glückauf 1906, Nr. 22.
Grotenrath, Verfahren zum Abbringen von Schächten im schwimmenden Gebirge mittelst der Gefriermethode unter absatzweisem Abteufen und Zuhilfenahme genau bearbeiteter Trag- und Façonringe zur Herstellung von senkrechten Gefrierbohrlöchern, System Grotenrath und Hillenblink. Der Bergbau XIX, Nr. 49.

A. Allgemeines.

Das Gefrierverfahren ist im losen, schwimmenden und im festen, stark wasserführenden Gebirge anwendbar. Im ersteren Falle wird das lose, sehr druckhafte Gebirge in eine feste Masse verwandelt, in welcher man ebenso abteufen kann, wie im gewöhnlichen Gebirge. Im festen, sehr wasserführenden Gestein werden die Klüfte durch das sich bildende Eis verschlossen; man kann dann also ebenfalls vollkommen im Trocknen abteufen.

Um das Gebirge zum Gefrieren zu bringen, werden in ihm Bohrlöcher gestoßen, durch welche später eine tief erkaltete Lauge geleitet wird. Diese Lauge wird von Tage aus in die einzelnen Bohrlöcher verteilt und kehrt aus diesen in die Gefriermaschinenanlage zurück; hier wird sie wieder auf den erforderlichen Kältegrad abgekühlt und beginnt von neuem den Kreislauf durch das Gebirge.

B. Das Einfrieren des Gebirges.

I. Vorbereitende Arbeiten.

Die Gefrierbohrlöcher werden außerhalb der eigentlichen Schachtscheibe auf einem oder auf zwei konzentrischen Kreisen zugleich mit mehreren Bohrapparaten hergestellt. Der Durchmesser des Kreises, auf den die Bohrungen zu liegen kommen, beträgt 1,25—1,50 m mehr als der Durchmesser des Gefrierschachtes. Der Abstand der einzelnen Löcher untereinander beträgt 0,75—1,25 m, in den meisten Fällen 0,8—1,0 m.

Damit der Anschluß an das wassertragende Gestein ohne Gefahr von Durchbrüchen ausgeführt werden kann, müssen die Bohrungen stets mehrere Meter in das wassertragende Gebirge hineinreichen.

Eine der größten Gefahren für das spätere Abteufen liegt darin, daß es so gut wie gar nicht möglich ist, ein Bohrloch vollkommen senkrecht herzustellen. Es muß also mit peinlichster Sorgfalt darüber gewacht werden, ob eine Abweichung von der Lotrechten vorliegt und nach welcher Richtung hin dies geschieht. Entfernen sich zwei Bohrlöcher zu weit voneinander, dann muß zwischen ihnen ein Ersatzbohrloch niedergebracht werden.

Zum Feststellen der Größe und Richtung der Lotablenkung werden die Stratameter und Klinometer gebraucht.

Durch Einlassen eines birnenförmigen, mit Blei beschwerten Holzlotes berechnet die Entreprise Générale de fonçage de puits zu Paris die Abweichung auf folgende Weise. Es sei in Fig. 303 C der Mittelpunkt der Bohrlochsmündung und CZ die Achse des Bohrlochs. Durch C sei eine horizontale Ebene gelegt und auf dieser stehe CS' senkrecht. Der Lotkörper stehe im Bohrloche bei A; der zum Lote gehörige Stahldraht schneide CS' im Punkte S. Von A aus wird das Lot Aa auf die durch C gelegte horizontale Ebene gefällt und dann C mit a verbunden. B ist der Schnittpunkt von Ca und SA. Die Dreiecke CSB und AaB sind ähnlich. Mithin ist in ihnen

1. $CB : aB = SB : AB$, also auch
2. $CB : CB + aB = SB : SB + AB$ oder
3. $CB : Ca = SB : SA$.

In Formel 3 sind bekannt CB, SB und SA; folglich ist

4. $Ca = \frac{CB \cdot SA}{SB}$.

Man darf das Lotverfahren nicht anwenden, wenn das Bohrloch einen so scharfen Knick hat, daß der Draht an der Bohrlochswandung anliegen würde. Namentlich kann man dann nicht feststellen, ob das Bohrloch Abweichungen besitzt, die in verschiedenen Teufen nach verschiedenen Richtungen gehen. Außerdem besitzt das Verfahren verschiedene kleinere Mängel, so z. B. daß namentlich die kurzen Dreiecksseiten sehr genau gemessen werden müssen.

Von den in neuester Zeit in größerer Zahl aufgekommenen Bohrlochsneigungsmessern sei der von Bergingenieur Koerner-Nordhausen hier beschrieben.

In das Kopfstück des Kernrohres *a* (Fig. 304) ist mittelst eines Verbindungsstückes das Rohr *d* eingeschraubt; in ihm hängen kardanisch die beiden Lote (Stahlpendel) *g* und *h*. Unterhalb der Aufhängung von Pendel *g* ist am Arme *y* das Gewicht *p* angebracht; am oberen Ende hat das Lot drei Spitzen *x*. Das untere Pendel *h* trägt in seiner unteren Hälfte ein Laufgewicht *m*, welches mit einem Gewichte *i* einseitig belastet ist und infolgedessen aus der senkrechten Stellung abgelenkt wird; die obere Hälfte dieses Pendels greift in einen Schlitz *n* ein, der sich in dem Arme *y* von Pendel *g* befindet. Dadurch wird verhindert, daß das in seiner Aufhängung drehbare Pendel *g* sich bei Drehungen des Lotapparates mitdreht. Über *g* und unter *h* sind mit Gradskalen versehene Korkkolben *k* angebracht; durch die Federn *l* werden sie

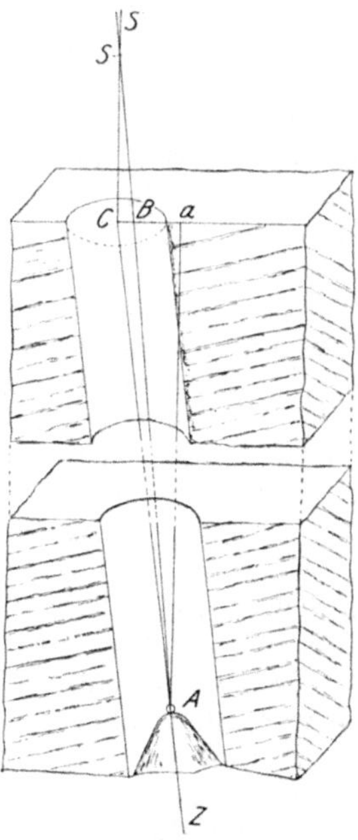

Fig. 303. Einlotung von Gefrierbohrlöchern. (Nach Mellin, Rückblick auf das Bergwesen d. Pariser Weltausstellung 1900.)

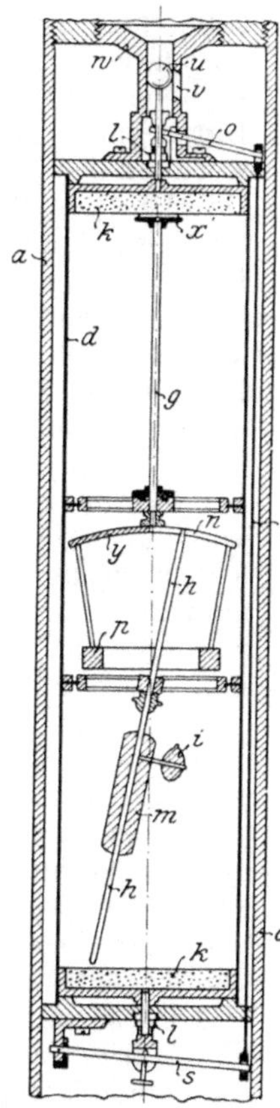

Fig. 304. Lotapparat von G. Koerner.

soweit von den Pendelspitzen abgezogen, daß die Lote frei schwingen können; sie sind mit der Zugstange *q* durch die Hebel *o* und *s* verbunden.

Soll eine Messung vorgenommen werden, so wirft man eine Kugel *u* in das Hohlgestänge; sie fällt in das Verbindungsstück *w* und versperrt dem Spülwasser den Weg. Weil aber die Spülpumpe weiter läuft, nimmt der Wasserdruck zu, bis er den Widerstand der Federn *l* zu überwinden vermag. Die Kugel *u* geht nach unten, um durch das Loch *v* in das Kernrohr zu fallen; gleichzeitig werden aber die Korkkolben *k*, der untere durch Vermittelung des Gestänges *o*, *q*, *s* gegen die Lotspitzen gedrückt; es werden also in ihre Gradskalen Marken eingepreßt. Ist die Kugel *u* im Kernrohre, so heben die Federn *l* die Kolben *k* von den Lotspitzen ab; der Kern kann gebrochen und mit dem Lotapparate zutage gehoben werden.

Um den Kern auszurichten, überträgt man auf ihn die Nulllinie der Apparatskala. Darauf nimmt man den Apparat aus dem Kernrohre, stellt ihn mit der Nullinie nach Norden ein, drückt die Pendelspitzen auf die Marken in den Gradskalen der Korkkolben und legt dadurch die Lage der Pendel fest. Nun dreht man noch den Kern unter Zuhilfenahme der an ihm angebrachten Nullinie um den durch Berechnung festzustellenden Winkel, um den sich beim Aufholen Lotapparat und Kern gedreht haben.

Ist es möglich, einen Vorschacht von Tage aus bis auf das schwimmende Gebirge abzuteufen, so ist dies vorzuziehen. Die Bohrlöcher werden alsdann auf seiner Sohle angesetzt. Zu diesem Zwecke muß der Durchmesser des Vorschachtes entsprechend größer gewählt werden. Auf Laura & Vereeniging hatte er 9 m, der Lochkreis 7,3 m und der Schacht 4,5 m Durchmesser.

Auf der Gefrierschachtanlage in Brzeszcze betrug der Bohrkreisdurchmesser 7 m, der Durchmesser des Vorschachtes 8 m im Lichten, der des abzuteufenden Schachtes 4 m im Lichten.

Wendet man das Gefrierverfahren nachträglich in einem Schachte an, der bereits größere Tiefen erreicht hat, dann ist es gut, ihn bis an den Wasserspiegel heran zuzuschütten. Geschähe dies nicht, dann würde der Gefriervorgang dadurch beeinträchtigt werden, daß das im Schachte stehende Wasser immer etwas in Bewegung ist.

Gleichzeitig mit der Herstellung der Bohrlöcher wird über Tage die Gefriermaschinenanlage (Fig. 305 und 306) errichtet. Sie enthält einen Kompressor, in dem Ammoniak oder Kohlensäure, ersteres auf 9—11, letztere auf 50—70 Atmosphären verdichtet wird. Diese Gase kommen von da zunächst in einen Ölabscheider und dann in die Kondensatoren; es sind dies mit Kühlwasser gefüllte Behälter, durch welche die Gasrohrleitung in Schlangenwindungen hindurchgeführt wird. Hier verflüssigt sich das Gas und gelangt nunmehr durch ein Drosselventil in ein zweites System von Rohrschlangen, die Refrigeratoren (Verdampfer); diese Schlangenrohre werden von der Gefrierlauge umspült. Aus dieser Rohrleitung saugt der Kompressor das Gas wieder an; hierdurch sowie durch die Drosselwirkung

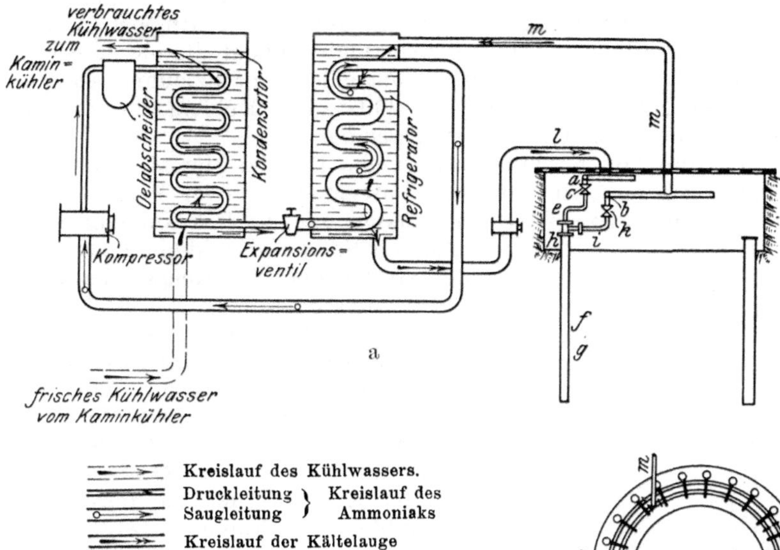

a

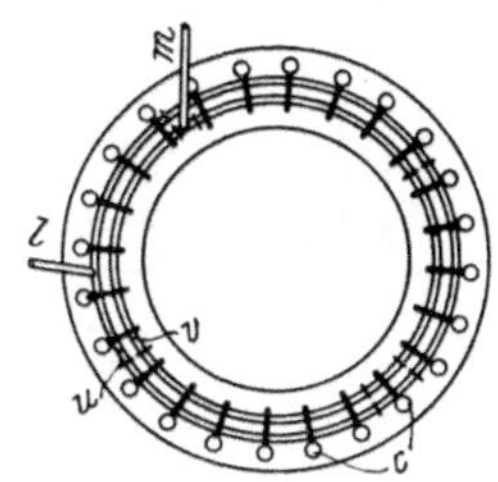

b

Fig. 305 a u. b. Gefrieranlage (Prinzip-Skizze). (Aus „Kohle und Erz“ 1908, Nr. 9.)

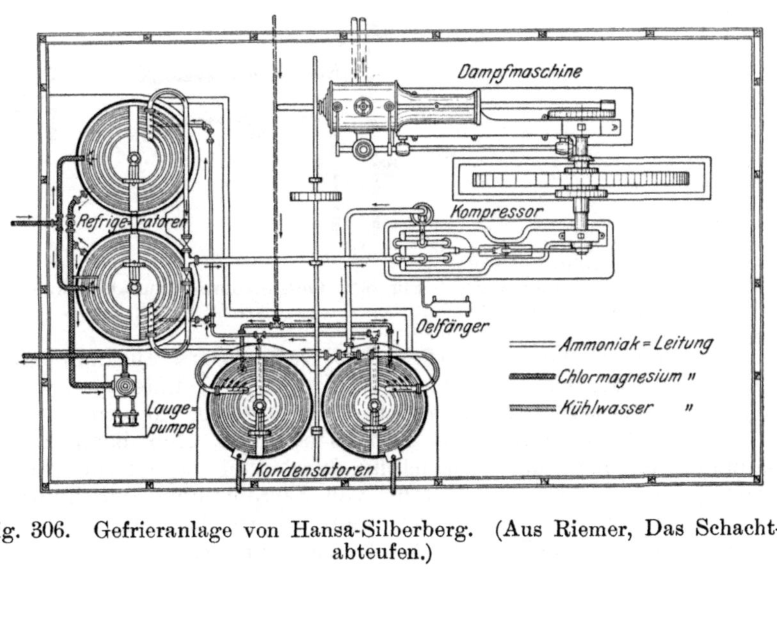

Fig. 306. Gefrieranlage von Hansa-Silberberg. (Aus Riemer, Das Schachtabteufen.)

des Expansionsventiles wird der Druck von 9—11 Atmosphären, unter dem das verflüssigte Gas steht, auf etwa 1 Atmosphäre herabgesetzt; es verdunstet infolgedessen und entzieht die hierzu erforderliche Wärme der die Rohrleitung umspülenden Salzlauge. Ammoniak vermag eine Kälte von — 20 bis — 25 Grad C, Kohlensäure eine solche von — 25 bis — 35 Grad C zu erzeugen.

Mit Hilfe von besonderen Formeln, auf die hier nicht weiter eingegangen werden soll, läßt sich berechnen, wieviel Wärmeeinheiten dem Gebirge entzogen werden müssen, um eine Frostmauer von bestimmter Stärke zu bilden. Davon hängt die Größe und Leistungsfähigkeit der Gefrieranlage ab.

Nach Fertigstellung sämtlicher Gefrierbohrlöcher werden die eisernen oder kupfernen Gefrierrohre in diese eingelassen und zugleich die Futterröhren herausgezogen. Ihr Durchmesser beträgt 100 bis 200 mm bei 5—9 mm Wandstärke. Am unteren Ende werden sie durch eingeschraubte Stahlpfropfen *a* (Fig. 307) geschlossen oder durch wechselnde Lagen von Blei, Holz, Zement, Gips oder Letten gedichtet.

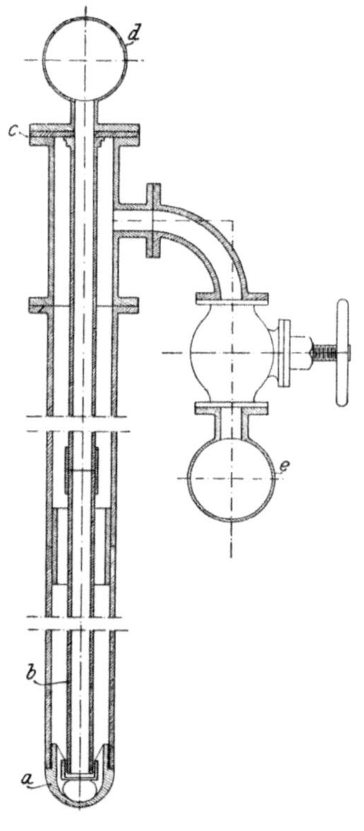

Fig. 307. Gefrierrohre. (Nach Dufrane-Demanet, Traité d'exploitation des mines de houille.)

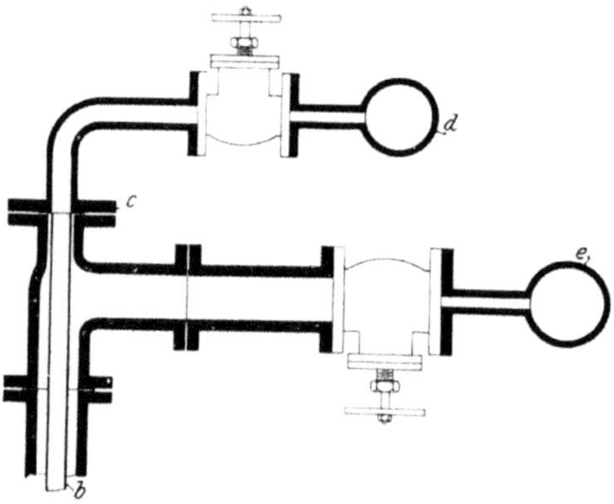

Fig. 308. Gefrierrohre. (Aus „Glückauf" 1904, Nr. 50 und 51).

Vor dem Einlassen werden die Gefrierrohre zusammengesetzt und auf 20—30 Atm. Druck geprüft, dem sie mindestens während einer Zeitdauer von 5 Minuten ausgesetzt bleiben müssen.

Da die Gefrierröhren das Bestreben haben, sich beim Erkalten zusammenzuziehen, dies aber häufig durch Reibung mit dem Gebirge verhindert wird, liegt die Gefahr von Zerreißungen der Rohre vor. Um dies zu verhüten, verwendet man stopfbüchsenähnliche Stücke, die an mehreren Stellen in die Gefrierrohre eingeschaltet werden (Fig. 309).

Die Kälteflüssigkeit wird in besonderen Fallröhren *b* (Fig. 307 und 308), zu denen man vermuffte Gasrohre von z. B. 25 mm innerem und 34 mm äußerem Ø benutzt, in die Gefrierbohrlöcher eingeleitet. Die Fallrohre gehen durch den oberen Verschlußdeckel *c* der Gefrierrohre hindurch und endigen in einer Höhe von etwa 4—5 cm über dem Boden des untersten Gefrierrohres (Bodenrohres). Sie stehen mit einem ringförmigen Verteilungsrohre *d* in Verbindung, welches über oder neben den Mündungen der Bohrlöcher wagerecht verlagert ist. Die austretende Lauge gelangt durch einen seitlichen Stutzen nach einem ebensolchen Sammelrohre *e* und von da nach der Gefriermaschine. Jedes Bohrloch muß durch je ein Ventil sowohl gegen das Verteilungsrohr als auch gegen das Sammelrohr abgesperrt werden können.

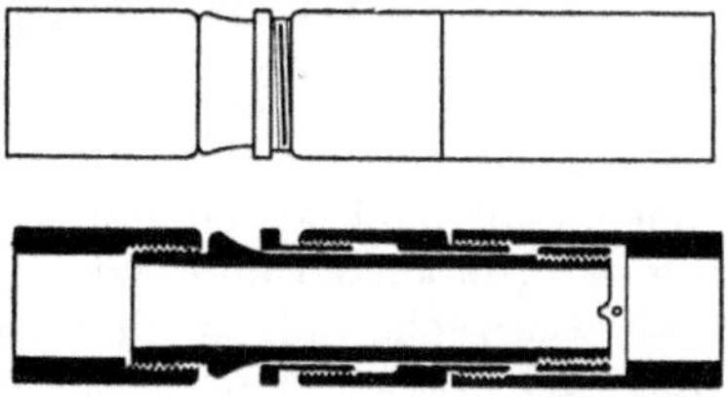

Fig. 309. Gefrierrohr-Stopfbüchse. (Aus „Kohle und Erz“ 1908, Nr. 9.)

Der Kreislauf der Kältelauge wird mittelst besonderer Laugepumpen aufrecht erhalten.

Nach einem der Firma Haniel & Lueg in Düsseldorf patentierten Verfahren wird anstatt des Sammelrohres ein offener Sammelkasten verwendet. Man kann sich hierbei jederzeit davon überzeugen, ob die Lauge richtig umläuft und ob jedes Gefrierrohr die erforderliche Kälte zugeführt bekommt.

Wenn bei einem Bruche eines Gefrierrohres Lauge ins Gebirge eintritt, hat man, abgesehen von den Laugenverlusten, den sehr schwerwiegenden Nachteil, daß das Gebirge nun infolge seines Laugengehaltes schwerer gefrierbar wird. Dagegen sicherte die Gewerkschaft Schieferkaute ihren Gefrierschacht bei Gödringen, B.-R. Goslar, dadurch, daß die Saugleitung der Laugepumpen nur 5 cm unter dem regelmäßigen Spiegel der Lauge in den Verdampfern mündete; fiel hier infolge von Laugeverlusten der Laugenspiegel, so saugten die Pumpen Luft an und stellten dadurch selbsttätig den weiteren Laugezufluß ab.

II. Die Gefriermittel.

Als Kälteträger wird fast allgemein Chlorkalzium- oder Chlormagnesiumlauge benützt. Die letztere ist vorzuziehen, weil sie die Leitungen mehr schont. Die Flüssigkeit enthält für gewöhnlich 25 bis 33 % Chlorkalzium. Sie wird, wie bereits oben erwähnt, durch Ammoniak oder Kohlensäure gekühlt und erhält je nachdem Temperaturen von —18 bis —20° oder von —18 bis —24°.

Bei anderen Arten des Gefrierverfahrens wird die Lauge ganz weggelassen. So leitet z. B. Gobert das Ammoniak unmittelbar in die Gefrierröhren ein. L. Koch verwendet außer diesem Gase auch noch Kohlensäure oder Schwefeldioxyd in derselben Weise.

Die Kälteflüssigkeit wird mit ziemlicher Geschwindigkeit durch die Röhren geleitet; sie kehrt aus den Bohrlöchern mit einer nur um ca. 2 – 5⁰ höheren Temperatur zurück.

III. Die Bildung der Frostmauer.

Das Gebirge gefriert von den Bohrlöchern aus nach der Schachtmitte hin schneller als wie in der Richtung nach außen. Dies rührt daher, daß nach außen hin viel Kälte durch Strahlung verloren geht. Aus demselben Grunde ist die Frostmauer am oberen und unteren Ende schwächer als in der Mitte, weil an diesen beiden Stellen auch Kälte nach oben und unten hin abgegeben wird. Beachtenswert ist auch die in Fig. 310 abgebildete Flaschenbodenform des oberen und unteren Endes der Frostmauer. Die Mitte des gefrorenen Körpers liegt stets bis zu 3 m höher bezw. tiefer als die Ränder.

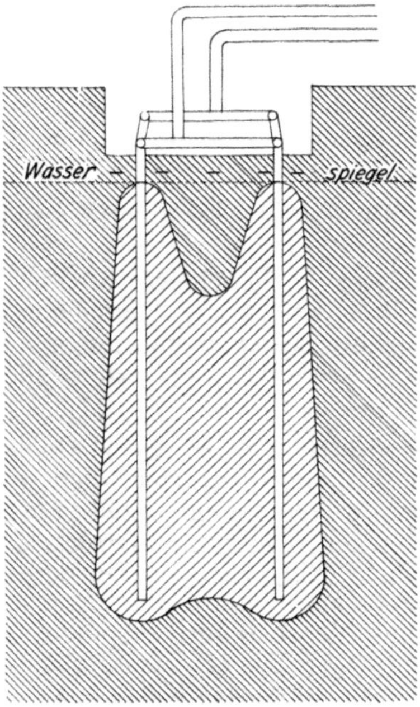

Fig. 310. Frostkörper. (Aus „Glückauf“ 1904, Nr. 50 u. 51.)

Mit Rücksicht hierauf muß man die Gefrierbohrungen so tief niederbringen, daß auch die Mitte der Sohle des Frostkörpers in das wassertragende Gebirge zu liegen kommt. Am besten bohrt man 10 m tief in dieses hinein, weil man den untersten Keilkranz des nachher einzubringenden Ausbaues 4—6 m unter der Oberfläche des festen Gebirges verlegt.

Wenn der Frostkörper sich geschlossen hat, steht das im unteren Flaschenboden enthaltene Wasser unter hohem Drucke; denn es ist zwischen diesem und dem festen Gebirge eingeschlossen. Der hohe Druck rührt daher, daß das Eis des Frostkörpers einen größeren Raum einnimmt, als wie das Wasser, aus dem es entstand. Diesem Flaschenbodenwasser muß man mittelst eines in der Schachtachse niedergebrachten Bohrloches einen Ausweg nach oben schaffen. Der Wasserstand in diesem Bohrloche ist gleichzeitig ein gutes Hilfsmittel zur Beurteilung des Gefrierprozesses; denn mit dem Wechsel der Gebirgstemperatur wechselt auch die des Wassers; es dehnt sich aus bezw. zieht sich zusammen, was sich am Steigen und Fallen des Wasserspiegels bemerkbar macht.

Nach Kegel leitet man den Gefrierprozeß am besten so, daß

1. der obere Flaschenboden bei der Bildung der Frostmauer möglichst tief herabreicht, wobei die gegebenen Gebirgsverhältnisse bezüglich ihrer Gefrierbarkeit zu beobachten sind; ev. ist

die Kältewirkung durch geeignete Mittel auf den unteren Schachtteil zu konzentrieren;

2. der untere Flaschenboden möglichst flach ist;

3. die zukünftige Schachtsohle, auf welcher der unterste Abschluß gegen das wasserführende bezw. schwimmende Gebirge erfolgen soll, soviel oberhalb des unteren Flaschenbodens liegt, daß Durchbrüche aus der Sohle nicht zu befürchten sind.

Ob der Frostmantel sich rundherum gleichmäßig bildet, erkennt man an der gleichmäßigen Temperatur der aus den einzelnen Bohrlöchern zurückkehrenden Lauge. Ihre Wärme wird mit Hilfe von Thermometern gemessen; einen ferneren Anhaltspunkt, um die Arbeit der einzelnen Gefrierlöcher zu vergleichen, gibt die Stärke der Eisschicht, die sich über Tage auf jedem einzelnen Steigerohre bildet. Je kälter die Lauge aus dem Gebirge zurückkehrt, um so dicker ist der auf der zugehörigen Leitung niedergeschlagene Reif.

Um die Kälte im Gebirge zu messen, läßt man in gleichmäßigen Abständen 2—3 m lange, unten geschlossene Röhren in dasselbe ein. Sie werden mit Lauge gefüllt, deren Temperatur man an Thermometern abliest.

Ebenso wird die Stärke der Frostmauer häufig durch besondere Untersuchungsbohrlöcher ermittelt.

Auf der holländischen Staatsgrube B (Grube Wilhelmina) sind, wie Joosten angibt, 7 Beobachtungsbohrungen bis 15 m Teufe niedergebracht worden; sie lagen in einiger Entfernung von den Gefrierbohrlöchern und dienten zur regelmäßigen Vornahme von Temperaturmessungen und somit zur Beobachtung der Frostmauer.

Die verschiedenen Gebirgsarten gefrieren infolge ihrer verschiedenen spezifischen Wärme verschieden rasch. Von den am häufigsten vorkommenden Gebirgsarten gefriert Schwimmsand am schnellsten, Ton weniger schnell, am langsamsten Kohle. Die Druckfestigkeit des gefrorenen Gebirges nimmt mit der Temperaturabnahme zu.

C. Das Abteufen und der Ausbau.

Nach den bis jetzt gemachten Erfahrungen genügt eine 1 m starke Frostmauer, um 1—2 m tief ohne Ausbau abzuteufen.

Kegel stellt für die Stärke der Frostmauer die Formel

$$x = \frac{D \cdot p}{2\,(k_d - p)}$$

auf. Es bedeuten darin: D den lichten Durchmesser des Schachtes im Gestein in Zentimetern, p den Gebirgsdruck, k_d die Druckfestigkeit des zu durchteufenden Gebirges in kg/qcm.

Ist z. B. $D = 5$ m, das spez. Gewicht des Schwimmsandes = 1,8, seine Druckfestigkeit = 30 kg/qcm, so muß in einer Tiefe von 100 m unter Berücksichtigung des Druckes von 10 Atmosphären (und bei über vierfacher Sicherheit)

$$x = \frac{500 \cdot 18}{2\,(30\text{-}18)} = 375 \text{ cm sein.}$$

In den meisten Fällen wird bei uns in Deutschand innerhalb der Frostmauer in Absätzen von 30 – 40 m unter gleichzeitiger Anwendung von verlorenem Ausbau abgeteuft.

Die österreichischen Bergleute teufen ihre Gefrierschächte in Absätzen von gleicher Höhe ab, ohne indessen irgend welchen verlorenen Ausbau anzuwenden; Nachteile haben sich dabei bis jetzt nicht gezeigt.

Es ist nicht unbedingt erforderlich, daß die Hereingewinnung des gefrorenen Gebirges nur mit Spitzarbeit erfolgt. Wenn man von den Gefrierbohrlöchern 0,5—1,0 m entfernt bleibt, kann auch mit Schwarzpulver gesprengt werden.

Beim Bohren der Sprenglöcher gießt man zwecks Entfernung des Schmandes konzentrierte Chlormagnesiumlauge ein. Drobniak benutzte auf seiner Gefrierschachtanlage in Brzeszcze Nobelsches Dynamit Nr. I, II und III, mit dem er auch dicht an den Gefrierrohren schoß. Mit Rücksicht auf die Kälte, welche das Gelatinedynamit leicht zum Gefrieren brachte, wurden auf Grube Wilhelmina sehr starke Sprenghütchen verwendet; außerdem wurde bei starken Ladungen zwischen je drei oder vier Patronen eine weitere Sprengkapsel eingeschaltet. Die Schüsse wurden mit Zündschnuren einzeln weggetan, weil man bei elektrischer Zündung einen zu starken Luftdruck im Schacht befürchtete, der die Frostmauer gefährden konnte.

Als Ausbau ist, namentlich bei großem Schachtdurchmesser und bei großer Teufe, gußeiserne Küvelage zu empfehlen. Die Befürchtung, daß sie infolge der großen Kälte rissig werden würde, hat sich als grundlos herausgestellt. Ganz besonders vorteilhaft ist aber in Gefrierschächten der Einbau von Unterhängetübbings mit sofortigem Hintergießen eines jeden fertig eingebauten Ringes.

In Deutschland ist die Mauerung häufiger als endgültiger Ausbau zu finden als die Küvelage. Damit der Mörtel nicht vor dem Abbinden gefriert, wird sein Wasser mit 10—12 % kalzinierter Soda angemacht.

Beim Ausmauern des Gefrierschachtes in Brzeszcze wurden alle Materialien im lauwarmen Zustande verwendet, weil bekanntlich Wärme das Abbinden beschleunigt. Der Mörtel wurde im Verhältnis 1 : 3 aus Oppelner Zement von 30 Minuten Bindezeit und aus Sola-Sand hergestellt. Das Anrühren erfolgte erst an der Arbeitsstelle; man benutzte hierzu Salzlösungen von 10—12° Bé (300 g Salz auf 1 l Wasser); in den unteren Partien des Mauerschachtes wurden die Salzlösungen aus Chlorkalzium, in den oberen aus kalzinierter Soda hergestellt.

Während des Abbindeprozesses stieg die Temperatur der Mauer bis auf 12° C und begann erst am dritten Tage nach ihrer Herstellung wieder zu sinken. Weil die Mauer nicht einfrieren durfte, hielt man auf der Schachtsohle 1,5 m hoch Wasser, das durch Einleiten von Dampf auf 20—25° C erwärmt wurde. Infolgedessen herrschte unter der Mauerbühne ständig eine Temperatur von 12 bis 15° C.

Der Raum zwischen dem gefrorenen Gebirge und der Mauerung wurde früher mit Kohlenstaub ausgefüllt; in der letzten Zeit geschieht dies durchweg mit Beton; dieser wird entweder trocken eingebracht oder, wenn er feucht verwendet wird, mit Alkalien angemacht, um schneller abzubinden.

Die Betonmischung bestand auf Leopoldshall Schacht VI aus 1 Teil Zement, 1 Teil Backsteine und 2 Teilen Kies zum Hintergießen der Tübbings; hinter den Tragekränzen verwendete man 1 Teil Zement mit 1 Teil Sand.

Ist der Gefrierschacht an das wassertragende Gebirge angeschlossen und der Ausbau beendet, dann erst darf die Kälteerzeugung eingestellt werden. Damit das Gebirge rund um den Schacht herum gleichmäßig auftaut, wird nun in die Gefrierröhren Dampf eingeleitet. Dadurch wird gleichzeitig das Herausziehen der Steigerohre erleichtert.

D. Leistungen und Kosten.

Bei Mächtigkeiten des schwimmenden Gebirges von mehr als 300 m ist das Gefrierverfahren nicht mehr mit unbedingter Sicherheit anwendbar. Denn bei diesen Tiefen werden die meisten Bohrlöcher aus dem Lote abweichen, so daß zwischen ihnen große Fugen entstehen, Ferner werden stark salzhaltige Wasser schwerer zum Gefrieren gebracht werden können als süßes Wasser. In diesen Fällen will die Firma M. Unger & Co. in Hannover das Gebirge absatzweise zum Gefrieren bringen und den Schacht ebenfalls absatzweise abteufen. Das untere Ende eines fertigen Absatzes soll durch einen nach unten gewölbten Deckel verschlossen werden. Durch diesen hindurch werden die Gefrierbohrungen für den nächsten Absatz vorgenommen. Je nach dem Salzgehalte der erbohrten Wasser sollen Kältegrade bis zu —50 ° C zur Anwendung kommen.

Eine ähnliche Einrichtung hat A. Raky unter Nr. 16413, 16414, 16415 patentiert bekommen (Fig. 311). Es ist *a* der Tübbingsausbau des ersten Absatzes, der innerhalb der Gefrierbohrlöcher *b* abgeteuft wurde. Auf der Sohle des Schachtes werden einige Tübbingsringe *c* eingebaut und mit einem Betonpfropfen *d* verschlossen; sie werden durch den Bodenring *e* mit der Küvelage *a* verbunden. Dieser Ring ist mit Bohrungen *f* versehen, die durch Schraubenpfropfen verschlossen werden können; sie sind auf einem Kreise angeordnet und dienen zum Einführen eines Bohrwerkzeuges, dessen Gestänge durch Stopfbüchsen und Führungsrohre *g* gegen den Bodenring *e* abgedichtet wird.

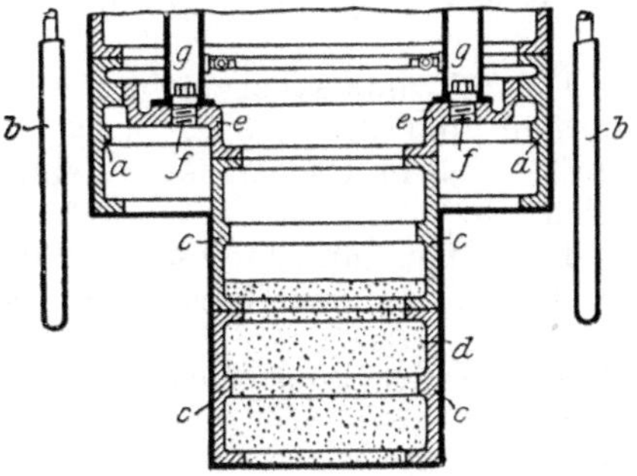

Fig. 311. Bodendeckel von Raky.

Auf dem Gefrierschachte zu Gödringen der Gewerkschaft Schieferkaute wurden i. J. 1905 außerhalb der Schachtscheibe 30 Bohrlöcher bis auf 185 m Teufe in den wasserfreien festen Ton niedergebracht; innerhalb der Schachtscheibe reichten 4 Bohrlöcher bis zu 100 m Tiefe. In diesen letzteren durchfloß die Lauge die unteren 20 m langsam, die oberen 80 m dagegen sehr schnell; infolgedessen fror das Gebirge an dieser Stelle bis in die Schachtmitte hinein zu und bildete so einen festen Boden. In den äußeren Bohrlöchern ließ man die Fallrohre zunächst nur bis zu 100 m Tiefe reichen und brachte somit das Gebirge auch nur bis dahin zum Gefrieren. Als man etwa 50 m abgeteuft hatte, senkte man die Fallrohre in dem äußeren Gefrierkreise erst bis zu 125 m, dann bis zu 185 m. Das Gebirge wurde also absatzweise zum Gefrieren gebracht, während der Schacht hintereinander abgeteuft und mit Unterhängetübbings verkleidet wurde.

Die hauptsächlichsten Vorteile dieser Art des absatzweisen Gefrierens waren:

1. daß man mit dem Abteufen früher beginnen konnte, als wenn man den Schacht sofort in seiner Gesamtteufe ausgefroren hätte;
2. daß man, gesichert durch den Frostboden in 100 m Teufe, mit dem Abteufen des ersten Absatzes beginnen konnte, bevor der zweite Satz ausgefroren war;
3. daß man den Schachtdurchmesser in dem tieferen Absatze nicht zu verringern brauchte, wie es bei Verwendung eines eisernen Bodens auf der Sohle des ersten Absatzes der Fall gewesen wäre.

Auf dem schon genannten Schacht I der Grube Laura und Vereeniging erforderte

1. die Herstellung der Bohrlöcher, das Einbauen der Gefrierrohre usw.	3	Monate,
2. die Montage der Eismaschinen, Herstellung der Anschlüsse usw. mit der Gefrieranlage	2	„
3. die Dauer des Gefrierens für die Bildung der Frostmauer	3	„
4. das Abteufen	3	„
Zusammen	11	Monate.

Die Schwimmsandschichten waren in diesem Falle 90 m mächtig. Innerhalb der Frostmauer war ein weicher, ungefrorener Kern von ungefähr 2,5 m Durchmesser geblieben, der die Abteufarbeiten sehr erleichterte.

Für einen laufenden Meter Schacht von 5 m Durchmesser stellen sich die Kosten des Gefrierverfahrens ungefähr folgendermaßen:

	im festen Gebirge	im lockeren Gebirge
Herstellung der Bohrlöcher . .	1 100 Mk.	700 Mk.
Gefrieren	1 200 „	1 800 „
Abteufen	700 „	600 „
Küvelage (Löhne und Materialien)	1 200 „	1 600 „
	4 200 Mk.	4 700 Mk.

Dritter Teil.

Der Ausbau von Strecken.

Benutzte Literatur:

Mauerung aus Holz in druckhaftem Gebirge. Glückauf 1904, Nr. 29.
J. Treptow, Verwahrung der Grubenbaue gegen Gebirgsdruck und Brandgefahr bei den Werken des Zwickau-Oberhohndorfer Steinkohlenbauvereins. Jahrbuch für das Berg- und Hüttenwesen im Königreiche Sachsen, 1901.
Polygonale Streckenzimmerung, Grube Maybach, Saarrevier. Der Bergbau, XIX, Nr. 28.
E. Bulgis, Die Verwendung abgelegter Drahtförderseile beim Bergbau. Berg- und Hüttenmännische Rundschau IV (1907/08), Nr. 1.
Ausbau von Strebstrecken durch Verzug des Hangenden mit Halbhölzern. Glückauf 1906, Nr. 32.
Ausbau der Strecken beim streichenden Strebbau auf Zeche Dorstfeld. Der Bergbau XXI (1908), Nr. 11.
Schormann, Aus- und Vorrichtungsarbeiten der Zeche Zollverein, Schacht III, speziell der 8. und 9. Tiefbausohle. Der Bergbau XX (1906/07), Nr. 11.
Otten, Streckengerüstschuh. Der Bergbau XX (1906/07), Nr. 41.
K. Krátky, Zylindrische Streckenverdämmung am 3. Laufs-Nordwestschlage in Idria. Österr. Zeitschr. 1906, Nr. 4
W. Stark, Streckenausbau mittelst Eisenbeton. Glückauf 1908, Nr. 49.

Erster Abschnitt.

Der Streckenausbau im festen Gebirge.

Erstes Kapitel. Der Ausbau in Holz.

Der hölzerne Streckenausbau kann aus einfacher oder aus zusammengesetzter Zimmerung bestehen. Unter einfacher Zimmerung ist diejenige Art des Verbaues zu verstehen, bei welcher nur immer je ein einziges Stück Holz zur Aufnahme des Druckes dient; dies wären beispielsweise Kappen ohne Stempel oder eine Reihe von Stempeln ohne Kappen. Bei der zusammengesetzten Zimmerung werden mehrere Stück Holz in einen zusammenhängenden Verband gebracht, um den Druck gemeinschaftlich aufzunehmen, z. B. eine Kappe mit einem oder mit mehreren Mittel- und Stoßstempeln, ein Türstock und dergleichen.

Die am häufigsten bei der Streckenzimmerung vorkommenden Baue sind die Kappe, der Stempel und Bolzen, das Kreuz, die Strebe, das Strebekreuz und die verschiedenen Türstockarten.

A. Die einfache Zimmerung.

I. Kappen.

Die Kappen werden unmittelbar unter dem Hangenden eingebaut (Fig. 312), wenn das Flöz geringere Mächtigkeit besitzt, gleichgültig, ob sein Einfallen flach oder steil ist. Ist die Höhe einer Strecke

Fig. 312 und 313. Kappenzimmerung in Strecken.

geringer als die Mächtigkeit der (flach fallenden) Lagerstätte, dann kommt die Kappe unter die Firste der Strecke bezw. des Querschlages (Fig. 313).

Die Kappe wird nach vorher genommenem Maße so lang geschnitten, daß sie mit beiden Enden fest am Stoße anliegt. Zu diesem Zwecke wird das gefundene Maß noch um etwa 2 cm verlängert. Alsdann ist es überflüssig, die Kappe an dem einen Ende durch einen besonderen Keil anzuziehen.

Nur in solchen Strecken, in denen starker Stoßdruck herrscht und infolgedessen die Kappen eine nur geringe Lebensdauer besitzen, sollen sie kürzer geschnitten werden, als es das Sperrmaß angibt; dann ist auch an ihrem einen Ende ein Keil einzutreiben. Kommen die Stöße in Bewegung, so wird erst dieser Keil plattgedrückt, die Kappe aber so lange verschont. Derselbe Zweck läßt sich auch dadurch erreichen, daß die beiden Kappenenden zugeschärft oder zugespitzt werden.

In solcher Weise wurden z. B. auf Zeche Dahlbusch II/V bei Rotthausen die Strebstrecken im Flöze Viktoria verzimmert (Fig. 314). Das Flöz besitzt eine 1,5 m mächtige Nachfallschicht, die ihr oberes Ende an einem 10 cm starken Kohlenschmitze findet. Weil die Nachfallschicht seitlich in die Strecken hineindrückte und gerade abgeschnittene Kappen schnell zerbrach, wurden die Halbhölzer, die man als Firstenverbau benutzte, an beiden Enden messerschneideartig zugeschärft. Die Holzkosten sind infolge dieses Ausbaues wesentlich zurückgegangen.

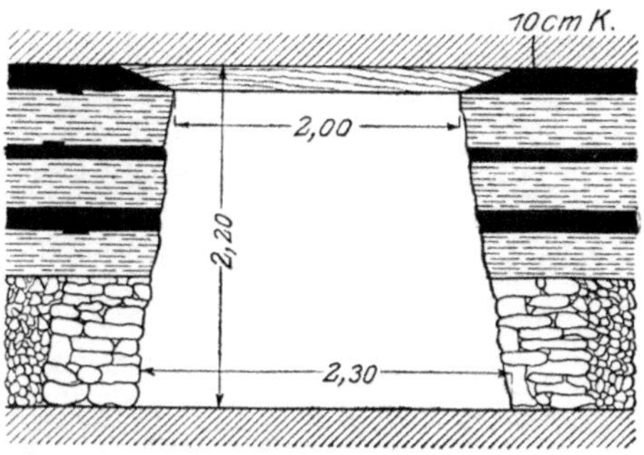

Fig. 314. Zugeschärfte Kappen. (Aus „Glückauf" 1906, Nr. 32.)

Die Kappen werden an beiden Enden in Bühnlöchern verlagert, die unmittelbar unter der Firste in den Streckenstößen ausgearbeitet werden. Von diesen erhält das eine Bühnloch eine Eingabe. Liegt die Kappe nahezu wagerecht, dann ist es gleichgültig, welches Bühnloch mit der Eingabe versehen wird. Muß dagegen die Kappe steil eingebaut werden, wie z. B. in steil einfallenden Flözen von geringerer Mächtigkeit, dann kommt die Eingabe an den Oberstoß. Der Häuer hat alsdann nicht nötig, das Holz während des Eintreibens auch noch zu halten; es ruht vielmehr infolge seines Eigengewichtes von selbst im Bühnloche des Unterstoßes.

Schließlich ist auch noch die Lage der Eingabe von Bedeutung, nämlich ob sie vom Ortsstoße aus oder von rückwärts her gemacht wird. Wird während des Streckenvortriebes auch gleichzeitig der Ausbau eingebracht, dann ist die Eingabe stets so herzustellen, daß die Kappe vom Ortsstoße her eingetrieben wird. Die Kappe hat dann in beiden Bühnlöchern guten Halt und kann nie durch die Schüsse herausgeworfen werden. Nun ist es nicht immer möglich, sofort unmittelbar vor Ort eine Kappe einzubauen, weil häufig die Ecken zwischen der Firste und den Streckenstößen noch nicht so weit ausgearbeitet sind; in diesem Falle ist die Strecke bis an das Ort heran zu verpfählen, diese Verpfählung aber durch ein Kreuz abzufangen.

II. Stempel.

Da ein Stempel stets auf Druckfestigkeit beansprucht wird, muß er mit seiner Längsachse der Druckrichtung entgegengerichtet sein. Darum stehen die Stempel, welche das Hangende einer Lagerstätte unterstützen, senkrecht auf dessen Ebene. In steil geneigten Lagerstätten findet man also die Stempel in der Streckenfirste eingebaut (Fig. 315).

Stempel, die senkrecht unter das Hangende oder unter die Streckenfirste getrieben werden, sind am Kopfende etwas schräg gegen ihre Längsachse zuzuschneiden (Fig. 316). Ein derartiges Holz läßt sich besser eintreiben. Um das besenartige Aufsplittern rund um die

Schnittflächen herum zu vermeiden, ist es gut, die scharfen Kanten zu beschlagen (Fig. 316).

Unter einem Bolzen ist ein kurzer Stempel zu verstehen, dessen Länge nicht gleich der Streckenhöhe ist; entweder ist sein Fußende

Fig. 315. Stempelzimmerung auf steil einfallender Lagerstätte.

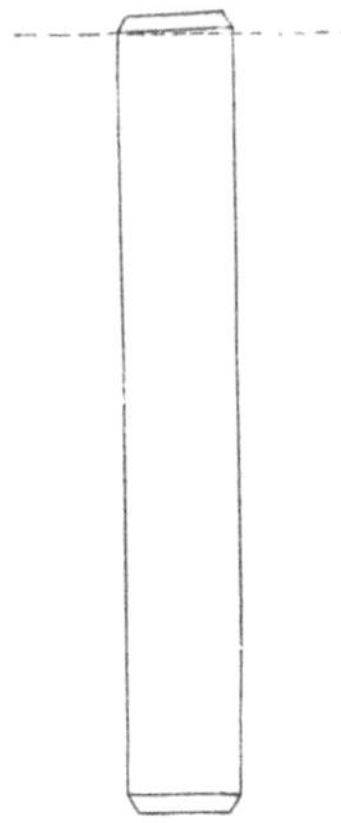

Fig. 316. Stempel.

Fig. 317 und 318. Bolzen.

Fig. 319. Kreuz.

im Stoße verlagert (Fig. 317), während er mit dem Kopfe die Streckenfirste stützt, oder der Bolzen steht auf der Streckensohle und trägt einen in die Strecke hineinragenden Gesteinsblock (Fig. 318).

Stempel mit einem Anpfahl am Kopfende werden Kreuz genannt (Fig. 319).

An hohen, überhängenden Stößen müssen zur Unterstützung der Massen häufig schräg stehende Stempel eingebaut werden. Solche ohne Anpfahl heißen Streben, mit Anpfahl Strebekreuze. Vor dem Einbau einer Strebe muß man die Richtung des abzufangenden Druckes ermitteln. Fallen die Ablösungsflächen, Schlechten und dergleichen dem Beschauer zu, so erhalten die Streben denselben Neigungswinkel wie diese (Fig. 320). Fallen die Ablösungsflächen in den Stoß hinein (Fig. 321), dann stellt man die Strebe möglichst senkrecht gegen diese Flächen und achtet außerdem darauf, daß sie, hinreichend verlängert, den Schwerpunkt der zu unterstützenden Masse trifft. Besser ist es, namentlich bei großen überhängenden Lasten, mehrere Streben hintereinander so einzubauen, daß die einen unterhalb, die anderen oberhalb des Schwerpunktes angreifen.

Alle Stempel, Kreuze und Streben müssen mit dem Fußende in Bühnlöchern stehen, um gegen seitliche Verschiebung gesichert zu

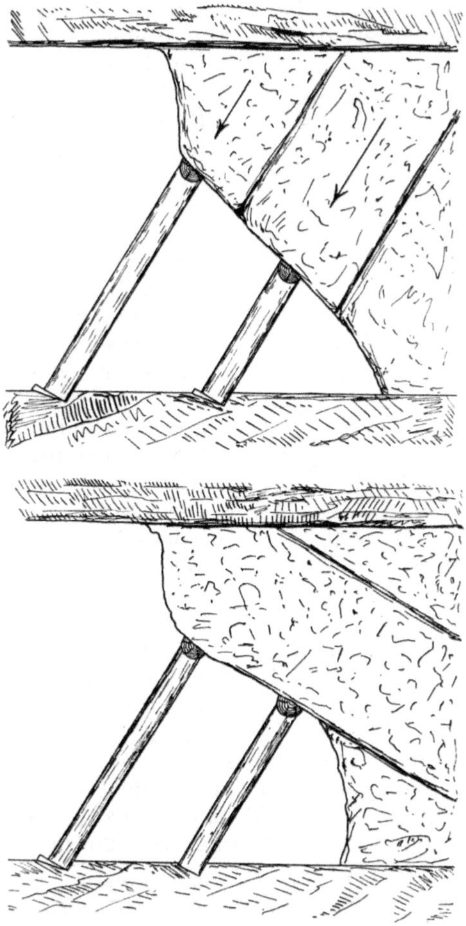

Fig. 320 und 321. Strebekreuze.

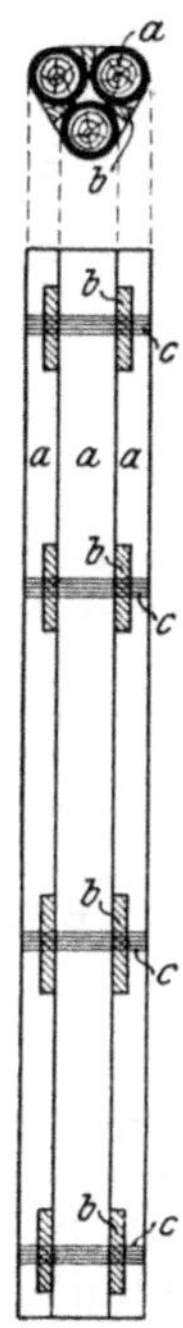

Fig. 322. Pallisadenholz. (Aus „Vers. und Verb. i. J. 1904".)

sein. Ist die Sohle fest, so genügt schon ein Bühnloch von etwa 2 cm Tiefe. Andernfalls muß das Bühnloch bis auf eine hinreichend tragfähige Schicht vertieft werden, oder man belegt die Sohle des Bühnloches mit einem Bohlen- oder flachen Bergestücke.

Auf der Zeche Consolidation, B.-R. Gelsenkirchen, ersetzte man i. J. 1904 nicht nur die Stempel, sondern auch die Kappen in den

Strecken und Abbauen durch Pallisadenhölzer (Fig. 322). Diese werden über Tage aus drei Hölzern *a* von 70—80 mm Durchmesser und 2,5 m Länge hergestellt, die man mit Draht *c* an drei bis 4 Stellen zusammenbindet. In die zwischen den Hölzern verbleibenden Fugen werden dann noch an den Umwickelungsstellen Holzpflöcke *b* eingetrieben. Diese Pallisadenhölzer sind billig, leicht und elastisch; sie geben darum dem Gebirgsdruck besser nach als wie Vollstempel.

Um die Holzkosten herabzusetzen, hat F. Nellen in Essen Stempel aus Formsteinen (Fig. 323) vorgeschlagen. Die Steine werden aus Haldenbergen, granulierter Schlacke und Kalk hergestellt und haben bei 20—35 cm Länge verschiedenen Durchmesser. Zwischen die einzelnen Steine kommen 5 cm dicke Lagen von Torf. Zur Versteifung des ganzen Stempels dienen zwei Halbrohre aus Stahlblech, die durch Klammern zusammengehalten werden und später wiedergewonnen werden können. Die Stempel werden durch aufgesetzte kurze Holzbolzen der Streckenhöhe bezw. Flözmächtigkeit angepaßt. Bei Versuchen mit der in Fig. 6 dargestellten Stempelpresse hatten diese Stempel eine nur geringe Tragfähigkeit, wahrscheinlich weil sie nur handgeformt waren; von gepreßten Steinen dürfte eine höhere Haltbarkeit zu erwarten sein; so hielt z. B. ein hochkant gepreßter Ziegelklinker aus Grubenschiefer eine Belastung von 26000 kg aus.

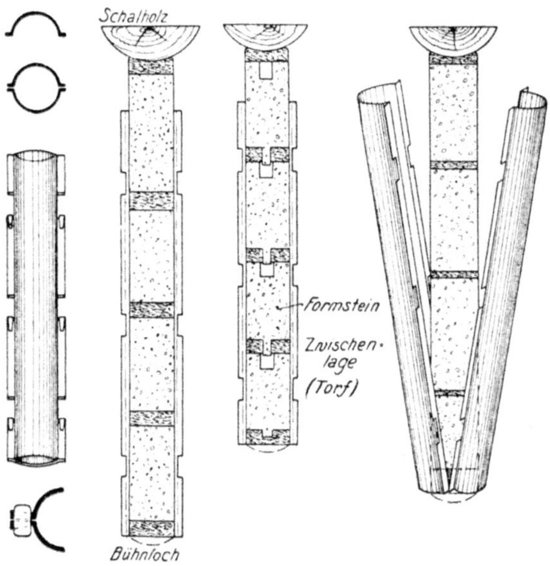

Fig. 323. Betonstempel von Nellen. (Aus „Glückauf“ 1908, Nr. 16.)

Die Deutschen Schleuder-Röhren-Werke zu Meißen (Sachsen) stellen nach ihren D.R.P. 200729, 206563, 190432, 207944 elastische Betonkappen und -stempel her, die möglicherweise für den Bergbau von größerer Bedeutung werden können. Es sind hohle „Schleuder-Rohrkörper“, die nach einem eigenartigen Verfahren aus Zement, Sand, Asbestfasern (oder Schlackenwolle) und Wasser nebst Metalleinlagen hergestellt werden. Das Metallgerippe kann gebildet werden von starken Längsstäben aus gewalztem Stahl, Drahtspiralen, sowie in Rohrform gebrachten Tafeln von „Streckmetall“. Versuche, die mit solchen Stempeln auf Hillebrandt-Schacht bei Antonienhütte angestellt wurden, fielen zur vollsten Zufriedenheit aus. Nur der Preis ist noch ziemlich hoch.

B. Die zusammengesetzte Zimmerung.

I. Kappen mit Stempeln.

Die einfachste Art von zusammengesetzter Zimmerung erhält man dadurch, daß in breiten Strecken die Kappen durch Mittelstempel unterstützt werden. Diese Art von Ausbau findet sich am häufigsten, weil dadurch die Kappen am besten vor vorzeitigem Brechen bewahrt werden. Stoßstempel sind bei festen Streckenstößen überflüssig; dagegen müssen sie vor schwachen Stößen eingebaut werden, um diese zu halten und um zu verhindern, daß die Kappenenden ihren Halt verlieren, wenn die Bühnlöcher losbröckeln.

II. Die Türstockzimmerung.

Türstöcke werden in schmalen Strecken mit schwachen Stößen eingebaut. Sie bestehen aus einer Kappe mit zwei Endstempeln. Steht unter der Kappe nur ein einziger Endstempel, dann spricht man von einem halben Türstocke. Einen geschlossenen Rahmen, bestehend aus einer Kappe, zwei Endstempeln und einem an der Sohle der Kappe parallel eingebauten Holze, der Grundsohle, nennt Jicinsky einen ganzen Türstock.

Die Türstöcke werden je nach der Verbindungsweise der Hölzer geschieden in deutsche, schwedische und polnische.

Bei den deutschen Türstöcken werden die Kappen auf die Stempel (Türstockbeine) aufgeblattet. Die Verbindungsweisen sind je nach der Richtung und der Stärke des Druckes verschieden. Sie sind aus den Figuren 24, 25, 26 und 27 zu ersehen. Bei gleichwertigem Stoß- und Firstendrucke kann die in Fig. 324 dargestellte Verblattung gewählt werden.

Eine wesentliche Vereinfachung in der Herstellung der Türstöcke ist auf Grube Dudweiler im Saarrevier erprobt worden. Die Hölzer werden glatt abgeschnitten und durch 7—8 mm starke Kesselblechplatten *a* und einen Keil *b* (Fig. 325) verbunden.

Die schwedischen Türstöcke haben Hölzer, die nur mit schrägem Schnitt aneinanderstoßen (Fig. 28). Es ist klar, daß diese Auszimmerungsart eine nur begrenzte Haltbarkeit haben kann, weil die einzelnen Stücke sich bei schrägem Druck sofort verschieben werden.

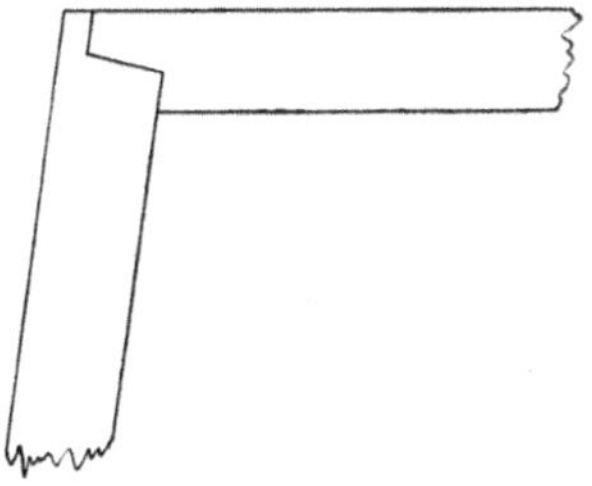

Fig. 324. Verblattung.

Die polnischen Türstöcke haben eine Kappe, die von zwei gekehlten Endstempeln getragen wird. Durch diese Verbindungsweise wird wohl Firstendruck aufgenommen; dagegen vermögen die polnischen Türstöcke nicht, dem Stoßdrucke ohne weiteres zu widerstehen, vielmehr werden dabei die Stempel nach der Streckenmitte

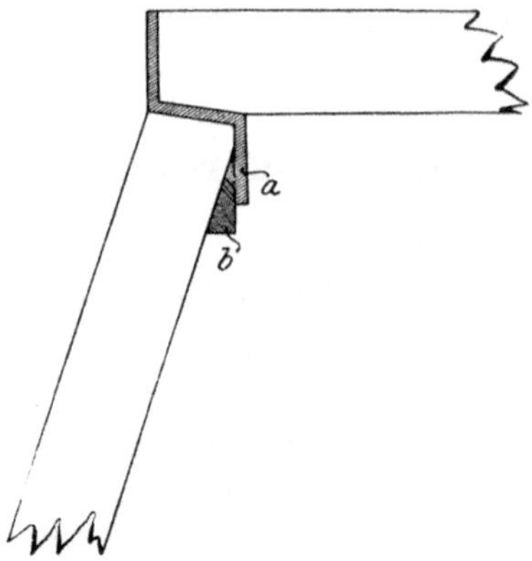

Fig. 325. Verblattung. (Aus der „Zeitschrift f. d. Berg-, Hütten- u. Salinenwesen im Preuß. Staate" 1899.)

Fig. 326. Polnischer Türstock mit Kopf- und Fußspreize.

Fig. 327. Türstock.

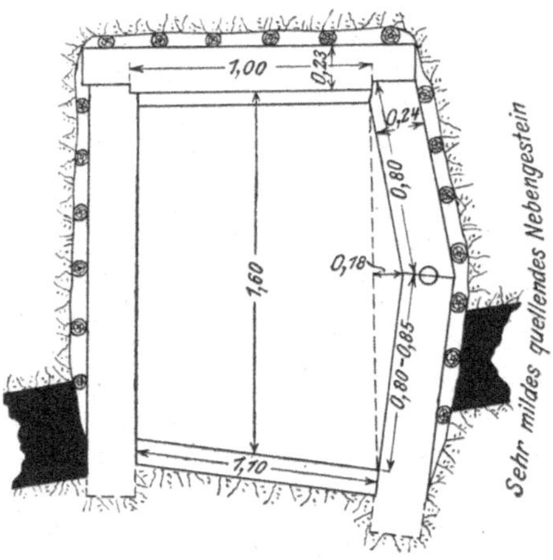

Fig. 328. Türstock mit gebrochenen Beinen. (Aus „Vers. u. Verb. i. J. 1904".)

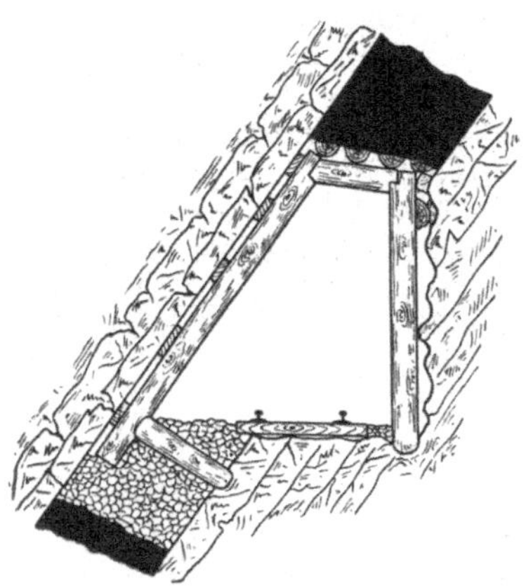

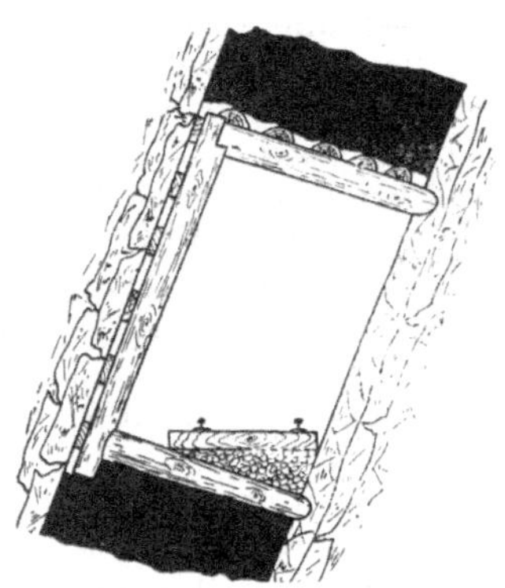

Fig. 329 und 330. Türstockzimmerung auf steil einfallenden Lagerstätten. (Aus „Bergbau" XXI, Nr. 18.)

geschoben werden. Um auch hiergegen sicher zu sein, versieht man diese Türstöcke mit einer unter der Kappe eingetriebenen Kopfspreize *a* (Fig. 326); das Fußende der Türstockbeine ist in den Bühnlöchern hinreichend gehalten; ist die Streckensohle milde, dann erhalten auch die unteren Enden der Stempel eine Fußspreize *b*.

Ein Vorzug der polnischen Türstockzimmerung ist, daß die Kappen eingebühnt werden können.

Die Türstockbeine sollen erfahrungsgemäß nicht lotrecht stehen, sondern in die Strecke hinein „Überhang" bekommen. Jicinsky gibt die Neigung nach der Streckenmitte mit 80—85° an; dies würde einem Überhange von 10—12 cm auf 1 m Stempellänge entsprechen.

Die Türstockzimmerung kann bei starkem Drucke im ganzen Schrot ausgeführt werden; es steht dann Bau an Bau.

Auf Lagerstätten, die ein Einfallen bis zu 25° aufweisen, wird in streichenden Strecken der obere Stempel senkrecht zu den Schichtungsflächen, der untere im Lote aufgestellt (Fig. 327).

In den Gruben von Courrières wurden die Strebstrecken mit Türstöcken verbaut, deren Stempel am Kopfende zugeschärft und gekehlt waren (Fig. 5).

Auf vereinigte Glückhilf-Friedenshoffnung bei Waldenburg hat man mit gebrochenen Türstockbeinen, die aus zwei Teilen zusammengesetzt wurden (Fig. 328), gute Erfahrungen gemacht; sie hielten bei starkem Gebirgsdrucke dreimal so lange als gewöhnliche Stempel; außerdem konnte gesundes Altholz hierzu verwendet werden. Die mit der umständlicheren Herstellungsweise verknüpften höheren Arbeitslöhne kamen gegenüber den Ersparnissen nicht in Betracht.

Für den Holzausbau von Strecken auf steil einfallenden Lagerstätten geben die Figuren 329, 330 ohne weiteres verständliche Beispiele.

III. Die Verstärkung und Sicherung des Streckenausbaues.

a) Die Sparren- und Bockzimmerung.

Bei starkem Firstendruck oder auch in breiten Strecken, z. B. in Pferdeförderstrecken, vermeidet man gern den Einbau von Mittel-

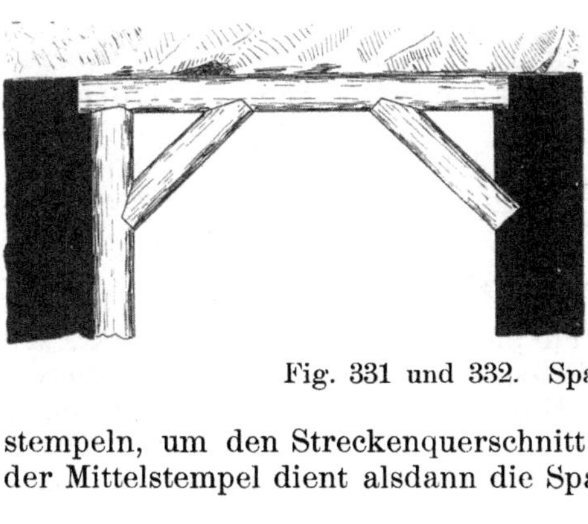

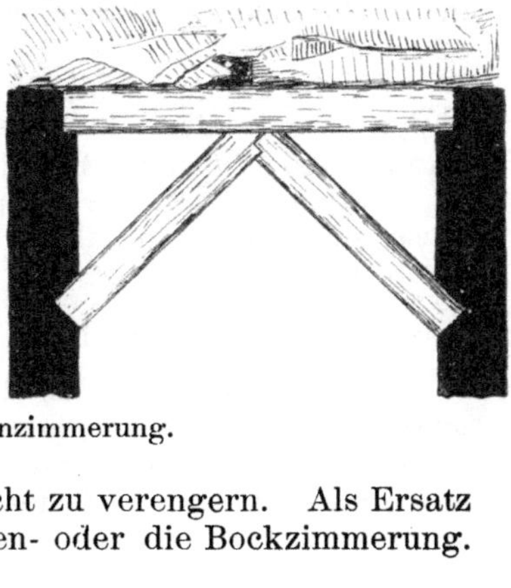

Fig. 331 und 332. Sparrenzimmerung.

stempeln, um den Streckenquerschnitt nicht zu verengern. Als Ersatz der Mittelstempel dient alsdann die Sparren- oder die Bockzimmerung.

Bei der Sparrenzimmerung werden in Kappe und Stempel schräge Streben eingekämmt oder eingezapft, die den Firstendruck schräg nach unten ableiten. Sind Stoßstempel nicht vorhanden, dann werden die Sparren in die Streckenstöße eingebühnt (Fig. 331). Eine andere Art von Sparrenzimmerung ist in (Fig. 332) abgebildet.

Da die Sparrenzimmerung geübte Arbeiter verlangt, wird an ihrer Stelle häufiger die Bockzimmerung angewendet. Diese kann

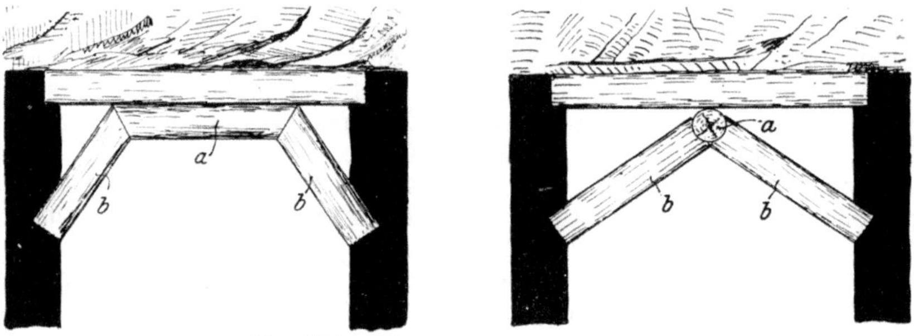

Fig. 333 und 334. Bockzimmerung.

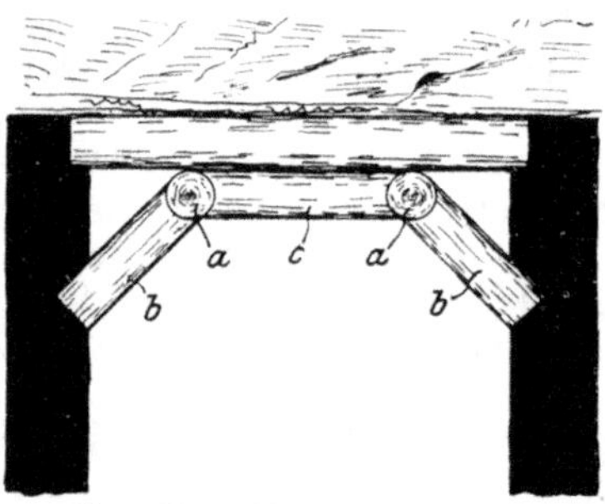

Fig. 335. Bockzimmerung.

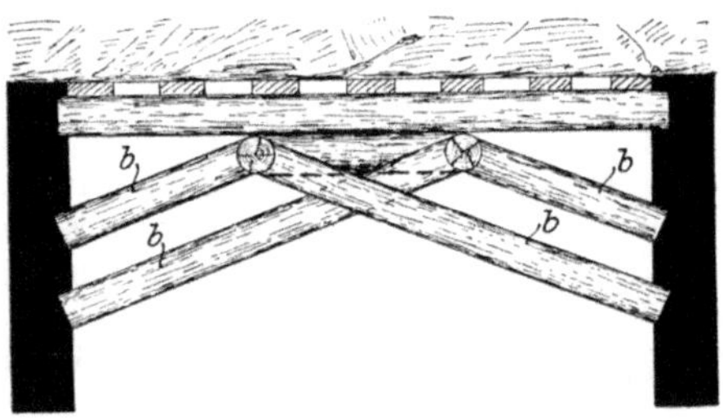

Fig. 336. Doppelte Bockzimmerung.

ein einfaches Sprengewerk sein (Fig. 333) oder aus Längsunterzügen *a* in Verbindung mit Streben *b* und Spreizen *c* bestehen (Fig. 334, 335 und 336).

Bei der erstgenannten Verstärkungsart (Fig. 333) wird die Sprengekappe *a* mit der Hauptkappe verklammert; alsdann werden die Sprengebolzen *b* eingetrieben.

Verstärkt man die Kappen durch Längsunterzüge, so bindet man diese mit Draht an ihnen fest und baut dann die Spreizen und Streben ein.

b) Die Unterzugszimmerung.

Starker Firstendruck, der nur auf einzelne Türstöcke wirkt, soll stets auf eine möglichst große Fläche verteilt werden. Aus diesem Grunde stellt man die End- und Mittelstempel nicht unmittelbar unter die Streckenkappen *a* (Querkappen) (Fig. 337 a u. b), sondern bringt unter diesen in der Streckenmitte und entlang den beiden Stößen erst Längsunterzüge *b* an. Diese Längskappen werden überall dort, wo sie eine Kappe berühren, von Stempeln *c* gestützt. Der nur auf eine oder zwei Kappen wirkende Druck überträgt sich von ihnen auf die 5—6 m langen Längskappen und von diesen auf eine größere Anzahl von Stempeln. Es würde falsch sein, unter die Längskappen nur die beiden Endstempeln und vielleicht noch einen Mittelstempel zu setzen; denn auf Holzersparnis soll es hierbei nicht ankommen.

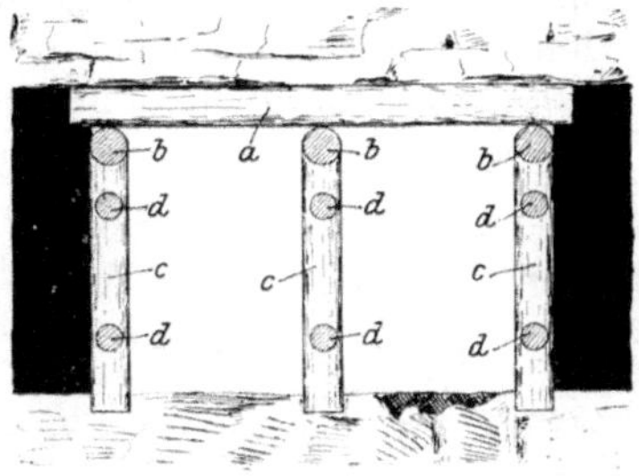

Fig. 337 a. Unterzugszimmerung. (Querschnitt.)

Dieselbe Zimmerungsart findet sich auch häufig auf Bremsbergen. Wenn hier Förderwagen aus dem Gestänge springen, werden meistens die Stempel mit umgerissen und die Kappen verlieren ihre einzige Stütze; denn wegen des in diesen Strecken

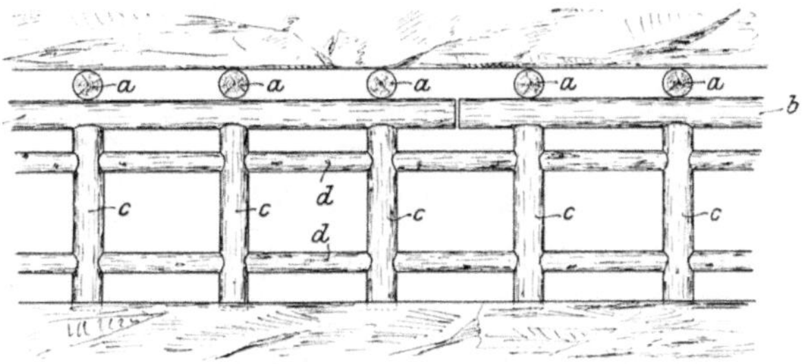

Fig. 337 b. Unterzugszimmerung. (Seitenansicht.)

herrschenden Druckes sind die Bühnlöcher fast immer schon längst abgebröckelt. Wenn nun auch ein oder mehrere Stempel herausgehauen werden, bleiben die Kappen doch noch von den Unterzügen und diese wieder von den stehengebliebenen Stempeln unterstützt.

Ein guter Schutz gegen das Herausschlagen der Stempel ist das Abspeeren derselben. Dies geschieht in der Weise, daß man zwischen die in einer Flucht liegenden Stempel Spreizen *d* (Fig. 337), die sogenannten Speere, schlägt. Dasselbe kann auch mit den Kappen geschehen.

c) Der Einbau von Grundsohlen.

Wenn die Streckensohle sehr mild ist, wenn sie zum Quellen und Blähen neigt, oder wenn sonst Ursachen vorliegen, die es wünschenswert erscheinen lassen, die Streckenstempel auf eine sichere Grundlage zu stellen, dann baut man Grundsohlen ein. Diese können Quergrundsohlen oder Längsgrundsohlen sein.

Die Quergrundsohlen gehen quer über die Strecke, parallel den Kappen. Sie werden immer dann angewendet, wenn es sich darum handelt, die Sohle zu verwahren.

Längsgrundsohlen sind ebensogut wie Quergrundsohlen dann am Platze, wenn verhindert werden soll, daß sich die in Druck gekommenen Stempel in milde Sohle hineinpressen. Sie waren unbedingt erforderlich in dem im folgenden geschilderten Falle. Im Georg-Schachtfelde der Mathildegrube-Westfeld bei Lipine sollte im Hoffnungflöze über die Markscheide hinaus ein Pachtfeld vorgerichtet werden. In diesem waren drei liegende Flöze bereits abgebaut und das Hangende zu Bruche geworfen worden. Das Hoffnungflöz hatte

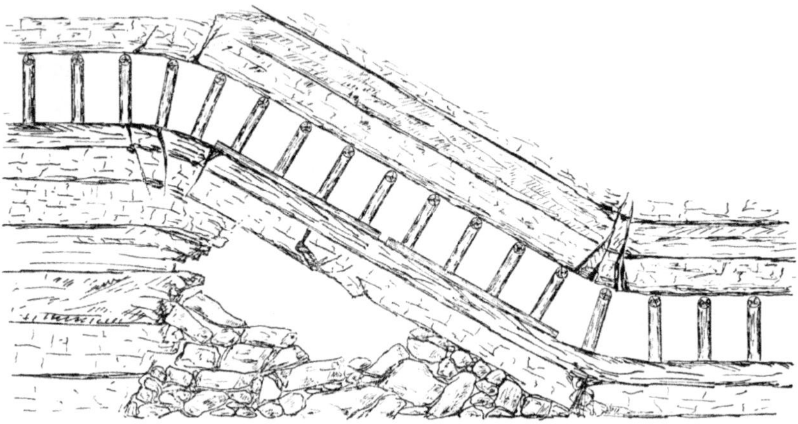

Fig. 338. Türstöcke auf Längsgrundsohlen.

sich aus diesem Grunde um ca. 10 m gesenkt. Da sich nun mit höchster Wahrscheinlichkeit entlang der Markscheide noch Hohlräume unter der Sohle der einfallenden Vorrichtungstrecke befanden, setzte man die Türstockstempel und die Mittelstempel auf Längsgrundsohlen (Fig. 338). Hätten sich nun wirklich in der Streckensohle noch nachträgliche Senkungen an einzelnen Stellen gezeigt, so hätte die Zimmerung ihren Halt trotzdem nicht verloren, weil sie auf den Grundsohlen stand, die eine Art von Brücke über den Hohlräumen bildeten.

d) Die Verstärkung der Kappen mittelst untergespannter Seile usw.

Eine gebrochene Kappe bietet nicht mehr genügende Sicherheit gegen vorhandenen Firstendruck. An vielen Stellen müssen, wenn dieser nicht zum Stillstande gebracht werden kann, solche Hölzer in kurzen Zwischenräumen durch neue ersetzt werden. Um die dadurch bedingten hohen Holzkosten herabzusetzen, kann man die Kappen gleich beim Einbau mit einem Stück

Fig. 339. Kappe mit untergespanntem Seil.

Drahtseil versehen. Dieses wird, wie aus Fig. 339 ersichtlich, an der Unterseite der Kappe mit Klammern befestigt; die beiden freien Enden desselben werden an die Stempel angeklammert oder auf den Hirnholzflächen der Kappe befestigt. Das letztere ist besser, weil das Seil, wenn die Kappe bricht, die Stempel nicht aus ihrer Lage ziehen kann. Der Vorteil dieser Vereinigung von Holz und Drahtseil besteht darin, daß das Seil noch immer trägt, wenn auch schon die Kappe gebrochen ist, und daß die Kappe, auch wenn sie schon gebrochen ist, eine größere tragende Fläche besitzt als das Seil.

Es ist gut, auf der Unterseite der Kappe für das Seil eine Rinne herzustellen.

Bezüglich der Tragfähigkeit von Kappen und abgelegten Seilen macht Bulgis folgende Angaben:

1. Ein abgelegtes Bremsbergförderseil vermag noch 175 Zentner zu tragen;
2. ein abgelegtes Seil für horizontale Streckenförderung vermag noch 774 Zentner zu tragen;
3. ein abgelegtes Seil für Hauptförderschächte vermag noch 2498 Zentner zu tragen.

a) im günstigsten Falle vermag eine Kappe von 200 cm Länge und 20 cm Durchmesser 442 Zentner zu tragen;
b) im günstigsten Falle vermag eine Kappe von 400 cm Länge und 25 Durchmesser 432 Zentner zu tragen:
c) die Kappe eines Riegelfeldes (Überbaues, Ausbaues an Streckenkreuzungen) hat unter Umständen 3456 Zentner zu tragen.

Man kann also mittelst der Unterzugseile den Kappen eine beliebige Sicherheit geben; wo es nicht so sehr auf besonders hohe Sicherheit der Kappen ankommt, kann man dagegen bei Verwendung von Unterzugseilen dünnere Kappen einbauen und auf diese Weise Holzersparnisse erzielen.

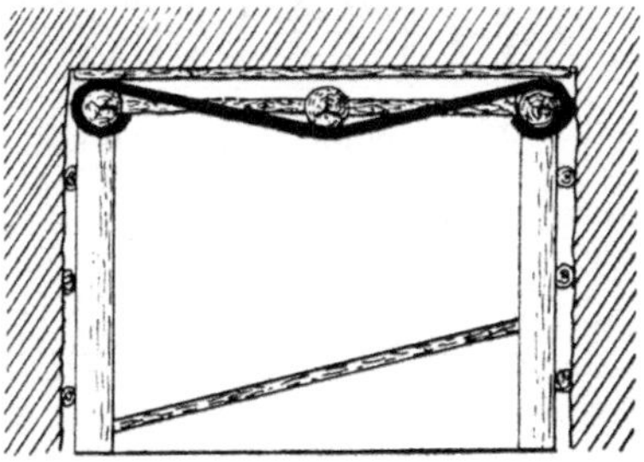
Fig. 340. Flacheisenunterzug. (Aus „Vers. u. Verb. i. J. 1906“.)

Auf Zeche Osterfeld, B.-R. Oberhausen, führte man i. J. 1906 bei flacher Lagerung in Wetterüberhauen versuchsweise einen Ausbau aus abgelegten Flachseilen ohne Holzkappen ein; die Seile wurden mittelst untergetriebener hölzerner Stoßstempel an die Firste angepreßt.

Um an Streckenhöhe zu gewinnen, hat man auf vereinigte Glückhilf-Friedenshoffnung bei Waldenburg in den Anschlagsorten der zweitrümigen Bremsberge die in Fig. 340 dargestellte Zimmerung mit Flacheisenunterzügen von 80 mm Breite und 25 mm Stärke eingeführt.

e) Ersatz der Stoßstempel durch Holzschränke.

In einem Bremsbergfelde der Gräfin Laura - Grube bei Königshütte herrschte derartig starker Druck, daß frisch eingebaute Stempel schon am nächsten Tage gebrochen waren. Dazu kam, daß sich von den Streckenstößen große Kohlenmassen loslösten, die Sohle und das Gestänge verschütteten und die Arbeiter gefährdeten. Es wurden daher die Stempel durch Holzschränke (Fig. 341 u. 342 a u. b) ersetzt, die aus Längs- und Querlagen von 1 m langen Holzstücken bestanden. Jede Kappe lag auf der Mitte eines solchen Holzstoßes auf. Da der Abstand der Kappen je 1 m betrug, lag Schrank an Schrank und bildete gleichzeitig einen sicheren Verzug der Stöße.

Fig. 341. Schrankzimmerung.

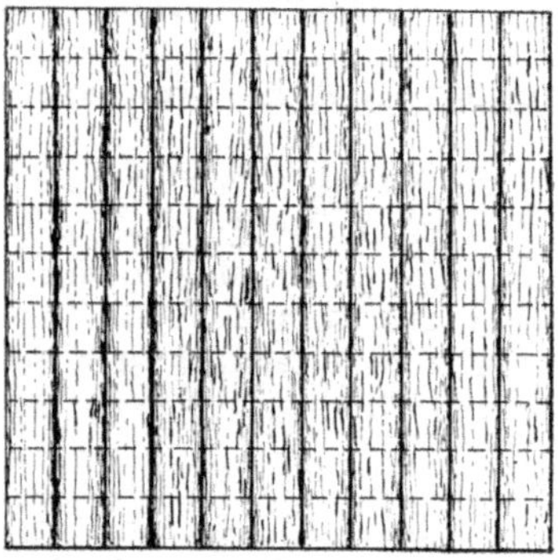

Fig. 342 a. Holzschrank.

Fig. 342 b. Holzschrank mit Bergefüllung.

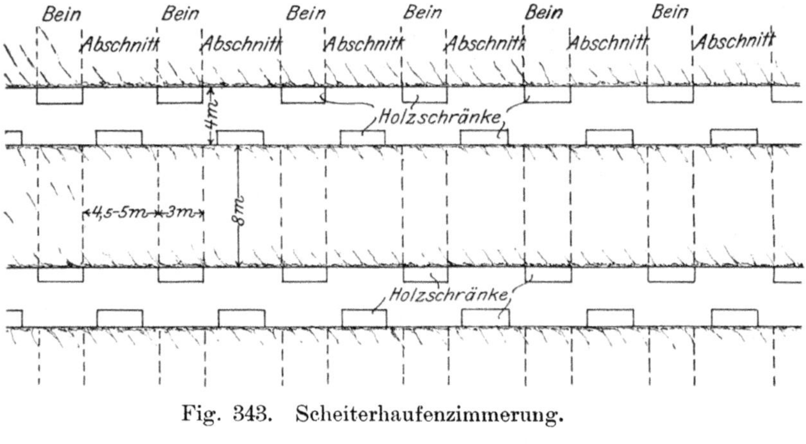

Fig. 343. Scheiterhaufenzimmerung.

Ein ähnlicher Ausbau kommt auch auf Grube Reden im Saarrevier zur Anwendung.

Anstatt die Schränke ganz aus Holz herzustellen, werden sie auch ab und zu im Innern mit einer Bergefüllung versehen (Fig. 342 b).

Auf der Hedwigswunschgrube bei Borsigwerk O.-S. werden stark druckhafte Abbaustrecken in folgender Weise mit Scheiterhaufen verzimmert (Fig. 343). Die Schränke stehen am Ober- und Unterstoße der Strecke gegeneinander versetzt; der Abstand der vor demselben Stoße eingebauten Scheiterhaufen entspricht der Breite eines Pfeilerabschnittes, die Breite des Scheiterhaufens selbst der Stärke des Beines.

IV. Streckenzimmerung in Vielecksform.

Auf Grube Maybach im Saarreviere hatte man mit Rücksicht auf den starken Gebirgsdruck in fast allen Hauptförderstrecken Zimmerung in ganzem Schrote oder mit Holzschränken, auf denen Kappe an Kappe lag; aber auch dieser Ausbau hatte eine Lebensdauer von nur wenigen Wochen. Man fing darum i. J. 1904 an, die Strecke in vieleckigen Ausbau zu setzen. Nach verschiedenen fehlgeschlagenen Versuchen kam man auf die in Fig. 344 u. 345 dargestellte Verzimmerungsart. Die unter der Firstenmitte laufenden Längskappen *d* sind miteinander verblattet. Die doppelt vorhandenen Längshölzer *e* und *f* stoßen stumpf aneinander. Die Bolzen *c* sind an beiden Enden, die Bolzen *b* nur am Kopfende gekehlt; mit dem Fuße stehen diese letzteren auf Winkeleisenblechen, die ihnen einen guten Halt gewähren. Ebenso sind die senkrechten Stempelbolzen *a* mit den Langhölzern *e* durch solche Winkeleisen verbunden. Durch die zwischengelegten Eisenplatten wird ein Spalten und Verschieben des Holzes vermieden. Der von den Bolzen *b* und *c*

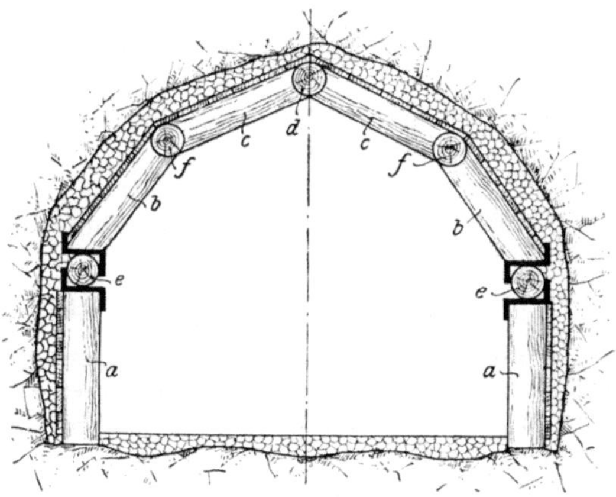

Fig. 344.

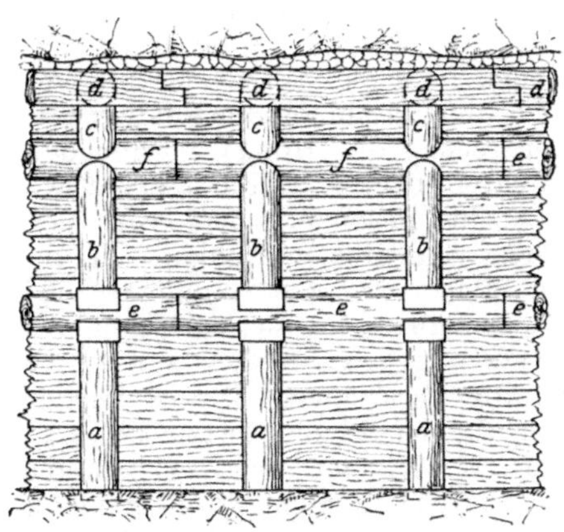

Fig. 344 u. 345. Vieleckszimmerung von Grube Maybach. (Aus „Bergbau" XIX, Nr. 28.)

eingeschlossene Winkel muß möglichst groß sein, da sonst bei starkem Hangenddruck die Bolzen *c* ohne vorheriges Warnen herausgedrückt werden; außerdem spalten sie bei kleinerem Winkel leichter.

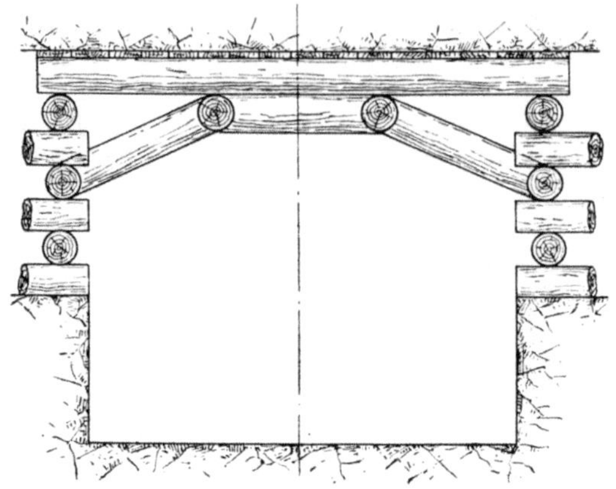

Fig. 346. Schrank- und Bockzimmerung. (Aus „Bergbau“ XIX, Nr. 28.)

Je nach dem Abstande der Polygone voneinander hatte dieser Ausbau eine drei- bis fünfmal solange Lebensdauer als wie die Schrotzimmerung. Die Herstellungskosten sind ungefähr dieselben wie bei Schrotausbau; dagegen sind Umbauten wesentlich teurer. Darum zog man bei übermäßig hohem Drucke eine Vereinigung von Holzschrank- und Bockzimmerung (Fig. 346) vor. Sie hat gegenüber der gewöhnlichen Zimmerung eine fünf- bis sechsmal höhere Lebensdauer.

V. Der Verzug von Stoß und Firste.

Wenn es die bröcklige Beschaffenheit der Firste und Stöße erfordert, werden diese in derselben Weise mit geschnittenen oder gerissenen Pfählen verzogen, wie es bereits beim Schachtausbau beschrieben wurde.

Auf einem stark in Druck gekommenen Hauptquerschlage der Grube Reden im Saarrevier wurde versuchsweise an einigen Stellen folgende Türstockzimmerung eingebaut. Der Abstand der einzelnen Türstöcke betrug 0,5 m. Zwischen der Zimmerung und den Streckenstößen blieb ein Zwischenraum von ungefähr 30 cm, der vollständig dicht mit Faschinen ausgefüllt wurde. Dadurch wurde einem baldigen Zerbrechen der Hölzer vorgebeugt; sie verschoben sich aber, so daß sie drei- bis viermal umgebaut werden mußten.

Eine besondere Art von Verzug ist auf Zeche Consolidation, Bergrevier Gelsenkirchen, mit großem Vorteil eingeführt worden. An Stellen, wo das Hangende schwach, besonders aber bröcklig ist, werden über den Verzugspfählen noch Leinwandstreifen von solcher Breite angebracht, daß sie ein Feld zwischen zwei Kappen vollständig verkleiden. Dieses Verfahren hat den Vorteil, daß zwischen den Pfählen keine Gesteinsstücke mehr hindurchfallen können, daß also die Arbeiter vor Verletzungen geschützt sind, und daß ferner die Förderung nicht durch Schieferstücke verunreinigt wird. Sie hat aber auch den Nachteil, daß das Hangende nicht mehr beobachtet werden kann. Dieser Leinenverzug ist auf anderen Gruben nicht allein zur Sicherung des Hangenden, sondern bei steilem Einfallen auch am Liegenden mit Vorteil verwendet worden. Eine Verbesserung bezw. Verstärkung hat die Verzugsleinwand durch Einlagen von weichem Draht erfahren.

VI. Zimmerung an Streckenkreuzungen.

Unter Streckenkreuzungen sollen hier auch die Stellen verstanden sein, wo sich von einer Strecke eine andere abzweigt; dies letztere kommt im Bergbau am häufigsten vor, nämlich an den Stellen, wo von einer Abbaustrecke aus ein Durchhieb nach einer Nachbarstrecke angesetzt wird. An diesen Abzweigungspunkten verlieren die Streckenkappen ihre Bühnlöcher; durch Endstempel können sie nicht unterstützt werden, weil häufig Gestänge in den Durchhieb hineingelegt wird. Darum werden die Kappenenden an solchen Stellen in der Regel durch einen Unterzug (Rüstkappe) unterfangen. Unter die Rüstkappe *a* (Fig. 347) kommt, wenn es der Platz erlaubt, außer den beiden Endstempeln *b* noch ein Mittelstempel *c*. Die erste der Durchhiebskappen muß unmittelbar an die freien Enden der Streckenkappen zu liegen kommen, damit auch die hier einzubauende Verpfählung ein sicheres Auflager hat. Diese Kappe *d* heißt Pfändekappe.

Um den Einbau von Rüstkappen, Längsunterzügen und dergleichen zu erleichtern, kann man die in Fig. 348 abgebildeten Hakeneisen *a* benutzen.

In Flözen von geringer Mächtigkeit reicht oft die Oberkante des Förderwagens bis dicht unter die Streckenkappen. Soll nun aus einem Durchhiebe gefördert wer-

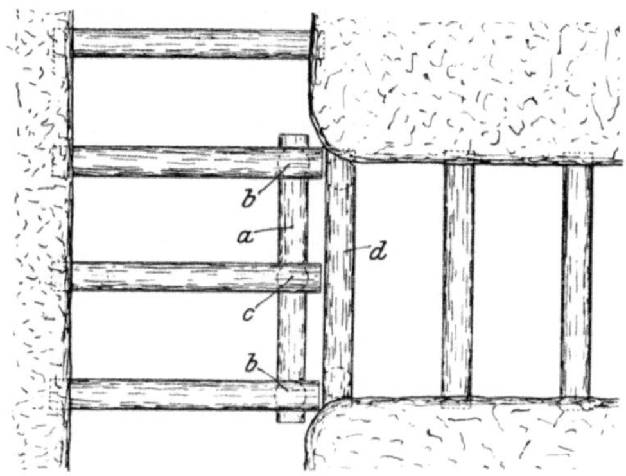

a Grundriß.

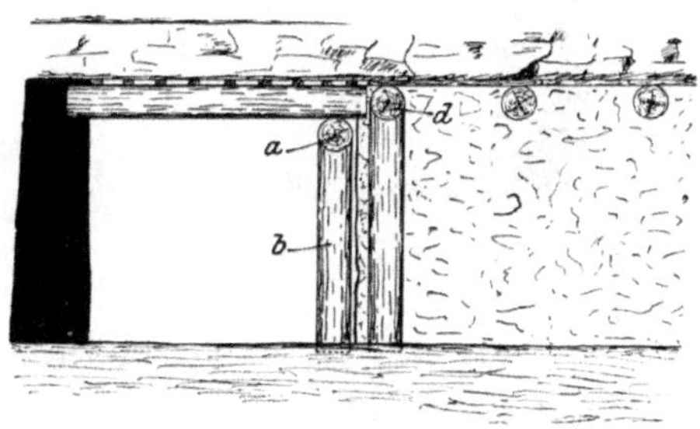

b Aufriß.

Fig. 347. Rüstkappenzimmerung.

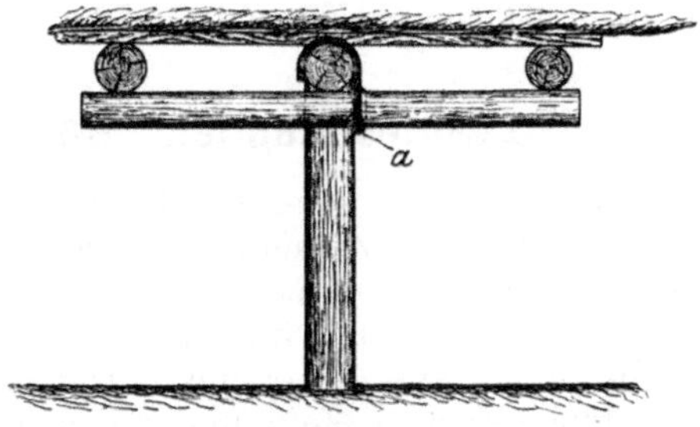

Fig. 348. Aufhängeeisen für Rüstkappen. (Aus Heft 3 der „Verhandlungen und Untersuchungen der Preuß. Stein- und Kohlenfall-Kommission“.)

den, dann ist es oft unmöglich, mit dem Wagen in diesen einzubiegen, weil die Rüstkappe im Wege ist. In solchem Falle behilft man sich mit der in Fig. 349 dargestellten Zimmerung. Es werden

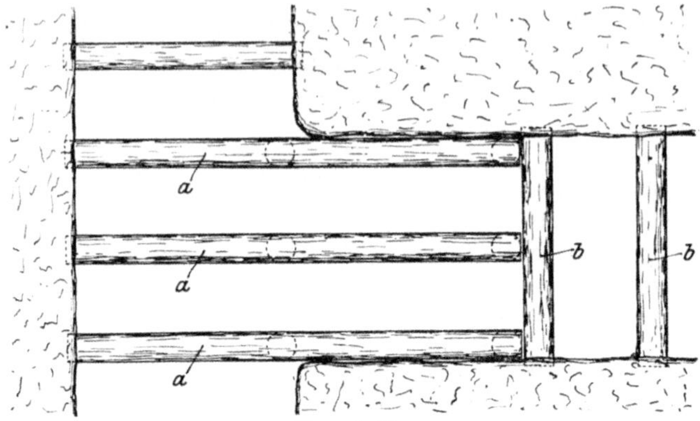

a Grundriß.

b Aufriß.

Fig. 349. Auszimmerung niedriger Streckenkreuze.

die vor dem Durchhiebe eingebauten Streckenkappen durch 5—6 m lange Kappen *a* ersetzt, die bis in den Durchhieb hineinreichen und mit je einem End- und einem Mittelstempel versehen sind. An diese schließen sich dann weiterhin wieder im Durchhiebe Querkappen *b* an.

Zweites Kapitel. Der Ausbau in Eisen.

Auch bei dem eisernen Streckenausbau läßt sich einfache und zusammengesetzte Zimmerung unterscheiden. Außerdem kann man eine Trennung in offene und geschlossene Formen vornehmen. Die geschlossenen Formen bilden einen rundherum geschlossenen Rahmen, der meistens aus gebogenen Profileisenformen zusammengesetzt ist. Die offenen Formen sind in den meisten Fällen Teile der geschlossenen und aus ihnen in der Weise entstanden, daß der die Streckensohle verwahrende Teil in Wegfall gekommen ist.

A. Die einfache Zimmerung.

Einfache Eisenzimmerung wird fast ausschließlich zur Verwahrung der Firste benutzt. Es werden also Kappen eingebaut, die gerade oder gebogen sein können. Die letzteren werden bei starkem Drucke oder großer Streckenbreite angewendet; die Biegung geht der Richtung des Druckes entgegen.

Am häufigsten werden als Kappen alte Eisenbahnschienen eingebaut, weil diese verhältnismäßig billig zu haben sind; außerdem kommen auch ab und zu I-Eisen vor, die zwei gleich oder verschieden breite Flanschen haben können.

Eiserne Kappen ohne Stempel erfordern feste Streckenstöße; anderenfalls würden infolge des hohen Gewichtes der Eisenzimmerung die Bühnlöcher schnell abbröckeln.

Eisenbahnschienen werden so eingebaut, daß der Fuß entweder nach unten oder aber nach oben gerichtet ist. Im ersten Falle liegen die Kappen besser im Bühnloche. Ist der Schienenfuß nach oben gerichtet, dann liegt die Kappe besser an der Firste an, kippt aber leicht um. Um die Kappen gegen dieses Umklinken zu schützen, speert man sie untereinander durch Bolzen ab, die zwischen ihre Stege eingeschlagen werden. Dasselbe läßt sich mit Ankerstangen (Stehbolzen) erreichen, die zwischen die einzelnen Schienen kommen und an jedem Ende zwei Muttern besitzen, von denen eine vor, die andere hinter dem Stege steht.

Kappen, die zu schwach erscheinen, werden durch Doppeltlegen verstärkt. Dies kann einmal vorgenommen werden, indem man

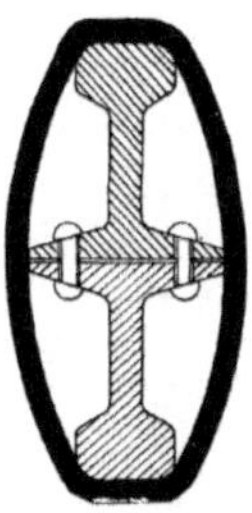

Fig. 350. Gekuppelte Schienen. (Aus Höfer, Taschenbuch für Bergmänner.)

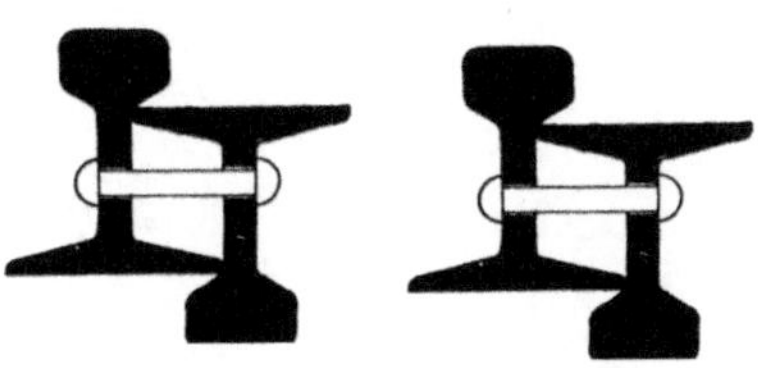

Fig. 351. Vernietete Schienen.

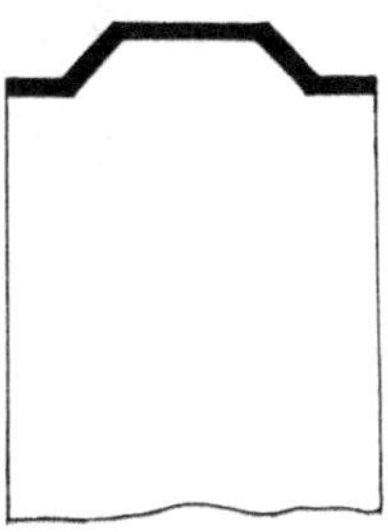

Fig. 352. Eiserne Schwelle als Kappe.

zwei Schienen mit den Füßen aneinanderlegt (Fig. 350), diese zusammenschraubt und dann noch eiserne Ringe umlegt; dann kann man aber auch die zwei Schienen in der in Fig. 351 abgebildeten Weise aneinanderlegen und verschrauben. Diese letztere Verbindungsweise erfordert wenig Platz; zudem liegt die Kappe gut im Bühnloche und am Hangenden.

Auf Concordiagrube bei Zabrze werden in niedrigen Bauen eiserne Hohlschwellen (Fig. 352) als Kappen benutzt und bewähren sich recht gut. Sie beanspruchen wegen ihrer geringen Höhe nur wenig Platz, und die Stempel, die nötigenfalls unter sie gestellt werden, lassen sich leicht zuschneiden.

B. Die zusammengesetzte Zimmerung.

I. Offene Formen.

a) Reiner Eisenausbau.

Ähnlich den Türstöcken aus Holz können auch solche ganz aus Eisen hergestellt werden. Die Kappen und Stempel werden dabei entweder nur an- bezw. aufeinander gesetzt (Fig. 353, 354), sie stoßen mit schrägem Schnitt aneinander (Fig. 355), sie werden miteinander verblattet (Fig. 356), der Stempel wird in die Kappe (Fig. 357) oder die Kappe in den Stempel (Fig. 358) eingelassen.

Die Verbindung zwischen Stempel und Kappe erfolgt mit Laschen, die paarweise seitlich an die Stege kommen (Fig. 355, 357, 358), durch Laschen in den inneren Winkeln des Türstockes (Fig. 356),

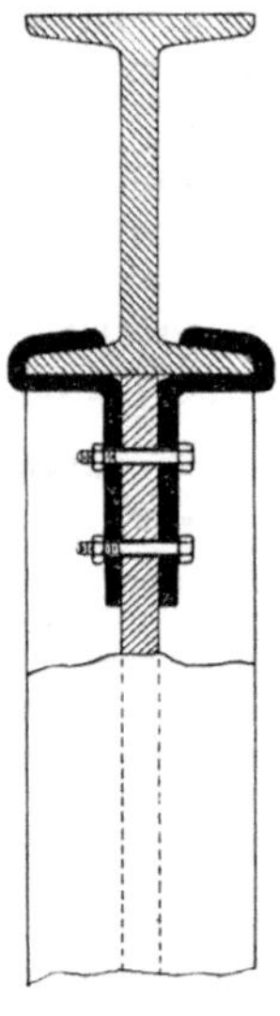

Fig. 353.

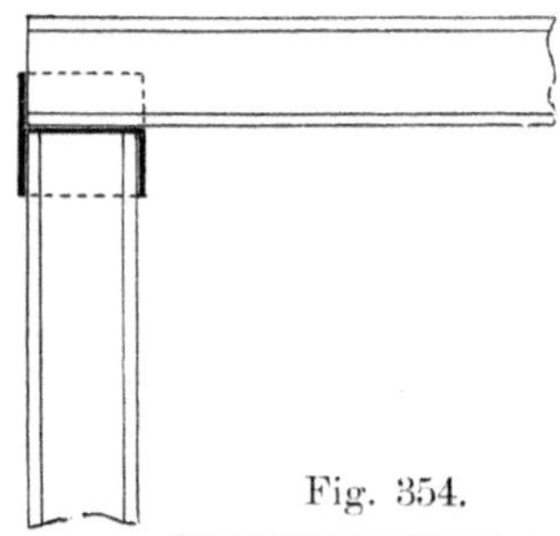

Fig. 354.

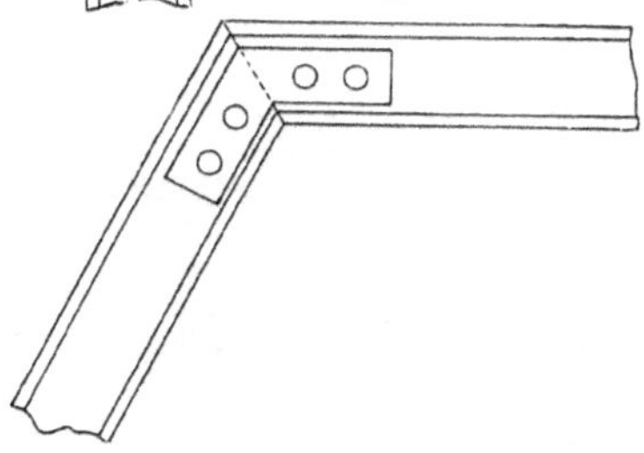

Fig. 355.

Fig. 353—355. Verbindung von eisernen Kappen mit eisernen Stempeln.

durch Klauen, die den Fuß der Kappe umfassen und an dem Stege des Stempels angeschraubt sind (Fig. 353) oder durch besondere Schuhe (Fig. 354).

In einigen der eben erwähnten Fälle ist es möglich, die Kappe seitlich in die Stöße einzubühnen (Fig. 353, 357); meistens muß man aber darauf verzichten.

Da eiserne Stempel im Vergleich mit solchen aus Holz nur eine kleine Querschnittsfläche besitzen, schneiden sie sich tief in die

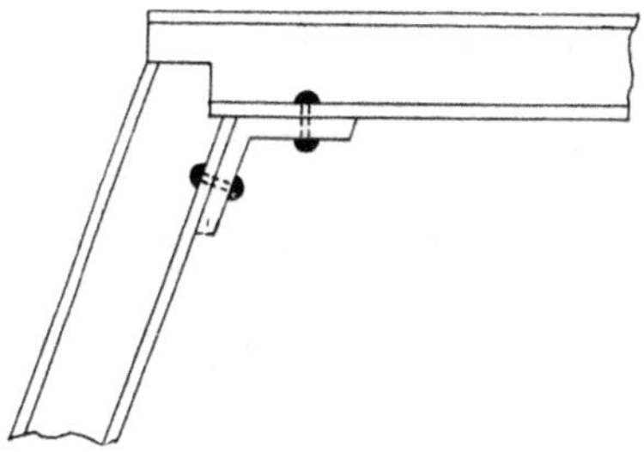

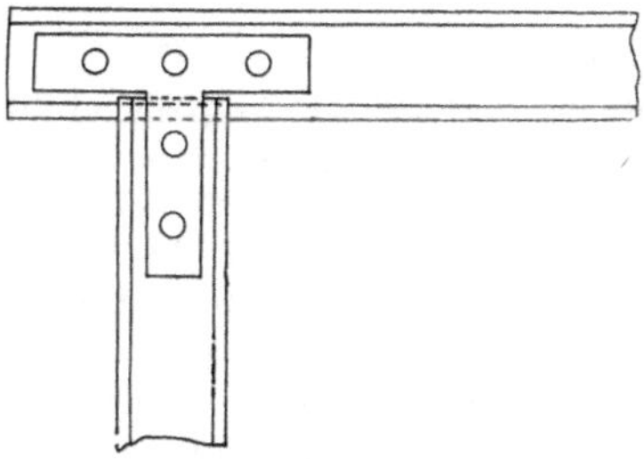

Fig. 356. Fig. 357.
Verbindung von eisernen Kappen mit eisernen Stempeln.

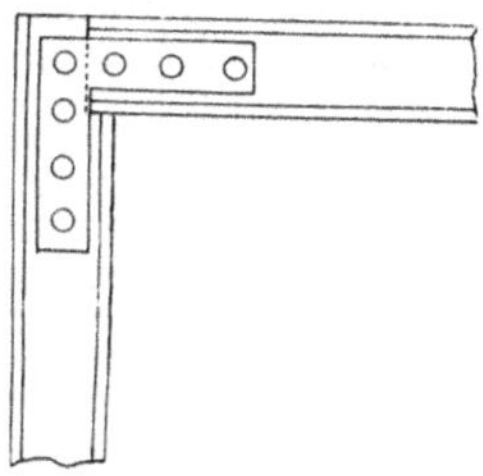

Fig. 358. Verbindung von eisernen Kappen mit eisernen Stempeln.

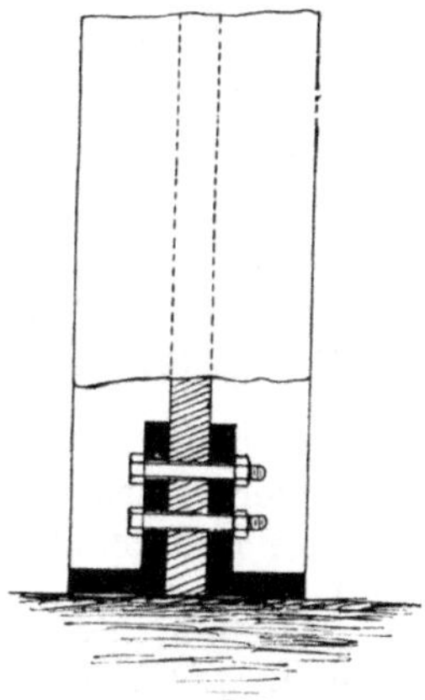

Fig. 359. Eiserner Stempel mit Fußlaschen.

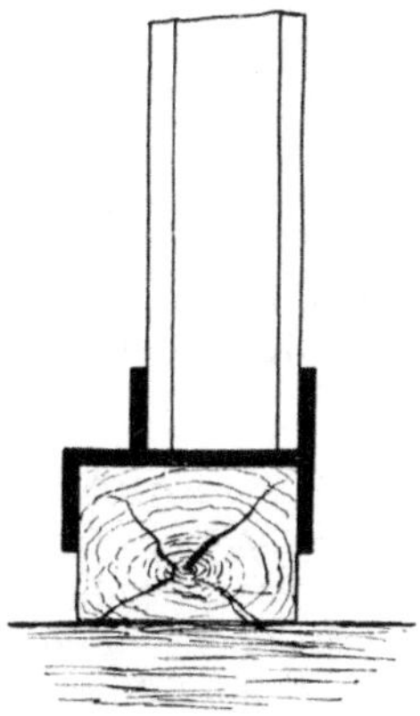

Fig. 360. Eiserner Stempel mit Schuh.

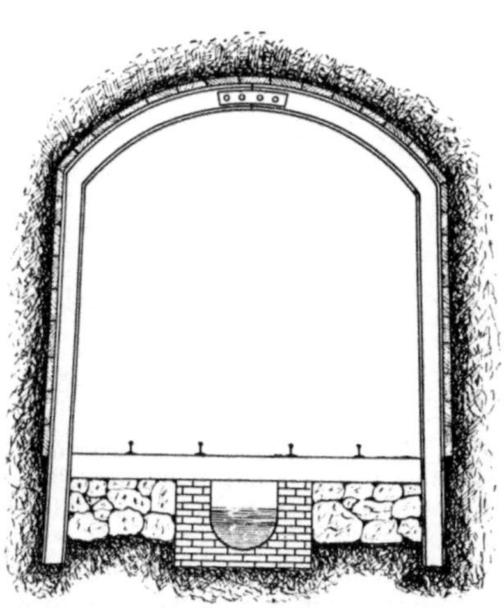

Fig. 361. Eiserner Streckenausbau.

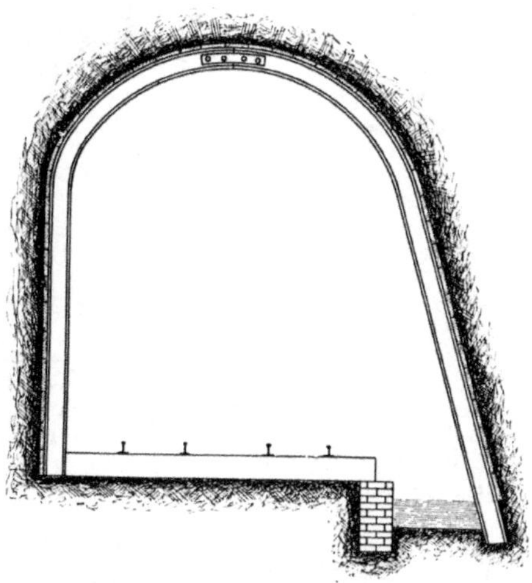

Fig. 362. Eiserner Streckenausbau.

(Aus Höfer, Taschenbuch für Bergmänner.)

Streckensohle ein. Darum gibt man ihnen Unterlagen aus Rundholz, Kantholz, flachen Bergestücken usw.

Auf Berginspektion Lautenthal wurden im Jahre 1893 Grauwackensteine mit eingestuften Löchern durch stählerne Unterlagsplatten von 200 × 150 × 12 mm ersetzt, die dem Stempelprofil entsprechende Vertiefungen besaßen. Sie waren billiger und leichter einzubauen.

Stempel aus I-Eisen erhalten am Fußende zu beiden Seiten des Steges Winkelplatten angeschraubt, die ihnen eine größere Auflagefläche geben (Fig. 359).

Desgleichen sind Längs- und Quergrundsohlen, namentlich bei Sohlendruck anwendbar; diese können aus Holz oder Eisen bestehen. Die Stempel werden einfach in sie eingelassen oder es werden besondere Verbindungsschuhe (Fig. 360) benutzt.

Andere offene Formen zeigen die Abbildungen 361 und 362.

b) Gemischter Ausbau.

Beim gemischten Ausbau wird die Firste mit eisernen Kappen verzogen, während die Stöße durch Holzstempel oder Mauerung geschützt werden. In beiden Fällen werden die Kappen eingebühnt, um die Stempel bezw. das Mauerwerk zu entlasten.

1. Holz-Eisen-Ausbau.

Hölzerne Stempel, die unter eisernen Kappen stehen, brauchen am Kopfende nur gerade abgeschnitten zu werden, wenn die Kappe mit einer breiten Fläche auf ihnen aufliegt, wie z. B. eine mit dem Fuße nach unten eingebaute Eisenbahnschiene. Sicherer ist es aber, das Kopfende so auszuarbeiten, daß der Stempel nicht seitlich wegrutschen kann (Fig. 363). Um zu verhüten, daß die Stempelköpfe

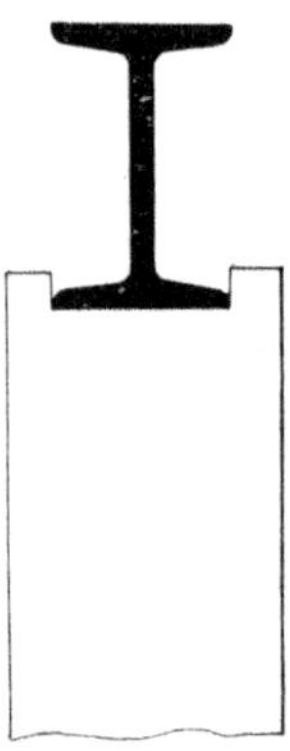

Fig. 363. Hölzerner Stempel mit eiserner Kappe.

Fig. 364. Holzstempel mit eiserner Kappe. (Aus der „Zeitschrift f. d. Berg-, Hütten- u. Salinenwesen im Preuß. Staate“, 1903.)

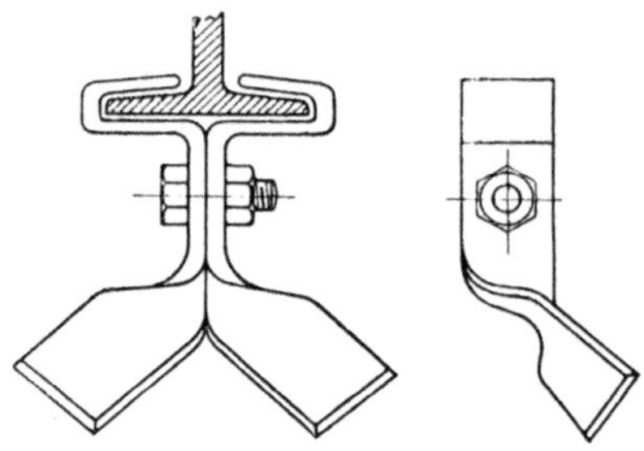

Fig. 365. Schellen zur Verbindung eiserner Kappen mit hölzernen Stempeln. (Aus „Vers. u. Verb. i. J. 1906“.)

bei starkem Druck aufspalten, legt man um sie ein Eisenband oder, wie es auf den konsolidierten Fürstensteiner Gruben bei Waldenburg geschieht, einen aus alten Bremsbergseilen geflochtenen Kranz (Fig. 364).

Auf Königin-Luise-Grube wurden i. J. 1906 zur Verbindung der eisernen Kappen mit hölzernen Stempeln eiserne Schellen (Fig. 365) eingeführt. Sie sind den in Fig. 366 und 367 abgebildeten Klauen

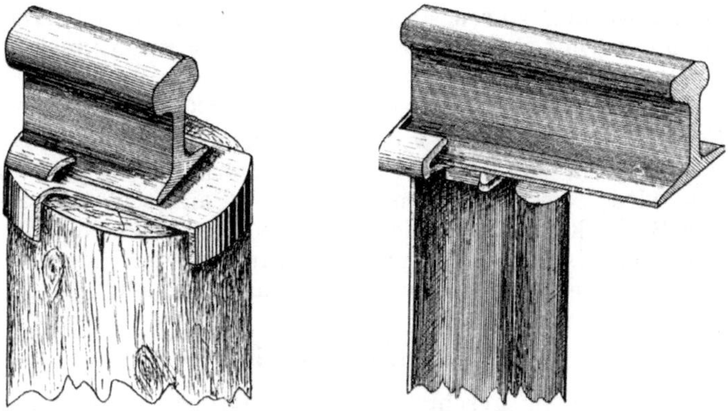

Fig. 366 und 367. Streckengerüstschuh.

ähnlich, indem sie um den Kappenfuß greifen und mit Hilfe von einer oder mehreren Schrauben angezogen werden.

Eine gute Verbindung zwischen Kappe und Stempel erreicht man mittelst des Streckengerüstschuhes (Fig. 366). Fig. 367 stellt einen solchen Schuh vor, der für eiserne Stempel unter eisernen Kappen bestimmt ist.

Der Streckengerüstschuh (Fig. 368) der Maschinenfabrik „Westfalia" in Gelsenkirchen dient ebenfalls zur Verbindung eiserner Stempel mit eiserner Kappen. Er ist ein schräg geschnittener Ring *c*—*e*, der mit der Rippe *d* auf den Stempel *a* aufgesetzt wird; dann wird die Kappe *b* so eingeschoben, daß die bei *e* sitzenden zwei Rippen *f* über den Kappenfuß greifen.

Vor Einbau der endgültigen Zimmerung muß sehr oft verlorenes Holz gestellt werden. Um dabei Ersparnisse zu erzielen, benutzte man auf Zeche Schlägel und Eisen V/VII verlorene Stempel aus Eisen (Fig. 369), die man in der Gruben-

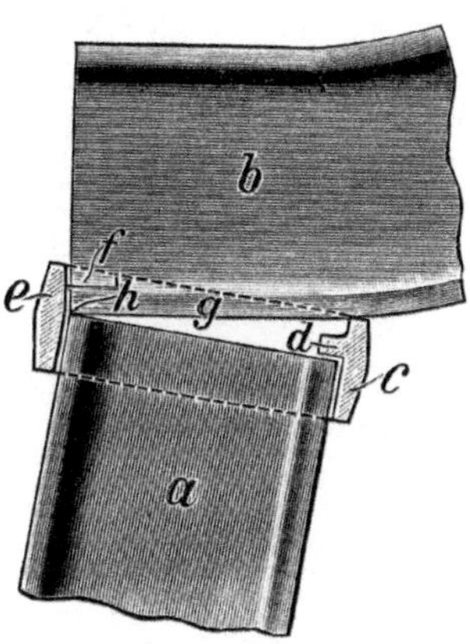

Fig. 368. Gerüstschuh „Westfalia".

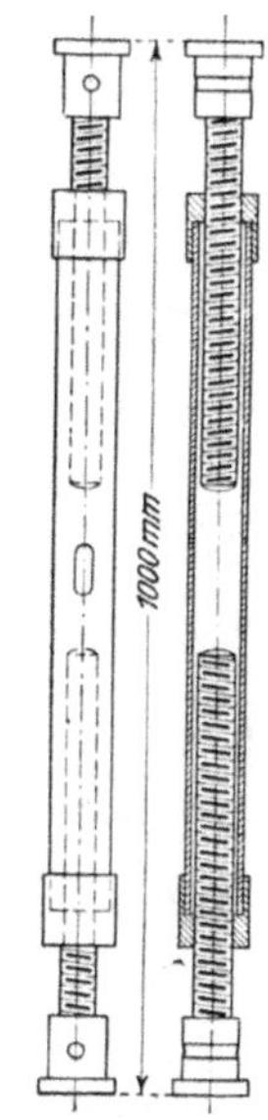

Fig. 369. Eiserner Notstempel. (Aus „Vers. u. Verb. i. J. 1904".)

schmiede selbst herstellte. Man nahm dazu Gasrohre von 0,7 m Länge, die man oben und unten mit Muffen und Muttergewinde versah; zum Einstellen auf die gewünschte Höhe besaß der Stempel an beiden Enden Schraubenspindeln, die aus alten Wagenachsen hergestellt worden waren. In der Mitte des Rohres befand sich ein Schlitz, um es mit Hilfe einer durchgesteckten Eisenstange zu drehen.

2. Eisen-Mauerung.

Eiserne Kappen, die von Stoßmauern unterstützt werden, sind möglichst bis in das Gestein zu verlängern, damit das Mauerwerk entlastet wird. Lassen sich mit Rücksicht auf schlechte Beschaffenheit der Stöße keine tragfähigen Bühnlöcher herstellen, dann werden im Mauerwerk Eisenplatten unter die Kappenenden gelegt, damit sich der Druck auf eine möglichst große Fläche verteilt.

II. Geschlossene Formen.

Eisenausbau in geschlossenen Formen ist immer aus mehreren Stücken zusammengesetzt. Die häufigsten Formen sind der Kreis, die Ellipse, das Ei, das Trapez und das Dreieck. Von diesem letztgenannten sind häufig nur zwei Seiten gebogen, die Grundlinie aber gerade.

Welche Ausbauform man zu wählen hat, hängt von der Größe des Druckes und von der Streckenbreite ab. In zweigleisigen, also breiteren Strecken ist der Kreis oder das Trapez anzuwenden, in eingleisigen die Ellipse oder das Ei.

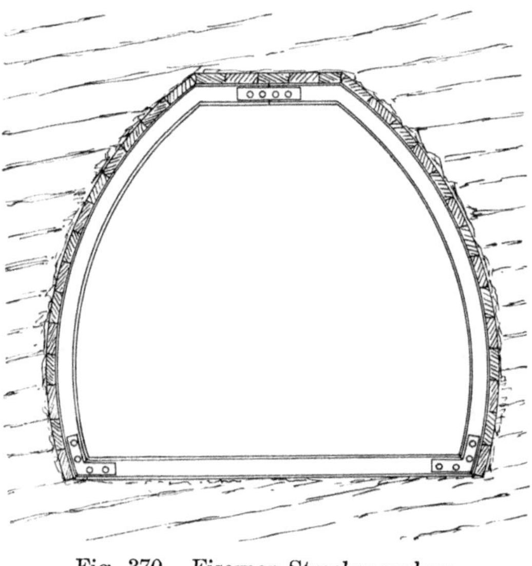

Fig. 370. Eiserner Streckenausbau.

Der Kreis wird aus zwei bis drei, selten mehr Stücken zusammengesetzt. Für stärkeren Druck eignet sich an seiner Stelle besser das Trapez (Fig. 370), denn es bietet dem Drucke nur eine schmale Seite; der größte Teil desselben wird auf die Streckenstöße übertragen.

Das Trapez, das Dreieck (Fig. 371) und das Ei (Fig. 372) sind die besten Formen bei großem Firstendrucke. Sie bieten ihm nur schmale Angriffsflächen; im übrigen wird er seitlich in die Stöße abgelenkt. Bei geringerem Drucke lassen sich die Ellipse (Fig. 373) und der Kreis verwenden.

Ein Nachteil, der manchen Formen anhaftet, ist der, daß sie in der Spitze bezw. in der Mitte des an der Firste anliegenden Teiles eine Lasche besitzen (Fig. 370, 371, 373). Die Verlaschungen werden am besten in der Mitte der Stoßteile angebracht (Fig. 372), vorausgesetzt, daß von hier kein allzu großer Druck kommt.

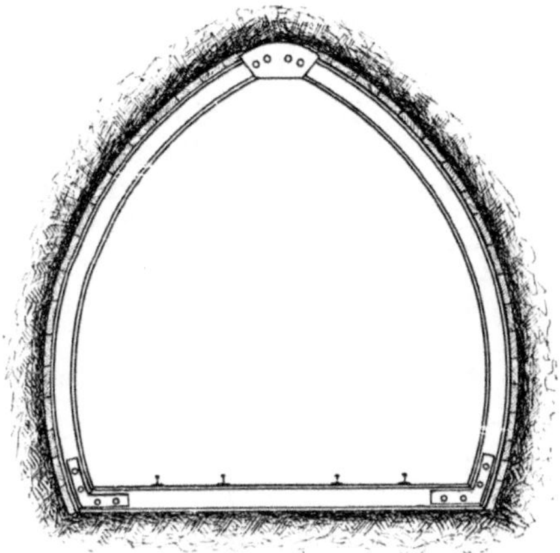

Fig. 371.

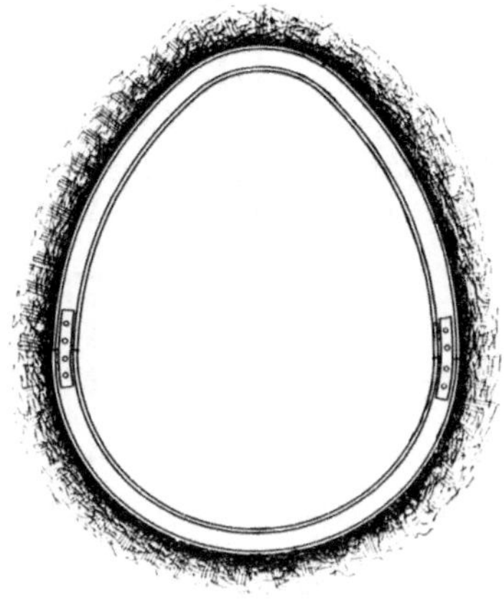

Fig. 372.

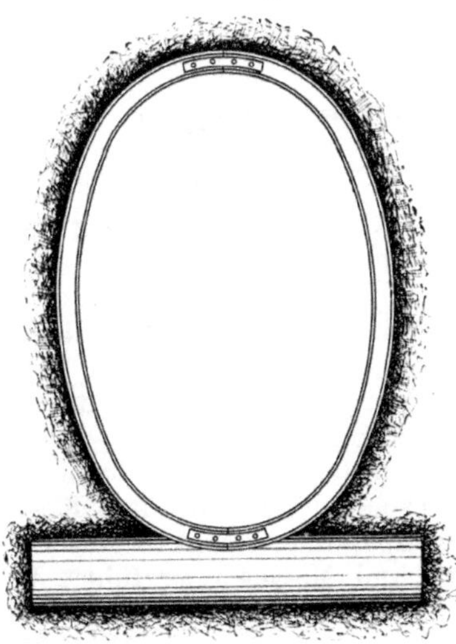

Fig. 373.

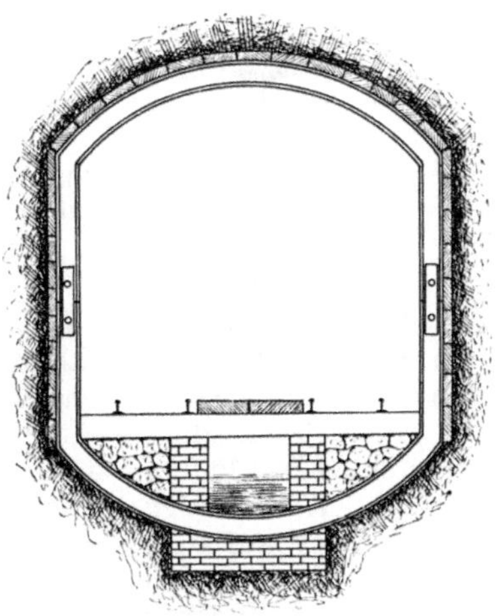

Fig. 374.

Fig. 371 bis 374. Eiserner Streckenausbau.
(Aus Höfer, Taschenbuch für Bergmänner.)

Die Streckengerüste werden aus U- oder I-Eisen hergestellt. Die größte Breite beträgt für zweigleisige Strecken 2,3—2,5 m, die Höhe 2,4—2,7 m. Die Ellipse und das Ei erhalten Achsenlängen von 1300:2400 bis zu 1600:2400.

Als Unterlage für die geschlossenen Streckengerüste dienen Längs- oder Quergrundsohlen (Fig. 373).

Der gegenseitige Abstand der einzelnen Ringe beträgt zumeist 1 m. Sie werden untereinander verspeert und gegen die Stöße gut verkeilt. Etwaige Wasserseigen kommen entweder in die Mitte der Streckensohle (Fig. 374) oder an einen Stoß.

III. Der Verzug von Stoß und Firste.

Als Verzug werden seltener gerissene als geschnittene Pfähle benutzt. Noch häufiger finden sich aber an deren Stelle Rundholz und Halbholz. Der Verzug kommt hinter den Ausbau; dünnere

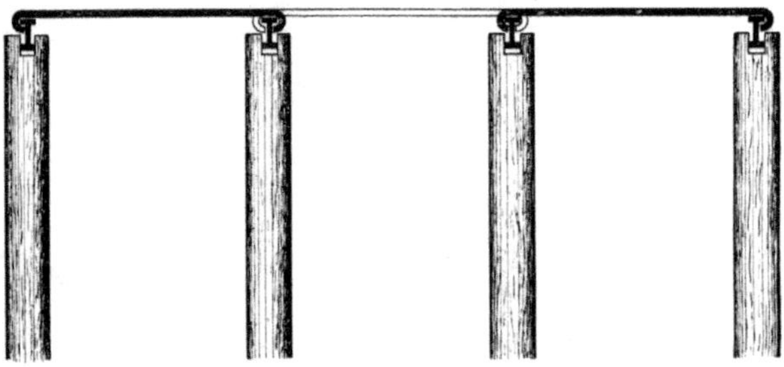

Fig. 375.

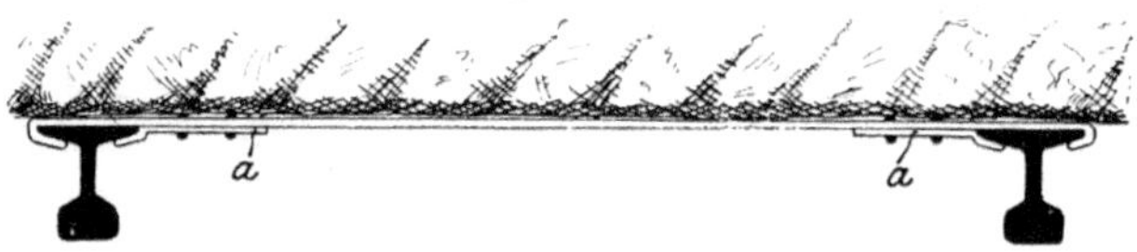

Fig. 376. Eiserne Firstenpfähle. (Aus Heft 5 der „Verhandlungen und Untersuchungen der Preuß. Stein- und Kohlenfall-Kommission".)

Rund- und Halbhölzer treibt man wohl auch dicht aneinanderliegend zwischen die Stege der Eisenrahmen ein, namentlich dann, wenn zum zweiten Male Verpfählung eingebracht werden muß, die alte aber nicht ohne Gefahr entfernt werden kann.

Auch kann der Verzug aus Eisen bestehen. Handelt es sich um dichte Verkleidung der Firste, so geschieht dies mit alten Kesselblechen. Können die Pfähle in größeren Abständen eingebaut werden, dann ist der auf den Gruben von Lens und Marles eingeführte Verzug mit Eisenstäbchen empfehlenswert, die an beiden Enden umgebogen sind und hinter je zwei Kappen gehakt werden (Fig. 375). Desgleichen kann man als Verzug starke Bandeisen benutzen, die ebenfalls über die Kappen gehakt und an ihnen mit Hilfe von Klemmplatten *a* befestigt werden (Fig. 376).

C. Tübbingsausbau in Strecken.

Auf dem Steinkohlenbergwerke Eschweiler-Reserve, Bergrevier Düren, mußte eine Verwerfung durchörtert werden, die viel Wasser zuführte. Die Strecke erhielt runden Querschnitt und wurde mit Tübbings verbaut. Jeder Ring war aus acht Segmenten zusammengesetzt. Zum Einbau der Tübbings diente ein Plattformwagen

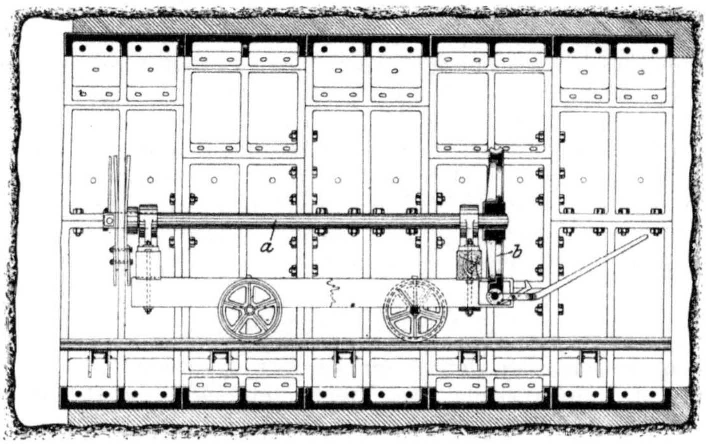

a Aufriß.

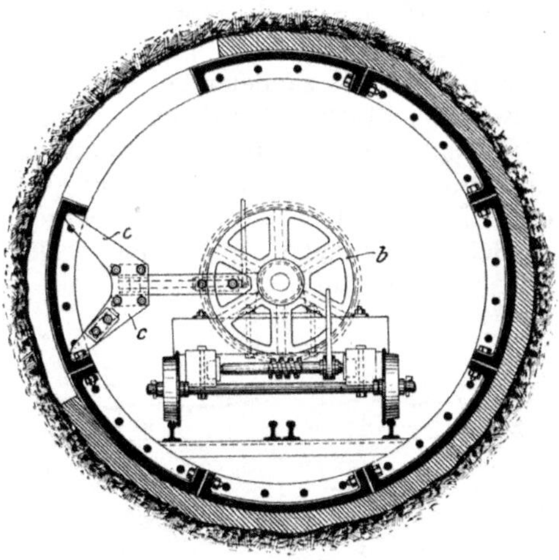

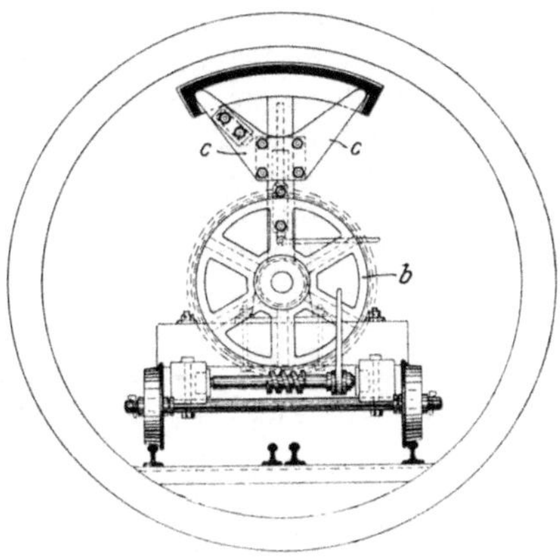

b Kreuzriß. c Kreuzriß.

Fig. 377 a, b und c. Einbau von Tübbings in Strecken. (Aus der „Zeitschrift f. d. Berg-, Hütten- und Salinenwesen im Preuß. Staate“, 1888).

(Fig. 377) mit einer Welle *a*, die durch ein Schneckenrad *b* gedreht werden konnte. Der Tübbing saß auf mehreren radialen Armen *c*, die sich mit der Welle drehten und in radialer Richtung verschiebbar waren.

Drittes Kapitel. Der Ausbau in Mauerung.

Der Streckenausbau mit Mauerwerk kann nur aus diesem allein bestehen oder aus Mauerung in Verbindung mit Holz oder Eisen; dies letztere nennt man gemischten Ausbau. Bei diesem dient das Mauerwerk zur Sicherung der Streckenstöße und wohl auch der Sohle; die Firste wird mit hölzernen oder eisernen Kappen verwahrt.

Wird nur Mauerwerk allein zum Ausbau von Strecken benutzt, so kann dieses in offenen oder geschlossenen Formen ausgeführt werden. Die geschlossenen Mauerungsformen sind bei allseitigem Drucke zu verwenden. Am häufigsten finden sich von ihnen der Kreis, die Ellipse, das Ei und das Hufeisen. Aus ihnen entstehen durch Fortlassen einzelner Teile, die hauptsächlich in der Streckensohle liegen, die offenen Ausbauformen.

A. Offene Formen.

Offene Formen werden dann hergestellt, wenn es sich darum handelt, nur einzelne Teile des Streckenumfanges zu sichern. Dies ist namentlich an der Firste der Fall. Sie wird entweder mit Tonnengewölbe oder mit flachem Gewölbe verbaut. Im letzteren Falle beträgt die Pfeilhöhe auf je 1 m Sehnenlänge 0,15—0,25 m. Der Zentriwinkel soll nie kleiner als 60^0 sein. Die Gewölbestärke beträgt für gewöhnlich $^1/_2$ Stein, bei großem Druck 1 Stein, selten mehr. Der Verband ist einer der im Bergwerksbetriebe sich gewöhnlich findenden, also Läufer-, Binder-, Block- oder Kreuzverband. Die Widerlager werden in den Stößen ausgearbeitet und müssen radiale Richtung haben. Sind die Stöße zu schwach, als daß sie das Firstengewölbe und den darauf lastenden Druck aufnehmen könnten, dann werden sie mit Scheibenmauern verkleidet. Die Widerlager werden alsdann auf diesen hergestellt.

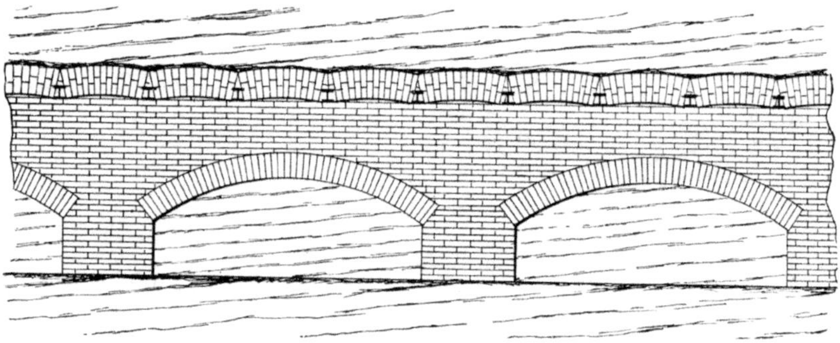

Fig. 378. Stoßmauerung (Längsschnitt).

Um an Ziegeln und Mörtel zu sparen, ist auf Deutschlandgrube O.-S. das in Fig. 378 dargestellte Mauerungsverfahren üblich. Es ist dabei Voraussetzung, daß das Gestein nicht in Berührung mit der Luft verwittert.

Die Stoßmauern sind gerade, geböscht oder gewölbt. Sie stehen in einem Sohlenschlitze, der verhüten soll, daß sie durch den Seitendruck in die Strecke hineingeschoben werden. Liegt wegen zu weicher Sohle die Gefahr vor, daß die Mauer in diese einsinkt, dann erhält sie einen gemauerten Sockel, der 2—3 Schichten hoch und um einen Stein breiter ist als wie die Mauerstärke.

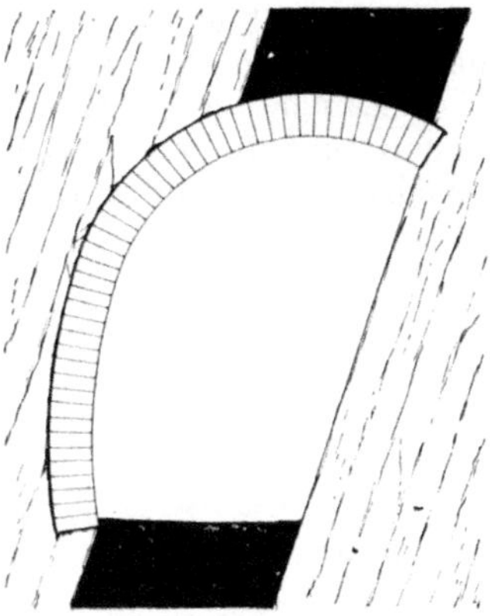

Fig. 379. Kellerhalsbogen.

Unten offene Ei- oder Ellipsenformen werden in derselben Weise hergestellt, wie es weiter unten für die geschlossenen Formen beschrieben ist. Das gleiche gilt von den Kellerhalsbögen (Fig. 379), die auch vom Ei oder der Ellipse herrühren, aber seitlich offen sind. Ihre Hauptanwendung ist auf steilfallenden Lagerstätten, wenn das Liegende fest ist, also nicht weiter gesichert zu werden braucht.

Bei dem Przibramer Gangbergbau sind hunderte von Kilometern Förderstrecken und Abbauräume offen zu erhalten. Früher genügte für diesen Zweck einfaches Firstengewölbe von 0,3—1,0 m Stärke und 1,5—2,0 m Spannweite, das aus Ziegeln, Bruchsteinen usw. hergestellt wurde. Der von diesem Gewölbe getragene Versatz erreichte Höhen bis zu

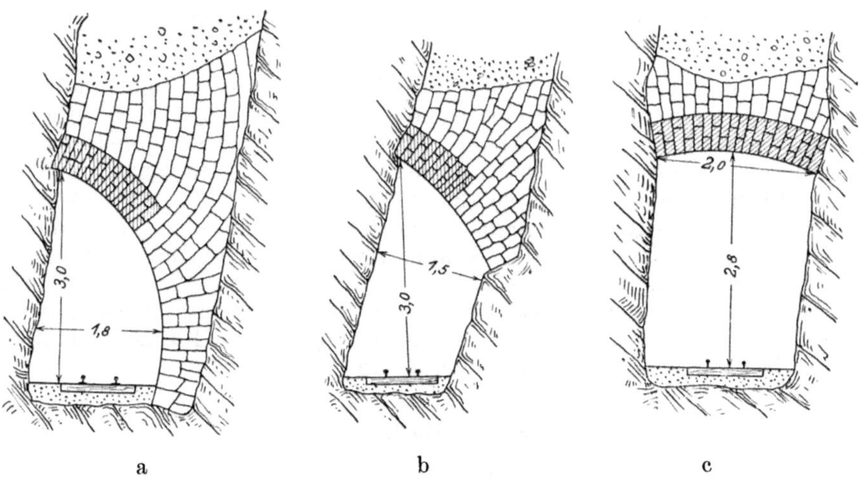

Fig. 380. Przibramer Firstenmauerung. (Aus „Österr. Zeitschrift“ 1905, Nr. 40.)

50 m; doch war die von ihm ausgehende Belastung nicht bedeutend, weil er sich zwischen dem Hangenden und Liegenden festkeilte. Aber mit fortschreitendem Abbau zerriß das Hangende in Schollen parallel zur Gangebene und begann abzusinken; das Firstengewölbe verlor

also seinen Halt. Darum brachte man den Versatz nicht mehr unmittelbar auf das Firstengewölbe auf, sondern stellte zwischen ihm und dem Gewölbe einen Mauerkörper aus lagerhaften Bergen mit Mörtelverguß her (Fig. 380 a, b, c); seine Höhe war etwa gleich der Spannweite. Nun konnte das Gewölbe bei seitlicher Pressung nicht mehr so leicht gebogen werden und hielt gut stand.

Krippel und Schuster in Wien wollen nach ihrem österr.-ungar. Patente Nr. 42 919 feuchte unterirdische Räume, die auch durch Zementmauerung oder Betonierung nicht abgetrocknet werden können, auf folgende Weise trocken legen. Der Hohlraum wird zunächst in der üblichen Weise mit Ziegeln, Bruchsteinen oder Beton *a*

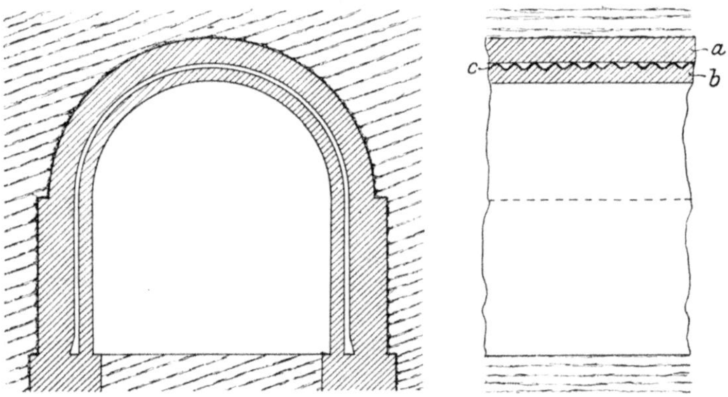

Fig. 381. Mauerung nach System Krippel & Schuster.

(Fig. 381) ausgekleidet. Unter diesen Ausbau kommt, sich dicht an ihn anschmiegend, irgend ein gewelltes Baumaterial *c*, z. B. Wellblech. Darauf wird im Innern dieser Auskleidung aus Stampfbeton oder anderem Material ein Unterfangungsgewölbe *b* so eingebaut, daß es die Vertiefungen des Wellbelages vollkommen ausfüllt. Die Wellen müssen senkrecht oder schief gegen die Längsachse des Hohlraumes liegen, damit auf ihnen das Sickerwasser nach unten ablaufen kann; dort angekommen wird es in Kanälen abgeleitet. Wenn auch mit der Zeit der gewellte Zwischenbelag *c* vom Wasser zerfressen wird, so bleiben doch im Unterfangungsgewölbe *b* die Kanäle erhalten, die das Wasser auch weiterhin ableiten.

B. Geschlossene Formen.

Der Kreis kommt bei starkem Drucke zur Anwendung, der von allen Seiten her gleichmäßig wirkt. Die Mauerstärke kann bis zu 1,0 und auch 1,5 m steigen.

Um die Schablone für eine Ellipse zu konstruieren, teilt man die lange, senkrechte Achse AB (Fig. 382) in sechs gleiche Teile. Um die Teilpunkte 1 und 5 werden Kreise geschlagen, deren Halbmesser gleich $^1/_6$ der Achse AB ist. Die kurze Achse CD wird gleichmäßig nach beiden Seiten hin verlängert, bis ihre Länge gleich der von AB wird. Um diese beiden Endpunkte A' und B' werden

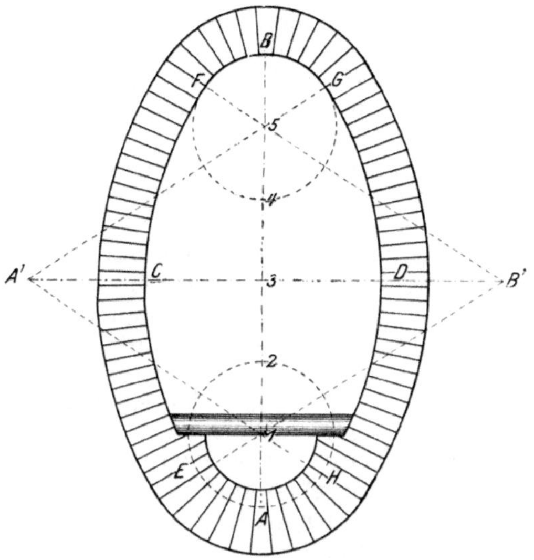

Fig. 382.

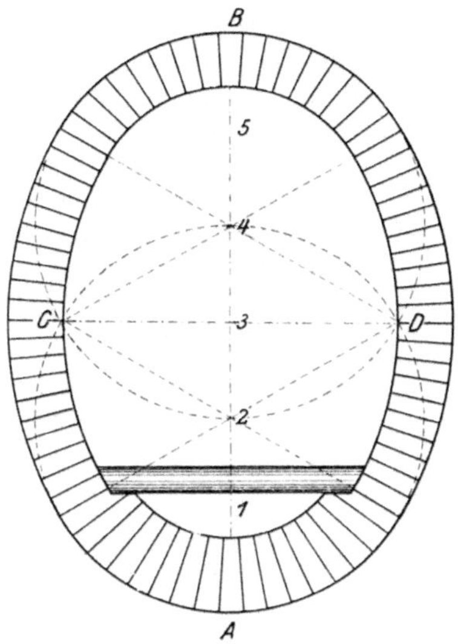

Fig. 383.

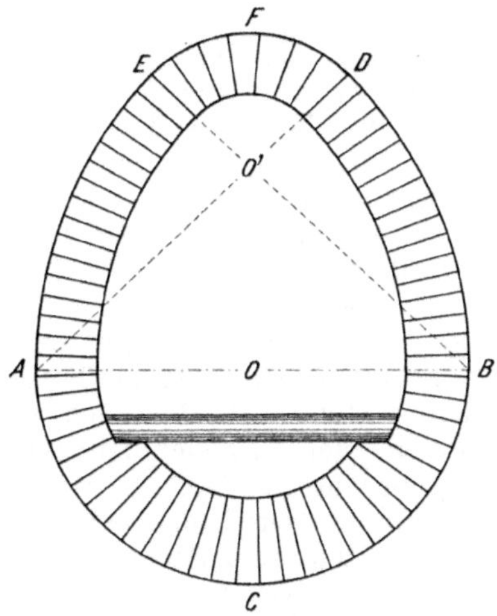

Fig. 384.

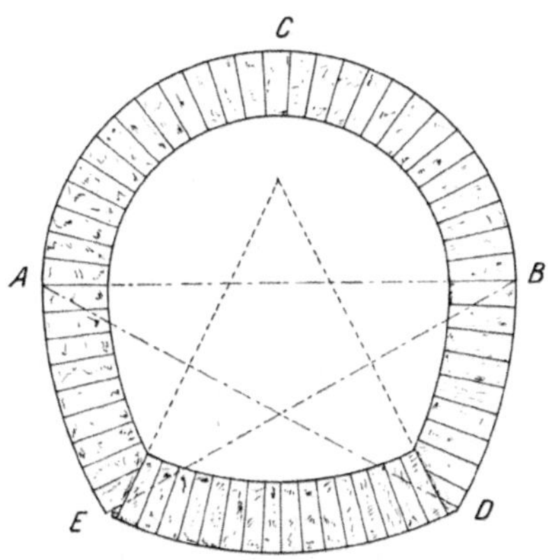

Fig. 385.

Fig. 382—385. Streckenmauerung. (Nach Dannenberg, Der Bergbau in Skizzen.)

mit den Halbmessern $B'C$ bezw. $A'D$ die Kreisbögen EF und GH geschlagen.

Bei größerem Stoßdrucke liegen die Mittelpunkte des Firsten- und des Sohlenkreises auf den Teilpunkten 2 und 4 der langen

Achse (Fig. 383). Die Mittelpunkte C und D für die Bögen an den Streckenstößen liegen auf dem Schnittpunkte der kurzen Achse mit den um 2 und 4 geschlagenen Kreisen.

Die Eiform (Fig. 384) wird erhalten, indem man mit dem Radius $OA = OC = OB$ den Halbkreis ACB schlägt. An diesen schließen sich die Bögen AE und BD an, deren Halbmesser BE und AD gleich AB sind. Der Mittelpunkt O' des Firstenbogens EFD liegt auf der Kreuzungsstelle von AD und BE.

Sollte der Sohlendruck über den von der Firste kommenden überwiegen, so wird der eiförmige Ausbau mit der Spitze nach unten gewendet.

Aus dem Ei entsteht das Hufeisen (Fig. 385). Der Halbkreis ACB liegt in der Firste; die beiden Seitenbögen AE und BD schließen sich an ihn nach untenhin an. Anstatt daß diese aber allmählich in den Sohlenkreis übergehen, wird nun hier ein Gewölbe DE geschlagen, dessen Spannung von der Größe des Sohlendruckes abhängt.

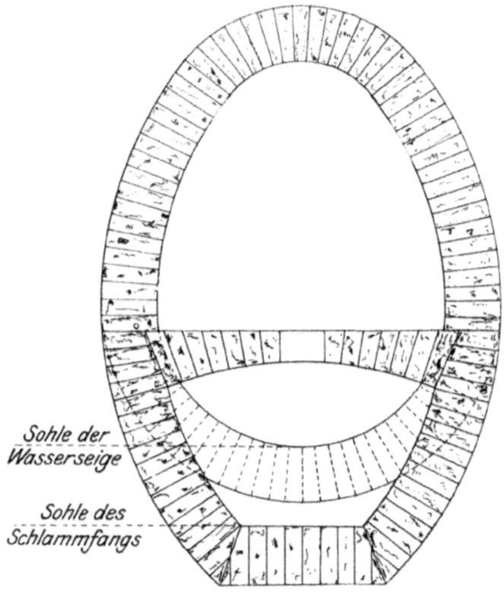

Fig. 386. Streckenmauerung mit Wasserseige und Schlammfang.

Bei den geschlossenen Formen nimmt die Wasserseige immer die ganze Streckenbreite ein. Das Tragewerk, auf dem das Gestänge verlagert ist und das auch zugleich zur Fahrung dient, wird in der Weise hergestellt, daß jedes Lager seitlich in Bühnlöcher kommt, oder daß die Sohlenbögen mit kleinerem Halbmesser geschlagen werden (Fig. 382, 383, 384). Sie haben an der Übergangsstelle nach den Stoßbögen einen Absatz, auf welchem das Tragewerk aufliegt. An Stelle dieses Absatzes (Bankets), der sich der ganzen Streckenlänge entlang zieht, können auch in gleichbleibenden Abständen Konsolen aus Mauerwerk angebracht werden.

Wird das Tragewerk, wie eben geschildert, aus Holz hergestellt, so ist die Säuberung der Wasserseige an allen Punkten leicht möglich. In vielen Fällen wird aber, um eine festere Förderbahn zu haben, die Wasserseige überwölbt. Dann müssen in regelmäßigen Abständen Schlammfänge (Fig. 386) angeordnet werden; dies sind Vertiefungen der Wasserseige, in denen sich aller mitgeführte Schlamm absetzt. Über den Schlammfängen sind in der Überwölbung Einsteigöffnungen von 40 × 52 cm lichter Weite herzustellen.

Da zwischen dem Auffahren und der Ausmauerung einer Strecke immer eine gewisse Zeit verstreicht, wird zunächst ein verlorener Ausbau gesetzt, der meistens aus Türstockzimmerung besteht. Dieser gesamte Holzausbau muß nebst der Verpfählung entfernt werden, damit das Mauerwerk allenthalben gut an das Gebirge angeschlossen werden kann. Wo dies nicht angängig ist, soll man höchstens die Verpfählung hinter der Mauer lassen. Etwaige Hohlräume sind auszumauern oder doch mindestens mit Bergen dicht zu verfüllen.

C. Mauerung von Streckenkreuzungen.

Wichtigere Streckenkreuzungen, namentlich die von Hauptquerschlägen und Grundstrecken, werden gern in Mauerung gesetzt, damit der Förderbetrieb späterhin nicht etwa durch wiederholtes

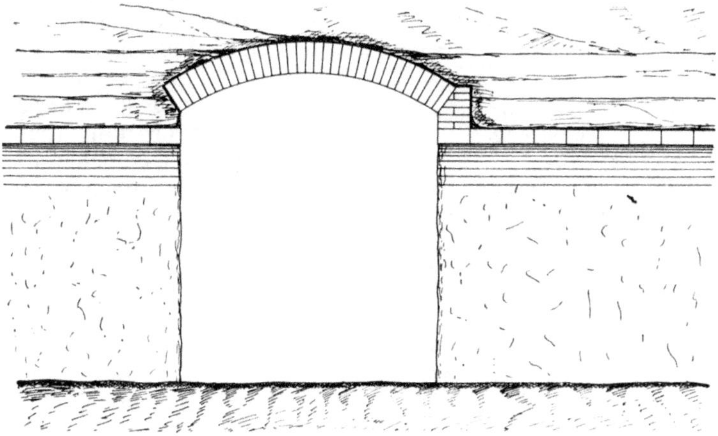

Fig 387.

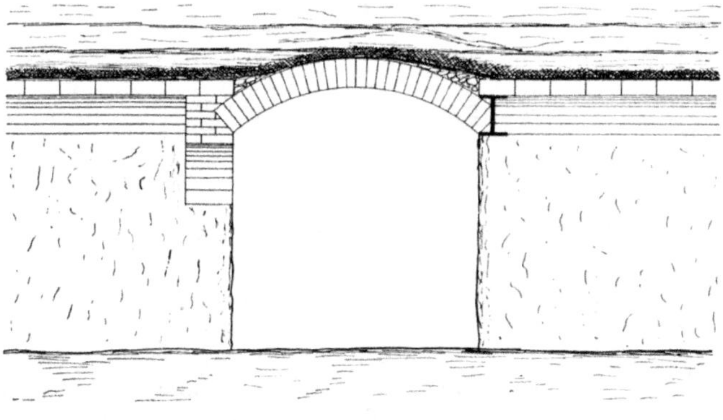

Fig. 388. Mauerung an Streckenkreuzen. (Nach Jicinsky, Katechismus der Grubenerhaltung.)

Auswechseln der Holz- oder Eisenzimmerung gestört wird. Die Querschläge stehen meistens mit Rücksicht auf ihre lange Benutzungsdauer vollständig in Mauerwerk; von den Grundstrecken werden nur die Einmündungen in die Querschläge ausgemauert. Diese Arbeit kann auf folgende Arten ausgeführt werden.

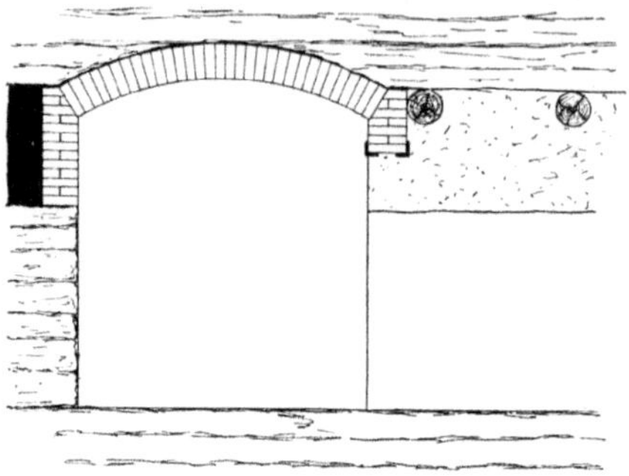

Fig. 389. Mauerung an einer Streckenkreuzung.

Die Querschlagsfirste wird auf eine Länge von ungefähr 10—20 m vor und hinter der Grundstrecke nachgerissen, sodaß sie an der Einmündungsstelle mindestens 1 m höher liegt als die der Grundstrecke (Fig. 387). In derselben Weise wird das Firstengewölbe höher zu liegen kommen; es hat also seine Widerlager über dem Scheitel der Grundstreckenfirste liegen. Diese Verbauungsart ist besonders dann anzuwenden, wenn im Querschlage mit Seil oder Kette ohne Ende gefördert werden soll; um die aus der Nebenstrecke kommende Förderung an das Seil anzuschlagen, muß dieses

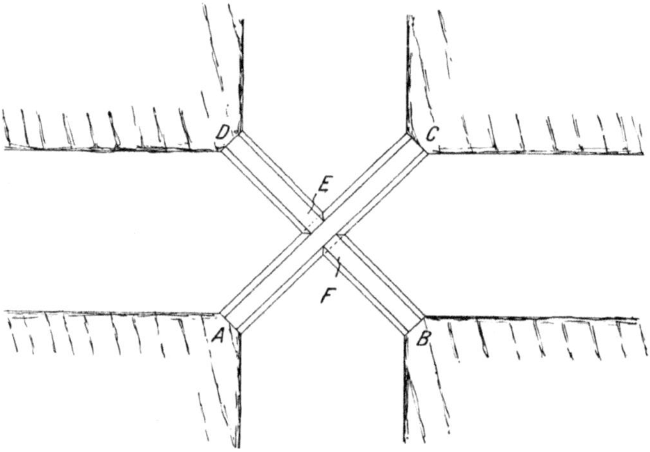

Fig. 390. Mauerkappen für Kreuzgewölbe.

mit Tragerollen hochgehoben werden. Hierzu ist aber eine größere Höhe des Querschlages erforderlich.

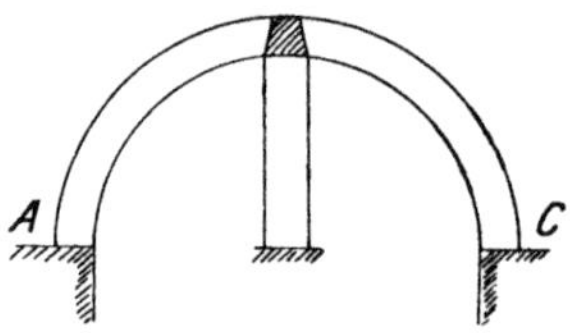

Fig. 391. Mauerkappen für Kreuzgewölbe.

Braucht der Querschlag nicht höher zu sein als die Grundstrecke, dann liegen die Scheitel beider Firstengewölbe in gleicher Höhe und das des Querschlages würde am Grundstreckenmundloche ohne Widerlager bleiben. Diese müssen erst künslich geschaffen werden und zwar entweder mit Hilfe eines I-Trägers (Fig. 388

rechts) oder eines gemauerten Tragegurtes (Fig. 388 links). Anstatt dieses Tragegurtes kann man auch das in Fig. 389 dargestellte Verfahren anwenden; hier wird das mit dem Widerlager versehene Mauerwerk von zwei kräftigen Winkeleisen getragen.

Hat man geschickte und gut eingeübte Maurer zur Verfügung, dann wird diese Stelle mit einem Kreuzgewölbe überspannt. Dies geschieht folgendermaßen. Von Ecke *A* (Fig. 390) aus wird nach der diagonal gegenüberliegenden Ecke *C* ein Gurtbogen *AC* von trapezförmigem Querschnitt (Fig. 391) gespannt. Dasselbe geschieht zwischen den beiden anderen Ecken *D* und *B*, nur mit dem Unterschiede, daß dieser Tragegurt aus zwei Hälften besteht, deren innere Enden *E* und *F* sich auf die abgeschrägten Seitenflächen (Widerlager)

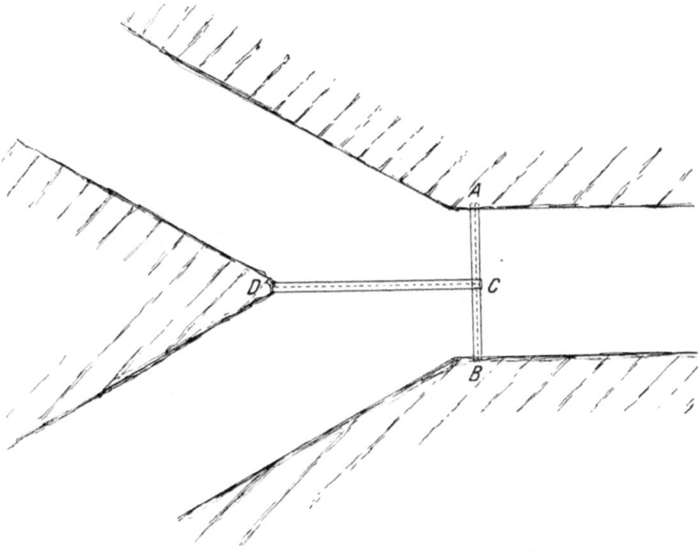

Fig. 392. Mauerung an Streckenkreuzen.

der Kappe (= Gurt) *AC* stützen. Auch dieser Gurtbogen hat trapezförmigen Querschnitt. Nun werden noch die Felder zwischen den beiden Gurten ausgemauert. Für diese Wölbungen, an welche sich dann die Firstenwölbungen anschließen, dienen die abgeschrägten Seitenflächen der Gurte als Widerlagsflächen.

Stoßen zwei Strecken unter spitzem Winkel aufeinander, um dann vereinigt weiter zu laufen (Fig. 392), dann sind auch die beiden vorher getrennten Firstenkappen (-Gewölbe) in eins zusammenzuziehen. Zu diesem Zwecke wird der Gurt *AB* gewölbt und in den Stößen der bereits vereinigten Strecken verlagert. Der I-Träger *CD* stützt sich mit einem Ende (*C*) auf ihn, mit dem anderen (*D*) auf die die beiden Strecken trennende Gesteinswand. Darauf werden die Firstenwölbungen hergestellt.

D. Gemischter Ausbau.

Gemischter Ausbau, bei dem nur die Stöße mit Mauerung verkleidet werden, an der Firste dagegen sich Kappen aus Holz oder Eisen vorfinden, ist schon bei der Eisenzimmerung besprochen worden. Eine aus Eisenkappen und Ziegelgewölbe bestehende Sicherung der Firste wird Kappengewölbe genannt (Fig. 393 und Fig. 378). Die eisernen Querkappen sind beiderseits in den Stößen eingebühnte Eisenbahnschienen oder I-Träger. Sie sind meistens gerade, seltener

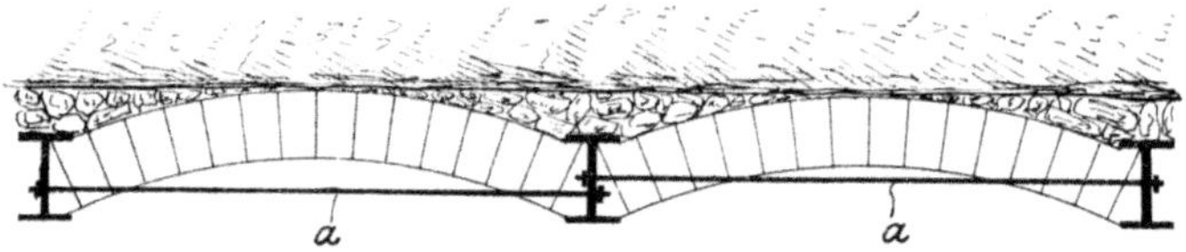

Fig. 393. Kappengewölbe.

nach oben ausgebogen. Ihr gegenseitiger Abstand beträgt 1 m. Die zwischen ihnen liegenden Felder werden eingewölbt. Ein jedes einzelne von diesen Gewölben sucht die als Widerlager dienenden Träger auseinander zu drücken. Dies würde namentlich bei den an beiden Enden eines Kappengewölbes eingebauten Eisenkappen der Fall sein. Darum werden diese noch untereinander durch Ankerstangen *a* verbunden.

E. Trockene Mauerung.

Trockene Scheibenmauern werden sehr gern bei Abbau mit Bergeversatz aufgeführt, um diesen letzteren zu halten, wenn Strecken darin offen erhalten werden sollen. Sehr schön ausgeführte Scheibenmauern sind im Georgschachtfelde der Mathildegrube bei Lipine zu sehen; sie konnten sauber hergestellt werden, weil hierzu ein vorzügliches Material, Muffelscherben aus dem Zinkhüttenbetriebe, zur Verfügung stand.

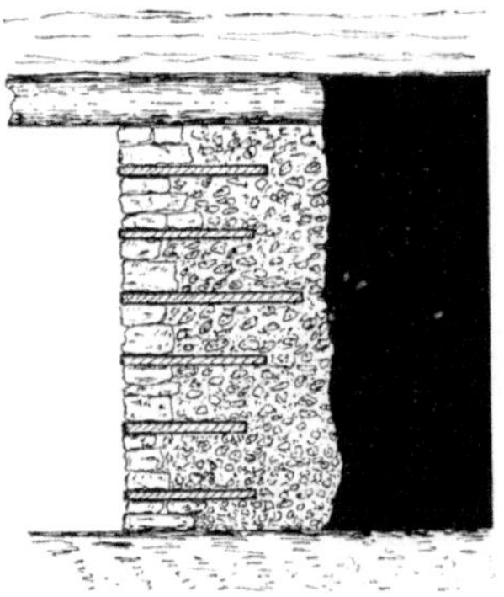

Fig. 394. Bergemauer mit Bohleneinlagen.

Fig. 395. Bergemauer mit vorgespannten Seilen. (Aus „Berg- u. Hüttenmännische Rundschau“ IV, Nr. 1.)

Auf der Richterschacht-Anlage in Laurahütte erhalten trockene Scheibenmauern, die vor druckhaften Streckenstößen stehen, in gleichbleibenden Abständen Einlagen von Bohlenstücken (Fig. 394). Seitdem werden solche Mauern durch den Stoßdruck nicht mehr ausgebaucht.

Im Bergeversatz, also z. B. in Strebstrecken, haben im Läuferverband hergestellte trockene Bergemauern zwar schön ausgesehen, aber nicht lange gehalten; sie bauchten sich schnell aus. Mauern aus wechselnden Läufer- und Binderschichten waren schon wesentlich besser; sie gaben keinen Anlaß zu Tadel. Am allerbesten hielt im

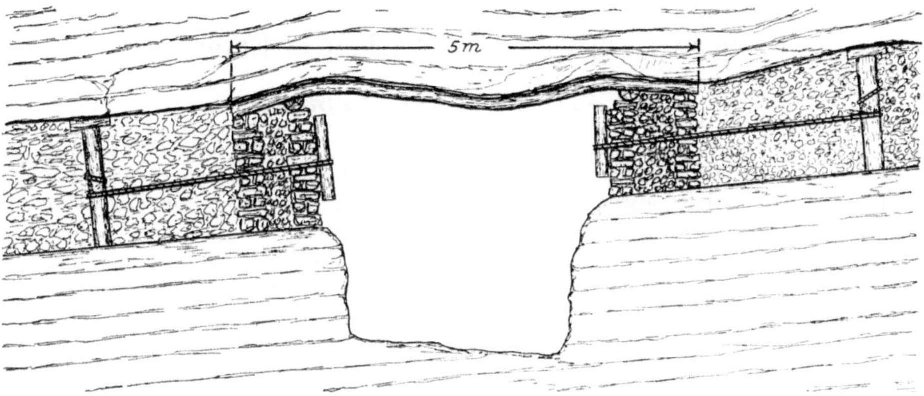

Fig. 396. Verankerte Bergemauer.

Binderverband hergestelltes trockenes Mauerwerk; es sieht aber häßlich aus.

Man kann das Ausbauchen auch verhüten, indem man abgelegte Förderseile netzartig vor diesen Mauern ausspannt (Fig. 395). Weit häufiger aber wird, namentlich im Strebbau, eine Verankerung der Mauern (Fig. 396) vorgenommen. Zu diesem Zwecke fügt man in gleichbleibenden Abständen in die Mauer Stempel ein, die durch Drahtseile an oberhalb bezw. unterhalb eingebauten Ankerstempeln angehängt sind.

F. Mauerung mit Holzeinlagen bezw. ganz in Holz.

An Stellen, wo gewöhnliches Mauerwerk nach vier bis fünf Monaten erneuert werden mußte, legte man auf Zeche Deutscher Kaiser nach jeder fünften Ziegelschicht unter Fortlassung des Mörtels eine Holzschicht. Diese bestand aus Tannenholzbrettchen von 4 bis 5 cm Stärke, 10 cm Breite und einer Länge, die der Mauerstärke entsprach. Zwischen den einzelnen Brettchen verblieb ein kleiner freier Raum; das gesamte Mauerwerk konnte also dem Gebirgsdrucke nachgeben, indem die Brettchen zusammengedrückt wurden und dabei die freien Zwischenräume ausfüllten. Solches Mauerwerk zeigte nach zwei Jahren noch keine Spur von Beschädigungen.

Streckenmauer mit Holzeinlagen übertrifft, wie man auf Eschweiler-Reserve festgestellt hat, eine massive Steinmauer an Lebensdauer um das Fünffache.

Auf Zeche General Blumenthal ist man nun auf Grund dieser günstigen Ergebnisse noch einen Schritt weiter gegangen und stellte im sehr druckhaften Gebirge die Mauerung vollständig aus kantigen Tannenholzklötzern her; als Bindemittel diente gewöhnlicher Mörtel, der mit Heu oder Seegras vermischt wurde. Auf genanntem Werke werden derartige Mauern besonders in Füllörtern, zu Wetterdämmen usw. benutzt und bewähren sich recht gut.

Viertes Kapitel. Der Ausbau in Beton.

A. Reiner Betonausbau.

Auch der Betonausbau kann in offenen oder geschlossenen Formen eingebracht werden. In beiden Fällen werden entsprechende Lehrbögen nebst einer Verschalung aufgestellt, die den bei der Mauerung verwendeten vollkommen entsprechen.

Bei der Herrichtung der Schablonen für die Stoßbetonierung werden in gegenseitigen Abständen von 1,5—2 m Stempel oder besser Halbhölzer *a* (Fig. 397) gestellt, deren Schnittfläche man dem Stoße

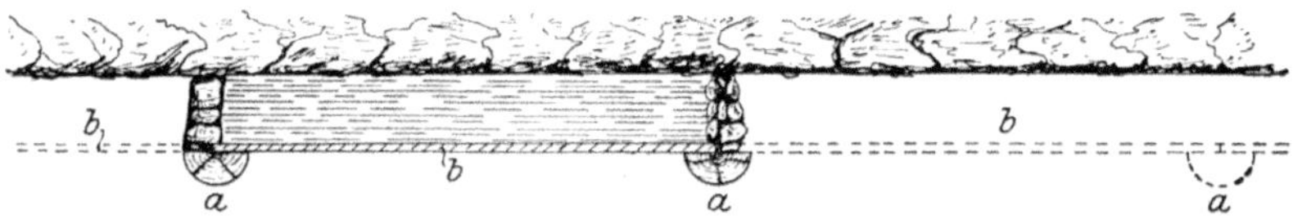

Fig. 397. Verschalung für die Streckenbetonierung.

zuwendet. An diese legt man die Verschalungsbretter *b* an; der Abstand ihrer Innenfläche vom Stoße entspricht der verlangten Mauerstärke. Der Beton wird von unten nach oben fortschreitend eingebracht und bis zum Schwitzen gestampft; damit er nicht seitlich herausfließt, schließt man diese Stellen mit Bergestücken, die man dort aufbaut und nachher wieder wegnimmt. Die Verschalung wird immer erst mit dem Wachsen der Betonmauer erhöht. Damit sie sich nach der Erhärtung leicht ablösen läßt, wird sie oft mit Öl oder irgend einem Fett bestrichen. Indessen muß man das Fett nachher gut vom Beton abwaschen, weil er sonst bald zu reißen anfängt.

Häufig angewendete Betonmischungen sind auf Radzionkaugrube:

1 Zement, 2 Sand, 3 Zinkräumasche,
1 „ 3 „ 4 „
1 „ 3 „ 6 „

Auf Maxgrube O.-S. mischte man 2 Teile Zement mit 5 Teilen Sand und 10 Teilen Dolomitabhub.

Auf einem Querschlage des Juliusschachtes der konsolidierten Fuchsgrube bei Waldenburg neigten grobe Konglomeratschichten sehr stark zur Verwitterung. Die gebrächen Stellen wurden daher mit einem 20—25 cm starken Zementputze versehen, der außerdem noch glatt verrieben wurde.

Auf den Freieslebenschächten der Mansfeldschen Kupferschiefer bauenden Genossenschaft wurde ein 1000 m langer Querschlag verbetoniert. Die Mischung bestand aus 1 Teil Zement, $2^1/_2$ Teilen Steinschlag und $4^1/_2$ Teilen Kies. Der Beton wurde in Schichten von 15—20 cm Stärke aufgegeben. Fünf Mann leisteten in 12 Stunden 6 laufende Meter Querschlagslänge. Die Kosten beliefen sich für den laufenden Meter auf 31,70 Mk.

Eine sehr schwierige Arbeit war das Betonieren des gesamten Streckenumfanges im 3. Laufs-Nordwestschlage des Quecksilberbergwerkes in Idria. Aus einer stark klüftigen Partie dünngeschichteter Schiefer trat minutlich über 1 cbm schwefelwasserstoffhaltiges Wasser aus, das viel Kluftmaterial mitriß; wegen dieser erodierenden Tätigkeit lag die Gefahr nahe, daß die aus einem obertägigen Wasserlaufe stammenden Zuflüsse sich vermehren würden. Der Wasserdruck betrug 11,8 Atm.

Die Versuche, das Wasser mittelst betonierter Querdämme abzusperren, mißlangen; es schuf sich neue Kanäle um diese Dämme herum. Darum blieb nur übrig, den gesamten Streckenumfang innerhalb der ganzen gebrächen Gesteinspartie mit einer geschlossenen, zylindrischen Betonmauer zu verkleiden. Diese Betonröhre mußte nicht nur fest und wasserdicht sein, sondern auch allenthalben ohne Fuge am Gesteine anliegen; denn sonst konnte das Wasser auf dieser Fuge bis an das Ende der Betonmauer gelangen, um dort auszuströmen.

Der Beton wurde aus 1 Teil langsam bindendem Portlandzement, $2^1/_2$ Teilen gewaschenem Flußsand und $3^1/_2$ Teilen Kalksteinschlag bis zu 5 cm Korngröße hergestellt.

Die Streckenbetonierung begann an dem dem Schachte zunächst liegenden Querdamme und wurde in der Richtung nach dem Schachte hin in Absätzen von 2 m Länge vorgenommen. Die hinter dem Damme angestauten Wasser wurden durch eine Rohrleitung abgeführt, solange die Betonierung noch nicht beendet war. Weil eine Verstopfung der Abflußleitung sehr leicht möglich war, schloß man die Streckenbetonierung nicht unmittelbar an den Querdamm an, sondern ließ einen freien Raum von 2 m, den man erst zu allerletzt verbetonierte.

Damit der Beton sich mit den gebrächen Gesteinsflächen gut verbinden konnte, wurden diese dicht bepickelt, gesäubert, gut genäßt und mit einem Feinsandmörtel 1:1 dünn bestrichen. Das gleiche geschah mit den Stoßflächen der einzelnen Betonierungsabsätze. Auf die fertige Betonwand wurde dickbreiiger Feinsandmörtel 1 : 1 in 15 mm starker Lage so aufgetragen, daß er die Fugen der einzelnen Absätze überdeckte, mit der Reibscheibe gut gepreßt und verrieben. Auf diesen Verputz kam noch eine kartenblattdicke Schicht von Zementschleim, die solange mit der Stahlglättkelle (Bügeleisen) verrieben wurde, bis sie glasiert war.

Als man nach Beendigung der gesamten Betonierungsarbeiten das Verbindungsstück zwischen dem Querdamme und der Stoßbetonierung hergestellt hatte, verstopfte sich das Wasserabflußrohr und es trat allenthalben Wasser aus den bereits betonierten Stößen aus. Diese Wasserzuflüsse versiegten aber nach einiger Zeit, jedenfalls infolge von Versinterung der Klüfte.

Die Herstellungskosten des Betonausbaues beliefen sich auf insgesamt 18384,50 Kronen, während die Hebung der am 3. Laufe zusitzenden Wasser im Durchschnitte des letzten Vierteljahres monatlich 4464 Kronen gekostet hatte. Diese mühsame und teure Verdämmung machte sich also in vier Monaten bezahlt.

Auf Grube Göttelborn im Saarbezirke wurden i. J. 1906 und in den folgenden Jahren insgesamt 1109 m Richtstrecken und Querschläge mit eisenverstärktem Beton ausgekleidet. Die Wandstärke betrug 15 cm. Auf eine Baulänge von 1 m kamen $8^1/_2$ Druckstäbe von 10 mm Ø sowie alte Bremsbergseile als Verteilungsstäbe, deren gegenseitiger Abstand je nach den Gebirgsverhältnissen 12—30 cm betrug. Der Beton wurde aus Zement, Sand und Diorit im Verhältnis 1:2:4 gemischt. Anfangs verwendete man hierzu auch Kesselschlacke, machte damit aber keine Ersparnisse, weil dann mehr Zement genommen werden mußte. Im Gewölbebeton ließ man den Sand weg, weil der Dioritgrus von 0—30 mm Korngröße genug Feinmaterial enthielt.

An schwierigen Stellen brachte man den Eisenbeton absatzweise immer nur in jedes zweite Feld ein; erst nachdem er hier erhärtet war, verbetonierte man auch die übersprungenen Felder. Dadurch wurden größere Brüche vermieden. Der Ausbau dieser einzelnen Felder erhielt keinerlei gegenseitige Verbindung; dadurch entstanden naturgemäß zwischen den einzelnen Absätzen Fugen, die aber wegen der verschiedenen Beanspruchung des Betons günstig auf seine Haltbarkeit einwirkten.

In etwas anderer Weise wurde ein Richtort auf Bahnschacht bei Waldenburg auf 170 m Länge betoniert. Sein Querschnitt war elliptisch bei 3,2 m Breite und 2,8 m Höhe. Der aus 1 Teil Zement und 3 Teilen Sand bestehende Beton wurde durch ein Gerippe aus Eisengeflecht verstärkt, dessen Maschen 8—10 cm weit waren. Das Geflecht bestand aus Rundeisen von 10 mm Ø in den senkrechten und 7 mm Ø in den wagerechten Teilen. Die Dicke der Betonschicht betrug je nach dem Gebirgsdrucke 10—25 cm.

Auch die Wasserseigen werden ganz in Stampfbeton hergestellt; ihre Lage an der Streckensohle ist dieselbe, wie bei der Mauerung beschrieben wurde.

So wurde z. B. auf den Richterschächten bei Laurahütte die Wasserseige im Hauptquerschlage g. N. der 206 m-Sohle mit Beton verkleidet. Sie liegt in der Mitte zwischen beiden Gestängepaaren des 3,25 m breiten Querschlages und ist im Lichten 1 m tief und ebenso breit; die Betonwandstärke beträgt etwa 25 cm. Die Betonmischung war 1 Zement, 1 Sand, 6 Bergeklein. Die Lager für das Gestänge wurden einbetoniert, ohne in die Wasserseige hineinzuragen. Zur Abdeckung dienten eisenverstärkte Betonplatten von 0,30 m Länge, 1,20 m Breite und 0,10 m Stärke. Sie wurden an Ort und Stelle in einer besonderen Form auf folgende Weise angefertigt. Auf den Boden der Form kam eine Lage der hierzu verwendeten Betonmischung von 1 Zement, 3 Sand und 1 Bergeklein. Dann kam in die Mitte der Form ein der Länge nach hineinpassendes Schienenstück, zu dessen Seiten je drei Stück alte Bremsbergseile gelegt wurden. Diese Einlagen wurden nun wieder mit Beton übergossen, der gut verstampft wurde.

B. Holz-Beton- und Eisen-Beton-Ausbau.

Auf den Werken des Zwickau-Oberhohndorfer Steinkohlenbauvereins ist zur Verwahrung der Grubenbaue gegen Gebirgsdruck

Fig. 398. Holz-Beton-Ausbau. (Aus dem „Jahrbuch f. d. Berg- und Hüttenwesen im Königreich Sachsen", 1901.)

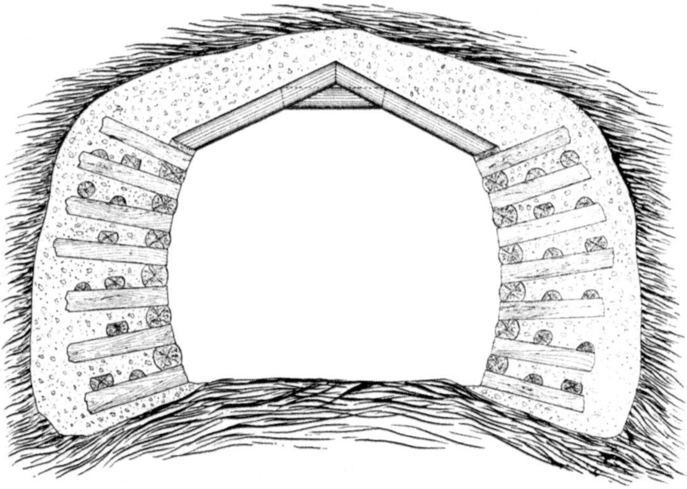

Fig. 399. Holz-Beton-Ausbau. (Aus dem „Jahrbuch f. d. Berg- und Hüttenwesen im Königreich Sachsen", 1901.)

ein aus Holz bezw. Eisen und aus Beton bestehender Ausbau mit großem Erfolge zur Anwendung gelangt. Die Streckenstöße werden mit Holz- oder Eisenschränken gesichert (Fig. 398, 399, 400, 401), die aus Läufer- und Binderschichten bestehen und mit Widerlagern ausgerüstet sind.

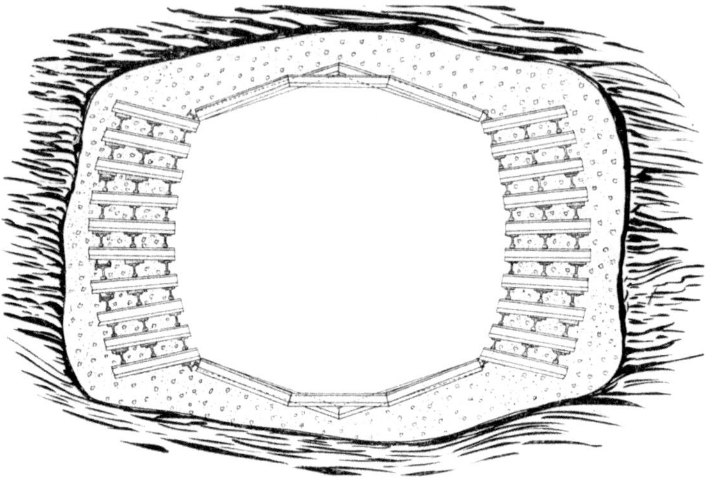

Fig. 400. Eisen-Beton-Ausbau. (Aus dem „Jahrbuch f. d. Berg- und Hüttenwesen im Königreich Sachsen“, 1901.)

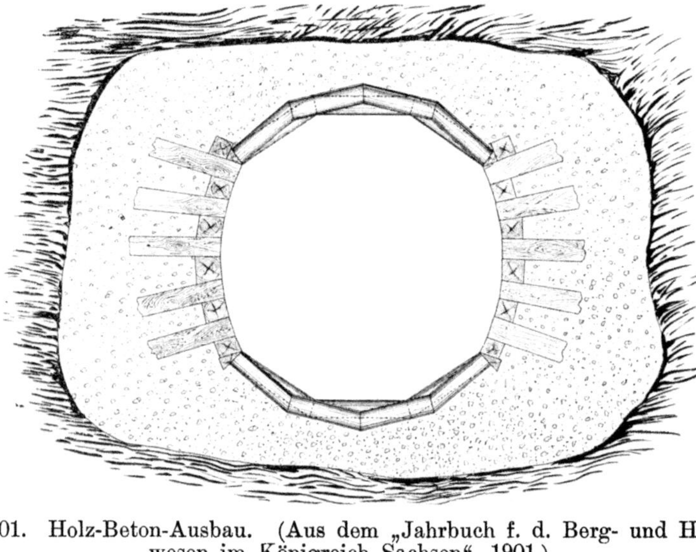

Fig. 401. Holz-Beton-Ausbau. (Aus dem „Jahrbuch f. d. Berg- und Hüttenwesen im Königreich Sachsen“, 1901.)

An der Firste und der Sohle wird Sparrenzimmerung eingebaut (Fig. 399, 400, 401). Fig. 402 zeigt, daß derselbe Verbau wie an den Stößen auch an Firste und Sohle hergestellt werden kann. Zwischen diesen Ausbau und das Gestein kommt eine Betonhinterstampfung.

Der Ausbau stellt sich, abgesehen von den mit der längeren Lebensdauer desselben verbundenen Ersparnissen, schon deshalb billig, weil an Holz und Eisen möglichst viel Altmaterial verwendet wird.

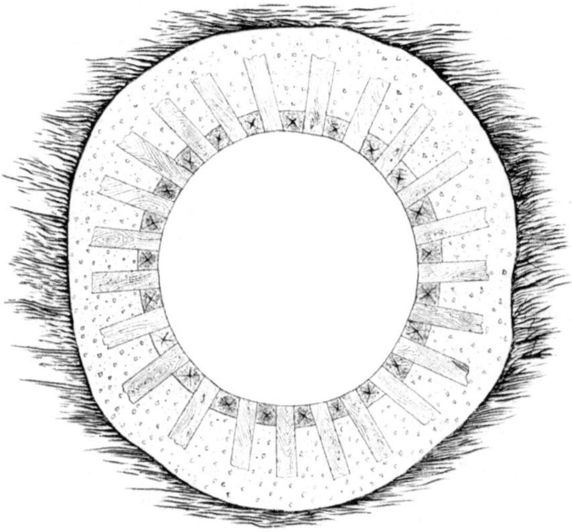

Fig. 402. Holz-Beton-Ausbau. (Aus dem „Jahrbuch f. d. Berg- und Hüttenwesen im Königreich Sachsen", 1901.)

In der Streckenrichtung werden „möglichst von den Holz- und Eisensparren immer je einige zusammen in mannigfacher Aufeinanderfolge aneinandergereiht, um dem widerstandsfähigen Eisen das biegsamere und deshalb nachgiebigere Holz beizugesellen".

Derselbe Ausbau hat sich auf genannten Werken auch in druckhaften Füllörtern bewährt.

Zweiter Abschnitt.

Der Streckenausbau im losen oder schwimmenden Gebirge.

Erstes Kapitel. Getriebezimmerung.

Strecken können entweder am ganzen Umfange oder aber nur an einzelnen Stößen abgetrieben werden. Das erstere ist der Fall, wenn es sich um die Durchörterung nasser und loser, also schwimmender Gebirgsschichten handelt; das Abtreiben nur einzelner Streckenstöße kommt am häufigsten bei der Aufwältigung vor. Die Getriebearbeit findet dann zumeist in der Streckenfirste statt.

A. Das Abtreiben der Firste.

Die Getriebearbeit an der Firste beginnt damit, daß die Pfähle des letzten Feldes durch eine Kappe *a* (Fig. 403) nebst einer Pfändelatte *b* abgefangen werden. Zwischen der Kappe und der Pfändelatte wird für die im neuen Felde vorzutreibenden Pfähle ein Schlitz hergestellt und durch Keile offen gehalten. Die Kappe, die man Ansteck- oder Hebekappe nennt, kann aus Rundholz oder Kantholz bestehen. Zum Pfändeholze verwendet man Bohlen, Halbholz oder Rundholz.

In der Mitte des letzten Feldes wird ferner noch die Hilfskappe (= verlorene Kappe, Spannpfändung) *c* so eingebaut, daß die neu angesteckten Pfähle *d* schräg nach oben gerichtet sind. Eine starke Pfändung der Getriebepfähle ist erforderlich, damit die Strecke nicht niedriger wird.

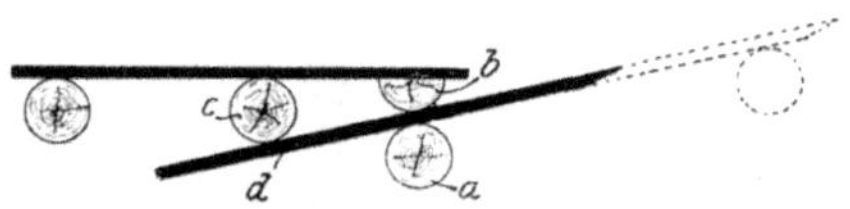

Fig. 403.

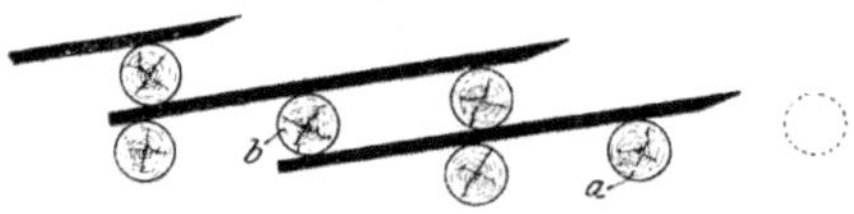

Fig. 404.
Abtreiben der Streckenfirste.

Die Pfähle können aus Holz oder Eisen bestehen. Zu hölzernen Pfählen nimmt man Eiche oder Kiefer in Form von Bohlen, Halbholz oder Stangen. Zu den eisernen Pfählen benutzt man Röhren, U-Eisen, Schienen oder Flacheisenplatten.

Die Pfahlspitzen müssen immer im Gebirge stecken, damit der Pfahl an beiden Enden aufliegt. Ist dies nicht möglich und der Firstendruck bedeutend, dann sind diejenigen Pfähle, welche augenblicklich nicht getrieben werden, durch Kreuze abzufangen. Sind alle Pfähle auf die halbe Länge vorgetrieben, dann wird unter ihren Köpfen die Hilfskappe *a* (Fig. 404) eingebaut, bevor noch die Schwänze die Spannpfändung *b* verlassen.

Während des Vortreibens ist darauf zu achten, daß über der Verpfählung keine Hohlräume bleiben, da diese beim plötzlichen Zusammengehen zu Streckenbrüchen Veranlassung geben können. Sie werden mit Bergen oder gesundem Holze ausgefüllt. Auf Anselmschacht bei Peterhofen geschieht dies auch mit frischem Tannenreisig, welches hierzu wegen seiner Federung recht geeignet sein soll.

B. Das Abtreiben des gesamten Streckenumfanges.

Muß der ganze Streckenumfang abgetrieben werden, dann werden ganze Türstöcke nebst einer Quergrundsohle gestellt. Die Türstockbeine können senkrecht oder geneigt stehen. Im letzteren Falle hat die Strecke trapezförmigen Querschnitt, der angeblich den Firstendruck besser aufzunehmen vermag und größere Sicherheit dagegen gewährt, daß der Ausbau um die Längsachse der Strecke verdreht wird.

Die Stoßpfähle werden in derselben Weise wie die an der Firste durch Pfändelatten abgefangen, welche ihren Platz hinter den Türstockbeinen haben. Nur an der Sohle verfährt man anders. Hier dient die Quergrundsohle dazu, die freien Pfahlenden des letztvorgetriebenen Feldes abzufangen. Für die neu anzusteckenden Pfähle wird der Schlitz durch eine Spreize, die Feldspreize, hergestellt, die über der Grundsohle zwischen die Türstockbeine eingeschlagen wird. Als Quergrundsohle nimmt man oft ein Halbholz oder auch nur eine starke Bohle. Die Feldspreize wird durch dünne Stempel besonders gegen die Kappe verbolzt (Fig. 405).

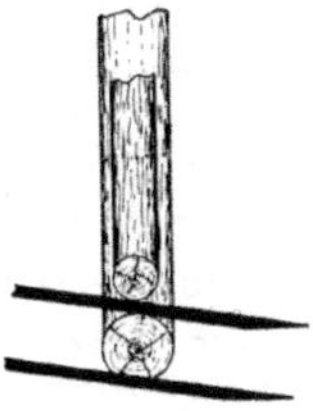

Fig. 405. Feldspreize.

C. Die Verwahrung des Ortsstoßes.

Im rolligen, nicht schwimmenden Gebirge ist eine Ortsvertäfelung bei söhligen Strecken nicht erforderlich, falls nicht etwa die losen Massen unter hohem Druck stehen, der sie ständig in die Strecke hineintreibt. Höchstens werden vor Ort einige Zumachebretter übereinander auf die Sohle gestellt, um zu verhindern, daß das Gebirge zu weit in die Strecke hineinrollt (Fig. 406). Eine Ortsvertäfelung wird dagegen immer bei ansteigenden Strekken sowie bei solchen nötig sein, die im nassen Gebirge vorgetrieben werden. Im letzteren Falle muß auch noch zwischen das Gebirge und die Zumachebretter eine Strohschicht kommen, um das durchtretende Wasser zu filtern.

Fig. 406.

Fig. 407. Ortsvertäfelung.

Die Zumachebretter gehen quer über die Strecke von dem einen Stoße zum anderen. Beim

Vortriebe eines neuen Feldes liegen sie zunächst an dem Hebetürstocke unmittelbar an. Wird der Ortsstoß weiter vorgeschoben, dann spreizt man jedes einzelne Brett durch Bolzen gegen die Stoßstempel ab (Fig. 406).

Der Ortsstoß wird von oben nach unten brettweise vorgeschoben. Jedoch darf dies nur soweit geschehen, daß das oberste Brett noch unter der Firstenverpfählung steht. Die Fuge zwischen dem neuen (oberen) und dem alten (unteren) Ortsstoße wird durch ein wagrechtes Setzbrett verschlossen. Treibt das Gebirge, dann muß dieses Brett gegen die Streckenfirste verbolzt werden (Fig. 407).

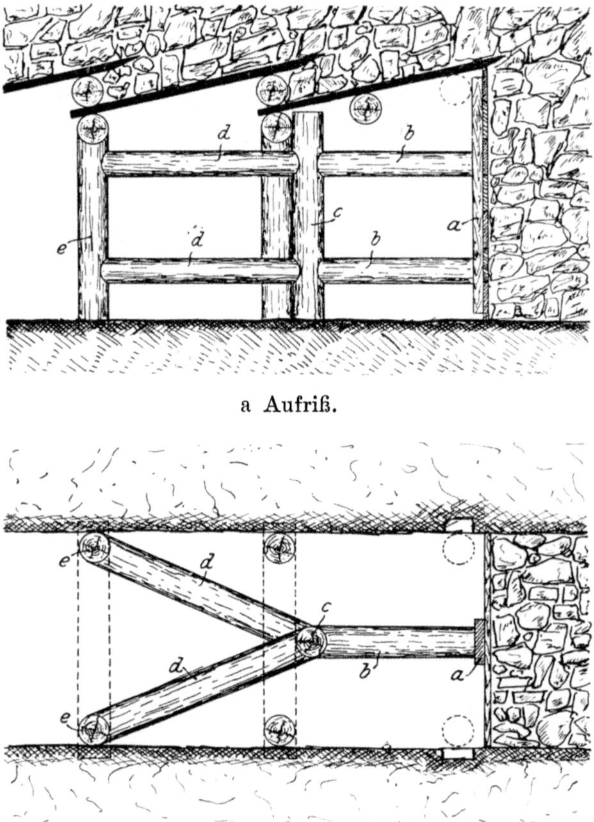

a Aufriß.

b Grundriß.

Fig. 408 a, b. Einbau eines neuen Türstockes.

Beim Einbau eines neuen Hilfs- oder auch Hebetürstockes sind die Verbolzungen der Ortsvertäfelung im Wege. Um sie beseitigen zu können, werden sämtliche Zumachebretter durch ein senkrechtes Anlegebrett *a* (Fig. 408) nebst Bolzen *b* gegen einen Mittelstempel *c* nach rückwärts verspeert. Von diesem Mittelstempel aus gehen wieder Streben *d* nach den Türstockbeinen *e*. Nun kann man erst an dem einen Stoße, dann auch an dem anderen die Verbolzung herausschlagen und die neuen Türstockstempel einbauen.

Ist das schwimmende Gebirge so wasserreich, daß der Getriebeausbau stark in Druck kommt und Gefahr läuft, zerbrochen zu werden, dann stellt man die Arbeit auf solange ein, bis sich das Gebirge hinreichend entwässert hat. Dies kann man dadurch beschleunigen, daß man in den Ortsstoß und nahe demselben in die Firste und die Streckenstöße Gasröhren eintreibt, die vorn zugespitzt und allenthalben siebartig mit Löchern versehen sind.

D. Die Verstärkung des Getriebeausbaues von Strecken.

Die Verstärkung des Streckenausbaues kann entweder zum Zweck haben, eine größere Sicherheit gegen den Gebirgsdruck herbeizuführen oder aber die Strecke gegen Verdrehung zu schützen. Im ersteren Falle genügt meistens ganze Schrotzimmerung aus starkem Holze, die man in ähnlicher Weise einbringt, wie es weiter oben

Fig. 409.

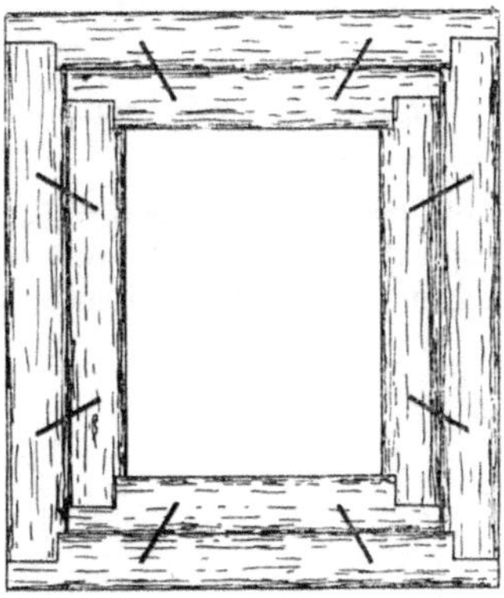

Fig. 410.

Verstärkung der Getriebezimmerung.

beim Schachtabtreiben beschrieben wurde. Zur Verstärkung des Ausbaues bei schraubendem Druck kann man in den vier Ecken Längsunterzüge anbringen, die untereinander verstrebt sind (Fig. 409), oder in jeden Türstockrahmen wird noch ein zweiter eingesetzt und mit dem äußeren verklammert (Fig. 410).

Zweites Kapitel. Die Getriebearbeit mit Verdichtung des Gebirges durch Keile.

In Belgien und Frankreich ist ein besonderes Getriebeverfahren üblich, bei welchem die Firste und die Stöße in gewöhnlicher Weise mit Pfählen abgetrieben werden. Der Ortsstoß und die Sohle werden dagegen mit Holzpflöcken oder hölzernen Spitzkeilen gepflastert. Diese haben runden oder quadratischen Querschnitt von 10 cm

Fig. 411. Verdichtung des schwimmenden Gebirges durch Keile.

Durchmesser bezw. Seitenlänge, sind 30—50 cm lang und schlank zugespitzt. Es wird nur dasjenige Gebirge gewonnen, welches zwischen den runden Pflöcken herausgeflossen kommt. Die quadratischen Keile werden so lange getrieben, bis sie nicht mehr ziehen. Um das zu stark verdichtete Gebirge abfließen zu lassen, werden dann einige von ihnen auf kurze Zeit herausgezogen.

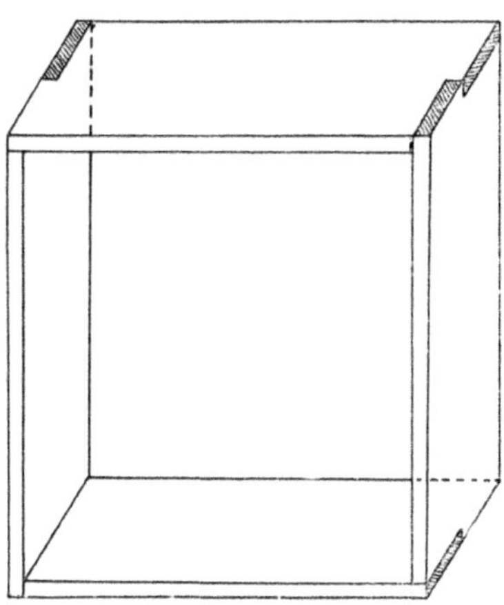

Fig. 412. Bohlenschrot.

Die Ortspflöcke werden durch Querbohlen *a* (Fig. 411) ähnlich den Zumachebrettern abgefangen und nach rückwärts abgestrebt. Der Vortrieb erfolgt reihenweise von oben nach unten mit dem Treibefäustel oder einer Ramme. Diese wird am einfachsten aus einem an Seilen wagerecht aufgehängten Stempel hergestellt. Während des Vortriebes der untersten Pflockreihe werden sofort neue Keile in die Sohle eingerammt, damit diese stets bis an den Ortsstoß heran verdichtet ist.

Die Sohlenkeile werden ebenfalls mit Rammen eingetrieben.

Auch hier werden die einzelnen Keilreihen mit Bohlen überdeckt und gegen die Firste abgestrebt.

Die Sohlenkeile werden so tief vorgetrieben, daß ihre Schlagflächen mit der Oberkante der unter den Hebe- und Hilfstürstöcken eingebauten Quergrundsohlen in gleicher Höhe stehen. Dadurch wird eine gerade und gleichmäßige Streckensohle erzielt. Wenn nun ein neuer Türstock eingebaut werden soll, werden zunächst zwei Reihen von Sohlenpflöcken durch zwei parallele, senkrechte Setzbretter *b* abgeschlossen. Diese Setzbretter sind unten zugeschärft und reichen über die ganze Streckenbreite. Die von ihnen eingeschlossenen Sohlenpflöcke werden herausgezogen und die Setzbretter gegeneinander durch Bolzen *c* verstrebt. In die entstandene Lücke kommt als Unterlage für die Grundsohle eine Bohle *d* und darauf die bereits vorher zugeschnittene Grundsohle *e* selbst.

Als Verstärkung des ganzen Ausbaues, namentlich aber, um die Sohlenkeile vor Auftrieb zu bewahren, wird nun noch ein sich an die Getriebezimmerung dicht anschließender Bohlenschrot *f* eingebracht. Die ein geschlossenes Geviert bildenden Bohlen werden verblattet (Fig. 412), die einzelnen Bohlengevierte untereinander mit Feder und Nut verbunden.

Vierter Teil.

Der Ausbau von Abbauen.

Benutzte Literatur:

Erfahrungen mit Eisenpfählen auf dem Steinkohlenbergwerk Ver. Glückhilf-Friedenshoffnung bei Waldenburg i. Schl. Glückauf 1904, Nr. 18.

Verfahren und Vorrichtung zum Stützen des Hangenden in Abbaubetrieben. Glückauf 1904, Nr. 21.

Middendorf, Ausbau von Abbaubetrieben mit eisernen Stempeln. Glückauf 1904, Nr. 13.

Ferrand, Der eiserne Grubenstempel. Braunkohle VI, Nr. 38.

Der systematische Grubenausbau der Zeche Rheinpreußen, Schacht I/II. Der Bergbau XIX, Nr. 41, 42, 43.

Wilhelm Koch, Die Abbauarten sowie der Grubenausbau in den Strecken und Abbaubetrieben der Zeche Ver. Sälzer und Neuack zu Essen a. d. Ruhr. Der Bergbau XXI, Nr. 16.

Dr. Hecker, Neuerungen im Grubenausbau. Glückauf 1908, Nr. 16, 36.

— Weitere Neuerungen im Grubenausbau. Glückauf 1908, Nr. 43.

Ausbau von Strebstrecken durch Verzug des Hangenden mit Halbhölzern. Glückauf 1906, Nr. 32.

Ausbau der Strecken beim streichenden Strebbau auf Zeche Dorstfeld Der Bergbau XXI (1908), Nr. 11.

Verwendung von Steinsäcken im Abbau. Glückauf 1908, Nr. 34.

W. Tovote, Square-set-Zimmerung. Österr. Zeitschr. 1906, Nr. 45.

Nickel, Die Raubungswinde Patent Kowarczyk. Kohle und Erz 1907, Nr. 19.

Gustav Ryba, Über das Stempelrauben mittelst Raubwinde im Kammerbruchbaue des k. k. Schachtes Julius III zu Brüx. Österr. Zeitschr. 1908, Nr. 48, 49.

Ab und zu ist das Hangende von Abbauörtern so fest und besitzt noch so große Spannung, daß es ganz gut ohne Ausbau belassen werden könnte. Hierauf darf man sich jedoch niemals verlassen; mindestens muß Warnholz eingebaut werden, welches durch das dem Holze eigene knatternde Geräusch dem Bergmann anzeigt, wenn die Firste in Bewegung gerät.

Ist das Hangende von vereinzelten Klüften durchzogen, im übrigen aber fest und nicht zum Ablösen einzelner Schalen geneigt, dann genügt als Ausbau eine größere oder geringere Anzahl von Kreuzen. Diese werden so unter die Klüfte gestellt, daß ihre Anpfähle quer gegen die Kluftrichtung liegen, also das Gebirge rechts und links von der Kluft zugleich tragen. Außerdem ist es gut, auch noch einige Kreuze unter das Hangende abseits von den Klüften zu schlagen.

Mehrt sich die Zahl der Klüfte, nimmt insbesondere die Druckhaftigkeit des Hangenden zu, dann wird es durch planmäßig eingebrachte, zusammengesetzte Zimmerung unterstützt. Diese besteht aus Kappen, deren Länge bis zu 6 m betragen kann, den zugehörigen End- und Mittelstempeln und der Firstenverpfählung.

Erster Abschnitt.

Abbaue auf steil einfallenden Lagerstätten.

Die einfachste Art des Ausbaues auf steil einfallenden Lagerstätten besteht einzig und allein aus Stempeln, die im Hangenden und Liegenden eingebühnt sind. Sie werden nur bei festem Nebengestein angewendet, um in Verbindung mit einem dichten Rundholz- oder Bohlenbelage als Arbeitsbühnen zu dienen. Soll von ihnen eine etwas größere Fläche des Gesteins abgefangeu werden, dann erhalten sie einen Anpfahl oder Fußpfahl.

Bei druckhaftem Nebengestein werden am Hangenden und, wenn es nötig ist, auch am Liegenden Kappen, Wandruten genannt, eingebaut. Sie können in der Streich- oder in der Fallrichtung der Lagerstätte liegen. Am häufigsten ist das letztere der Fall. Es ist gut, jede in der Fallrichtung eingebaute Wandrute ähnlich wie beim Schachtausbau auf Tragestempel zu setzen, die im Nebengestein eingebühnt werden. Die Hangend- und Liegendwandruten liegen meistens einander unmittelbar gegenüber und sind dann durch zwischengetriebene Stempel abgespreizt. Ebenso gut können sie aber auch gegeneinander versetzt werden und erhalten dann ihre

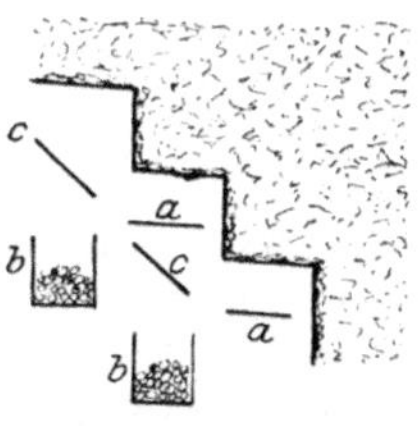

Fig. 413. Abbau mit Bergesäcken. (Aus „Glückauf 1907“, Nr. 34.)

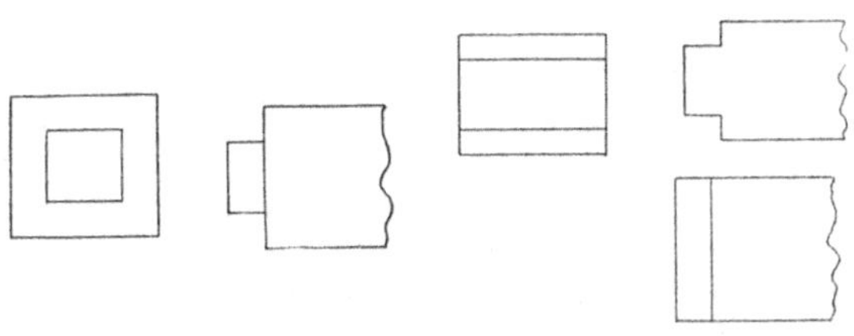

Fig. 414. Square-set. (Aus „Österr. Zeitschr.“ 1906, Nr. 45.)

besonderen Stempel, die mit dem freien Ende eingebühnt sind. Dadurch wird jedoch ein größerer Holzverbrauch erzielt und das Ort unnötig verbaut.

Will man einem Sinken des hangenden Nebengesteins vorbeugen, dann kann man den Stempeln etwas Strebe nach oben geben.

Auf Zeche Erin bei Castrop werden mehrere 1 m mächtige Flöze, die mit 55—65 Grad einfallen, im Firstenbau gewonnen. Die Kohle ist von gebrächen Bergemitteln durchsetzt, wodurch die reine Förderung sehr erschwert wird. Die Berge werden unmittelbar vor Ort ausgeklaubt; dies geschieht auf den Arbeitsbühnen *a* (Fig. 413), auf die die Kohlen bei der Gewinnung fallen. Neben ihnen sind Bergesäcke *b* angebracht, in welche die ausgeklaubten Berge geworfen werden. Damit die Kohlen vom nächstoberen Orte nicht in den Bergesack fallen, ist jeder durch eine Schrägbühne *c* überdeckt. Diese Bergesäcke gewähren noch den besonderen Vorteil, daß sie eine gute Stütze für das Hangende abgeben.

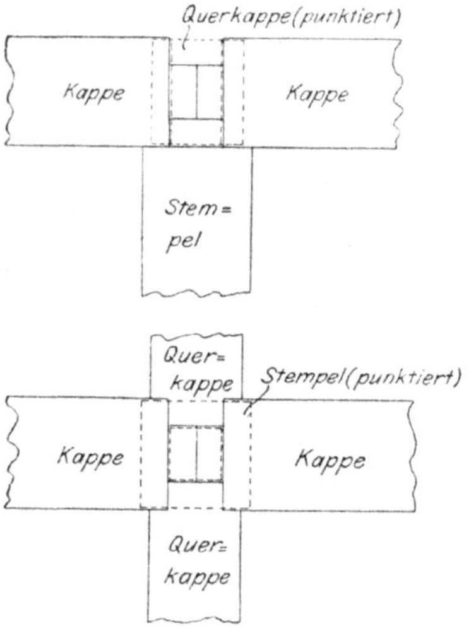

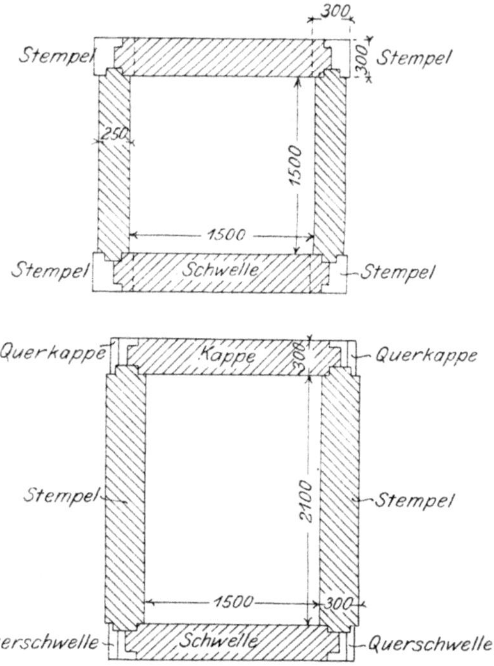

Fig. 415. Fig. 416.

Square-set. (Aus „Österr. Zeitschr." 1906, Nr. 45.)

In den bedeutendsten Grubenbezirken Nordamerikas wird auf mächtigen Erzlagern und Gängen der Ausbau mit „square-sets" angewendet. Ein square-set ist ein Prisma bestehend aus 12 Hölzern, nämlich zwei Schwellen, zwei Querschwellen, vier Stempeln, zwei Kappen und zwei Querkappen. Diese Holzzahl ist aber nur für den ersten set erforderlich; jeder folgende hat seitlich, oben oder unten seine Hölzer gemeinsam mit dem Nachbar-set. Die Enden eines jeden Holzes, sind, wie Fig. 414—416 erkennen lassen, so behauen, daß die Nachbarhölzer sich ohne jede Lücke genau einfügen lassen und an ihnen eine feste Stütze finden. Das auf diese Weise entstandene Gerüst erfüllt den ganzen durch den Abbau geschaffenen Hohlraum; dieser wird zuletzt noch mit Bergen versetzt.

Zweiter Abschnitt.

Abbaue auf flach einfallenden Lagerstätten.

Erstes Kapitel. Lagerstätten von geringer Mächtigkeit.

A. Holzausbau.

Bei festem Hangenden verwendet man als Ausbau Kreuze. An deren Stelle stehen auch vielfach Holzschränke in Gebrauch. Sie können ganz aus Holz zusammengesetzt (Fig. 342a) oder aus Rundholz hergestellte Kästen (Fig. 342b) sein, die mit Bergen, Letten oder auch mit Beton gefüllt werden. Im Salzbergbau nennt man sie Schragen. Ihre Hauptvorteile sind, daß sie eine größere Fläche des Hangenden abfangen, dem Drucke nachgeben, ohne zu brechen, und daß sie billig sind, weil man sie aus gesundem Raubholze zusammenbauen kann. Bei steilerem Einfallen verhindert man sie durch vorgebaute Stempel (Fig. 342b) am Abrutschen.

Ist das Hangende stark druckhaft, dann werden parallel dem Ortsstoße Kappen eingebaut und die Felder zwischen ihnen mehr oder weniger dicht mit Pfählen verzogen.

Auf Grube König im Saarrevier nahm man zur Verpfählung der Abbaue Reißknüppel von verschiedenen Holzarten; ihre Verwendung war an diesen Stellen aus dem Grunde statthaft, weil die Räume nicht lange offen bleiben.

Die Zeche Monopol-Grillo hat auf vielen Flözen, die im Strebbau gewonnen werden und bis zu 50 Grad Einfallen besitzen, als Hangendes und Liegendes völlig mürben Schieferton oder losen Brandschiefer. Infolgedessen wurde die geförderte Kohle stark verunreinigt, die Zimmerung rutschte ab und die Unfallziffer war eine beträchtliche. Darum wurden das Hangende und Liegende mit Versatzleinen verzogen, indem man dieses ausspannte, mittelst Kappen (Schalhölzern) und Stempeln festhielt und in Abständen von 0,3 m mit Spitzen (Pfählen) unter den Schalhölzern verzog. Wenn auch die Verwendung des Leinens eine Erhöhung der Gewinnungskosten um 0,04 M./t mit sich brachte, so verringerten sich andererseits die Holzkosten um 0,103 M./t; die Arbeitsleistung wurde erhöht, das Gedinge somit niedriger. Die geförderte Kohle war reiner; der Gehalt an Lesebergen sank von 2,3 % auf 1,6 %. Die Unfallziffer sank i. J. 1904 um 11,5 % gegenüber dem Durchschnitt der letzten vier Jahre.

Beim Pfeilerabbau werden vor Inangriffnahme eines neuen Abschnittes erst die Streckenkappen an dem dem neuen Abschnitte zugewendeten Ende durch Rüstkappen unterfangen. An diese schließt sich, wenn die Pfeilerkappen streichend eingebaut werden, zunächst die Pfändekappe an; auf diese folgen, zumeist in Abständen von je 1 m, die übrigen Kappen. Ihre Länge beträgt 5—6 m. Sie werden von zwei Endstempeln und 1—2 Mittelstempeln getragen. Dasjenige Ende, welches dem festen Kohlenstoße zugewendet ist, wird in diesen eingebühnt. Dadurch wird erreicht, daß die Häuer den Pfeilerabschnitt nicht breiter auffahren als vorgeschrieben ist.

B. Eiserner Ausbau.

Soll ein Abbauort mit eisernem Ausbau versehen werden, dann ist eine der Hauptbedingungen, daß das Hangende nicht in kurzen Stücken bricht. Ferner ist häufiger Mächtigkeitswechsel der Lagerstätte nicht erwünscht; je gleichmäßiger der Abstand zwischen Hangendem und Liegendem bleibt, um so besser ist dies für die Anwendbarkeit des Eisenausbaues. Die Gründe hierfür liegen darin, daß allgemein nur eiserne Stempel verwendet werden, die höchstens einen Anpfahl erhalten, um eine größere Fläche des Hangenden abfangen zu können.

Andere Stempel als solche, deren Länge sich der Mächtigkeit der Lagerstätte anpassen läßt, werden jetzt kaum noch angewendet. Denn die Arbeit mit Stempeln von nur einer bestimmten Länge ist zu unbequem; wo sie wegen örtlicher Verdrückungen zu lang sind, müssen Holzstempel zu Hilfe genommen werden; nimmt aber stellenweise die Mächtigkeit sehr zu, dann lassen sie sich nur unter Benutzung sehr starker Fuß- und Anpfähle sicher aufstellen.

Der Hauptvorteil des Ausbaues mit Eisenstempeln zeigt sich darin, daß es möglich ist, denselben Stempel immer wieder von neuem zu setzen. Dies muß durch ein passendes Abbauverfahren bewirkt werden; hierzu eignen sich beispielsweise der Strebbau und der streichende Pfeilerrückbau. Die dem Versatz oder dem alten Mann am nächsten stehenden Stempel werden, sobald vor Ort Platz ist, herausgeraubt und vorn wieder aufgestellt. Dagegen eignet sich dieser Ausbau nicht für Abbauverfahren, bei denen zwecks Zubruchewerfens sämtliche Stempel auf einmal herausgebracht werden müssen, um dann in einem neuen Abschnitte nach und nach wieder eingebaut zu werden. Eiserne Stempel werden namentlich beim planmäßigen Ausbau viel verwendet; ihre Beschreibung wird darum auch in diesem Kapitel gebracht werden.

Zweites Kapitel. Lagerstätten von großer Mächtigkeit.

Kohlenflöze von bedeutender Mächtigkeit finden sich namentlich in Oberschlesien, ferner auch im Königreiche Sachsen. Auf solchen Lagerstätten ist es schwierig, die Abbauräume offen zu erhalten, weil der Druck ein ungewöhnlich hoher ist. Dies rührt daher, daß das Hangende auf große Höhen zu Bruche geht und infolgedessen größere Gesteinsmassen auf dem Ausbau lasten. Beträgt die Flözmächtigkeit mehr als 3—4 m, dann kommt noch dazu, daß auch der alte Mann einen ganz bedeutenden seitlichen Druck auf den im

Bau begriffenen Abschnitt ausübt; auch dieser Druckwirkung muß ein Widerstand entgegengesetzt werden. Diesen Widerstand leistet man durch Stehenlassen eines bis zu 4 m starken Beines gegen den seitlichen alten Mann.

Soll also ein neuer Pfeilerabschnitt in Angriff genommen werden, so mißt man in der Abbaustrecke vom alten Mann aus zunächst die

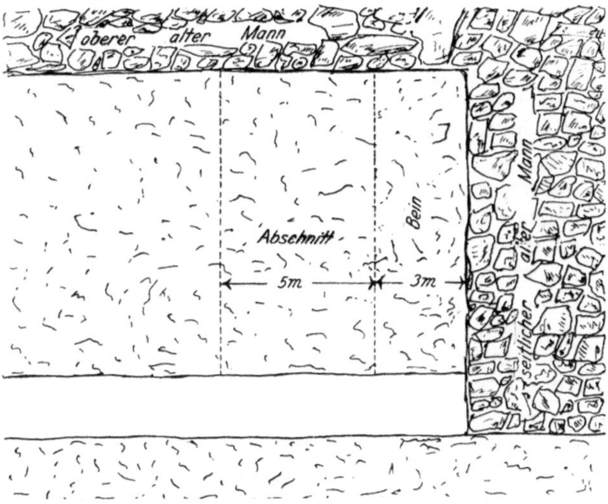

Fig. 417. Einteilung eines Pfeilers.

Stärke des Beines (Fig. 417) ab, z. B. gleich 3 m, und an dieses anschließend mit 5 m, gleich der Länge der Pfeilerkappen, die Breite des eigentlichen Abschnittes, der in schwebender Richtung hereingewonnen wird. Das Bein bleibt vorläufig unversehrt; es wird also nur im Abschnitte gearbeitet.

A. Das Hochbrechen.

Den Beginn der Kohlengewinnungsarbeiten in dem neuen Abschnitte bildet das Hochbrechen. Darunter versteht man das Herunterlassen des in der Streckenfirste anstehenden Kohls bis an das Hangende heran. Während dieser Arbeit sind die Stöße des Hochbrechens ständig mit Kreuzen und Streben abzufangen, damit nicht etwa größere Kohlenmassen plötzlich absetzen und die Arbeiter unter sich begraben. Ist das Hangende erreicht, dann wird auch dieses mit Kreuzen unterstützt, so lange als es noch nicht hinreichend freigelegt ist, um eine ganze Kappe einzubauen. Für diese erste Kappe wird das Hangende nur entlang einem langen, schmalen Streifen entblößt, damit es nicht vorzeitig hereinbricht.

Es gibt zwei verschiedene Arten, das Hochbrechen durch Kappen zu sichern. Nach dem einen Verfahren werden diese in der Streichrichtung (Längsrichtung der Abbaustrecke) eingebaut, nach dem anderen in der Fallrichtung des Flözes, also senkrecht zur Streckenrichtung.

Bei diesem letztgenannten Verfahren muß schon während des Hochbrechens so weit in den eigentlichen Abschnitt hineingegangen werden, daß das Hangende schließlich mit 5 m-Kappen verbaut werden kann. Die Häuer erhalten dadurch eine größere Ortsfläche und können mehr leisten. Dagegen wird gleich von Anfang an eine große Fläche des Hangenden freigelegt; dieses wird vom Unterstoße der Strecke aus auf 5 m Länge in schwebender Richtung entblößt; hierzu kommt nun noch, daß das Kohl über der Strecke in deren Längsrichtung leicht absetzt.

Um dem eben geschilderten Übelstande bei schwachem Hangenden aus dem Wege zu gehen, baut man in solchen Fällen die Kappen parallel zur Streckenrichtung ein. Hierbei braucht bloß das über der Strecke stehende Kohl heruntergelassen zu werden; das Hochbrechen wird sich von selbst nicht weit in den Abschnitt hinein fortpflanzen. Die erste Kappe kommt unmittelbar an den Unterstoß zu liegen; die folgenden werden in Abständen von je 1 m eingebaut. In allen Fällen müssen die Kappen beiderseits eingebühnt und durch mindestens drei Stempel unterbaut werden.

Die Leistung der Häuer ist während des Hochbrechens naturgemäß nur eine geringe. Darum wird dasselbe zumeist schon in Angriff genommen, während der alte Abschnitt noch nicht vollständig ausgekohlt ist. Damit nun den Schleppern die Zufahrt zum Abschnitte nicht durch die aus dem Hochbrechen stammenden Kohlenmassen versperrt wird, arbeiten die Häuer auf diesem nur nach beendeter Förderschicht und schlagen hier den Vorrat für die nächste Schicht.

Auf den bis zu 4 m mächtigen Flözen der Schlesiengrube bei Chropaczow beginnen die Häuer das Hochbrechen von dem alten Abschnitte aus. Sie werfen über der Strecke das Firstenkohl nach jeder Förderschicht auf Feldesbreite herunter und setzen dies fort, bis das jenseitige Ende der Abschnittsbreite erreicht ist. Ein Bein bleibt dort gegen den seitlichen alten Mann nicht stehen.

B. Der Ausbau des Abschnittes.

Nach beendetem Hochbrechen werden dessen Kappen, falls sie in schwebender Richtung eingebaut wurden, am oberen Ende durch eine durch eine Rüstkappe *a* abgefangen (Fig. 418). An diese schließt sich unmittelbar die Pfändekappe *b* an. Die Abschnittskappen werden unter gewöhnlichen Verhältnissen in Abständen von je 1 m eingebaut. Sie werden an beiden Enden eingebühnt. Dies ist schon aus dem Grunde nötig, weil sie bei ihrem großen Gewichte und der bedeutenden Flözmächtigkeit nicht so lange mit der Hand festgehalten werden können, bis die Stempel darunter gestellt sind. Der Einbau erfolgt in der Weise, daß zuerst das stärkere Ende in bezw. vor das zugehörige Bühnloch gesetzt wird. Darauf wird das andere Ende mit einem Kloben hochgezogen,

Nähert sich der Abschnitt dem Durchschlage mit dem oberen alten Manne, dann wird an einigen Stellen des Ortsstoßes vorgebohrt bezw. nur an einer Stelle *c* durchgeschlagen, damit gegen den alten Mann eine Kohlenschwebe von hinreichender Stärke stehen bleibt. Diese muß belassen werden, damit keine Berge in den Abschnitt hineinrollen, sowie um den Druck dieser Bergemassen aufzunehmen.

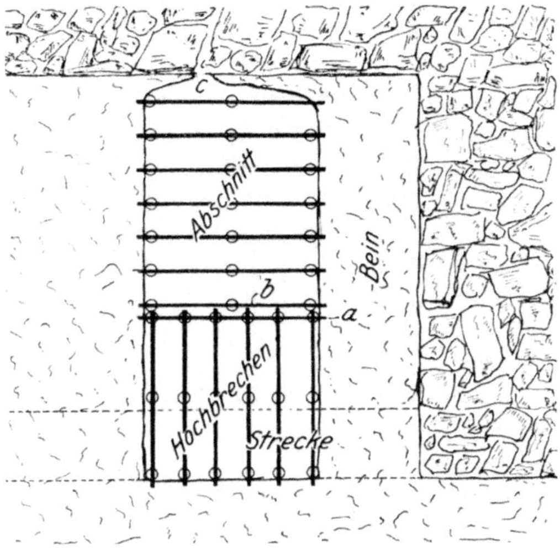

Fig. 418. Ausbau eines Pfeilerabschnittes.

Die Stempel werden nicht mehr, wie es bei geringerer Länge derselben üblich ist, mit dem Fußende in das Bühnloch eingesetzt und am Kopfende mittelst eines Großfäustels geschlagen. Dazu müßte der Häuer die lange Fahrt gegen den zu treibenden Stempel anlehnen und oben stehend arbeiten. Dies ist zu gefährlich, weil der Mann leicht das Gleichgewicht verlieren kann, dann aber auch, weil der Stempel, über das Ziel hinausgetrieben, mit der Fahrt zusammen umfällt. Daher erhalten die in der Flözsohle ausgearbeiteten Bühnlöcher eine von obenher kommende Einfuhr; die Stempel werden mit dem Kopfende sofort an ihren endgültigen Platz unter der Kappe gestellt und dann am Fußende getrieben.

C. Der Ausbau des Beines.

Der Abbau des Beines beginnt in der dem Fenster — d. h. dem Mundloche der Abbaustrecke — diagonal gegenüberliegenden Ecke; er schreitet also vom Oberstoße nach dem Unterstoße hin fort. Würde man den Abbau vom Unterstoße aus beginnen und aufwärts fortschreiten lassen, dann könnte bei einem Durchbruche des seitlichen alten Mannes der Belegschaft des Pfeilers leicht der Fluchtweg versperrt werden.

Auf dem Beine erhalten die Kappen wieder schwebende Richtung (Fig. 419). Der Ausbau beginnt mit der unter die Abschnittskappen gesetzten Rüstkappe und der zugehörigen Pfändekappe. Gegen den seitlichen alten Mann bleibt ebenfalls wieder, wenn es nötig ist, eine sichere Kohlenschwebe stehen.

Die Gewinnung des Beines soll im Strossenbau, nicht aber firstenmäßig erfolgen. Denn es wird dabei von oben nach untenhin geschwächt, behält eine breite Basis und kann somit nicht so leicht durch den Druck des alten Mannes umgeworfen werden wie beim Firstenbau.

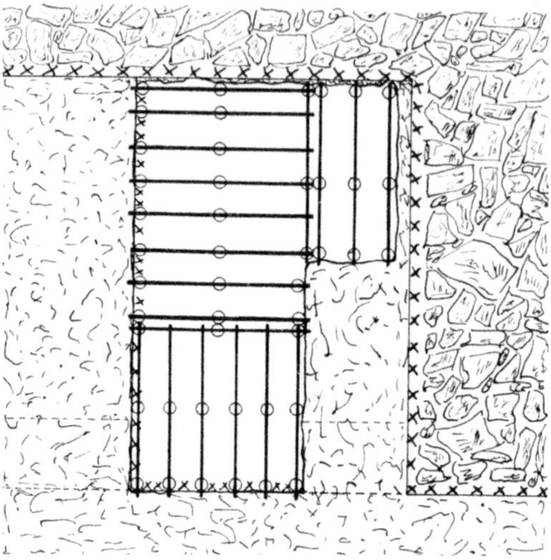

Fig. 419. Ausbau eines Pfeilerabschnittes. (× = Orgelstempel.)

D. Die Orgel.

Die Orgel ist auf Flözen von großer Mächtigkeit von noch höherer Bedeutung als auf Pfeilern von geringer Höhe, weil sie in erster Reihe den Anprall der beim Zurauben des Abschnittes herabstürzenden Massen und beim Abbau des nächstfolgenden Abschnittes den Gesamtdruck dieser Bergemassen aushalten muß. Sie wird in jedem Abschnitte an seinem Unterstoße und am Fensterstoße neu gestellt; an den beiden übrigen Seiten ist sie bereits vom vorigen Abschnitte her vorhanden.

Der Abstand der einzelnen Orgelstempel voneinander beträgt gewöhnlich 0,25—0,3 m. Dieser Abstand wird am Fensterstoße in der Weise eingehalten, daß man abwechselnd in ein Feld nur einen, in das nächste dann aber zwei Orgelstempel stellt (Fig. 419).

Jeder Orgelstempel steht in einem Sohlenbühnloche. Das Kopfende wird auf verschiedene Weise verwahrt. Bei sehr festem Hangenden, welches nur in großen Blöcken bricht, genügt es, wenn die Stempel ohne jeden Anpfahl unmittelbar unter dieses getrieben werden. Ist die Firste sehr mild und gebräch, dann erhält jeder Stempel einen Anpfahl aus Bohlenstücken von solcher Größe, daß sie möglichst dicht aneinanderstoßen. Dadurch wird das Hangende am besten vor der Berührung mit der Luft, somit auch vor Verwitterung geschützt, und der Stempel hat eine größere Berührungsfläche mit dem Gesteine.

Bei Gebirge von mittlerer Beschaffenheit werden die Orgelstempel in fortlaufender Reihe unter eine Kappe gesetzt. Dies setzt aber voraus, daß am Fensterstoße zuerst für eine solche Platz gemacht worden ist; denn hier sind ja die Abschnittskappen im festen Stoße eingebühnt. Außerdem ist es in diesem Falle nicht möglich, die Orgel mit dem Vorrücken des Ortsstoßes sofort nachzuführen; dies kann erst geschehen, wenn auf eine Kappenlänge Raum geschaffen ist. Geht nun der im Bau begriffene Abschnitt vorzeitig zusammen, dann fehlt die Orgel und die Gefahr für den neuen Abschnitt ist eine größere.

Im Reden-Pochhammerflöze der Hohenzollerngrube bei Beuthen wurden die Orgelstempel mit Drahtleinwand von der Deutschen Wetterluttenfabrik in Düsseldorf benagelt. Diese bestand aus einer groben Sackleinwand mit einzelnen eingewebten weichen Drähten. Als Folge davon ersparte man die Hälfte der Orgelstempel.

Auf Gotthardschacht, B.-R. Süd-Beuthen, ersetzte man i. J. 1903 die übliche Doppelorgel durch eine einfache, dichte Orgel. Diese wurde durch 3 Querriegel (Schwebekappen), die man gleichmäßig über die ganze Höhe verteilte, und durch Bolzen gegen den festen Stoß abgestrebt. Beim Verhiebe des nächsten Abschnittes wurden diese Bolzen durch Streben ersetzt.

Eine in ähnlicher Weise auf Ferdinandgrube bei Kattowitz hergestellte Orgel wurde dadurch verstärkt, daß man die Querriegel durch Ankerseile mit den Stempeln im ausgekohlten Abschnitte verband; dieser wurde aber nicht zugeraubt, sondern versetzt.

Soll eine Orgel haltbar sein, dann müssen die Stöße, vor denen sie eingebaut ist, recht glatt sein, und die Orgelstempel müssen an ihnen dicht anliegen. Trotzdem kommt es häufig vor, daß durch die Wucht der zu Bruche kommenden Massen die Orgel zerbrochen oder umgeworfen wird. Die Arbeiter, die sich darauf verlassen, daß die Orgel den Druck des alten Mannes aufnehmen soll, schwächen die Kohlenschweben in übermäßiger Weise und führen dadurch plötzliche Durchbrüche des zu Bruche gegangenen Gebirges herbei. Darum ist man auf einer größeren Anzahl oberschlesischer Bergwerke ganz davon abgekommen, Orgeln einzubauen. Es wird aber beim Abbau stets mit einem größeren Kohlenverluste gerechnet werden müssen, weil ja nun besonders starke Kohlenschweben stehen bleiben. Der Pfeilerabbau ohne Orgeln ist aber nur in Flözen mit hartem, tragfähigem Kohl ratsam. Denn die Orgel hat, außer daß sie zum Schutze des im Bau befindlichen Abschnittes dient, auch noch die Aufgabe, das Hangende entlang den Bruchlinien zu tragen. Will man dies dem Beine überlassen, so ist ohne weiteres klar, daß mildes, weiches Kohl dazu nicht imstande ist.

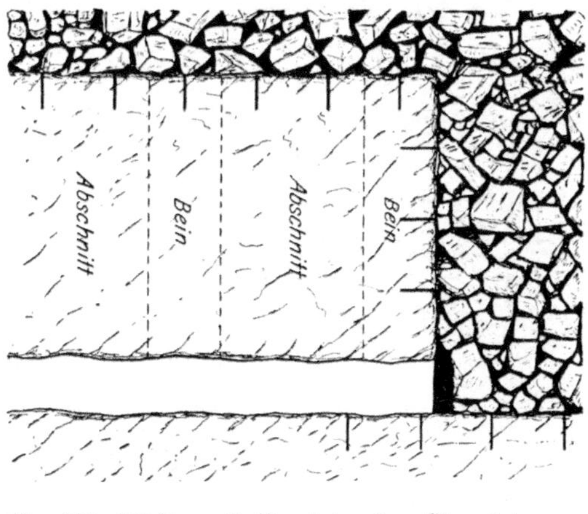

Fig. 420. Pfeiler mit Chaslainschen Signalstangen.

L é o n C h a s l a i n in Morlanwelz will seinem D. R. P. 199 374 zufolge beim Pfeilerabbau eine größere Sicherung des Betriebes auf folgende Weise erzielen. Vom dem im Bau begriffenen Abschnitte aus werden in die benachbarten festen Kohlenstöße, also in den Seitenstoß und in den Unterstoß, in gleichbleibenden Abständen Metallstangen von bestimmter Länge eingebettet (Fig. 420). Trifft man nun beim Arbeiten in den neuen Abschnitten auf diese Stangen, so weiß man genau, wie weit noch der alte Mann entfernt ist, bezw. man kennt genau die Stärke der noch anstehenden Kohlenwand.

Am Fensterstoße bleibt das Streckenmundloch bis zum letzten Augenblicke offen. Erst wenn der Abschnitt fertig ausgekohlt ist, werden hier die Orgelstempel in solchen Abständen gestellt, daß die

Fig. 421. Versatzung.

Fig. 422. Versatzung.

Fig. 423. Versatzung.

Fig. 424. Versatzung.

Arbeiter beim Rauben bequem und schnell durchschlüpfen können. Diese Stempel werden noch durch eine besondere Vorrichtung, die Versatzung, geschützt, weil sie ja nicht mit ihrer ganzen Länge am festen Stoße anliegen, also leicht umgeworfen oder zerknickt werden können.

Beträgt die Streckenhöhe im Fenster ungefähr 2—2,5 m, dann wird vor der Orgel in etwa der halben Streckenhöhe ein wagerechtes Holz *a*, die Schwebekappe (Fig. 421), eingebaut und durch einige Streben *b* und *c* gegen Firste und Sohle abgestrebt.

Bei größerer Streckenhöhe, beispielsweise wenn das Firstenkohl in der Strecke während des Hochbrechens vom alten Mann aus herabgelassen wurde, würde eine einzige Schwebekappe nicht ausreichen. Man baut dann zwei oder mehr solche ein und verstrebt jede einzelne nach oben und unten (Fig. 422). Ebenso kann man auch die Schwebekappen untereinander durch senkrechte Bolzen versteifen und strebt die unterste nur gegen die Sohle, die oberste nur gegen die Firste ab (Fig. 423). Kopf und Fuß der Orgel werden außerdem noch durch vorgelegte Riegel *d*, die beiderseits in den Stößen eingebühnt sind, gehalten (Fig. 424).

Derartige Versatzungen werden auch beim Abbau ohne Bein zum Schutze der ganzen Orgel errichtet; dies ist namentlich beim streichenden Pfeilerrückbau der Fall, weil hier die am Fensterstoße stehende Orgel sich nicht unmittelbar an den Stoß anlehnt, sondern frei steht und somit gegen den Anprall der zu Bruche gehenden Massen gesichert werden muß.

E. Der Doppelpfeiler.

Nachdem in einem Bremsbergfelde alle Pfeiler abgebaut sind, bleiben noch zu beiden Seiten des Bremsberges die Sicherheitspfeiler übrig. Auch diese lassen sich trotz des hohen Druckes, der auf ihnen

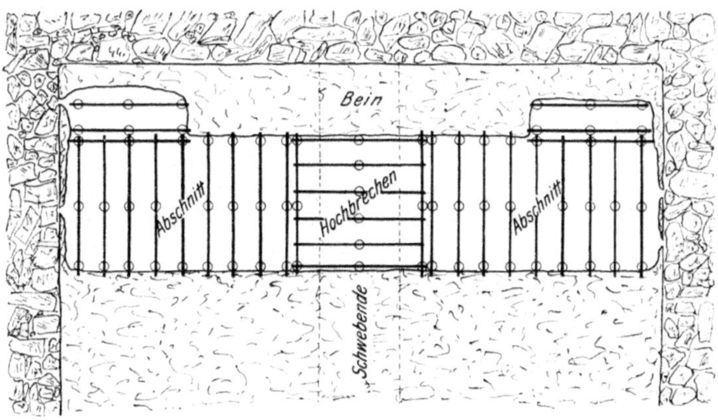

Fig. 425. Doppelpfeiler.

lastet, noch sehr wohl hereingewinnen. Das Hochbrechen beginnt auf dem Bremsberge; die Kappen werden in diesem streichend eingebaut und dann auf beiden Seiten mit Rüstkappen gestützt (Fig. 425). Auf den beiden Abschnitten erhalten die Kappen schwebende Lage.

Drittes Kapitel. Der planmäßige Ausbau.

Planmäßiger Ausbau ist von jeher auf den mächtigen Flözen Oberschlesiens angewendet worden. Der gewaltige Firstendruck, hervorgerufen dadurch, daß das Gebirge beim Einrauben auf große Höhen zu Bruche ging, gab schon frühzeitig Veranlassung dazu, die einzelnen Pfeilerabschnitte planmäßig mit einem Ausbau zu versehen, der sich auf den verschiedenen Flözen bezw. Gruben nur durch Einzelheiten unterscheidet. Er ist bereits im vorigen Kapitel beschrieben worden.

In den übrigen deutschen Bergbaubezirken ist im allgemeinen lange Zeit kein besonderer Wert darauf gelegt worden, für einzelne Flöze oder gar für besondere Bauabteilungen derselben allgemeine Verbauregeln aufzustellen. Der Feldesbeamte ordnete von Fall zu Fall an, welche Art von Verzimmerung angewendet werden sollte. Dadurch geschah zwar den bergpolizeilichen Vorschriften hinsichtlich der Sicherheit der Baue vollkommen Genüge; aber naturgemäß suchten die Arbeiter, deren Interesse hauptsächlich in einer möglichst hohen Förderziffer liegt, immer nur die allereinfachste Ausbauart anzuwenden, weil diese ihnen die wenigste Arbeit verursachte und die wenigste Zeit beanspruchte. Darum war es das Nächstliegende, für einzelne Abteilungen (Bremsbergfelder, Flöze, Bausohlen usw.) bestimmte Verbauregeln einzuführen, die den Arbeitern genau bekannt waren und unbedingt innegehalten werden mußten. Eine leichtere oder einfachere Zimmerung darf dabei also nicht angewendet werden; wohl aber ist der Abteilungsbeamte befugt, erforderlichenfalls eine Zimmerungsart vorzuschreiben, die einen höheren Grad von Sicherheit bietet.

Der oberschlesische systematische Pfeilerausbau scheint keinen Einfluß auf die Einführung des planmäßigen Ausbaues in den anderen deutschen Bergbaubezirken gehabt zu haben. Es läßt sich aber schwer sagen, in welchem von ihnen er zuerst aufgekommen sein mag. So nimmt man z. B. im Waldenburger Bezirke den Ruhm für sich in Anspruch und nennt dieses Verfahren auch den „niederschlesischen Ausbau“; die vorhandene Literatur läßt aber erkennen, daß man fast zu gleicher Zeit auch in Westfalen und in Saarbrücken Versuche mit dem planmäßigen Ausbau angestellt hat. Übrigens ist auch hier, wie in vielen anderen Fällen, das Ausland (England, Nordfrankreich) an der Spitze; denn dort sind schon Jahre vorher systematische Ausbauarten üblich gewesen.

Auf den Gruben Itzenplitz und Reden im Saarreviere gibt es vier Grundformen von planmäßigem Ausbau, die je nach der Beschaffenheit des Hangenden und nach seinen Eigenschaften zur Anwendung kommen.

1. Ist das Hangende gut und Kohlenfall aus dem Stoße nicht zu befürchten, so kommen als Ausbau Kreuze mit kreuzweise gerichteten Anpfählen von 0,5 m Länge zur Anwendung; sie stehen in Abständen von 1 m.

Die Holzkosten betragen 0,05—0,14 Mk. je 1 t Kohle, weil $^1/_2$ bis $^3/_4$ der Stempel beim Einbringen des Versatzes wiedergewonnen werden kann.

2. Bei der zweiten Grundform werden Kappen in 1 m Abstand eingebaut, die von drei Stempeln getragen werden; die beiden Endstempel dürfen von den Kappenden bis zu 0,25 m abstehen. Über die Kappen kommen Verzugshölzer (Pfähle) in Abständen von 0,5 m.

Die Holzkosten belaufen sich auf 0,38—0,39 Mk. je 1 t Kohle.

3. Erhalten die Kappen 1,20 m Abstand, so werden die Stempel wie bei 2. gestellt; die hölzernen Vorsteckpfähle bekommen 0,4 m Abstand. Die Holzkosten belaufen sich auf 0,17—0,35 Mk. je 1 t Kohlen.

4. Bei der vierten Art des planmäßigen Ausbaues ist der Kappen- und Stempelabstand derselbe wie bei 2.; der der Verzugshölzer beträgt 0,40 m, der der Vorsteckpfähle 0,80 m.

Die Holzkosten betragen 0,34—0,48 Mk. je 1 t Kohlen.

Auf mehreren Zechen des B.-R. Süd-Bochum wurde i. J. 1904 eine besondere Bezeichnungsart des planmäßigen Ausbaues mittelst römischer Ziffern und Buchstaben eingeführt. Es gelten hierbei die Zahlen I—III für Abbaue, IV—VI für Strecken, z. B.

I = Stempel mit Anpfahl (Kreuz),
II = Stempel mit Schalholz (Kappe),
III = Stempel mit Schalholz und Spitzenverzug.

Der dazu gesetzte Buchstabe *a* bedeutet, daß der Anpfahl bezw. das Schalholz oder der Verzug nur am Hangenden oder Liegenden anzubringen ist, z. B. ***IIa*** Hang. Wird dagegen *b* dazu geschrieben, so heißt dies, daß die betreffende Verbauungsart am Hangenden und Liegenden anzuwenden ist. Die Figuren 426—436 geben darüber weiteren Aufschluß. Der Betriebsführer bestimmt die Ausbauform für die einzelnen Örter und trägt ihr Zeichen in ein besonderes Verbau-

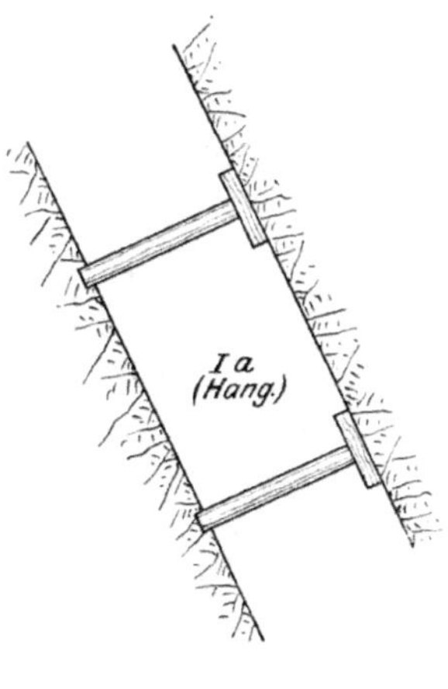

Fig. 426.

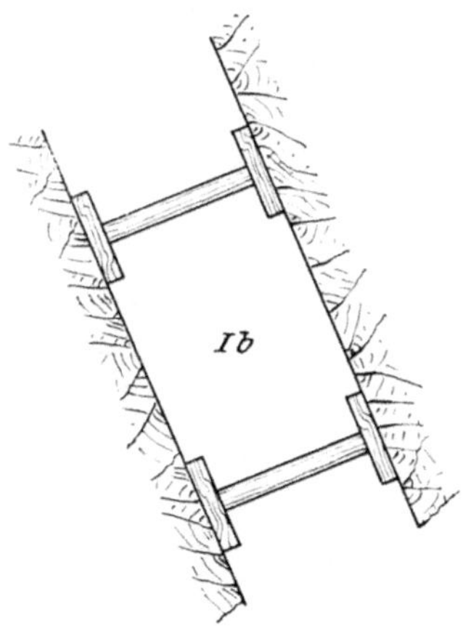

Fig. 427.

regelbuch ein; der Steiger nimmt davon Kenntnis. Im Notfalle ist der Steiger berechtigt, eine höhere Nummer anzuordnen, die dann vom Betriebsführer genehmigt wird.

Die Vorsteckpfähle. Die Vorsteckpfähle sollen den freien Raum zwischen der letzteingebauten Kappe und dem Ortsstoße sichern. Gerade an diesen Stellen entstehen häufig schwere Unfälle, weil die Leute mit Rücksicht auf die Kohlengewinnung die Zimmerungsarbeiten gern hinausschieben oder aber nur mangelhaft verbauen. Dies letztere geschieht zum großen Teil auch aus dem Grunde, weil die Leute

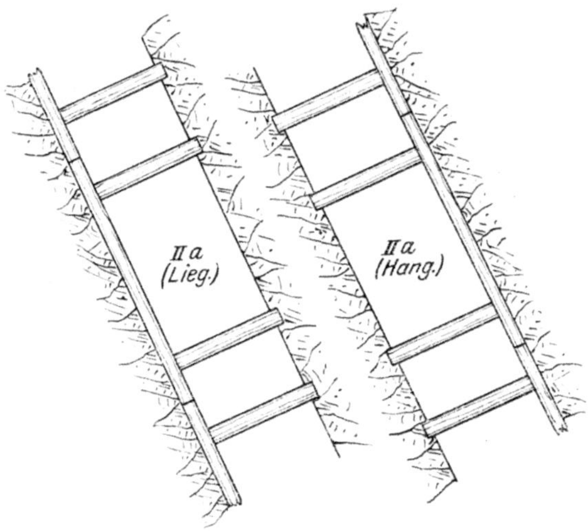

Fig. 428.

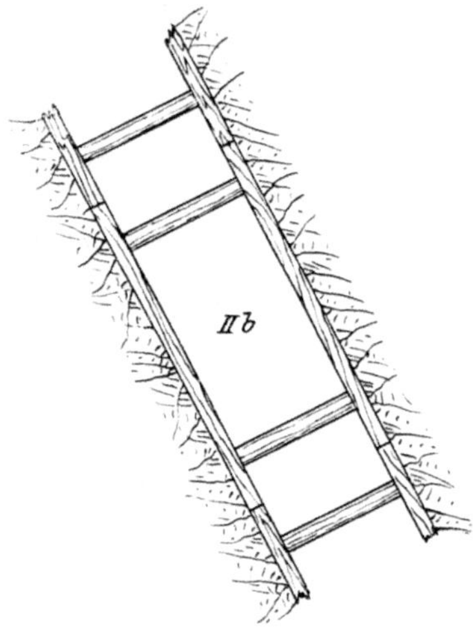

Fig. 429.

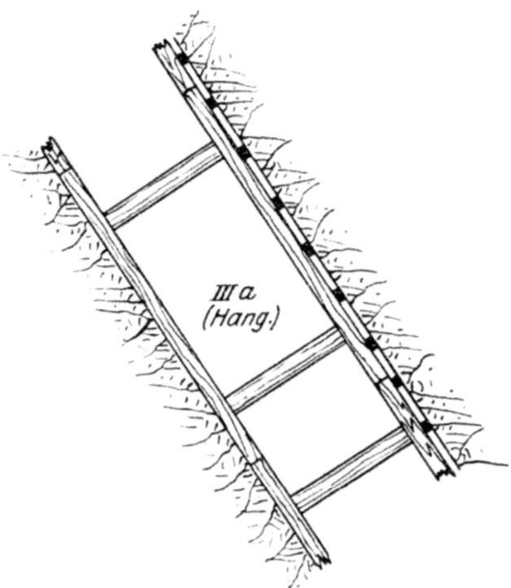

Fig. 430.

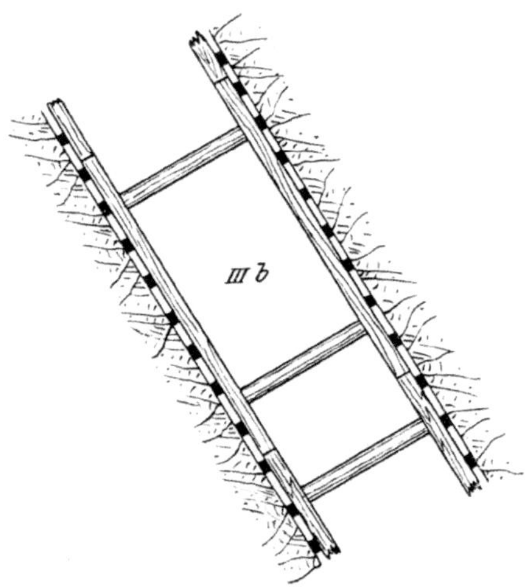

Fig. 431.

wegen des täglichen Umganges damit die Gefahr unterschätzen. Am einfachsten gestaltet sich die Arbeit, wenn man die Vorsteckpfähle mit dem hinteren Ende auf den Kappen auflagern läßt, mit dem Kopfende aber in den Ortsstoß einbühnt; besser ist es aber, sie an dieser Stelle mit Kreuzen zu unterfangen. Diese Arbeit ist aber den Häuern sehr lästig; außerdem sind ihnen die Kreuze wegen ihrer Nähe am Ortsstoße lästig und im Wege. Es hat darum nicht an Bestrebungen gefehlt, den Leuten die Arbeit des verlorenen Ausbaues vor Ort so bequem und einfach wie nur möglich zu gestalten. Aus diesen Bemühungen heraus sind die folgenden Arten von Ausbau entstanden.

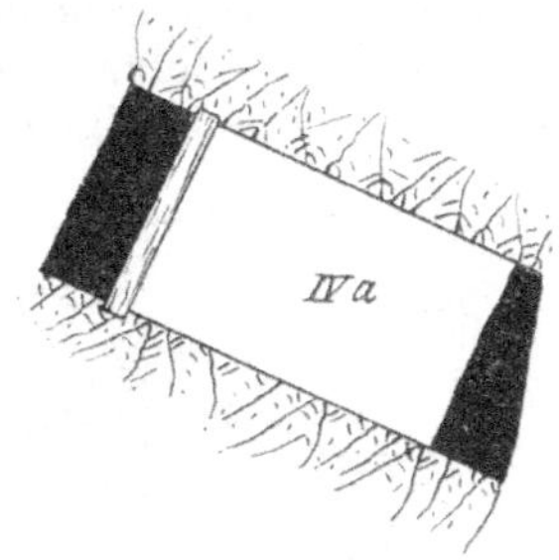

Fig. 432.

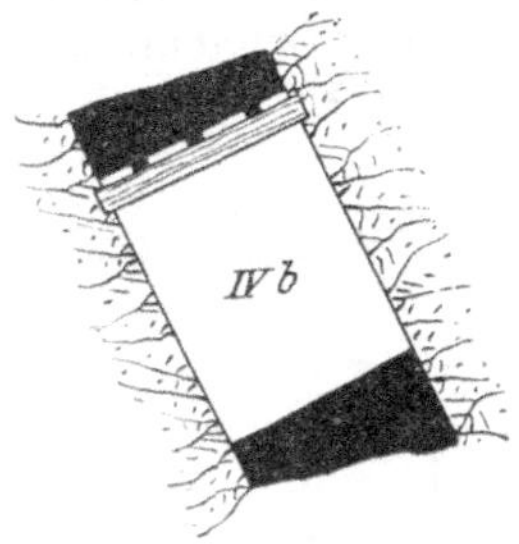

Fig. 433.

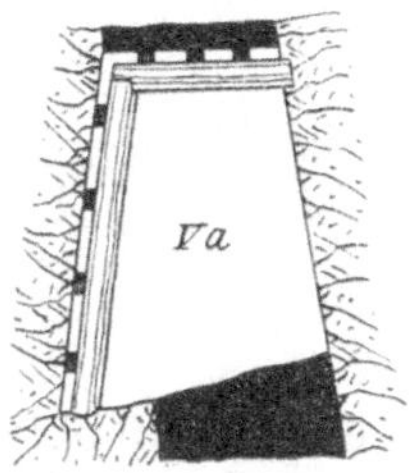

Fig. 434.

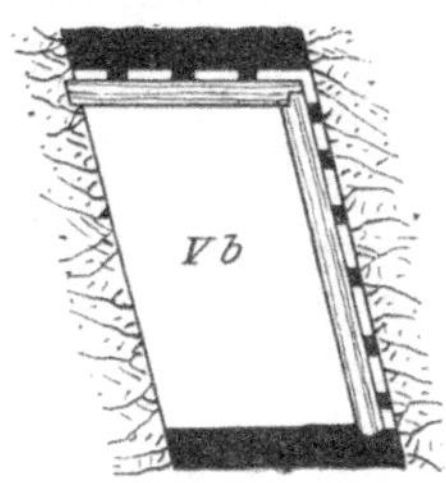

Fig. 435.

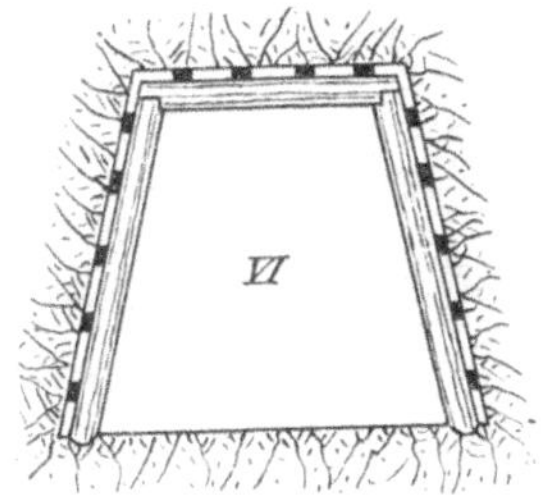

Fig. 436.

Fig. 426—436. Planmäßiger Ausbau. (Aus „Vers. und Verb. i. J. 1904“.)

Auf Zeche Schlägel und Eisen III/IV, Bergrevier Ost-Recklinghausen, wurden i. J. 1902 hölzerne Vortreibepfähle *a* (Fig. 437) von 1,2 m Länge, 0,12—0,15 m Breite und 1,5 bezw. 6 cm Stärke verwendet. Sie werden durch kleinere Keile *b*, die zwischen ihnen und der Kappe vom Ortsstoße her eingetrieben werden, gegen das Hangende gedrückt.

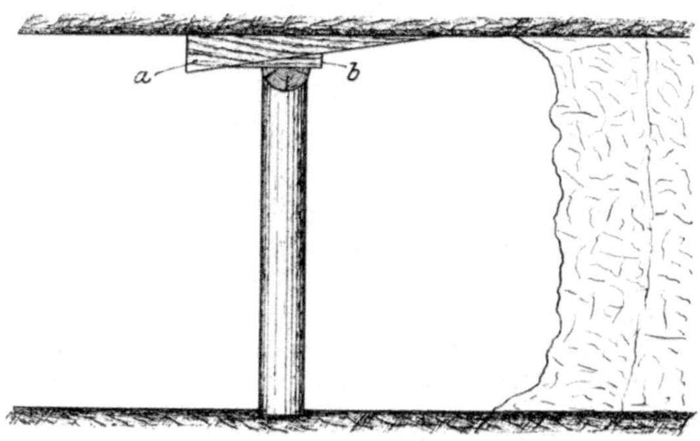

Fig. 437. Vortreibepfahl. (Aus „Preuß. Zeitschr.“ 1903.)

Auf derselben Schachtanlage wurden i. J. 1905 Vorschiebeeisen benutzt, um die Ortspfähle zu halten (Fig. 438—441). Über die letzte Kappe (Schalholz) wird zu diesem Zwecke für jeden Firstenpfahl ein Haken *b* gehängt und durch ihn ein U-Eisen *a* von 1,5 m Länge geschoben. Die Spitze des U-Eisens ist sowohl in der Längs- als auch in der Querrichtung gekehlt. In der Längskehlung ruht der Vorsteckpfahl; die Querkehlung soll nötigenfalls ein neues Schalholz aufnehmen. Über das rückwärtige Ende des Vorschiebeeisens wird ein Keil geschlagen.

Die Schachtanlagen I/II der Zeche Schlägel und Eisen verwendeten i. J. 1904 Vorschiebepfähle aus □-Eisen (Fig. 442 u. 443). Sie haben

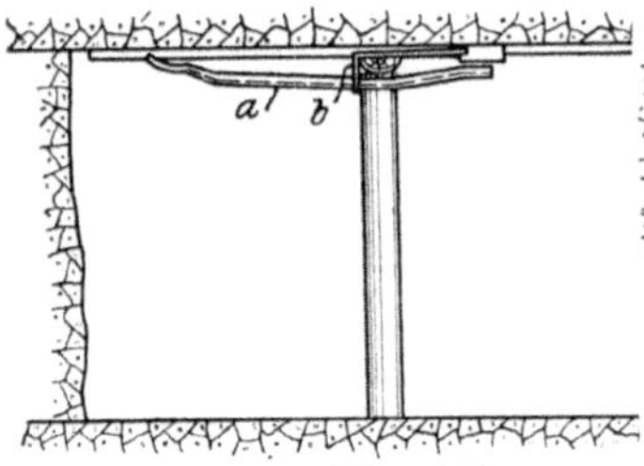

Fig. 438.

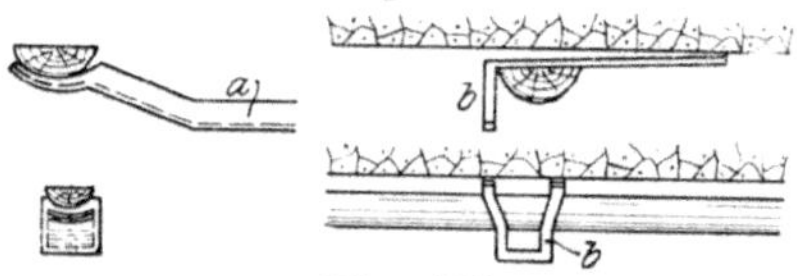

Fig. 439.

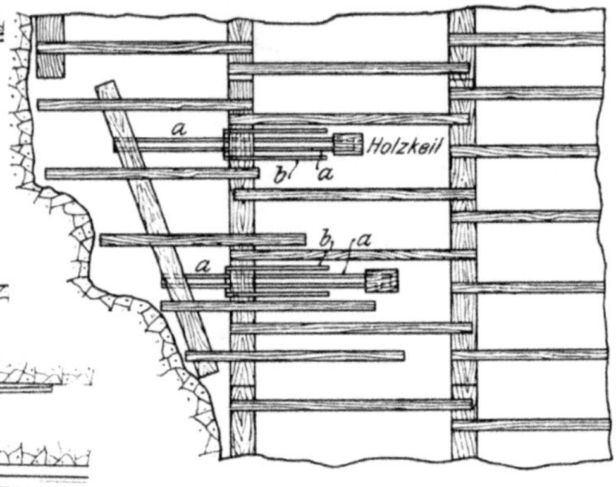

Fig. 440.

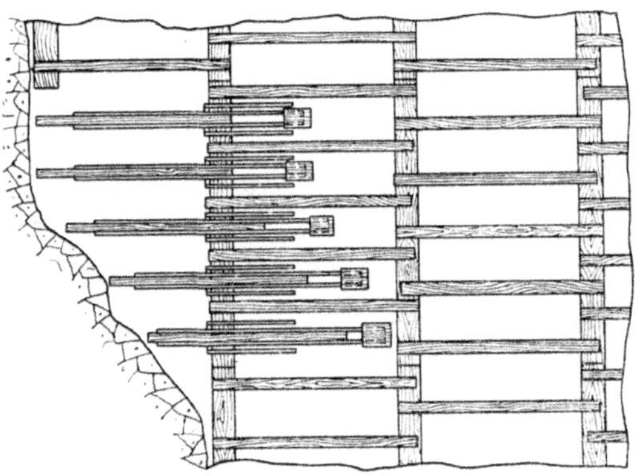

Fig. 441.

Fig. 438—441. Vorschiebeeisen. (Aus „Vers. und Verb. i. J. 1905".)

vorn eine Kröpfung zur Aufnahme der die Pfähle tragenden Grubenschiene; hinten wurde ebenfalls ein Keil eingetrieben.

Die Firma Würfel & Neuhaus in Bochum stellt Pfändungseisen (Fig. 444) her, welche dem Häuer das Einbauen verlorener Kappen oder das Stellen von Kreuzen ersparen sollen, wenn der Ortsstoß noch nicht so weit ausgearbeitet sein sollte, daß sich der Einbau der endgültigen Zimmerung ermöglichen ließe. Diese Pfändungseisen bestehen aus dem Bügel *a*, der über die letzte endgültige Kappe *b* geschoben wird. An ihm wird das Pfändungseisen *c* mittelst der in Gelenken beweglichen Ösen *d* angehängt. Die Verpfählung wird durch dünne Schienen *e* oder verlorene Kappen unterstützt, die auf dem vorderen Ende der Pfändungseisen liegen; darauf werden auch über das rückwärtige Ende derselben Keile *f* geschlagen, um die verlorenen Kappen fest an die Firste anzutreiben.

Auf Zeche General Blumenthal war der dem Ortsstoße zugewendete Arm der Pfändungseisen länger als der rückwärtige; sie bestanden aus 1,200 m langen U-Eisen und besaßen eine Tragfähigkeit von über 1000 kg.

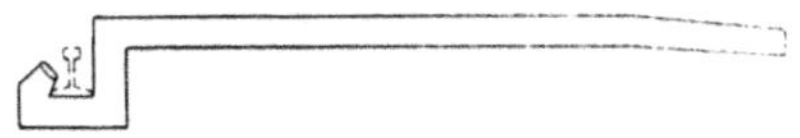

Fig. 442.

Der Hauptvorteil der Pfändungseisen liegt darin, daß sie gestatten, das Ort sicher zu verbauen, ohne daß die oft hinderlichen verlorenen Stempel (Kreuze) gestellt werden müssen. Sie lassen sich ebensogut vor Streckenort als auch in Abbauen (Pfeiler, Strebbauen usw.) gebrauchen.

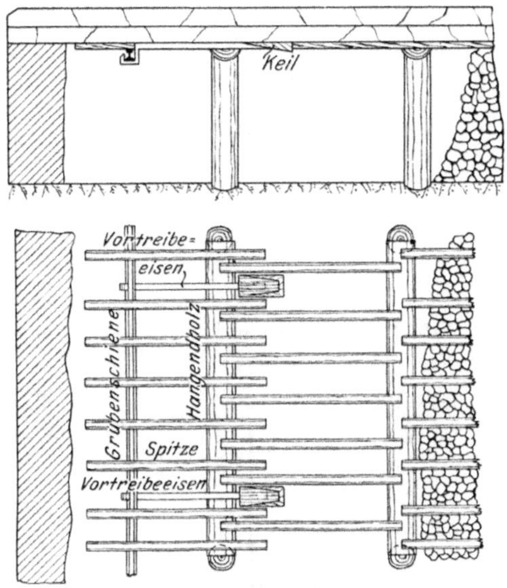

Fig. 443.

Fig. 442 und 443. Vorschiebeeisen. (Aus „Vers. und Verb. i. J. 1904“.)

Auf Glückhilf-Friedenshoffnunggrube bei Waldenburg wurden mit flachen eisernen Vortreibepfählen gute Erfolge erzielt. Sie haben in vielen Fällen, wo hölzerne Pfähle zerbrochen worden wären, gehalten und manchen Unfall verhütet.

Um nach beendetem Abbaue die Wiedergewinnung aller Kappen, Stangen und Verzugshölzer zu ermöglichen, führte man i. J. 1907 auf Grube Schwalbach bei Saarbrücken die Hängeeisen von Steiger Hans ein. In Fig. 445 ist ein solches an einem Stempel mit Anpfahl (Kreuz) angebracht. Der Teil *a* besteht aus Flacheisen und hat oben eine Kehlung für die Kappe *K*, unten eine Spitze, die in den Stempel eindringt. Die Arme b_1 und b_2 umfassen den Stempel; b_1 hat eine Öse nebst Eisenband *d*; in b_2 ist ein Schlitz, damit *d* mit Hilfe des Keiles *c* an den Stempel angetrieben werden kann. Kommt die Firste in Bewegung und drückt auf *K*, so dringt die Spitze von *a* in den Stempel ein; *d* wird also immer fester an den Stempel angepreßt. Ist der Versatz bis an den Stempel herangerückt, so braucht man nur den

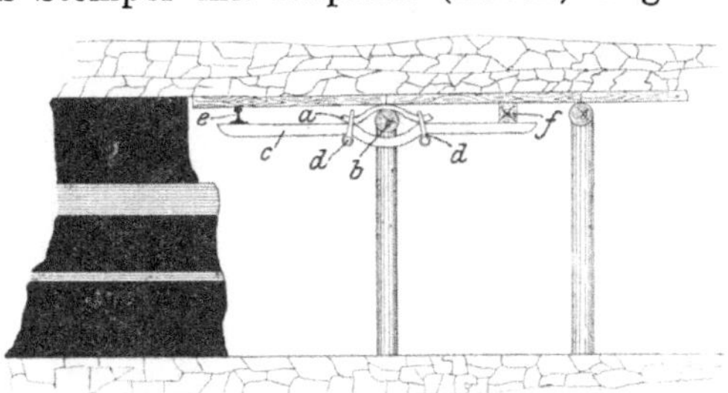

Fig. 444. Pfändungseisen.

Keil c zu entfernen und das Hängeeisen mit der Keilhaue herauszureißen; die Kappen und Verzugshölzer lassen sich dann ohne weiteres wiedergewinnen.

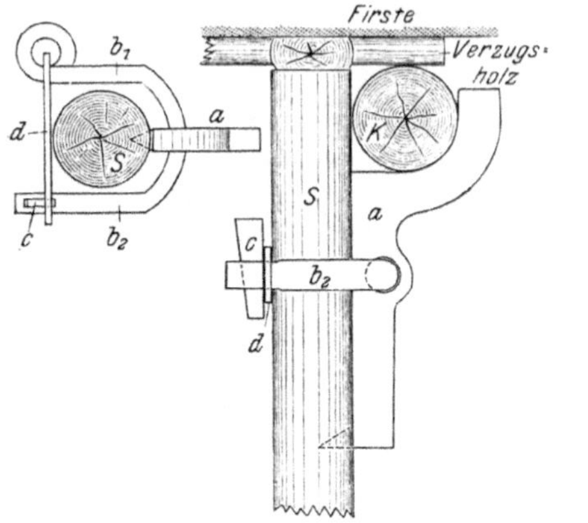

Fig. 445. Hängeeisen von Hans. (Aus „Preuß. Zeitschr.“ 1908, Heft 1.)

Nachgiebige Stempel. Es ist schon weiter oben gezeigt worden, daß man die Zimmerung durch Anspitzen oder Zuschärfen der Stempel länger lebensfähig halten kann. Es war naheliegend, daß man die Nachgiebigkeit der Zimmerung, insbesondere der Stempel, auch noch auf anderem Wege zu erreichen suchte und auch bei eisernen Stempel anstrebte. Dies ist, wie die nachstehenden Beispiele zeigen, vollständig gelungen.

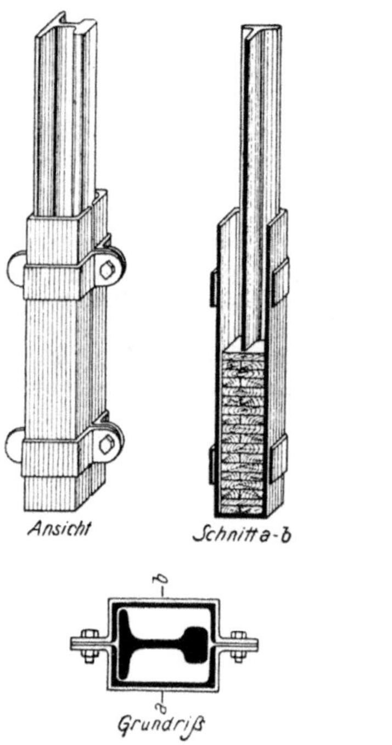

Fig. 446. Stempel von Schmalenbach. (Aus „Glückauf“ 1908, Nr. 16.)

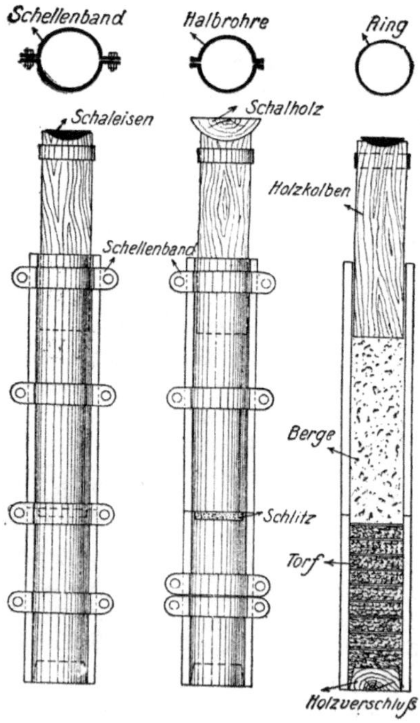

Fig. 447. Torfstempel von Nellen. (Aus „Glückauf“ 1908, Nr. 43.)

Der Stempel von Schmalenbach (Fig. 446), gebaut von der Deutschen Wetterluttenfabrik in Düsseldorf, besteht in seinem unteren Teile aus zwei U-Eisen, die durch zwei eiserne Bänder zusammengehalten werden; der dadurch gebildete Hohlraum wird etwa zur Hälfte mit Tannenholzbrettchen gefüllt. Der obere Stempelteil wird von einer Eisenbahnschiene gebildet, die auf den Brettchen aufsteht. Durch Vermehrung der Bretteinlagen wird die Elastizität des Stempels gesteigert, durch Verminderung derselben verringert.

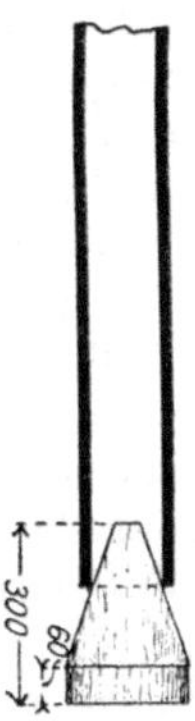

Fig. 448. Stempel von Zeche Neumühl.

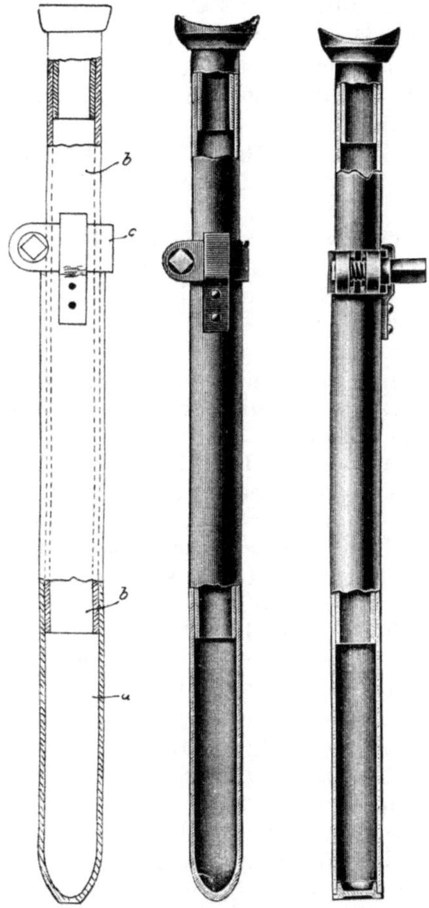

Fig. 449 a. Fig. 449 b. Fig. 449 c. Stempel von Sommer.

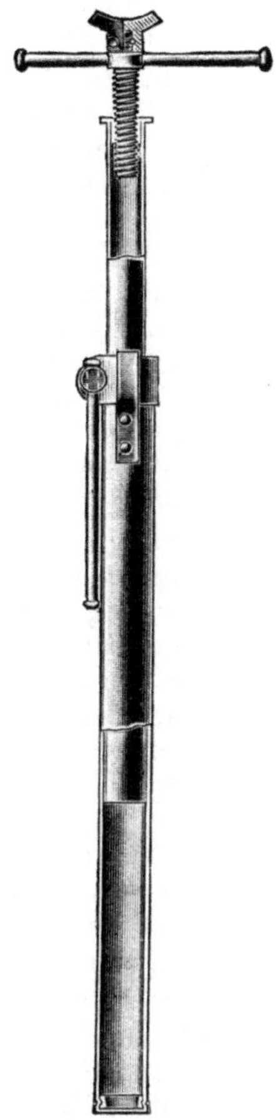

Fig. 450. Reparaturstempel von Sommer.

Der elastische Stempel von Nellen (Fig. 447) hat sich auf Zeche Neu-Essen gut bewährt. Er wird von zwei stählernen Halbrohren gebildet, die durch eiserne Schellenbänder zusammengezogen sind. Seinen Fuß bildet ein Holzpfropfen; dann folgen bis zur Mitte Torfscheiben von etwa 5 cm Dicke, über denen feine Berge eingefüllt sind. Den Beschluß bildet ein passend abgedrehter Kolben aus Buchen- oder Eichenholz; er ist etwa 40—65 cm lang und ragt 30—40 cm weit hervor. Sein Kopfende ist ausgekehlt; unter der Kehlung sitzt ein Stahlring, der das Aufsplittern verhüten soll. Damit der Stempel bei der Wiedergewinnung nicht auseinander genommen zu werden braucht, ist in dem einen Halbrohre ein 20 mm breiter, wagerechter Schlitz vorhanden, der aber durch ein Schellenband verschlossen gehalten wird. Beim Rauben wird das Band weggenommen, worauf man mit der Keilhaue Berge heraushacken kann. In gleicher Weise erreicht man das Nachgeben des Stempels bei großem Firstendrucke.

In Verbindung mit diesem Stempel können Schaleisen verwendet werden. Sie besitzen an jedem Ende ein Loch, um sie mit der Hauenspitze rauben zu können.

1 m Schaleisen kostet 2 Mk.; ein fertiger Stempel von 1,5 m Rohrlänge wiegt 29—40 kg; 1 m Rohr nebst allem Zubehör kostet 5—8 Mk.

Auf Zeche Neumühl wurden i. J. 1907 eiserne Rohre von 80 bis 110 mm benutzt, die man an beiden Enden glatt abschnitt; in diese wurden 30 cm lange, einseitig zugespitzte Stempelenden so tief mit der Spitze hineingesteckt, daß sie nur noch 6 cm weit hervorragten (Fig. 448).

Ein eiserner Stempel, der weite Verbreitung gefunden hat, ist der von Sommer (Fig. 449 *a*—*c*). Man kann ihn überhaupt als den ersten brauchbaren elastischen Stempel ansehen; die mit ihm erzielten guten Erfolge gaben den Anlaß zur Erfindung der anderen im Betriebe zur Verwendung gekommenen Eisenstempel. Er besteht aus zwei Mannesmannröhren *a* und *b*, die sich ineinander verschieben lassen. In der richtigen Lage werden sie durch ein eisernes Schellenband *c* festgehalten. Dieses wirkt, wenn der Gebirgsdruck 14000 kg überschreitet, als Bremse; das engere Rohr gleitet dann solange in das weitere hinein, bis der Druck nachgelassen hat. Das Gewicht eines 2 m langen Stempels beträgt etwa 25 kg, ist also ungefähr dem eines Holzstempels gleich. Längere Sommerstempel sollen sogar leichter als hölzerne sein.

Für Ausbesserungsarbeiten bei der Streckenzimmerung wird ein besonderer Reparaturstempel (Fig. 450) gebaut. Er wird durch Ausziehen der beiden Rohre der ungefähren Streckenhöhe angepaßt; am Kopfe befindet sich noch eine kurze Schraubenspindel, mit deren Hilfe der Stempel fest angezogen wird.

Auf Grube Itzenplitz im Saarreviere wurden die Sommerstempel in planmäßigem Ausbaue abwechselnd mit Holzstempeln im Verhältnisse 1:1 gesetzt. Wo der Versatz dicht eingebracht wurde, benutzte man sie auch bei gebrächem Hangenden; man stellte dann vor der zu raubenden Stempelreihe eine kräftige Bergemauer her.

Auf Zeche König Ludwig im Bergrevier Ost-Recklinghausen stellte man am Oberstoße von Flözstrecken gute Bergemauern mit Hilfe von Sommerstempeln und Bretterverschalungen her. Die Mauern bestanden aus wechselnden Lagen von Grob- und Feinbergen und erhielten Einlagen von Spitzen, Schalhölzern, Brettstücken usw.

Bei dem planmäßigen Ausbau der Zeche Rheinpreußen, Schacht I/II werden zweierlei Sorten von nachgiebigen Stempeln verwendet.

Bei der einen Stempelart (Fig 451) sind zwei U-Eisen durch 2 Schraubenbolzen verbunden; diese gehen durch Schlitze, die unter 45 Grad geneigt sind. Anfangs sitzen die Bolzen am obersten bezw. untersten Ende zweier der Schlitze. Die Anzahl der Schlitze beträgt z. B. vier, um den Stempel bequem auf die Flözmächtigkeit einstellen zu können. Ist dies geschehen, so werden von oben und unten in die U-Eisen eichene Kanthölzer eingeführt, deren innere Enden unter 30 Grad abgeschrägt und mit Eisenblech beschlagen sind. Ihre Schneiden ruhen auf den Schrauben. Stellt sich Druck ein, so werden die Schrauben in den Schlitzen verschoben, d. h. der Stempel gibt nach.

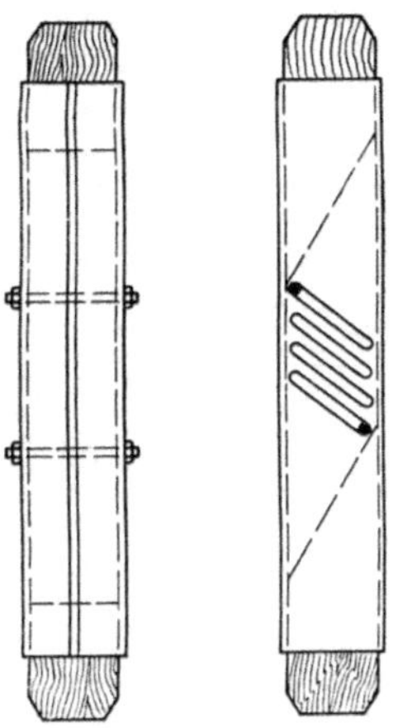

Fig. 451.

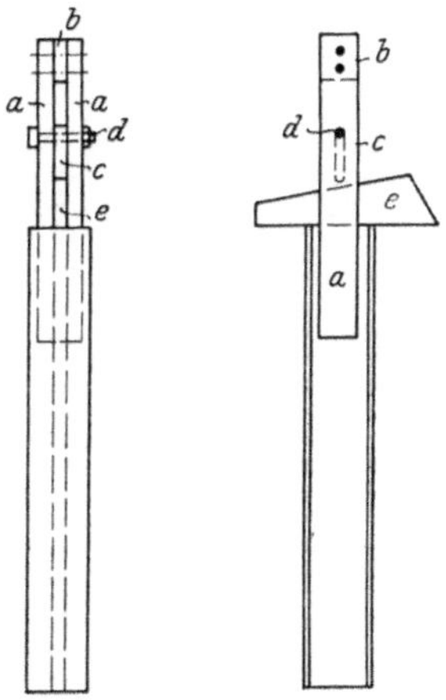

Fig. 452.

Stempel von Zeche Rheinpreußen. (Aus „Bergbau“ XIX, Nr. 42.)

Bei der zweiten Stempelart (Fig. 452) besteht der untere Teil aus I-Eisen. Der obere Teil wird von zwei Flacheisen *a* gebildet; zwischen ihnen sind zwei Eisenblechplatten *b* und *c* angebracht; *b* ist an *a* festgenietet; *c* besitzt Trapezform, ist oben dünner als unten und wird mit *a* durch den Schraubenbolzen *d* verbunden; dieser geht durch einen senkrechten Schlitz von *c*. Zwischen *c* und den Steg des I-Eisens kommt der Keil *e*, dessen Abschrägung genau an die von *c* paßt. Vor dem Eintreiben des Stempels muß *d* ganz am obersten Schlitzende stehen. Zum Antreiben des Stempels unter die Kappe dient der Keil *e*. Bei Druck wandern *a*, *b* und *d* nach unten, bis der Schraubenbolzen *d* am unteren Ende des in *c* angebrachten Schlitzes angekommen ist. Um den Stempel zu lösen, wird der Keil *e* ausgetrieben.

Der von der Eisenhütte Westfalia A.-G. in Bochum gebaute eiserne Stempel von Mommertz (Fig. 453) kann wegen des zur Verwendung kommenden Keilschlosses nicht nur aus Rohren, sondern auch aus jedem andern Formeisen hergestellt werden. Am häufigsten benutzt man Winkeleisen, weil dieses sich am leichtesten wieder geraderichten läßt. Der obere und der untere Teil des Winkelstempels bestehen aus den beiden **L**-Eisen *m* und *n*, um die das dreieckige Klemmband *o* umgelegt wird. Es hat eine nach außen gerichtete Nase *p*; der Keil *q*, dessen Querschnitt dreieckig ist, besitzt eine Anzahl von Nuten. Will man ihn lösen, so setzt man eine Brechstange in eine der Nuten ein und benutzt die Nase *p* als Auflage beim nun folgenden Wuchten. Der Keil braucht, wenn sich Druck zeigt, nur um ein geringes gelüftet zu werden; er setzt sich von selbst wieder fest. Am Stempelfuße ist eine stumpfe Spitze *b* angenietet; sein Kopf ist mit dem ausgehöhlten Teile *a* versehen.

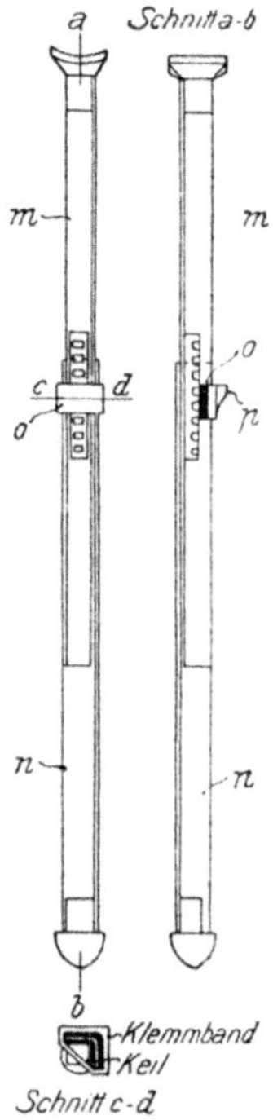

Fig. 453. Stempel von Mommertz. (Aus „Glückauf" 1908, Nr. 16.)

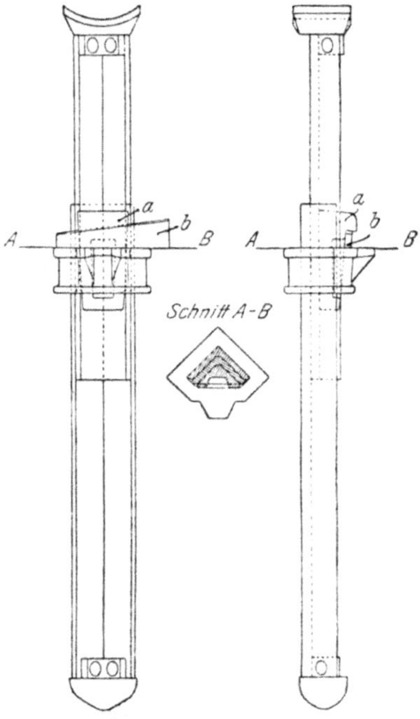

Fig. 454. Stempel von Nootbaar.

Viele Stempel sind über 70 mal umgesetzt worden. Dabei zeigte es sich, daß es sehr auf das Material der Klemmbänder ankam; solche aus Tiegelgußstahl hatten die größte Lebensdauer; schmiedeeiserne waren zu dehnbar; solche aus Temperguß sprangen schon bei dem geringen Druck von 39—44 atm. = 7800—14800 kg.

Das Alexanderwerk A. von der Nahmer A.-G. in Remscheid-Vieringhausen fertigt einen Stempel, System Nootbaar, (Fig. 454) der starr und nachgiebig eingestellt werden kann. Beide Teile bestehen aus **L**- oder **U**-Eisen und werden von einem Schlosse umfaßt; in dieses wird ein Keildorn *a* eingesteckt, der wiederum von einem Querkeile *b* getragen wird. Bei wachsendem Drucke schiebt sich der Stempel zusammen, bis der Keildorn auf dem Querkeile aufsitzt. Der Keildorn kann mitrutschen, weil seine reibenden Flächen am Formeisenstempel größer sind als wie die am Schlosse. Sobald der Keildorn auf dem Querkeile aufsitzt, verliert der Stempel seine Nachgiebigkeit, wird also starr.

Der Nonienstempel von Hinselmann (Fig. 455), gebaut von den Westfälischen Stanzwerken in Aplerbeck, unterscheidet sich von den vorbeschriebenen Formen durch die Art des Feststellens und Lösens. Beide ineinander verschiebbare Rohre *a* und *b* sind mit Keillöchern versehen; ihre Abstände sind aber nicht in beiden Stempelhälften gleich, sondern wie bei der Teilung eines Nonius verschieden. Zu jedem Stempel gehören zwei Keile; der eine wird in zwei voreinander stehende Löcher getrieben, so daß sich der obere Stempelteil aufwärts schiebt. Nun stehen wieder zwei andere Löcher vor einander, in die man den zweiten Keil eintreibt. Dies setzt man solange fort, bis der Stempel stramm sitzt. In ähnlicher Weise erfolgt das Rauben des Stempels durch Umstecken der beiden Keile. Das obere Stempelende ist mit einem Tempergußkopfe versehen. Der Stempelfuß hat Keilform und endet in einem Sicherheitsringe, der auf ihn aufgezogen ist. Dieser Ring dient als Brechstück, d. h. er soll sich aufbiegen bezw. platzen, wenn der Normaldruck überschritten wird. Die Sicherheitsringe lassen sich mit wenigen Hammerschlägen auswechseln; sie kosten 10 Pfg. je Stück.

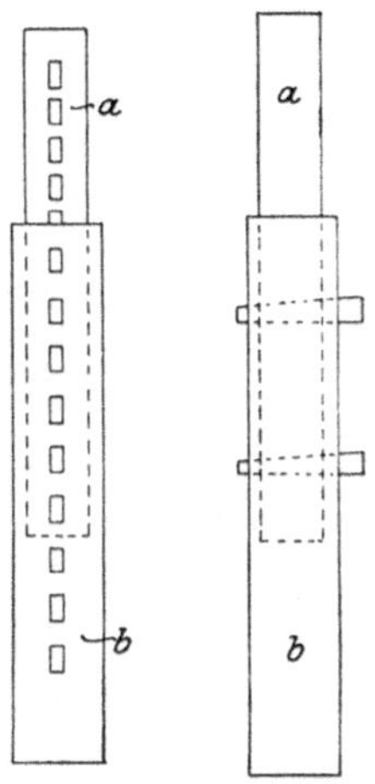

Fig. 455. Nonien-Stempel von Hinselmann.

Dritter Abschnitt.

Das Rauben.

Beim Rauben wird der Ausbau aus den abgebauten Räumen entfernt, damit er wieder anderweitig benutzt werden kann, und damit das Hangende dieser Räume zu Bruche geht. Würde man den Ausbau in den entkohlten Abschnitten belassen, so würden zu große Hohlräume offen bleiben, die beim plötzlichen Znsammenbrechen auch den im Bau begriffenen Abschnitt gefährden könnten.

Das Rauben kann von einer besonderen Kameradschaft von Raubhäuern vorgenommen werden. Es sind das für diesen Zweck eigens ausgesuchte, besonnene Leute, die sich bald eine große Erfahrung in dieser gefährlichen Arbeit aneignen. Auf vielen Werken zieht man es jedoch vor, das Rauben von den auf dem betreffenden Pfeiler angelegten Häuern besorgen zu lassen. Man geht dabei von der Erwägung aus, daß die eigene Belegschaft des Abschnittes seine gefährlichen Stellen am besten kennen muß.

Wegen der mit dem Rauben verbundenen Gefahr darf diese Arbeit nur unter der ständigen Aufsicht eines Beamten erfolgen. Dieser untersucht vor Beginn des Raubens das Hangende genau auf seine Festigkeit und achtet dabei besonders auf Risse und Klüfte, deren Länge, Anzahl, gegenseitige Lage und Richtung.

Das Rauben beginnt in der dem Fenster diagonal gegenüberliegenden Ecke des Abschnittes. Dadurch bleibt den Leuten stets der Fluchtweg durch den noch stehenden Ausbau gesichert. Solange die Firste noch ruhig steht und erst etwa ein Drittel des Holzes entfernt ist, dürfen zwei Mann zu gleicher Zeit rauben. Die übrigen tragen das geraubte Holz fort; der Raubaufseher steht immer etwas hinter den der Gefahr am meisten ausgesetzten Arbeitern und beobachtet das Hangende. Hierbei leisten Lampen, die mit Scheinwerfern ausgerüstet sind, wie z. B. die Weltschen Azetylenlampen, gute Dienste. Mit der fortschreitenden Entblößung des Hangenden wird die Raubarbeit immer gefährlicher und darf dann nur noch von einem Manne verrichtet werden.

Es wird nie die gesamte Zimmerung entfernt; vielmehr bleibt immer etwas Warnholz stehen, um durch Knistern und Prasseln anzuzeigen,

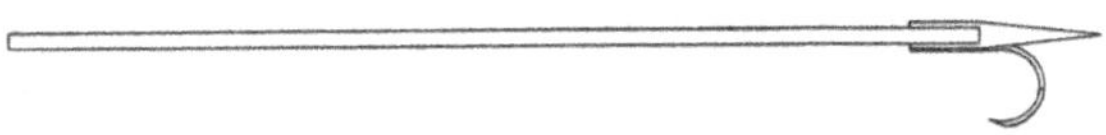

Fig. 456. Raubhaken. (Aus den „Verhandlungen und Untersuchungen der Preuß. Stein- und Kohlenfall-Kommission“, Heft 5.)

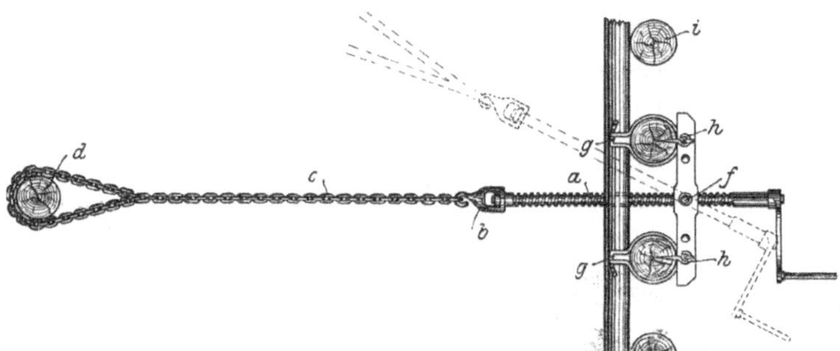

Fig. 457. Raubspindel von Kirschniok. (Aus der „Zeitschr. f. d. Berg-, Hütten- und Salinenwesen im Preuß. Staate“, 1891.)

wenn das Hangende beginnt in Bewegung zu geraten. Zum mindesten bleibt ein Warnstempel in der dem Fenster schräg gegenüberliegenden Ecke stehen, weil hier stets die ersten Bewegungen eintreten. Je nach der Festigkeit des Gebirges verbleibt auch weiter nach rückwärts eine größere oder geringere Zahl von Warnhölzern. Bei sehr schwachem Gebirge wird man sogar den größten Teil der Zimmerung im Abschnitte belassen und nur unter festeren Stellen rauben.

Unter jeder Kappe werden immer zuerst die Endstempel fortgenommen, dann die Mittelstempel.

Als Gezähe braucht man in Oberschlesien beim Rauben langhelmige Äxte mit sehr scharfen, schmalen Schneiden, Keilhauen, Großfäustel, den Raubhaken (Fig. 456) und die Raubspindel.

Die Raubspindel, erfunden von Direktor Kirschniok in Zabrze, hat eine Schraubenspindel *a* (Fig. 457 und 458), die durch eine Kurbel gedreht werden kann. An ihrem vorderen Ende sitzt ein Wirbel mit einem Haken *b*; in diesen wird eine Kette *c* eingehakt, deren freies Ende um den zu raubenden Stempel *d* geschlungen ist. Die Mutter der Schraubenspindel ruht zwischen zwei starken Schmiedeeisen-

Fig. 458. Raubspindel von Kirschniok.

platten *e* und *f* und läßt sich um eine senkrechte Achse drehen, damit es möglich ist, die Spindel jedesmal nach dem gewünschten Stempel hin zu wenden. Mit Hilfe zweier Schellen *g* und Haken *h* wird die Raubspindel an zwei in Firste und Sohle eingebühnten Bolzen *i* befestigt.

Auf der Cinder Hill Colliery bei Nottingham ist nach den Berichten der Steinfallkommission ein anderes Raubwerkzeug gebräuchlich. Es

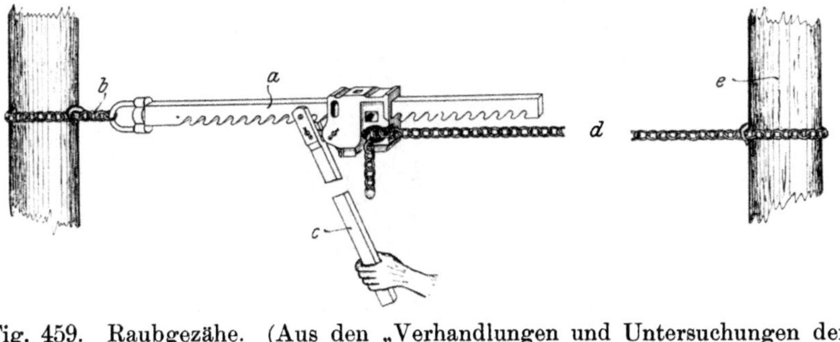

Fig. 459. Raubgezähe. (Aus den „Verhandlungen und Untersuchungen der Preuß. Stein- und Kohlenfall-Kommission", Heft 4.)

besteht aus einer Zahnstange *a* (Fig. 459), die mittelst einer Kette *b* an einem fest verbühnten Bolzen angeschlagen ist. Durch Hin- und

Herbewegen des Klinkenhebels *c* wird die Kette *d* und der an ihr hängende Stempel *e* herangeholt.

Die Raubwinde Patent Kowarczyk (Fig. 460), geliefert von M. von Schalscha-E. in Kattowitz, hat doppeltes Zahnradvorgelege mit einem Übersetzungsverhältnis von 1 : 150, zwei abnehmbare Kurbeln *d* und *e*, eine Kettennuß für die 10 m lange kalibrierte Arbeitskette *s*, *sz* von 17 mm Ø und eine Lasche nebst Bindekette *a*, *b*—*c* zum Befestigen der Winde an einem Stempel. Ferner gehören dazu eine Vorrichtung zum Abziehen der Arbeitskette, 20 m einfache, nicht kalibrierte Kette, 1 Kettenrolle und 3 Kettenhaken.

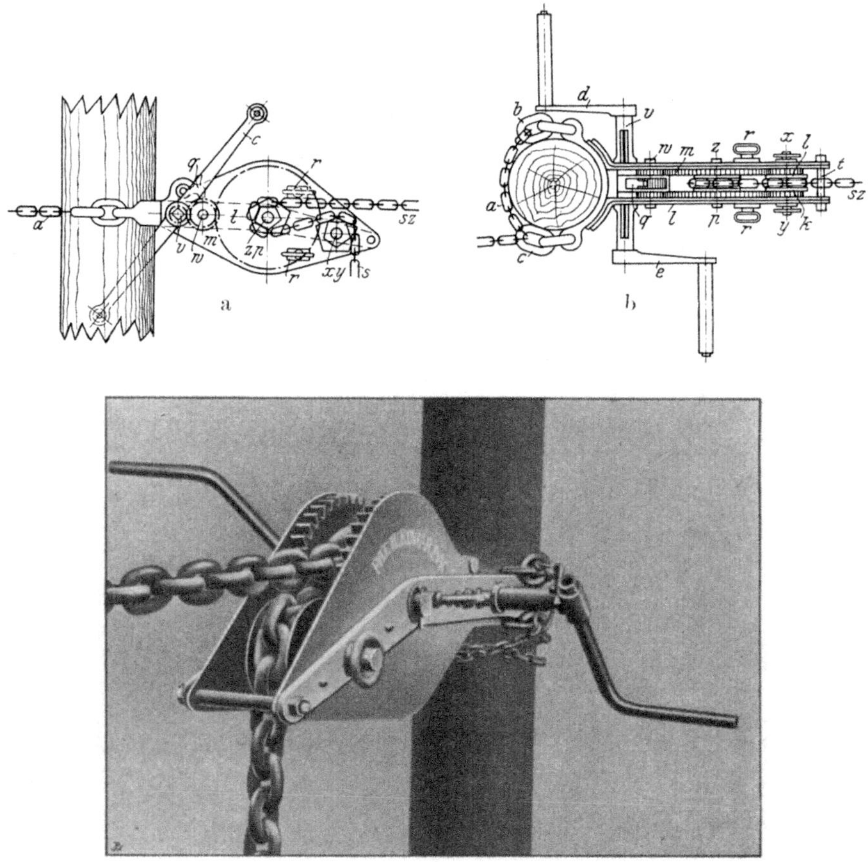

Fig. 460 a—c. Raubwinde von Kowarczyk. (Aus „Kohle und Erz“ 1907, Nr. 11 u. 19.)

Im nordwestböhmischen Braunkohlenbezirke hat sich die fahrbare Raubwinde von Knoche, Type Julius III (Fig. 461 und 462), bestens bewährt; sie wird von der 1. Brüxer Eisengießerei, Kesselschmiede und Maschinenfabrik Karl Sedlaczek in Brüx geliefert. Bei einem

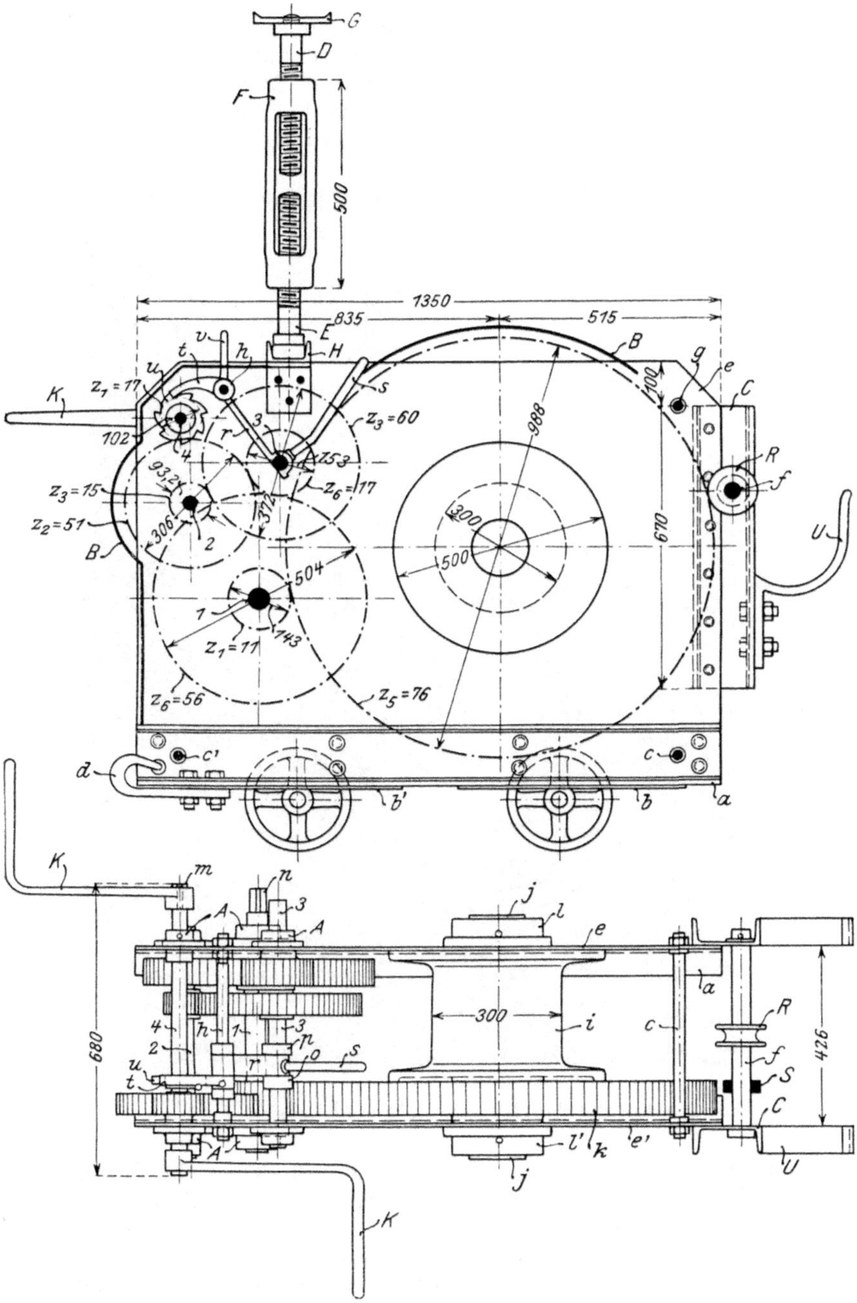

Fig. 461. Raubwinde von Knoche. (Aus „Österr. Zeitschr." 1908, Nr. 48.)

Gewichte von 805 kg kostet sie 756 Kronen ohne Seil, Kette und Radsätze. Der Wagenrahmen, auf dem sie aufgebaut ist, besteht aus zwei U-Eisen *a*, die durch zwei Bleche *b*, *b'* und zwei Bolzen *c*, *c'* verbunden sind. An der einen Stirnseite befindet sich, mit Rücksicht auf den Transport über Bremsberge, der Kuppelhaken *d*. An *a*, *a*

Fig. 462. Raubwinde von Knoche. (Aus „Österr. Zeitschr.“ 1908, Nr. 48.)

sitzen zwei senkrechte Seitenbleche *e*, *e'*, an denen die Lager *A* für die fünf Wellen 1—5 befestigt sind; zu ihrer Versteifung gehören die drei Bolzen *f*, *g* und *h*.

Die hohle Seiltrommel *i* und das Zahnrad *k* sind, jedes für sich, auf eine gemeinschaftliche Stahlwelle aufgekeilt. Die Zahnräder der vier Vorgelege sitzen auf den Wellen 1, 2, 3 und 4. Die Wellen 1 und 4 enden in Vierkante *m* bezw. *n*, auf die man nach Belieben die Kurbeln *K* aufstecken kann. Die Winde kann also mit einfachem oder vierfachem Vorgelege arbeiten; im ersteren Falle muß die Welle 3 ausgerückt werden. Die Welle 4 besitzt ein Sperrad *u* mit Sperrklinke *t*, damit die Kurbeln nicht rückwärts ausschlagen.

Am freien Ende des von Trommel *i* ausgehenden Zugseiles ist ein kurzes Kettenstück mit Haken angebracht. Die Rolle *R* bewirkt, daß dieses Seil richtig auf der Trommel aufläuft.

Um die Winde bei der Raubarbeit unverrückbar festzustellen, wird in die beiden hakenähnlichen Träger *U* ein Querholz eingelegt, das sich gegen zwei senkrechte Bolzen anlehnt, die natürlich in Sohle und Firste sicher eingelassen sein müssen. Außerdem befindet sich an der Winde, damit sie nicht umkippt, eine verstellbare Firststütze; sie wird von den beiden Schraubenbolzen *D*, *E* und dem Schraubenschlosse *F* gebildet und kann schnell von der U-Eisenstütze *H* abgeschraubt werden.

Nach Nickel soll eine Raubwinde folgenden Anforderungen entsprechen:

1. Das Rauben muß rasch und ruhig, ohne Erschütterung und mit einem Überschuß an Zugkraft erfolgen, so daß möglichst jeder Stempel gewonnen werden kann.

2. Das Raubgezähe muß aus seiner einmaligen Aufstellung jeden beliebigen Punkt im Abbau zu erreichen gestatten, ohne daß bei veränderter Zugrichtung eine neue Aufstellung erforderlich wäre.

3. Die Länge des Zuges darf nicht beschränkt sein.

4. Das Raubwerkzeug darf wegen des Transportes nicht allzuschwer ausfallen.

5. Die Bauart muß einfach und kräftig sein, damit die Winde eine rohe Behandlung ertragen kann.

Erstes Kapitel. Das Rauben auf Flözen von geringer Mächtigkeit.

Hat die Zimmerung keinen oder nur sehr geringen Druck angenommen, so schlägt man die Stempel mit dem Großfäustel heraus oder hackt ihnen mit der Keilhaue unter dem Fuße so viel Luft, daß sie leicht weggenommen werden können. Ist dies nicht mehr möglich, dann wird mit der Axt ein Ohr von der Kehlung abgehackt. Ist dagegen der Stempel fest in die Kappe und die Sohle hineingepreßt, dann wird ihm mit der Axt eine Kerbe angehauen (Fig. 463). Diese liegt immer möglichst nahe der Sohle, damit der obere Teil noch einmal in Bauen von geringerer Höhe verwendet werden kann. Diese Arbeit muß, namentlich wenn die Kerbe schon tief geworden ist, sehr vorsichtig ausgeführt werden; der Häuer zieht sich nach jedem Axthiebe zurück und beobachtet das Hangende. Ist es nicht möglich, den Stempel ganz durchzuhacken, reicht aber auch der Druck des Hangenden nicht dazu aus, ihn zu brechen,

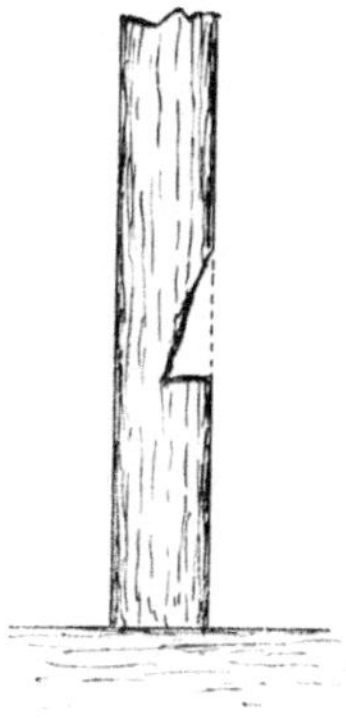

Fig. 463. Angekerbter Stempel.

dann bringt man ihn durch Rammen mit einem langen Holze oder durch Gegenwerfen von Bergestücken dazu. Die Kappen und Pfähle werden mit dem Raubhaken herangezogen. Es ist überhaupt darauf zu achten, daß möglichst wenig Holz im alten Mann zurückbleibt, weil dieses beim Vermodern die Bildung von matten Wettern und auch die Entstehung und Weiterverbreitung von Grubenbrand begünstigt.

Beim streichenden Pfeilerrückbau läßt man gern die letzte Kappe vor der Versatzung stehen (Fig. 422). Das Gebirge geht dann nicht bis an diese heran zu Bruche, so daß sie widerstandsfähig bleibt.

Zweites Kapitel. Das Rauben auf Flözen von großer Mächtigkeit.

Auf Flözen von großer Mächtigkeit ist das Rauben bedeutend gefährlicher als wie in niedrigen Bauen, weil das Hangende nicht so gut beobachtet werden kann, und weil die Wucht des Zuraubens eine wesentlich größere ist. Das Rauben muß infolgedessen mit erhöhter Vorsicht ausgeführt werden. Auch darf man hier verschiedene Arten des Raubens nicht anwenden, die auf Flözen von geringer Mächtigkeit einwandfrei sind. Zunächst darf niemals ein Stempel einfach von Hand herausgeschlagen werden; denn er kann beim Umfallen den neben ihm stehenden Raubhäuer treffen oder ihm den Fluchtweg versperren. Man arbeitet vielmehr aus seinem Sohlenbühnloche heraus eine nach der Versatzung hin gerichtete Ausfuhr und zieht ihn dann in der Strecke stehend mit Hilfe eines um seinen Fuß geschlungenen Seiles oder besser mit der Raubspindel heraus. Ist er zu stark in Druck gekommen, so wird er mit der Axt eingekerbt und dann mit der Raubspindel zum Brechen gebracht.

Pfeilerabschnitte, in denen der Gebirgsdruck bereits so bedeutend ist, daß sie nur mit großer Vorsicht betreten werden dürfen, werden mit Dynamit zugeraubt. Dabei werden in erster Reihe die Rüstkappenstempel zerschossen, ferner noch diejenigen anderen Stempel, bei denen dies nötig erscheint. Es genügt für jeden Stempel eine Schlagpatrone von Dynamit No. 1. Diese wird entweder an dem Stempel mit einer Drahtschlinge festgebunden oder in eine mit der Axt angehauene Kerbe gelegt und mit Letten festgeklebt oder in ein Loch geschoben, welches mit einem Zimmermannsbohrer bis in die Mitte des Stempels gebohrt wurde. Werden die Patronen nicht von der Strecke aus auf elektrischem Wege weggetan, was eigentlich immer geschehen sollte, dann sind lange Zündschnuren erforderlich, damit die wenigen Leute Zeit haben, alle Zünder in Ruhe abzubrennen. Am Streckenmundloche muß während dieser Arbeit beständig eine brennende Lampe hängen; denn es kommt häufig vor, daß den Häuern durch das Sprühen der Zündschnuren das Licht ausgeblasen wird. Sie sind dann trotzdem in der Lage, schnell den Ausgang zu gewinnen.

Fünfter Teil.

Der Ausbau von Füllörtern, Maschinenstuben und sonstigen großen Räumen.

Benutzte Literatur:

Rziha, Tunnelbaukunst.

Erster Abschnitt.

Allgemeines.

Will man große unterirdische Räume möglichst vor Druck schützen, so soll man sie so anlegen, daß ihre Längsrichtung querschlägig verläuft. Bei sehr starkem Drucke ist es angebracht, lange und schmale Räume herzustellen; dies wird aber namentlich bei Füllörtern nicht immer durchführbar sein, während es bei Räumen, in denen Wasserhebemaschinen untergebracht werden sollen, dadurch erreicht werden kann, daß man anstatt einer großen Maschine mehrere kleinere hintereinander aufstellt.

Als Baustoffe für die Verkleidung von Firste und Stößen dienen Holz, Eisen und Mauerung.

Holz wird zum endgültigen Ausbau nur bei kleineren Abmessungen und Verhältnissen benutzt; dagegen spielt es beim verlorenen Ausbau eines Raumes, der nachher ausgemauert werden soll, eine große Rolle.

Eisen wird namentlich im gemischten Ausbau angewendet, also in Verbindung mit Holz oder Mauerwerk. Es dient namentlich zur Sicherung der Firste bei kleineren und mittleren Verhältnissen.

Mauerung ist bei allen Räumen zu benutzen, deren Abmessungen das Mittelmaß überschreiten, ferner immer im schwachen Gebirge.

Zweiter Abschnitt.

Die Füllörter.

Erstes Kapitel. Füllörter für Tonnen- und Kübelförderung.

Die Benennung der Füllörter stammt aus dem Erzbergbau. Sie rührt daher, daß an diesen Stellen, den Mündungen der Grubenbaue in den Förderschacht, das Fördergut aus den kleineren Streckenfördergefäßen in die Schachtfördergefäße, meistens Kübel oder Tonnen, umgefüllt wurde. Diese Füllörter müssen zur Aufnahme einer größeren Menge von Roherz eingerichtet sein. Gelegentlich findet hier auch schon eine Scheidung in einzelne Erzsorten und -arten statt.

Die einfachste Füllortart ist eine unter der Streckensohle angebrachte Versenkung (Fig. 464). Vom Schacht ist sie durch eine

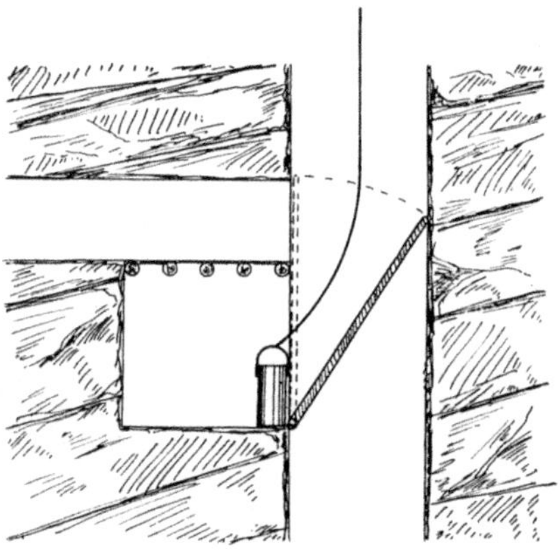

Fig. 464.

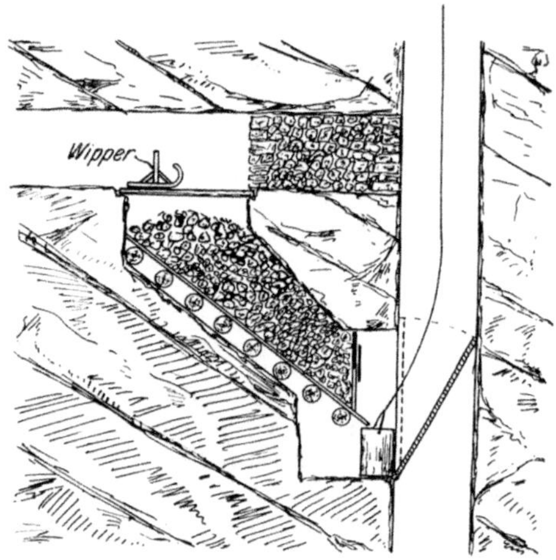

Fig. 465.

Füllort für Tonnenförderung.

Klappe getrennt, die sich um eine wagerechte Achse bewegen läßt. Soll der Kübel in das Füllort hinein, dann wird diese Klappe schräg in den Schacht hinein gedreht, so daß der untere Schachtteil verdeckt ist.

Bei regerer Förderung kann das Füllort in der aus Fig. 465 ersichtlichen Weise hergestellt werden. Für den Kübel ist im Schachtstoße ein Absatz hergestellt. Das Füllort selbst ist als Rutsche eingerichtet; das Fördergut gleitet also unmittelbar aus dem Füllrumpfe in das Schachtfördergefäß hinein.

Zweites Kapitel. Füllörter für Schalenförderung.

A. Lage.

Die Füllörter können zu den Querschlägen, die nach den Lagerstätten hinführen, senkrecht stehen (Fig. 466) oder ihre Verlängerung bilden (Fig. 467).

Die Lage des Füllortes parallel zum Querschlage, d. h. also seitwärts von ihm, kommt im schwachen Gebirge vor, weil anderenfalls der Schacht gefährdet werden würde.

Bei Schächten mit länglich-rechteckigem Querschnitte steht das Füllort senkrecht zum Querschlage, weil man die kurzen Schachtstöße parallel zum Streichen legt. Wird in den Querschlägen mit Zügen gefördert, so stellt man diese im Querschlage zusammen, der hier

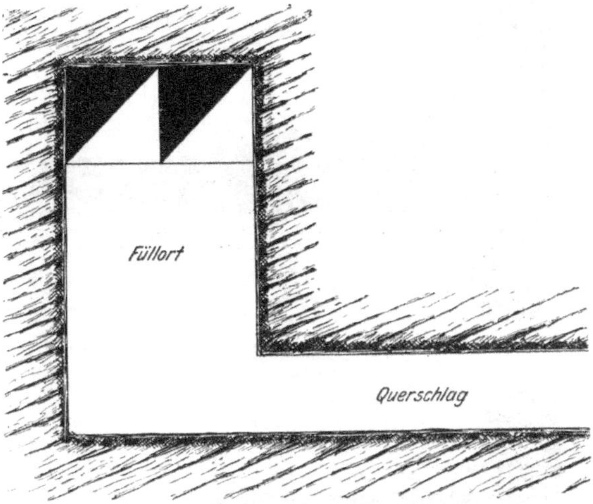

Fig. 466. Füllort.

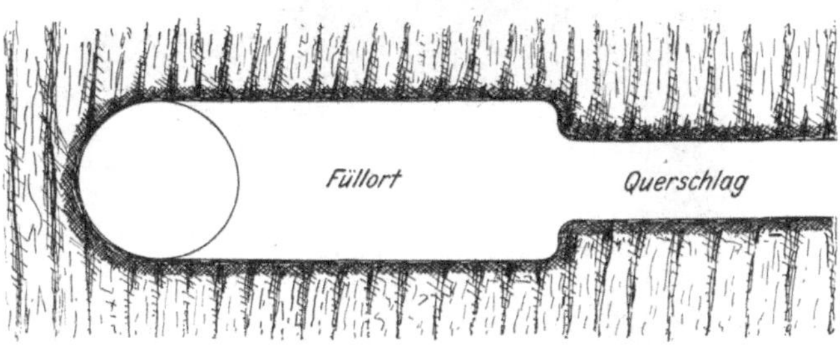

Fig. 467. Füllort.

entsprechend verbreitert ist. Bei Seil- und Kettenförderung steht die Antriebsmaschine im Querschlage oder seitwärts, dem Füllorte gegenüber. Die erstere Aufstellungsweise wird gewählt, wenn nur nach einer Seite gefördert wird; im anderen Falle steht die Maschine seitlich vom Querschlage.

B. Abmessungen.

Die Abmessungen eines Füllortes hängen von der Menge der täglich durchgehenden Förderung und von dem Förderverfahren ab. Bei schwacher Förderung genügt ein einseitiges, kurzes Füllort; bei stärkerer Belegung wird Durchschiebeförderung angewendet, das Füllort also zweiseitig und größer sein müssen. Geht in den Querschlägen Zugförderung um, dann sind im allgemeinen längere Füllörter herzustellen als bei Seil- und Kettenförderung. In solchem Falle beträgt die Mindestlänge das Anderthalbfache der größten Zuglänge. Die Breite soll gleich der von drei Gestängepaaren sein nebst dem nötigen

Fig. 468. Füllort.

Fig. 469. Füllort.

Fig. 470. Füllort.

Raum, damit die Bedienungsmannschaften sich zwischen den Zügen bezw. zwischen Zug und Stoß gefahrlos bewegen können. Mindestens muß die Breite des Füllortes gleich der der Stirnseite beider Fördertrümer sein. Sind die Schächte rund, dann ist das richtige Maß der Schachtdurchmesser vermehrt um die Breite der Umbruchsörter.

Die Höhe des Füllortes hängt in erster Reihe von der Länge der Hölzer ab, die hier von den Schalen abgezogen werden müssen. Der Übergang aus der Füllortshöhe nach der Streckenhöhe kann allmählich (Fig. 468), plötzlich (Fig. 469) oder stufenförmig (Fig. 470) erfolgen.

Werden unter Tage mehrere Abzugsbühnen eingerichtet, dann ist die Länge der unteren Füllortssohlen gleich der 1,5—2 fachen Länge der Förderschalen. Die Breite ist dieselbe wie die der obersten Anschlagsbühne. Die Höhe ist von dem Abstande der einzelnen Stockwerke der Förderschale abhängig.

C. Formen.

Füllörter, die ausgemauert werden sollen, erhalten in der Mehrzahl der Fälle eine langgestreckte Form. Ihr Grundriß bildet ein Rechteck, an dessen schmalen Seiten einerseits der Schacht, auf der anderen Seite die Mündung des Querschlages liegt.

Die Querschnittsform kann ein Rechteck sein. In diesem Falle sind die Stöße zumeist vermauert, während die Firste mit Eisenausbau oder Kappengewölbe gesichert wird.

Soll die Firste eingewölbt werden, dann kann dies mit Tonnengewölbe, flachem Gewölbe oder mit Korbbögen geschehen. Diese letzteren kommen in neuester Zeit immer mehr in Aufnahme.

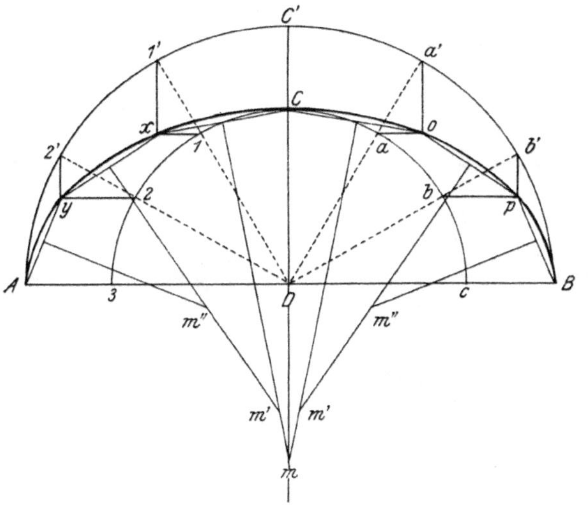

Fig. 471. Konstruktion eines Korbbogengewölbes. (Aus Lange, Katechismus der Baukonstruktionslehre.)

Die Lehren für Korbbogengewölbe werden auf folgende Weise entworfen. Es seien die Spannweite und die Pfeilhöhe des Gewölbes gegeben, beispielsweise die letztere gleich $^1/_3$ der Spannweite. In

Fig. 471 sei AB die Spannweite, CD der Stich. Man schlägt nun um D mit DC und DA die beiden Halbkreise $3\,C\,c$ und $A\,C'\,B$. Die Viertelkreise $3\,C$ und Cc werden nach Belieben in je 3 oder 5 oder 7 usw. gleiche Teile geteilt. Im vorliegenden Falle sind drei Teile gewählt; wir erhalten also auf dem inneren Halbkreise die Teilpunkte $3\,2\,1\,C\,a\,b\,c$. Von D aus werden über diese Punkte weg die Radien bis zu ihrem Schnitt mit dem äußeren Kreise gezogen; dadurch erhalten wir auf diesem die Teilpunkte $A, 2', 1', C', a', b', B$. Durch 2, 1, a, b werden die wagerechten Linien $y2$, $x1$, ao, bp parallel zu AB, durch $2', 1', a', b'$ die senkrechten Linien $2'y$, $1'x$, $a'o$, $b'p$ gezogen. Die Schnittpunkte y, x, o, p dieser Wagerechten und Senkrechten liegen auf dem Umfange des Korbbogens. Man zieht die Sehnen Ay, yx, xC, Co, op, pB und errichtet auf ihnen die Mittelsenkrechten. Die Mittellote von Cx und Co schneiden die Verlängerung von CD in m. Diese Mittellote wieder werden von den auf xy und op errichteten Mittelloten in m' geschnitten und diese letzteren wieder in m'' von den Mittelloten auf yA und pB. m ist der Mittelpunkt des Kreisbogens xCo; in m' liegen die Mittelpunkte der Kreisbögen xy und op, in m'' die der Kreisbögen yA und pB.

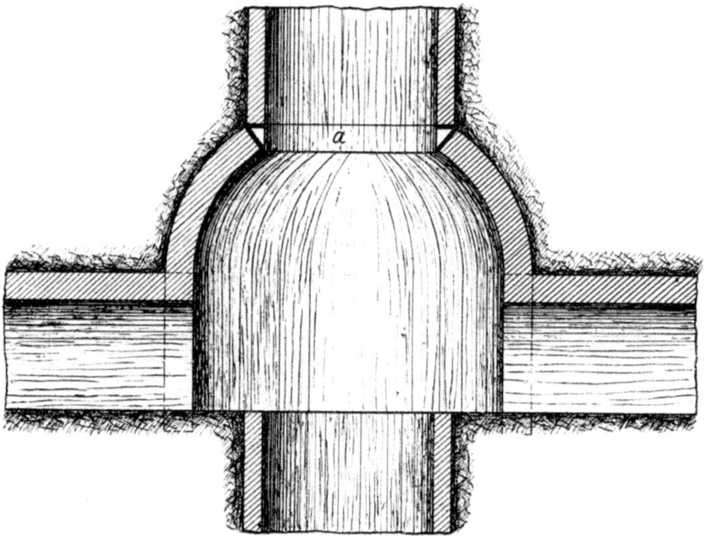

Fig. 472. Kuppelförmiges Füllort. (Aus der „Zeitschr. f. d. Berg-, Hütten- und Salinenwesen im Preuß. Staate“, 1885.)

In je mehr Teile man die Halbkreise einteilt, um so größer wird die Zahl der Kreisbögen, aus denen der Korbbogen entsteht.

Das Korbbogengewölbe ist also eine halbe Ellipse, deren längerer Durchmesser gleich der Spannweite wird.

Soll ein runder Förderschacht von allen Seiten bequem zugänglich sein, so erhält das Füllort die Form eines Kuppelgewölbes (Fig. 472

und 473). Der Grundriß eines solchen Füllortes ist je nach dem erforderlichen Raume entweder ein Kreis oder eine Ellipse. Die Schacht-

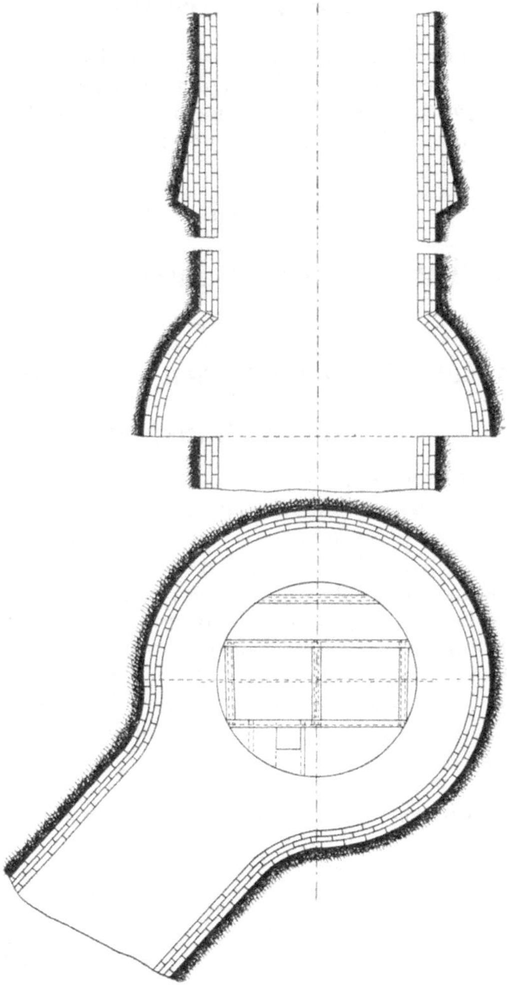

Fig. 473. Kuppelförmiges Füllort. (Aus der „Zeitschr. f. d. Berg-, Hütten- und Salinenwesen im Preuß. Staate“, 1889.)

trümer stehen in diesem Falle also vollkommen frei; zur Leitung der Förderschalen muß ein besonderer Führungsschacht, ähnlich dem Luftschachte über Tage, hergestellt werden.

Dritter Abschnitt.

Maschinenräume.

Die Maschinenräume besitzen fast durchweg die Grundrißform eines länglichen Rechtecks. Ihre Querschnittsform ist dieselbe wie bei den gleichgestalteten Füllörtern; nur die Höhe kann bei den Maschinenstuben auf die ganze Länge die gleiche bleiben.

Vierter Abschnitt.

Die Herstellung und der Ausbau großer Räume.

Erstes Kapitel. Das Arbeiten im festen Gebirge.

A. Der Vollausbruch.

Wenn das Gebirge, in welchem ein Füllort oder Maschinenraum hergestellt werden soll, sehr fest ist, dann kann der Raum mit seinem vollen Querschnitte auf einmal hergestellt werden. Es ist dann also nur ein einziger Ortsstoß vorhanden, vor dem eine größere Anzahl von Arbeitern angelegt ist. Als verlorener Ausbau dienen Kappen, die an beiden Enden eingebühnt sind und von einer entsprechenden Anzahl von Stempeln getragen werden. Dieser Ausbau ist insofern ungünstig, als bei der nachfolgenden Einwölbung der Firste die Ecken mit vermauert oder doch mindestens mit Bergen zugesetzt werden müssen. Ferner bedingt die Ausarbeitung dieser Ecken höhere Herstellungskosten. Darum wird es häufig vorgezogen, die Firste gleich von Anfang an in gewölbten Formen auszuschießen und den verlorenen Ausbau daselbst in Vieleckszimmerung auszuführen (Fig. 490).

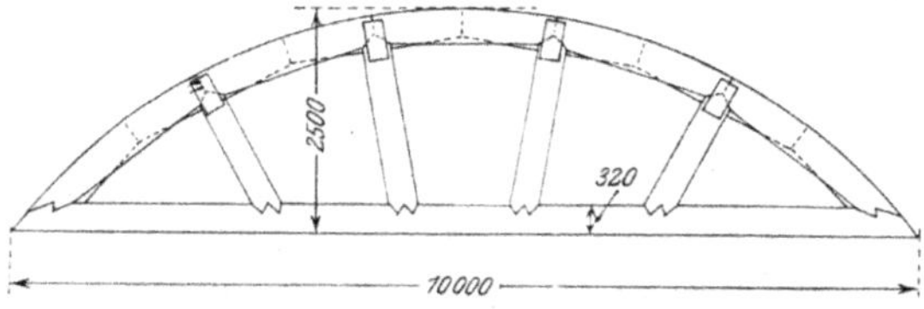

Fig. 474. Lehrbogen für Füllortsmauerung.

Je nach der Festigkeit des Gebirges kann man bei Herstellung und Ausmauerung des Raumes verschieden vorgehen. Die üblichsten Verfahren sind die folgenden:

1. Man stellt erst den Hohlraum mit vollem Querschnitte und auf seine ganze Länge her. Dann erst beginnt die Ausmauerung.

2. Es wird gleichzeitig der Ortsstoß vorgetrieben und hinter dem Rücken der Häuer die Mauerung aufgeführt. Selbstverständlich muß

diese hinreichenden Abstand vom Orte haben, damit sie nicht durch umherfliegende Sprengstücke beschädigt wird. Außerdem sind in diesem Falle sowohl für die Bergeabfuhr als auch für die Herbeischaffung der Mauerungsmaterialien gesonderte Schienenwege herzustellen.

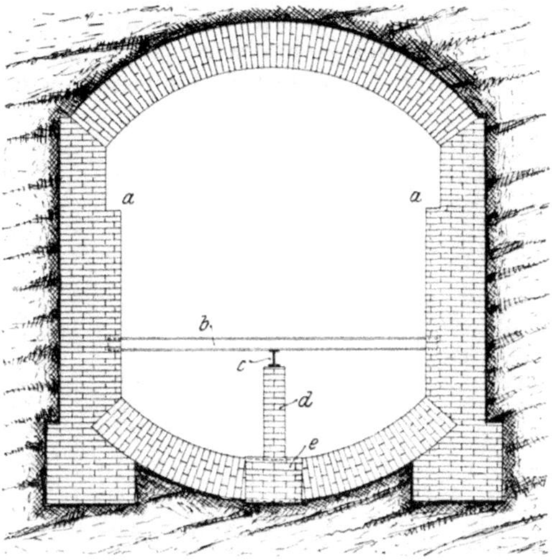

Fig. 475. Maschinenraum.

3. Der Raum wird in Absätzen hergestellt und ausgemauert, d. h. es wird zunächst nur ein Teil desselben von bestimmter Länge ausgeschossen; dann stellt man die Gewinnungsarbeiten ein und vermauert diesen Teil bis auf einige Meter an den Ortsstoß heran. Die Gewinnungs- und Ausmauerungsarbeiten wechseln nun so lange miteinander ab, bis der ganze Raum fertig ist.

In dieser eben geschilderten Weise wurde das nördliche Füllort in der 352 m-Sohle des Marieschachtes auf kons. Friedensgrube bei Friedenshütte hergestellt. Seine Gesamtlänge betrug 35 m, die Breite

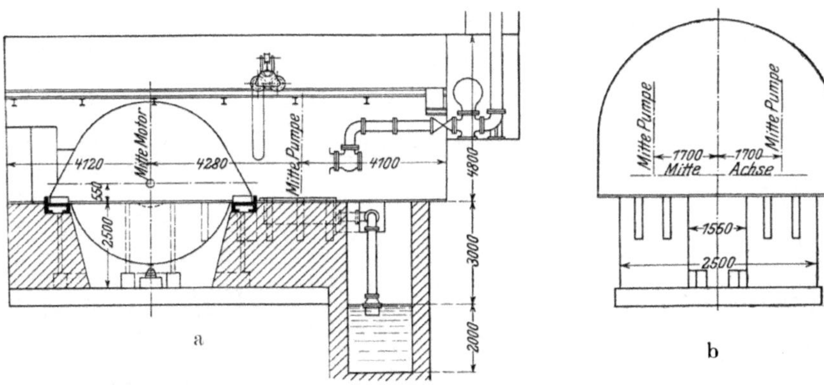

a b

Fig. 476 a, b. Maschinenraum.

11 m und die Höhe 5,5 m. Die einzelnen Absätze waren 3—4 m lang. Die Lehrbögen bestanden aus einer doppelten Lage von 50 mm starken Bohlen (Fig. 474); die eine Lage war aus fünf, die andere aus sechs Segmenten zusammengesetzt. Das Gewölbe erhielt eine Spannweite von 10 m und 2,5 m Pfeilhöhe.

Unter den Widerlagern für das Firstengewölbe wird in passender Höhe an beiden Stößen ein Absatz *a* (Fig. 475) angebracht. Dieser dient zur Aufnahme des Gestänges für einen Laufkran, der beim Zusammensetzen der Maschinen und beim Auswechseln einzelner Teile (z. B. Ventile) stets gebraucht wird.

Bei quellender Sohle wird auch diese durch ein Gewölbe verwahrt. Solche Sohlengewölbe sind immer dann am Platze, wenn der

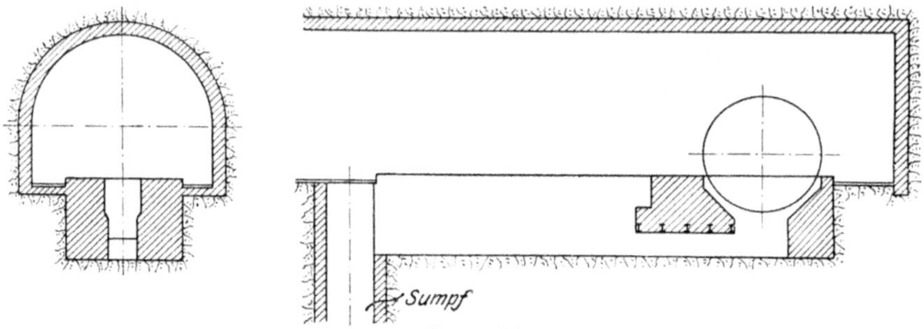

Fig. 477.

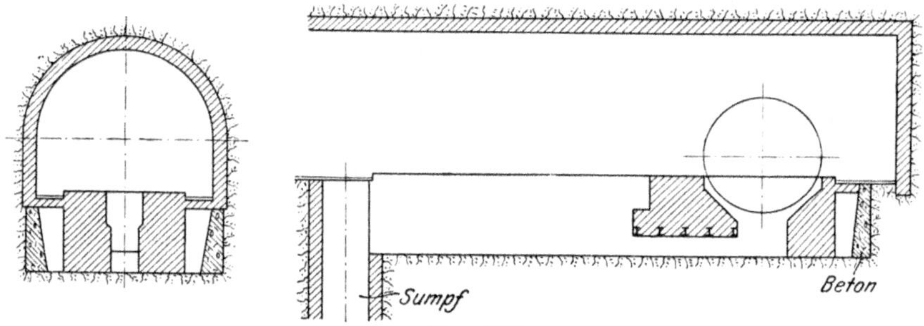

Fig. 478.

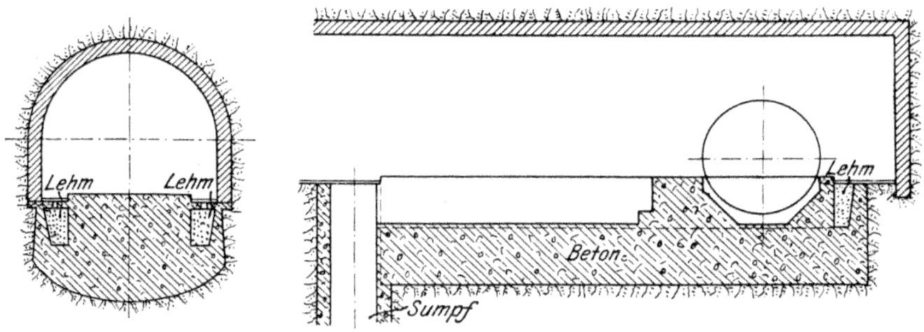

Fig. 479.

Fig. 477—479. Maschinenräume. (Aus „Vers. und Verb. i. J. 1904".)

untere Teil des Raumes als Sumpf dienen soll. Die Sohle der eigentlichen Maschinenkammer wird dann durch Querträger *b* (Fig. 475) gebildet, die man einbühnt oder auf Konsolen verlagert. Unter die

Querträger kommen ein oder zwei Reihen von Längsunterzügen *c*, die von gemauerten Pfeilern *d* getragen werden. Die Füße *e* dieser Pfeiler gehen am besten durch das Sohlengewölbe hindurch und stehen unmittelbar auf dem Gebirge auf.

Meistens sind aber solche eiserne Träger als Unterbau für die schweren Wasserhaltungsmaschinen viel zu schwach; man muß viel-

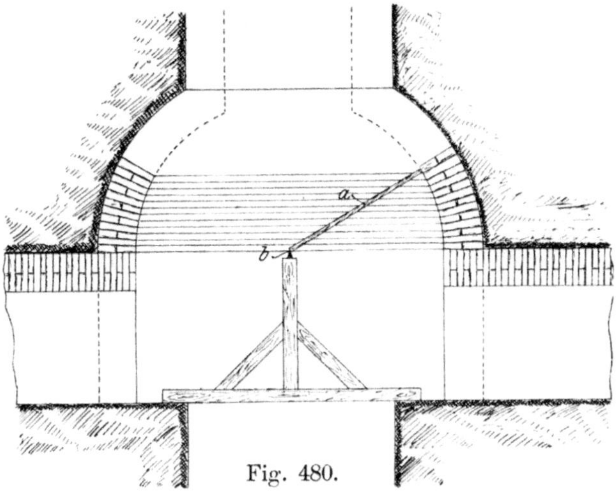

Fig. 480.

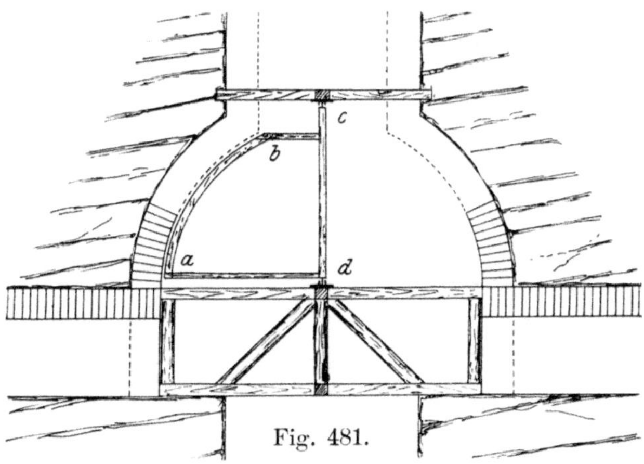

Fig. 481.

Fig. 480, 481. Herstellung eines kuppelförmigen Füllortes.

mehr besondere gemauerte Fundamente in die Sohle der Maschinenstube einlassen. Zu diesem Zwecke werden Fundamentgruben ausgeschossen, in denen dann der Mauerkörper hergestellt und allenthalben an das Gestein angeschlossen wird (Fig. 476 *a* und *b* und 477).

Auf der Schachtanlage I/II von Zeche Hannover stellte sich in einem derart hergestellten Maschinenraume solcher Druck ein, daß die Maschine aus ihrer Lage geschoben wurde. Darum erweiterte man die Fundamentgruben (Fig. 478) und betonierte den neu geschaffenen Raum aus; zwischen der Betonauskleidung und den alten Fundamenten verblieb ein freier Raum. Weil aber auch dies nichts half, setzte man in einer anderen Maschinenstube, die man später einrichtete, die Fundamente auf einen starken Betonklotz (Fig. 479).

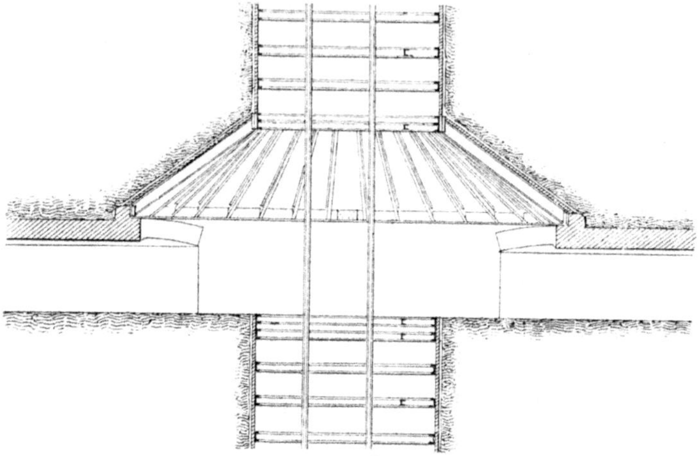

Fig. 482.

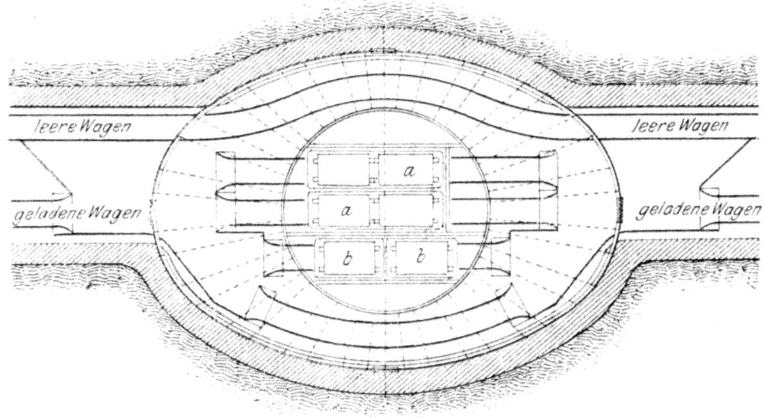

Fig. 483. Eisenausbau einer Füllortskuppel. (Aus „Vers. und Verb. i. J. 1881“.)

Bei der Ausmauerung von Maschinenstuben sind weiße Kacheln oder weiß glasierte Ziegel sehr beliebt. Abgesehen davon, daß die Helligkeit des Raumes sehr erhöht wird, ist die Reinigung sehr einfach; denn das Mauerwerk braucht nur abgewaschen zu werden. Anderenfalls müßten beim Ausweißen mit Kalkmilch die Maschinen zugedeckt werden, um sie vor dem Verschmutzen zu schützen.

Die Herstellung von Füllörtern im Vollausbruch unterscheidet sich in nichts von der von Maschinenräumen. Es bleibt nur übrig, hier einiges über die Herstellung kuppelförmiger Füllörter zu sagen. In solchem Falle teuft man zunächst den Schacht bis auf die Füllortssohle ab und stellt hier den unteren Schachtstuhl (Tragegeviert, Tragekranz) zusammen. Auf diesen wird der verlorene Schachtausbau aufgesetzt, so daß seine gesamte Last auf dem Sohlengebirge ruht. Nun weitet man das Füllort entweder im ganzen oder in einzelnen Sektoren aus. Zur Herstellung der Kuppel im Mauerwerk braucht man keine besonderen Lehrbögen oder -gerüste aufzustellen. Die Form kann vollständig genau mit Hilfe eines einzigen Radius eingehalten werden. Als solcher dient eine Latte *a* (Fig. 480), die man von einem genau festgelegten Mittelpunkte *b* aus nach jedem neu eingebauten Steine hinrichtet.

Ist der Schacht noch nicht mit dem Einbaue versehen, dann läßt sich auch die in Fig. 481 dargestellte bogenförmige Lehre *ab* gebrauchen, welche um die senkrechte Achse *cd* gedreht werden kann.

Diese Lehre wird mit dem Aufrücken der Füllortsmauer verkürzt, indem man den Radius *a d* nach oben schiebt. Sie kann dann stets frei über der Arbeitsbühne gedreht werden. Ein besonderer Vorzug von ihr ist ferner noch, daß man auch Kuppeln herstellen kann, die nach mehreren Radien von verschiedener Länge gewölbt sind. Dies ist zwar auch bei dem eben geschilderten Verfahren möglich, jedoch müssen dort die verschiedenen Mittelpunkte immer erst besonders angegeben werden.

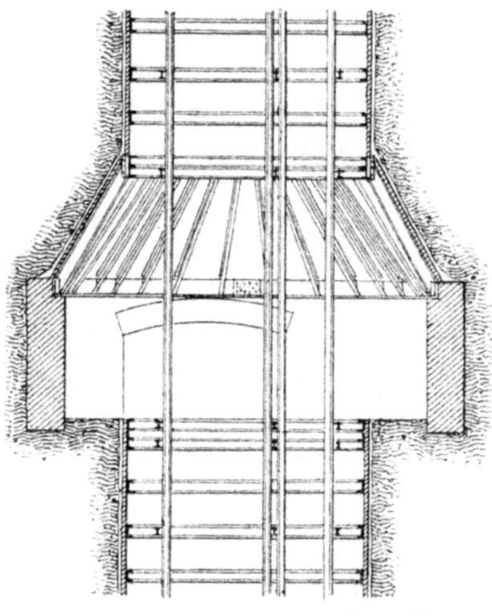

Fig. 484. Eisenausbau einer Füllortskuppel. (Aus „Vers. u. Verb. i. J. 1881".)

Bei der Mauerung in der Kuppel ist es erforderlich, daß jeder einzelne Stein solange mit der Hand festgehalten und angedrückt wird, bis der Mörtel abgebunden hat. Dies ist stets nach einigen Sekunden der Fall, besonders wenn ein schnell bindender Zement verwendet wird.

Den Schluß des Gewölbes bildet ein gußeiserner Ring *a* (Fig. 472), dessen äußere Fläche sich der Krümmung der Füllortskuppel anschließt. Dieser Ring kann auch, wie aus Fig. 473 ersichtlich ist, weggelassen werden, wenn unmittelbar über der Kuppel eine feste Gesteinsschicht vorhanden ist, in welcher die Schachtmauer sicher gegründet werden kann.

Auf Schacht Trenkelbach II der Grube Friedrichsthal bei Saarbrücken wurde i. J. 1881 in der 460 m - Sohle das kuppelförmige Füllort ebenso wie der Schacht mit Eisenausbau versehen. Der

Grundriß des Füllortes war eine Ellipse von 12 bezw. 8 m Achsenlänge; der konzentrisch darin sitzende Schacht hatte kreisrunden Querschnitt (Fig. 482—484). Auf den Stoßmauern des Füllortes sitzt ein vierteiliger elliptischer Ring aus Winkeleisen; von ihm aus gehen nach oben 32 Sparren aus I-Eisen, welche die untersten Ringe des eisernen Schachtausbaues tragen.

B. Der Scheibenbau.

Beim Scheibenbau teilt man den herzustellenden Raum in mehrere übereinanderliegende Scheiben ein. Ihre Zahl beträgt gewöhnlich zwei bis drei. Sie hängt von der Höhe des ganzen Raumes ab, da eine jede Scheibe nicht höher als 3 m sein soll.

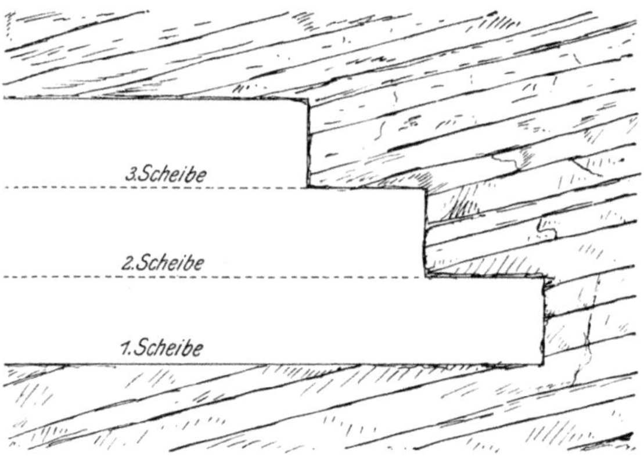

Fig. 485. Scheibenbau.

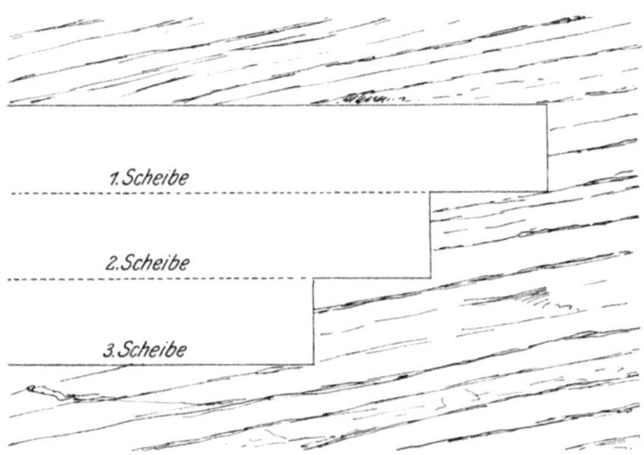

Fig. 486. Scheibenbau.

Je nach der Größe des Gebirgsdruckes und den Abmessungen des herzustellenden Raumes treibt man nur immer eine einzige Scheibe vor oder nimmt alle gleichzeitig in Angriff. In diesem letzteren Falle wird der Ortsstoß treppenförmig abgestuft und entweder mit Firstenbau (Fig. 485) oder mit Strossenbau (Fig. 486) vorgegangen. Dadurch erreicht man, daß jedes weiter vorgetriebene Ort dem nächstfolgenden als Einbruch dient. Seltener findet sich der Fall, daß die unterste und oberste Scheibe am weitesten vor sind (Fig. 487); durch ein derartiges Vorgehen wird bezweckt, zwischen ihnen eine sichere Gesteinsschwebe zu belassen.

Jede Scheibe kann ferner der Breite nach in Unterabteilungen zerlegt werden. Man kann sie sich dann also als aus nebeneinanderliegenden Strecken zusammengesetzt denken. Die einzelnen Ortsstöße innerhalb jeder Scheibe müssen ebenfalls verschieden weit vorgetrieben sein; es ist gut, den mittelsten am weitesten vor sein zu lassen (Fig. 488). Er bildet dann das Einbruchsort in seiner Scheibe. Ein weiterer Vorteil ist, daß die gesamte Förderung der Scheibe in dieser Strecke zusammengezogen werden kann.

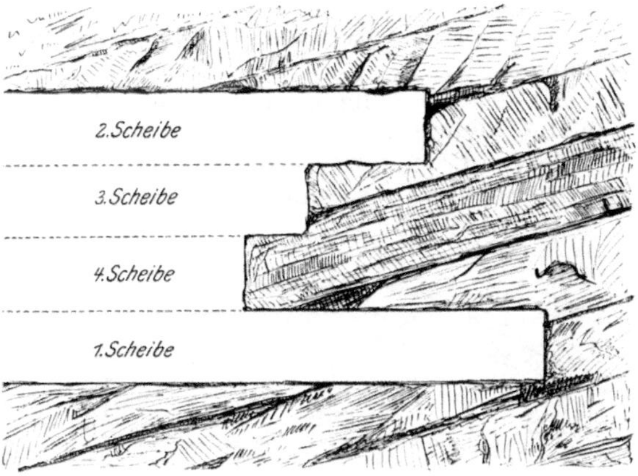

Fig. 487. Scheibenbau.

Die Art und Weise, wie bei der Ausmauerung eines mit Scheibenbau hergestellten Raumes vorgegangen wird, hängt von dem beim Ausschießen angewendeten Verfahren ab. Werden alle Scheiben zugleich vorgetrieben, dann kann man ebenso verfahren wie beim Vollausbruche. Man kann also

1. erst den ganzen Raum ausgewinnen und nachher ausmauern oder

2. ausgewinnen und gleichzeitig die Mauerung in kurzem Abstande nachfolgen lassen oder

3. absatzweise ausgewinnen und ausmauern.

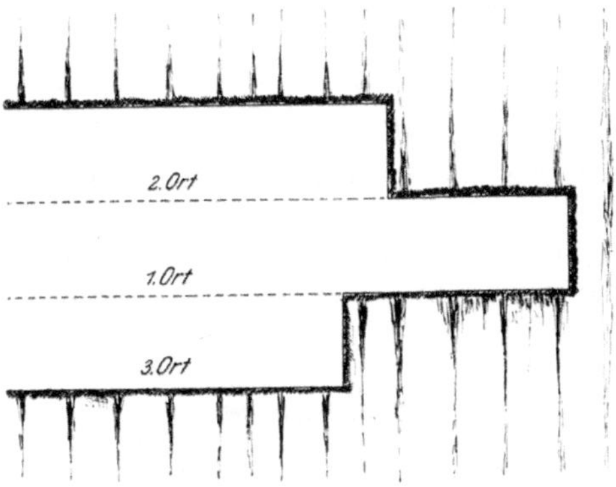

Fig. 488. Einteilung einer Scheibe in parallele Örter. (Grundriß.)

Wird jede Scheibe einzeln aufgefahren, dann kann man auch

1. erst alle Scheiben auf ihre Gesamtlänge ausgewinnen und dann den Raum ausmauern oder

2. den Raum absatzweise herstellen und absatzweise ausmauern, indem von jeder Scheibe nacheinander zunächst nur ein Teil herausgeschossen wird,

3. stellt man jede einzelne Scheibe im ganzen oder in Absätzen fertig und

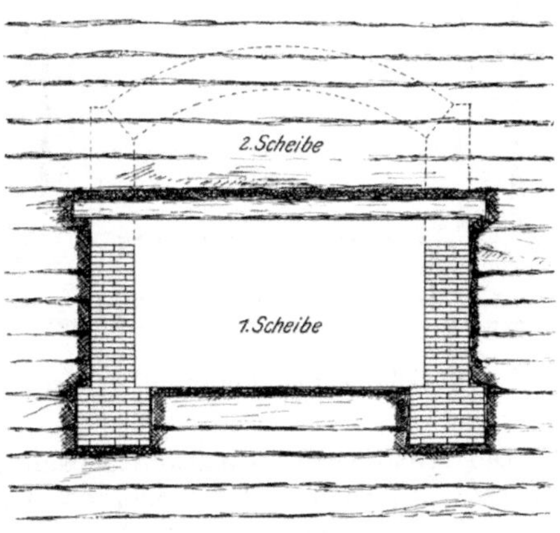

Fig. 489. Scheibenbau von unten nach oben.

mauert sie aus, ehe man die nächste Scheibe überhaupt in Angriff nimmt.

In diesem Falle kann man mit der untersten oder der obersten Scheibe beginnen.

Wird die unterste Scheibe zuerst in Angriff genommen, so wird der Raum nach Art eines Pfeilers in verlorenen Ausbau gesetzt. Die Stoßmauern werden hergestellt, aber nicht bis an die Firste hochgeführt, sondern bleiben von ihr ungefähr 0,5 m ab (Fig. 489). Ehe nun die nächstobere Scheibe begonnen wird, bedeckt man die Stoßmauern mit starken Bohlen oder Halbholz, damit sie nicht durch umherfliegende Sprengstücke beschädigt werden. Noch besser, aber auch teurer ist es, wenn man den unteren Raum mit Bergen versetzt. Der verlorene Ausbau des nächsten Teiles besteht ebenfalls wieder aus Kappen und Stempeln. Die Stempel werden auch am Fußende gekehlt und auf die Kappen des unteren Abschnittes aufgesetzt. Doch findet man auch häufig, daß die Kappen der unteren Scheibe erst dicht mit Bohlen überdeckt werden, um als Arbeitsbühne für den neuen Abschnitt zu dienen, und daß die Stempel dann mit glattem Fuße auf diesen Bohlen aufstehen. Natürlich dürfen sie nur wieder in der Verlängerung eines unteren Stempels liegen. Der Ausbau des obersten Abschnittes muß sich der Bogenform der Firste anpassen. Die einzelnen Kappen und Stempel sind untereinander zu verspeeren bezw. zu verspreizen.

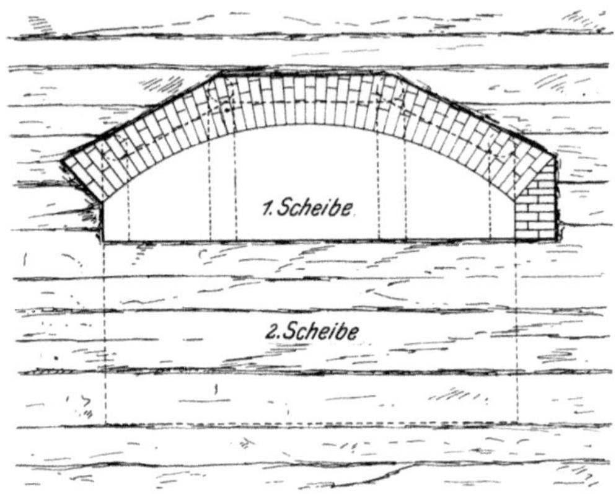

Fig. 490. Scheibenbau von oben nach unten.

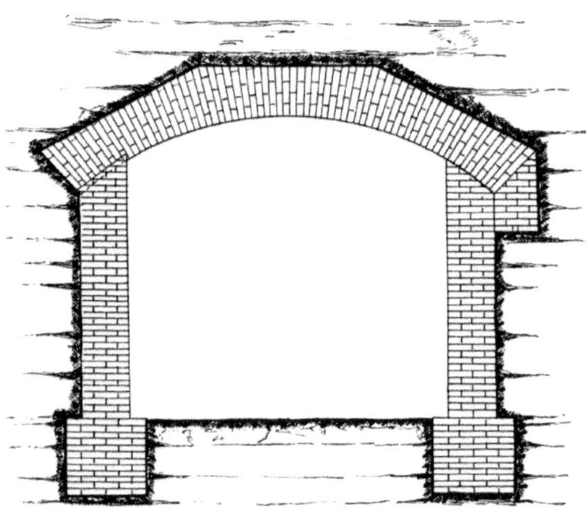
Fig. 491. Im Scheibenbau hergestellter Maschinenraum.

Als Beispiel für die Herstellung eines Raumes, dessen oberste Scheibe zuerst in Angriff genommen wird, sei der neue Maschinenraum in der 78 m-Sohle auf Adolfschacht bei Tarnowitz angeführt. Bevor noch die oberste Scheibe fertiggestellt war, wurde mit dem Ausschießen der zweiten begonnen. In jeder wurde immer absatzweise der freie Raum ausgewonnen und vermauert. Die Widerlager für das Gewölbe wurden im Gestein ausgearbeitet; wo dieses zu schwach war, führte man Stoßmauern von geringer Höhe auf (Fig. 490 rechts). Die in der unteren Scheibe errichteten Stoßmauern unterstützten das Firstengewölbe in der aus Fig. 491 rechts zu ersehenden Weise. Da sie bei seitlichem Drucke zu leicht nach innen ausweichen konnten, wurden weiterhin auf der Innenseite des Gewölbes Schlitze ausgespart, in welche die Stoßmauern eingriffen (Fig. 491 links).

C. Der Kernbau.

Der Kernbau ist diejenige Herstellungsart, die sich für die größten räumlichen Abmessungen und für Arbeiten in stark druckhaftem Gebirge eignet. Es werden zunächst nur die Umfangsflächen des Raumes freigelegt, so daß sie durch Mauerung verkleidet werden können. In der Mitte des Raumes bleibt das Gestein bis zuletzt als Kern stehen. Gegen diesen wird die Zimmerung verstrebt, die als verlorener Ausbau die freigelegten Flächen schützt. Die Längsachse des Kernes, somit auch des ganzen Raumes, muß querschlägige Richtung haben, weil anderenfalls der Kern durch den Druck ins Rutschen käme.

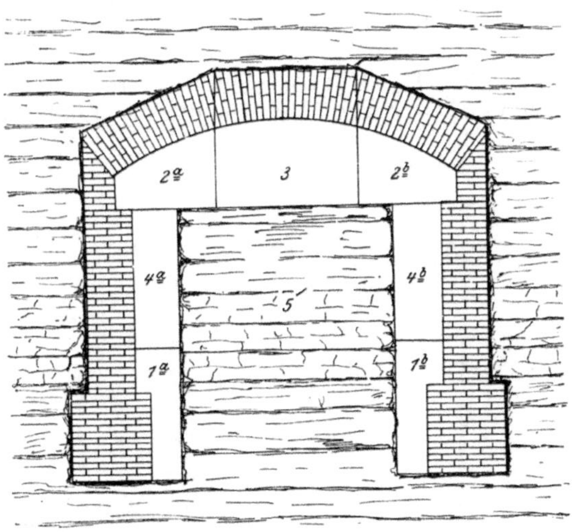

Fig. 492. Kernbau.

Der Hauptvorzug des Kernbaues ist, daß man zum verlorenen Ausbau nur kurzes Holz braucht. Dieses wird bei entsprechender Stärke auch sicher dem größten Drucke widerstehen; wenn dagegen beim Vollausbruche auch allerstärkstes Holz eingebaut würde, wird es doch infolge seiner Länge sich leicht durchbiegen und dann brechen.

Der Kernbau schreitet gewöhnlich von unten nach oben vor. Zunächst treibt man für die Füße der Stoßmauern zwei parallele Umfassungsstrecken *1a* und *1b* (Fig. 492). Ihr Abstand ist so groß zu wählen, daß die beiden äußeren Streckenstöße die Seitenstöße des

Raumes im Gestein bilden. Beide Strecken werden genau nach der gleichen Stunde getrieben. Um sich von der Wahrung des gleichmäßigen Abstandes zu überzeugen, sowie zur Regelung der Wetterführung werden sie von Zeit zu Zeit durch Durchhiebe verbunden. Sind sie auf die Länge vorgetrieben, welche der Maschinenraum erhalten soll, so wird noch einmal ein Durchhieb aufgefahren, in welchem nachher die rückwärtige Stirnmauer des Raumes errichtet wird.

Fig. 493. Verzimmerung der Umfangsstrecken beim Kernbau.

Zu gleicher Zeit werden die Umfangsstrecken *2a* und *2b* in derselben Weise hergestellt. Sie bleiben bei größerer Höhe des Raumes von dem unteren Streckenpaare durch Gesteinsschweben getrennt; wenn erforderlich, werden sie mit ihnen durch senkrechte Hochbrechen *4a* und *4b* verbunden.

Steht das obere Umfassungsstreckenpaar unmittelbar auf dem unteren auf, dann werden die im unteren eingebauten Kappen mit Bohlen überdeckt und bilden so die Arbeitsbühne für den oberen Raum.

Fig. 494. Verzimmerung der Umfangsstrecken beim Kernbau.

Die Höhe dieser Strecken beträgt 2 bis 3 m, ihre Breite nicht unter 1,2—1,4 m; die letztere muß so bemessen werden, daß bei Aufführung der Stoßmauern die Arbeiter noch zwischen diesen und den inneren Streckenstößen bequem Platz haben.

Während des Ausmauerns werden die Gesteinsschweben *4a*, *4b* zwischen dem oberen und unteren Streckenpaare meterweise weggespitzt, so daß die Stöße bis an die Widerlager heran in einem Stücke vermauert werden können.

Noch während des Vortriebes der Streckenpaare *1* und *2* oder erst während der Ausmauerungsarbeiten wird schließlich auch die Firstenstrecke *3* aufgefahren. Nun kann also auch in den Räumen *2a*, *2b* und *3* das Firstengewölbe eingebracht werden. Je nach der Größe des vorhandenen Gebirgsdruckes und der Gesamtbreite des Raumes wird man die Strecke *3* gleich in ihrer ganzen Länge auffahren und den Raum erst nachher überwölben, die Auswölbung der Auffahrung auf dem Fuße folgen lassen oder beide Arbeiten absatzweise vornehmen.

Nachdem die Ausmauerungsarbeiten beendet sind, wird der Kern *5* entfernt. Meistens wird dies schon mit Keilhauen und Brechstangen gelingen. Muß doch einmal geschossen werden, dann verfüllt man den Raum zwischen ihm und dem Mauerwerke mit Sand oder Bergen oder bedeckt die im Bereiche der Sprengschüsse liegenden Mauerflächen mit Bohlen, Halbholz oder Rundholz.

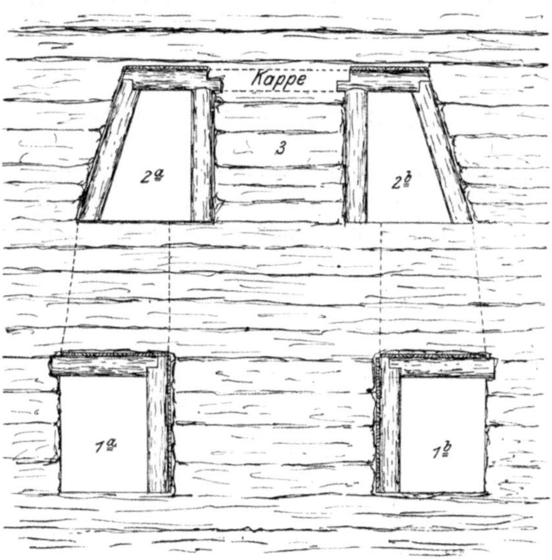

Fig. 495. Kernbau.

Von Bedeutung ist der sachgemäße verlorene Ausbau der einzelnen Strecken. In den seitlichen Umfassungsstrecken genügen zumeist halbe Türstöcke, d. h. Kappen mit einem Endstempel auf der Kernseite (Fig. 493). Die Verbindung zwischen beiden muß auf Firsten- und Stoßdruck berechnet sein; es ist also deutsches Holz zu stellen. Firste und Kernseite sind gut mit Bohlen zu verziehen.

Wo der Raum beschränkt ist, und wo man wegen hohen Druckes die Umfangsstrecken eng halten muß, empfiehlt sich als Streckenquerschnitt die Trapezform mit nach oben gerichteter größerer Grundlinie (Fig. 494). Auch in diesem Falle werden halbe Türstücke gestellt. Werden zu ihrer Verstärkung Unterzüge *a* eingebaut, dann ist eine Verspeerung der Kappen überflüssig. Die unter die Längskappen geschlagenen Stempel *b* kommen in die Felder zwischen den Türstockbeinen *c* zu stehen, weil auf diese Weise die Streckenbreite nicht verringert wird. Die Verstärkung durch Unterzüge ist im unteren

Streckenpaare unbedingt erforderlich, wenn die oberen Umfangsstrecken unmittelbar auf den unteren aufstehen.

Die Kappen der Sohlenstrecken werden, wenn sie keine Endstempel erhalten, an beiden Enden eingebühnt. In den Firstenstrecken stehen die Stempel mit geschartem Fuße auf diesen Kappen und werden durch Spreizen gesichert. Die Kappen der in der Firste gelegenen Umfassungsstrecken werden ebenfalls an beiden Enden eingebühnt. An dem Innenende, welches dem Kerne zugewendet ist, erhalten sie Blattungen, die zunächst in den Bühnlöchern liegen. Diese Blattungen dienen als Auflage für die Kappen, welche bei der nun folgenden Ausweitung der mittleren Firstenstrecke *3* (Fig. 495) zwischen den beiden Umfassungsstrecken *2a* und *2b* eingebaut werden. Zur ferneren Sicherung der Kappen von Firstenstrecke *3* auf den Blattungen der Nachbarkappen dienen Klammern, umgelegte Eisenbänder und dergleichen.

D. Der vereinigte Kern- und Scheibenbau.

Eine Vereinigung von Kernbau und Scheibenbau wird dadurch erzielt, daß man den Raum für das Firstengewölbe als Scheibe *1* herstellt (Fig. 496), die senkrechten Stoßmauern aber nach dem Kernbau-

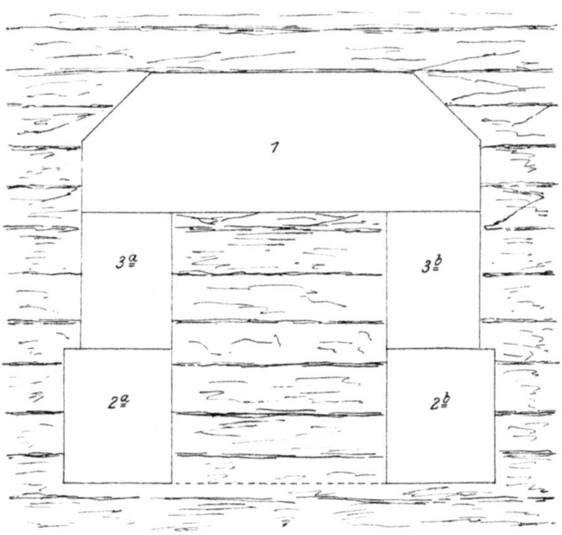

Fig. 496. Vereinigter Kern- und Scheibenbau.

verfahren aufführt. Zu diesem Zwecke werden zwei parallele Sohlenstrecken *2a* und *2b* getrieben; von da aus wird in dem Mittelstück *3a* und *3b* bis zur obersten Scheibe absatzweise hochgebrochen und gemauert.

Man kann entweder mit der Inangriffnahme der Firstenscheibe oder mit dem Vortriebe der Sohlenstrecken beginnen.

Der vereinigte Kern- und Scheibenbau ist besonders im schiefrigen Gebirge am Platze, während man im Sandstein auch bei streichender Längsachse des Raumes den einfachen Kernbau anwenden kann.

Zweites Kapitel. Das Arbeiten im losen bezw. schwimmenden Gebirge.

Im stark druckhaften Gebirge, welches in vielen Fällen gar keinen inneren Zusammenhang mehr besitzt, vielfach sogar schwimmend ist, wendet man den Kernbau an.

Man beginnt die Arbeit mit dem Vortriebe der beiden Sohlenstrecken *1a* und *1b* (Fig. 497); zugleich wird in der Firste die Mittel-

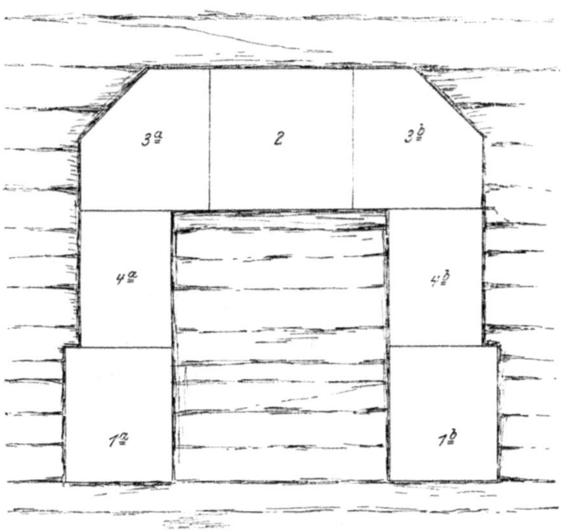

Fig. 497. Kernbau im losen Gebirge.

strecke *2* angelegt. Von dieser aus werden nach rechts und links hin die Räume *3a* und *3b* ausgeweitet, so daß man zur Gewölbemauerung übergehen kann. Auch diese Arbeit wird am besten absatzweise ausgeführt. Zuletzt wird von *1a* und *1b* aus stückweise in den Feldern *4a* und *4b* hochgebrochen und gleichzeitig die Mauerung nachgeführt.

Am zweckmäßigsten ist es, im schwachen Gebirge schmale, aber lange Maschinenstuben auszuarbeiten. Solche Räume werden ohne Kern von zwei übereinanderliegenden Mittelstrecken aus in Angriff genommen. Die untere Strecke *1* (Fig. 498) ist weiter vor als Strecke *2*. Die Stempel *a* stehen auf Quergrundsohlen *b*; die Kappen *c* haben auf beiden Enden Blattung. Auf diesen Kappen ist eine dichte Bretterverschalung *d* als Wetterscheider verlegt. Die Unterstrecke dient zur Förderung und Wasserableitung. Beim Ausweiten der Räume *3a* und *3b* werden die Kappen der Unterstrecken verlängert.

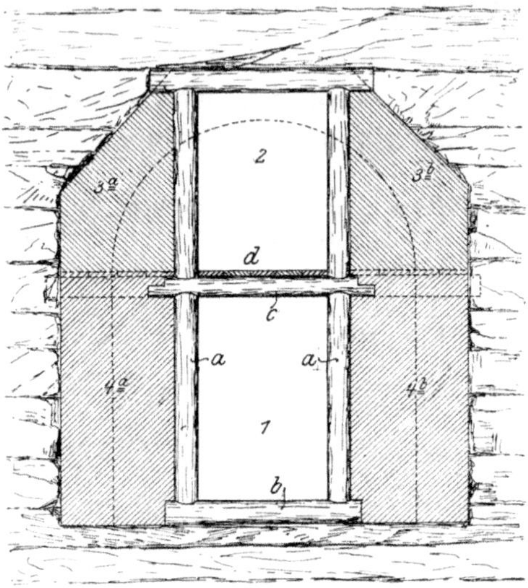

Fig. 498. Kernbau im losen Gebirge.

Auf diese Verlängerungen (Quergrundsohlen) kommt ein starker Bohlenbelag zur Verlagerung des Firstengewölbes.

Darauf wird von Sohlenstrecke *1* aus Raum *4a* und *4b* ausgeweitet und das Firstengewölbe durch die Stoßmauern unterfangen.

Sachregister.

(Die Zahlen geben die Seiten an.)

GPSR Compliance

The European Union's (EU) General Product Safety Regulation (GPSR) is a set of rules that requires consumer products to be safe and our obligations to ensure this.

If you have any concerns about our products, you can contact us on ProductSafety@springernature.com

In case Publisher is established outside the EU, the EU authorized representative is:

Springer Nature Customer Service Center GmbH
Europaplatz 3
69115 Heidelberg, Germany

Batch number: 10682323

Printed by Printforce, the Netherlands